Я. И. ПЕРЕЛЬМАН

ЗАНИМАТЕЛЬНАЯ АЛГЕБР
ЗАНИМАТЕЛЬНАЯ ГЕОМЕТРИ

Я. И. ПЕРЕЛЬМАН

ЗАНИМАТЕЛЬНАЯ АЛГЕБРА
ЗАНИМАТЕЛЬНАЯ ГЕОМЕТРИЯ

АСТ
Москва
2005

УДК 51
ББК 22.1я92
П27

Подписано в печать с готовых диапозитивов 04.04.05.
Формат 84×108[1]/[32]. Бумага газетная. Печать высокая с ФПФ.
Усл. печ. л. 25,20. Доп. тираж 5000 экз. Заказ 1090.

Общероссийский классификатор продукции ОК-005-93, том 2;
953004 — литература научная и производственная
Санитарно-эпидемиологическое заключение
№ 77.99.02.953.Д.001056.03.05 от 10.03.05 г.

Перельман, Я.И.

П27 Занимательная алгебра. Занимательная геометрия / Я. И. Перельман. — М.: АСТ, 2005. — 474, [6] с.

ISBN 5-17-011166-5.

Перед вами одно из лучших классических пособий, выдержавшее множество переизданий. Простой язык, доступность изложения, занимательность облегчают работу с книгой. Задачи с необычными сюжетами, увлекательные исторические экскурсы и любопытные примеры из повседневной жизни, несомненно, заинтересуют читателя. Издание ставит своей целью привить ребенку вкус к изучению алгебры и геометрии, вызвать у него интерес к самостоятельным творческим занятиям, дать ему максимум знаний, дополняющих школьную программу, помочь ребенку.

УДК 51
ББК 22.1я92

ISBN 5-17-011166-5
ISBN 985-13-3815-X (ООО «Харвест»)

Занимательная алгебра

ИЗ ПРЕДИСЛОВИЯ АВТОРА К ТРЕТЬЕМУ ИЗДАНИЮ

Не следует на эту книгу смотреть как на легко понятный учебник алгебры для начинающих. Подобно прочим моим сочинениям той же серии, «Занимательная алгебра» — прежде всего не учебное руководство, а книга для вольного чтения. Читатель, которого она имеет в виду, должен уже обладать некоторыми познаниями в алгебре, хотя бы смутно усвоенными или полузабытыми. «Занимательная алгебра» ставит себе целью уточнить, воскресить и закрепить эти разрозненные и непрочные сведения, но главным образом — воспитать в читателе вкус к занятию алгеброй и возбудить охоту самостоятельно пополнить по учебным книгам пробелы своей подготовки.

Чтобы придать предмету привлекательность и поднять к нему интерес, я пользуюсь в книге разнообразными средствами: задачами с необычными сюжетами, подстрекающими любопытство, занимательными экскурсиями в область истории математики, неожиданными применениями алгебры к практической жизни и т. п.

ГЛАВА ПЕРВАЯ

ПЯТОЕ МАТЕМАТИЧЕСКОЕ ДЕЙСТВИЕ

Пятое действие

Алгебру называют нередко «арифметикой семи действий», подчеркивая, что к четырем общеизвестным математическим операциям она присоединяет три новых: возведение в степень и два ему обратных действия.

Наши алгебраические беседы начнутся с «пятого действия» — возведения в степень.

Вызвана ли потребность в этом новом действии практической жизнью? Безусловно. Мы очень часто сталкиваемся с ним в реальной действительности. Вспомним о многочисленных случаях вычисления площадей и объемов, где обычно приходится возводить числа во вторую и третью степени. Далее: сила всемирного тяготения, электростатическое и магнитное взаимодействия, свет, звук ослабевают пропорционально второй степени расстояния. Продолжительность обращения планет вокруг Солнца (и спутников вокруг планет) связана с расстояниями от центра обращения также степенной зависимостью: вторые степени времен обращения относятся между собою, как третьи степени расстояний.

Не надо думать, что практика сталкивает нас только со вторыми и третьими степенями, а более высокие показатели существуют только в упражнениях алгебраических задачников. Инженер, производя расчеты на прочность, сплошь и рядом имеет дело с четвертыми степенями, а при других вычислениях (например, диаметра паропровода) — даже с шестой степенью.

Исследуя силу, с какой текучая вода увлекает камни, гидротехник наталкивается на зависимость также шестой степени: если скорость течения в одной реке вчетверо больше, чем в другой, то быстрая река способна перекатывать по своему ложу камни в 4^6, т. е. в 4096 раз более тяжелые, чем медленная.[1]

С еще более высокими степенями встречаемся мы, изучая зависимость яркости раскаленного тела — например, нити накала в электрической лампочке от температуры. Общая яркость растет при белом калении с двенадцатой степенью температуры, а при красном — с тридцатой степенью температуры («абсолютной», т. е. считаемой от минус 273°). Это означает, что тело, нагретое, например, от 2000° до 4000° (абсолютных), т. е. в два раза сильнее, становится ярче в 2^{12}, иначе говоря, более чем в 4000 раз. О том, какое значение имеет эта своеобразная зависимость в технике изготовления электрических лампочек, мы еще будем говорить в другом месте.

Астрономические числа

Никто, пожалуй, не пользуется так широко пятым математическим действием, как астрономы. Исследователям вселенной на каждом шагу приходится встречаться с огромными числами, состоящими из одной-двух значащих цифр и длинного ряда нулей. Изображение обычным образом подобных числовых исполинов, справедливо называемых «астрономическими числами», неизбежно вело бы к большим неудобствам, особенно при вычислениях. Расстояние, например, до туманности Андромеды, написанное обычным порядком, представляется таким числом километров:

95 000 000 000 000 000 000.

При выполнении астрономических расчетов приходится к тому же выражать зачастую небесные расстояния не в километрах или более крупных единицах, а в сантиметрах. Рассмотренное расстояние изобразится в этом случае числом, имеющим на пять нулей больше:

9 500 000 000 000 000 000 000 000.

Массы звезд выражаются еще бо́льшими числами, особенно если их выражать, как требуется для многих расчетов, в граммах. Масса нашего Солнца в граммах равна:

---

[1] Подробнее об этом см. в моей книге «Занимательная механика», гл. IX.

1 983 000 000 000 000 000 000 000 000 000 000.

Легко представить себе, как затруднительно было бы производить вычисления с такими громоздкими числами и как легко было бы при этом ошибиться. А ведь здесь приведены далеко еще не самые большие астрономические числа.

Пятое математическое действие дает вычислителям простой выход из этого затруднения. Единица, сопровождаемая рядом нулей, представляет собой определенную степень десяти:

$$100 = 10^2,\ 1000 = 10^3,\ 10\,000 = 10^4 \text{ и т. д.}$$

Приведенные раньше числовые великаны могут быть поэтому представлены в таком виде:

первый .... $95 \cdot 10^{23}$,
второй .... $1983 \cdot 10^{30}$.

Делается это не только для сбережения места, но и для облегчения расчетов. Если бы потребовалось, например, оба эти числа перемножить, то достаточно было бы найти произведение $95 \times 1983 = 188\ 385$ и поставить его впереди множителя $10^{23+30} = 10^{53}$:

$$950 \cdot 10^{23} \cdot 1983 \cdot 10^{30} = 188385 \cdot 10^{53}.$$

Это, конечно, гораздо удобнее, чем выписывать сначала число с 21 нулем, затем с 30 и, наконец, с 53 нулями, — не только удобнее, но и надежнее, так как при писании десятков нулей можно проглядеть один-два нуля и получить неверный результат.

Сколько весит весь воздух

Чтобы убедиться, насколько облегчаются практические вычисления при пользовании степенным изображением больших чисел, выполним такой расчет: определим, во сколько раз масса земного шара больше массы всего окружающего его воздуха.

На каждый кв. сантиметр земной поверхности воздух давит, мы знаем, с силой около килограмма. Это означает, что вес того столба атмосферы, который опирается на 1 *кв. см*, равен 1 *кг*. Атмосферная оболочка Земли как бы составлена вся из таких воздушных столбов; их столько, сколько кв. сантиметров содержит поверхность нашей планеты; столько же килограммов весит вся атмосфера. Заглянув в справочник, узнаем, что величина поверхности земного шара равна 510 млн. *кв. км*, т. е. $51 \cdot 10^7$ *кв. км*.

Рассчитаем, сколько квадратных сантиметров в квадратном километре. Линейный километр содержит 1000 *м*, по 100 *см* в каждом, т. е. равен 10^5 см, а кв. километр содержит $(10^5)^2 = 10^{10}$ кв. сантиметров. Во всей поверхности земного шара заключается поэтому:

$$51 \cdot 10^7 \cdot 10^{10} = 51 \cdot 10^{17}$$

кв. сантиметров. Столько же килограммов весит и атмосфера Земли. Переведя в тонны, получим:

$$51 \cdot 10^{17} : 1000 = 51 \cdot 10^{17} : 10^3 = 51 \cdot 10^{17-3} = 51 \cdot 10^{14}$$

Масса же земного шара выражается числом:

$$6 \cdot 10^{21} \text{ тонн.}$$

Чтобы определить, во сколько раз наша планета тяжелее ее воздушной оболочки, производим деление:

$$6 \cdot 10^{21} : 51 \cdot 10^{14} \approx 10^6,$$

т. е. масса атмосферы составляет примерно миллионную долю массы земного шара.[1]

Горение без пламени и жара

Если вы спросите у химика, почему дрова или уголь горят только при высокой температуре, он скажет вам, что соединение углерода с кислородом происходит, строго говоря, при *всякой* температуре, но при низких температурах процесс этот протекает чрезвычайно медленно (т. е. в реакцию вступает весьма незначительное число молекул) и потому ускользает от нашего наблюдения. Закон, определяющий скорость химических реакций, гласит, что с понижением температуры на 10° скорость реакции (число участвующих в ней молекул) *уменьшается в два раза.*

Применим сказанное к реакции соединения древесины с кислородом, т. е. к процессу горения дров. Пусть при температуре пламени 600° сгорает ежесекундно 1 грамм древесины. Во сколько времени сгорит 1 грамм дерева при 20°? Мы уже знаем, что при температуре, которая на 580 = 58 × 10 градусов ниже, скорость реакции меньше в

$$2^{58} \text{ раз,}$$

т. е. 1 грамм дерева сгорит в 2^{58} секунд.

---

[1] Знак ≈ означает приближенное равенство.

Скольким годам равен такой промежуток времени? Мы можем приблизительно подсчитать это, не производя 57 повторных умножений на два и обходясь без логарифмических таблиц. Воспользуемся тем, что

$$2^{10} = 1024 \approx 10^3.$$

Следовательно,

$$2^{58} = 2^{60-2} = 2^{60} : 2^2 = \frac{1}{4} \cdot 2^{60} = \frac{1}{4} \cdot \left(2^{10}\right)^6 \approx \frac{1}{4} \cdot 10^{18},$$

т. е. около четверти триллиона секунд. В году около 30 млн., т. е. $3 \cdot 10^7$, секунд; поэтому

$$\left(\frac{1}{4} \cdot 10^{18}\right) : \left(3 \cdot 10^7\right) = \frac{1}{12} \cdot 10^{11} \approx 10^{10}.$$

Десять миллиардов лет! Вот во сколько примерно времени сгорел бы грамм дерева без пламени и жара.

Итак, дерево, уголь горят и при обычной температуре, не будучи вовсе подожжены. Изобретение орудий добывания огня ускорило этот страшно медленный процесс в миллиарды раз.

Разнообразие погоды

ЗАДАЧА

Будем характеризовать погоду только по одному признаку, — покрыто ли небо облаками или нет, т. е. станем различать лишь дни ясные и пасмурные. Как вы думаете, много ли при таком условии возможно недель с различным чередованием погоды?

Казалось бы, немного: пройдет месяца два, и все комбинации ясных и пасмурных дней в неделе будут исчерпаны; тогда неизбежно повторится одна из тех комбинаций, которые уже наблюдались прежде.

Попробуем, однако, точно подсчитать, сколько различных комбинаций возможно при таких условиях. Это — одна из задач, неожиданно приводящих к пятому математическому действию.

Итак: сколькими различными способами могут на одной неделе чередоваться ясные и пасмурные дни?

РЕШЕНИЕ

Первый день недели может быть либо ясный, либо пасмурный; имеем, значит, пока две «комбинации».

В течение двухдневного периода возможны следующие чередования ясных и пасмурных дней:

ясный и ясный
ясный и пасмурный
пасмурный и ясный
пасмурный и пасмурный.

Итого в течение двух дней 2^2 различного рода чередований. В трехдневный промежуток каждая из четырех комбинаций первых двух дней сочетается с двумя комбинациями третьего дня; всех родов чередований будет

$$2^2 \cdot 2 = 2^3.$$

В течение четырех дней число чередований достигнет

$$2^3 \cdot 2 = 2^4.$$

За пять дней возможно 2^5, за шесть дней 2^6 и, наконец, за неделю $2^7 = 128$ различного рода чередований.

Отсюда следует, что недель с различным порядком следования ясных и пасмурных дней имеется 128. Спустя $128 \times 7 = 896$ дней необходимо должно повториться одно из прежде бывших сочетаний; повторение, конечно, может случиться и раньше, но 896 дней — срок, по истечении которого такое повторение неизбежно. И обратно: может пройти целых два года, даже больше (2 года и 166 дней), в течение которых ни одна неделя по погоде не будет похожа на другую.

Замóк с секретом

ЗАДАЧА

В одном советском учреждении обнаружен был несгораемый шкаф, сохранившийся с дореволюционных лет. Отыскался и ключ к нему, но чтобы им воспользоваться, нужно было знать секрет замка; дверь шкафа открывалась лишь тогда, когда имевшиеся на двери 5 кружков с алфавитом на их ободах (36 букв) устанавливались на определенное слово. Так как никто этого слова не знал, то, чтобы не взламывать шкафа, решено было перепробовать все комбинации букв в кружках. На составление одной комбинации требовалось 3 секунды времени.

Можно ли надеяться, что шкаф будет открыт в течение ближайших 10 рабочих дней?

РЕШЕНИЕ

Подсчитаем, сколько всех буквенных комбинаций надо было перепробовать.

Каждая из 36 букв первого кружка может сопоставляться с каждой из 36 букв второго кружка. Значит, двухбуквенных комбинаций возможно

$$36 \cdot 36 = 36^2.$$

К каждой из этих комбинаций можно присоединить любую из 36 букв третьего кружка. Поэтому трехбуквенных комбинаций возможно

$$36^2 \cdot 36 = 36^3.$$

Таким же образом определяем, что четырехбуквенных комбинаций может быть 36^4, а пятибуквенных 36^5 или 60 466 176. Чтобы составить эти 60 с лишним миллионов комбинаций, потребовалось бы времени, считая по 3 секунды на каждую,

$$3 \times 60\,466\,176 = 181\,398\,528$$

секунд. Это составляет более 50 000 часов, или почти 6300 восьмичасовых рабочих дней — более 20 лет.

Значит, шансов на то, что шкаф будет открыт в течение ближайших 10 рабочих дней, имеется 10 на 6300, или один из 630. Это очень малая вероятность.

Суеверный велосипедист

ЗАДАЧА

До недавнего времени каждому велосипеду присваивался номер подобно тому, как это делается для автомашин. Эти номера были шестизначные.

Некто купил себе велосипед, желая выучиться ездить на нем. Владелец велосипеда оказался на редкость суеверным человеком. Узнав о существовании повреждения велосипеда, именуемого «восьмеркой», он решил, что удачи ему не будет, если ему достанется велосипедный номер, в котором будет хоть одна цифра 8. Однако, идя за получением номера, он утешал себя следующим рассуждением. В написании каждого числа могут участвовать 10 цифр: 0, 1, ... , 9. Из них «несчастливой» является только цифра 8. Поэтому имеется лишь один шанс из десяти за то, что номер окажется «несчастливым».
Правильно ли было это рассуждение?

РЕШЕНИЕ

Всего имелось 999 999 номеров: от 000 001, 000 002 и т. д. до 999 999. Подсчитаем, сколько существует «счастливых» номеров. На первом месте может стоять любая из девяти «счастливых» цифр: 0, 1, 2, 3, 4, 5, 6, 7, 9. На втором — также любая из этих девяти цифр. Поэтому существует $9 \cdot 9 = 9^2$ «счастливых» двухзначных комбинаций. К каждой из этих комбинаций можно приписать (на третьем месте) любую из девяти цифр, так что «счастливых» трехзначных комбинаций возможно $9^2 \cdot 9 = 9^3$.

Таким же образом определяем, что число шестизначных «счастливых» комбинаций равно 9^6. Следует, однако, учесть, что в это число входит комбинация 000 000, которая непригодна в качестве велосипедного номера. Таким образом, число «счастливых» велосипедных номеров равно $9^6 - 1 = 531\,440$, что составляет немногим более 53% всех номеров, а не 90%, как предполагал велосипедист.

Предоставляем читателю самостоятельно убедиться в том, что среди семизначных номеров имеется больше «несчастливых» номеров, чем «счастливых».

Итоги повторного удвоения

Разительный пример чрезвычайно быстрого возрастания самой маленькой величины при повторном ее удвоении дает общеизвестная легенда о награде изобретателю шахматной игры.[1] Не останавливаясь на этом классическом примере, приведу другие, не столь широко известные.

ЗАДАЧА

Инфузория парамеция каждые 27 часов (в среднем) делится пополам. Если бы все нарождающиеся таким образом инфузории оставались в живых, то сколько понадобилось бы времени, чтобы потомство одной парамеции заняло объем, равный объему Солнца?

Данные для расчета: 40-е поколение парамеций, не погибающих после деления, занимает в объеме 1 *куб.. м;* объем Солнца примем равным 10^{27} *куб. м.*

---

[1] См. мою книгу «Живая математика», гл. VII.

РЕШЕНИЕ

Задача сводится к тому, чтобы определить, сколько раз нужно удваивать 1 *куб. м,* чтобы получить объем в 10^{27} *куб. м.* Делаем преобразования:

$$10^{27} = \left(10^3\right)^9 \approx \left(2^{10}\right)^9 = 2^{90},$$

так как $2^{10} \approx 1000$.

Значит, сороковое поколение должно претерпеть еще 90 делений, чтобы вырасти до объема Солнца. Общее число поколений, считая от первого, равно 40 + 90 = 130. Легко сосчитать, что это произойдет на 147-е сутки.

Заметим, что фактически одним микробиологом (Метальниковым) наблюдалось 8061 деление парамеции. Предоставляю читателю самому рассчитать, какой колоссальный объем заняло бы последнее поколение, если бы ни одна инфузория из этого количества не погибла...

Вопрос, рассмотренный в этой задаче, можно предложить, так сказать, в обратном виде:

Вообразим, что наше Солнце разделилось пополам, половина также разделилась пополам и т. д. Сколько понадобится таких делений, чтобы получились частицы величиной с инфузорию?

Хотя ответ уже известен читателям — 130, он все же поражает своею несоразмерной скромностью.

Мне предложили ту же задачу в такой форме:

Листок бумаги разрывают пополам, одну из полученных половин снова делят пополам и т. д. Сколько понадобится делений, чтобы получить частицы атомных размеров?

Допустим, что бумажный лист весит 1 г, и примем для веса атома величину порядка $\frac{1}{10^{24}}$ *г.* Так как в последнем выражении можно заменить 10^{24} приближенно равным ему выражением 2^{80}, то ясно, что делений пополам потребуется всего 80, а вовсе не миллионы, как приходится иногда слышать в ответ на вопрос этой задачи.

В миллионы раз быстрее

Электрический прибор, называемый *триггером*, содержит две электронные лампы [1] (т. е. примерно такие лампы, которые

---

[1] Существо дела не меняется, если вместо электронных ламп используются транзисторы или так называемые твердые (пленочные) схемы.

применяются в радиоприемниках). Ток в триггере может идти только через одну лампу: либо через «левую», либо через «правую». Триггер имеет два контакта, к которым может быть извне подведен кратковременный электрический сигнал (импульс), и два контакта, через которые с триггера поступает ответный импульс. В момент прихода извне электрического импульса триггер переключается: лампа, через которую шел ток, выключается, а ток начинает идти уже через другую лампу. Ответный импульс подается триггером в тот момент, когда выключается правая лампа и включается левая.

Проследим, как будет работать триггер, если к нему подвести один за другим несколько электрических импульсов. Будем характеризовать состояние триггера по его *правой* лампе: если ток через правую лампу *не идет*, то скажем, что триггер находится в «положении 0», а если ток через правую лампу идет, — то в «положении 1».

Рис. 1.

Пусть первоначально триггер находился в положении 0, т. е. ток шел через левую лампу (рис. 1). После первого импульса ток будет идти через правую лампу, т. е. триггер переключится в положение 1. При этом ответного импульса с триггера не поступит, так как ответный сигнал подается в момент выключения правой (а не левой) лампы.

После второго импульса ток будет идти уже через левую лампу, т. е. триггер снова попадет в положение 0. Однако при этом триггер подаст ответный сигнал (импульс).

В результате (после двух импульсов) триггер снова придет к начальному состоянию. Поэтому после третьего импульса триггер (как и после первого) попадет в положение 1, а после четвертого (как и после второго) — в положение 0 с одновременной подачей ответного сигнала и т. д. После каждых двух импульсов состояния триггера повторяются.

Представим себе теперь, что имеются несколько триггеров и что импульсы извне подводятся к первому триггеру, ответные импульсы первого триггера подводятся ко второму, ответные импульсы второго — к третьему и т. д. (на рис. 2 триггеры расположены один за другим справа налево). Проследим, как будет работать такая цепочка триггеров.

Рис. 2.

Пусть сначала все триггеры находились в положениях 0. Например, для цепочки, состоящей из пяти триггеров, мы имели комбинацию 00000. После первого импульса первый триггер (самый правый) попадет в положение 1, а так как ответного импульса при этом не будет, то все остальные триггеры останутся в положениях 0, т. е. цепочка будет характеризоваться комбинацией 00001. После второго импульса первый триггер выключится (попадает в положение 0), но подаст при этом ответный импульс, благодаря чему включится второй триггер. Остальные триггеры останутся в положениях 0, т. е. получится комбинация 00010. После третьего импульса включится первый триггер, а остальные не изменят своих положений. Мы будем иметь комбинацию 00011. После четвертого импульса выключится первый триггер, подав ответный сигнал; от этого ответного импульса выключится второй триггер и также даст ответный импульс; наконец, от этого последнего импульса включится третий триггер. В результате мы получим комбинацию 00100.

Аналогичные рассуждения можно продолжать и далее. Посмотрим, что при этом получается:

1-й	импульс —	комбинация	00001
2-й	»	»	00010
3-й	»	»	00011
4-й	»	»	00100
5-й	»	»	00101
6-й	»	»	00110
7-й	»	»	00111
8-й	»	»	01000

Мы видим, что цепочка триггеров «считает» поданные извне сигналы и своеобразным способом «записывает» число этих сигналов. Нетрудно видеть, что «запись» числа поданных импульсов происходит не в привычной для нас десятичной системе, а в двоичной системе счисления.

Всякое число в двоичной системе счисления записывается нулями и единицами. Единица следующего разряда не в десять раз (как в обычной десятичной записи), а только в два раза больше единицы предыдущего разряда. Единица, стоящая в двоичной записи на последнем (самом правом) месте, есть обычная единица. Единица следующего разряда (на втором месте справа) означает двойку, следующая единица означает четверку, затем восьмерку и т. д.

Например, число $19 = 16 + 2 + 1$ запишется в двоичной системе в виде 10011.

Итак, цепочка триггеров «подсчитывает» число поданных сигналов и «записывает» его по двоичной системе счисления. Отметим, что переключение триггера, т. е. регистрация одного приходящего импульса, продолжается всего... *стомиллионные доли секунды!* Современные триггерные счетчики могут «подсчитывать» десятки миллионов импульсов в секунду. Это в миллионы раз быстрее, чем счет, который может проводить человек без всяких приборов:
глаз человека может отчетливо различать сигналы, следующие друг за другом не чаще, чем через 0,1 *сек.*

Если составить цепочку из двадцати триггеров, т. е. записывать число поданных сигналов не более чем двадцатью цифрами двоичного разложения, то можно «считать» до $2^{20} - 1$; это число больше миллиона. Если же составить цепочку из 64 триггеров, то можно записать с их помощью знаменитое «шахматное число».

Возможность подсчитывать миллионы сигналов в секунду очень важна для экспериментальных работ, относящихся к ядерной физике. Например, можно подсчитывать число частиц того или иного вида, вылетающих при атомном распаде.

10000 действий в секунду

Замечательно, что триггерные схемы позволяют также производить *действия* над числами. Рассмотрим, например, как можно осуществить сложение двух чисел.

Пусть три цепочки триггеров соединены так, как указано на рис. 3. Верхняя цепочка триггеров служит для записи первого слагаемого, вторая цепочка — для записи второго слагаемого, а нижняя цепочка — для получения суммы. В момент включения прибора на триггеры нижней цепочки приходят импульсы от тех триггеров верхней и средней цепочек, которые находятся в положении 1.

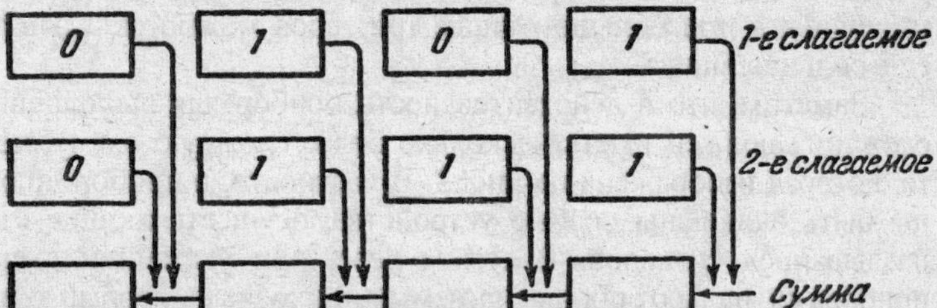

Рис. 3.

Пусть, например, как это указано на рис. 3, в первых двух цепочках записаны слагаемые 101 и 111 (двоичная система счисления). Тогда на первый (самый правый) триггер нижней цепочки приходят (в момент включения прибора) два импульса: от первых триггеров каждого из слагаемых. Мы уже знаем, что в результате получения двух импульсов первый триггер останется в положении 0, но даст ответный импульс на второй триггер. Кроме того, на второй триггер приходит сигнал от второго слагаемого. Таким образом, на второй триггер приходят два импульса, вследствие чего второй триггер окажется в положении 0 и пошлет ответный импульс на третий триггер. Кроме того, на третий триггер приходят еще два импульса (от каждого из слагаемых). В результате полученных трех сигналов третий триггер перейдет в положение 1 и даст ответный импульс. Этот ответный импульс переводит четвертый триггер в положение 1 (других сигналов на четвертый триггер не поступает). Таким образом, изображенный на рис. 3 прибор выполнил (в двоичной системе счисления) сложение двух чисел «столбиком»:

$$\begin{array}{r} 101 \\ +\;\;\, \\ 111 \\ \hline 1100 \end{array}$$

или в десятичной системе: 5 + 7 = 12. Ответные импульсы в нижней цепочке триггеров соответствуют тому, что прибор как бы «запоминает в уме» одну единицу и переносит ее в следующий разряд, т. е. выполняет то же, что мы делаем при сложении «столбиком».

Если бы в каждой цепочке было не 4, а скажем, 20 триггеров, то можно было бы производить сложение чисел в пределах миллиона, а при большем числе триггеров можно складывать еще большие числа.

Заметим, что в действительности прибор для выполнения сложения должен иметь несколько более сложную схему, чем та, которая изображена на рис. 3. В частности, в прибор должны быть включены особые устройства, осуществляющие «запаздывание» сигналов. В самом деле, при указанной схеме прибора сигналы от обоих слагаемых приходят на первый триггер нижней цепочки *одновременно* (в момент включения прибора). В результате оба сигнала сольются вместе и триггер воспримет их как *один* сигнал, а не как два. Во избежание этого нужно, чтобы сигналы от слагаемых приходили не одновременно, а с некоторым «запаздыванием» один после другого. Наличие таких «запаздываний» приводит к тому, что сложение двух чисел требует большего времени, чем регистрация одного сигнала в триггерном счетчике.

Изменив схему, можно заставить прибор выполнять не сложение, а вычитание. Можно также осуществить умножение (оно сводится к последовательному выполнению сложения и поэтому требует в несколько раз больше времени, чем сложение), деление и другие операции.

Устройства, о которых говорилось выше, применяются в современных вычислительных машинах. Эти машины могут выполнять десятки и даже сотни тысяч действий над числами в одну секунду! А в недалеком будущем будут созданы машины, рассчитанные на выполнение миллионов операций в секунду. Казалось бы, что такая головокружительная скорость выполнения действий ни к чему. Какая, например, может быть разница в том, сколько времени машина будет возводить в квадрат 15-значное число: одну десятитысячную долю секунды или, скажем, четверть секунды? И то и другое покажется нам «мгновенным» решением задачи...

Однако не спешите с выводами. Возьмем такой пример. Хороший шахматист, прежде чем сделать ход, анализирует десятки и даже сотни возможных вариантов. Если, скажем, исследование одного варианта требует нескольких секунд, то на разбор сотни вариантов нужны минуты и десятки минут. Нередко бывает, что в сложных партиях игроки попадают в «цейтнот», т. е. вынуждены быстро делать ходы, так как на обдумывание предыдущих ходов они затратили почти все положенное им время. А что, если исследование вариантов шахматной партии поручить машине? Ведь, делая тысячи вычислений в секунду, машина исследует все варианты «мгновенно» и никогда не попадет в цейтнот...

Вы, конечно, возразите, что одно дело — вычисления (хотя бы и очень сложные), а другое дело — игра в шахматы: машина не может этого делать! Ведь шахматист при исследовании вариантов не считает, а *думает*! Не будем спорить: мы еще вернемся к этому вопросу ниже.

Число возможных шахматных партий

Займемся приблизительным подсчетом числа различных шахматных партий, какие вообще могут быть сыграны на шахматной доске. Точный подсчет в этом случае немыслим, но мы познакомим читателя с попыткой приближенно оценить величину числа возможных шахматных партий. В книге бельгийского математика М. Крайчика «Математика игр и математические развлечения» находим такой подсчет:

«При первом ходе белые имеют выбор из 20 ходов (16 ходов восьми пешек, каждая из которых может передвинуться на одно или на два поля, и по два хода каждого коня). На каждый ход белых черные могут ответить одним из тех же 20 ходов.

Сочетая каждый ход белых с каждым ходом черных, имеем $20 \times 20 = 400$ различных партий после первого хода каждой стороны.

После первого хода число возможных ходов увеличивается. Если, например, белые сделали первый ход e2—e4, они для второго хода имеют выбор из 29 ходов. В дальнейшем число возможных ходов еще больше. Один только ферзь, стоя, например, на поле d5, имеет выбор из 27 ходов (предполагая, что все поля, куда он может стать, свободны). Однако ради упрощения расчета будем держаться следующих средних чисел:

по 20 возможных ходов для обеих сторон при первых пяти ходах;

по 30 возможных ходов для обеих сторон при последующих ходах.

Примем, кроме того, что среднее число ходов нормальной партии равно 40. Тогда для числа возможных партий найдем выражение

$$(20 \cdot 20)^5 \cdot (30 \cdot 30)^{35}».$$

Чтобы определить приближенно величину этого выражения, пользуемся следующими преобразованиями и упрощениями:

$$(20 \cdot 20)^5 \cdot (30 \cdot 30)^{35} = 20^{10} \cdot 30^{70} = 2^{10} \cdot 3^{70} \cdot 10^{80}.$$

Заменяем 2^{10} близким ему числом 1000, т. е. 10^3.

Выражение 3^{70} представляем в виде:

$$3^{70} = 3^{68} \cdot 3^2 \approx 10\,(3^4)^{17} \approx 10 \cdot 80^{17} = 10 \cdot 8^{17} \cdot 10^{17} = 2^{51} \cdot 10^{18} =$$

$$= 2\,(2^{10})^5 \cdot 10^{18} \approx 2 \cdot 10^{15} \cdot 10^{18} = 2 \cdot 10^{33}.$$

Следовательно,

$$(20 \cdot 20)^5 \cdot (30 \cdot 30)^{35} \approx 10^3 \cdot 2 \cdot 10^{33} \cdot 10^{80} = 2 \cdot 10^{116}.$$

Число это оставляет далеко позади себя легендарное множество пшеничных зерен, испрошенных в награду за изобретение шахматной игры ($2^{64} - 1 \approx 18 \cdot 10^{18}$). Если бы все население земного шара круглые сутки играло в шахматы, делая ежесекундно по одному ходу, то для исчерпания всех возможных шахматных партий такая непрерывная поголовная игра должна была бы длиться не менее 10^{100} веков!

Секрет шахматного автомата

Вы, вероятно, очень удивитесь, узнав, что некогда существовали шахматные автоматы. Действительно, как примирить это с тем, что число комбинаций фигур на шахматной доске практически бесконечно?

Дело разъясняется очень просто. Существовал не шахматный автомат, а только вера в него. Особенной популярностью пользовался автомат венгерского механика Вольфганга фон Кемпелена (1734—1804), который показывал свою машину при австрийском и русском дворах, а затем демонстрировал публично в Париже и Лондоне. Наполеон I играл с этим автоматом, уверенный, что меряется силами с машиной. В середине прошлого века знаменитый автомат попал в Америку и кончил там свое существование во время пожара в Филадельфии.

Другие автоматы шахматной игры пользовались уже не столь громкой славой. Тем не менее вера в существование подобных автоматически действующих машин не иссякла и в позднейшее время.

В действительности ни одна шахматная машина не действовала автоматически. Внутри прятался искусный живой шахматист, который и двигал фигуры. Тот мнимый автомат, о котором мы сейчас упоминали, представлял собою объемистый ящик, заполненный сложным механизмом. На ящике имелась шахматная доска с фигурами, передвигавшимися рукой большой куклы. Перед началом игры публике давали возможность удостовериться, что внутри ящика нет ничего, кроме деталей механизма. Однако в нем оставалось достаточно места, чтобы скрыть человека небольшого роста (эту роль играли одно время знаменитые игроки Иоганн Альгайер и Вильям Льюис). Возможно, что пока публике показывали последовательно разные части ящика, спрятанный человек бесшумно перебирался в соседние отделения. Механизм же никакого участия в работе аппарата не принимал и лишь маскировал присутствие живого игрока.

Из всего сказанного можно сделать следующий вывод: число шахматных партий практически бесконечно, а машины, позволяющие автоматически выбрать самый правильный ход, существуют лишь в воображении легковерных людей. Поэтому шахматного кризиса опасаться не приходится.

Однако в последние годы произошли события, позволяющие усомниться в правильности этого вывода: сейчас *уже существуют* машины, «играющие» в шахматы. Это — сложные вычислительные машины, позволяющие выполнять многие тысячи вычислений в секунду. О таких машинах мы уже говорили выше. Как же может машина «играть» в шахматы?

Конечно, никакая вычислительная машина ничего, кроме действий над числами, делать не может. Но вычисления проводятся машиной по определенной схеме действий, по определенной *программе*, составленной заранее.

Шахматная «программа» составляется математиками на основе определенной *тактики* игры, причем под тактикой понимается система правил, позволяющая для каждой позиции выбрать единственный («наилучший» в смысле этой тактики) ход. Вот один из примеров такой тактики. Каждой фигуре приписывается определенное число очков (стоимость):

Король	+200 очков	Пешка	+1 очко
Ферзь	+9 очков	Отсталая пешка . . .	–0,5 очка
Ладья	+5 очков	Изолированная пешка	–0,5 очка
Слон	+3 очка	Сдвоенная пешка . .	–0,5 очка
Конь	+3 очка		

Кроме того, определенным образом оцениваются позиционные преимущества (подвижность фигур, расположение фигур ближе к центру, чем к краям, и т. д.), которые выражаются в десятых долях очка. Вычтем из общей суммы очков для белых фигур сумму очков для черных фигур. Полученная разность до некоторой степени характеризует материальный и позиционный перевес белых над черными. Если эта разность положительна, то у белых более выгодное положение, чем у черных, если же она отрицательна — менее выгодное положение.

Вычислительная машина подсчитывает, как может измениться указанная разность в течение ближайших трех ходов, выбирает наилучший вариант из всех возможных трехходовых комбинаций и печатает его на специальной карточке: «ход» сделан.[1] На один ход машина тратит очень немного времени (в зависимости от вида программы и скорости действия машины), так что опасаться «цейтнота» ей не приходится.

Конечно, «обдумывание» партии только на три хода вперед характеризует машину как довольно слабого «игро-

---

[1] Существуют и другие виды шахматной «тактики». Так, например, при вычислениях можно рассматривать не все возможные ответные ходы противника, а только «сильные» ходы (шах, взятие, нападение, защита и т. д.). Далее, при особо сильных ходах противника можно вести вычисления не на три, а на большее число ходов вперед. Можно также использовать иную шкалу стоимости фигур. В зависимости от выбора той или иной тактики меняется «стиль игры» машины.

ка».[1] Но можно не сомневаться в том, что при происходящем сейчас быстром совершенствовании вычислительной техники машины скоро «научатся» гораздо лучше «играть» в шахматы.

Более подробно рассказать о составлении шахматной программы для вычислительных машин было бы в этой книге затруднительно. Некоторые простейшие виды программ мы рассмотрим схематически в следующей главе.

Тремя двойками

Всем, вероятно, известно, как следует написать три цифры, чтобы изобразить ими возможно большее число. Надо взять три девятки и расположить их так:

$$9^{9^9},$$

т. е. написать третью «сверхстепень» от 9.

Число это столь чудовищно велико, что никакие сравнения не помогают уяснить себе его грандиозность. Число электронов видимой вселенной ничтожно по сравнению с ним. В моей «Занимательной арифметике» (гл. X) уже говорилось об этом. Возвращаюсь к этой задаче лишь потому, что хочу предложить здесь по ее образцу другую:

Тремя двойками, не употребляя знаков действий, написать возможно большее число.

РЕШЕНИЕ

Под свежим впечатлением трехъярусного расположения девяток вы, вероятно, готовы дать и двойкам такое же расположение:

$$2^{2^2}.$$

Однако на этот раз ожидаемого эффекта не получается. Написанное число невелико — меньше даже, чем 222. В самом деле: ведь мы написали всего лишь 2^4, т. е. 16.

Подлинно наибольшее число из трех двоек — не 222 и не 22^2 (т. е. 484), а

$$2^{22} = 4\ 194\ 304.$$

---

[1] В партиях лучших мастеров шахматной игры встречаются комбинации, рассчитанные за 10 и более ходов вперед.

Пример очень поучителен. Он показывает, что в математике опасно поступать по аналогии; она легко может повести к ошибочным заключениям.

Тремя тройками

ЗАДАЧА

Теперь, вероятно, вы осмотрительнее приступите к решению следующей задачи:

Тремя тройками, не употребляя знаков действий, написать возможно большее число.

РЕШЕНИЕ

Трехъярусное расположение и здесь не приводит к ожидаемому эффекту, так как

$$3^{3^3}\text{, т. е. } 3^{27}\text{, меньше чем } 3^{33}.$$

Последнее расположение и дает ответ на вопрос задачи.

Тремя четверками

ЗАДАЧА

Тремя четверками, не употребляя знаков действий, написать возможно большее число.

РЕШЕНИЕ

Если в данном случае вы поступите по образцу двух предыдущих задач, т. е. дадите ответ

$$4^{44},$$

то ошибетесь, потому что на этот раз трехъярусное расположение

$$4^{4^4}$$

как раз дает большее число. В самом деле, $4^4 = 256$, а 4^{256} больше чем 4^{44}.

Тремя одинаковыми цифрами

Попытаемся углубиться в это озадачивающее явление и установить, почему одни цифры порождают числовые исполины при трехъярусном расположении, другие — нет. Рассмотрим общий случай.

Тремя одинаковыми цифрами, не употребляя знаков действий, изобразить возможно большее число.

Обозначим цифру буквой a. Расположению

$$2^{22}, 3^{33}, 4^{44}$$

соответствует написание

$$a^{10a+a}, \text{ т. е. } a^{11a}.$$

Расположение же трехъярусное представится в общем виде так:

$$a^{a^{a}}.$$

Определим, при каком значении a последнее расположение изображает большее число, нежели первое. Так как оба выражения представляют степени с равными целыми основаниями, то бóльшая величина отвечает большему показателю. Когда же

$$a^{a} > 11a?$$

Разделим обе части неравенства на a. Получим:

$$a^{a-1} > 11.$$

Легко видеть, что a^{a-1} больше 11 только при условии, что a больше 3, потому что

$$4^{4-1} > 11,$$

между тем как степени

$$3^{2} \text{ и } 2^{1}$$

меньше 11.

Теперь понятны те неожиданности, с которыми мы сталкивались при решении предыдущих задач: для двоек и троек надо было брать одно расположение, для четверок и больших чисел — другое.

Четырьмя единицами

ЗАДАЧА

Четырьмя единицами, не употребляя никаких знаков математических действий, написать возможно большее число.

РЕШЕНИЕ

Естественно приходящее на ум число — 1111 — не отвечает требованию задачи, так как степень во много раз больше. Вычислять это число десятикратным умножением на 11 едва ли у кого хватит терпения. Но можно оценить его величину гораздо быстрее с помощью логарифмических таблиц.

Число это превышает 285 миллиардов и, следовательно, больше числа 1111 в 25 с лишним млн. раз.

Четырьмя двойками

ЗАДАЧА

Сделаем следующий шаг в развитии задач рассматриваемого рода и поставим наш вопрос для четырех двоек.

При каком расположении четыре двойки изображают наибольшее число?

РЕШЕНИЕ

Возможны 8 комбинаций:

$$2222,\ 222^2,\ 22^{22},\ 2^{222},$$

$$22^{2^2},\ 2^{22^2},\ 2^{2^{22}},\ 2^{2^{2^2}}.$$

Какое же из этих чисел наибольшее?

Займемся сначала верхним рядом, т. е. числами в двухъярусном расположении.

Первое — 2222, — очевидно, меньше трех прочих.
Чтобы сравнить следующие два —

$$222^2 \text{ и } 22^{22},$$

преобразуем второе из них:

$$22^{22} = 22^{2\cdot 11} = \left(22^2\right)^{11} = 484^{11}.$$

Последнее число больше, нежели 222^2, так как и основание, и показатель у степени 484^{11} больше, чем у степени 222^2.

Сравним теперь 22^{22} с четвертым числом первой строки — с 2^{222}. Заменим 22^{22} бóльшим числом 32^{22} и покажем, что даже это большее число уступает по величине числу 2^{222}. В самом деле,

$$32^{22} = (2^5)^{22} = 2^{110}$$

— степень меньшая, нежели 2^{222}.

Итак, наибольшее число верхней строки — 2^{222}. Теперь нам остается сравнить между собой пять чисел — сейчас полученное и следующие четыре:

$$22^{2^2}, 2^{22^2}, 2^{2^{22}}, 2^{2^{2^2}}.$$

Последнее число, равное всего 2^{16}, сразу выбывает из состязания. Далее, первое число этого ряда, равное 22^4 и меньшее, чем 32^4 или 2^{20}, меньше каждого из двух следующих. Подлежат сравнению, следовательно, три числа, каждое из которых есть степень 2. Больше, очевидно, та степень 2, показатель которой больше. Но из трех показателей

$$222, 484 \text{ и } 2^{20+2} (= 2^{10 \cdot 2} \cdot 2^2 \approx 10^6 \cdot 4)$$

последний — явно наибольший.

Поэтому наибольшее число, какое можно изобразить четырьмя двойками, таково:

$$2^{2^{22}}.$$

Не обращаясь к услугам логарифмических таблиц, мы можем составить себе приблизительное представление о величине этого числа, пользуясь приближенным равенством

$$2^{10} \approx 1000.$$

В самом деле,

$$2^{22} = 2^{20} \cdot 2^2 \approx 4 \cdot 10^6,$$

$$2^{2^{22}} \approx 2^{4000000} > 10^{1200000}.$$

Итак, в этом числе — свыше миллиона цифр.

ГЛАВА ВТОРАЯ

ЯЗЫК АЛГЕБРЫ

Искусство составлять уравнения

Язык алгебры — уравнения. «Чтобы решить вопрос, относящийся к числам или к отвлеченным отношениям величин, нужно лишь перевести задачу с родного языка на язык алгебраический», — писал великий Ньютон в своем учебнике алгебры, озаглавленном «Всеобщая арифметика». Как именно выполняется такой перевод с родного языка на алгебраический, Ньютон показал на примерах. Вот один из них:

На родном языке:	*На языке алгебры:*
Купец имел некоторую сумму денег.	X
В первый год он истратил 100 фунтов.	$x-100$
К оставшейся сумме добавил третью ее часть.	$(x-100)+\frac{x-100}{3}=\frac{4x-400}{3}$
В следующем году он вновь истратил 100 фунтов	$\frac{4x-400}{3}-100=\frac{4x-700}{3}$
И увеличил оставшуюся сумму на третью ее часть.	$\frac{4x-700}{3}+\frac{4x-700}{9}=\frac{16x-2800}{9}$
В третьем году он опять истратил 100 фунтов.	$\frac{16x-2800}{9}-100=\frac{16x-3700}{9}$

После того как он добавил к остатку третью его часть,	$\frac{16x-3700}{9}+\frac{16x-3700}{27}=$ $=\frac{64x-14800}{27}$
капитал его стал вдвое больше первоначального.	$\frac{64x-14800}{27}=2x$

Чтобы определить первоначальный капитал купца, остается только решить последнее уравнение.

Решение уравнений — зачастую дело нетрудное; составление уравнений по данным задачи затрудняет больше. Вы видели сейчас, что искусство составлять уравнения действительно сводится к умению переводить «с родного языка на алгебраический». Но язык алгебры весьма немногословен; поэтому перевести на него удается без труда далеко не каждый оборот родной речи. Переводы попадаются различные по трудности, как убедится читатель из ряда приведенных далее примеров на составление уравнений первой степени.

Жизнь Диофанта

ЗАДАЧА

История сохранила нам мало черт биографии замечательного древнего математика Диофанта. Все, что известно о нем, почерпнуто из надписи на его гробнице — надписи, составленной в форме математической задачи. Мы приведем эту надпись.

На родном языке:	*На языке алгебры:*
Путник! Здесь прах погребен Диофанта. И числа поведать Могут, о чудо, сколь долог был век его жизни.	x
Часть шестую его представляло прекрасное детство.	$\frac{x}{6}$
Двенадцатая часть протекла еще жизни — покрылся Пухом тогда подбородок.	$\frac{x}{12}$

Седьмую в бездетном Браке провел Диофант.	$\frac{x}{7}$
Прошло пятилетие; он Был осчастливен рожденьем прекрасного первенца сына,	5
Коему рок половину лишь жизни прекрасной и светлой Дал на земле по сравненью с отцом.	$\frac{x}{2}$
И в печали глубокой Старец земного удела конец воспринял, переживши Года четыре с тех пор, как сына лишился.	$x = \frac{x}{6} + \frac{x}{12} + \frac{x}{7} + 5 + \frac{x}{2} + 4$
Скажи, сколько лет жизни достигнув, Смерть воспринял Диофант?	

РЕШЕНИЕ

Решив уравнение и найдя, что $x = 84$, узнаем следующие черты биографии Диофанта; он женился 21 года, стал отцом на 38 году, потерял сына на 80-м году и умер 84 лет.

Лошадь и мул

ЗАДАЧА

Вот еще несложная старинная задача, легко переводимая с родного языка на язык алгебры.

«Лошадь и мул шли бок о бок с тяжелой поклажей на спине. Лошадь жаловалась на свою непомерно тяжелую ношу. «Чего ты жалуешься? — отвечал ей мул. — Ведь если я возьму у тебя один мешок, ноша моя станет вдвое тяжелее твоей. А вот если бы ты сняла с моей спины один мешок, твоя поклажа стала бы одинакова с моей».

Скажите же, мудрые математики, сколько мешков несла лошадь и сколько нес мул?».

РЕШЕНИЕ

Если я возьму у тебя один мешок,	$x - 1$
ноша моя	$y + 1$

станет вдвое тяжелее твоей.	$y+1=2(x-1)$
А вот если бы ты сняла с моей спины один мешок,	$y-1$
твоя поклажа	$x+1$
стала бы одинакова с моей.	$y-1=x+1$

Мы привели задачу к системе уравнений с двумя неизвестными:

$$\left.\begin{aligned} y+1&=2(x-1) \\ y-1&=x+1 \end{aligned}\right\} \quad \text{или} \quad \begin{cases} 2x-y=3 \\ y-x=2 \end{cases}.$$

Решив ее, находим: $x = 5$, $y = 7$. Лошадь несла 5 мешков и 7 мешков — мул.

Четверо братьев

ЗАДАЧА

У четырех братьев 45 рублей. Если деньги первого увеличить на 2 рубля, деньги второго уменьшить на 2 рубля, деньги третьего увеличить вдвое, а деньги четвертого уменьшить вдвое, то у всех окажется поровну. Сколько было у каждого?

РЕШЕНИЕ

У четырех братьев 45 руб.	$x+y+z+t=45$
Если деньги первого увеличить на 2 руб.,	$x+2$
деньги второго уменьшить на 2 руб.,	$y-2$
деньги третьего увеличить вдвое,	$2z$
деньги четвертого уменьшить вдвое,	$\frac{t}{2}$
то у всех окажется поровну.	$x+2=y-2=2z=\frac{t}{2}$

Расчленяем последнее уравнение на три отдельных:

$$x+2=y-2,$$
$$x+2=2z,$$
$$x+2=\frac{t}{2},$$

откуда

$$y = x + 4,$$
$$z = \frac{x+2}{2},$$
$$t = 2x + 4.$$

Подставив эти значения в первое уравнение, получаем:

$$x + x + 4 + \frac{x+2}{2} + 2x + 4 = 45,$$

откуда $x = 8$. Далее находим: $y = 12$, $z = 5$, $t = 20$. Итак, у братьев было:

8 руб., 12 руб., 5 руб., 20 руб.

Птицы у реки

ЗАДАЧА

У одного арабского математика XI века находим следующую задачу.

На обоих берегах реки растет по пальме, одна против другой. Высота одной — 30 локтей, другой — 20 локтей; расстояние между их основаниями — 50 локтей. На верхушке каждой пальмы сидит птица. Внезапно обе птицы заметили рыбу, выплывшую к поверхности воды между пальмами; они кинулись к ней разом и достигли ее одновременно.

Рис. 4.

На каком расстоянии от основания более высокой пальмы появилась рыба?

РЕШЕНИЕ

Из схематического чертежа (рис. 5), пользуясь теоремой Пифагора, устанавливаем:

$$AB^2 = 30^2 + x^2, \quad AC^2 = 20^2 + (50 - x)^2.$$

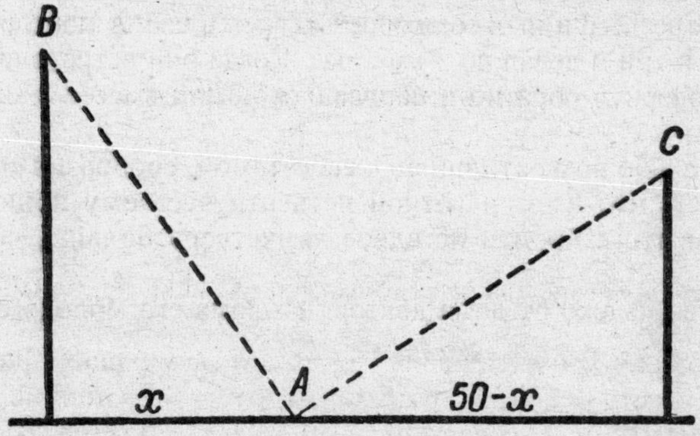

Рис. 5.

Но $AB = AC$, так как обе птицы пролетели эти расстояния в одинаковое время. Поэтому

$$30^2 + x^2 = 20^2 + (50 - x)^2.$$

Раскрыв скобки и сделав упрощения, получаем уравнение первой степени $100x = 2000$, откуда $x = 20$. Рыба появилась в 20 локтях от той пальмы, высота которой 30 локтей.

Прогулка

ЗАДАЧА

— Зайдите ко мне завтра днем, — сказал старый доктор своему знакомому.

— Благодарю вас. Я выйду в три часа. Может быть, и вы надумаете прогуляться, так выходите в то же время, встретимся на полпути.

— Вы забываете, что я старик, шагаю в час всего только 3 *км,* а вы, молодой человек, проходите при самом медленном шаге 4 *км* в час. Не грешно бы дать мне небольшую льготу.

— Справедливо. Так как я прохожу больше вас на 1 *км* в час, то, чтобы уравнять нас, дам вам этот километр, т. е. выйду на четверть часа раньше. Достаточно?

— Очень любезно с вашей стороны, — поспешил согласиться старик.

Молодой человек так и сделал: вышел из дому в три четверти третьего и шел со скоростью 4 *км* в час. А доктор вышел ровно в три и делал по 3 *км* в час. Когда они встретились, старик повернул обратно и направился домой вместе с молодым другом.

Только возвратившись к себе домой, сообразил молодой человек, что из-за льготной четверти часа ему пришлось в общем итоге пройти не вдвое, а вчетверо больше, чем доктору.

Как далеко от дома доктора до дома его молодого знакомого?

РЕШЕНИЕ

Обозначим расстояние между домами через x (*км*).

Молодой человек всего прошел $2x$, а доктор вчетверо меньше, т. е. $\frac{x}{2}$. До встречи доктор прошел половину пройденного им пути, т. е. $\frac{x}{4}$, а молодой человек — остальное, т. е. $\frac{3x}{4}$. Свою часть пути доктор прошел в $\frac{x}{12}$ часа, а молодой человек — в $\frac{3x}{16}$ часа, причем мы знаем, что он был в пути на $\frac{1}{4}$ часа дольше, чем доктор.

Имеем уравнение

$$\frac{3x}{16} - \frac{x}{12} = \frac{1}{4},$$

откуда $x = 2{,}4$ *км.*

От дома молодого человека до дома доктора 2,4 *км.*

Артель косцов

Известный физик А. В. Цингер в своих воспоминаниях о Л. Н. Толстом рассказывает о следующей задаче, которая очень нравилась великому писателю:

«Артели косцов надо было скосить два луга, один вдвое больше другого. Половину дня артель косила большой луг. После этого артель разделилась пополам: первая половина осталась на большом лугу и докосила его к вечеру до конца; вторая же половина косила малый луг, на котором к вечеру еще остался участок, скошенный на другой день одним косцом за один день работы.

Сколько косцов было в артели?».

Рис. 6.

РЕШЕНИЕ

В этом случае, кроме главного неизвестного — числа косцов, которое мы обозначим через x, — удобно ввести еще и вспомогательное, именно — размер участка, скашиваемого одним косцом в 1 день; обозначим его через y. Хотя задача и не требует его определения, оно облегчит нам нахождение главного неизвестного.

Выразим через x и y площадь большого луга. Луг этот косили полдня x косцов; они скосили $x \cdot \frac{1}{2} \cdot y = \frac{xy}{2}$.

Вторую половину дня его косила только половина артели, т. е. $\frac{x}{2}$ косцов; они скосили

$$\frac{x}{2} \cdot \frac{1}{2} \cdot y = \frac{xy}{4}.$$

Так как к вечеру скошен был весь луг, то площадь его равна

$$\frac{xy}{2} + \frac{xy}{4} = \frac{3xy}{4}.$$

Выразим теперь через x и y площадь меньшего луга. Его полдня косили $\frac{x}{2}$ косцов и скосили площадь $\frac{x}{2} \cdot \frac{1}{2} \cdot y = \frac{xy}{4}$. Прибавим недокошенный участок, как раз равный y (площади, скашиваемой одним косцом в 1 рабочий день), и получим площадь меньшего луга:

$$\frac{xy}{4} + y = \frac{xy + 4y}{4}.$$

Остается перевести на язык алгебры фразу: «первый луг вдвое больше второго», — и уравнение составлено:

$$\frac{3xy}{4} : \frac{xy + 4y}{4} = 2, \quad \text{или} \quad \frac{3xy}{xy + 4y} = 2.$$

Сократим дробь в левой части уравнения на y; вспомогательное неизвестное благодаря этому исключается, и уравнение принимает вид

$$\frac{3x}{x + 4} = 2, \text{ или } 3x = 2x + 8,$$

откуда $x = 8$.

В артели было 8 косцов.

После напечатания первого издания «Занимательной алгебры» проф. А. В. Цингер прислал мне подробное и весьма интересное сообщение, касающееся этой задачи. Главный эффект задачи, по его мнению, в том, что «она совсем не алгебраическая, а арифметическая и притом крайне простая, затрудняющая только своей нешаблонной формой».

«История этой задачи такова, — продолжает проф. А. В. Цингер. — В Московском университете на математическом факультете в те времена, когда там учились мой отец и мой дядя И. И. Раевский (близкий друг Л. Толстого), среди прочих предметов преподавалось нечто вроде педагогики. Для этой цели студенты должны были посещать отведенную для университета городскую народную школу и там в сотрудничестве с опытными искусными учителями упражняться в преподавании. Среди товарищей Цингера и Раевского был некий студент Петров, по рассказам — чрезвычайно одаренный и оригинальный человек. Этот Петров (умерший очень молодым, кажется, от чахотки) утверждал, что на уроках арифметики учеников портят, приучая их к шаблонным задачам и к шаблонным способам решения. Для подтверждения своей мысли Петров изобретал задачи, которые вследствие нешаблонности очень затрудняли «опытных искусных учителей», но легко решались более способными учениками, еще не испорченными учебой. К числу таких задач (их Петров сочинил несколько) относится и задача об артели косцов. Опытные учителя, разумеется, легко могли решать ее при помощи уравнения, но простое арифметическое решение от них ускользало. Между тем, задача настолько проста, что привлекать для ее решения алгебраический аппарат совсем не стоит.

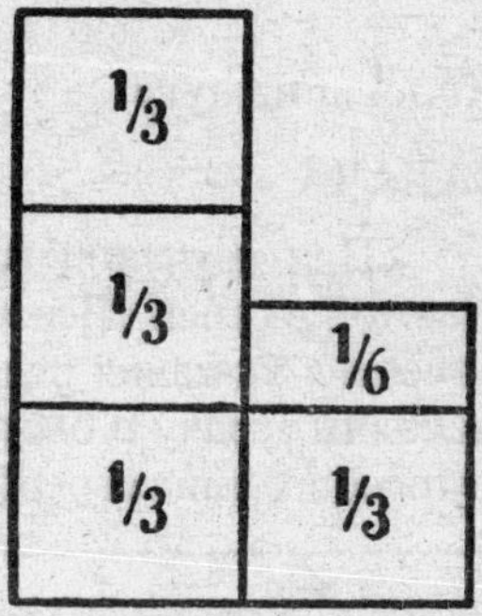

Рис. 7.

Если большой луг полдня косила вся артель и полдня пол-артели, то ясно, что в полдня пол-артели скашивает $\frac{1}{3}$ луга. Следовательно, на малом лугу остался нескошенным участок в $\frac{1}{2}-\frac{1}{3}=\frac{1}{6}$. Если один косец в день скашивает $\frac{1}{6}$ луга, а скошено было $\frac{6}{6}+\frac{2}{6}=\frac{8}{6}$, то косцов было 8.

Толстой, всю жизнь любивший фокусные, не слишком хитрые задачи, эту задачу знал от моего отца еще с молодых лет. Когда об этой задаче пришлось беседовать мне с Толстым — уже стариком, его особенно восхитило то, что задача делается гораздо яснее и прозрачнее, если при решении пользоваться самым примитивным чертежом (рис. 7)».

Ниже нам встретятся еще несколько задач, которые при некоторой сообразительности проще решаются арифметически, чем алгебраически.

Коровы на лугу

ЗАДАЧА

«При изучении наук задачи полезнее правил», — писал Ньютон в своей «Всеобщей арифметике» и сопровождал теоретические указания рядом примеров. В числе этих упражнений находим задачу о быках, пасущихся на лугу, — родоначальницу особого типа своеобразных задач наподобие следующей.

Рис. 8.

«Трава на всем лугу растет одинаково густо и быстро. Известно, что 70 коров поели бы ее в 24 дня, а 30 коров — в 60 дней. Сколько коров поели бы всю траву луга в 96 дней?».

Задача эта послужила сюжетом для юмористического рассказа, напоминающего чеховский «Репетитор». Двое взрослых, родственники школьника, которому эту задачу задали для решения, безуспешно трудятся над нею и недоумевают:

— Выходит что-то странное, — говорит один из решающих: — если в 24 дня 70 коров поедают всю траву луга, то сколько коров съедят ее в 96 дней? Конечно, $\frac{1}{4}$ от 70, т. е. $17\frac{1}{2}$ коров... Первая нелепость! А вот вторая: 30 коров поедают траву в 60 дней; сколько коров съедят ее в 96 дней? Получается еще хуже: $18\frac{3}{4}$ коровы. Кроме того: если 70 коров поедают траву в 24 дня, то 30 коров употребляют на это 56 дней, а вовсе не 60, как утверждает задача.

— А приняли вы в расчет, что трава все время растет? — спрашивает другой.

Замечание резонное: трава непрерывно растет, и если этого не учитывать, то не только нельзя решить задачи, но и само условие ее будет казаться противоречивым.

Как же решается задача?

РЕШЕНИЕ

Введем и здесь вспомогательное неизвестное, которое будет обозначать суточный прирост травы в долях ее запаса на лугу. В одни сутки прирастает y, в 24 дня — $24y$; если общий запас принять за 1, то в течение 24 дней коровы съедают

$$1 + 24y.$$

В сутки все стадо (из 70 коров) съедает

$$\frac{1+24y}{24},$$

а одна корова съедает

$$\frac{1+24y}{24\cdot 70}.$$

Подобным же образом из того, что 30 коров поели бы траву того же луга в 60 суток, выводим, что одна корова съедает в сутки

$$\frac{1+60y}{30\cdot 60}.$$

Но количество травы, съедаемое коровой в сутки, для обоих стад одинаково. Поэтому

$$\frac{1+24y}{24\cdot 70}=\frac{1+60y}{30\cdot 60},$$

откуда

$$y=\frac{1}{480}.$$

Найдя y (величину прироста), легко уже определить, какую долю первоначального запаса травы съедает одна корова в сутки:

$$\frac{1+24y}{24\cdot 70}=\frac{1+24\cdot\frac{1}{480}}{24\cdot 70}=\frac{1}{1600}.$$

Наконец, составляем уравнение для окончательного решения задачи: если искомое число коров x, то

$$\frac{1+96\cdot\dfrac{1}{480}}{96x}=\frac{1}{1600},$$

откуда $x = 20$.

20 коров поели бы всю траву в 96 дней.

Задача Ньютона

Рассмотрим теперь ньютонову задачу о быках, по образцу которой составлена сейчас рассмотренная.

Задача, впрочем, придумана не самим Ньютоном; она является продуктом народного математического творчества.

«Три луга, покрытые травой одинаковой густоты и скорости роста, имеют площади: $3\frac{1}{3}$ *га,* 10 *га* и 24 *га.* Первый прокормил 12 быков в продолжение 4 недель; второй — 21 быка в течение 9 недель. Сколько быков может прокормить третий луг в течение 18 недель?».

РЕШЕНИЕ

Введем вспомогательное неизвестное y, означающее, какая доля первоначального запаса травы прирастает на 1 га в течение недели. На первом лугу в течение недели прирастает травы $3\frac{1}{3}y$, а в течение 4 недель $3\frac{1}{3}y\cdot 4=\frac{40}{3}y$ того запаса, который первоначально имелся на 1 *га.* Это равносильно тому, как если бы первоначальная площадь луга увеличилась и сделалась равной

$$\left(3\frac{1}{3}+\frac{40}{3}y\right)$$

гектаров. Другими словами, быки съели столько травы, сколько покрывает луг площадью в $3\frac{1}{3}+\frac{40}{3}y$ гектаров. В одну неделю 12 быков поели четвертую часть этого количества, а 1 бык в неделю $\frac{1}{48}$ часть, т. е. запас, имеющийся на площади

$$\left(3\frac{1}{3}+\frac{40y}{3}\right):48=\frac{10+40y}{144}$$

гектаров.

Подобным же образом находим площадь луга, кормящего одного быка в течение недели, из данных для второго луга:

недельный прирост на 1 *га* = y,
9-недельный прирост на 1 *га* = $9y$,
9-недельный прирост на 10 *га* = $90y$.

Площадь участка, содержащего запас травы для прокормления 21 быка в течение 9 недель, равна

$$10 + 90y.$$

Площадь, достаточная для прокормления 1 быка в течение недели, —

$$\frac{10+90y}{9\cdot 21}=\frac{10+90y}{189}$$

гектаров. Обе нормы прокормления должны быть одинаковы:

$$\frac{10+40y}{144}=\frac{10+90y}{189}.$$

Решив это уравнение, находим $y=\frac{1}{12}$.

Определим теперь площадь луга, наличный запас травы которого достаточен для прокормления одного быка в течение недели:

$$\frac{10+40y}{144}=\frac{10+40\cdot\frac{1}{12}}{144}=\frac{5}{54}$$

гектаров. Наконец, приступаем к вопросу задачи. Обозначив искомое число быков через x, имеем:

$$\frac{24+24\cdot 18\cdot\frac{1}{12}}{18x}=\frac{5}{54},$$

откуда $x = 36$. Третий луг может прокормить в течение 18 недель 36 быков.

Перестановка часовых стрелок

ЗАДАЧА

Биограф и друг известного физика А. Эйнштейна А. Мошковский, желая однажды развлечь своего приятеля во время болезни, предложил ему следующую задачу (рис. 9):

«Возьмем, — сказал Мошковский, — положение стрелок в 12 часов. Если бы в этом положении большая и малая стрелки обменялись местами, они дали бы все же правильные показания. Но в другие моменты, — например, в 6 часов, взаимный обмен стрелок привел бы к абсурду, к положению, какого на правильно идущих часах быть не может: минутная стрелка не может стоять на 6, когда часовая показывает 12. Возникает вопрос: когда и как часто стрелки часов занимают такие положения, что замена одной другою дает новое положение, тоже возможное на правильных часах?

— Да, — ответил Эйнштейн, — это вполне подходящая задача для человека, вынужденного из-за болезни оставаться в постели: достаточно интересная и не слишком легкая. Боюсь только, что развлечение продлится недолго: я уже напал на путь к решению.

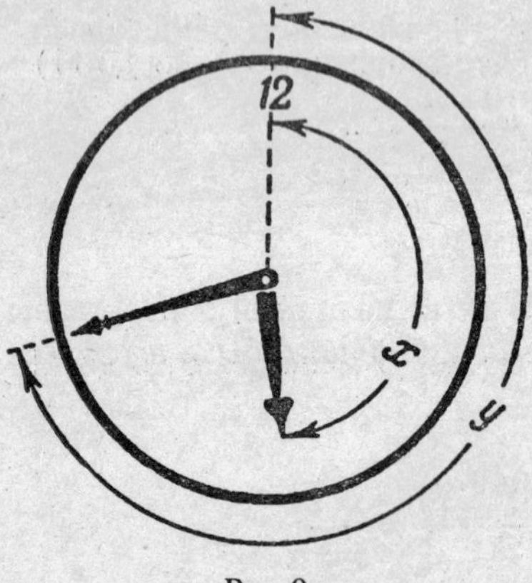

Рис. 9.

И приподнявшись на постели, он несколькими штрихами набросал на бумаге схему, изображающую условие задачи. Для решения ему понадобилось не больше времени, чем мне на формулировку задачи...»

Как же решается эта задача?

РЕШЕНИЕ

Будем измерять расстояния стрелок по кругу циферблата от точки, где стоит цифра 12, в 60-х долях окружности.

Пусть одно из требуемых положений стрелок наблюдалось тогда, когда часовая стрелка отошла от цифры 12 на x делений, а минутная — на y делений. Так как часовая стрелка проходит 60 делений за 12 часов, т. е. 5 делений в час, то x делений она прошла за $\frac{x}{5}$ часов. Иначе говоря, после того как часы показывали 12, прошло $\frac{x}{5}$ часов. Минутная стрелка прошла y делений за y минут, т. е. за $\frac{y}{60}$ часов. Иначе говоря, цифру 12 минутная стрелка прошла $\frac{y}{60}$ часов тому назад, или через

$$\frac{x}{5}-\frac{y}{60}$$

часов после того, как обе стрелки были на двенадцати. Это число является целым (от нуля до 11), так как оно показывает, сколько полных часов прошло после двенадцати.

Когда стрелки обменяются местами, мы найдем аналогично, что с двенадцати часов до времени, показываемого стрелками, прошло

$$\frac{y}{5}-\frac{x}{60}$$

полных часов. Это число также является целым (от нуля до 11).

Имеем систему уравнений

$$\begin{cases}\frac{x}{5}-\frac{y}{60}=m,\\ \frac{y}{5}-\frac{x}{60}=n,\end{cases}$$

где m и n — целые числа, которые могут меняться от 0 до 11. Из этой системы находим:

$$x=\frac{60(12m+n)}{143},$$
$$y=\frac{60(12n+m)}{143}.$$

Давая m и n значения от 0 до 11, мы определим все требуемые положения стрелок. Так как каждое из 12 значений m можно сопоставлять с каждым из 12 значений n, то, казалось бы, число всех решений равно $12 \cdot 12 = 144$. Но в действительности оно равно 143, потому что при $m = 0$, $n = 0$ и при $m = 11$, $n = 11$ получается одно и то же положение стрелок.

При $m = 11$, $n = 11$ имеем:

$$x = 60, \quad y = 60,$$

т. е. часы показывают 12, как и в случае $m = 0$, $n = 0$.

Всех возможных положений мы рассматривать не станем; возьмем лишь два примера. Первый пример:

$$m = 1, n = 1;$$

$$x = \frac{60 \cdot 13}{143} = 5\frac{5}{11}, \quad y = 5\frac{5}{11}$$

т. е. часы показывают 1 час $5\frac{5}{11}$ мин.; в этот момент стрелки совмещаются; их, конечно, можно обменять местами (как и при всех других совмещениях стрелок).

Второй пример:

$$m = 8, n = 5;$$

$$x = \frac{60(5 + 12 \cdot 8)}{143} \approx 42{,}38, \quad y = \frac{60(8 + 12 \cdot 5)}{143} \approx 28{,}53.$$

Соответствующие моменты: 8 час. 28,53 мин. и 5 час. 42,38 мин.

Число решений мы знаем: 143. Чтобы найти все точки циферблата, которые дают требуемые положения стрелок, надо окружность циферблата разделить на 143 равные части: получим 143 точки, являющиеся искомыми. В промежуточных точках требуемые положения стрелок невозможны.

Совпадение часовых стрелок

ЗАДАЧА

Сколько есть положений на правильно идущих часах, когда часовая и минутная стрелки совмещаются?

РЕШЕНИЕ

Мы можем воспользоваться уравнениями, выведенными при решении предыдущей задачи: ведь если часовая и минутная стрелки совместились, то их можно обменять местами — от этого ничего не изменится. При этом обе стрелки прошли одинаковое число делений от цифры 12, т. е. $x = y$. Таким образом, из рассуждений, относящихся к предыдущей задаче, мы выводим уравнение

$$\frac{x}{5} - \frac{x}{60} = m,$$

где m — целое число от 0 до 11. Из этого уравнения находим:

$$x = \frac{60m}{11}.$$

Из двенадцати возможных значений для m (от нуля до 11) мы получаем не 12, а только 11 различных положений стрелок, так как при $m = 11$ мы находим $x = 60$, т. е. обе стрелки прошли 60 делений и находятся на цифре 12; это же получается при $m = 0$.

Искусство отгадывать числа

Каждый из вас, несомненно, встречался с «фокусами» по отгадыванию чисел. Фокусник обычно предлагает выполнить действия следующего характера: задумай число, прибавь 2, умножь на 3, отними 5, отними задуманное число и т. д. — всего пяток, а то и десяток действий. Затем фокусник спрашивает, что у вас получилось в результате, и, получив ответ, мгновенно сообщает задуманное вами число.

Секрет «фокуса», разумеется, очень прост, и в основе его лежат все те же уравнения.

Пусть, например, фокусник предложил вам выполнить программу действий, указанную в левой колонке следующей таблицы:

Задумай число,	x
прибавь 2,	$x+2$
умножь результат на 3,	$3x+6$
отними 5,	$3x+1$
отними задуманное число,	$2x+1$
умножь на 2,	$4x+2$
отними 1	$4x+1$

Затем фокусник просит вас сообщить окончательный результат и, получив его, моментально называет задуманное число. Как он это делает?

Чтобы понять это, достаточно обратиться к правой колонке таблицы, где указания фокусника переведены на язык алгебры.

Из этой колонки видно, что если вы задумали какое-то число x, то после всех действий у вас должно получиться $4x + 1$. Зная это, нетрудно «отгадать» задуманное число.

Пусть, например, вы сообщили фокуснику, что получилось 33. Тогда фокусник быстро решает в уме уравнение $4x + 1 = 33$ и находит: $x = 8$. Иными словами, от окончательного результата надо отнять единицу ($33 - 1 = 32$) и затем полученное число разделить на 4 ($32 : 4 = 8$); это и дает задуманное число (8). Если же у вас получилось 25, то фокусник в уме проделывает действия $25 - 1 = 24$, $24 : 4 = 6$ и сообщает вам, что вы задумали 6.

Как видите, все очень просто: фокусник заранее знает, что надо сделать с результатом, чтобы получить задуманное число.

Поняв это, вы можете еще более удивить и озадачить ваших приятелей, предложив им *самим*, по своему усмотрению, выбрать характер действий над задуманным числом. Вы предлагаете приятелю задумать число и производить в любом порядке действия следующего характера: прибавлять или отнимать известное число (скажем: прибавить 2, отнять 5 и т. д.), умножать[1] на известное число (на 2, на 3 и т. п.), прибавлять или отнимать задуманное число. Ваш приятель нагромождает, чтобы запутать вас, ряд действий. Например, он задумывает число 5 (этого он вам не сообщает) и, выполняя действия, говорит:

— Я задумал число, умножил его на 2, прибавил к результату 3, затем прибавил задуманное число; теперь я прибавил 1, умножил на 2, отнял задуманное число, отнял 3, еще отнял задуманное число, отнял 2. Наконец, я умножил результат на 2 и прибавил 3.

Решив, что он уже совершенно вас запутал он с торжествующим видом сообщает вам:

— Получилось 49.

К его изумлению вы немедленно сообщаете ему, что он задумал число 5.

Как вы это делаете? Теперь это уже достаточно ясно. Когда ваш приятель сообщает вам о действиях, которые он выполняет над задуманным числом, вы одновременно действуете в уме с неизвестным x. Он вам говорит: «Я задумал число...», а вы про себя твердите: «значит, у нас есть x». Он говорит: «...умножил его на 2...» (и он в самом деле производит умножение чисел), а вы про себя продолжаете: «теперь $2x$». Он говорит: «...прибавил к результату 3...», и вы немедленно следите: $2x + 3$, и т. д. Когда

---

[1] Делить лучше не разрешайте, так как это очень усложнит «фокус».

он «запутал» вас окончательно и выполнил все те действия, которые перечислены выше, у вас получилось то, что указано в следующей таблице (левая колонка содержит то, что вслух говорит ваш приятель, а правая — те действия, которые вы выполняете в уме):

Я задумал число,	x
умножил его на 2,	$2x$
прибавил к результату 3.	$2x + 3$
затем прибавил задуманное число,	$3x + 3$
теперь я прибавил 1,	$3x + 4$
умножил на 2,	$6x + 8$
отнял задуманное число,	$5x + 8$
отнял 3,	$5x + 5$
еще отнял задуманное число,	$4x + 5$
отнял 2,	$4x + 3$
наконец, я умножил результат на 2	$8x + 6$
и прибавил 3	$8x + 9$

В конце концов вы про себя подумали: окончательный результат $8x + 9$. Теперь он говорит: «У меня получилось 49». А у вас готово уравнение: $8x + 9 = 49$. Решить его — пара пустяков, и вы немедленно сообщаете ему, что он задумал число 5.

Фокус этот особенно эффектен потому, что не вы предлагаете те операции, которые надо произвести над задуманным числом, а сам товарищ ваш «изобретает» их.

Есть, правда, один случай, когда фокус не удается. Если, например, после ряда операций вы (считая про себя) получили $x + 14$, а затем ваш товарищ говорит: «...теперь я отнял задуманное число; у меня получилось 14», то вы следите за ним: $(x + 14) - x = 14$ — в самом деле получилось 14, но никакого уравнения нет и отгадать задуманное число вы не в состоянии. Что же в таком случае делать? Поступайте так: как только у вас получается результат, не содержащий неизвестного x, вы прерываете товарища словами: «Стоп! Теперь я могу, ничего не спрашивая, сказать, сколько у тебя получилось: у тебя 14». Это уже совсем озадачит вашего приятеля — ведь он совсем ничего вам не говорил! И, хотя вы так и не узнали задуманное число, фокус получился на славу!

Вот пример (по-прежнему в левой колонке стоит то, что говорит ваш приятель):

Я задумал число,	x
прибавил к нему 2	$x + 2$
и результат умножил на 2,	$2x + 4$
теперь я прибавил 3,	$2x + 7$
отнял задуманное число,	$x + 7$
прибавил 5,	$x + 12$
затем я отнял задуманное число...	12

В тот момент, когда у вас получилось число 12, т. е. выражение, не содержащее больше неизвестного x, вы и прерываете товарища, сообщив ему, что теперь у него получилось 12.

Немного поупражнявшись, вы легко сможете показывать своим приятелям такие «фокусы».

Мнимая нелепость

ЗАДАЧА

Вот задача, которая может показаться совершенно абсурдной:

Чему равно 84, если $8 \cdot 8 = 54$?

Этот странный вопрос далеко не лишен смысла, и задача может быть решена с помощью уравнений.

Попробуйте расшифровать ее.

РЕШЕНИЕ

Вы догадались, вероятно, что числа, входящие в задачу, написаны не по десятичной системе, — иначе вопрос «чему равно 84» был бы нелепым. Пусть основание неизвестной системы счисления есть x. Число «84» означает тогда 8 единиц второго разряда и 4 единицы первого, т. е.

$$«84» = 8x + 4.$$

Число «54» означает $5x + 4$.

Имеем уравнение $8 \cdot 8 = 5x + 4$, т. е. в десятичной системе $64 = 5x + 4$, откуда $x = 12$.

Числа написаны по двенадцатеричной системе, и «84» $= 8 \cdot 12 + 4 = 100$. Значит, если $8 \cdot 8 =$ «54», то «84» $= 100$.

Подобным же образом решается и другая задача в этом роде: Чему равно 100, когда $5 \cdot 6 = 33$?

Ответ: 81 (девятеричная система счисления).

Уравнение думает за нас

Если вы сомневаетесь в том, что уравнение бывает иной раз предусмотрительнее нас самих, решите следующую задачу: Отцу 32 года, сыну 5 лет. Через сколько лет отец будет в 10 раз старше сына?

Обозначим искомый срок через x. Спустя x лет, отцу будет $32 + x$ лет, сыну $5 + x$. И так как отец должен тогда быть в 10 раз старше сына, то имеем уравнение

$$32 + x = 10\,(5 + x).$$

Решив его, получаем $x = -2$.

«Через минус 2 года» означает «два года назад». Когда мы составляли уравнение, мы не подумали о том, что возраст отца никогда *в будущем* не окажется в 10 раз превосходящим возраст сына — такое соотношение могло быть только *в прошлом*. Уравнение оказалось вдумчивее нас и напомнило о сделанном упущении.

Курьезы и неожиданности

При решении уравнений мы наталкиваемся иногда на ответы, которые могут поставить в тупик малоопытного математика. Приведем несколько примеров.

I. Найти двузначное число, обладающее следующими свойствами. Цифра десятков на 4 меньше цифры единиц. Если из числа, записанного теми же цифрами, но в обратном порядке, вычесть искомое число, то получится 27.

Обозначив цифру десятков через x, а цифру единиц — через y, мы легко составим систему уравнений для этой задачи:

$$\begin{cases} x = y - 4, \\ (10y + x) - (10x - y) = 27. \end{cases}$$

Подставив во второе уравнение значение x из первого, найдем:

$$10y + y - 4 - [10(y-4) + y] = 27,$$

а после преобразований:

$$36 = 27.$$

У нас не определились значения неизвестных, зато мы узнали, что 36 = 27... Что это значит?

Это означает лишь, что двузначного числа, удовлетворяющего поставленным условиям, не существует и что составленные уравнения противоречат одно другому.

В самом деле: умножив обе части первого уравнения на 9, мы найдем из него:

$$9y - 9x = 36,$$

а из второго (после раскрытия скобок и приведения подобных членов):

$$9y - 9x = 27.$$

Одна и та же величина $9y - 9x$ согласно первому уравнению равна 36, а согласно второму 27. Это безусловно невозможно, так как $36 \neq 27$.

Подобное же недоразумение ожидает решающего следующую систему уравнений:

$$\begin{cases} x^2y^2 = 8 \\ xy = 4 \end{cases}$$

Разделив первое уравнение на второе, получаем:

$$xy = 2,$$

а сопоставляя полученное уравнение со вторым, видим, что

$$\begin{cases} xy = 4, \\ xy = 2, \end{cases}$$

т. е. 4 = 2. Чисел, удовлетворяющих этой системе, не существует. (Системы уравнений, которые, подобно сейчас рассмотренным, не имеют решений, называются несовместными.)

II. С иного рода неожиданностью встретимся мы, если несколько изменим условие предыдущей задачи. Именно будем считать, что цифра десятков не на 4, а на 3 меньше, чем цифра единиц, а в остальном оставим условие задачи тем же. Что это за число?

Составляем уравнение. Если цифру десятков обозначим через x, то число единиц выразится через $x + 3$. Переводя задачу на язык алгебры, получим:

$$10(x+3)+x-[10x+(x+3)]=27.$$

Сделав упрощения, приходим к равенству $27 = 27$.

Это равенство неоспоримо верно, но оно ничего не говорит нам о значении x. Значит ли это, что чисел, удовлетворяющих требованию задачи, не существует?

Напротив, это означает, что составленное нами уравнение есть тождество, т. е. что оно верно при любом значении неизвестного x. Действительно, легко убедиться в том, что указанным в задаче свойством обладает каждое двузначное число, у которого цифра единиц на 3 больше цифры десятков:

$$14+27=41,\quad 47+27=74,$$
$$25+27=52,\quad 58+27=85,$$
$$36+27=63,\quad 69+27=96.$$

III. Найти трехзначное число, обладающее следующими свойствами:

1) цифра десятков 7;

2) цифра сотен на 4 меньше цифры единиц;

3) если цифры этого числа разместить в обратном порядке, то новое число будет на 396 больше искомого.

Составим уравнение, обозначив цифру единиц через x:

$$100x+70+x-4-[100(x-4)+70+x]=396.$$

Уравнение это после упрощений приводит к равенству

$$396=396.$$

Читатели уже знают, как надо толковать подобный результат. Он означает, что каждое трехзначное число, в котором первая цифра на 4 меньше третьей,[1] увеличивается на 396, если цифры поставить в обратном порядке.

До сих пор мы рассматривали задачи, имеющие более или менее искусственный, книжный характер; их назначение — помочь приобрести навык в составлении и решении уравнений. Теперь, вооруженные теоретически, займемся несколькими примерами задач практических — из области производства, обихода, военного дела, спорта.

---

[1] Цифра десятков роли не играла.

В парикмахерской

ЗАДАЧА

Может ли алгебра понадобиться в парикмахерской? Оказывается, что такие случаи бывают. Мне пришлось убедиться в этом, когда однажды в парикмахерской подошел ко мне мастер с неожиданной просьбой:

— Не поможете ли нам разрешить задачу, с которой мы никак не справимся?

— Уж сколько раствора испортили из-за этого! — добавил другой.

— В чем задача? — осведомился я.

— У нас имеется два раствора перекиси водорода: 30-процентный и 3-процентный. Нужно их смешать так, чтобы составился 12-процентный раствор. Не можем подыскать правильной пропорции...

Мне дали бумажку, и требуемая пропорция была найдена. Она оказалась очень простой. Какой именно?

РЕШЕНИЕ

Задачу можно решить и арифметически, но язык алгебры приводит здесь к цели проще и быстрее. Пусть для составления 12-процентной смеси требуется взять x граммов 3-процентного раствора и y граммов 30-процентного. Тогда в первой порции содержится $0{,}03x$ граммов чистой перекиси водорода, во второй $0{,}3y$, а всего

$$0{,}03x + 0{,}3y.$$

В результате получается $(x + y)$ граммов раствора, в котором чистой перекиси должно быть $0{,}12\ (x + y)$. Имеем уравнение

$$0{,}03x + 0{,}3y = 0{,}12(x + y).$$

Из этого уравнения находим $x = 2y$, т. е. 3-процентного раствора надо взять вдвое больше, чем 30-процентного.

Трамвай и пешеход

ЗАДАЧА

Идя вдоль трамвайного пути, я заметил, что каждые 12 минут меня нагоняет трамвай, а каждые 4 минуты я сам встречаю трамвай. И я и трамваи движемся равномерно.

Через сколько минут один после другого покидают трамвайные вагоны свои конечные пункты?

РЕШЕНИЕ

Если вагоны покидают свои конечные пункты каждые x минут, то это означает, что в то место, где я встретился с одним из трамваев, через x минут приходит следующий трамвай. Если он догоняет меня, то в оставшиеся $12-x$ минут он должен пройти тот путь, который я успеваю пройти в 12 минут. Значит, тот путь, который я прохожу в 1 минуту, трамвай проходит в $\frac{12-x}{12}$ минут.

Если же трамвай идет мне навстречу, то он встретит меня через 4 минуты после предыдущего, а в оставшиеся $(x-4)$ минуты он пройдет тот путь, который я успел пройти в эти 4 минуты. Следовательно, тот путь, который я прохожу в 1 минуту, трамвай проходит в $\frac{x-4}{4}$ минуты. Получаем уравнение

$$\frac{12-x}{12}=\frac{x-4}{4}.$$

Отсюда $x=6$. Вагоны отходят каждые 6 минут. Можно также предложить следующее (по сути дела арифметическое) решение задачи. Обозначим расстояние между двумя следующими один за другим трамваями через a. Тогда между мной и трамваем, двигающимся навстречу, расстояние уменьшается на $\frac{a}{4}$ в минуту (так как расстояние между только что прошедшим трамваем и следующим, равное a, мы вместе проходим за 4 минуты). Если же трамвай догоняет меня, то расстояние между нами ежеминутно уменьшается на $\frac{a}{12}$. Предположим теперь, что я в течение минуты шел вперед, а затем повернул назад и минуту шел обратно (т. е. вернулся на прежнее место). Тогда между мной и трамваем, двигавшимся вначале мне навстречу, за первую минуту расстояние уменьшилось на $\frac{a}{4}$, а за вторую минуту (когда этот трамвай уже догонял меня) на $\frac{a}{12}$. Итого за

2 минуты расстояние между нами уменьшилось на $\frac{a}{4}+\frac{a}{12}=\frac{a}{3}$. То же было бы, если бы я стоял все время на месте, так как в итоге я все равно вернулся назад. Итак, если бы я не двигался, то за минуту (а не за две) трамвай приблизился бы ко мне на $\frac{a}{3}:2=\frac{a}{6}$, а все расстояние a он проехал бы за 6 минут. Это означает, что мимо неподвижно стоящего наблюдателя трамваи проходят с интервалом в 6 минут.

Пароход и плоты

ЗАДАЧА

Из города A в город B, расположенный ниже по течению реки, пароход шел (без остановок) 5 часов. Обратно, против течения, он шел (двигаясь с той же собственной скоростью и также не останавливаясь) 7 часов. Сколько часов идут из A в B плоты (плоты движутся со скоростью течения реки)?

РЕШЕНИЕ

Обозначим через x время (в часах), нужное пароходу для того, чтобы пройти расстояние от A до B в стоячей воде (т.е. при движении с собственной скоростью), а через y — время движения плотов. Тогда за час пароход проходит — расстояния AB, а плоты (течение) $\frac{1}{y}$ этого расстояния. Поэтому вниз по реке пароход проходит за час $\frac{1}{x}+\frac{1}{y}$ расстояния AB, а вверх (против течения) $\frac{1}{x}-\frac{1}{y}$. Мы же знаем из условия задачи, что вниз по реке пароход проходит за час $\frac{1}{5}$ расстояния, а вверх $\frac{1}{7}$. Получаем систему

$$\begin{cases}\frac{1}{x}+\frac{1}{y}=\frac{1}{5},\\ \frac{1}{x}-\frac{1}{y}=\frac{1}{7}.\end{cases}$$

Заметим, что для решения этой системы не следует освобождаться от знаменателей: нужно просто вычесть из первого уравнения второе. В результате мы получим:

$$\frac{2}{y} = \frac{2}{35},$$

откуда $y = 35$. Плоты идут из A в B 35 часов.

Две жестянки кофе

ЗАДАЧА

Две жестянки, наполненные кофе, имеют одинаковую форму и сделаны из одинаковой жести. Первая весит 2 *кг* и имеет в высоту 12 *см;* вторая весит 1 *кг* и имеет в высоту 9,5 *см.* Каков чистый вес кофе в жестянках?

РЕШЕНИЕ

Обозначим вес содержимого большей жестянки через x, меньшей — через y. Вес самих жестянок обозначим соответственно через z и t. Имеем уравнения

$$\begin{cases} x + z = 2, \\ y + t = 1. \end{cases}$$

Так как веса содержимого полных жестянок относятся, как их объемы, т. е. как кубы их высот,[1] то

$$\frac{x}{y} = \frac{12^3}{9{,}5^3} \approx 2{,}02 \text{ или } x = 2{,}02y.$$

Веса же пустых жестянок относятся, как их полные поверхности, т. е. как квадраты их высот. Поэтому

$$\frac{z}{t} = \frac{12^2}{9{,}5^2} \approx 1{,}60 \text{ или } z = 1{,}60t.$$

Подставив значения x и z в первое уравнение, получаем систему

---

[1] Пропорцией этой позволительно пользоваться лишь в том случае, когда стенки жестянок не слишком толсты (так как наружная и внутренняя поверхности жестянок, строго говоря, не подобны и, кроме того, высота внутренней полости банки, строго говоря, отличается от высоты самой банки).

$$\begin{cases} 2{,}02y + 1{,}60t = 2, \\ y + t = 1. \end{cases}$$

Решив ее, узнаем:

$$y = \frac{20}{21} = 0{,}95, \quad t = 0{,}05.$$

И следовательно,

$$x = 1{,}92, z = 0{,}08.$$

Вес кофе без упаковки: в большей жестянке 1,92 *кг,* в меньшей — 0,94 *кг.*

Вечеринка

ЗАДАЧА

На вечеринке было 20 танцующих. Мария танцевала с семью танцорами, Ольга — с восемью, Вера — с девятью и так далее до Нины, которая танцевала со всеми танцорами. Сколько танцоров (мужчин) было на вечеринке?

РЕШЕНИЕ

Задача решается очень просто, если удачно выбрать неизвестное. Будем искать число не танцоров, а танцорок, которое обозначим через x:

1-я, Мария,	танцевала	с 6 + 1	танцорами
2-я, Ольга,	»	с 6 + 2	»
3-я. Вера,	»	с 6 + 3	»
. . . .	. . . .	. . . .	. . . .
x-я, Нина,	»	с 6 + x	»

Имеем уравнение

$$x + (6 + x) = 20,$$

откуда

$$x = 7,$$

а следовательно, число танцоров —

$$20 - 7 = 13.$$

Морская разведка

ЗАДАЧА 1

Разведчику (разведывательному кораблю), двигавшемуся в составе эскадры, дано задание обследовать район моря на 70 миль в направлении движения эскадры. Скорость эскадры — 35 миль в час, скорость разведчика — 70 миль в час. Требуется определить, через сколько времени разведчик возвратится к эскадре.

Рис. 10.

РЕШЕНИЕ

Обозначим искомое число часов через x. За это время эскадра успела пройти $35x$ миль, разведывательный же корабль $70x$. Разведчик прошел вперед 70 миль и часть этого пути обратно, эскадра же прошла остальную часть того же пути. Вместе они прошли путь в $70x + 35x$, равный $2 \cdot 70$ миль. Имеем уравнение

$$70x + 35x = 140,$$

откуда

$$x = \frac{140}{105} = 1\frac{1}{3}$$

часов. Разведчик возвратится к эскадре через 1 час 20 минут.

ЗАДАЧА 2

Разведчик получил приказ произвести разведку впереди эскадры по направлению ее движения. Через 3 часа судно это должно вернуться к эскадре. Спустя сколько времени после оставления эскадры разведывательное судно должно повернуть назад, если скорость его 60 узлов, а скорость эскадры 40 узлов?

РЕШЕНИЕ

Пусть разведчик должен повернуть спустя x часов; значит, он удалялся от эскадры x часов, а шел навстречу ей $3 - x$ часов. Пока все корабли шли в одном направлении, разведчик успел за x часов удалиться от эскадры на разность пройденных ими путей, т. е. на

$$60x - 40x = 20x.$$

При возвращении разведчика он прошел путь навстречу эскадре $60\,(3 - x)$, сама же эскадра прошла $40\,(3 - x)$. Тот и другой прошли вместе $10x$. Следовательно,

$$60\,(3 - x) + 40\,(3 - x) = 20x.$$

откуда

$$x = 2\frac{1}{2}.$$

Разведчик должен изменить курс на обратный спустя 2 часа 30 мин. после того, как он покинул эскадру.

На велодроме

ЗАДАЧА

По круговой дороге велодрома едут два велосипедиста с неизменными скоростями. Когда они едут в противоположных направлениях, то встречаются каждые 10 секунд; когда же едут в одном направлении, то один настигает другого каждые 170 секунд. Какова скорость каждого велосипедиста, если длина круговой дороги 170 *м*?

РЕШЕНИЕ

Если скорость первого велосипедиста x, то в 10 секунд он проезжает $10x$ метров. Второй же, двигаясь ему навстречу, проезжает от встречи до встречи остальную часть круга, т. е. $170 - 10x$ метров. Если скорость второго y, то это составляет $10y$ метров; итак,

$$170 - 10x = 10y.$$

Если же велосипедисты едут один вслед другому, то в 170 секунд первый проезжает $170x$ метров, а второй $170y$ метров. Если первый едет быстрее второго, то от одной встречи до другой он проезжает на один круг больше второго, т. е.

$$170x - 170y = 170.$$

После упрощения этих уравнений получаем:

$$x + y = 17, \quad x - y = 1,$$

откуда

$$x = 9, y = 8 \text{ (метров в секунду).}$$

Состязание мотоциклов

ЗАДАЧА

При мотоциклетных состязаниях одна из трех стартовавших одновременно машин, делавшая в час на 15 *км* меньше первой и на 3 *км* больше третьей, пришла к конечному пункту на 12 минут позже первой и на 3 минуты раньше третьей. Остановок в пути не было.

Требуется определить;

а) Как велик участок пути?

б) Как велика скорость каждой машины?

в) Какова продолжительность пробега каждой машины?

РЕШЕНИЕ

Хотя требуется определить семь неизвестных величин, мы обойдемся при решении задачи только двумя: составим систему двух уравнений с двумя неизвестными.

Обозначим скорость второй машины через x, Тогда скорость первой выразится через $x + 15$, а третьей — через $x - 3$.

Длину участка пути обозначим буквой y. Тогда продолжительность пробега обозначится:

для первой машины через $\frac{y}{x+15}$,

для второй » » $\frac{y}{x}$,

для третьей » » $\frac{y}{x-3}$.

Мы знаем, что вторая машина была в пути на 12 минут (т. е. на $\frac{1}{5}$ часа) дольше первой. Поэтому

$$\frac{y}{x}-\frac{y}{x+15}=\frac{1}{5}.$$

Третья машина была в пути на 3 минуты (т. е. на $\frac{1}{20}$ часа) больше второй. Следовательно,

$$\frac{y}{x-3}-\frac{y}{x}=\frac{1}{20}.$$

Второе из этих уравнений умножим на 4 и вычтем из первого:

$$\frac{y}{x}-\frac{y}{x+15}-4\left(\frac{y}{x-3}-\frac{y}{x}\right)=0.$$

Разделим все члены этого уравнения на y (эта величина, как мы знаем, не равна нулю) и после этого освободимся от знаменателей. Мы получим:

$$(x+15)(x-3)-x(x-3)-4x(x+15)+4(x+15)(x-3)=0.$$

или после раскрытия скобок и приведения подобных членов:

$$3x-225=0,$$

откуда

$$x=75.$$

Зная x, находим y из первого уравнения:

$$\frac{y}{75}-\frac{y}{90}=\frac{1}{5},$$

откуда $y=90$.

Итак, скорости машин определены:

90. 75 и 72 километра в час.

Длина всего пути = 90 *км.*

Разделив длину пути на скорость каждой машины, найдем продолжительность пробегов:

первой машины . . . . 1 час,
второй машины . . . . 1 час 12 мин.,
третьей машины . . . . 1 час 15 мин.

Таким образом, все семь неизвестных определены.

Средняя скорость езды

ЗАДАЧА

Автомобиль проехал расстояние между двумя городами со скоростью 60 километров в час и возвратился со скоростью 40 километров в час. Какова была средняя скорость его езды?

РЕШЕНИЕ

Обманчивая простота задачи вводит многих в заблуждение. Не вникнув в условия вопроса, вычисляют среднее арифметическое между 60 и 40, т. е. находят полусумму

$$\frac{60+40}{2}=50.$$

Это «простое» решение было бы правильно, если бы поездка в одну сторону и в обратном направлении длилась одинаковое время. Но ясно, что обратная поездка (с меньшей скоростью) должна была отнять больше времени, чем езда туда. Учтя это, мы поймем, что ответ 50 — неверен.

И действительно, уравнение дает другой ответ. Составить уравнение нетрудно, если ввести вспомогательное неизвестное — именно величину l расстояния между городами. Обозначив искомую среднюю скорость через x, составляем уравнение

$$\frac{2l}{x}=\frac{l}{60}+\frac{l}{40}.$$

Так как l не равно нулю, можем уравнение разделить на l; получаем:

$$\frac{2}{x}=\frac{1}{60}+\frac{1}{40},$$

откуда

$$x = \frac{2}{\frac{1}{60} + \frac{1}{40}} = 48.$$

Итак, правильный ответ не 50 километров в час, а 48.

Если бы мы решали эту же задачу в буквенных обозначениях (туда автомобиль ехал со скоростью a километров в час, обратно — со скоростью b километров в час), то получили бы уравнение

$$\frac{2l}{x} = \frac{l}{a} + \frac{l}{b},$$

откуда для x получаем значение

$$\frac{2}{\frac{1}{a} + \frac{1}{b}}.$$

Эта величина называется *средним гармоническим* для величин a и b.

Итак, средняя скорость езды выражается не средним арифметическим, а средним гармоническим для скоростей движения. Для положительных a и b среднее гармоническое всегда меньше, чем их среднее арифметическое

$$\frac{a+b}{2},$$

что мы и видели на численном примере (48 меньше, чем 50).

Быстродействующие вычислительные машины

Беседа об уравнениях в плане «Занимательной алгебры» не может пройти мимо решения уравнений на вычислительных машинах. Мы уже говорили о том, что вычислительные машины могут «играть» в шахматы (или шашки). Математические машины могут выполнять и другие задания, например, перевод с одного языка на другой, оркестровку музыкальной мелодии и т. д. Нужно только разработать соответствующую «программу», по которой машина будет действовать.

Конечно, мы не будем рассматривать здесь «программы» для игры в шахматы или для перевода с одного языка на другой: эти «программы» крайне сложны. Мы разберем лишь две очень простенькие «программы». Однако вначале нужно сказать несколько слов об устройстве вычислительной машины.

Выше (в гл. I) мы говорили об устройствах, которые позволяют производить многие тысячи вычислений в секунду. Эта часть вычислительной машины, служащая для непосредственного выполнения действий, называется *арифметическим устройством*. Кроме того, машина содержит *управляющее устройство* (регулирующее работу всей машины) и так называемую *память*. Память, или, иначе, запоминающее устройство, представляет собой хранилище для чисел и условных сигналов. Наконец, машина снабжена особыми устройствами для ввода новых цифровых данных и для выдачи готовых результатов. Эти готовые результаты машина печатает (уже в десятичной системе) на специальных карточках.

Всем хорошо известно, что звук можно записать на пластинку или на пленку и затем воспроизвести. Но запись звука на пластинку может быть произведена лишь один раз: для новой записи нужна уже новая пластинка. Несколько иначе осуществляется запись звука в магнитофоне: при помощи намагничивания особой ленты. Записанный звук можно воспроизвести нужное число раз, а если запись оказалась уже ненужной, ее можно «стереть» и произвести на той же ленте новую запись. На одной и той же ленте можно произвести одну за другой несколько записей, причем при каждой новой записи предыдущая «стирается».

На подобном же принципе основано действие запоминающих устройств. Числа и условные сигналы записываются (при помощи электрических, магнитных или механических сигналов) на специальном барабане, ленте или другом устройстве. В нужный момент записанное число может быть «прочтено», а если оно уже больше не нужно, то его можно стереть, а на его месте записать другое число. «Запоминание» и «чтение» числа или условного сигнала длятся всего лишь миллионные доли секунды.

«Память» может содержать несколько тысяч ячеек, каждая ячейка — несколько десятков элементов, например магнитных. Для записи чисел по двоичной системе счисления условимся считать, что каждый намагниченный элемент изображает цифру 1, а ненамагниченный — цифру 0. Пусть, например, каждая ячейка памяти содержит 25 элементов (или, как говорят, 25 «двоичных разрядов»), причем первый элемент ячейки служит для обозначения знака числа (+ или –), следующие 14 разрядов служат для записи целой части числа, а последние 10 разрядов — для записи дробной части. На рис. 11 схематически изображены две ячейки памяти; в каждой по 25 разрядов. Намагниченные элементы обозначены знаком +, ненамагниченные обозначены знаком –. Рассмотрим верхнюю из изображенных ячеек (запятая показывает, где начинается дробная часть числа, а пунктирная линия отделяет первый разряд, служащий для записи знака, от остальных). В ней записано (в двоичной системе счисления) число +1011,01 или — в привычной для нас десятичной системе счисления — число 11,25.

Кроме чисел в ячейках памяти записываются *приказы*, из которых состоит программа. Рассмотрим, как выглядят приказы для так называемой *трехадресной* машины. В этом случае при записи приказа ячейка памяти разбивается на 4 части (пунктирные линии на нижней ячейке, рис. 11). Первая часть служит для обозначения операции, причем операции записываются числами (номерами).

Например,

сложение — операция 1,
вычитание — операция 2,
умножение — операция 3 и т. д.

Приказы расшифровываются так: первая часть ячейки — номер операции, вторая и третья части — номера ячеек (*адреcá*), из которых надо взять числа для выполнения этой операции, четвертая часть — номер ячейки (*адрес*), куда следует отправить полученный результат. Например, на рис. 11 (нижняя строка) записаны в двоичной системе числа 11, 11, 111, 1011 или в десятичной системе: 3, 3, 7, 11, что означает следующий приказ: выполнить операцию 3 (т. е. умножение) над числами, находящимися в *третьей* и *седьмой* ячейках памяти, а полученный результат «запомнить» (т. е. записать) в *одиннадцатой* ячейке.

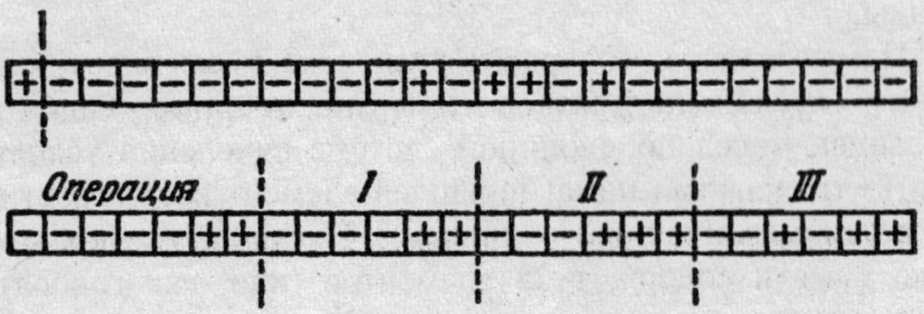

Рис..11.

В дальнейшем мы будем записывать числа и приказы не условными значками, как на рис. 11, а прямо в десятичной системе счисления. Например, приказ, изображенный в нижней строке рис. 11, запишется так:

умножение 3 7 11

Рассмотрим теперь два простеньких примера программ.

Программа 1

1) сложение	4	5	4
2) умножение	4	4	→
3) п. у.		1	
4) 0			
5) 1			

Посмотрим, как будет работать машина, у которой в первых пяти ячейках записаны эти данные.

1-й приказ: сложить числа, записанные в 4-й и 5-й ячейках, и отправить результат снова в 4-ю ячейку (вместо того, что там было записано ранее). Таким образом, машина запишет в 4-ю ячейку число 0 + 1 = 1. После выполнения 1-го приказа в 4-й и 5-й ячейках будут следующие числа:

4) 1,
5) 1.

2-й приказ: умножить число, имеющееся в 4-й ячейке, на себя (т. е. возвести его в квадрат) и результат, т. е. 1^2, выписать на карточку (стрелка означает выдачу готового результата).

3-й приказ: передача управления в 1-ю ячейку. Иначе говоря, приказ п. у. означает, что надо снова по порядку выполнять все приказы, начиная с 1-го. Итак, снова 1-й приказ.

1-й приказ: сложить числа, имеющиеся в 4-й и 5-й ячейках, и результат снова записать в 4-й ячейке. В результате в 4-й ячейке будет число 1+1 = 2:

4) 2,
5) 1.

2-й приказ: возвысить в квадрат число, стоящее в 4-й ячейке, и полученный результат, т. е. 2^2, выписать на карточку (стрелка — выдача результата).

3-й приказ: передача управления в первую ячейку (т. е. опять переход к 1-му приказу).

1-й приказ: число 2 + 1 = 3 отправить в 4-ю ячейку:

4) 3,
5) 1.

2-й приказ: выписать на карточку число 3^2.

3-й приказ: передача управления в 1-ю ячейку и т. д.

Мы видим, что машина вычисляет один за другим *квадраты целых чисел* и выписывает их на карточку. Заметьте, что каждый раз набирать новое число вручную не надо: машина сама перебирает подряд целые числа и возводит их в квадрат. Действуя по этой программе, машина вычислит квадраты всех целых чисел, скажем, от 1 до 10 000 в течение нескольких секунд (или даже долей секунды).

Следует отметить, что в действительности программа для вычисления квадратов целых чисел должна быть несколько сложнее той, которая приведена выше. Это прежде всего относится ко 2-му приказу. Дело в том, что выписывание готового результата на карточку требует во много раз больше времени, чем выполнение машиной одной операции. Поэтому готовые результаты сначала «запоминаются» в свободных ячейках «памяти», а уже после этого («не спеша») выписываются на карточку. Таким образом, первый окончательный результат должен «запоминаться» в 1-й свободной ячейке «памяти», второй результат — во 2-й свободной ячейке, третий — в 3-й и т. д. В приведенной выше упрощенной программе это никак не было учтено.

Кроме того, машина не может долго заниматься вычислением квадратов — не хватит ячеек «памяти», — а «угадать», когда машина уже вычислила нужное нам число квадратов, чтобы в этот момент выключить ее, — невозможно (ведь машина производит многие тысячи операций в секунду!). Поэтому предусмотрены особые приказы для остановки машины в нужный момент. Например, программа может быть составлена таким образом, что машина вычислит квадраты всех целых чисел от 1 до 10000 и после этого автоматически выключится.

Есть и другие более сложные виды приказов, на которых мы здесь для простоты не останавливаемся.

Вот как выглядит в действительности программа для вычисления квадратов всех целых чисел от 1 до 10000:

Программа 1а

1) сложение	8	9	8
2) умножение	8	8	10
3) сложение	2	6	2

4) у. п. у. 8 7 1
5) стоп
6) 0 0 1
7) 10000
8) 0
9) 1
10) 0
11) 0
12) 0
. . . .

Первые два приказа мало отличаются от тех, которые были в предыдущей упрощенной программе. После выполнения этих двух приказов в 8-й, 9-й и 10-й ячейках будут следующие числа:

8) 1
9) 1
10) 1^2

Третий приказ очень интересен: надо сложить то, что стоит во 2-й и 6-й ячейках, и результаты снова записать во 2-й ячейке, после чего 2-я ячейка будет иметь вид

2) умножение 8 8 11.

Как видите, после выполнения третьего приказа *меняется второй приказ*, вернее меняется один из адресов 2-го приказа. Ниже мы выясним, для чего это делается.

Четвертый приказ: условная передача управления (вместо 3-го приказа в рассмотренной ранее программе). Этот приказ выполняется так: если число, стоящее в 8-й ячейке, *меньше* числа, стоящего в 7-й ячейке, то передается управление в 1-ю ячейку; в противном случае выполняется следующий (т. е. 5-й) приказ. В нашем случае действительно $1 < 10000$, так что происходит передача управления в 1-ю ячейку. Итак, снова 1-й приказ.

После выполнения 1-го приказа в 8-й ячейке будет число 2.

Второй приказ, который теперь имеет вид

2) умножение 8 8 11,

заключается в том, что число 2^2 направляется в 11-ю ячейку. Теперь ясно, зачем был выполнен ранее 3-й приказ: новое число, т. е. 2^2, должно попасть не в 10-ю ячейку, которая уже занята, а в следующую. После выполнения 1-го и 2-го приказов у нас будут следующие числа:

8) 2
9) 1
10) 1^2
11) 2^2

После выполнения 3-го приказа 2-я ячейка примет вид

2) умножение 8 8 12,

т. е. машина «подготовилась» к тому, чтобы записать новый результат в следующую, 12-ю ячейку. Так как в 8-й ячейке все еще стоит меньшее число, чем в 9-й ячейке, то 4-й приказ означает снова передачу управления в 1-ю ячейку.

Теперь после выполнения 1-го и 2-го приказов получим:

8) 3
9) 1
10) 1^2
11) 2^2
12) 3^2

До каких пор машина будет по этой программе вычислять квадраты? До тех пор, пока в 8-й ячейке не появится число 10000, т.е. пока не будут вычислены квадраты чисел от 1 до 10000. После этого 4-й приказ уже не передаст управления в 1-ю ячейку (так как в 8-й ячейке будет стоять число, не *меньшее*, а равное числу, стоящему в 7-й ячейке), т. е. после 4-го приказа машина выполнит 5-й приказ: остановится (выключится).

Рассмотрим теперь более сложный пример программы: решение систем уравнений. При этом мы рассмотрим упрощенную программу. При желании читатель сам подумает о том, как должна выглядеть такая программа в полном виде.

Пусть задана система уравнений

$$\begin{cases} ax + by = c, \\ dx + ey = f. \end{cases}$$

Эту систему нетрудно решить:

$$x = \frac{ce - bf}{ae - bd}, \quad y = \frac{af - cd}{ae - bd}.$$

Для решения такой системы (с заданными числовыми значениями коэффициентов *a, b, c, d, e, f*) вам потребуется, вероятно, несколько десятков секунд. Машина же может решить в секунду *тысячи* таких систем.

Рассмотрим соответствующую программу. Будем считать, что даны сразу несколько систем:

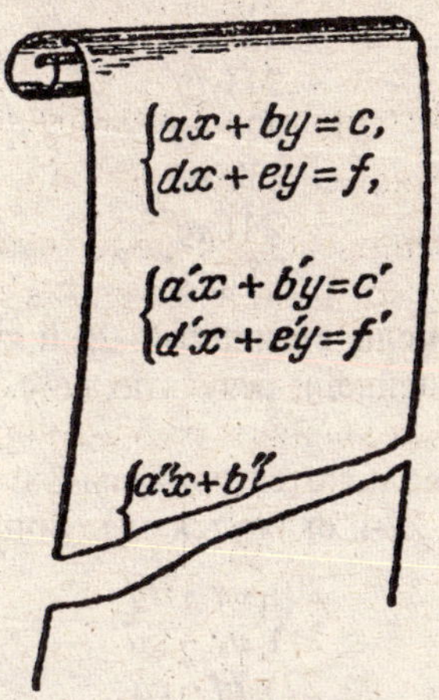

с числовыми значениями коэффициентов *a*, *b*, c, *d*, *e*, *f*, *a*', *b*', ...

Вот соответствующая программа:

Программа 2

							26)	*a*
1) ×28	30	20	14)+	3	19	3	27)	*b*
2) ×27	31	21	15)+	4	19	4	28)	*c*
3) ×26	30	22	16)+	5	19	5	29)	*d*
4) ×27	29	23	17)+	6	19	6	30)	*e*
5) ×26	31	24	18) п. у.			1	31)	*f*
6) ×28	29	25	19)	6	6	0	32)	*a'*
7) –20	21	20	20)	0			33)	*b'*
8) –22	23	21	21)	0			34)	*c'*
9) –24	25	22	22)	0			35)	*d'*
10) : 20	21	→	23)	0			36)	*e'*
11) : 22	21	→	24)	0			37)	*f'*
12) + 1	19	1	25)	0			38)	*a''*
13) + 2	19	2					....	

1-й приказ: составить произведение чисел, стоящих в 28-й и 30-й ячейках, и направить результат в 20-ю ячейку. Иначе говоря, в 20-й ячейке будет записано число *ce*.

Аналогично выполняются приказы 2-й—6-й. После их выполнения в ячейках 20-й—25-й будут находиться следующие числа:

20) ce
21) bf
22) ae
23) bd
24) af
25) cd

7-й приказ: из числа, стоящего в 20-й ячейке, вычесть число, стоящее в 21-й ячейке, и результат (т. е. $ce - bf$) снова записать в 20-ю ячейку.

Аналогично выполняются приказы 8-й и 9-й. В результате в ячейках 20-й, 21-й, 22-й окажутся следующие числа:

20) $ce - bf$
21) $ae - bd$
22) $af - cd$

10-й и 11-й приказы: составляются частные

$$\frac{ce-bf}{ae-bd} \quad \text{и} \quad \frac{af-cd}{ae-bd}$$

и выписываются на карточку (т. е. выдаются как готовые результаты). Это и есть значения неизвестных, получаемых из первой системы уравнений.

Итак, первая система решена. Зачем же дальнейшие приказы? Дальнейшая часть программы (ячейки 12-я — 19-я) предназначена для того, чтобы заставить машину «подготовиться» к решению второй системы уравнений. Посмотрим, как это происходит. Приказы с 10-го по 17-й заключаются в том, что к содержимому ячеек 1-й — 6-й прибавляется запись, имеющаяся в 19-й ячейке, а результаты снова остаются в ячейках 1-й — 6-й. Таким образом, после выполнения 17-го приказа первые шесть ячеек будут иметь следующий вид:

1)	×	34	36	20
2)	×	33	37	21
3)	×	32	36	22
4)	×	33	35	23
5)	×	32	37	24
6)	×	34	35	25

18-й приказ: передача управления в первую ячейку.

Чем же отличаются новые записи в первых шести ячейках от прежних записей? Тем, что первые два адреса в этих ячейках имеют номера не от 26 до 31, как прежде, а номера от 32 до 37. Иначе говоря, машина снова будет производить те же действия, но числа будет брать не из ячеек 26-й—31-й, а из ячеек 32-й—37-й, где стоят коэффициенты второй системы уравнений. В результате машина решит вторую систему уравнений. После решения второй системы машина перейдет к третьей и т. д.

Из сказанного становится ясным, как важно уметь составить правильную «программу». Ведь машина «сама» ничего делать не «умеет». Она может лишь выполнять заданную ей программу. Имеются программы для вычисления корней, логарифмов, синусов, для решения уравнений высших степеней и т. д. Мы уже говорили выше о том, что существуют программы для игры в шахматы, для перевода с иностранного языка... Конечно, чем сложнее задание, тем сложнее соответствующая программа.

Заметим в заключение, что существуют так называемые *программирующие программы*, т. е. такие, с помощью которых сама машина может составить требуемую для решения задачи программу. Это значительно облегчает составление программы, которое часто бывает очень трудоемким.

ГЛАВА ТРЕТЬЯ

В ПОМОЩЬ АРИФМЕТИКЕ

Арифметика зачастую не в силах собственными средствами строго доказать правильность некоторых из ее утверждений. Ей приходится в таких случаях прибегать к обобщающим приемам алгебры. К подобным арифметическим положениям, обосновываемым алгебраически, принадлежат, например, многие правила сокращенного выполнения действий, любопытные особенности некоторых чисел, признаки делимости и др. Рассмотрению вопросов этого рода и посвящается настоящая глава.

Мгновенное умножение

Вычислители-виртуозы во многих случаях облегчают себе вычислительную работу, прибегая к несложным алгебраическим преобразованиям. Например, вычисление 988^2 выполняется так:

$$988 \cdot 988 = (988 + 12) \cdot (988 - 12) + 12^2 = \\ = 1000 \cdot 976 + 144 = 976\,144.$$

Легко сообразить, что вычислитель в этом случае пользуется следующим алгебраическим преобразованием:

$$a^2 = a^2 - b^2 + b^2 = (a+b)(a-b) + b^2.$$

На практике мы можем с успехом пользоваться этой формулой для устных выкладок.

Например:

$$27^2 = (27 + 3)\,(27 - 3) + 3^2 = 729,$$

$$63^2 = 66 \cdot 60 + 3^2 = 3969,$$
$$18^2 = 20 \cdot 16 + 2^2 = 324,$$
$$37^2 = 40 \cdot 34 + 3^2 = 1369,$$
$$48^2 = 50 \cdot 46 + 2^2 = 2304,$$
$$54^2 = 58 \cdot 50 + 4^2 = 2916.$$

Далее, умножение 986 · 997 выполняется так:

$$986 \cdot 997 = (986 - 3) \cdot 1000 + 3 \cdot 14 = 983\,042.$$

На чем основан этот прием? Представим множители в виде

$$(1000 - 14) \cdot (1000 - 3)$$

и перемножим эти двучлены по правилам алгебры:

$$1000 \cdot 1000 - 1000 \cdot 14 - 1000 \cdot 3 + 14 \cdot 3.$$

Делаем преобразования:

$$1000\,(1000 - 14) - 1000 \cdot 3 + 14 \cdot 3 =$$
$$= 1000 \cdot 986 - 1000 \cdot 3 + 14 \cdot 3 =$$
$$= 1000\,(986 - 3) + 14 \cdot 3.$$

Последняя строка и изображает прием вычислителя.

Интересен способ перемножения двух трехзначных чисел, у которых число десятков одинаково, а цифры единиц составляют в сумме 10. Например, умножение

$$783 \cdot 787$$

выполняется так:

$$78 \cdot 79 = 6162; \quad 3 \cdot 7 = 21;$$

результат:

$$616\,221.$$

Обоснование способа ясно из следующих преобразований:

$$(780 + 3)\,(780 + 7) =$$
$$= 780 \cdot 780 + 780 \cdot 3 + 780 \cdot 7 + 3 \cdot 7 =$$
$$= 780 \cdot 780 + 780 \cdot 10 + 3 \cdot 7 =$$
$$= 780\,(780 + 10) + 3 \cdot 7 = 780 \cdot 790 + 21 =$$
$$= 616\,200 + 21.$$

Другой прием для выполнения подобных умножений еще проще:

$$783 \cdot 787 = (785 - 2)\,(785 + 2) = 785^2 - 4 = 616\,225 - 4 = 616\,221.$$

В этом примере нам приходилось возводить в квадрат число 785.

Для быстрого возведения в квадрат чисел, оканчивающихся на 5, очень удобен следующий способ:

35^2; $3 \cdot 4 = 12$.   Отв. 1225.

65^2; $6 \cdot 7 = 42$.   Отв. 4225.

75^2; $7 \cdot 8 = 56$.   Отв. 5625.

Правило состоит в том, что умножают число десятков на число, на единицу большее, и к произведению приписывают 25.

Прием основан на следующем. Если число десятков *a*, то все число можно изобразить так:

$$10a + 5.$$

Квадрат этого числа как квадрат двучлена равен

$$100a^2 + 100a + 25 = 100a\,(a + 1) + 25.$$

Выражение $a\,(a + 1)$ есть произведение числа десятков на ближайшее высшее число. Умножить число на 100 и прибавить 25 — все равно, что приписать к числу 25.

Из того же приема вытекает простой способ возводить в квадрат числа, состоящие из целого и $\frac{1}{2}$. Например:

$$\left(3\frac{1}{2}\right)^2 = 3{,}5^2 = 12{,}25 = 12\frac{1}{4},$$

$$\left(7\frac{1}{2}\right)^2 = 56\frac{1}{4}, \quad \left(8\frac{1}{2}\right)^2 = 72\frac{1}{4} \text{ и т. п.}$$

Цифры 1, 5 и 6

Вероятно, все заметили, что от перемножения ряда чисел, оканчивающихся единицей или пятеркой, получается число, оканчивающееся той же цифрой. Менее известно, что сказанное относится и к числу 6. Поэтому, между прочим, всякая степень числа, оканчивающегося шестеркой, также оканчивается шестеркой.

Например, $46^2 = 2116$; $46^3 = 97\,336$.

Эту любопытную особенность цифр 1, 5 и 6 можно обосновать алгебраическим путем. Рассмотрим ее для 6.

Числа, оканчивающиеся шестеркой, изображаются так:

$$10a + 6, \quad 10b + 6 \quad \text{и т. д.,}$$

где *a* и *b* — целые числа.

Произведение двух таких чисел равно

$$100ab + 60b + 60a + 36 =$$
$$= 10\,(10ab + 6b + 6a) + 30 + 6 =$$
$$= 10\,(10ab + 6b + 6a + 3) + 6.$$

Как видим, произведение составляется из некоторого числа десятков и из цифры 6, которая, разумеется, должна оказаться на конце.

Тот же прием доказательства можно приложить к 1 и к 5.

Сказанное дает нам право утверждать, что, например,

386^{2567}	оканчивается	На	6,
815^{723}	»	»	5,
491^{1732}	»	»	1 и т. п.

Числа 25 и 78

Имеются и двузначные числа, обладающие тем же свойством, как и числа 1, 5 и 6. Это число 25 и — что, вероятно, для многих будет неожиданностью, — число 76. Всякие два числа, оканчивающиеся на 76, дают в произведении число, оканчивающееся на 76.

Докажем это. Общее выражение для подобных чисел таково:

$$100a + 76, \quad 100b + 76 \text{ и т. д.}$$

Перемножим два числа этого вида; получим:

$$10\,000ab + 7600b + 7600a + 5776 =$$
$$= 10000ab + 7600b + 7600a + 5700 + 76 =$$
$$= 100\,(100ab + 76b + 76a + 57) + 76.$$

Положение доказано: произведение будет оканчиваться числом 76.

Отсюда следует, что всякая *степень* числа, оканчивающегося на 76, есть подобное же число:

$$376^2 = 141\,376, \quad 576^3 = 191\,102\,976 \text{ и т. п.}$$

Бесконечные «числа»

Существуют и более длинные группы цифр, которые, находясь на конце чисел, сохраняются и в их произведении. Число таких групп цифр, как мы покажем, бесконечно велико.

Мы знаем двузначные группы цифр, обладающие этим свойством: это 25 и 76. Для того чтобы найти трехзначные группы, нужно *приписать* к числу 25 или 76 спереди такую цифру, чтобы полученная трехзначная группа цифр тоже обладала требуемым свойством.

Какую же цифру следует приписать к числу 76? Обозначим ее через k. Тогда искомое трехзначное число изобразится:

$$100k + 76.$$

Общее выражение для чисел, оканчивающихся этой группой цифр, таково:

$$1000a + 100k + 76,\ 1000b + 100k + 76 \text{ и т. д.}$$

Перемножим два числа этого вида; получим:

$$1\,000\,000ab + 100\,000ak + 100\,000bk + 76\,000a + \\ + 76\,000b + 10\,000k^2 + 15\,200k + 5776.$$

Все слагаемые, кроме двух последних, имеют на конце не менее трех нулей. Поэтому произведение оканчивается на $100k + 76$, если разность

$$15200k + 5776 - (100k + 76) = 15\,100k + 5700 = \\ = 15\,000k + 5000 + 100\,(k + 7)$$

делится на 1000. Это, очевидно, будет только при $k = 3$.

Итак, искомая группа цифр имеет вид 376. Поэтому и всякая степень числа 376 оканчивается на 376. Например:

$$376^2 = 141\,376.$$

Если мы теперь захотим найти четырехзначную группу цифр, обладающую тем же свойством, то должны будем приписать к 376 еще одну цифру спереди. Если эту цифру обозначим через l, то придем к задаче: при каком l произведение

$$(10\,000a + 1000l + 376)\,(10\,000b + 1000l + 376)$$

оканчивается на $1000l + 376$? Если в этом произведении раскрыть скобки и отбросить все слагаемые, которые оканчиваются на 4 нуля и более, то останутся члены

$$752\,000l + 141\,376.$$

Произведение оканчивается на $1000l + 376$, если разность

$$752\,000l + 141\,376 - (1\,000l + 376) = 751\,000l + 141\,000 = \\ = (750\,000l + 140\,000) + 1000\,(l + 1)$$

делится на 10 000. Это, очевидно, будет только при $l = 9$.

Искомая четырехзначная группа цифр 9376. Полученную четырехзначную группу цифр можно дополнить еще одной цифрой, для чего нужно рассуждать точно так же, как и выше. Мы получим 09376. Проделав еще один шаг, найдем группу цифр 109376, затем 7109376 и т. д.

Такое приписывание цифр слева можно производить неограниченное число раз. В результате мы получим «число», у которого *бесконечно много* цифр:

$$...7109\,376.$$

Подобные «числа» можно складывать и умножать по обычным правилам: ведь они записываются *справа налево*, а сложение и умножение («столбиком») также производятся справа налево, так что в сумме и произведении двух таких чисел можно вычислять одну цифру за другой — сколько угодно цифр.

Интересно, что написанное выше бесконечное «число» удовлетворяет, как это ни кажется невероятным, уравнению

$$x^2 = x.$$

В самом деле, квадрат этого «числа» (т. е. произведение его на себя) оканчивается на 76, так как каждый из сомножителей имеет на конце 76; по той же причине квадрат написанного «числа» оканчивается на 376; оканчивается на 9376 и т. д. Иначе говоря, вычисляя одну за другой цифры «числа» x^2, где $x = ...7109376$, мы будем получать те же цифры, которые имеются в числе x, так что $x^2 = x$.

Мы рассмотрели группы цифр, оканчивающиеся на 76.[1] Если аналогичные рассуждения провести для групп цифр, оканчивающихся на 5, то мы получим такие группы цифр:

5, 25, 625, 0625, 90625, 890 625, 2 890 625 и т. д.

В результате мы сможем написать еще одно бесконечное «число»

$$...\,2\,890\,625,$$

также удовлетворяющее уравнению $x^2 = x$. Можно было бы показать, что это бесконечное «число» «равно»

$$\left(\left(\left(5^2\right)^2\right)^2\right)^{2\cdot^{\cdot^{\cdot}}}$$

[1] Заметим, что двузначная группа цифр 76 может быть найдена при помощи рассуждений; аналогичных приведенным выше: достаточно решить вопрос о том, какую цифру надо спереди приписать к цифре 6, чтобы полученная двузначная группа цифр обладала рассматриваемым свойством. Поэтому «число» ...7109 376 можно получить, приписывая спереди одну за другой цифры к шестерке.

Полученный интересный результат на языке бесконечных «чисел» формулируется так: уравнение $x^2 = x$ имеет (кроме обычных $x = 0$ и $x = 1$) два «бесконечных» решения:

$$x = \ldots 7\,109\,376 \text{ и } x = \ldots 2\,890\,625,$$

а других решений (в десятичной системе счисления) не имеет.[1]

Доплата

СТАРИННАЯ НАРОДНАЯ ЗАДАЧА

Однажды в старые времена произошел такой случай. Двое прасолов продали принадлежавший им гурт волов, получив при этом за каждого вола столько рублей, сколько в гурте было волов. На вырученные деньги купили стадо овец по 10 рублей за овцу и одного ягненка. При дележе поровну одному досталась лишняя овца, другой же взял ягненка и получил с компаньона соответствующую доплату. Как велика была доплата (предполагается, что доплата выражается целым числом рублей)?

РЕШЕНИЕ

Задача не поддается прямому переводу «на алгебраический язык», для нее нельзя составить уравнения. Приходится решать ее особым путем, так сказать, по свободному математическому соображению. Но и здесь алгебра оказывает арифметике существенную помощь.

Стоимость всего стада в рублях есть точный квадрат, так как стадо приобретено на деньги от продажи n волов по n рублей за вола. Одному из компаньонов досталась лишняя овца, следовательно, число овец нечетное; нечетным, значит, является и число десятков в числе n^2. Какова же цифра единиц?

Можно доказать, что если в точном квадрате число десятков нечетное, то цифра единиц в нем может быть только 6.

В самом деле, квадрат всякого числа из a десятков и b единиц, т. е. $(10a + b)^2$, равен

$$100a^2 + 20ab + b^2 = (10a^2 + 2ab) \cdot 10 + b^2.$$

---

[1] Бесконечные «числа» можно рассматривать не только в десятичной, а и в других системах счисления. Такие числа, рассматриваемые в системе счисления с основанием p, называются p-адическими числами. Кое-что об этих числах можно прочесть в книге Е. Б. Дынкина и В. А. Успенского «Математические беседы» (Гостехиздат, 1952).

Десятков в этом числе $10a^2 + 2ab$, да еще некоторое число десятков, заключающихся в b^2. Но $10a^2 + 2ab$ делится на 2 — это число четное. Поэтому число десятков, заключающихся в $(10a + b)^2$, будет нечетным, лишь если в числе b^2 окажется нечетное число десятков. Вспомним, что такое b^2. Это — квадрат цифры единиц, т. е. одно из следующих 10 чисел:

0, 1, 4. 9, 16, 25, 36, 49, 64, 81.

Среди них нечетное число десятков имеют только 16 и 36 — оба оканчивающиеся на 6. Значит, точный квадрат

$$100a^2 + 20ab + b^2$$

может иметь нечетное число десятков только в том случае, если оканчивается на 6.

Теперь легко найти ответ на вопрос задачи. Ясно, что ягненок пошел за 6 рублей. Компаньон, которому он достался, получил, следовательно, на 4 рубля меньше другого. Чтобы уравнять доли, обладатель ягненка должен дополучить от своего компаньона 2 рубля.

Доплата равна 2 рублям.

Делимость на 11

Алгебра весьма облегчает отыскание признаков, по которым можно заранее, не выполняя деления, установить, делится ли данное число на тот или иной делитель. Признаки делимости на 2, 3, 4, 5, 6, 8, 9, 10 общеизвестны. Выведем признак делимости на 11; он довольно прост и практичен.

Пусть многозначное число N имеет цифру единиц a, цифру десятков b, цифру сотен c, цифру тысяч d и т. д., т. е.

$$N = a + 10b + 100c + 1000d + ... = a + 10\,(b + 10c + 100d + ...),$$

где многоточие означает сумму дальнейших разрядов. Вычтем из N число $11\,(b + 10c + 100d + ...)$,кратное одиннадцати. Тогда полученная разность, равная, как легко видеть,

$$a - b - 10\,(c + 10d + ...),$$

будет иметь тот же остаток от деления на 11, что и число N. Прибавив к этой разности число $11\,(c + 10d + ...)$, кратное одиннадцати, мы получим число

$$a - b + c + 10\,(d + ...),$$

также имеющее тот же остаток от деления на 11, что и число N. Вычтем из него число $11(d+...)$, кратное одиннадцати, и т. д. В результате мы получим число

$$a-b+c-d+... = (a+c+...)-(b+d+...),$$

имеющее тот же остаток от деления на 11, что и исходное число N.

Отсюда вытекает следующий признак делимости на 11: надо из суммы всех цифр, стоящих на нечетных местах, вычесть сумму всех цифр, занимающих четные места; если в разности получится 0 либо число (положительное или отрицательное), кратное 11, то и испытуемое число кратно 11; в противном случае наше число не делится без остатка на 11.

Испытаем, например, число 87 635 064:

$$8+6+5+6=25,$$
$$7+3+0+4=14,$$
$$25-14=11.$$

Значит, данное число делится на 11.

Существует и другой признак делимости на 11, удобный для не очень длинных чисел. Он состоит в том, что испытуемое число разбивают справа налево на грани по две цифры в каждой и складывают эти грани. Если полученная сумма делится без остатка на 11, то и испытуемое число кратно 11, в противном случае — нет. Например, пусть требуется, испытать число 528. Разбиваем число на грани (5/28) и складываем обе грани:

$$5+28=33.$$

Так как 33 делится без остатка на 11, то и число 528 кратно 11:

$$528:11=48.$$

Докажем этот признак делимости. Разобьем многозначное число N на грани. Тогда мы получим двузначные (или однозначные [1]) числа, которые обозначим (справа налево) через a, b, c и т. д., так что число N можно будет записать в виде

$$N = a + 100b + 10\,000c + ... = a + 100\,(b + 100c + ...).$$

Вычтем из N число $99\,(b+100c+...)$, кратное одиннадцати. Полученное число

---

[1] Если число N имело нечетное число цифр, то последняя (самая левая) грань будет однозначной. Кроме того, грань вида 03 также следует рассматривать как однозначное число 3.

$$a + (b + 100c + ...) = a + b + 100\,(c + ...)$$

будет иметь тот же остаток от деления на 11, что и число N. Из этого числа вычтем число 99 (с + ...), кратное одиннадцати, и т. д. В результате мы найдем, что число N имеет тот же остаток от деления на 11, что и число

$$a + b + c + ...$$

Номер автомашины

ЗАДАЧА

Прогуливаясь по городу, трое студентов-математиков заметили, что водитель автомашины грубо нарушил правила уличного движения. Номер машины (четырехзначный) ни один из студентов не запомнил, но, так как они были математиками, каждый из них приметил некоторую особенность этого четырехзначного числа. Один из студентов вспомнил, что две первые цифры числа были одинаковы. Второй вспомнил, что две последние цифры также совпадали между собой. Наконец, третий утверждал, что все это четырехзначное число является точным квадратом. Можно ли по этим данным узнать номер машины?

РЕШЕНИЕ

Обозначим первую (и вторую) цифру искомого числа через a, а третью (и четвертую) — через b. Тогда все число будет равно:

$$1000a + 100a + 10b + b = 1100a + 11b = 11(100a + b).$$

Число это делится на 11, а потому (будучи точным квадратом) оно делится и на 11^2. Иначе говоря, число $100a + b$ делится на 11. Применяя любой из двух вышеприведенных признаков делимости на 11, найдем, что на 11 делится число $a + b$. Но это значит, что

$$a + b = 11,$$

так как каждая из цифр a, b меньше десяти.

Последняя цифра b числа, являющегося точным квадратом, может принимать только следующие значения:

$$0, 1, 4, 5, 6, 9.$$

Поэтому для цифры a, которая равна $11 - b$, находим такие возможные значения:

$$11, 10, 7, 6, 5, 2.$$

Первые два значения непригодны, и остаются следующие возможности:

$$b=4,\quad a=7;$$
$$b=5,\quad a=6;$$
$$b=6,\quad a=5;$$
$$b=9,\quad a=2;$$

Мы видим, что номер автомашины нужно искать среди следующих четырех чисел:

$$7744, 6655, 5566, 2299.$$

Но последние три из этих чисел не являются точными квадратами: число 6655 делится на 5, но не делится на 25; число 5566 делится на 2, но не делится на 4; число $2299 = 121 \cdot 19$ также не является квадратом. Остается только одно число $7744 = 88^2$; оно и дает решение задачи.

Делимость на 19

Обосновать следующий признак делимости на 19.

Число делится без остатка на 19 тогда и только тогда, когда число его десятков, сложенное с удвоенным числом единиц, кратно 19.

РЕШЕНИЕ

Всякое число N можно представить в виде

$$N = 10x + y,$$

где x — число десятков (не цифра в разряде десятков, а общее число целых десятков во всем числе), y — цифра единиц. Нам нужно показать, что N кратно 19 тогда и только тогда, когда

$$N' = x + 2y$$

кратно 19. Для этого умножим N' на 10 и из этого произведения вычтем N; получим:

$$10N' - N = 10(x + 2y) - (10x + y) = 19y.$$

Отсюда видно, что если N' кратно 19, то и

$$N = 10N' - 19y$$

делится без остатка на 19; и обратно, если N делится без остатка на 19, то

$$10N' = N + 19y$$

кратно 19, а тогда, очевидно, и N' делится без остатка на 19.

Пусть, например, требуется определить, делится ли на 19 число 47 045 881.

Применяем последовательно наш признак делимости:

```
        4 7 0 4 5 8 8 |1
                    + 2
  -----------------------
        4 7 0 4 5 |9 0
              + 1 8
  -----------------------
        4 7 0 6 |3
            + 6
  -----------------
        4 7 1 |2
          + 4
  --------------
        4 7 |5
  +     1 0
  -----------
          5 |7
  +   1 4
  --------
      1 9.
```

Так как 19 делится на 19 без остатка, то кратны 19 и числа 57, 475, 4712, 47063, 470 459, 4 704 590, 47 045 881.

Итак, наше число делится на 19.

Теорема Софии Жермен

Вот задача, предложенная известным французским математиком Софией Жермен:

Доказать, что каждое число вида $a^4 + 4$ есть составное (если a не равно 1).

РЕШЕНИЕ

Доказательство вытекает из следующих преобразований:

$$a^4 + 4 = a^4 + 4a^2 + 4 - 4a^2 = (a^2 + 2)^2 - 4a^2 =$$
$$= (a^2 + 2)^2 - (2a)^2 = (a^2 + 2 - 2a)(a^2 + 2 + 2a).$$

Число $a^4 + 4$ может быть, как мы убеждаемся, представлено в виде произведения двух множителей, не равных ему самому и единице,[1] иными словами, оно — составное.

Составные числа

Число так называемых простых чисел, т. е. целых чисел, бóльших единицы, не делящихся без остатка ни на какие другие целые числа, кроме единицы и самих себя, бесконечно велико.

Начинаясь числами 2, 3, 5, 7, 11, 13, 17, 19, 23, 29, 31, ..., ряд их простирается без конца. Вклиниваясь между числами составными, они разбивают натуральный ряд чисел на более или менее длинные участки составных чисел. Какой длины бывают эти участки? Следует ли где-нибудь подряд, например, тысяча составных чисел, не прерываясь ни одним простым числом?

Можно доказать, — хотя это и может показаться неправдоподобным, — что участки составных чисел между простыми бывают любой длины. Нет границы для длины таких участков: они могут состоять из тысячи, из миллиона, из триллиона и т. д. составных чисел.

Для удобства будем пользоваться условным символом $n!$, который обозначает произведение всех чисел от 1 до n включительно. Например $5! = 1 \cdot 2 \cdot 3 \cdot 4 \cdot 5$. Мы сейчас докажем, что ряд

$[(n+1)!+2], [(n+1)!+3], [(n+1)!+4], ...$

до $[(n+1)!+n+1]$ включительно

состоит из n последовательных составных чисел.

Числа эти идут непосредственно друг за другом в натуральном ряду, так как каждое следующее на 1 больше предыдущего. Остается доказать, что все они — составные.

Первое число

$$(n + 1)! + 2 = 1 \cdot 2 \cdot 3 \cdot 4 \cdot 5 \cdot 6 \cdot 7 \cdot ... \cdot (n + 1) + 2$$

— четное, так как оба его слагаемых содержат множитель 2. А всякое четное число, большее 2, — составное.

Второе число

$$(n + 1)! + 3 = 1 \cdot 2 \cdot 3 \cdot 4 \cdot 5 \cdot 6 \cdot 7 \cdot ... \cdot (n + 1) + 3$$

состоит из двух слагаемых, каждое из которых кратно 3. Значит, и это число составное.

---

[1] Последнее — потому, что

$$a^2 + 2 - 2a = (a^2 - 2a + 1) + 1 = (a - 1)^2 + 1 \neq 1, \text{ если } a \neq 1.$$

Третье число

$$(n + 1)! + 4 = 1 \cdot 2 \cdot 3 \cdot 4 \cdot 5 \cdot 6 \cdot 7 \cdot ... \cdot (n + 1) + 4$$

делится без остатка на 4, так как состоит из слагаемых, кратных 4.

Подобным же образом устанавливаем, что следующее число

$$(n + 1)! + 5$$

кратно 5 и т. д. Иначе говоря, каждое число нашего ряда содержит множитель, отличный от единицы и его самого; оно является, следовательно, составным.

Если вы желаете написать, например, пять последовательных составных чисел, вам достаточно в приведенный выше ряд подставить вместо *n* число 5. Вы получите ряд

722, 723, 724, 725, 726.

Но это — не единственный ряд из пяти последовательных составных чисел. Имеются и другие, например,

62, 63, 64, 65, 66.

Или еще меньшие числа:

24, 25, 26, 27, 28.

Попробуем теперь решить задачу:

Написать десять последовательных составных чисел.

РЕШЕНИЕ

На основании ранее сказанного устанавливаем, что в качестве первого из искомых десяти чисел можно взять

$$1 \cdot 2 \cdot 3 \cdot 4 \cdot ... \cdot 10 \cdot 11 + 2 = 39\,816\,802.$$

Искомой серией чисел, следовательно, может служить такая:

39 816 802, 39 816 803, 39 816 804 и т. д.

Однако существуют серии из десяти гораздо меньших последовательных составных чисел. Так, можно указать на серию даже не из десяти, а из тринадцати составных последовательных чисел уже во второй сотне:

114, 115, 116, 117 и т. д. до 126 включительно.

Число простых чисел

Существование сколь угодно длинных серий последовательных *составных* чисел способно возбудить сомнение в том, действительно ли ряд *простых* чисел не имеет конца. Не лишним будет поэтому привести здесь доказательство бесконечности ряда простых чисел.

Доказательство это принадлежит древнегреческому математику Евклиду и входит в его знаменитые «Начала». Оно относится к разряду доказательств «от противного». Предположим, что ряд простых чисел конечен, и обозначим последнее простое число в этом ряду буквой N. Составим произведение

$$1 \cdot 2 \cdot 3 \cdot 4 \cdot 5 \cdot 6 \cdot 7 \cdot ... \cdot N = N!$$

и прибавим к нему 1. Получим:

$$N! + 1.$$

Это число, будучи целым, должно содержать хотя бы один простой множитель, т. е. должно делиться хотя бы на одно простое число. Но все простые числа, по предположению, не превосходят N, число же $N! + 1$ не делится без остатка ни на одно из чисел, меньших или равных N, — всякий раз получится остаток 1.

Итак, нельзя было принять, что ряд простых чисел конечен: предположение это приводит к противоречию. Таким образом, какую бы длинную серию последовательных составных чисел мы ни встретили в ряду натуральных чисел, мы можем быть убеждены в том, что за нею найдется еще бесконечное множество простых чисел.

Наибольшее известное простое число

Одно дело быть уверенным в том, что *существуют* как угодно большие простые числа, а другое дело — *знать*, какие числа являются простыми. Чем больше натуральное число, тем больше вычислений надо провести, чтобы узнать, является оно простым или нет. Вот наибольшее число, о котором в настоящее время известно, что оно просто:

$$2^{2281} - 1.$$

Это число имеет около семисот десятичных знаков. Вычисления, с помощью которых было установлено, что это число является простым, проводились на современных вычислительных машинах (см. гл. I, II).

Ответственный расчет

В вычислительной практике встречаются такие чисто арифметические выкладки, выполнение которых без помощи облегчающих методов алгебры чрезвычайно затруднительно. Пусть требуется, например, найти результат таких действий:

$$\frac{2}{1+\frac{1}{90\,000\,000\,000}}.$$

(Вычисление это необходимо для того, чтобы установить, вправе ли техника, имеющая дело со скоростями движения тел, малыми по сравнению со скоростью распространения электромагнитных волн, пользоваться прежним законом сложения скоростей, не считаясь с теми изменениями, которые внесены в механику теорией относительности. Согласно старой механике тело, участвующее в двух одинаково направленных движениях со скоростями v_1 и v_2 километров в секунду, имеет скорость $(v_1 + v_2)$ километров в секунду. Новое же учение дает для скорости тела выражение

$$\frac{v_1+v_2}{1+\frac{v_1 v_2}{c^2}} \text{ километров в секунду,}$$

где c — скорость распространения света в пустоте, равная приблизительно 300 000 километров в секунду. В частности, скорость тела, участвующего в двух одинаково направленных движениях, каждое со скоростью 1 километр в секунду, по старой механике равно 2 километрам в секунду, а по новой как раз

$$\frac{2}{1+\frac{1}{90\,000\,000\,000}} \text{ километров в секунду.}$$

Насколько же разнятся эти результаты? Уловима ли разница для тончайших измерительных приборов? Для выяснения этого важного вопроса и приходится выполнить указанное выше вычисление.)

Сделаем это вычисление двояко: сначала обычным арифметическим путем, а затем покажем, как получить результат приемами алгебры. Достаточно одного взгляда на приведенные далее длинные ряды цифр, чтобы убедиться в неоспоримых преимуществах алгебраического способа.

Прежде всего преобразуем нашу «многоэтажную» дробь:

$$\frac{2}{1+\frac{1}{90\,000\,000\,000}}=\frac{180\,000\,000\,000}{90\,000\,000\,000}.$$

Произведем теперь деление числителя на знаменатель:

```
180 000 000 000 | 90 000 000 000
                |-----------------
 90 000 000 001   1,999 999 999 977...
---------------
899 999 999 990
810 000 000 009
---------------
 899 999 999 810
 810 000 000 009
 ---------------
  899 999 998 010
  810 000 000 009
  ---------------
   899 999 980 010
   810 000 000 009
   ---------------
    899 999 800 010
    810 000 000 009
    ---------------
     899 998 000 010
     810 000 000 009
     ---------------
      899 980 000 010
      810 000 000 009
      ---------------
       899 800 000 010
       810 000 000 009
       ---------------
        898 000 000 010
        810 000 000 009
        ---------------
         880 000 000 010
         810 000 000 009
         ---------------
          700 000 000 010
          630 000 000 007
          ---------------
           70 000 000 003
```

Вычисление, как видите, утомительное, кропотливое; в нем легко запутаться и ошибиться. Между тем, для решения задачи важно в точности знать, на котором именно месте обрывается ряд девяток и начинается серия других цифр.

Сравните теперь, как коротко справляется с тем же расчетом алгебра. Она пользуется следующим приближенным равенством: если *a* — весьма малая дробь, то

$$\frac{1}{1+a} \approx 1 - a,$$

где знак ≈ означает «приближенно равно».

Убедиться в справедливости этого утверждения очень просто: сравним делимое 1 с произведением делителя на частное:

$$1 = (1 + a)(1 - a),$$

т. е.

$$1 = 1 - a^2.$$

Так как *a* — весьма малая дробь (например, 0,001), то a^2 еще меньшая дробь (0,000 001), и ею можно пренебречь.

Применим сказанное к нашему расчету: [1]

$$\frac{2}{1+\frac{1}{90\,000\,000\,000}} = \frac{2}{1+\frac{1}{9\cdot 10^{10}}} \approx$$

$$\approx 2(1 - 0{,}111\ldots \cdot 10^{-10}) =$$
$$= 2 - 0{,}000\,000\,000\,022\,2\ldots = 1{,}999\,999\,999\,977\,7\ldots$$

Мы пришли к тому же результату, что и раньше, но гораздо более коротким путем.

(Читателю, вероятно, интересно знать, каково значение полученного результата в поставленной нами задаче из области механики. Этот результат показывает, что ввиду малости рассмотренных скоростей по сравнению со скоростью света уклонение от старого закона сложения скоростей практически не обнаруживается: даже при таких огромных скоростях, как 1 *км/сек,* оно сказывается на одиннадцатой цифре определяемого числа, а в обычной технике ограничиваются 4—6 цифрами. Мы вправе поэтому утверждать, что новая, эйнштейнова, механика практически ничего не меняет в технических расчетах, относящихся к «медленно» (по сравнению с распространением света) движущимся телам. Есть, однако, одна область современной жизни, где этот безоговорочный вывод следует принимать с

---

[1] Мы пользуемся далее приближенным равенством

$$\frac{A}{1+a} \approx A(1-a).$$

осторожностью. Речь идет о космонавтике. Ведь уже сегодня мы достигли скоростей порядка 10 *км/сек* (при движении спутников и ракет). В этом случае расхождение классической и эйнштейновой механики скажется уже на девятом знаке. А ведь не за горами еще большие скорости...)

Когда без алгебры проще

Наряду со случаями, когда алгебра оказывает арифметике существенные услуги, бывают и такие, когда вмешательство алгебры вносит лишь ненужное усложнение. Истинное знание математики состоит в умении так распоряжаться математическими средствами, чтобы избирать всегда самый прямой и надежный путь, не считаясь с тем, относится ли метод решения задачи к арифметике, алгебре, геометрии и т. п. Полезно будет поэтому рассмотреть случай, когда привлечение алгебры способно лишь запутать решающего. Поучительным примером может служить следующая задача.

Найти наименьшее из всех тех чисел, которые при делении

на	2	дают	в	остатке	1
»	3	»	»	»	2
»	4	»	»	»	3
»	5	»	»	»	4
»	6	»	»	»	5
»	7	»	»	»	6
»	8	»	»	»	7
»	9	»	»	»	8

РЕШЕНИЕ

Задачу эту предложили мне со словами: «Как вы решили бы такую задачу? Здесь слишком много уравнений; не выпутаться из них».

Ларчик просто открывается; никаких уравнений, никакой алгебры для решения задачи не требуется — она решается несложным арифметическим рассуждением.

Прибавим к искомому числу единицу. Какой остаток даст оно тогда при делении на 2? Остаток $1 + 1 = 2$; другими словами, число разделится на 2 без остатка.

Точно так же разделится оно без остатка и на 3, на 4, на 5, на 6, на 7, на 8 и на 9. Наименьшее из таких чисел есть $9 \cdot 8 \cdot 7 \cdot 5 = 2520$, а искомое число равно 2519, что нетрудно проверить испытанием.

ГЛАВА ЧЕТВЕРТАЯ

ДИОФАНТОВЫ УРАВНЕНИЯ

Покупка свитера

ЗАДАЧА

Вы должны уплатить за купленный в магазине свитер 19 руб. У вас одни лишь трехрублевки, у кассира — только пятирублевки. Можете ли вы при наличии таких денег расплатиться с кассиром и как именно?

Вопрос задачи сводится к тому, чтобы узнать, сколько должны вы дать кассиру трехрублевок, чтобы, получив сдачу пятирублевками, уплатить 19 рублей. Неизвестных в задаче два — число (x) трехрублевок и число (y) пятирублевок. Но можно составить только одно уравнение:

$$3x - 5y = 19.$$

Хотя одно уравнение с двумя неизвестными имеет бесчисленное множество решений, но отнюдь еще не очевидно, что среди них найдется хоть одно с целыми положительными x и y (вспомним, что это — числа кредитных билетов). Вот почему алгебра разработала метод решения подобных «неопределенных» уравнений. Заслуга введения их в алгебру принадлежит первому европейскому представителю этой науки, знаменитому математику древности Диофанту, отчего такие уравнения часто называют «диофантовыми».

РЕШЕНИЕ

На приведенном примере покажем, как следует решать подобные уравнения.

Надо найти значения x и y в уравнении

$$3x - 5y = 19,$$

зная при этом, что x и y — числа целые и положительные.

Уединим то неизвестное, коэффициент которого меньше, т. е. член $3x$; получим:

$$3x = 19 + 5y,$$

откуда

$$x = \frac{19+5y}{3} = 6 + y + \frac{1+2y}{3}.$$

Так как x, 6 и y — числа целые, то равенство может быть верно лишь при условии, что $\frac{1+2y}{3}$ есть также целое число. Обозначим его буквой t. Тогда

$$x = 6 + y + t,$$

где

$$t = \frac{1+2y}{3},$$

и, значит,

$$3t = 1 + 2y, \quad 2y = 3t - 1.$$

Из последнего уравнения определяем y:

$$y = \frac{3t-1}{2} = t + \frac{t-1}{2}.$$

Так как y и t — числа целые, то и $\frac{t-1}{2}$ должно быть некоторым целым числом t_1. Следовательно,

$$y = t + t_1,$$

причем

$$t_1 = \frac{t-1}{2},$$

откуда

$$2t_1 = t - 1 \text{ и } t = 2t_1 + 1.$$

Значение $t = 2t_1 + 1$ подставляем в предыдущие равенства:

$$y = t + t_1 = (2t_1 + 1) + t_1 = 3t_1 + 1,$$

$$x = 6 + y + t = 6 + (3t_1 + 1) + (2t_1 + 1) = 8 + 5t_1.$$

Итак, для x и y мы нашли выражения [1]

$$x = 8 + 5t_1,$$
$$y = 1 + 3t_1.$$

Числа x и y, мы знаем, — не только целые, но и положительные, т. е. бóльшие чем 0. Следовательно,

$$8 + 5t_1 > 0,$$
$$1 + 3t_1 > 0.$$

Из этих неравенств находим:

$$5t_1 > -8 \quad \text{и } t_1 > -\frac{8}{5},$$

$$3t_1 > -1 \quad \text{и } t_1 > -\frac{1}{3}.$$

Этим величина t_1 ограничивается; она больше чем $-\frac{1}{3}$ (и, значит, подавно больше чем $-\frac{8}{5}$). Но так как t_1 — число целое, то заключаем, что для него возможны лишь следующие значения:

$$t_1 = 0, 1, 2, 3, 4, \ldots$$

Соответствующие значения для x и y таковы:

$$x = 8 + 5t_1 = 8, 13, 18, 23, \ldots,$$
$$y = 1 + 3t_1 = 1, 4, 7, 10, \ldots$$

Теперь мы установили, как может быть произведена уплата:

вы либо платите 8 трехрублевок, получая одну пятирублевку сдачи:

$$8 \cdot 3 - 5 = 19,$$

либо платите 13 трехрублевок, получая сдачи 4 пятирублевки:

$$13 \cdot 3 - 4 \cdot 5 = 19$$

и т. д.

---

[1] Строго говоря, мы доказали только то, что всякое целочисленное решение уравнения $3x - 5y = 19$ имеет вид $x = 8 + 5\,t_1$, $y = 1 + 3\,t_1$, где t_1 — некоторое целое число. Обратное (т. е. то, что при любом целом t_1 мы получаем некоторое целочисленное решение данного нам уравнения) доказано не было. Однако в этом легко убедиться, проводя рассуждения в обратном порядке или подставив найденные значения x и y в первоначальное уравнение.

Теоретически задача имеет бесчисленный ряд решений, практически же число решений ограничено, так как ни у покупателя, ни у кассира нет бесчисленного множества кредитных билетов. Если, например, у каждого всего по 10 билетов, то расплата может быть произведена только одним способом: выдачей 8 трехрублевок и получением 5 рублей сдачи. Как видим, неопределенные уравнения практически могут давать вполне определенные пары решений.

Возвращаясь к нашей задаче, предлагаем читателю в качестве упражнения самостоятельно решить ее вариант, а именно рассмотреть случай, когда у покупателя только пятирублевки, а у кассира только трехрублевки. В результате получится такой ряд решений:

$$x = 5, 8, 11, \ldots,$$
$$y = 2, 7, 12, \ldots$$

Действительно,

$$5 \cdot 5 - 2 \cdot 3 = 19,$$
$$8 \cdot 5 - 7 \cdot 3 = 19,$$
$$11 \cdot 5 - 12 \cdot 3 = 19,$$
$$\ldots\ldots\ldots\ldots$$

Мы могли бы получить эти результаты также и из готового уже решения основной задачи, воспользовавшись простым алгебраическим приемом. Так как *давать* пятирублевки и *получать* трехрублевки все равно, что «*получать* отрицательные пятирублевки» и «*давать* отрицательные трехрублевки», то новый вариант задачи решается тем же уравнением, которое мы составили для основной задачи:

$$3x - 5y = 19,$$

но при условии, что x и y — числа отрицательные. Поэтому из равенств

$$x = 8 + 5t_1,$$
$$y = 1 + 3t_1.$$

мы, зная, что $x < 0$ и $y < 0$, выводим:

$$8 + 5t_1 < 0,$$
$$1 + 3t_1 < 0.$$

и, следовательно,

$$t_1 < -\frac{8}{5}.$$

Принимая $t_1 = -2, -3, -4$ и т. д., получаем из предыдущих формул следующие значения для x и y:

$$t_1 = -2,\ -3,\ \ -4,$$
$$x = -2,\ -7,\ -12,$$
$$y = -5,\ -8,\ -11.$$

Первая пара решений, $x = -2$, $y = -5$, означает, что покупатель «платит минус 2 трехрублевки» и «получает минус 5 пятирублевок», т. е. в переводе на обычный язык — платит 5 пятирублевок и получает сдачи 2 трехрублевки. Подобным же образом истолковываем и прочие решения.

Ревизия магазина

ЗАДАЧА

При ревизии торговых книг магазина одна из записей оказалась залитой чернилами и имела такой вид:

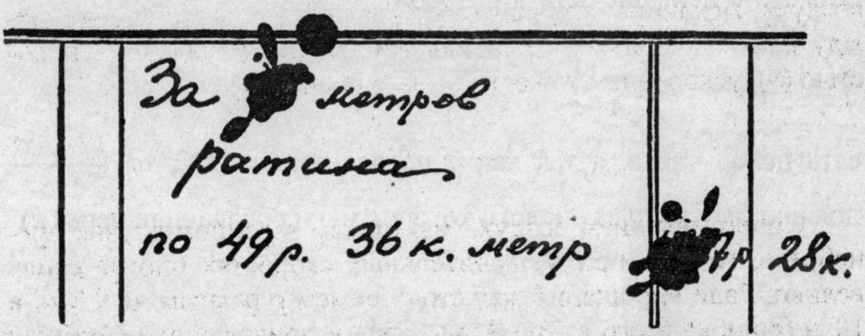

Невозможно было разобрать число проданных метров, но было несомненно, что число это не дробное; в вырученной сумме можно было различить только последние три цифры, да установить еще, что перед ними были три какие-то другие цифры.

Может ли ревизионная комиссия по этим следам установить запись?

РЕШЕНИЕ

Обозначим число метров через x. Вырученная сумма выразится в копейках через

$$4936x.$$

Число, выражаемое тремя залитыми цифрами в записи денежной суммы, обозначим через y. Это, очевидно, число тысяч копеек, а вся сумма в копейках изобразится так:

$$1000y + 728.$$

Имеем уравнение

$$4936x = 1000y + 728,$$

или, после сокращения на 8,

$$617x - 125y = 91.$$

В этом уравнении x и y — числа целые и притом y не больше 999, так как более чем из трех цифр оно состоять не может. Решаем уравнение, как раньше было указано:

$$125y = 617x - 91,$$

$$y = 5x - 1 + \frac{34 - 8x}{125} = 5x - 1 + \frac{2(17 - 4x)}{125} = 5x - 1 + 2t\,.$$

(Здесь мы приняли $\frac{617}{125} = 5 - \frac{8}{125}$, так как нам выгодно иметь возможно меньшие остатки. Дробь

$$\frac{2(17 - 4x)}{125}$$

есть целое число, а так как 2 не делится на 125, то $\frac{17 - 4x}{125}$ должно быть целым числом, которое мы и обозначили через t.)

Далее из уравнения

$$\frac{17 - 4x}{125} = t$$

имеем:

$$17 - 4x = 125t,$$

$$x = 4 - 31t + \frac{1 - t}{4} = 4 - 31t + t_1,$$

где

$$t_1 = \frac{1 - t}{4},$$

и, следовательно,

$$4t_1 = 1 - t;$$

$$t = 1 - 4t_1;$$

$$x = 125t_1 - 27$$

$$y = 617t_1 - 134.$$ [1]

Мы знаем, что

$$100 \le y < 1000.$$

Следовательно,

$$100 \le 617t_1 - 134 < 1000,$$

откуда

$$t_1 \ge \frac{234}{617} \text{ и } t_1 < \frac{1134}{617}.$$

Очевидно, для t_1 существует только одно целое значение:

$$t_1 = 1,$$

и тогда

$$x = 98, y = 483,$$

т. е. было отпущено 98 метров на сумму 4837 р. 28 к. Запись восстановлена.

Покупка почтовых марок

ЗАДАЧА

Требуется на один рубль купить 40 штук почтовых марок — копеечных, 4-копеечных и 12-копеечных. Сколько окажется марок каждого достоинства?

РЕШЕНИЕ

В этом случае у нас имеется два уравнения с тремя неизвестными:

$$x + 4y + 12z = 100,$$
$$x + y + z = 40.$$

где x — число копеечных марок, y — 4-копеечных, z — 12-копеечных.

Вычитая из первого уравнения второе, получим одно уравнение с двумя неизвестными:

---

[1] Обратите внимание на то, что коэффициенты при t_1 равны коэффициентам при x и y в исходном уравнении

$$617x - 125y = 91,$$

причем у одного из коэффициентов при t_1 знак обратный. Это не случайность: можно доказать, что так должно быть всегда, если коэффициенты при x и y — взаимно простые.

$$3y + 11z = 60.$$

Находим *y:*

$$y = 20 - 11 \cdot \frac{z}{3}.$$

Очевидно, $\frac{z}{3}$ — число целое. Обозначим его через *t*. Имеем:

$$y = 20 - 11t,$$
$$z = 3t.$$

Подставляем выражения для *y* и *z* во второе из исходных уравнений:

$$x + 20 - 11t + 3t = 40;$$

получаем:

$$x = 20 + 8t.$$

Так как $x \geq 0, y \geq 0$ и $z \geq 0$, то нетрудно установить границы для *t*:

$$0 \leq t \leq 1\frac{9}{11},$$

откуда заключаем, что для *t* возможны только два целых значения:

$$t = 0 \text{ и } t = 1.$$

Соответствующие значения *x, y* и *z* таковы:

t =	0	1
x =	20	28
y =	20	9
z =	0	3

Проверка:

$$20 \cdot 1 + 20 \cdot 4 + 0 \cdot 12 = 100,$$
$$28 \cdot 1 + 9 \cdot 4 + 3 \cdot 12 = 100.$$

Итак, покупка марок может быть произведена только двумя способами (а если потребовать, чтобы была куплена *хотя бы одна* марка каждого достоинства, — то только одним способом).

Следующая задача — в том же роде.

Покупка фруктов

ЗАДАЧА

На 5 руб. куплено 100 штук разных фруктов. Цены на фрукты таковы:

арбуз,	штука	....	50	коп.
яблоки,	»	....	10	»
сливы,	»	....	1	»

Сколько фруктов каждого рода было куплено?

Рис. 12.

РЕШЕНИЕ

Обозначив число арбузов через x, яблок через y и слив через z, составляем два уравнения:

$$\begin{cases} 50x + 10y + 1z = 500, \\ x + y + z = 100. \end{cases}$$

Вычтя из первого уравнения второе, получим одно уравнение с двумя неизвестными:

$$49x + 9y = 400.$$

Дальнейший ход решения таков:

$$y = \frac{400 - 49x}{9} = 44 - 5x + \frac{4(1-x)}{9} = 44 - 5x + 4t,$$

$$t = \frac{1-x}{9}, \quad x = 1 - 9t,$$

$$y = 44 - 5(1 - 9t) + 4t = 39 + 49t.$$

Из неравенств

$$1 - 9t \geq 0 \text{ и } 39 + 49t \geq 0$$

устанавливаем, что

$$\frac{1}{9} \geq t \geq -\frac{39}{49}$$

и, следовательно, $t = 0$. Поэтому

$$x = 1, y = 39.$$

Подставив эти значения x и y во второе уравнение, получаем: $z = 60$.

Итак, куплены были 1 арбуз, 39 яблок и 60 слив. Других комбинаций быть не может.

Отгадать день рождения

ЗАДАЧА

Умение решать неопределенные уравнения дает возможность выполнить следующий математический фокус.
Вы предлагаете товарищу умножить число даты его рождения на 12, а номер месяца — на 31. Он сообщает вам сумму обоих произведений, и вы вычисляете по ней дату рождения.

Если, например, товарищ ваш родился 9 февраля, то он выполняет следующие выкладки:

$$9 \cdot 12 = 108, \quad 2 \cdot 31 = 62, \quad 108 + 62 = 170.$$

Это последнее число, 170, он сообщает сам, и вы определяете задуманную дату. Как?

РЕШЕНИЕ

Задача сводится к решению неопределенного уравнения

$$12x + 31y = 170$$

в целых и положительных числах, причем число месяца x не больше 31, а номер месяца y не больше 12.

$$x = \frac{170 - 31y}{12} = 14 - 3y + \frac{2 + 5y}{12} = 14 - 3y + t,$$

$$2 + 5y = 12t,$$

$$y = \frac{-2 + 12t}{5} = 2t - 2 \cdot \frac{1 - t}{5} = 2t - 2t_1.$$

$$1 - t = 5t_1, \quad t = 1 - 5t_1,$$

$$y = 2(1 - 5t_1) - 2t_1 = 2 - 12t_1,$$

$$x = 14 - 3(2 - 12t_1) + 1 - 5t_1 = 9 + 31t_1$$

Зная, что $31 \geq x > 0$ и $12 \geq y > 0$, находим границы для t_1:

$$-\frac{9}{31} < t_1 < \frac{1}{6}.$$

Следовательно,

$$t_1 = 0, x = 9, y = 2.$$

Дата рождения 9-е число второго месяца, т. е. 9 февраля.

Можно предложить и другое решение, не использующее уравнений. Нам сообщено число $a = 12x + 31y$. Так как $12x + 24y$ делится на 12, то числа $7y$ и a имеют одинаковые остатки от деления на 12. Умножив на 7, найдем, что $49y$ и $7a$ имеют одинаковые остатки от деления на 12. Но $49y = 48y + y$, а $48y$ делится на 12, Значит, y и $7a$ имеют одинаковые остатки от деления на 12. Иными словами, если a не делится на 12, то y равен остатку от деления числа $7a$ на 12; если же a делится на 12, то $y = 12$. Этим число y (номер месяца) вполне определяется. Ну, а зная y, уже ничего не стоит узнать x.

Маленький совет: прежде чем узнавать остаток от деления числа $7a$ на 12, замените само число a его остатком от деления на 12 — считать будет проще. Например, если $a = 170$, то вы должны произвести в уме следующие вычисления:

$$170 = 12 \cdot 14 + 2 \text{ (остаток, значит, равен 2)};$$

$$2 \cdot 7 = 14; 14 = 12 \cdot 1 + 2 \text{ (значит, } y = 2);$$

$$x = \frac{170 - 31y}{12} = \frac{170 - 31 \cdot 2}{12} = \frac{108}{12} = 9 \text{ (значит, } x = 2).$$

Теперь вы можете сообщить товарищу дату его рождения: 9 февраля.

Докажем, что фокус всегда удается без отказа, т. е. что уравнение всегда имеет только одно решение в целых положительных числах. Обозначим число, которое сообщил ваш товарищ, через a, так что нахождение даты его рождения сводится к решению уравнения

$$12x + 31y = a.$$

Станем рассуждать «от противного». Предположим, что это уравнение имеет два различных решения в целых положительных числах, а именно решение x_1, y_1 и решение x_2, y_2, причем x_1 и x_2 не превосходят 31, а y_1 и y_2 не превосходят 12. Мы имеем:

$$12x_1 + 31y_1 = a,$$
$$12x_2 + 31y_2 = a.$$

Вычитая из первого равенства второе, получим:

$$12(x_1 - x_2) + 31(y_1 - y_2) = 0.$$

Из этого равенства вытекает, что число $12(x_1 - x_2)$ делится на 31. Так как x_1 и x_2 — положительные числа, не превосходящие 31, то их разность $x_1 - x_2$ по величине меньше чем 31. Поэтому число $12(x_1 - x_2)$ может делиться на 31 только в том случае, когда $x_1 = x_2$, т.е. когда первое решение совпадает со вторым. Таким образом, предположение о существовании двух *различных* решений приводит к противоречию.

Продажа кур

СТАРИННАЯ ЗАДАЧА

Три сестры пришли на рынок с курами. Одна принесла для продажи 10 кур, другая 16, третья 26. До полудня они продали часть своих кур по одной и той же цене. После полудня, опасаясь, что не все куры будут проданы, они понизили цену и распродали оставшихся кур снова по одинаковой цене. Домой все трое вернулись с одинаковой выручкой: каждая сестра получила от продажи 35 рублей.

По какой цене продавали они кур до и после полудня?

РЕШЕНИЕ

Обозначим число кур, проданных каждой сестрой до полудня, через *x, y, z*. Во вторую половину дня они продали $10 - x$, $16 - y$, $26 - z$ кур. Цену до полудня обозначим через m, после полудня — через n. Для ясности сопоставим эти обозначения:

Число проданных кур				Цена
До полудня	x	y	z	m
После полудня . . .	$10 - x$	$16 - y$	$26 - z$	n

Первая сестра выручила:

$$mx + n(10 - x); \quad \text{следовательно,}\ mx + n(10 - x) = 35;$$

вторая:

$$my + n\,(16 - y); \quad \text{следовательно, } my + n\,(16 - y) = 35;$$

третья:

$$mz + n\,(26 - z); \quad \text{следовательно, } mz + n\,(26 - z) = 35.$$

Преобразуем эти три уравнения:

$$\begin{cases} (m-n)x + 10n = 35, \\ (m-n)y + 16n = 35, \\ (m-n)z + 26n = 35. \end{cases}$$

Вычтя из третьего уравнения первое, затем второе, получим последовательно:

$$\begin{cases} (m-n)(z-x) + 16n = 0, \\ (m-n)(z-y) + 10n = 0, \end{cases}$$

или

$$\begin{cases} (m-n)(x-z) = 16n, \\ (m-n)(y-z) = 10n. \end{cases}$$

Делим первое из этих уравнений на второе:

$$\frac{x-z}{y-z} = \frac{8}{5}, \text{ или } \frac{x-z}{8} = \frac{y-z}{5}.$$

Так как x, y, z — числа целые, то и разности $x - z$, $y - z$ — тоже целые числа. Поэтому для существования равенства

$$\frac{x-z}{8} = \frac{y-z}{5}$$

необходимо, чтобы $x - z$ делилось на 8, а $y - z$ на 5. Следовательно,

$$\frac{x-z}{8} = t = \frac{y-z}{5},$$

откуда

$$x = z + 8t,$$
$$y = z + 5t.$$

Заметим, что число t — не только целое, но и положительное, так как $x > z$ (в противном случае первая сестра не могла бы выручить столько же, сколько третья).

Так как $x < 10$, то

$$z + 8t < 10.$$

При целых и положительных z и t последнее неравенство удовлетворяется только в одном случае: когда $z = 1$ и $t = 1$. Подставив эти значения в уравнения

$$x = z + 8t,$$
$$y = z + 5t.$$

находим: $x = 9$, $y = 6$.

Теперь, обращаясь к уравнениям

$$mx + n(10 - x) = 35;$$
$$my + n(16 - y) = 35;$$
$$mz + n(26 - z) = 35.$$

и подставив в них найденные значения x, y, z, узнаем цены, по каким продавались куры:

$$m = 3\frac{3}{4}\text{ руб.},\quad n = 1\frac{1}{4}\text{ руб.}$$

Итак, куры продавались до полудня по 3 руб. 75 коп., после полудня по 1 руб. 25 коп.

Два числа и четыре действия

ЗАДАЧА

Предыдущую задачу, которая привела к трем уравнениям с пятью неизвестными, мы решили не по общему образцу, а по свободному математическому соображению. Точно так же будем решать и следующие задачи, приводящие к неопределенным уравнениям второй степени.

Вот первая из них.

Над двумя целыми положительными числами были выполнены следующие четыре действия:

1) их сложили;

2) вычли из большего меньшее;

3) перемножили;

4) разделили большее на меньшее. Полученные результаты сложили — составилось 243. Найти эти числа.

РЕШЕНИЕ

Если большее число x, меньшее y, то

$$(x + y) + (x - y) + xy + \frac{x}{y} = 243.$$

Если это уравнение умножить на y, затем раскрыть скобки и привести подобные члены, то получим:

$$x(2y+y^2+1)=243y.$$

Но $2y+y^2+1=(y+1)^2$. Поэтому

$$x=\frac{243y}{(y+1)^2}.$$

Чтобы x было целым числом, знаменатель $(y+1)^2$ должен быть одним из делителей числа 243 (потому что y не может иметь общие множители с $y+1$). Зная, что $243 = 3^5$, заключаем, что 243 делится только на следующие числа, являющиеся точными квадратами: 1, 3^2, 9^2. Итак, $(y+1)^2$ должно быть равно 1, 3^2 или 9^2, откуда (вспоминая, что y должно быть положительным) находим, что y равно 8 или 2.

Тогда x равно

$$\frac{243\cdot 8}{81} \text{ или } \frac{243\cdot 2}{9}.$$

Итак, искомые числа: 24 и 8 или 54 и 2.

Какой прямоугольник?

ЗАДАЧА

Стороны прямоугольника выражаются целыми числами. Какой длины должны они быть, чтобы периметр прямоугольника численно равнялся его площади?

РЕШЕНИЕ

Обозначив стороны прямоугольника через x и y, составляем уравнение

$$2x+2y=xy,$$

откуда

$$x=\frac{2y}{y-2}.$$

Так как x и y должны быть положительными, то положительным должно быть и число $y-2$, т. е. y должно быть больше 2. Заметим теперь, что

$$x=\frac{2y}{y-2}=\frac{2(y-2)+4}{y-2}=2+\frac{4}{y-2}.$$

Так как x должно быть целым числом, то выражение $\frac{4}{y-2}$ должно быть целым числом. Но при $y > 2$ это возможно лишь, если y равно 3, 4 или 6. Соответствующие значения x будут 6, 4, 3.

Итак, искомая фигура есть либо прямоугольник со сторонами 3 и 6, либо квадрат со стороной 4.

Два двузначных числа

ЗАДАЧА

Числа 46 и 96 обладают любопытной особенностью: их произведение не меняет своей величины, если переставить их цифры.

Действительно,

$$46 \cdot 96 = 4416 = 64 \cdot 69.$$

Требуется установить, существуют ли еще другие пары двузначных чисел с тем же свойством. Как разыскать их все?

РЕШЕНИЕ

Обозначив цифры искомых чисел через x и y, z и t, составляем уравнение

$$(10x + y)(10z + t) = (10y + x)(10t + z).$$

Раскрыв скобки, получаем после упрощений:

$$xz = yt,$$

где x, y, z, t — целые числа, меньшие 10. Для разыскания решений составляем из 9 цифр все пары с равными произведениями:

$$\begin{array}{ll} 1 \cdot 4 = 2 \cdot 2 & 2 \cdot 8 = 4 \cdot 4 \\ 1 \cdot 6 = 2 \cdot 3 & 2 \cdot 9 = 3 \cdot 6 \\ 1 \cdot 8 = 2 \cdot 4 & 3 \cdot 8 = 4 \cdot 6 \\ 1 \cdot 9 = 3 \cdot 3 & 4 \cdot 9 = 6 \cdot 6 \\ 2 \cdot 6 = 3 \cdot 4 & \end{array}$$

Всех равенств 9. Из каждого можно составить одну или две искомые группы чисел. Например, из равенства $1 \cdot 4 = 2 \cdot 2$ составляем одно решение:

$$12 \cdot 42 = 21 \cdot 24.$$

Из равенства $1 \cdot 6 = 2 \cdot 3$ находим два решения:

$$12 \cdot 63 = 21 \cdot 36, \quad 13 \cdot 62 = 31 \cdot 26.$$

Таким образом разыскиваем следующие 14 решений:

$$\begin{array}{ll} 12 \cdot 42 = 21 \cdot 24 & 23 \cdot 96 = 32 \cdot 69 \\ 12 \cdot 63 = 21 \cdot 36 & 24 \cdot 63 = 42 \cdot 36 \\ 12 \cdot 84 = 21 \cdot 48 & 24 \cdot 84 = 42 \cdot 48 \\ 13 \cdot 62 = 31 \cdot 26 & 26 \cdot 93 = 62 \cdot 39 \\ 13 \cdot 93 = 31 \cdot 39 & 34 \cdot 86 = 43 \cdot 68 \\ 14 \cdot 82 = 41 \cdot 28 & 36 \cdot 84 = 63 \cdot 48 \\ 23 \cdot 64 = 32 \cdot 46 & 46 \cdot 96 = 64 \cdot 69 \end{array}$$

Пифагоровы числа

Удобный и очень точный способ, употребляемый землемерами для проведения на местности перпендикулярных линий, состоит в следующем. Пусть через точку *A* требуется к прямой *MN* провести перпендикуляр (рис. 13). Откладывают от *A* по направлению *AM* три раза какое-нибудь расстояние *a*. Затем завязывают на шнуре три узла, расстояния между которыми равны 4*a* и 5*a*. Приложив крайние узлы к точкам *A* и *B*, натягивают шнур за средний узел. Шнур расположится треугольником, в котором угол *A* — прямой.

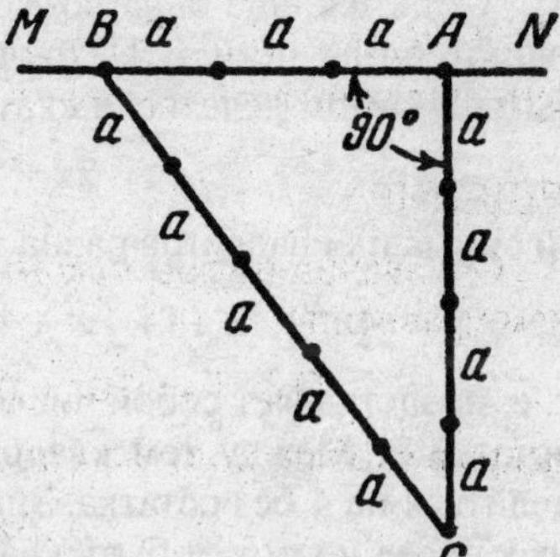

Рис. 13.

Этот древний способ, по-видимому, применявшийся еще тысячелетия назад строителями египетских пирамид, основан на том, что каждый треугольник, стороны которого относятся, как 3 : 4 : 5, согласно общеизвестной теореме Пифагора, — прямоугольный, так как

$$3^2 + 4^2 = 5^2.$$

Кроме чисел 3, 4, 5, существует, как известно, бесчисленное множество целых положительных чисел *a, b, c,* удовлетворяющих соотношению

$$a^2 + b^2 = c^2.$$

Они называются *пифагоровыми числами.* Согласно теореме Пифагора такие числа могут служить длинами сторон некоторого прямоугольного треугольника; поэтому a и b называют «катетами», а c — «гипотенузой».

Ясно, что если a, b, c есть тройка пифагоровых чисел, то и pa, pb, pc, где p — целочисленный множитель, — пифагоровы числа. Обратно, если пифагоровы числа имеют общий множитель, то на этот общий множитель можно их все сократить, и снова получится тройка пифагоровых чисел. Поэтому будем вначале исследовать лишь тройки взаимно простых пифагоровых чисел (остальные получаются из них умножением на целочисленный множитель p).

Покажем, что в каждой из таких троек a, b, c один из «катетов» должен быть четным, а другой нечетным, Станем рассуждать «от противного». Если оба «катета» a и b четны, то четным будет число $a^2 + b^2$, а значит, и «гипотенуза». Это, однако, противоречит тому, что числа a, b, c не имеют общих множителей, так как три четных числа имеют общий множитель 2. Таким образом, хоть один из «катетов» а, b нечетен.

Остается еще одна возможность: оба «катета» нечетные, а «гипотенуза» четная. Нетрудно доказать, что этого не может быть. В самом деле: если «катеты» имеют вид

$$2x + 1 \text{ и } 2y + 1,$$

то сумма их квадратов равна

$$4x^2 + 4x + 1 + 4y^2 + 4y + 1 = 4(x^2x + y^2 + y) + 2,$$

т. е. представляет собой число, которое при делении на 4 дает в остатке 2. Между тем квадрат всякого четного числа должен делиться на 4 без остатка. Значит, сумма квадратов двух нечетных чисел не может быть квадратом четного числа; иначе говоря, наши три числа — не пифагоровы.

Итак, из «катетов» a, b один четный, а другой нечетный. Поэтому число $a^2 + b^2$ нечетно, а значит, нечетна и «гипотенуза» c.

Предположим, для определенности, что нечетным является «катет» a, а четным b. Из равенства

$$a^2 + b^2 = c^2$$

мы легко получаем:

$$a^2 = c^2 - b^2 = (c + b)(c - b).$$

Множители $c + b$ и $c - b$, стоящие в правой части, взаимно просты. Действительно, если бы эти числа имели общий простой множитель, отличный от единицы, то на этот множитель делились бы и сумма

$$(c+b)+(c-b)=2c,$$

и разность

$$(c+b)-(c-b)=2b,$$

и произведение

$$(c+b)(c-b)=a^2,$$

т. е. числа $2c$, $2b$ и a имели бы общий множитель. Так как a нечетно, то этот множитель отличен от двойки, и потому этот же общий множитель имеют числа a, b, c, чего, однако, не может быть. Полученное противоречие показывает, что числа $c+b$ и $c-b$ взаимно просты.

Но если произведение взаимно простых чисел есть точный квадрат, то каждое из них является квадратом, т. е.

$$\begin{cases} c+b=m^2, \\ c-b=n^2. \end{cases}$$

Решив эту систему, найдем:

$$c=\frac{m^2+n^2}{2}, \quad b=\frac{m^2-n^2}{2},$$

$$a^2=(c+b)(c-b)=m^2n^2, \quad a=mn.$$

Итак, рассматриваемые пифагоровы числа имеют вид

$$a=mn, \quad b=\frac{m^2-n^2}{2}, \quad c=\frac{m^2+n^2}{2},$$

где m и n — некоторые взаимно простые нечетные числа. Читатель легко может убедиться и в обратном: при любых нечетных m и n написанные формулы дают три пифагоровых числа a, b, c.

Вот несколько троек пифагоровых чисел, получаемых при различных m и n:

при $m=3$,	$n=1$	$3^2+4^2=5^2$
при $m=5$,	$n=1$	$5^2+12^2=13^2$
при $m=7$,	$n=1$	$7^2+24^2=25^2$
при $m=9$,	$n=1$	$9^2+40^2=41^2$
при $m=11$,	$n=1$	$11^2+60^2=61^2$
при $m=13$,	$n=1$	$13^2+84^2=85^2$
при $m=5$,	$n=3$	$15^2+8^2=17^2$
при $m=7$,	$n=3$	$21^2+20^2=29^2$
при $m=11$,	$n=3$	$33^2+56^2=65^2$
при $m=13$,	$n=3$	$39^2+80^2=89^2$

при $m = 7$, $n = 5$ $35^2 + 12^2 = 37^2$
при $m = 9$, $n = 5$ $45^2 + 28^2 = 53^2$
при $m = 11$, $n = 5$ $55^2 + 48^2 = 73^2$
при $m = 13$, $n = 5$ $65^2 + 72^2 = 97^2$
при $m = 9$, $n = 7$ $63^2 + 16^2 = 65^2$
при $m = 11$, $n = 7$ $77^2 + 36^2 = 85^2$

(Все остальные тройки пифагоровых чисел или имеют общие множители, или содержат числа, бóльшие ста.)

Пифагоровы числа обладают вообще рядом любопытных особенностей, которые мы перечисляем далее без доказательств:

1) Один из «катетов» должен быть кратным *трем.*

2) Один из «катетов» должен быть кратным *четырем.*

3) Одно из пифагоровых чисел должно быть кратно *пяти.*

Читатель может удостовериться в наличии этих свойств, просматривая приведенные выше примеры групп пифагоровых чисел.

Неопределенное уравнение третьей степени

Сумма кубов трех целых чисел может быть кубом четвертого числа. Например, $3^3 + 4^3 + 5^3 = 6^3$.

Это означает, между прочим, что куб, ребро которого равно 6 *см,* равновелик сумме трех кубов, ребра которых равны 3 *см,* 4 *см* и 5 *см* (рис. 14), — соотношение, по преданию, весьма занимавшее Платона.

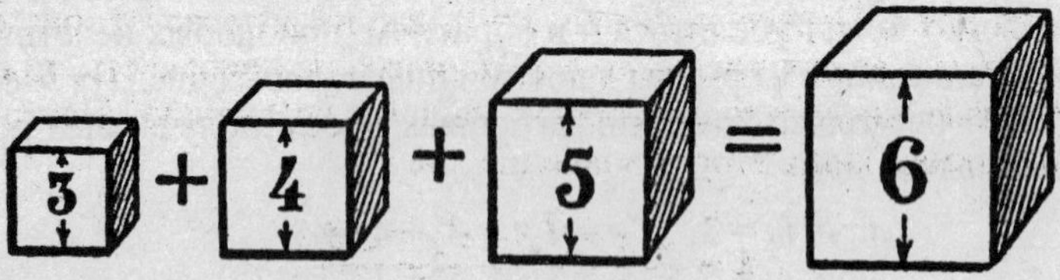

Рис. 14.

Попытаемся найти другие соотношения такого же рода, т. е. поставим перед собой такую задачу: найти решения уравнения $x^3 + y^3 + z^3 = u^3$. Удобнее, однако, обозначить неизвестное *u* через — *t*. Тогда уравнение будет иметь более простой вид

$$x^3 + y^3 + z^3 + t^3 = 0$$

Рассмотрим прием, позволяющий найти бесчисленное множество решений этого уравнения в целых (положительных и отрицательных) числах. Пусть a, b, c, d и $\alpha, \beta, \gamma, \delta$ — две четверки чисел, удовлетворяющих уравнению. Прибавим к числам первой четверки числа второй четверки, умноженные на некоторое число k, и постараемся подобрать число k так, чтобы полученные числа

$$a+k\alpha, \quad b+k\beta, \quad c+k\gamma, \quad d+k\delta$$

также удовлетворяли нашему уравнению. Иначе говоря, подберем k таким образом, чтобы было выполнено равенство

$$(a+k\alpha)^3+(b+k\beta)^3+(c+k\gamma)^3+(d+k\delta)^3=0.$$

Раскрыв скобки и вспоминая, что четверки a, b, c, d и $\alpha, \beta, \gamma, \delta$ удовлетворяют нашему уравнению, т. е. имеют место равенства

$$a^3+b^3+c^3+d^3=0, \ \alpha^3+\beta^3+\gamma^3+\delta^3=0,$$

мы получим:

$$3a^2k\alpha+3ak^2\alpha^2+3b^2k\beta+3bk^2\beta^2+$$
$$+3c^2k\gamma+3ck^2\gamma^2+3d^2k\delta+3dk^2\delta^2=0$$

или

$$3k[(a^2\alpha+b^2\beta+c^2\gamma+d^2\delta)+k(a\alpha^2+b\beta^2+c\gamma^2+d\delta^2)]=0.$$

Произведение может обращаться в нуль только в том случае, когда обращается в нуль хотя бы один из его множителей. Приравнивая каждый из множителей нулю, мы получаем два значения для k. Первое значение, $k=0$, нас не интересует: оно означает, что если к числам a, b, c, d ничего не прибавлять, то полученные числа удовлетворяют нашему уравнению. Поэтому мы возьмем лишь второе значение для k:

$$k=\frac{a^2\alpha+b^2\beta+c^2\gamma+d^2\delta}{a\alpha^2+b\beta^2+c\gamma^2+d\delta^2}.$$

Итак, зная две четверки чисел, удовлетворяющих исходному уравнению, можно найти новую четверку: для этого нужно к числам первой четверки прибавить числа второй четверки, умноженные на k, где k имеет написанное выше значение.

Для того чтобы применить этот прием, надо знать две четверки чисел, удовлетворяющих исходному уравнению. Одну такую четверку (3, 4, 5, –6) мы уже знаем. Где взять еще одну четверку? Выход из положения найти очень просто: в качестве второй четверки можно взять числа *r*, *–r*, *s*, *–s*, которые, очевидно, удовлетворяют исходному уравнению. Иначе говоря, положим:

$$a=3,\ b=4,\quad c=5,\ d=-6,$$
$$\alpha=r,\ \beta=-r,\ \gamma=s,\ \delta=-s.$$

Тогда для k мы получим, как легко видеть, следующее значение:

$$k=-\frac{-7r-11s}{7r^2-s^2}=\frac{7r+11s}{7r^2-s^2},$$

а числа $a+k\alpha$, $b+k\beta$, $c+k\gamma$, $d+k\delta$ будут соответственно равны

$$\frac{28r^2+11rs-3s^2}{7r^2-s^2},\quad \frac{21r^2-11rs-4s^2}{7r^2-s^2},$$
$$\frac{35r^2+7rs+6s^2}{7r^2-s^2},\quad \frac{-42r^2-7rs-5s^2}{7r^2-s^2}.$$

Согласно сказанному выше эти четыре выражения удовлетворяют исходному уравнению

$$x^3+y^3+z^3+t^3=0$$

Так как все эти выражения имеют одинаковый знаменатель, то его можно отбросить (т. е. числители этих дробей также удовлетворяют рассматриваемому уравнению). Итак, написанному уравнению удовлетворяют (при любых r и s) следующие числа:

$$x=\ \ 28r^2+11rs-3s^2,$$
$$y=\ \ 21r^2-11rs-4s^2,$$
$$z=\ \ 35r^2+\ 7rs+6s^2,$$
$$t=-42r^2-\ 7rs-5s^2,$$

в чем, конечно, можно убедиться и непосредственно, возведя эти выражения в куб и сложив. Придавая r и s различные целые значения, мы можем получить целый ряд целочисленных решений нашего уравнения. Если при этом получающиеся числа будут иметь общий множитель, то на него можно эти числа разделить. Например, при $r=1$, $s=1$ получаем для *x*, *y*, *z*, *t* следующие значения: 36, 6, 48, –54, или, после сокращения на 6, значения 6, 1, 8, –9. Таким образом.

$$6^3+1^3+8^3=9^3$$

Вот еще ряд равенств того же типа (получающихся после сокращения на общий множитель):

при $r = 1, s = 2$ $\quad 38^3 + 73^3 = 17^3 + 76^3$,
при $r = 1, s = 3$ $\quad 17^3 + 55^3 = 24^3 + 54^3$,
при $r = 1, s = 5$ $\quad 4^3 + 110^3 = 67^3 + 101^3$,
при $r = 1, s = 4$ $\quad 8^3 + 53^3 = 29^3 + 50^3$,
при $r = 1, s = -1$ $\quad 7^3 + 14^3 + 17^3 = 20^3$,
при $r = 1, s = -2$ $\quad 2^3 + 16^3 = 9^3 + 15^3$,
при $r = 2, s = -1$ $\quad 29^3 + 34^3 + 44^3 = 53^3$,
. . . .

Заметим, что если в исходной четверке, 3, 4, 5, –6 или в одной из вновь полученных четверок поменять числа местами и применить тот же прием, то получим новую серию решений. Например, взяв четверку 3, 5, 4, –6 (т. е. положив $a = 3$, $b = 5$, $c = 4$, $d = -6$), мы получим для x, y, z, t значения:

$$\begin{aligned} x &= 20r^2 + 10rs - 3s^2, \\ y &= 12r^2 - 10rs - 5s^2, \\ z &= 16r^2 + 8rs + 6s^2, \\ t &= -24r^2 - 8rs - 4s^2. \end{aligned}$$

Отсюда при различных r и s получаем ряд новых соотношений:

при $r = 1, s = 1$ $\quad 9^3 + 10^3 = 1^3 + 12^3$,
при $r = 1, s = 3$ $\quad 23^3 + 94^3 = 63^3 + 84^3$,
при $r = 1, s = 5$ $\quad 5^3 + 163^3 + 164^3 = 206^3$,
при $r = 1, s = 6$ $\quad 7^3 + 54^3 + 57^3 = 70^3$,
при $r = 2, s = 1$ $\quad 23^3 + 97^3 + 86^3 = 116^3$,
при $r = 1, s = -3$ $\quad 3^3 + 36^3 + 37^3 = 46^3$,
. . . .

Таким путем можно получить бесчисленное множество решений рассматриваемого уравнения.

Сто тысяч за доказательство теоремы

Одна задача из области неопределенных уравнений приобрела громкую известность, так как за правильное ее решение было завещано целое состояние: 100 000 немецких марок!

Задача состоит в том, чтобы доказать следующее положение, носящее название теоремы, или «великого предложения» Ферма:

Сумма одинаковых степеней двух целых чисел не может быть той же степенью какого-либо третьего целого числа. Исключение составляет лишь вторая степень, для которой это возможно.

Иначе говоря, надо доказать, что уравнение

$$x^n + y^n = z^n$$

неразрешимо в целых числах для $n > 2$.

Поясним сказанное. Мы видели, что уравнения

$$x^2 + y^2 = z^2,$$
$$x^3 + y^3 + z^3 = t^3$$

имеют сколько угодно целочисленных решений. Но попробуйте подыскать три целых положительных числа, для которых было бы выполнено равенство $x^3 + y^3 = z^3$; ваши поиски останутся тщетными.

Тот же неуспех ожидает вас и при подыскании примеров для четвертой, пятой, шестой и т. д. степеней. Это и утверждает «великое предложение Ферма».

Что же требуется от соискателей премии? Они должны доказать это положение для всех тех степеней, для которых оно верно. Дело в том, что теорема Ферма еще не доказана и висит, так сказать, в воздухе.

Прошло три столетия с тех пор, как она высказана, но математикам не удалось до сих пор найти ее доказательства.

Величайшие математики трудились над этой проблемой, однако в лучшем случае им удавалось доказать теорему лишь для того или иного отдельного показателя или для групп показателей, необходимо же найти *общее* доказательство для *всякого* целого показателя.

Замечательно, что неуловимое доказательство теоремы Ферма, по-видимому, однажды уже было найдено, но затем вновь утрачено. Автор теоремы, гениальный математик XVII в. Пьер Ферма,[1] утверждал, что ее доказательство ему известно. Свое «великое предложение» он записал (как и ряд других теорем из теории чисел) в виде заметки на полях сочинения Диофанта, сопроводив его такой припиской:

---

[1] Ферма (1603—1665) не был профессионалом-математиком. Юрист по образованию, советник парламента, он занимался математическими изысканиями лишь между делом. Это не помешало ему сделать ряд чрезвычайно важных открытий, которых он, впрочем, не публиковал, а по обычаю той эпохи сообщал в письмах к своим ученым друзьям: к Паскалю, Декарту, Гюйгенсу, Робервалю и др.

«Я нашел поистине удивительное доказательство этого предложения, но здесь мало места, чтобы его привести».

Ни в бумагах великого математика, ни в его переписке, нигде вообще в другом месте следов этого доказательства найти не удалось.

Последователям Ферма пришлось идти самостоятельным путем.

Вот результаты этих усилий: Эйлер (1797) доказал теорему Ферма для третьей и четвертой степеней; для пятой степени ее доказал Лежандр (1823), для седьмой [1] — Ламе и Лебег (1840). В 1849 г. Куммер доказал теорему для обширной группы степеней и, между прочим, — для всех показателей, меньших ста. Эти последние работы далеко выходят за пределы той области математики, какая знакома была Ферма, и становится загадочным, как мог последний разыскать общее доказательство своего «великого предложения». Впрочем, возможно, он ошибался.

Интересующимся историей и современным состоянием задачи Ферма можно рекомендовать брошюру А. Я. Хинчина «Великая теорема Ферма». Написанная специалистом, брошюра эта предполагает у читателя лишь элементарные знания из математики.

---

[1] Для составных показателей (кроме 4) особого доказательства не требуется: эти случаи сводятся к случаям с простыми показателями.

ГЛАВА ПЯТАЯ

ШЕСТОЕ МАТЕМАТИЧЕСКОЕ ДЕЙСТВИЕ

Шестое действие

Сложение и умножение имеют по одному обратному действию, которые называются вычитанием и делением. Пятое математическое действие — возведение в степень — имеет два обратных: разыскание основания и разыскание показателя. Разыскание основания есть *шестое* математическое действие и называется извлечением корня. Нахождение показателя — *седьмое* действие — называется логарифмированием. Причину того, что возведение в степень имеет два обратных действия, в то время как сложение и умножение — только по одному, понять нетрудно: оба слагаемых (первое и второе) равноправны, их можно поменять местами; то же верно относительно умножения; однако числа, участвующие в возведении в степень, т. е. основание и показатель степени, неравноправны между собой; переставить их, вообще говоря, нельзя (например, $3^5 \neq 5^3$). Поэтому разыскание каждого из чисел, участвующих в сложении и умножении, производится одинаковыми приемами, а разыскание основания степени и показателя степени выполняется различным образом.

Шестое действие, извлечение корня, обозначается знаком $\sqrt{\ }$. Не все знают, что это — видоизменение латинской буквы *r*, начальной в латинском слове, означающем «корень». Было время (XVI в.), когда знаком корня служила не строчная, а прописная буква *R*, а рядом с ней ставилась первая буква латинских слов «квадратный» (*q*) или «кубический» (*c*), чтобы указать, какой именно корень, требуется извлечь.[1] Например, писали

$$R.q.4352$$

вместо нынешнего обозначения

$$\sqrt{4352}\,.$$

Если прибавить к этому, что в ту эпоху еще не вошли в общее употребление, нынешние знаки для плюса и минуса, а вместо них писали буквы *p.* и *m.,* и что наши скобки заменяли знаками ⌊ ⌋, то станет ясно, какой необычный для современного глаза вид должны были иметь тогда алгебраические выражения.

Вот пример из книги старинного математика Бомбелли (1572):

$$R.c.\,\lfloor R.q.\ 4352p.\ 6\,\rfloor\, m.R.c.\,\lfloor R.q.4352m.\ 16\rfloor.$$

Мы написали бы то же самое иными знаками:

$$\sqrt[3]{\sqrt{4352}+16}-\sqrt[3]{\sqrt{4352}-16}\,.$$

Кроме обозначения $\sqrt[n]{a}$ теперь употребляется для того же действия еще и другое, $a^{\frac{1}{n}}$, весьма удобное в смысле обобщения: оно наглядно подчеркивает, что каждый корень есть не что иное, как степень, показатель которой — дробное число. Оно предложено было замечательным голландским математиком XVI в. Стевином.

Что больше?

ЗАДАЧА 1

Что больше $\sqrt[5]{5}$ или $\sqrt{2}$?

Эту и следующие задачи требуется решить, *не вычисляя значения корней.*

РЕШЕНИЕ

Возвысив оба выражения в 10-ю степень, получаем:

$$\left(\sqrt[5]{5}\right)^{10}=5^2=25,\quad \left(\sqrt{2}\right)^{10}=2^5=32\,;$$

---

[1] В учебнике математики Магницкого, по которому обучались у нас в течение всей первой половины XVIII в., вовсе нет особого знака для действия извлечения корня.

так как 32 > 25, то

$$\sqrt{2} > \sqrt[5]{5}.$$

ЗАДАЧА 2

Что больше: $\sqrt[4]{4}$ или $\sqrt[7]{7}$?

РЕШЕНИЕ

Возвысив оба выражения в 28-ю степень, получаем:

$$\left(\sqrt[4]{4}\right)^{28} = 4^7 = 2^{14} = 2^7 \cdot 2^7 = 128^2,$$
$$\left(\sqrt[7]{7}\right)^{28} = 7^4 = 7^2 \cdot 7^2 = 49^2.$$

Так как 128 > 49, то и

$$\sqrt[4]{4} > \sqrt[7]{7}.$$

ЗАДАЧА 3

Что больше: $\sqrt{7} + \sqrt{10}$ или $\sqrt{3} + \sqrt{19}$?

РЕШЕНИЕ

Возвысив оба выражения в квадрат, получаем:

$$\left(\sqrt{7} + \sqrt{10}\right)^2 = 17 + 2\sqrt{70},$$
$$\left(\sqrt{3} + \sqrt{19}\right)^2 = 22 + 2\sqrt{57}.$$

Уменьшим оба выражения на 17; у нас останется

$$2\sqrt{70} \text{ и } 5 + 2\sqrt{57}.$$

Возвышаем эти выражения в квадрат. Имеем:

$$280 \text{ и } 253 + 20\sqrt{57}.$$

Отняв по 253, сравниваем

$$27 \text{ и } 20\sqrt{57}.$$

Так как $\sqrt{57}$ больше 2, то $20\sqrt{57} > 40$; следовательно,

$$\sqrt{3} + \sqrt{19} > \sqrt{7} + \sqrt{10}$$

Решить одним взглядом

ЗАДАЧА

Взгляните внимательнее на уравнение

$$x^{x^3} = 3$$

и скажите, чему равен x.

РЕШЕНИЕ

Каждый, хорошо освоившийся с алгебраическими символами, сообразит, что

$$x = \sqrt[3]{3}.$$

В самом деле, тогда

$$x^3 = \left(\sqrt[3]{3}\right)^3 = 3,$$

и следовательно,

$$x^{x^3} = x^3 = 3,$$

что и требовалось.

Для кого это «решение одним взглядом» является непосильным, тот может облегчить себе поиски неизвестного следующим образом.

Пусть

$$x^3 = y.$$

Тогда

$$x = \sqrt[3]{y},$$

и уравнение получает вид

$$\left(\sqrt[3]{y}\right)^y = 3,$$

или, возводя в куб:

$$y^y = 3^3.$$

Ясно, что $y = 3$ и, следовательно.

$$x = \sqrt[3]{y} = \sqrt[3]{3}.$$

Алгебраические комедии

ЗАДАЧА 1

Шестое математическое действие дает возможность разыгрывать настоящие алгебраические комедии и фарсы на такие сюжеты, как $2 \cdot 2 = 5$, $2 = 3$ и т. п. Юмор подобных математических представлений кроется в том, что ошибка — довольно элементарная — несколько замаскирована и не сразу бросается в глаза. Исполним две пьесы этого комического репертуара из области алгебры.

Первая:

$$2 = 3.$$

На сцене сперва появляется неоспоримое равенство

$$4 - 10 = 9 - 15.$$

В следующем «явлении» к обеим частям равенства прибавляется по равной величине $6\frac{1}{4}$:

$$4 - 10 + 6\frac{1}{4} = 9 - 15 + 6\frac{1}{4}.$$

Дальнейший ход комедии состоит в преобразованиях:

$$2^2 - 2 \cdot 2 \cdot \frac{5}{2} + \left(\frac{5}{2}\right)^2 = 3^2 - 2 \cdot 3 \cdot \frac{5}{2} + \left(\frac{5}{2}\right)^2,$$

$$\left(2 - \frac{5}{2}\right)^2 = \left(3 - \frac{5}{2}\right)^2.$$

Извлекая из обеих частей равенства квадратный корень, получают:

$$2 - \frac{5}{2} = 3 - \frac{5}{2}.$$

Прибавляя по $\frac{5}{2}$ к обеим частям, приходят к нелепому равенству

$$2 = 3.$$

В чем же кроется ошибка?

РЕШЕНИЕ

Ошибка проскользнула в следующем заключении: из того, что

$$\left(2 - \frac{5}{2}\right)^2 = \left(3 - \frac{5}{2}\right)^2.$$

был сделан вывод, что

$$2-\frac{5}{2}=3-\frac{5}{2}.$$

Но из того, что квадраты равны, вовсе не следует, что равны первые степени. Ведь $(-5)^2=5^2$, но -5 не равно 5. Квадраты могут быть равны и тогда, когда первые степени разнятся знаками. В нашем примере мы имеем именно такой случай:

$$\left(-\frac{1}{2}\right)^2=\left(\frac{1}{2}\right)^2.$$

но $-\frac{1}{2}$ не равно $\frac{1}{2}$.

ЗАДАЧА 2

Другой алгебраический фарс (рис. 15)

$$2\cdot 2=5$$

разыгрывается по образцу предыдущего и основан на том же трюке. На сцене появляется не внушающее сомнения равенство

$$16-36=25-45.$$

Рис. 15.

Прибавляются равные числа:

$$16-36+20\frac{1}{4}=25-45+20\frac{1}{4}$$

и делаются следующие преобразования:

$$4^2-2\cdot4\cdot\frac{9}{2}+\left(\frac{9}{2}\right)^2=5^2-2\cdot5\cdot\frac{9}{2}+\left(\frac{9}{2}\right)^2,$$

$$\left(4-\frac{9}{2}\right)^2=\left(5-\frac{9}{2}\right)^2,$$

Затем с помощью того же незаконного заключения переходят к финалу:

$$4-\frac{9}{2}=5-\frac{9}{2},$$

$$4 = 5,$$

$$2 \cdot 2 = 5.$$

Эти комические случаи должны предостеречь малоопытного математика от неосмотрительных операций с уравнениями, содержащими неизвестное под знаком корня.

ГЛАВА ШЕСТАЯ

УРАВНЕНИЯ ВТОРОЙ СТЕПЕНИ

Рукопожатия

ЗАДАЧА

Участники заседания обменялись рукопожатиями, и кто-то подсчитал, что всех рукопожатий было 66. Сколько человек явилось на заседание?

РЕШЕНИЕ

Задача решается весьма просто алгебраически. Каждый из x участников пожал $x-1$ руку. Значит, всех рукопожатий должно было быть $x(x-1)$; но надо принять во внимание, что когда Иванов пожимает руку Петрова, то и Петров пожимает руку Иванова; эти два рукопожатия следует считать за одно. Поэтому число пересчитанных рукопожатий вдвое меньше, нежели $x(x-1)$, Имеем уравнение

$$\frac{x(x-1)}{2}=66$$

или, после преобразований,

$$x^2-x-132=0.$$

откуда

$$x=\frac{1\pm\sqrt{1+528}}{2},$$

$$x_1=12, \quad x_2=-11.$$

Так как отрицательное решение (–11 человек) в данном случае лишено реального смысла, мы его отбрасываем и сохраняем только первый корень: в заседании участвовало 12 человек.

Пчелиный рой

ЗАДАЧА

В древней Индии распространен был своеобразный вид спорта — публичное соревнование в решении головоломных задач. Индусские математические руководства имели отчасти целью служить пособием для подобных состязаний на первенство в умственном спорте. «По изложенным здесь правилам, — пишет составитель одного из таких учебников, — мудрый может придумать тысячу других задач. Как солнце блеском своим затмевает звезды, так и ученый человек затмит славу другого в народных собраниях, предлагая и решая алгебраические задачи». В подлиннике это высказано поэтичнее, так как вся книга написана стихами. Задачи тоже облекались в форму стихотворений. Приведем одну из них в прозаической передаче.

Пчелы в числе, равном квадратному корню из половины всего их роя, сели на куст жасмина, оставив позади себя $\frac{8}{9}$ роя. И только одна пчелка из того же роя кружится возле лотоса, привлеченная жужжанием подруги, неосторожно попавшей в западню сладко пахнущего цветка. Сколько всего было пчел в рое?

РЕШЕНИЕ

Если обозначить искомую численность роя через x, то уравнение имеет вид

$$\sqrt{\frac{x}{2}} + \frac{8}{9}x + 2 = x .$$

Мы можем придать ему более простой вид, введя вспомогательное неизвестное

$$y = \sqrt{\frac{x}{2}} ,$$

Тогда $x = 2y^2$, и уравнение получится такое:

$$y + \frac{16y^2}{9} + 2 = 2y^2 , \text{ или } 2y^2 - 9y - 18 = 0 .$$

Решив его, получаем два значения для y:

$$y_1 = 6, \quad y_2 = -\frac{3}{2}.$$

Соответствующие значения для x:

$$x_1 = 72, \quad x_2 = 4{,}5.$$

Так как число пчел должно быть целое и положительное, то удовлетворяет задаче только первый корень: рой состоял из 72 пчел. Проверим:

$$\sqrt{\frac{72}{2}} + \frac{8}{9}\cdot 72 + 2 = 6 + 64 + 2 = 72.$$

Стая обезьян

ЗАДАЧА

Другую индусскую задачу я имею возможность привести в стихотворной передаче, так как ее перевел автор превосходной книжечки «Кто изобрел алгебру?» В. И. Лебедев:

На две партии разбившись,
Забавлялись обезьяны.
Часть восьмая их в квадрате
В роще весело резвилась;
Криком радостным двенадцать
Воздух свежий оглашали.
Вместе сколько, ты мне скажешь,
Обезьян там было в роще?

РЕШЕНИЕ

Если общая численность стаи x, то

$$\left(\frac{x}{8}\right)^2 + 12 = x,$$

откуда

$$x_1 = 48, \quad x_2 = 16.$$

Задача имеет два положительных решения: в стае могло бы быть или 48 обезьян, или 16. Оба ответа вполне удовлетворяют задаче.

Предусмотрительность уравнений

В рассмотренных случаях полученными двумя решениями уравнений мы распоряжались различно в зависимости от условия задачи. В первом случае мы отбросили отрицательный корень как не отвечающий содержанию задачи, во втором — отказались от дробного и отрицательного корня, в третьей задаче, напротив, воспользовались обоими корнями. Существование второго решения является иной раз полной неожиданностью не только для решившего задачу, но даже и для придумавшего ее. Приведем пример, когда уравнение оказывается словно предусмотрительнее того, кто его составил.

Мяч брошен вверх со скоростью 25 *м* в секунду. Через сколько секунд он будет на высоте 20 *м* над землей?

РЕШЕНИЕ

Для тел, брошенных вверх при отсутствии сопротивления воздуха, механика устанавливает следующее соотношение между высотой подъема тела над землей (h), начальной скоростью (v), ускорением тяжести (g) и временем (t):

$$h = vt - \frac{gt^2}{2}.$$

Сопротивлением воздуха мы можем в данном случае пренебречь, так как при незначительных скоростях оно не столь велико. Ради упрощения расчетов примем g равным не 9,8 *м*, а 10 *м* (ошибка всего в 2%). Подставив в приведенную формулу значения h, v и g, получаем уравнение

$$20 = 25t - \frac{10t^2}{2},$$

а после упрощения

$$t^2 - 5t + 4 = 0.$$

Решив уравнение, имеем:

$$t_1 = 1 \text{ и } t_2 = 4.$$

Мяч будет на высоте 20 *м* дважды: через 1 секунду и через 4 секунды.

Это может, пожалуй, показаться невероятным и, не вдумавшись, мы готовы второе решение отбросить. Но так поступить было бы ошибкой! Второе решение имеет полный смысл; мяч должен действительно дважды побывать на высоте 20 *м*:

раз при подъеме и вторично при обратном падении. Легко рассчитать, что мяч при начальной скорости 25 *м* в секунду должен лететь вверх 2,5 секунды и залететь на высоту 31,25 *м*. Достигнув через 1 секунду высоты 20 *м*, мяч будет подниматься еще 1,5 секунды, затем столько же времени опускаться вниз снова до уровня 20 *м* и, спустя секунду, достигнет земли.

Задача Эйлера

Стендаль в «Автобиографии» рассказывает следующее о годах своего учения:

«Я нашел у него (учителя математики) Эйлера и его задачу о числе яиц, которые крестьянка несла на рынок... Это было для меня открытием. Я понял, что́ значит пользоваться орудием, называемым алгеброй. Но, черт возьми, никто мне об этом не говорил...»

Вот эта задача из «Введения в алгебру» Эйлера, произведшая на ум молодого Стендаля столь сильное впечатление.

Две крестьянки принесли на рынок вместе 100 яиц, одна больше, нежели другая; обе выручили одинаковые суммы. Первая сказала тогда второй: «Будь у меня твои яйца, я выручила бы 15 крейцеров». Вторая ответила: «А будь твои яйца у меня, я бы выручила за них $6\,^2/_3$ крейцера». Сколько яиц было у каждой?

РЕШЕНИЕ

Пусть у первой крестьянки x яиц, тогда у второй $100 - x$. Если бы первая имела $100 - x$ яиц, она выручила бы, мы знаем, 15 крейцеров. Значит, первая крестьянка продавала яйца по цене

$$\frac{15}{100-x}$$

за штуку.

Таким же образом находим, что вторая крестьянка продавала яйца по цене

$$6\frac{2}{3}:x=\frac{20}{3x}$$

за штуку.

Теперь определяется действительная выручка каждой крестьянки:

$$\text{первой: } x \cdot \frac{15}{100-x} = \frac{15x}{100-x},$$

$$\text{второй: } (100-x) \cdot \frac{20}{3x} = \frac{20(100-x)}{3x}.$$

Так как выручки обеих одинаковы, то

$$\frac{15x}{100-x} = \frac{20(100-x)}{3x}.$$

После преобразований имеем:

$$x^2 + 160x - 8000 = 0,$$

откуда

$$x_1 = 40, x_2 = -200.$$

Отрицательный корень в данном случае не имеет смысла; у задачи — только одно решение: первая крестьянка принесла 40 яиц и, значит, вторая 60.

Задача может быть решена еще другим, более кратким способом. Этот способ гораздо остроумнее, но зато и отыскать его значительно труднее.

Предположим, что вторая крестьянка имела в k раз больше яиц, чем первая. Выручили они одинаковые суммы; это значит, что первая крестьянка продавала свои яйца в k раз дороже, чем вторая. Если бы перед торговлей они поменялись яйцами, то первая крестьянка имела бы в k раз больше яиц, чем вторая, и продавала бы их в k раз дороже. Это значит, что она выручила бы в k^2 больше денег, чем вторая. Следовательно, имеем:

$$k^2 = 15 : 6\frac{2}{3} = \frac{45}{20} = \frac{9}{4};$$

отсюда

$$k = \frac{3}{2}.$$

Теперь остается 100 яиц разделить в отношении 3 : 2. Легко находим, что первая крестьянка имела 40, а вторая 60 яиц.

Громкоговорители

ЗАДАЧА

На площади установлено 5 громкоговорителей, разбитых на две группы: в одной 2, в другой 3 аппарата. Расстояние между группами 50 *м.* Где надо стать, чтобы звуки обеих групп доносились с одинаковой силой?

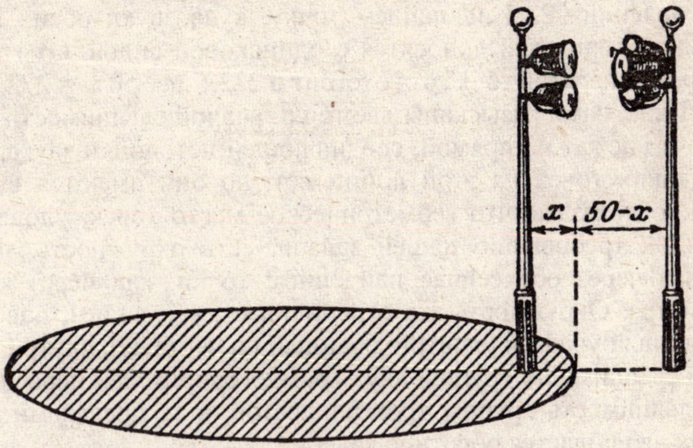

Рис. 16.

РЕШЕНИЕ

Если расстояние искомой точки от меньшей группы обозначим через x, то расстояние ее от большей группы выразится через $50-x$ (рис. 16). Зная, что сила звука ослабевает пропорционально квадрату расстояния, имеем уравнение

$$\frac{2}{3}=\frac{x^2}{(50-x)^2},$$

которое после упрощения приводится к виду

$$x^2+200x-5000=0.$$

Решив его, получаем два корня:

$$x_1=22{,}5,$$
$$x_2=-222{,}5.$$

Положительный корень прямо отвечает на вопрос задачи: точка равной слышимости расположена в 22,5 *м* от группы из двух громкоговорителей и, следовательно, в 27,5 *м* от группы трех аппаратов.

Но что означает отрицательный корень уравнения? Имеет ли он смысл?

Безусловно. Знак минус означает, что вторая точка равной слышимости лежит в направлении, *противоположном* тому, которое принято было за положительное при составлении уравнения.

Отложив от местонахождения двух аппаратов в требуемом направлении 222,5 *м,* найдем точку, куда звуки обеих групп громкоговорителей доносятся с одинаковой силой. От группы из трех аппаратов точка эта отстоит в 222,5 *м* + 50 *м* = 272,5 *м.*

Итак, нами разысканы две точки равной слышимости — из тех, что лежат на прямой, соединяющей источники звука. Других таких точек на этой линии нет, но они имеются вне ее. Можно доказать, что геометрическое место точек, удовлетворяющих требованию нашей задачи, есть окружность, проведенная через обе сейчас найденные точки, как через концы диаметра. Окружность эта ограничивает, как видим, довольно обширный участок (заштрихованный на чертеже), внутри которого слышимость группы двух громкоговорителей пересиливает слышимость группы трех аппаратов, а за пределами этого круга наблюдается обратное явление.

Алгебра лунного перелета

Точно таким же способом, каким мы нашли точки равной слышимости двух систем громкоговорителей, можно найти и точки равного притяжения космической ракеты двумя небесными телами — Землей и Луной. Разыщем эти точки.

По закону Ньютона, сила взаимного притяжения двух тел прямо пропорциональна произведению притягивающихся масс и обратно пропорциональна квадрату расстояния между ними. Если масса Земли M, а расстояние ракеты от нее x, то сила, с какой Земля притягивает каждый грамм массы ракеты, выразится через

$$\frac{Mk}{x^2},$$

где k — сила взаимного притяжения одного грамма одним граммом на расстоянии в 1 *см.*

Сила, с какой Луна притягивает каждый грамм ракеты в той же точке, равна

$$\frac{mk}{(l-x)^2},$$

где m — масса Луны, а l — ее расстояние от Земли (ракета предполагается находящейся между Землей и Луной, на прямой линии, соединяющей их центры). Задача требует, чтобы

$$\frac{Mk}{x^2}=\frac{mk}{(l-x)^2}$$

или

$$\frac{M}{m}=\frac{x^2}{l^2-2lx+x^2}.$$

Отношение $\frac{M}{m}$, как известно из астрономии, приближенно равно 81,5; подставив, имеем:

$$\frac{x^2}{l^2-2lx+x^2}=81{,}5,$$

откуда

$$80{,}5x^2-163{,}0lx+81{,}5l^2=0.$$

Решив уравнение относительно x, получаем:

$$x_1=0{,}9l,\quad x_2=1{,}12l.$$

Как и в задаче о громкоговорителях, мы приходим к заключению, что на линии Земля—Луна существуют две искомые точки — две точки, где ракета должна одинаково притягиваться обоими светилами; одна на 0,9 расстояния между ними, считая от центра Земли, другая — на 1,12 того же расстояния. Так как расстояние l между центрами Земли и Луны ≈ 384 000 *км*, то одна из искомых точек отстоит от центра Земли на 346 000 *км*, другая — на 430 000 *км*.

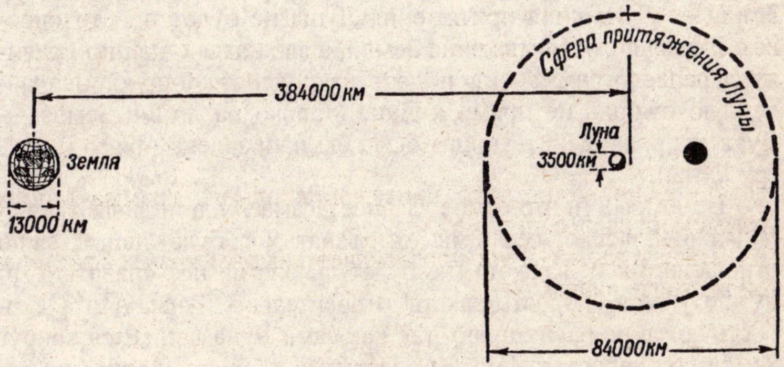

Рис. 17.

Но мы знаем (см. предыдущую задачу), что тем же свойством обладают и все точки окружности, проходящей через найденные две точки как через концы диаметра. Если будем вращать эту окружность около линии, соединяющей центры Земли и Луны, то она опишет шаровую поверхность, все точки которой будут удовлетворять требованиям задачи.

Диаметр этого шара, называемого *сферой притяжения* (рис. 17) Луны, равен

$$1{,}12l - 0{,}9l = 0{,}22l \approx 84\,000 \text{ км}.$$

Распространено ошибочное мнение, будто бы для попадания ракетой в Луну достаточно попасть в ее сферу притяжения. На первый взгляд кажется, что если ракета очутится внутри сферы притяжения (обладая не слишком значительной скоростью), то она неизбежно должна будет упасть на поверхность Луны, так как сила лунного притяжения в этой области «превозмогает» силу притяжения Земли. Если бы это было так, то задача полета к Луне сильно облегчилась бы, так как надо было бы целиться не в саму Луну, поперечник которой виден на небе под углом $^1/_2°$ а в шар диаметром 84 000 *км,* угловой размер которого равняется 12°.

Однако нетрудно показать ошибочность подобных рассуждений.

Допустим, что запущенная с Земли ракета, непрерывно теряющая свою скорость из-за земного притяжения, оказалась внутри сферы притяжения Луны, имея нулевую скорость. Упадет ли она теперь на Луну? Ни в коем случае!

Во-первых, и внутри сферы притяжения Луны продолжает действовать земное притяжение. Поэтому в стороне от линии Земля — Луна сила притяжения Луны не будет просто «превозмогать» силу притяжения Земли, а сложится с ней по правилу параллелограмма сил и даст равнодействующую, направленную отнюдь не прямо к Луне (только на линии Земля — Луна эта равнодействующая была бы направлена прямо к центру Луны).

Во-вторых (и это самое главное), сама Луна не является неподвижной целью, и если мы хотим знать, как будет двигаться по отношению к ней ракета (не будет ли она на нее «падать»), то нужно учесть скорость ракеты относительно Луны. А эта скорость вовсе не равна нулю, так как сама Луна движется вокруг Земли со скоростью 1 *км/сек.* Поэтому скорость движения ракеты относительно Луны слишком велика для того, чтобы Луна могла притянуть к себе ракету или хотя бы удержать ее в своей сфере притяжения в качестве искусственного спутника.

Фактически притяжение Луны начинает оказывать существенное влияние на движение ракеты еще до того, как ракета приблизится к сфере притяжения Луны. В небесной баллистике принято учитывать притяжение Луны с момента, когда ракета окажется внутри так называемой сферы действия Луны радиусом 66 000 *км.* При этом уже можно рассматривать движение

Рис. 18.

ракеты относительно Луны, полностью забывая о земном притяжении, но точно учитывая ту скорость (относительно Луны), с какой ракета входит в сферу действия. Естественно поэтому, что ракету приходится посылать к Луне по такой траектории, чтобы скорость (относительно Луны) входа в сферу действия была направлена прямо на Луну. Для этого сфера действия Луны должна набегать на ракету, движущуюся ей наперерез. Как видим, попадание в Луну оказывается вовсе не столь простым делом, как попадание в шар диаметром 84000 *км*.

«Трудная задача»

Картина Богданова-Бельского «Трудная задача» известна многим, но мало кто из видевших эту картину
вникал в содержание той «трудной задачи», которая на ней изображена. Состоит она в том, чтобы устным счетом быстро найти результат вычисления:

$$\frac{10^2+11^2+12^2+13^2+14^2}{365}.$$

Задача в самом деле нелегкая. С нею, однако, хорошо справлялись ученики того учителя, который с сохранением портретного сходства изображен на картине, именно С. А. Рачинского, профессора естественных наук, покинувшего университетскую кафедру, чтобы сделаться рядовым учителем сельской школы. Талантливый педагог культивировал в своей школе устный счет, основанный на виртуозном использовании свойств чисел. Числа 10, 11, 12, 13 и 14 обладают любопытной особенностью: $10^2+11^2+12^2=13^2+14^2$.

Так как $100+121+144=365$, то легко рассчитать в уме, что воспроизведенное на картине выражение равно 2.

Алгебра дает нам средство поставить вопрос об этой интересной особенности ряда чисел более широко: единственный ли это ряд из пяти последовательных чисел, сумма квадратов первых трех из которых равна сумме квадратов двух последних?

РЕШЕНИЕ

Обозначив первое из искомых чисел через x, имеем уравнение

$$x^2+(x+1)^2+(x+2)^2=(x+3)^2+(x+4)^2.$$

Удобнее, однако, обозначить через x не первое, а *второе* из искомых чисел. Тогда уравнение будет иметь более простой вид

$$(x-1)^2+x^2+(x+1)^2=(x+2)^2+(x+3)^2.$$

Раскрыв скобки и сделав упрощения, получаем:

$$x^2 - 10x - 11 = 0.$$

откуда

$$x = 5 \pm \sqrt{25 + 11}, \quad x_1 = 11, \quad x_2 = -1.$$

Существуют, следовательно, *два* ряда чисел, обладающих требуемым свойством: ряд Рачинского

10, 11, 12, 13, 14

и ряд

–2, –1, 0, 1, 2.

В самом деле,

$$(-2)^2 + (-1)^2 + 0^2 = 1^2 + 2^2.$$

Какие числа?

ЗАДАЧА

Найти три последовательных числа, отличающихся тем свойством, что квадрат среднего на 1 больше произведения двух остальных.

РЕШЕНИЕ

Если первое из искомых чисел *x*, то уравнение имеет вид

$$(x + 1)^2 = x\,(x + 2) + 1.$$

Раскрыв скобки, получаем равенство

$$x^2 + 2x + 1 = x^2 + 2x + 1,$$

из которого нельзя определить величину *x*. Это показывает, что составленное нами равенство есть *тождество*; оно справедливо при *любом* значении входящей в него буквы, а не при *некоторых* лишь, как в случае уравнения. Значит, *всякие* три последовательных числа обладают требуемым свойством. В самом деле, возьмем наугад числа

17, 18, 19.

Мы убеждаемся, что

$$18^2 - 17 \cdot 19 = 324 - 323 = ..$$

Необходимость такого соотношения выступает нагляднее, если обозначить через *x* второе число. Тогда получим равенство

$$x^2 - 1 = (x + 1)\,(x - 1),$$

т. е. очевидное тождество.

ГЛАВА СЕДЬМАЯ

НАИБОЛЬШИЕ И НАИМЕНЬШИЕ ЗНАЧЕНИЯ

Помещаемые в этой главе задачи принадлежат к весьма интересному роду задач на разыскание наибольшего или наименьшего значения некоторой величины. Они могут быть решены различными приемами, один из которых мы сейчас покажем.

Русский математик П. Л. Чебышев в своей работе «Черчение географических карт» писал, что особенную важность имеют те методы науки, которые позволяют решать задачу, общую для всей практической деятельности человека: как располагать средствами своими для достижения по возможности большей выгоды.

Два поезда

ЗАДАЧА

Два железнодорожных пути скрещиваются под прямым углом. К месту скрещения одновременно мчатся по этим путям два поезда: один со станции, находящейся в 40 *км* от скрещения, другой со станции в 50 *км* от того же места скрещения. Первый делает в минуту 800 *м,* второй — 600 *м.*

Через сколько минут, считая с момента отправления, паровозы были в наименьшем взаимном расстоянии? И как велико это расстояние?

РЕШЕНИЕ

Начертим схему движения поездов нашей задачи. Пусть прямые *AB* и *CD* — скрещивающиеся пути (рис. 19). Станция *B* расположена в 40 *км* от точки скрещения O, станция D — в 50 *км* от нее. Предположим, что спустя x минут паровозы будут в кратчайшем взаимном расстоянии друг от друга $MN = m$. Поезд, вышедший из B, успел к этому моменту пройти путь $BM = 0{,}8x$, так как за минуту он проходит 800 *м* = 0,8 *км*. Следовательно, $OM = 40 - 0{,}8x$. Точно так же найдем, что $ON = 50 - 0{,}6x$. По теореме Пифагора

$$MN = m = \sqrt{\overline{OM}^2 + \overline{ON}^2} = \sqrt{(40 - 0{,}8x)^2 + (50 - 0{,}6x)^2}.$$

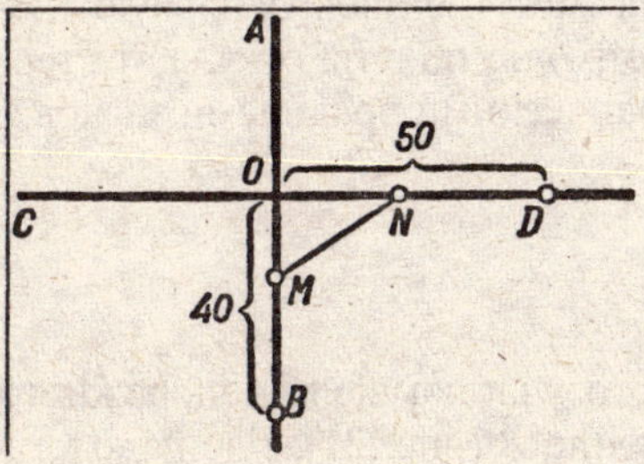

Рис. 19.

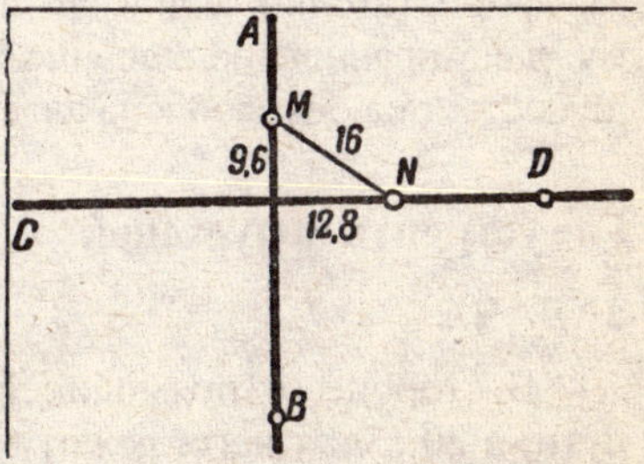

Рис. 20.

Возвысив в квадрат обе части уравнения

$$m = \sqrt{(40 - 0{,}8x)^2 + (50 - 0{,}6x)^2}$$

и сделав упрощения, получаем:

$$x^2 - 124x + 4100 - m^2 = 0.$$

Решив это уравнение относительно x, имеем:

$$x = 62 \pm \sqrt{m^2 - 256}.$$

Так как x — число протекших минут — не может быть мнимым, то $m^2 - 256$ должно быть величиной положительной, или в крайнем случае равняться нулю. Последнее соответствует *наименьшему* возможному значению m, и тогда

$$m^2 = 256, \text{ т. е. } m = 16.$$

Очевидно, что m меньше 16 быть не может, иначе x становится мнимым. А если $m^2 - 256 = 0$, то $x = 62$.

Итак, паровозы окажутся всего ближе друг к другу через 62 мин., и взаимное их удаление тогда будет 16 *км*.

Определим, как они в этот момент расположены. Вычислим длину OM; она равна

$$40 - 62 \cdot 0{,}8 = -9{,}6.$$

Знак минус означает, что паровоз пройдет за скрещение на 9,6 *км.* Расстояние же ON равно

$$50 - 62 \cdot 0{,}6 = 12{,}8,$$

т. е. второй паровоз не дойдет до скрещения на 12,8 *км.* Расположение паровозов показано на рис. 20. Как видим, оно вовсе не то, какое мы представляли себе до решения задачи. Уравнение оказалось достаточно терпимым и, несмотря на неправильную схему, дало правильное решение. Нетрудно понять, откуда эта терпимость: она обусловлена алгебраическими правилами знаков.

Где устроить полустанок?

ЗАДАЧА

В стороне от прямолинейного участка железнодорожного пути, в 20 *км* от него, лежит селение B (рис. 21). Где надо устроить полустанок C, чтобы проезд от A до B по железной дороге AC и по шоссе CB отнимал возможно меньше времени? Скорость движения по железной дороге 0,8, а по шоссе 0,2 километра в минуту.

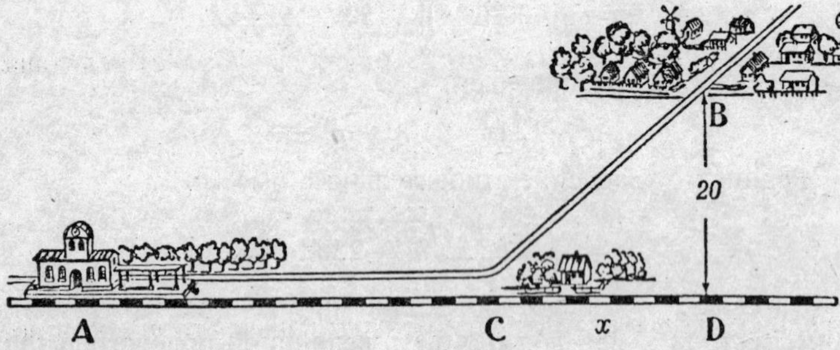

Рис. 21.

РЕШЕНИЕ

Обозначим расстояние AD (от A до основания перпендикуляра BD к AD) через а, CD через x. Тогда $AC = AD - CD = a - x$, а $CB = \sqrt{CD^2 + BD^2} = \sqrt{x^2 + 20^2}$. Время, в течение которого поезд проходит путь AC, равно

$$\frac{AC}{0,8}=\frac{a-x}{0,8}.$$

Время прохождения пути *CB* по шоссе равно

$$\frac{CB}{0,2}=\frac{\sqrt{x^2+20^2}}{0,2}.$$

Общая продолжительность переезда из *A* в *B* равна

$$\frac{a-x}{0,8}+\frac{\sqrt{x^2+20^2}}{0,2}.$$

Эта сумма, которую обозначим через *m*, должна быть наименьшей.

Уравнение

$$\frac{a-x}{0,8}+\frac{\sqrt{x^2+20^2}}{0,2}=m$$

представляем в виде

$$-\frac{x}{0,8}+\frac{\sqrt{x^2+20^2}}{0,2}=m-\frac{a}{0,8}.$$

Умножив на 0,8, имеем:

$$-x+4\sqrt{x^2+20^2}=0,8m-a.$$

Обозначив $0,8m-a$ через *k* и освободив уравнение от радикала, получаем квадратное уравнение

$$15x^2-2kx+6400-k^2=0,$$

откуда

$$x=\frac{k\pm\sqrt{16k^2-96000}}{15}.$$

Так как $k=0,8m-a$, то при наименьшем значении *m* достигает наименьшей величины и *k*, и обратно.[1] Но чтобы *x* было действительным, $16k^2$ должно быть не меньше 96 000. Значит, наименьшая величина для $16k^2$ есть 96 000. Поэтому m становится наименьшим, когда

---

[1] Следует иметь в виду, что $k>0$, так как

$$0,8m=a-x+4\sqrt{x^2+20^2}>a-x+x=a.$$

$$16k^2 = 96\,000,$$

откуда

$$k = \sqrt{6000},$$

и следовательно,

$$x = \frac{k \pm 0}{15} = \frac{\sqrt{6000}}{15} \approx 5{,}16.$$

Полустанок должен быть устроен приблизительно в 5 *км* от точки *D*, *какова бы ни была длина* $a = AD$.

Но, разумеется, наше решение имеет смысл только для случаев, когда $x < a$, так как, составляя уравнение, мы считали выражение $a - x$ числом положительным.

Если $x = a \approx 5{,}16$, то полустанка вообще строить не надо; придется вести шоссе прямо на станцию. Так же нужно поступать и в случаях, когда расстояние а короче 5,16 *км*.

На этот раз мы оказываемся предусмотрительнее, нежели уравнение. Если бы мы слепо доверились уравнению, нам пришлось бы в рассматриваемом случае построить полустанок за станцией, что было бы явной нелепостью: в этом случае $x > a$ и потому время

$$\frac{a - x}{0{,}8},$$

в течение которого нужно ехать по железной дороге, отрицательно. Случай поучительный, показывающий, что при пользовании математическим орудием надо с должной осмотрительностью относиться к получаемым результатам, помня, что они могут потерять реальный смысл, если не выполнены предпосылки, на которых основывалось применение нашего математического орудия.

Как провести шоссе?

ЗАДАЧА

Из приречного города *A* надо направлять грузы в пункт *B*, расположенный на *a* километров ниже по реке и в *d* километрах от берега (рис. 22). Как провести шоссе от *B* к реке, чтобы провоз грузов из *A* в *B* обходился возможно дешевле, если провозная плата с тонно-километра по реке вдвое меньше, чем по шоссе?

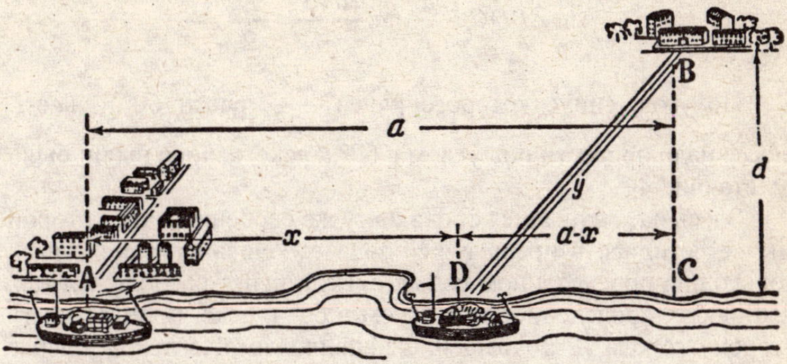

Рис. 22.

РЕШЕНИЕ

Обозначим расстояние AD через x и длину DB шоссе — через y: по предположению, длина AC равна a и длина BC равна d.

Так как провоз по шоссе вдвое дороже, чем по реке, то сумма

$$x + 2y$$

должна быть согласно требованию задачи наименьшая. Обозначим это наименьшее значение через m. Имеем уравнение

$$x + 2y = m.$$

Но $x = a - DC$, а $DC = \sqrt{y^2 - d^2}$; наше уравнение получает вид

$$a - \sqrt{y^2 - d^2} + 2y = m,$$

или по освобождении от радикала:

$$3y^2 - 4(m-a)y + (m-a)^2 + d^2 = 0.$$

Решаем его:

$$y = \frac{2}{3}(m-a) \pm \frac{\sqrt{(m-a)^2 - 3d^2}}{3}.$$

Чтобы y было действительным, $(m-a)^2$ должно быть не меньше $3d^2$. Наименьшее значение $(m-a)^2$ равно $3d^2$, и тогда

$$m - a = d\sqrt{3}, \quad y = \frac{2(m-a)+0}{3} = \frac{2d\sqrt{3}}{3}$$

$\sin \angle BDC = d{:}y$, т.е.

$$\sin\angle BDC = \frac{d}{y} = d:\frac{2d\sqrt{3}}{3} = \frac{\sqrt{3}}{2}.$$

Но угол, синус которого равен $\frac{\sqrt{3}}{2}$, равен 60°. Значит, шоссе надо провести под углом в 60° к реке, каково бы ни было расстояние AC.

Здесь наталкиваемся снова на ту же особенность, с которой мы встретились в предыдущей задаче. Решение имеет смысл только при определенном условии. Если пункт расположен так, что шоссе, проведенное под углом в 60° к реке, пройдет по ту сторону города A, то решение неприложимо; в таком случае надо непосредственно связать пункт B с городом A шоссе, вовсе не пользуясь рекой для перевозки.

Когда произведение наибольшее?

Для решения многих задач «на максимум и минимум», т. е. на разыскание наибольшего и наименьшего значений переменной величины, можно успешно пользоваться одной алгебраической теоремой, с которой мы сейчас познакомимся. Рассмотрим следующую задачу:

На какие две части надо разбить данное число, чтобы произведение их было наибольшим?

РЕШЕНИЯ

Пусть данное число a. Тогда части, на которые разбито число a, можно обозначить через

$$\frac{a}{2}+x \text{ и } \frac{a}{2}-x;$$

число x показывает, на какую величину эти части отличаются от половины числа a. Произведение обеих частей равно

$$\left(\frac{a}{2}+x\right)\left(\frac{a}{2}-x\right)=\frac{a^2}{4}-x^2.$$

Ясно, что произведение взятых частей будет увеличиваться при уменьшении x, т. е. при уменьшении разности между этими частями. Наибольшим произведение будет при $x = 0$, т. е. в случае, когда обе части равны $\frac{a}{2}$.

Итак, число надо разделить *пополам*: произведение двух чисел, сумма которых неизменна, будет наибольшим тогда, когда эти числа равны между собой.

Рассмотрим тот же вопрос для *трех* чисел.

На какие три части надо разбить данное число, чтобы произведение их было наибольшим?

РЕШЕНИЕ

При решении этой задачи будем опираться на предыдущую.

Пусть число a разбито на три части. Предположим сначала, что ни одна из частей не равна $\frac{a}{3}$. Тогда среди них найдется часть, бóльшая $\frac{a}{3}$ (все три не могут быть меньше $\frac{a}{3}$); обозначим ее через

$$\frac{a}{3}+x.$$

Точно так же среди них найдется часть, меньшая $\frac{a}{3}$; обозначим ее через

$$\frac{a}{3}-y.$$

Числа x и y положительны. Третья часть будет, очевидно, равна

$$\frac{a}{3}+y-x.$$

Числа $\frac{a}{3}$ и $\frac{a}{3}+x-y$ имеют ту же сумму, что и первые две части числа a, а разность между ними, т. е. $x-y$, меньше, чем разность между первыми двумя частями, которая была равна $x+y$. Как мы знаем из решения предыдущей задачи, отсюда следует, что произведение

$$\frac{a}{3}\left(\frac{a}{3}+x-y\right)$$

больше, чем произведение первых двух частей числа a.

Итак, если первые две части числа a заменить числами

$$\frac{a}{3} \text{ и } \frac{a}{3}+x-y,$$

а третью оставить без изменения, то произведение увеличится.

Пусть теперь одна из частей уже равна $\frac{a}{3}$. Тогда две другие имеют вид

$$\frac{a}{3}+z \text{ и } \frac{a}{3}-z.$$

Если мы эти две последние части сделаем равными $\frac{a}{3}$ (отчего сумма их не изменится), то произведение снова увеличится и станет равным $\frac{a}{3}\cdot\frac{a}{3}\cdot\frac{a}{3}=\frac{a^3}{27}$.

Итак, если число a разбито на 3 части, не равные между собой, то произведение этих частей меньше чем $\frac{a^3}{27}$, т. е. чем произведение трех равных сомножителей, в сумме составляющих a.

Подобным же образом можно доказать эту теорему и для *четырех* множителей, для *пяти* и т. д.

Рассмотрим теперь более общий случай.

Найти, при каких значениях x и y выражение $x^p y^q$ наибольшее, если $x + y = a$.

РЕШЕНИЕ

Надо найти, при каком значении x выражение

$$x^p(a-x)^q$$

достигает наибольшей величины.

Умножим это выражение на число $\frac{1}{p^p q^q}$. Получим новое выражение

$$\frac{x^p}{p^p}\frac{(a-x)^q}{q^q},$$

которое, очевидно, достигает наибольшей величины тогда же, когда и первоначальное.

Представим полученное сейчас выражение в виде

$$\underbrace{\frac{x}{p}\cdot\frac{x}{p}\cdot\frac{x}{p}\cdot\frac{x}{p}\cdots}_{p\text{ раз}}\cdot\underbrace{\frac{a-x}{q}\cdot\frac{a-x}{q}\cdot\frac{a-x}{q}\cdots}_{q\text{ раз}}$$

Сумма всех множителей этого выражения равна

$$\underbrace{\frac{x}{p}+\frac{x}{p}+\frac{x}{p}+\frac{x}{p}+\ldots}_{p\text{ раз}}+\underbrace{\frac{a-x}{q}+\frac{a-x}{q}+\frac{a-x}{q}+\ldots}_{q\text{ раз}}=$$

$$=\frac{px}{p}+\frac{q(a-x)}{q}=x+a-x=a,$$

т. е. величине постоянной.

На основании ранее доказанного (см. предыдущие две задачи) заключаем, что произведение

$$\frac{x}{p}\cdot\frac{x}{p}\cdot\frac{x}{p}\cdot\frac{x}{p}\cdot\ldots\cdot\frac{a-x}{q}\cdot\frac{a-x}{q}\cdot\frac{a-x}{q}\cdot\ldots$$

достигает максимума при равенстве всех его отдельных множителей, т. е. когда

$$\frac{x}{p}=\frac{a-x}{q}.$$

Зная, что $a-x=y$, получаем, переставив члены, пропорцию

$$\frac{x}{y}=\frac{p}{q}.$$

Итак, произведение x^py^q при постоянстве суммы $x+y$ достигает наибольшей величины тогда, когда

$$x:y=p:q.$$

Таким же образом можно доказать, что произведения

$$x^py^qz^r,\quad x^py^qz^rt^u \text{ и т. п.}$$

при постоянстве сумм $x+y+z$, $x+y+z+t$ и т. д. достигают наибольшей величины тогда, когда

$$x:y:z=p:q:r,\quad x:y:z:t=p:q:r:u \text{ и т. д.}$$

Когда сумма наименьшая?

Читатель, желающий испытать свои силы на доказательстве полезных алгебраических теорем, пусть докажет сам следующие положения:

1. Сумма двух чисел, произведение которых неизменно, становится наименьшей, когда эти числа равны.

Например, для произведения 36: $4+9=13$, $3+12=15$, $2+18=20$, $1+36=37$ и, наконец, $6+6=12$.

2. Сумма нескольких чисел, произведение которых неизменно, становится наименьшей, когда эти числа равны.

Например, для произведения 216: $3 + 12 + 6 = 21$, $2 + 18 + 6 = 26$, $9 + 6 + 4 = 19$, между тем как $6 + 6 + 6 = 18$.

На ряде примеров покажем, как применяются на практике эти теоремы.

Брус наибольшего объема

ЗАДАЧА

Из цилиндрического бревна надо выпилить прямоугольный брус наибольшего объема. Какой формы должно быть его сечение (рис. 23)?

Рис. 23.

РЕШЕНИЕ

Если стороны прямоугольного сечения x и y, то по теореме Пифагора

$$x^2 + y^2 = d^2,$$

где d — диаметр бревна. Объем бруса наибольший, когда площадь его сечения наибольшая, т. е. когда xy достигает наибольшей величины. Но если xy наибольшее, то наибольшим будет и произведение x^2y^2. Так как сумма $x^2 + y^2$ неизменна, то, по доказанному ранее, произведение x^2y^2 наибольшее, когда

$$x^2 = y^2 \text{ или } x = y.$$

Итак, сечение бруса должно быть квадратным.

Два земельных участка

ЗАДАЧИ

1. Какой формы должен быть прямоугольный участок данной площади, чтобы длина ограничивающей его изгороди была наименьшей?

2. Какой формы должен быть прямоугольный участок, чтобы при данной длине изгороди площадь его была наибольшей?

РЕШЕНИЕ

1. Форма прямоугольного участка определяется соотношением его сторон x и y. Площадь участка со сторонами x и y равна xy, а длина изгороди $2x + 2y$. Длина изгороди будет наименьшей, если $x + y$ достигнет наименьшей величины.

При постоянном произведении xy сумма $x + y$ наименьшая в случае равенства $x = y$. Следовательно, искомый прямоугольник — квадрат.

2. Если x и y — стороны прямоугольника, то длина изгороди $2x + 2y$, а площадь xy. Это произведение будет наибольшим тогда же, когда и произведение $4xy$, т. е. $2x \cdot 2y$; последнее же произведение при постоянной сумме его множителей $2x + 2y$ становится наибольшим при $2x = 2y$, т. е. когда участок имеет форму квадрата.

К известным нам из геометрии свойствам квадрата мы можем, следовательно, прибавить еще следующее: из всех прямоугольников он обладает наименьшим периметром при данной площади и наибольшей площадью при данном периметре.

Бумажный змей

ЗАДАЧА

Змéю, имеющему вид кругового сектора, желают придать такую форму, чтобы он вмещал в данном периметре наибольшую площадь. Какова должна быть форма сектора?

РЕШЕНИЕ

Уточняя требование задачи, мы должны разыскать, при каком соотношении длины дуги сектора и его радиуса площадь его достигает наибольшей величины при данном периметре.

Если радиус сектора x, а дуга y, то его периметр l и площадь S выразятся так (рис. 24):

$$l = 2x + y,$$

$$S = \frac{xy}{2} = \frac{x(l-2x)}{2}.$$

Величина S достигает максимума при том же значении x, что и произведение $2x\,(l - 2x)$, т. е. учетверенная площадь. Так как рис. 24. сумма множителей $2x\ (l-2x)=l$ есть величина постоянная, то произведение их наибольшее, когда $2x=l-2x$, откуда

$$x=\frac{l}{4},$$

$$y=l-2\cdot\frac{l}{4}=\frac{l}{2}.$$

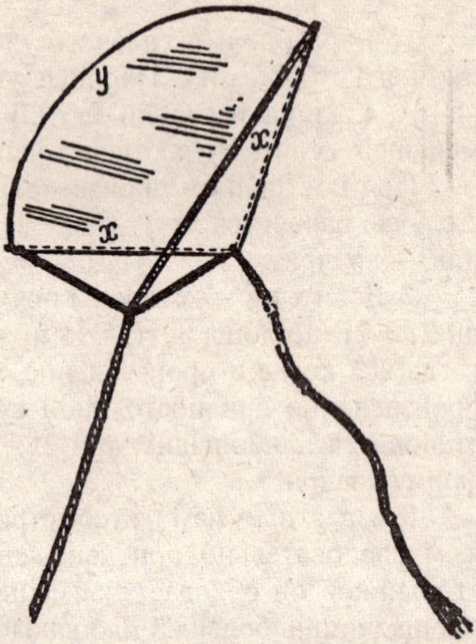

Рис. 24.

Итак, сектор при данном периметре замыкает наибольшую площадь в том случае, когда его радиус составляет половину дуги (т. е. длина его дуги равна сумме радиусов или длина кривой части его периметра равна длине ломаной). Угол сектора равен $\approx 115°$ — двум радианам. Каковы летные качества такого широкого змея, — вопрос другой, рассмотрение которого в нашу задачу не входит.

Постройка дома

ЗАДАЧА

На месте разрушенного дома, от которого уцелела одна стена, желают построить новый. Длина уцелевшей стены — 12 *м.* Площадь нового дома должна равняться 112 *кв. м.* Хозяйственные условия работы таковы:

1) ремонт погонного метра стены обходится в 25% стоимости кладки новой;

2) разбор погонного метра старой стены и кладка из полученного материала новой стены стоит 50% того, во что обходится постройка погонного метра стены из нового материала.

Как при таких условиях наивыгоднейшим образом использовать уцелевшую стену?

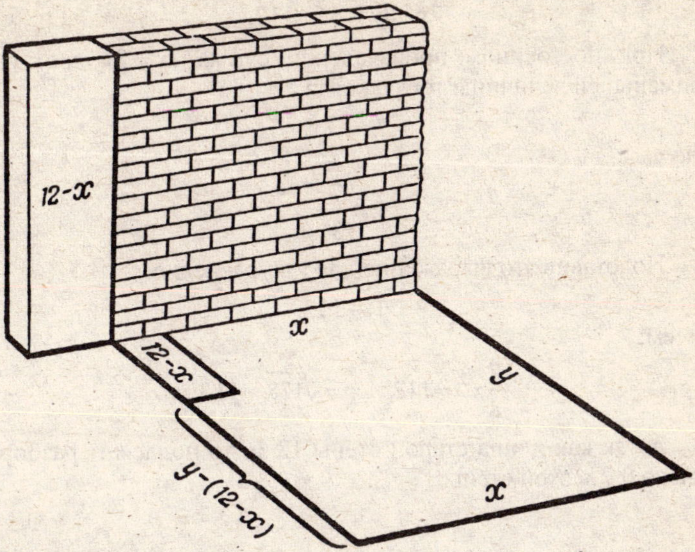

Рис. 25.

РЕШЕНИЕ

Пусть от прежней стены сохраняется x метров, а остальные $12-x$ метров разбираются, чтобы из полученного материала возвести заново часть стены нового дома (рис. 25). Если стоимость кладки погонного метра стены из нового материала равна a, то ремонт x метров старой стены будет стоить $\frac{ax}{4}$; возведение участка длиной $12-x$ будет стоить $\frac{a(12-x)}{2}$; прочей части этой стены $a\,[y-(12-x)]$, т. е. $a\,(y+x-12)$; третьей стены ax, четвертой ay. Вся работа обойдется в

$$\frac{ax}{4}+\frac{a(12-x)}{2}+a(y+x-12)+ax+ay=$$
$$=\frac{a(7x+8y)}{4}-6a.$$

Последнее выражение достигает наименьшей величины тогда же, когда и сумма

$$7x+8y.$$

Мы знаем, что площадь дома xy равна 112; следовательно,

$$7x \cdot 8y = 56 \cdot 112.$$

При постоянном произведении сумма $7x + 8y$ достигает наименьшей величины тогда, когда

$$7x = 8y,$$

откуда

$$y = \frac{7}{8}x.$$

Подставив это выражение для y в уравнение

$$xy = 112,$$

имеем:

$$\frac{7}{8}x^2 = 112, \quad x = \sqrt{128} \approx 11{,}3.$$

А так как длина старой стены 12 *м*, то подлежит разборке только 0,7 *м* этой стены.

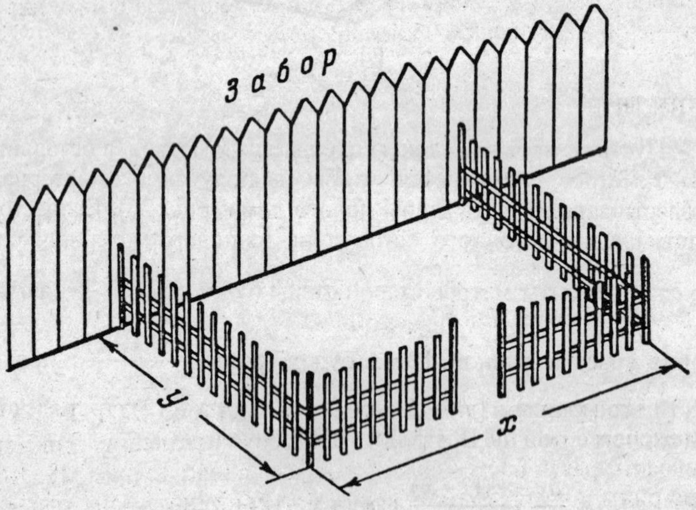

Рис. 26.

Дачный участок

ЗАДАЧА

При постройке дачи нужно было отгородить дачный участок. Материала имелось на l погонных метров изгороди. Кроме того, можно было воспользоваться ранее построенным забором (в качестве одной из сторон участка). Как при этих условиях отгородить прямоугольный участок наибольшей площади?

РЕШЕНИЕ

Пусть длина участка (по забору) равна x, а ширина (т. е. размер участка в направлении, перпендикулярном к забору) равна y (рис. 26). Тогда для огораживания этого участка нужно $x + 2y$ метров изгороди, так что

$$x + 2y = l.$$

Площадь участка равна

$$S = xy = y\,(l - 2y).$$

Она принимает наибольшее значение одновременно с величиной

$$2y\,(l - 2y).$$

(удвоенной площадью), которая представляет собой произведение двух множителей с постоянной суммой l. Поэтому для достижения наибольшей площади должно быть

$$2y = l - 2y.$$

откуда

$$y = \frac{l}{4}, \quad x = l - 2y = \frac{l}{2}.$$

Иначе говоря, $x = 2y$, т. е. длина участка должна быть вдвое больше его ширины.

Желоб наибольшего сечения

ЗАДАЧА

Прямоугольный металлический лист (рис. 27) надо согнуть желобом с сечением в форме равнобокой трапеции. Это можно сделать различными способами, как видно из рис. 28. Какой ширины должны быть боковые полосы и под каким углом они должны быть отогнуты, чтобы сечение желоба имело наибольшую площадь (рис. 29)?

РЕШЕНИЕ

Пусть ширина листа l. Ширину отгибаемых боковых полос обозначим через x, а ширину дна желоба — через y. Введем еще одно неизвестное z, значение которого ясно из рис. 30.

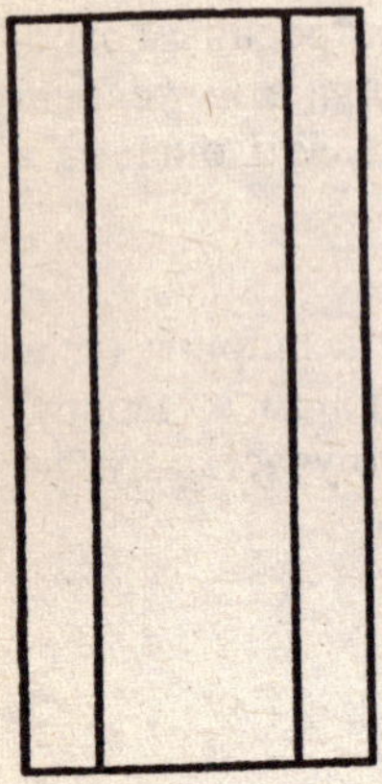

Рис. 27.

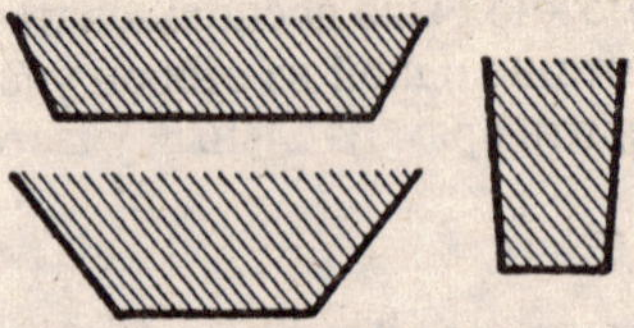

Рис. 28.

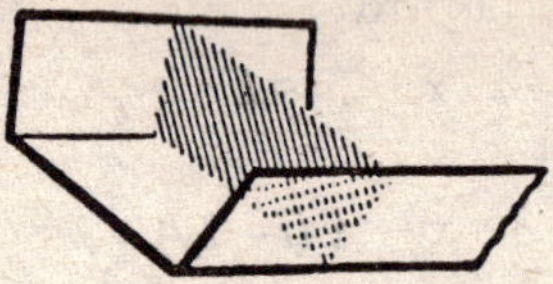

Рис. 29.

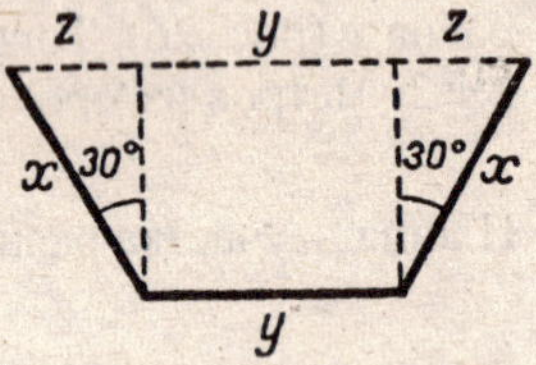

Рис. 30.

Площадь трапеции, представляющей сечение желоба,

$$S = \frac{(z+y+z)+y}{2}\sqrt{x^2-z^2} = \sqrt{(y+z)^2(x^2-z^2)}\ .$$

Задача свелась к определению тех значений x, y, z, при которых S достигает наибольшей величины; при этом сумма $2x+y$ (т. е. ширина листа) сохраняет постоянную величину l. Делаем преобразования:

$$S^2 = (y+z)^2(x+z)(x-z)\ .$$

Величина S^2 становится наибольшей при тех же значениях x, y, z, что и $3S^2$, последнюю же можно представить в виде произведения

$$(y+z)\ (y+z)\ (x+z)\ (3x-3z)\ .$$

Сумма этих четырех множителей

$$y+z+y+z+x+z+3x-3z = 2y+4x = 2l\,,$$

т. е. неизменна. Поэтому произведение наших четырех множителей максимально, когда они равны между собой, т. е.

$$y+z = x+z \text{ и } x+z = 3x-3z.$$

Из первого уравнения имеем:

$$y = x,$$

а так как $y+2x = l$, то $x = y = \dfrac{l}{3}$.

Из второго уравнения находим:

$$z = \frac{x}{2} = \frac{l}{6}.$$

Далее, так как катет z равен половине гипотенузы x (рис. 30), то противолежащий этому катету угол равен 30°, а угол наклона боков желоба ко дну равен 90° + 30° = 120°.

Итак, желоб будет иметь наибольшее сечение, когда грани его согнуты в форме трех смежных сторон правильного шестиугольника.

Воронка наибольшей вместимости

ЗАДАЧА

Из жестяного круга нужно изготовить коническую часть воронки. Для этого в круге вырезают сектор и остальную часть круга свертывают конусом (рис.31). Сколько градусов должно быть в дуге вырезаемого сектора, чтобы конус получился наибольшей вместимости?

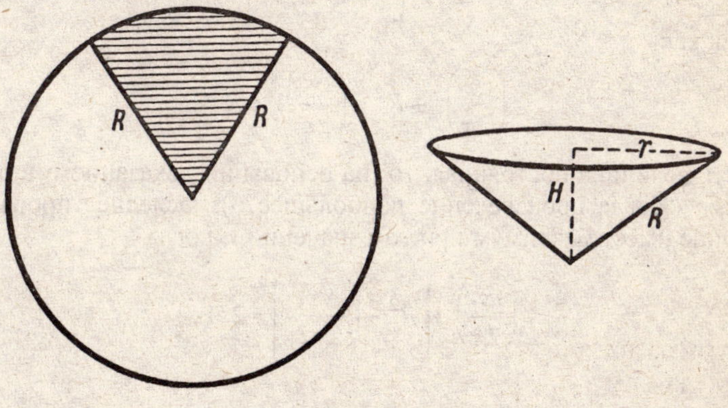

Рис. 31.

РЕШЕНИЕ

Длину дуги той части круга, которая свертывается в конус, обозначим через x (в линейных мерах). Следовательно, образующей конуса будет радиус R жестяного круга, а окружность основания будет равна x. Радиус r основания конуса определяем из равенства

$$2\pi r = x, \quad \text{откуда } r = \frac{x}{2\pi}.$$

Высота конуса (по теореме Пифагора)

$$H = \sqrt{R^2 - r^2} = \sqrt{R^2 - \frac{x^2}{4\pi^2}}$$

(рис. 31). Объем этого конуса имеет значение

$$V = \frac{\pi}{3} r^2 H = \frac{\pi}{3} \left(\frac{x}{2\pi}\right)^2 \sqrt{R^2 - \frac{x^2}{4\pi^2}}.$$

Это выражение достигает наибольшей величины одновременно с выражением

$$\left(\frac{x}{2\pi}\right)^2 \sqrt{R^2 - \left(\frac{x}{2\pi}\right)^2}$$

и его квадратом

$$\left(\frac{x}{2\pi}\right)^4 \left[R^2 - \left(\frac{x}{2\pi}\right)^2\right].$$

Так как

$$\left(\frac{x}{2\pi}\right)^2 + R^2 - \left(\frac{x}{2\pi}\right)^2 = R^2$$

есть величина постоянная, то (на основании доказанного в разделе «Когда произведение наибольшее?») последнее произведение имеет максимум при том значении *x*, когда

$$\left(\frac{x}{2\pi}\right)^2 : \left[R^2 - \left(\frac{x}{2\pi}\right)^2\right] = 2:1,$$

откуда

$$\left(\frac{x}{2\pi}\right)^2 = 2R^2 - 2\left(\frac{x}{2\pi}\right)^2,$$

$$3\left(\frac{x}{2\pi}\right)^2 = 2R^2 \text{ и } x = \frac{2\pi}{3} R\sqrt{6} \approx 5{,}15R.$$

В градусах дуга $x \approx 295°$ и, значит, дуга вырезаемого сектора должна содержать $\approx 65°$.

Самое яркое освешение

ЗАДАЧ А

На какой высоте над столом должно находиться пламя свечи, чтобы всего ярче освещать лежащую на столе монету?

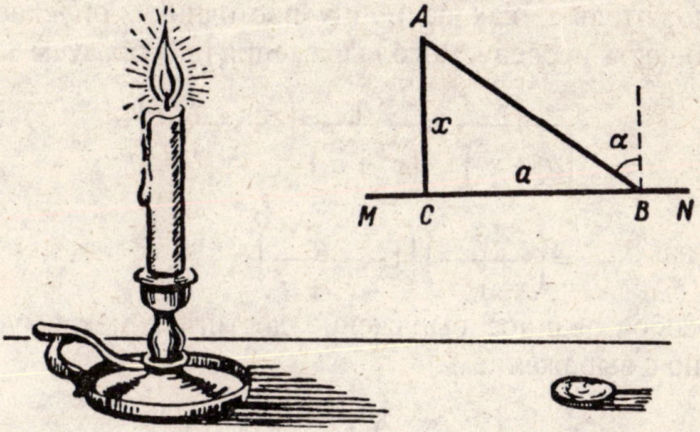

Рис. 32.

РЕШЕНИЕ

Может показаться, что для достижения наилучшего освещения надо поместить пламя возможно ниже. Это неверно: при низком положении пламени лучи падают очень отлого. Поднять свечу так, чтобы лучи падали круто, — значит удалить источник света. Наиболее выгодна в смысле освещения, очевидно, некоторая средняя высота пламени над столом. Обозначим ее через x (рис. 32). Расстояние BC монеты B от основания C перпендикуляра, проходящего через пламя A, обозначим через a. Если яркость пламени i, то освещенность монеты согласно законам оптики выразится так:

$$\frac{i}{AB^2}\cos\alpha = \frac{i\cos\alpha}{\left(\sqrt{a^2+x^2}\right)^2} = \frac{i\cos\alpha}{a^2+x^2},$$

где α — угол падения пучка лучей AB. Так как

$$\cos\alpha = \cos A = \frac{x}{AB} = \frac{x}{\sqrt{a^2+x^2}},$$

то освещенность равна

$$\frac{i}{a^2+x^2}\cdot\frac{x}{\sqrt{a^2+x^2}} = \frac{ix}{\left(a^2+x^2\right)^{\frac{3}{2}}}.$$

Это выражение достигает максимума при том же значении x, что и его квадрат, т. е.

$$\frac{i^2x^2}{\left(a^2+x^2\right)^3}.$$

Множитель i^2 как величину постоянную опускаем, а остальную часть исследуемого выражения преобразуем так:

$$\frac{x^2}{\left(a^2+x^2\right)^3}=\frac{1}{\left(x^2+a^2\right)^2}\left(1-\frac{a^2}{x^2+a^2}\right)=$$

$$=\left(\frac{1}{x^2+a^2}\right)^2\left(1-\frac{a^2}{x^2+a^2}\right)$$

Преобразованное выражение достигает максимума одновременно с выражением

$$\left(\frac{a^2}{x^2+a^2}\right)^2\left(1-\frac{a^2}{x^2+a^2}\right),$$

так как введенный постоянный множитель a^4 не влияет на то значение x, при котором произведение достигает максимума. Замечая, что сумма первых степеней этих множителей

$$\frac{a^2}{x^2+a^2}+\left(1-\frac{a^2}{x^2+a^2}\right)=1$$

есть величина постоянная, заключаем, что рассматриваемое произведение становится наибольшим, когда

$$\frac{a^2}{x^2+a^2}:\left(1-\frac{a^2}{x^2+a^2}\right)=2:1$$

(см. «Когда произведение наибольшее?»).

Имеем уравнение

$$a^2=2x^2+2a^2-2a^2.$$

Решив это уравнение, находим:

$$x=\frac{a}{\sqrt{2}}\approx 0{,}71a.$$

Монета освещается всего ярче, когда источник света находится на высоте 0,71 расстояния от проекции источника до монеты. Знание этого соотношения помогает при устройстве наилучшего освещения рабочего места.

ГЛАВА ВОСЬМАЯ

ПРОГРЕССИИ

Древнейшая прогрессия

ЗАДАЧА

Древнейшая задача на прогрессии — не вопрос о вознаграждении изобретателя шахмат, насчитывающий за собой двухтысячелетнюю давность, а гораздо более старая задача о делении хлеба, которая записана в знаменитом египетском папирусе Ринда. Папирус этот, разысканный Риндом в конце прошлого столетия, составлен около 2000 лет до нашей эры и является списком с другого, еще более древнего математического сочинения, относящегося, быть может, к третьему тысячелетию до нашей эры. В числе арифметических, алгебраических и геометрических задач этого документа имеется такая (приводим ее в вольной передаче):

Сто мер хлеба разделить между пятью людьми так, чтобы второй получил на столько же больше первого, на сколько третий получил больше второго, четвертый больше третьего и пятый больше четвертого. Кроме того, двое первых должны получить в 7 раз меньше трех остальных. Сколько нужно дать каждому?

РЕШЕНИЕ

Очевидно, количества хлеба, полученные участниками раздела, составляют возрастающую арифметическую прогрессию. Пусть первый ее член x, разность y. Тогда

доля	первого	x
»	второго	$x+y$
»	третьего	$x+2y$
»	четвертого	$x+3y$
»	пятого	$x+4y$

На основании условий задачи составляем следующие два уравнения:

$$\begin{cases} x+(x+y)+(x+2y)+(x+3y)+(x+4y)=100, \\ 7\left[x+(x+y)\right]=(x+2y)+(x+3y)+(x+4y). \end{cases}$$

После упрощений первое уравнение получает вид

$$x+2y=20,$$

а второе

$$11x=2y.$$

Решив эту систему, получаем:

$$x=1\frac{2}{3}, \quad y=9\frac{1}{6}.$$

Значит, хлеб должен быть разделен на следующие части

$$1\frac{2}{3}, \quad 10\frac{5}{6}, \quad 20, \quad 29\frac{1}{6}, \quad 38\frac{1}{3}.$$

Алгебра на клетчатой бумаге

Несмотря на пятидесятивековую древность этой задачи на прогрессии, в нашем школьном обиходе прогрессии появились сравнительно недавно. В учебнике Магницкого, изданном двести лет назад и служившем целых полвека основным руководством для школьного обучения, прогрессии хотя и имеются, но общих формул, связывающих входящие в них величины между собой, в нем не дано. Сам составитель учебника не без затруднений справлялся поэтому с такими задачами. Между тем формулу суммы членов арифметической прогрессии легко вывести простым и наглядным приемом с помощью клетчатой бумаги. На такой бумаге любая арифметическая прогрессия изображается ступенчатой фигурой. Например, фигура *ABDC* на рис. 33 изображает прогрессию:

$$2;\ 5;\ 8;\ 11;\ 14.$$

Чтобы определить сумму ее членов, дополним чертеж до прямоугольника *ABGE*. Получим две равные фигуры *ABDC* и *DGEC*. Площадь каждой из них изображает сумму членов нашей прогрессии. Значит, двойная сумма прогрессии равна площади прямоугольника *ABGE*, т. е.

$$(AC + CE) \cdot AB.$$

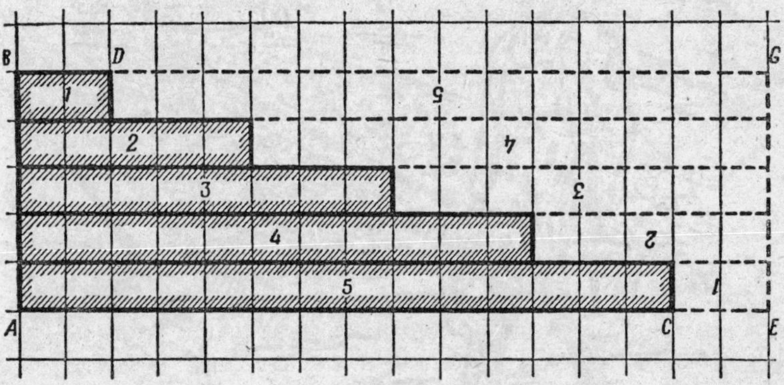

Рис. 33.

Но $AC + CE$ изображает сумму 1-го и 5-го членов прогрессии; AB — число членов прогрессии. Поэтому двойная сумма

$$2S = (\text{сумма крайних членов}) \cdot (\text{число членов})$$

или

$$S = \frac{(\text{первый} + \text{последний член}) \cdot (\text{число членов})}{2}.$$

Поливка огорода

ЗАДАЧА

В огороде 30 грядок, каждая длиной 16 *м* и шириной 2,5 *м*. Поливая грядки, огородник приносит ведра с водой из колодца, расположенного в 14 *м* от края огорода (рис. 34), и обходит грядки по меже, причем воды, приносимой за один раз, достаточно для поливки только одной грядки.

Какой длины путь должен пройти огородник, поливая весь огород? Путь начинается и кончается у колодца.

Рис. 34.

РЕШЕНИЕ

Для поливки первой грядки огородник должен пройти путь

$$14 + 16 + 2{,}5 + 16 + 2{,}5 + 14 = 65\ \text{м}.$$

При поливке второй он проходит

$$14 + 2{,}5 + 16 + 2{,}5 + 16 + 2{,}5 + 2{,}5 + 14 = 65 + 5 = 70\ \text{м}.$$

Каждая следующая грядка требует пути на 5 *м* длиннее предыдущей. Имеем прогрессию:

$$65;\ 70;\ 75;\ \ldots;\ 65 + 5 \cdot 29.$$

Сумма ее членов равна

$$\frac{(65 + 65 + 29 \cdot 5)30}{2} = 4125\ \text{м}.$$

Огородник при поливке всего огорода проходит путь в 4,125 *км*.

Кормление кур

ЗАДАЧА

Для 31 курицы запасено некоторое количество корма из расчета по декалитру в неделю на каждую курицу. При этом предполагалось, что численность кур меняться не будет. Но так как в действительности число кур каждую неделю убывало на 1, то заготовленного корма хватило на двойной срок.

Как велик был запас корма и на сколько времени был он первоначально рассчитан?

РЕШЕНИЕ

Пусть запасено было x декалитров корма на y недель. Так как корм рассчитан на 31 курицу по 1 декалитру на курицу в неделю, то

$$x = 31y.$$

В первую неделю израсходовано было 31 *дл,* во вторую 30, в третью 29 и т. д. до последней недели всего удвоенного срока, когда израсходовано было:

$$(31 - 2y + 1) \text{ дл.}$$ [1]

Весь запас составлял, следовательно,

$$x = 31y = 31 - 30 + 29 + ... + (31 - 2y + 1).$$

Сумма $2y$ членов прогрессии, первый член которой 31, а последний $31 - 2y + 1$, равна

$$31y = \frac{(31 + 31 - 2y + 1)2y}{2} = (63 - 2y)y.$$

Так как y не может быть равен нулю, то мы вправе обе части равнства сократить на этот множитель. Получаем:

$$31 = 63 - 2y \text{ и } y = 16,$$

откуда

$$x = 31y = 496.$$

Запасено было 496 декалитров корма на 16 недель.

---

[1] Поясним: расход корма в течение

1-й	недели	31 *дл*
2-й	»	$31 - 1$ *дл*
3-й	»	$31 - 2$ *дл*
. . . .		. . . .
$2y$-й	»	$31 - (2y - 1) = 31 - 2y + 1$ *дл*

Бригада землекопов

ЗАДАЧА

Старшеклассники обязались вырыть на школьном участке канаву и организовали для этого бригаду землекопов. Если бы бригада работала в полном составе, канава была бы вырыта в 24 часа. Но в действительности к работе приступил сначала только один член бригады. Спустя некоторое время присоединился второй; еще через столько же времени — третий, за ним через такой же промежуток четвертый и так до последнего. При расчете оказалось, что первый работал в 11 раз дольше последнего. Сколько времени работал последний?

Рис. 35.

РЕШЕНИЕ

Пусть последний член бригады работал x часов, тогда первый работал $11x$ часов. Далее, если число рывших канаву учеников было y, то общее число часов работы определится как сумма y членов убывающей прогрессии, первый член которой $11x$, а последний x, т. е.

$$\frac{(11x + x)y}{2} = 6xy .$$

С другой стороны, известно, что бригаду из y человек, работая в полном составе, выкопала бы канаву в 24 часа, т. е. что для выполнения работы необходимо $24y$ рабочих часов. Следовательно,

$$6xy = 24y.$$

Число y не может равняться нулю; на этот множитель можно поэтому уравнение сократить, после чего получаем:

$$6x = 24 \quad \text{и} \quad x = 4.$$

Итак, член бригады, приступивший к работе последним, работал 4 часа.

Мы ответили на вопрос задачи; но если бы мы полюбопытствовали узнать, сколько рабочих входило в бригаду, то не могли бы этого определить, несмотря на то, что в уравнении число это фигурировало (под буквой y). Для решения этого вопроса в задаче не приведено достаточных данных.

Яблоки

ЗАДАЧА

Садовник продал первому покупателю половину всех своих яблок и еще пол-яблока, второму покупателю — половину оставшихся и еще пол-яблока; третьему — половину оставшихся и еще пол-яблока и т. д. Седьмому покупателю он продал половину оставшихся яблок и еще пол-яблока; после этого яблок у него не осталось. Сколько яблок было у садовника?

РЕШЕНИЕ

Если первоначальное число яблок x, то первый покупатель получил

$$\frac{x}{2} + \frac{1}{2} = \frac{x+1}{2},$$

второй

$$\frac{1}{2}\left(x - \frac{x+1}{2}\right) + \frac{1}{2} = \frac{x+1}{2^2},$$

третий

$$\frac{1}{2}\left(x - \frac{x+1}{2} - \frac{x+1}{4}\right) + \frac{1}{2} = \frac{x+1}{2^3},$$

седьмой покупатель

$$\frac{x+1}{2^7}.$$

Имеем уравнение

$$\frac{x+1}{2} + \frac{x+1}{2^2} + \frac{x+1}{2^3} + \ldots + \frac{x+1}{2^7} = x$$

или

$$(x+1)\left(\frac{1}{2.}+\frac{1}{2^2}+\frac{1}{2^3}+\ldots+\frac{1}{2^7}\right)=x\ .$$

Вычисляя стоящую в скобках сумму членов геометрической прогрессии, найдем:

$$\frac{x}{x+1}=1-\frac{1}{2^7}$$

и

$$x=2^7-1=127\ .$$

Всех яблок было 127.

Покупка лошади

ЗАДАЧА

В старинной арифметике Магницкого мы находим следующую забавную задачу, которую привожу здесь, не сохраняя языка подлинника:

Рис. 36.

Некто продал лошадь за 156 руб. Но покупатель, приобретя лошадь, раздумал ее покупать и возвратил продавцу, говоря:

— Нет мне расчета покупать за эту цену лошадь, которая таких денег не стоит.

Тогда продавец предложил другие условия:

— Если по-твоему цена лошади высока, то купи только ее подковные гвозди, лошадь же получишь тогда в придачу бесплатно. Гвоздей в каждой подкове 6. За первый гвоздь дай мне всего $\frac{1}{4}$ коп., за второй — $\frac{1}{2}$ коп., за третий — 1 коп. и т. д.

Покупатель, соблазненный низкой ценой и желая даром получить лошадь, принял условия продавца, рассчитывая, что за гвозди прийдется уплатить не более 10 рублей.

На сколько покупатель проторговался?

РЕШЕНИЕ

За 24 подковных гвоздя пришлось уплатить

$$\frac{1}{4}+\frac{1}{2}+1+2+2^2+2^3+...+2^{24-3}$$

копеек. Сумма эта равна

$$\frac{2^{21}\cdot 2-\frac{1}{4}}{2-1}=2^{22}-\frac{1}{4}=4\,194\,303\frac{3}{4}\text{ коп.},$$

т. е. около 42 тысяч рублей. При таких условиях не обидно дать и лошадь в придачу.

Вознаграждение воина

ЗАДАЧА

Из другого старинного русского учебника математики, носящего пространное заглавие:

«Полный курс чистой математики, сочиненный Артиллерии Штык-Юнкером и Математики партикулярным Учителем Ефимом Войтяховским в пользу и употребление юношества и упражняющихся в Математике» (1795), заимствую следующую задачу:

«Служившему воину дано вознаграждение за первую рану 1 копейка, за другую — 2 копейки, за третью — 4 копейки и т. д. По исчислению нашлось, что воин получил всего вознаграждения 655 руб. 35 коп. Спрашивается число его ран».

РЕШЕНИЕ

Составляем уравнение

$$65\,535 = 1 + 2 + 2^2 + 2^3 + \ldots + 2^{x-1}$$

или

$$65\,535 = \frac{2^{x-1} \cdot 2 - 1}{2 - 1} = 2^x - 1,$$

откуда имеем:

$$65\,536 = 2^x \text{ и } x = 16$$

— результат, который легко находим путем испытаний.

При столь великодушной системе вознаграждения воин должен получить 16 ран и остаться при этом в живых, чтобы удостоиться награды в 655 руб. 35 коп.

ГЛАВА ДЕВЯТАЯ

СЕДЬМОЕ МАТЕМАТИЧЕСКОЕ ДЕЙСТВИЕ

Седьмое действие

Мы упоминали уже, что пятое действие — возвышение в степень — имеет два обратных. Если

$$a^b = c,$$

то разыскание *a* есть одно обратное действие — извлечение корня; нахождение же *b* — другое, логарифмирование. Полагаю, что читатель этой книги знаком с основами учения о логарифмах в объеме школьного курса. Для него, вероятно, не составит труда сообразить, чему, например, равно такое выражение:

$$a^{\lg_a b}.$$

Нетрудно понять, что если основание логарифмов *a* возвысить в степень логарифма числа *b*, то должно получиться это число *b*.

Для чего были придуманы логарифмы? Конечно, для ускорения и упрощения вычислений. Изобретатель первых логарифмических таблиц, Непер, так говорит о своих побуждениях:

«Я старался, насколько мог и умел, отделаться от трудности и скуки вычислений, докучность которых обычно отпугивает весьма многих от изучения математики».

В самом деле, логарифмы чрезвычайно облегчают и ускоряют вычисления, не говоря уже о том, что они дают возможность производить такие операции, выполнение которых без их помощи очень затруднительно (извлечение корня любой степени).

Не без основания писал Лаплас, что «изобретение логарифмов, сокращая вычисления нескольких месяцев в труд нескольких дней, словно удваивает жизнь астрономов». Великий математик говорит об астрономах, так как им приходится делать особенно сложные и утомительные вычисления. Но слова его с полным правом могут быть отнесены ко всем вообще, кому приходится иметь дело с числовыми выкладками.

Нам, привыкшим к употреблению логарифмов и к доставляемым ими облегчениям выкладок, трудно представить себе то изумление и восхищение, которое вызвали они при своем появлении. Современник Непера, Бригг, прославившийся позднее изобретением десятичных логарифмов, писал, получив сочинение Непера: «Своими новыми и удивительными логарифмами Непер заставил меня усиленно работать и головой и руками. Я надеюсь увидеть его летом, так как никогда не читал книги, которая нравилась бы мне больше и приводила бы в большее изумление». Бригг осуществил свое намерение и направился в Шотландию, чтобы посетить изобретателя логарифмов. При встрече Бригг сказал:

«Я предпринял это долгое путешествие с единственной целью видеть вас и узнать, помощью какого орудия остроумия и искусства были вы приведены к первой мысли о превосходном пособии для астрономии — логарифмах. Впрочем, теперь я больше удивляюсь тому, что никто не нашел их раньше, — настолько кажутся они простыми после того, как о них узнаешь».

Соперники логарифмов

Ранее изобретения логарифмов потребность в ускорении выкладок породила таблицы иного рода, с помощью которых действие умножения заменяется не сложением, а вычитанием. Устройство этих таблиц основано на тождестве

$$ab=\frac{(a+b)^2}{4}-\frac{(a-b)^2}{4},$$

в верности которого легко убедиться, раскрыв скобки.

Имея готовые четверти квадратов, можно находить произведение двух чисел, не производя умножения, а вычитая из четверти квадрата суммы этих чисел четверть квадрата их разности. Те же таблицы облегчают возвышение в квадрат и извлечение квадратного корня, а в соединении с таблицей обратных чисел упрощают и действие деления. Их преимущество перед таблицами логарифмическими состоит в том, что с помощью их получаются результаты *точные*, а не приближенные. Зато они уступают логарифмическим в ряде других пунктов, практически гораздо более важных. В то время как таблицы четвертей квадратов позволяют перемножать только два числа, логарифмы дают возможность находить *сразу* произведение любого числа множителей, а кроме того — возвышать в *любую* степень и извлекать корни с *любым* показателем (целым или дробным). Вычислять, например, сложные проценты с помощью таблиц четвертей квадратов нельзя.

Тем не менее таблицы четвертей квадратов издавались и после того, как появились логарифмические таблицы всевозможных родов. В 1856 г. во Франции вышли таблицы под заглавием:

«Таблица квадратов чисел от 1 *до* 1000 *миллионов, помощью которой находят точное произведение чисел весьма простым приемом, более удобным, чем помощью логарифмов. Составил Александр Коссар».*

Идея эта возникает у многих, не подозревающих о том, что она уже давно осуществлена. Ко мне раза два обращались изобретатели подобных таблиц как с новинкой и очень удивлялись, узнав, что их изобретение имеет более чем трехсотлетнюю давность.

Другим, более молодым соперником логарифмов являются вычислительные таблицы, имеющиеся во многих технических справочниках. Это — сводные таблицы, содержащие следующие графы: квадраты чисел, кубы, квадратные корни, кубические корни, обратные числа, длины окружности и площади кругов для чисел от 2 до 1000. Для многих технических расчетов таблицы эти очень удобны, однако они не всегда достаточны; логарифмические имеют гораздо более обширную область применения.

Эволюция логарифмических таблиц

В наших школах еще не столь давно употреблялись 5-значные логарифмические таблицы. Теперь перешли на 4-значные, так как они вполне достаточны для технических расчетов. Но для большинства практических надобностей можно успешно обходиться даже 3-значными мантиссами: ведь обиходные измерения редко выполняются более чем с тремя знаками.

Мысль о достаточности более коротких мантисс осознана сравнительно недавно. Я помню еще время, когда в наших школах были в употреблении увесистые томы 7-значных логарифмов, уступившие свое место 5-значным лишь после упорной борьбы. Но и 7-значные логарифмы при своем появлении

(1794) казались непозволительным новшеством. Первые десятичные логарифмы, созданные трудом лондонского математика Генри Бригга (1624), были 14-значные. Их сменили спустя несколько лет 10-значные таблицы голландского математика Андриана Влакка.

Как видим, эволюция ходовых логарифмических таблиц шла от многозначных мантисс к более коротким и не завершилась еще в наши дни, так как и теперь многими не осознана та простая мысль, что точность вычислений не может превосходить точности измерений.

Укорочение мантисс влечет за собой два важных практических следствия: 1) заметное уменьшение объема таблиц и 2) связанное с этим упрощение пользования ими, а значит, и ускорение выполняемых с помощью их вычислений. Семизначные логарифмы чисел занимают около 200 страниц большого формата, 5-значные — 30 страничек вдвое меньшего формата, 4-значные занимают вдесятеро меньший объем, умещаясь на двух страницах большого формата, 3-значные же могут поместиться на одной странице.

Что же касается быстроты вычислений, то установлено, что, например, расчет, выполняемый по 5-значным таблицам, требует втрое меньше времени, чем по 7-значным.

Логарифмические диковинки

Если вычислительные потребности практической жизни и технического обихода вполне обеспечиваются 3-х и 4-значными таблицами, то, с другой стороны, к услугам теоретического исследователя имеются таблицы и с гораздо большим числом знаков, чем даже 14-значные логарифмы Бригга. Вообще говоря, логарифм в большинстве случаев есть число иррациональное и не может быть точно выражен никаким числом цифр; логарифмы большинства чисел, сколько бы знаков ни брать, выражаются лишь приближенно, — тем точнее, чем больше цифр в их мантиссе. Для научных работ оказывается иногда недостаточной точность 14-значных логарифмов;[1] но среди 500 всевозможных образцов логарифмических таблиц, вышедших в свет со времени их изобретения, исследователь всегда найдет такие, которые его удовлетворяют. Назовем, на-

[1] 14-значные логарифмы Бригга имеются, впрочем, только для чисел от 1 до 20 000 и от 90 000 до 101 000.

пример, 20-значные логарифмы чисел от 2 до 1200, изданные во Франции Калле (1795). Для еще более ограниченной группы чисел имеются таблицы логарифмов с огромным числом десятичных знаков — настоящие логарифмические диковинки, о существовании которых, как я убедился, не подозревают и многие математики.

Вот эти логарифмы-исполины; все они — не десятичные, а натуральные:[1]

48-значные таблицы Вольфрама для чисел до 10 000;

61-значные таблицы Шарпа;

102-значные таблицы Паркхерста и, наконец, логарифмическая сверхдиковинка:

260-значные логарифмы Адамса.

В последнем случае мы имеем, впрочем, не таблицу, а только так называемые натуральные логарифмы пяти чисел: 2, 3, 5, 7 и 10 и переводный (260-значный) множитель для перечисления их в десятичные. Нетрудно, однако, понять, что, имея логарифмы этих пяти чисел, можно простым сложением или умножением получить логарифмы множества составных чисел; например, логарифм 12 равен сумме логарифмов 2, 2 и 3 и т. п.

К логарифмическим диковинкам можно было бы с полным основанием отнести и счетную линейку — «деревянные логарифмы», — если бы этот остроумный прибор не сделался благодаря своему удобству столь же обычным счетным орудием для техников, как десятикосточковые счеты для конторских работников. Привычка угашает чувство изумления перед прибором, работающим по принципу логарифмов и тем не менее не требующим от пользующихся им даже знания того, что такое логарифм.

Логарифмы на эстраде

Самый поразительный из номеров, выполняемых перед публикой профессиональными счетчиками, без сомнения следующий. Предуведомленные афишей, что счетчик-виртуоз будет извлекать в уме корни высоких степеней из многозначных чисел, вы заготовляете дома путем терпеливых выкладок 31-ю степень какого-нибудь числа и намерены сразить счетчика 35-

[1] Натуральными называются логарифмы, вычисленные не при основании 10, а при основании 2,718..., о котором у нас еще будет речь впереди.

значным числовым линкором. В надлежащий момент вы обращаетесь к счетчику со словами:

— А попробуйте извлечь корень 31-й степени из следующего 35-значного числа! Запишите, я продиктую.

Виртуоз-вычислитель берет мел, но прежде чем вы успели открыть рот, чтобы произнести первую цифру, у него уже написан результат: 13.

Не зная числа, он извлек из него корень, да еще 31-й степени, да еще в уме, да еще с молниеносной быстротой!...

Вы изумлены, уничтожены, а между тем во всем этом нет ничего сверхъестественного. Секрет просто в том, что существует только *одно* число, именно 13, которое в 31-й степени дает 35-значный результат. Числа, меньшие 13, дают меньше 35-цифр, бóльшие — больше.

Откуда, однако, счетчик знал это? Как разыскал он число 13? Ему помогли логарифмы, *двузначные* логарифмы, которые он помнит наизусть для первых 15—20 чисел. Затвердить их вовсе не так трудно, как кажется, особенно если пользоваться тем, что логарифм составного числа равен сумме логарифмов его простых множителей. Зная твердо логарифмы 2, 3 и 7,[1] вы уже знаете логарифмы чисел первого десятка; для второго десятка требуется помнить логарифмы еще четырех чисел.

Как бы то ни было, эстрадный вычислитель мысленно располагает следующей табличкой двузначных логарифмов:

Числа	*Лог.*	*Числа*	*Лог.*
2	0,30	11	1,04
3	0,48	12	1,08
4	0,60	13	1,11
5	0,70	14	1,15
6	0,78	15	1,18
7	0,85	16	1,20
8	0,90	17	1,23
9	0,95	18	1,26
		19	1,28

Изумивший вас математический трюк состоял в следующем:

[1] Напомним, что $\lg 5 = \lg \frac{10}{2} = 1 - \lg 2$.

$$\lg \sqrt[31]{(35 \text{ цифр})} = \frac{34,...}{31}.$$

Искомый логарифм может заключаться между

$$\frac{34}{31} \text{ и } \frac{34,99}{31} \text{ или между } 1,09 \text{ и } 1,13.$$

В этом интервале имеется логарифм только одного целого числа, именно 1,11 — логарифм 13. Таким путем и найден ошеломивший вас результат. Конечно, чтобы быстро проделать все это в уме, надо обладать находчивостью и сноровкой профессионала, но по существу дело, как видите, достаточно просто. Вы и сами можете теперь проделывать подобные фокусы, если не в уме, то на бумаге.

Пусть вам предложена задача: извлечь корень 64-й степени из 20-значного числа.

Не осведомившись о том, что́ это за число, вы можете объявить результат извлечения: корень равен 2.

В самом деле $\lg \sqrt[64]{(20 \text{ цифр})} = \frac{19,...}{64}$; он должен следовательно, заключаться между $\frac{19}{64}$ и $\frac{19,99}{64}$, т. е. между 0,29 и 0,32. Такой логарифм для целого числа только один: 0,30..., т. е. логарифм числа 2.

Вы даже можете окончательно поразить загадчика, сообщив ему, какое число он собирался вам продиктовать: знаменитое «шахматное» число

$$2^{64} = 18\,446\,744\,073\,709\,551\,616.$$

Логарифмы на животноводческой ферме

ЗАДАЧА

Количество так называемого «поддерживающего» корма (т. е. то наименьшее количество его, которое лишь пополняет траты организма на теплоотдачу, работу внутренних органов, восстановление отмирающих клеток и т. п.) [1] пропорционально наружной поверхности тела животного. Зная это, определите калорийность поддерживающего корма для вола, весящего 420

[1] В отличие от «продуктивного» корма, т. е. части корма, идущей на выработку продукции животного, ради которой оно содержится.

кг, если при тех же условиях вол 630 *кг* весом нуждается в 13 500 калориях.

РЕШЕНИЕ

Чтобы решить эту практическую задачу из области животноводства, понадобится, кроме алгебры, привлечь на помощь и геометрию. Согласно условию задачи искомая калорийность x пропорциональна поверхности (s) вола, т. е.

$$\frac{x}{13500} = \frac{s}{s_1},$$

где s_1 — поверхность тела вола, весящего 630 *кг.* Из геометрии мы знаем, что поверхности (s) подобных тел относятся, как квадраты их линейных размеров (l), а объемы (и, следовательно, веса) — как кубы линейных размеров. Поэтому

$$\frac{s}{s_1} = \frac{l^2}{l_1^2}, \quad \frac{420}{630} = \frac{l^3}{l_1^3}, \text{ и значит, } \frac{l}{l_1} = \frac{\sqrt[3]{420}}{\sqrt[3]{630}},$$

откуда

$$\frac{x}{13500} = \frac{\sqrt[3]{420^2}}{\sqrt[3]{630^2}} = \sqrt[3]{\left(\frac{420}{630}\right)^2} = \sqrt[3]{\left(\frac{2}{3}\right)^2},$$

$$x = 13500\sqrt[3]{\frac{4}{9}}.$$

С помощью логарифмических таблиц находим:

$$x = 10300.$$

Вол нуждается в 10 300 калориях.

Логарифмы в музыке

Музыканты редко увлекаются математикой; большинство их, питая к этой науке чувство уважения, предпочитает держаться от нее подальше. Между тем музыканты — даже те, которые не проверяют, подобно Сальери у Пушкина, «алгеброй гармонию», — соприкасаются с математикой гораздо чаще, чем сами подозревают, и притом с такими страшными вещами, как логарифмы.

Позволю себе по этому поводу привести отрывок из статьи нашего покойного физика проф. А. Эйхенвальда.[1]

«Товарищ мой по гимназии любил играть на рояле, но не любил математики. Он даже говорил с оттенком пренебрежения, что музыка и математика друг с другом ничего не имеют общего. «Правда, Пифагор нашел какие-то соотношения между звуковыми колебаниями, — но ведь как раз пифагорова-то гамма для нашей музыки и оказалась неприменимой».

Представьте же себе, как неприятно был поражен мой товарищ, когда я доказал ему, что, играя по клавишам современного рояля, он играет, собственно говоря, на логарифмах... И действительно, так называемые «ступени» темперированной хроматической гаммы не расставлены на равных расстояниях ни по отношению к числам колебаний, ни по отношению к длинам волн соответствующих звуков, а представляют собой логарифмы этих величин. Только основание этих логарифмов равно 2, а не 10, как принято в других случаях.

Положим, что нота *do* самой низкой октавы — будем ее называть нулевой октавой — определена n колебаниями в секунду. Тогда *do* первой октавы будет делать в секунду $2n$ колебаний, а m-й октавы $n \cdot 2^m$ колебаний и т. д. Обозначим все ноты хроматической гаммы рояля номерами p, принимая основной тон *do* каждой октавы за нулевой; тогда, например, тон *sol* будет 7-й, *la* будет 9-й и т. д.; 12-й тон будет опять *do,* только октавой выше. Так как в темперированной хроматической гамме каждый последующий тон имеет в $\sqrt[12]{2}$ большее число колебаний, чем предыдущий, то число колебаний любого тона можно выразить формулой

$$N_{pm} = n \cdot 2^m \left(\sqrt[12]{2}\right)^p .$$

Логарифмируя эту формулу, получаем:

$$\lg N_{pm} = \lg n + m \lg 2 + p \frac{\lg 2}{12}$$

или

$$\lg N_{pm} = \lg n + \left(m + \frac{p}{12}\right) \lg 2 ,$$

[1] Она была напечатана в «Русском астрономическом календаре на 1919 г.» и озаглавлена «О больших и малых расстояниях».

а принимая число колебаний самого низкого *do* за единицу ($n = 1$) и переводя все логарифмы к основанию, равному 2 (или попросту принимая $\lg 2 = 1$), имеем:

$$\lg N_{pm} = m + \frac{p}{12}.$$

Отсюда видим, что номера клавишей рояля представляют собой логарифмы чисел колебаний соответствующих звуков.[1] Мы даже можем сказать, что номер октавы представляет собой характеристику, а номер звука в данной октаве [2] — мантиссу этого логарифма».

Например, — поясним от себя, — в тоне *sol* третьей октавы, т. е. в числе $3 + \frac{7}{12} (\approx 3{,}583)$, число 3 есть характеристика логарифма числа колебаний этого тона, а $\frac{7}{12} (\approx 0{,}583)$ — мантисса того же логарифма при основании 2; число колебаний, следовательно, в $2^{3{,}583}$, т. е. в 11,98, раза больше числа колебаний тона *do* первой октавы.

Звезды, шум и логарифмы

Заголовок этот, связывающий столь, казалось бы, несоединимые вещи, не притязает быть пародией на произведения Кузьмы Пруткова; речь в самом деле пойдет о звездах и о шуме в тесной связи с логарифмами.

Шум и звезды объединяются здесь потому, что и громкость шума и яркость звезд оцениваются одинаковым образом — по логарифмической шкале.

Астрономы распределяют звезды по степеням видимой яркости на светила первой величины, второй величины, третьей и т. д. Последовательные звездные величины воспринимаются глазом как члены арифметической прогрессии. Но физическая яркость их изменяется по иному закону: объективные яркости составляют геометрическую прогрессию со знаменателем 2,5. Легко понять, что «величина» звезды представляет собой не что иное, как логарифм ее физической яркости. Звезда, например, третьей величины ярче звезды первой величины в $2{,}5^{3-1}$, т. е. в 6,25 раза. Короче говоря, оценивая видимую яркость звезд, ас-

[1] Умноженные на 12.

[2] Деленный на 12.

троном оперирует с таблицей логарифмов, составленной при основании 2,5. Не останавливаюсь здесь подробнее на этих интересных соотношениях, так как им уделено достаточно страниц в другой моей книге — «Занимательная астрономия».

Сходным образом оценивается и громкость шума. Вредное влияние промышленных шумов на здоровье рабочих и на производительность труда побудило выработать приемы точной числовой оценки громкости шума. Единицей громкости служит «бел», практически — его десятая доля, «децибел». Последовательные степени громкости — 1 бел, 2 бела и т. д. (практически — 10 децибел, 20 децибел и т. д.) — составляют для нашего слуха арифметическую прогрессию. Физическая же «сила» этих шумов (точнее — энергия) составляет прогрессию геометрическую со знаменателем 10. Разности громкостей в 1 бел отвечает отношение силы шумов 10. Значит, громкость шума, выраженная в белах, равна десятичному логарифму его физической силы.

Дело станет яснее, если рассмотрим несколько примеров.

Тихий шелест листьев оценивается в 1 бел, громкая разговорная речь — в 6,5 бела, рычанье льва — в 8,7 бела. Отсюда следует, что по силе звука разговорная речь превышает шелест листьев в

$$10^{6,5-1} = 10^{5,5} = 316\,000 \text{ раз};$$

львиное рычанье сильнее громкой разговорной речи в

$$10^{8,7-6,5} = 10^{2,2} = 158 \text{ раз}.$$

Шум, громкость которого больше 8 бел, признается вредным для человеческого организма. Указанная норма на многих заводах превосходится: здесь бывают шумы в 10 и более бел; удары молотка в стальную плиту порождают шум в 11 бел. Шумы эти в 100 и 1000 раз сильнее допустимой нормы и в 10—100 раз громче самого шумного места Ниагарского водопада (9 бел).

Случайность ли то, что и при оценке видимой яркости светил и при измерении громкости шума мы имеем дело с логарифмической зависимостью между величиной ощущения и порождающего его раздражения? Нет, то и другое — следствие общего закона (называемого «психофизическим законом Фехнера»), гласящего: величина ощущения пропорциональна логарифму величины раздражения.

Как видим, логарифмы вторгаются и в область психологии.

Логарифмы в электроосвещении

ЗАДАЧА

Причина того, что наполненные газом (часто называемые неправильно «полуваттными») лампочки дают более яркий свет, чем пустотные с металлической нитью из такого же материала, кроется в различной температуре нити накала. По правилу, установленному в физике, общее количество света, испускаемое при белом калении, растет пропорционально 12-й степени абсолютной температуры. Зная это, проделаем такое вычисление: определим, во сколько раз «полуваттная» лампа, температура нити накала которой 2500° абсолютной шкалы (т. е. при счете от –273 °С), испускает больше света, чем пустотная с нитью, накаленной до 2200°.

РЕШЕНИЕ

Обозначив искомое отношение через *x*, имеем уравнение

$$x = \left(\frac{2500}{2200}\right)^{12} = \left(\frac{25}{22}\right)^{12},$$

откуда

$$\lg x = 12(\lg 25 - \lg 22);\ x = 4{,}6.$$

Наполненная газом лампа испускает света в 4,6 раза больше, нежели пустотная. Значит, если пустотная дает свет в 50 свечей, то наполненная газом при тех же условиях даст 230 свечей.

Сделаем еще расчет: какое повышение абсолютной температуры (в процентах) необходимо для удвоения яркости лампочки?

РЕШЕНИЕ

Составляем уравнение

$$\left(1 + \frac{x}{100}\right)^{12} = 2,$$

откуда

$$\lg\left(1 + \frac{x}{100}\right) = \frac{\lg 2}{12} \text{ и } x = 6\%.$$

Наконец, третье вычисление: насколько — в процентах — возрастет яркость лампочки, если температура ее нити (абсолютная) поднимется на 1%?

РЕШЕНИЕ

Выполняя с помощью логарифмов вычисление $x = 1{,}01^{12}$, находим:

$$x = 1{,}13.$$

Яркость возрастет на 13%.

Проделав вычисление для повышения температуры на 2%, найдем увеличение яркости на 27%, при повышении температуры на 3% — увеличение яркости на 43%.

Отсюда ясно, почему в технике изготовления электролампочек так заботятся о повышении температуры нити накала, дорожа каждым лишним градусом.

Завещания на сотни лет

Кто не слыхал о том легендарном числе пшеничных зерен, какое будто бы потребовал себе в награду изобретатель шахматной игры? Число это составлялось путем последовательного удвоения единицы: за первое поле шахматной доски изобретатель потребовал 1 зерно, за второе 2 и т. д., все удваивая, до последнего, 64-го поля.

Однако с неожиданной стремительностью числа растут не только при последовательном удвоении, но и при гораздо более умеренной норме увеличения. Капитал, приносящий 5%, увеличивается ежегодно в 1,05 раза. Как будто не столь заметно возрастание. А между тем по прошествии достаточного промежутка времени капитал успевает вырасти в огромную сумму. Этим объясняется поражающее увеличение капиталов, завещанных на весьма долгий срок. Кажется странным, что, оставляя довольно скромную сумму, завещатель делает распоряжения об уплате огромных капиталов. Известно завещание знаменитого американского государственного деятеля Бенджамина Франклина. Оно опубликовано в «Собрании разных сочинении Бенджамина Франклина». Вот извлечение из него:

«Препоручаю тысячу фунтов стерлингов бостонским жителям. Если они примут эту тысячу фунтов, то должны поручить ее отборнейшим гражданам, а они будут давать их с процентами, по 5 на сто в год, в заем молодым ремесленникам.[1] Сумма эта через сто лет возвысится до 131 000 фунтов стерлингов. Я желаю, чтобы тогда 100 000 фунтов употреблены были на постройку общественных зданий, остальные же 31 000 фунтов отданы были в проценты на 100 лет. По истечении второго столетия сумма возрастет до 4 061 000 фунтов стерлингов, из коих 1 060 000 фунтов оставляю в распоряжении бостонских жителей, а 3 000 000 — правлению Массачусетской общины. Далее не осмеливаюсь простирать своих видов».

Оставляя всего 1000 фунтов, Франклин распределяет миллионы. Здесь нет, однако, никакого недоразумения. Математический расчет удостоверяет, что соображения завещателя вполне реальны. 1000 фунтов, увеличиваясь ежегодно в 1,05 раза, через 100 лет должны превратиться в

$$x = 1000 \cdot 1{,}05^{100} \text{ фунтов.}$$

Это выражение можно вычислить с помощью логарифмов

$$\lg x = \lg 1000 + 100 \lg 1{,}05 = 5{,}11893,$$

откуда

$$x = 131\,000$$

в согласии с текстом завещания. Далее, 31 000 фунтов в течение следующего столетия превратятся в

$$y = 31\,000 \cdot 1{,}05^{100},$$

откуда, вычисляя с помощью логарифмов, находим:

$$y = 4\,076\,500$$

— сумму, несущественно отличающуюся от указанной в завещании.

Предоставляю читателю самостоятельно решить следующую задачу, почерпнутую из «Господ Головлевых» Салтыкова:

«Порфирий Владимирович сидит у себя в кабинете, исписывая цифирными выкладками листы бумаги. На этот раз его занимает вопрос: сколько было бы у него теперь денег, если бы маменька подаренные ему при рождении дедушкой на зубок сто рублей не присвоила себе, а положила в ломбард на имя малолетнего Порфирия? Выходит, однако, немного: всего восемьсот рублей».

---

[1] В Америке в ту эпоху еще не было кредитных учреждений.

Предполагая, что Порфирию в момент расчета было 50 лет, и сделав допущение, что он произвел вычисление правильно (допущение маловероятное, так как едва ли Головлев знал логарифмы и справлялся со сложными процентами), требуется установить, по сколько процентов платил в то время ломбард.

Непрерывный рост капитала

В сберкассах процентные деньги присоединяются к основному капиталу ежегодно. Если присоединение совершается чаще, то капитал растет быстрее, так как в образовании процентов участвует бóльшая сумма. Возьмем чисто теоретический, весьма упрощенный пример. Пусть в сберкассу положено 100 руб. из 100% годовых. Если процентные деньги будут присоединены к основному капиталу лишь по истечении года, то к этому сроку 100 руб. превратятся в 200 руб. Посмотрим теперь, во что превратятся 100 рублей, если процентные деньги присоединять к основному капиталу каждые полгода. По истечении полугодия 100 руб. вырастут в

$$100 \text{ руб.} \cdot 1{,}5 = 150 \text{ руб.}$$

А еще через полгода — в

$$150 \text{ руб.} \cdot 1{,}5 = 225 \text{ руб.}$$

Если присоединение делать каждые $\frac{1}{3}$ года, то по истечении года 100 руб. превратятся в

$$100 \text{ руб.} \cdot \left(1\frac{1}{3}\right)^3 \approx 237 \text{ руб. } 03 \text{ коп.}$$

Будем учащать сроки присоединения процентных денег до 0,1 года, до 0,01 года, до 0,001 года и т. д. Тогда из 100 руб. спустя год получится:

$$100 \text{ руб.} \cdot 1{,}1^{10} \approx 259 \text{ руб. } 37 \text{ коп.}$$
$$100 \text{ руб.} \cdot 1{,}01^{100} \approx 270 \text{ руб. } 48 \text{ коп.}$$
$$100 \text{ руб.} \cdot 1{,}001^{1000} \approx 271 \text{ руб. } 69 \text{ коп.}$$

Методами высшей математики доказывается, что при безграничном сокращении сроков присоединения наращенный капитал не растет беспредельно, а приближается к некоторому пределу, равному приблизительно [1]

271 руб. 83 коп.

Больше чем в 2,7183 раза капитал, положенный из 100%, увеличиться не может, даже если бы наросшие проценты присоединялись к капиталу каждую секунду.

Число „*e*"

Полученное число 2,718..., играющее в высшей математике огромную роль, — не меньшую, пожалуй, чем знаменитое число π, — имеет особое обозначение: e. Это — число иррациональное: оно не может быть точно выражено конечным числом цифр,[2] но вычисляется только приближенно, с любой степенью точности, с помощью следующего ряда:

$$1+\frac{1}{1}+\frac{1}{1\cdot 2}+\frac{1}{1\cdot 2\cdot 3}+\frac{1}{1\cdot 2\cdot 3\cdot 4}+\frac{1}{1\cdot 2\cdot 3\cdot 4\cdot 5}+\ldots$$

Из приведенного выше примера с ростом капитала по сложным процентам легко видеть, что число e есть предел выражения

$$\left(1+\frac{1}{n}\right)^n$$

при беспредельном возрастании n.

По многим причинам, которых мы здесь изложить не можем, число e очень целесообразно принять за основание системы логарифмов. Такие таблицы («натуральных логарифмов») существуют и находят себе широкое применение в науке и технике. Те логарифмы-исполины из 48, из 61, из 102 и из 260 цифр, о которых мы говорили ранее, имеют основанием именно число e.

Число e появляется нередко там, где его вовсе не ожидали. Поставим себе, например, такую задачу:

На какие части надо разбить данное число a, чтобы произведение всех частей было наибольшее?

---

[1] Дробные доли копейки мы отбросили.

[2] Кроме того, оно, как и число π, трансцендентно, т. е. не может получиться в результате решения какого бы то ни было алгебраического уравнения с целыми коэффициентами.

Мы уже знаем, что наибольшее произведение при постоянной сумме дают числа тогда, когда они равны между собой. Ясно, что число a надо разбить на равные части. Но на сколько именно равных частей? На две, на три, на десять? Приемами высшей математики можно установить, что наибольшее произведение получается, когда части возможно ближе к числу e.

Например, 10 надо разбить на такое число равных частей, чтобы части были возможно ближе к 2,718... Для этого надо найти частное

$$\frac{10}{2{,}718\ldots} = 3{,}678\ldots$$

Так как разделить на 3,678... равных частей нельзя, то приходится выбрать делителем ближайшее целое число 4. Мы получим, следовательно, наибольшее произведение частей 10, если эти части равны $\frac{10}{4}$, т. е. 2,5.

Значит,

$$(2{,}5)^4 = 39{,}0625$$

есть самое большое число, какое может получиться от перемножения одинаковых частей числа 10. Действительно, разделив 10 на 3 или на 5 равных частей, мы получим меньшие произведения:

$$\left(\frac{10}{3}\right)^3 = 37,$$

$$\left(\frac{10}{5}\right)^5 = 32.$$

Число 20 надо для получения наибольшего произведения его частей разбить на 7 одинаковых частей, потому что

$$20 : 2{,}718\ldots = 7{,}36 \approx 7.$$

Число 50 надо разбить на 18 частей, а 100 — на 37, потому что

$$50 : 2{,}718\ldots = 18{,}4,$$

$$100 : 2{,}718\ldots = 36{,}8.$$

Число e играет огромную роль в математике, физике, астрономии и других науках. Вот некоторые вопросы, при математическом рассмотрении которых приходится пользоваться этим числом (список можно было бы увеличивать неограниченно):

Барометрическая формула (уменьшение давления с высотой),

Формула Эйлера,[1]
Закон охлаждения тел,
Радиоактивный распад и возраст Земли,
Колебания маятника в воздухе,
Формула Циолковского для скорости ракеты,[2]
Колебательные явления в радиоконтуре,
Рост клеток.

Логарифмическая комедия

ЗАДАЧА

В добавление к тем математическим комедиям, с которыми читатель познакомился в главе V, приведем еще образчик того же рода, а именно «доказательство» неравенства $2 > 3$. На этот раз в доказательстве участвует логарифмирование. «Комедия» начинается с неравенства

$$\frac{1}{4} > \frac{1}{8},$$

бесспорно правильного. Затем следует преобразование:

$$\left(\frac{1}{4}\right)^2 > \left(\frac{1}{8}\right)^3,$$

также не внушающее сомнения. Большему числу соответствует больший логарифм, значит,

$$2\lg_{10}\left(\frac{1}{2}\right) > 3\lg_{10}\left(\frac{1}{2}\right).$$

После сокращения на $\lg_{10}\left(\frac{1}{2}\right)$ имеем: $2 > 3$. В чем ошибка этого доказательства?

РЕШЕНИЕ

Ошибка в том, что при сокращении на $\lg_{10}\left(\frac{1}{2}\right)$ не был изменен знак неравенства ($>$ на $<$); между тем необходимо было это сделать, так как $\lg_{10}\left(\frac{1}{2}\right)$ есть число отрицательное. [Если

[1] О ней см. ст. «Жюль-верновский силач и формула Эйлера» во 2-й книге моей «Занимательной физики».

[2] См. мою книгу «Межпланетные путешествия».

бы мы логарифмировали при основании не 10, а другом, меньшем чем $\frac{1}{2}$, то $\lg\left(\frac{1}{2}\right)$ был бы положителен, но мы не вправе были бы тогда утверждать, что большему числу соответствует больший логарифм.]

Любое число — тремя двойками

ЗАДАЧА

Закончим книгу остроумной алгебраической головоломкой, которой развлекались участники одного съезда физиков в Одессе. Предлагается задача: любое данное число, целое и положительное, изобразить с помощью трех двоек и математических символов.

РЕШЕНИЕ

Покажем, как задача решается, сначала на частном примере. Пусть данное число 3. Тогда задача решается так:

$$3 = -\lg_2 \lg_2 \sqrt{\sqrt{\sqrt{2}}}\,.$$

Легко удостовериться в правильности этого равенства. Действительно,

$$\sqrt{\sqrt{\sqrt{2}}} = \left[\left(2^{\frac{1}{2}}\right)^{\frac{1}{2}}\right]^{\frac{1}{2}} = 2^{\frac{1}{2^3}} = 2^{2^{-3}}\,,$$

$$\lg_2 2^{2^{-3}} = 2^{-3}, \quad -\lg_2 2^{-3} = 3\,.$$

Если бы дано было число 5, мы разрешили бы задачу тем же приемом:

$$5 = -\lg_2 \lg_2 \sqrt{\sqrt{\sqrt{\sqrt{\sqrt{2}}}}}\,.$$

Как видим, мы используем здесь то, что при квадратном радикале показатель корня не пишется.

Общее решение задачи таково. Если данное число N, то

$$N = -\lg_2 \lg_2 \underbrace{\sqrt{\sqrt{\ldots\sqrt{\sqrt{2}}}}}_{N раз},$$

причем число радикалов равно числу единиц в заданном числе.

Занимательная

геометрия

ОТ РЕДАКТОРА

Предыдущее (седьмое) издание «Занимательной геометрии» Я. И. Перельмана выходило в 1950 г. под редакцией Б. А. Кордемского. Он дополнил ее примерами из современной (на тот момент, т. е. для 1950 г.) действительности и добавил около 30 статей.

Данное издание имеет небольшие дополнения, а также исправлены некоторые ошибки предыдущего издания.

ЧАСТЬ ПЕРВАЯ
ГЕОМЕТРИЯ НА ВОЛЬНОМ ВОЗДУХЕ

Природа говорит языком математики: буквы этого языка — круги, треугольники и иные математические фигуры.

Галилей

ГЛАВА ПЕРВАЯ
ГЕОМЕТРИЯ В ЛЕСУ

По длине тени

Еще сейчас памятно мне то изумление, с каким смотрел я в первый раз на седого лесничего, который, стоя возле огромной сосны, измерял ее высоту маленьким карманным прибором. Когда он нацелился своей квадратной дощечкой в вершину дерева, я ожидал, что старик сейчас начнет взбираться туда с мерной цепью. Вместо этого он положил прибор обратно в карман и объявил, что измерение окончено. А я думал, еще не начиналось...

Я был тогда очень молод, и такой способ измерения, когда человек определяет высоту дерева, не срубая его и не взбираясь на верхушку, являлся в моих глазах чем-то вроде маленького чуда. Лишь позднее, когда меня посвятили в начатки геометрии, понял я, до чего просто выполняются такого рода чудеса.

Существует множество различных способов производить подобные измерения при помощи весьма незамысловатых приборов и даже без всяких приспособлений.

Самый легкий и самый древний способ — без сомнения, тот, которым греческий мудрец Фалес за шесть веков до нашей эры определил в Египте высоту пирамиды. Он воспользовался ее тенью. Жрецы и фараон, собравшиеся у подножия высочайшей пирамиды, озадаченно смотрели на северного пришельца, отгадывавшего по тени высоту огромного сооружения. Фалес, — говорит предание, — избрал день и час, когда длина собственной его тени равнялась его росту; в этот момент высота пирамиды должна также равняться длине отбрасываемой ею тени.[1] Вот, пожалуй, единственный случай, когда человек извлекает пользу из своей тени...

Задача греческого мудреца представляется нам теперь детски-простой, но не будем забывать, что смотрим мы на нее с высоты геометрического здания, воздвигнутого уже после Фалеса. Он жил задолго до Евклида, автора замечательной книги, по которой обучались геометрии в течение двух тысячелетий после его смерти. Заключенные в ней истины, известные теперь каждому школьнику, не были еще открыты в эпоху Фалеса. А чтобы воспользоваться тенью для решения задачи о высоте пирамиды, надо было знать уже некоторые геометрические свойства треугольника, — именно следующие два (из которых первое Фалес сам открыл):

1) что углы при основании равнобедренного треугольника равны, и обратно — что стороны, лежащие против равных углов треугольника, равны между собою;

2) что сумма углов всякого треугольника (или по крайней мере прямоугольного) равна двум прямым углам.

Только вооруженный этим знанием Фалес вправе был заключить, что, когда его собственная тень равна его росту, солнечные лучи встречают ровную почву под углом в половину прямого, и следовательно, вершина пирамиды, середина ее основания и конец ее тени должны обозначить равнобедренный треугольник.

Этим простым способом очень удобно, казалось бы, пользоваться в ясный солнечный день для измерения одиноко стоя-

---

[1] Конечно, длину тени надо было считать от средней точки квадратного основания пирамиды; ширину этого основания Фалес мог измерить непосредственно.

щих деревьев, тень которых не сливается с тенью соседних. Но в наших широтах не так легко, как в Египте, подстеречь нужный для этого момент: Солнце у нас низко стоит над горизонтом, и тени бывают равны высоте отбрасывающих их предметов лишь в околополуденные часы летних месяцев. Поэтому способ Фалеса в указанном виде применим не всегда.

Нетрудно, однако, изменить этот способ так, чтобы в солнечный день можно было пользоваться любой тенью, какой бы длины она ни была. Измерив, кроме того, и свою тень или тень какого-нибудь шеста, вычисляют искомую высоту из пропорции (рис. 1):

$$AB : ab = BC : bc,$$

т. е. высота дерева во столько же раз больше вашей собственной высоты (или высоты шеста), во сколько раз тень дерева длиннее вашей тени (или тени шеста). Это вытекает, конечно, из геометрического подобия треугольников *ABC* и *abc* (по двум углам).

Рис. 1. Измерение высоты дерева по тени.

Иные читатели возразят, пожалуй, что столь элементарный прием не нуждается вовсе в геометрическом обосновании: неужели и без геометрии неясно, что во сколько раз дерево выше, во столько раз и тень его длиннее? Дело, однако, не так просто, как кажется. Попробуйте применить это правило к теням, отбрасываемым при свете уличного фонаря или лампы, — оно не оправдается. На рис. 2 вы видите, что столбик *AB* выше тумбы *ab* примерно втрое, а тень столбика больше тени тумбы (*BC* : *bc*) раз в восемь. Объяснить, почему в данном случае способ применим, в другом нет, — невозможно без геометрии.

ЗАДАЧА

Рассмотрим поближе, в чем тут разница. Суть дела сводится к тому, что солнечные лучи между собою параллельны, лучи же фонаря — непараллельны. Последнее очевидно; но почему вправе мы считать лучи Солнца параллельными, хотя они безусловно пересекаются в том месте, откуда исходят?

Рис. 2. Когда такое измерение невыполнимо.

РЕШЕНИЕ

Лучи Солнца, падающие на Землю, мы можем считать параллельными потому, что угол между ними чрезвычайно мал, практически неуловим. Несложный геометрический расчет убедит вас в этом. Вообразите два луча, исходящие из какой-нибудь точки Солнца и падающие на Землю в расстоянии, скажем, одного километра друг от друга. Значит, если бы мы поставили одну ножку циркуля в эту точку Солнца, а другою описали окружность радиусом, равным расстоянию от Солнца до Земли (т. е. радиусом в 150 000 000 *км*), то между нашими двумя лучами-радиусами оказалась бы дуга в один километр длиною. Полная длина этой исполинской окружности была бы равна $2\pi \times 150\ 000\ 000$ *км* = 940 000 000 *км*. Один градус ее, конечно, в 360 раз меньше, т. е. около 2 600 000 *км*; одна дуговая минута в 60 раз меньше градуса, т. е. равна 43 000 *км*, а одна дуговая секунда еще в 60 раз меньше, т. е. 720 *км*. Но наша дуга имеет в длину всего только 1 *км*; значит, она соответствует углу в $\frac{1}{720}$ секунды. Такой ничтожный угол неуловим даже для точнейших астрономических инструментов; следовательно, на практике мы можем считать лучи Солнца, падающие на Землю, за параллельные прямые.[1]

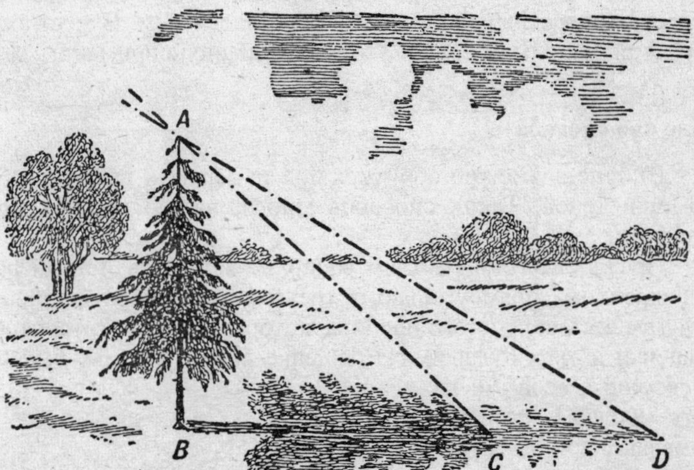

Рис. 3. Как образуется полутень.

Если бы эти геометрические соображения не были нам известны, мы не могли бы обосновать рассматриваемый способ определения высоты по тени.

---

[1] Другое дело — лучи, направленные от какой-нибудь точки Солнца к концам земного диаметра; угол между ними достаточно велик для измерения (около 17"); определение этого угла дало в руки астрономов одно из средств установить, как велико расстояние от Земли до Солнца.

Пробуя применить способ теней на практике, вы сразу же убедитесь, однако, в его ненадёжности. Тени не отграничены так отчетливо, чтобы измерение их длины можно было выполнить вполне точно. Каждая тень, отбрасываемая при свете Солнца, имеет неясно очерченную серую кайму полутени, которая и придает границе тени неопределенность. Происходит это оттого, что Солнце — не точка, а большое светящееся тело, испускающее лучи из многих точек. На рис. 3 показано, почему вследствие этого тень *BC* дерева имеет еще придаток в виде полутени *CD,* постепенно сходящей на-нет. Угол *CAD* между крайними границами полутени равен тому углу, под которыми мы всегда видим солнечный диск, т. е. половине градуса. Ошибка, происходящая от того, что обе тени измеряются не вполне точно, может при не слишком даже низком стоянии Солнца достигать 5% и более. Эта ошибка прибавляется к другим неизбежным ошибкам — от неровности почвы и т. д. — и делает окончательный результат мало надежным. В местности гористой, например, способ этот совершенно неприменим.

Еще два способа

Вполне возможно обойтись при измерении высоты и без помощи теней. Таких способов много; начнем с двух простейших.

Прежде всего мы можем воспользоваться свойством равнобедренного прямоугольного треугольника, обратившись к услугам весьма простого прибора, который легко изготовить из дощечки и трех булавок. На дощечке любой формы, даже на куске коры, если у него есть плоская сторона, намечают три точки — вершины равнобедренного прямоугольного треугольника — и в них втыкают торчком по булавке (рис. 4). Пусть у вас нет под рукой чертежного треугольника для построения прямого угла, нет и циркуля для отложения равных сторон. Перегните тогда любой лоскут бумаги один раз, а затем поперек первого сгиба еще раз так, чтобы обе части первого сгиба совпали, — и получите прямой угол. Та же бу-

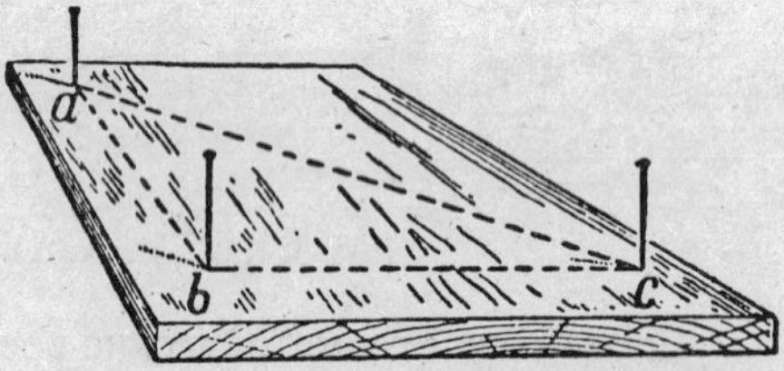

Рис. 4. Булавочный прибор для измерения высот.

мажка пригодится и вместо циркуля, чтобы отмерить равные расстояния.

Как видите, прибор может быть целиком изготовлен в бивуачной обстановке.

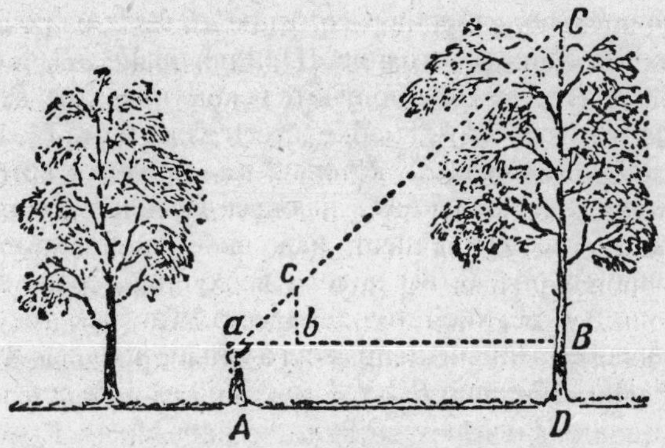

Рис. 5. Схема применения булавочного прибора.

Обращение с ним не сложнее изготовления. Отойдя от измеряемого дерева, держите прибор так, чтобы один из катетов треугольника был направлен отвесно, для чего можете пользоваться ниточкой с грузиком, привязанной к верхней булавке.

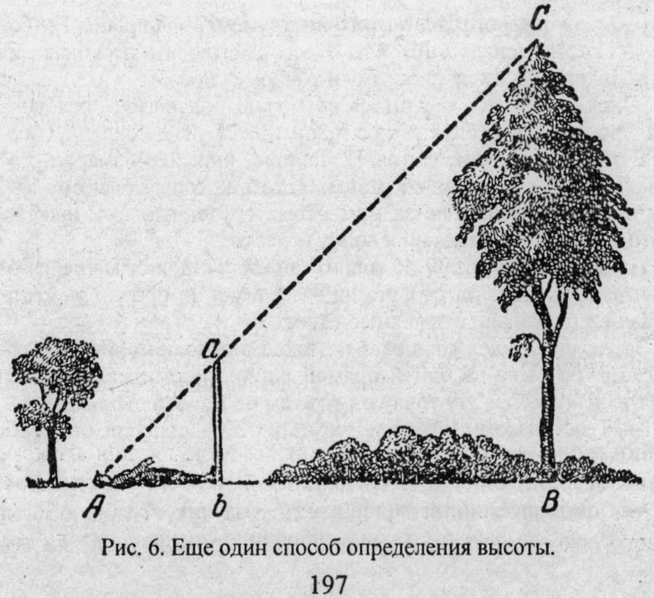

Рис. 6. Еще один способ определения высоты.

Приближаясь к дереву или удаляясь от него, вы всегда найдете такое место *A* (рис. 5), из которого, глядя на булавки *a* и *c*, увидите, что они покрывают верхушку С дерева: это значит, что продолжение гипотенузы *ac* проходит через точку С. Тогда, очевидно, расстояние *aB* равно *CB*, так как угол $a = 45°$.

Следовательно, измерив расстояние *aB* (или, на ровном месте, одинаковое с ним расстояние *AD*) и прибавив *BD*, т. е. возвышение *aA* глаза над землей, получите искомую высоту дерева.

По другому способу вы обходитесь даже и без булавочного прибора. Здесь нужен шест, который вам придется воткнуть отвесно в землю так, чтобы выступающая часть как раз равнялась вашему росту. Место для шеста надо выбрать так, чтобы, лежа, как показано на рис. 6, вы видели верхушку дерева на одной прямой линии с верхней точкой шеста. Так как треугольник *Abc* — равнобедренный и прямоугольный, то угол $A = 45°$ и, следовательно, *AB* равно *BC*, т. е. искомой высоте дерева.

По способу Жюля Верна

Следующий — тоже весьма несложный — способ измерения высоких предметов картинно описан у Жюля Верна в известном романе «Таинственный остров».

« — Сегодня нам надо измерить высоту площадки Далекого Вида, — сказал инженер.

— Вам понадобится для этого инструмент? — спросил Герберт.

— Нет, не понадобится. Мы будем действовать несколько иначе, обратившись к не менее простому и точному способу.

Юноша, стараясь научиться возможно большему, последовал за инженером, который спустился с гранитной стены до окраины берега.

Взяв прямой шест, футов 12 длиною, инженер измерил его возможно точнее, сравнивая со своим ростом, который был ему хорошо известен. Герберт же нес за ним отвес, врученный ему инженером: просто камень, привязанный к концу веревки.

Не доходя футов 500 до гранитной стены, поднимавшейся отвесно, инженер воткнул шест фута на два в песок и, прочно укрепив его, поставил вертикально с помощью отвеса.

Затем он отошел от шеста на такое расстояние, чтобы, лежа на песке, можно было на одной прямой линии видеть и конец шеста, и край гребня (рис. 7). Эту точку он тщательно пометил колышком.

— Тебе знакомы начатки геометрии? — спросил он Герберта, поднимаясь с земли.

— Да.

— Помнишь свойства подобных треугольников?

— Их сходственные стороны пропорциональны.

— Правильно. Так вот: сейчас я построю два подобных прямоугольных треугольника. У меньшего одним катетом будет отвесный шест, другим — расстояние от колышка до основания шеста; гипотенуза же — мой луч зрения. У другого треугольника катетами будут: отвесная стена, высоту которой мы хотим определить, и расстояние от колышка до основания этой стены; гипотенуза же — мой луч зрения, совпадающий с направлением гипотенузы первого треугольника.

Рис. 7. Как измерили высоту скалы герои Жюля Верна.

— Понял! — воскликнул юноша. — Расстояние от колышка до шеста так относится к расстоянию от колышка до основания стены, как высота шеста к высоте стены.

— Да. И следовательно, если мы измерим два первых расстояния, то, зная высоту шеста, сможем вычислить четвертый, неизвестный член пропорции, т. е. высоту стены. Мы обойдемся, таким образом, без непосредственного измерения этой высоты.

Оба горизонтальных расстояния были измерены: меньшее равнялось 15 футам, большее — 500 футам.

По окончании измерений инженер составил следующую запись:

$$15 : 500 = 10 : x,$$
$$500 \times 10 = 5000,$$
$$5000 : 15 = 333{,}3.$$

Значит, высота гранитной стены равнялась 333 футам».

Как поступил сержант

Некоторые из только что описанных способов измерения высоты неудобны тем, что вызывают необходимость ложиться на землю. Можно, разумеется, избежать такого неудобства.

Вот как однажды было на одном из фронтов Великой Отечественной войны. Подразделению лейтенанта Иванюк было приказано построить мост через горную реку. На противоположном берегу засели фашисты. Для разведки места постройки моста лейтенант выделил разведывательную группу во главе со старшим сержантом Поповым... В ближайшем лесном массиве они измерили диаметр и высоту наиболее типичных деревьев и подсчитали количество деревьев, которые можно было использовать для постройки.

Высоту деревьев определяли при помощи вешки (шеста) так, как показано на рис. 8.

Этот способ состоит в следующем.

Запасшись шестом выше своего роста, воткните его в землю отвесно на некотором расстоянии от измеряемого дерева (рис. 8). Отойдите от шеста назад, по продолжению *Dd* до того места *A,* с которого, глядя на вершину дерева, вы увидите на одной линии с ней верхнюю точку *b* шеста. Затем, не меняя положения головы, смотрите по направлению горизонтальной прямой *aC,* замечая точки *c* и *C,* в которых луч зрения встречает шест и ствол. Попросите помощника сделать в этих местах пометки, и наблюдение окончено. Остается только на основании подобия треугольников *abc* и *aBC* вычислить *BC* из пропорции

$$BC : bc = aC : ac,$$

откуда

$$BC = bc \cdot \frac{aC}{ac}.$$

Расстояния *bc, aC* и *ac* легко измерить непосредственно. К полученной величине *BC* нужно прибавить расстояние *CD* (которое также измеряется непосредственно), чтобы узнать искомую высоту дерева.

Для определения количества деревьев старший сержант приказал солдатам измерить площадь лесного массива. Затем он подсчитал количество деревьев на небольшом участке размером 50 × 50 *кв. м* и произвел соответствующее умножение.

На основании всех данных, собранных разведчиками, командир подразделения установил, где и какой мост нужно строить. Мост построили к сроку, боевое задание было выполнено успешно.[1]

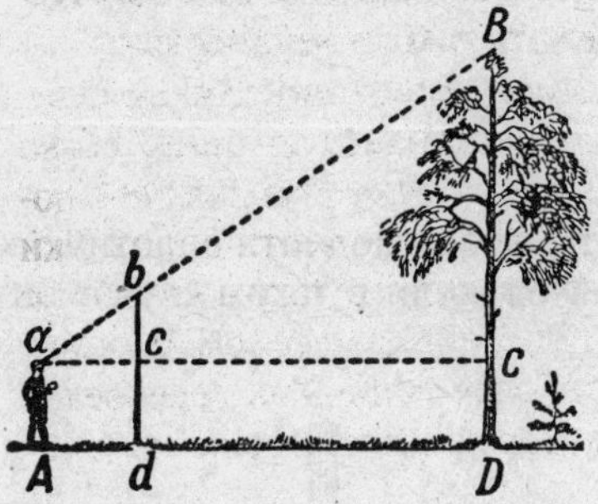

Рис. 8. Измерение высоты дерева при помощи шеста.

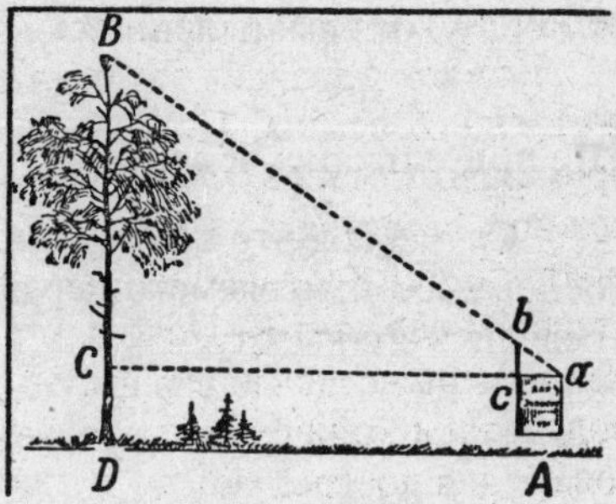

Рис. 9. Измерение высоты при помощи записной книжки.

При помощи записной книжки

В качестве прибора для приблизительной оценки недоступной высоты вы можете использовать и свою карманную записную книжку, если она снабжена карандашом, всунутым в чехлик или петельку при книжке. Она поможет вам построить в пространстве те два подобных треугольника, из которых получается искомая высота. Книжку надо держать возле глаз так, как показано на упрощенном рис. 9. Она должна находиться в отвесной плоскости, а карандаш выдвигается над верхним обрезом книжки настолько, чтобы, глядя из точки *a*, видеть вершину *B* дерева покрытой кончиком *b* карандаша. Тогда вследствие подобия треугольников *abc* и *aBC* высота *BC* определится из пропорции

$$BC : bc = aC : ac.$$

Расстояния *bc*, *ac* и *aC* измеряются непосредственно. К полученной величине *BC* надо прибавить еще длину *CD*, т. е. — на ровном месте — высоту глаза над почвой.

Так как ширина *ac* книжки неизменна, то если вы будете всегда становиться на одном и том же расстоянии от измеряемого дерева (например, в 10 *м*), высота дерева будет зависеть только от выдвинутой части *bc* карандаша. Поэтому вы можете заранее вычислить, какая высота соответствует тому

---

[1] Изложенные здесь и далее эпизоды Великой Отечественной войны описаны А. Демидовым в журнале «Военные знания» № 8, 1949, «Разведка реки».

или иному выдвижению, и нанести эти числа на карандаш. Ваша записная книжка превратится тогда в упрощенный высотомер, так как вы сможете при ее помощи определять высоты сразу, без вычислений.

Не приближаясь к дереву

Случается, что почему-либо неудобно подойти вплотную к основанию измеряемого дерева. Можно ли в таком случае определить его высоту?

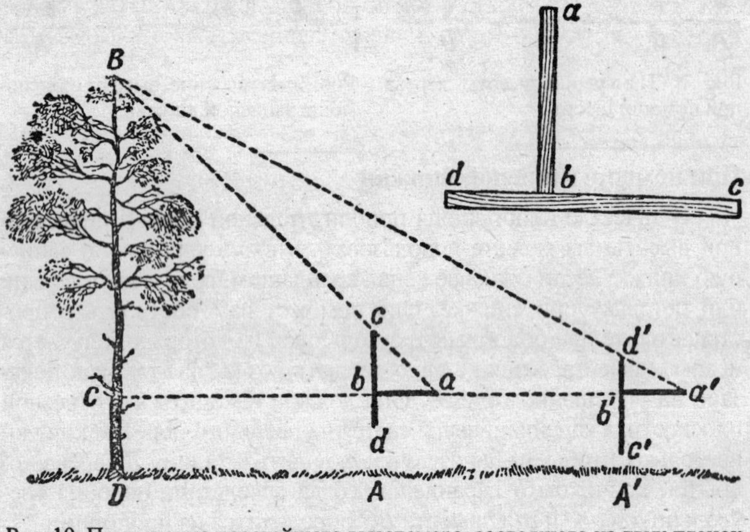

Рис. 10. Применение простейшего высотомера, состоящего из двух планок.

Вполне возможно. Для этого придуман остроумный прибор, который, как и предыдущие, легко изготовить самому. Две планки *ab* и *cd* (рис. 10 вверху) скрепляются под прямым углом так, чтобы *ab* равнялось *bc,* а *bd* составляло половину *ab.* Вот и весь прибор. Чтобы измерить им высоту, держат его в руках, направив планку *cd* вертикально (для чего при ней имеется отвес — шнурок с грузиком), и становятся последовательно в двух местах: сначала (рис. 10) в точке *A,* где располагают прибор концом *c* вверх, а затем в точке *A',* подальше, где прибор держат вверх концом *d.* Точка *A* избирается так, чтобы, глядя из *a* на конец *c,* видеть его на одной прямой с верхушкой дерева. Точку же *A'* отыскивают так, чтобы, глядя из *a'* на точку *d',* видеть ее совпадающей с *B*. В отыскании этих двух точек *A* и *A'* заключается все измерение, потому что искомая часть высоты дерева *BC* равна расстоянию *AA'*. Равенство вытекает, как легко сообразить, из того, что $aC = BC$, а $a'C = 2BC$; значит,

$$a'C - aC = BC.$$

Вы видите, что, пользуясь этим простым прибором, мы измеряем дерево, не подходя к его основанию ближе его высоты. Само собою разумеется, что если подойти к стволу возможно, то достаточно найти только одну из точек — *A* или *A'*, чтобы узнать его высоту.

Вместо двух планок можно воспользоваться четырьмя булавками, разместив их на дощечке надлежащим образом; в таком виде «прибор» еще проще.

Высотомер лесоводов

Пора объяснить теперь, как устроены «настоящие» высотомеры, которыми пользуются на практике работники леса. Опишу один из подобных высотомеров, несколько изменив

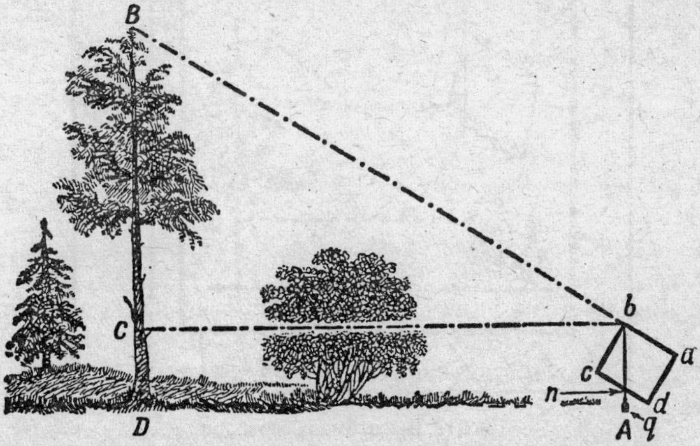

Рис. 11. Схема употребления высотомера лесоводов.

его так, чтобы прибор легко было изготовить самому. Сущность устройства видна из рис. 11. Картонный или деревян-

[1] Точки эти непременно должны лежать на одной прямой с основанием дерева.

ный прямоугольник *abcd* держат в руках так, чтобы, глядя вдоль края *ab*, видеть на одной линии с ним вершину *B* дерева. В точке *b* привешен на нити грузик *q*. Замечают точку *n*, в которой нить пересекает линию *dc*. Треугольники *bBC* и *bnc* подобны, так как оба прямоугольные и имеют равные острые углы *bBC* и *bnc* (с соответственно параллельными сторонами). Значит, мы вправе написать пропорцию

$$BC : nc = bC : bc;$$

отсюда

$$BC = bC \cdot \frac{nc}{bc}.$$

Так как *bC*, *nc* и *bc* можно измерить непосредственно, то легко получить искомую высоту дерева, прибавив длину нижней части *CD* ствола (высоту прибора над почвой).

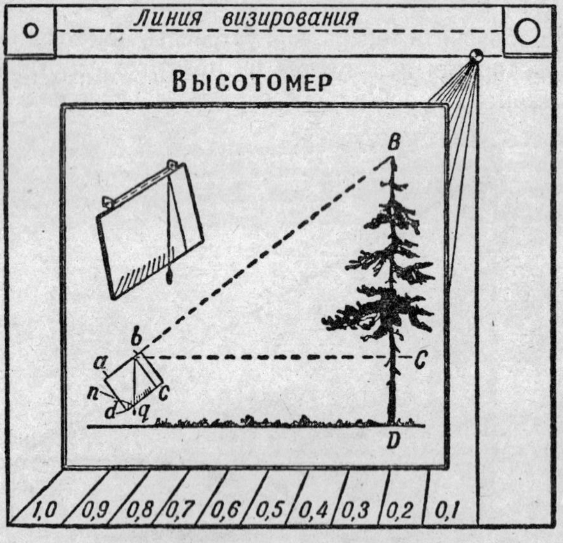

Рис. 12. Высотомер лесоводов.

Остается добавить несколько подробностей. Если край *bc* дощечки сделать, например, ровно в 10 *см*, а на краю *dc* нанести сантиметровые деления, то отношение $\frac{nc}{bc}$ будет всегда выражаться десятичной дробью, прямо указывающей, какую долю расстояния *bC* составляет высота *BC* дерева. Пусть, например, нить остановилась против 7-го деления (т. е. *nc* = 7 *см*); это значит, что высота дерева над уровнем глаза составляет 0,7 расстояния наблюдателя от ствола.

Второе улучшение относится к способу наблюдения: чтобы удобно было смотреть вдоль линии *ab*, можно отогнуть у верхних углов картонного прямоугольника два квадратика с просверленными в них дырочками: одной поменьше — у глаза, другой побольше — для наведения на верхушку дерева (рис. 12).

Дальнейшее усовершенствование представляет прибор, изображенный почти в натуральную величину на рис. 12. Изготовить его в таком виде легко и недолго; для этого не требуется особенного уменья мастерить. Не занимая в кармане много места, он доставит вам возможность во время экскурсии быстро определять высоты встречных предметов — деревьев, столбов, зданий и т. п. (Инструмент входит в состав разработанного автором этой книги набора «Геометрия на вольном воздухе».)

ЗАДАЧА

Можно ли описанным сейчас высотомером измерять деревья, к которым не подойти вплотную? Если можно, то как следует в таких случаях поступать?

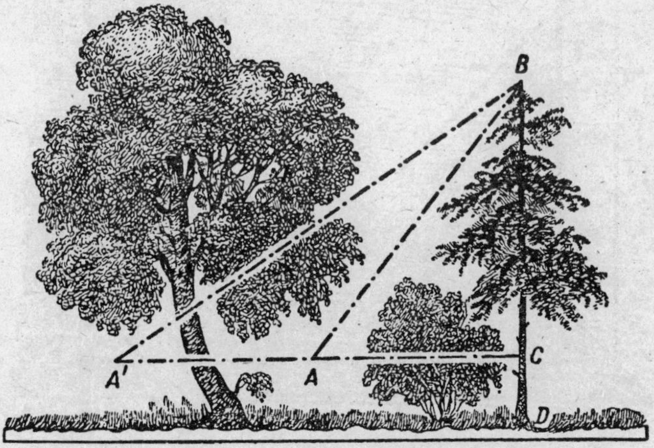

Рис. 13. Как измерить высоту дерева, не приближаясь к нему.

РЕШЕНИЕ

Надо направить прибор на вершину B дерева (рис. 13) с двух точек A и A'. Пусть в A мы определили, что $BC = 0{,}9AC$ а в точке A' — что $BC = 0{,}4A'C$. Тогда мы знаем, что

$$AC = \frac{BC}{0{,}9}, \quad A'C = \frac{BC}{0{,}4},$$

откуда

$$AA' = A'C - AC = \frac{BC}{0{,}4} - \frac{BC}{0{,}9} = \frac{25}{18}BC.$$

Итак,

$$AA' = \frac{25}{18}BC, \text{ или } BC = \frac{18}{25}A'A = 0{,}72A'A.$$

Вы видите, что, измерив расстояние $A'A$ между обоими местами наблюдения и взяв определенную долю этой величины, мы узнаем искомую недоступную и неприступную высоту.

При помощи зеркала

ЗАДАЧА

Вот еще своеобразный способ определения высоты дерева при помощи зеркала. На некотором расстоянии (рис. 14) от

Рис. 14. Измерение высоты при помощи зеркала.

измеряемого дерева, на ровной земле в точке C кладут горизонтально зеркальце и отходят от него назад в такую точку D, стоя в которой наблюдатель видит в зеркале верхушку A дерева. Тогда дерево (AB) во столько раз выше роста наблюдателя (ED), во сколько раз расстояние BC от зеркала до дерева больше расстояния CD от зеркала до наблюдателя. Почему?

РЕШЕНИЕ

Способ основан на законе отражения света. Вершина A (рис. 15) отражается в точке A' так, что $AB = A'B$. Из подобия же треугольников BCA' и CED следует, что

$$A'B : ED = BC : CD.$$

В этой пропорции остается лишь заменить $A'B$ равным ему AB, чтобы обосновать указанное в задаче соотношение.

Этот удобный и нехлопотливый способ можно применять во всякую погоду, но не в густом насаждении, а к одиноко стоящему дереву.

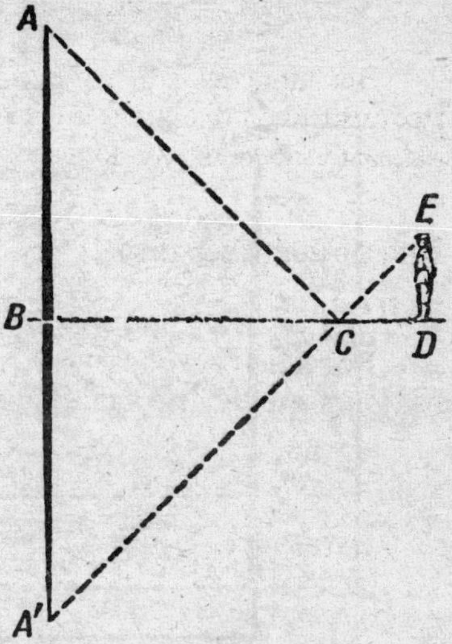

Рис. 15. Геометрическое построение к способу измерения высоты при помощи зеркала.

ЗАДАЧА

Как, однако, следует поступать, когда к измеряемому дереву невозможно почему-либо подойти вплотную?

РЕШЕНИЕ

Это — старинная задача, насчитывающая за собою свыше 500 лет. Ее рассматривает средневековый математик Антоний де Кремона в сочинении «О практическом землемерии» (1400 г.).

Задача разрешается двукратным применением сейчас описанного способа — помещением зеркала в двух местах. Сделав соответствующее построение, нетрудно из подобия треугольников вывести, что искомая высота дерева равна возвышению глаза наблюдателя, умноженному на отношение расстояния между положениями зеркала к разности расстояний наблюдателя от зеркала.

Прежде чем окончить беседу об измерении высоты деревьев, предложу читателю еще одну «лесную» задачу.

Две сосны

ЗАДАЧА

В 40 *м* одна от другой растут две сосны. Вы измерили их высоту: одна оказалась 31 *м* высоты, другая, молодая — всего 6 *м*.

Можете ли вы вычислить, как велико расстояние между их верхушками?

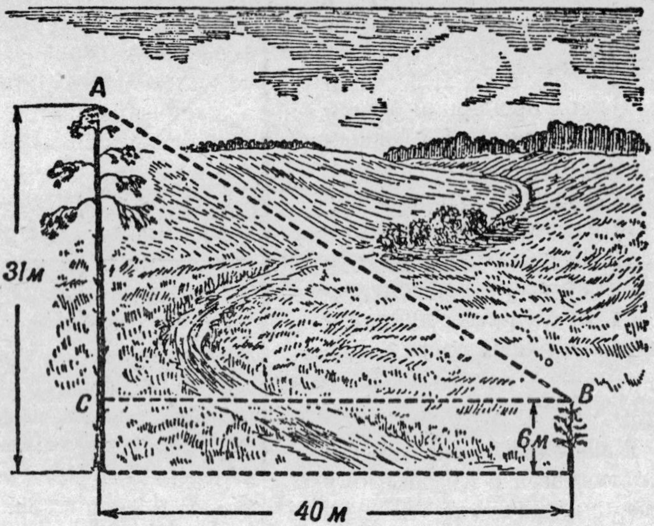

Рис. 16. Как велико расстояние между вершинами сосен?

РЕШЕНИЕ

Искомое расстояние между верхушками сосен (рис. 16) по теореме Пифагора равно

$$\sqrt{40^2 + 25^2} = 47 \text{ м}.$$

Форма древесного ствола

Теперь вы можете уже, прогуливаясь по лесу, определить — чуть не полдюжиной различных способов — высоту любого дерева. Вам интересно будет, вероятно, определить также и его *объем*, вычислить, сколько в нем кубических метров древесины, а заодно и *взвесить* его — узнать, можно ли было бы, например, увезти такой ствол на одной телеге. Обе эти задачи уже не столь просты, как определение высоты; специалисты не нашли способов *точного* ее разрешения и довольствуются лишь более или менее приближенной оценкой. Даже и для ствола срубленного, который лежит перед вами очищенный от сучьев, задача разрешается далеко на просто.

Дело в том, что древесный ствол, даже самый ровный, без утолщений, не представляет ни цилиндра, ни полного конуса, ни усеченного конуса, ни какого-либо другого геометрического тела, объем которого мы умеем вычислять по формулам. Ствол, конечно, не цилиндр, — он суживается к вершине (имеет «сбег», как говорят лесоводы), — но он и не конус, потому что его «образующая» не прямая линия, а кривая, и притом не дуга окружности, а некоторая другая кривая, обращенная выпуклостью к оси дерева.[1]

Поэтому более или менее точное вычисление объема древесного ствола выполнимо лишь средствами интегрального исчисления. Иным читателям покажется, быть может, странным, что для измерения простого бревна приходится обращаться к услугам высшей математики. Многие думают, что высшая математика имеет отношение только к каким-то особенным предметам, в обиходной же жизни применима всегда лишь математика элементарная. Это совершенно неверно: можно довольно точно вычислить объем звезды или планеты, пользуясь элементами геометрии, между тем как точный расчет объема длинного бревна или пивной бочки невозможен без аналитической геометрии и интегрального исчисления.

Но наша книга не предполагает у читателя знакомства с высшей математикой; придется поэтому удовлетвориться здесь лишь приблизительным вычислением объема ствола. Будем исходить из того, что объем ствола более или менее близок либо к объему усеченного конуса, либо — для ствола с вершинным концом — к объему полного конуса, либо, наконец, — для коротких бревен — к объему цилиндра. Объем каждого из этих трех тел легко вычислить. Нельзя ли для однообразия расчета найти такую формулу объема, которая годилась бы сразу для всех трех названных тел? Тогда мы приближенно вычисляли бы

---

[1] Всего ближе эта кривая подходит к так называемой «полукубической параболе» ($y^3 = ax^2$); тело, полученное вращением этой параболы, называется «нейлоидом» (по имени старинного математика Нейля, нашедшего способ определять длину дуги такой кривой). Ствол выросшего в лесу дерева по форме приближается к нейлоиду. Расчет объема нейлоида выполняется приемами высшей математики.

объем ствола, не интересуясь тем, на что он больше похож — на цилиндр или на конус, полный или усеченный.

Универсальная формула

Такая формула существует; более того: она пригодна не только для цилиндра, полного конуса и усеченного конуса, но также и для всякого рода призм, пирамид полных и усеченных и даже для шара. Вот эта замечательная формула, известная в математике под названием формулы Симпсона:

$$v=\frac{h}{6}(b_1+4b_2+b_3),$$

причем h — высота тела, b_1 — площадь нижнего основания, b_2 — площадь среднего [1] сечения, b_3 — площадь верхнего основания.

ЗАДАЧА

Доказать, что по приведенной сейчас формуле можно вычислить объем следующих семи геометрических тел: призмы, пирамиды полной, пирамиды усеченной, цилиндра, конуса полного, конуса усеченного, шара.

РЕШЕНИЕ

Убедиться в правильности этой формулы очень легко простым применением ее к перечисленным телам. Тогда получим; для призмы и цилиндра (рис. 17, *а*)

$$v=\frac{h}{6}(b_1+4b_2+b_3)=b_1h;$$

для пирамиды и конуса (рис. 17, *б*)

$$v=\frac{h}{6}(b_1+4\frac{b_1}{4}+0)=\frac{b_1h}{3};$$

для усеченного конуса (рис. 17, *в*)

$$v=\frac{h}{6}\left[\pi R^2+4\pi\left(\frac{R+r}{2}\right)^2+\pi r^2\right]=$$

$$=\frac{h}{6}\left(\pi R^2+\pi R^2+2\pi Rr+\pi r^2+\pi r^2\right)=$$

$$=\frac{\pi h}{3}\left(R^2+Rr+r^2\right);$$

---

[1] То есть площадь сечения тела посредине его высоты.

для усеченной пирамиды доказательство ведется сходным образом; наконец, для шара (рис. 17, *г*)

$$v = \frac{2R}{6}\left(0 + 4\pi R^2 + 0\right) = \frac{4}{3}\pi R^3 .$$

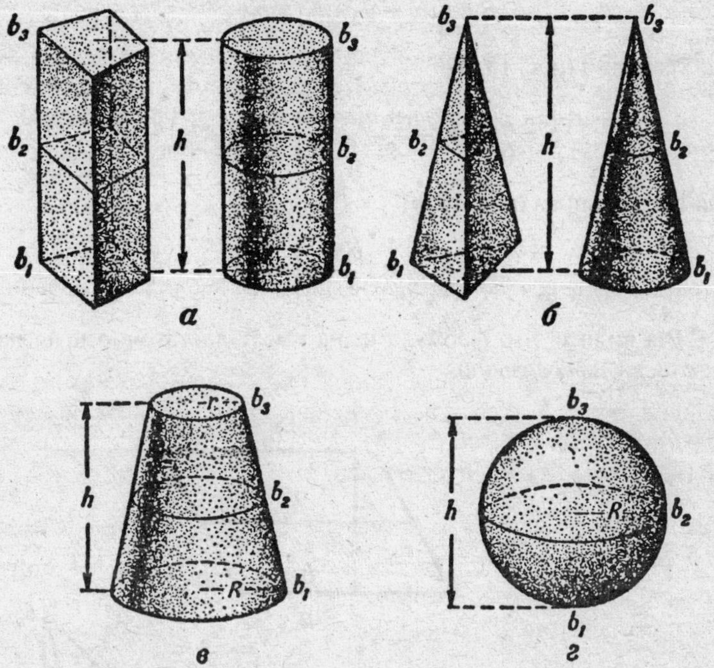

Рис. 17. Геометрические тела, объемы которых можно вычислить, пользуясь *одной* формулой.

ЗАДАЧА

Отметим еще одну любопытную особенность нашей универсальной формулы: она годится также для вычисления площади *плоских* фигур:

параллелограмма,
трапеции и
треугольника,

если под h разуметь, как прежде, высоту фигуры,
под b_1 — длину нижнего основания,
под b_2 — среднего,
под b_3 — верхнего.

Как в этом убедиться?

РЕШЕНИЕ

Применяя формулу, имеем:
для параллелограмма (квадрата, прямоугольника) (рис. 18, а)

$$S = \frac{h}{6}\left(b_1 + 4b_1 + b_1\right) = b_1 h;$$

для трапеции (рис. 18, *б*)

$$S = \frac{h}{6}\left(b_1 + 4\frac{b_1 + b_3}{2} + b_3\right) = \frac{h}{2}\left(b_1 + b_3\right),$$

для треугольника (рис. 18, *в*)

$$S = \frac{h}{6}\left(b_1 + 4\frac{b_1}{2} + 0\right) = \frac{b_1 h}{2}.$$

Вы видите, что формула наша имеет достаточно прав называться *универсальной*.

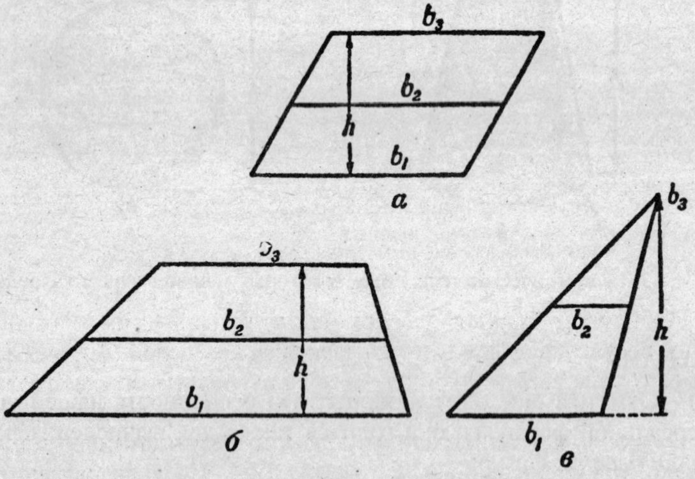

Рис. 18. Универсальная формула пригодна также для вычисления площадей этих фигур.

Объем и вес дерева на корню

Итак, вы располагаете формулой, по которой можете приближенно вычислить объем ствола *срубленного* дерева, не задаваясь вопросом о том, на какое геометрическое тело он похож;

на цилиндр, на полный конус или на усеченный конус. Для этого понадобятся четыре измерения — длины ствола и трех поперечников: нижнего сруба, верхнего и посредине длины. Измерение нижнего и верхнего поперечников очень просто; непосредственное же определение среднего поперечника без специального приспособления («мерной вилки» лесоводов, рис. 19 и 20 [1]) довольно, неудобно. Но трудность можно обойти, если измерить бечевкой окружность ствола и разделить ее длину на $3\frac{1}{7}$, чтобы получить диаметр.

Рис. 19. Измерение диаметра дерева мерной вилкой.

Объем срубленного дерева получится при этом с точностью, достаточной для многих практических целей. Короче, но менее точно решается эта задача, если вычислить объем ствола, как объем цилиндра, диаметр основания которого равен диаметру ствола посредине длины: при этом результат получается, однако, преуменьшенный, иногда на 12%. Но если разделить мысленно ствол на отрубки в два метра длины и определить объем каждого из этих почти цилиндрических частей, чтобы, сложив их, получить объем всего ствола, то результат получится гораздо лучший: он грешит в сторону преуменьшения не более чем на 2—3%.

[1] Сходным образом устроен общеизвестный прибор для измерения диаметра круглых изделий — штангенциркуль (рис. 20 направо).

Все это, однако, совершенно неприменимо к дереву на корню: если вы не собираетесь взбираться на него, то вашему измерению доступен только диаметр его нижней части. В этом случае придется для определения объема довольствоваться лишь весьма приближенной оценкой, утешаясь тем, что и профессиональные лесоводы поступают обычно сходным же образом. Они пользуются для этого таблицей так называемых «видовых чисел», т. е. чисел, которые показывают, какую долю объем измеряемого дерева составляет от объема цилиндра той же высоты и диаметра, измеренного на высоте груди взрослого человека, т. е. 130 *см* (на этой высоте его удобнее всего измерять). Рис. 21 наглядно поясняет сказанное. Конечно, «видовые числа» различны для деревьев разной породы и высоты, так как форма ствола изменчива. Но колебания не особенно велики: для стволов сосны и для ели (выросших в густом насаждении) «видовые числа» заключаются между 0,45 и 0,51, т. е. равны примерно половине.

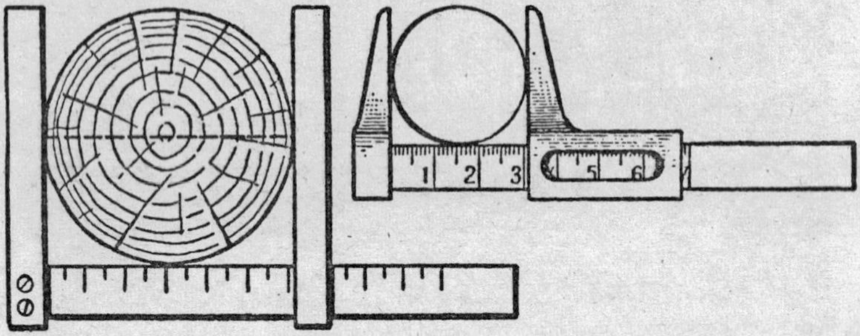

Рис. 20. Мерная вилка (налево) и штангенциркуль (направо).

Значит, без большой ошибки можно принимать за объем хвойного дерева на корню половину объема цилиндра той же высоты с диаметром, равным поперечнику дерева на высоте груди.

Это, разумеется, лишь приближенная оценка, но не слишком отклоняющаяся от истинного результата: до 2% в сторону преувеличения и до 10% в сторону преуменьшения.[1]

Отсюда уже один шаг к тому, чтобы оценить и *вес* дерева на корню. Для этого достаточно лишь знать, что 1 *куб. м* све-

---

[1] Необходимо помнить, что «видовые числа» относятся лишь к деревьям, выросшим в лесу, т. е. к высоким и тонким (ровным, без узлов); для отдельно стоящих ветвистых деревьев нельзя указать подобных общих правил вычисления объема.

жей сосновой или еловой древесины весит около 600—700 *кг*. Пусть, например, вы стоите возле ели, высоту которой вы определили в 28 *м*, а окружность ствола на высоте груди

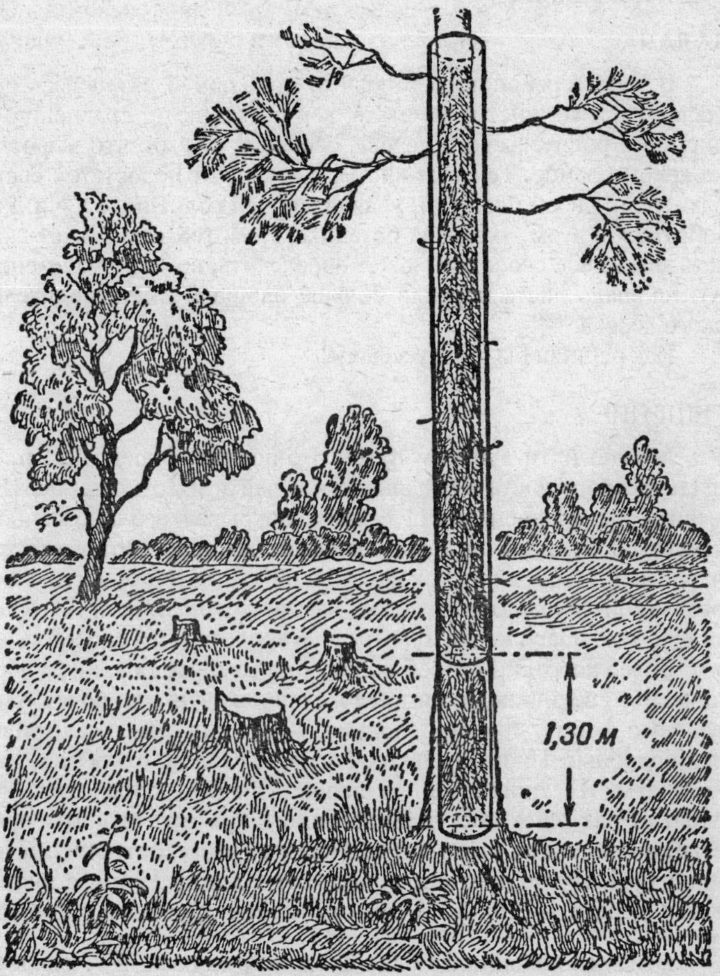

Рис. 21. Что такое «видовое число».

оказалась равной 120 *см*. Тогда площадь соответствующего круга равна 1100 *кв. см*, или 0,11 *кв. м*, а объем ствола $^1/_2 \times 0,11 \times 28 = 1,5$ *куб. м*. Принимая, что 1 *куб. м* свежей еловой древесины весит в среднем 650 *кг,* находим, что 1,5 *куб. м* должны весить около тонны (1000 *кг*).

Геометрия листьев

ЗАДАЧА

В тени серебристого тополя от его корней разрослась поросль. Сорвите лист и заметьте, как он велик по сравнению с листьями родительского дерева, особенно с теми, что выросли на ярком солнце. Теневые листья возмещают недостаток света размерами своей площади, улавливающей солнечные лучи. Разобраться в этом — задача ботаника. Но и геометр может сказать здесь свое слово: он может определить, во сколько именно раз площадь листа поросли больше площади листа родительского дерева.

Как решили бы вы эту задачу?

РЕШЕНИЕ

Можно идти двояким путем. Во-первых, определить площадь каждого листа в отдельности и найти их отношение. Измерить же площадь листа можно, покрывая его прозрачной клетчатой бумагой, каждый квадратик которой соответствует, например, 4 *кв. мм* (листок прозрачной клетчатой бумаги, употребляемой для подобных целей, называется *палеткой*). Это хотя и вполне правильный, но чересчур кропотливый способ.[1]

Более короткий способ основан на том, что оба листа, различные по величине, имеют все же одинаковую или почти одинаковую форму: другими словами, — это фигуры, геометрически подобные. Площади таких фигур, мы знаем, относятся, как квадраты их линейных размеров. Значит, определив, во сколько раз один лист длиннее или шире другого, мы простым возведением этого числа в квадрат узнаем отношение их площадей. Пусть лист поросли имеет в длину 15 *см,* а лист с ветви дерева — только 4 *см*; отношение линейных размеров $\frac{15}{4}$, и значит, по площади один больше другого в $\frac{225}{16}$, т. е. в 14 раз. Округляя (так как полной точности здесь быть не может),

---

[1] У этого способа есть, однако, и преимущество: пользуясь им, можно сравнивать площади листьев, имеющих *неодинаковую* форму, чего нельзя сделать по далее описанному способу.

мы вправе утверждать, что порослевой лист больше древесного по площади примерно в 15 раз.

Еще пример.

ЗАДАЧА

У одуванчика, выросшего в тени, лист имеет в длину 31 *см.* У другого экземпляра, выросшего на солнцепеке, длина листовой пластинки всего 3,3 *см.* Во сколько примерно раз площадь первого листа больше площади второго?

РЕШЕНИЕ

Поступаем по предыдущему. Отношение площадей равно

$$\frac{31^2}{3{,}3^2} = \frac{960}{10{,}9} = 87\,;$$

значит, один лист больше другого по площади раз в 90.

Рис. 22. Определите отношение площадей этих листьев.

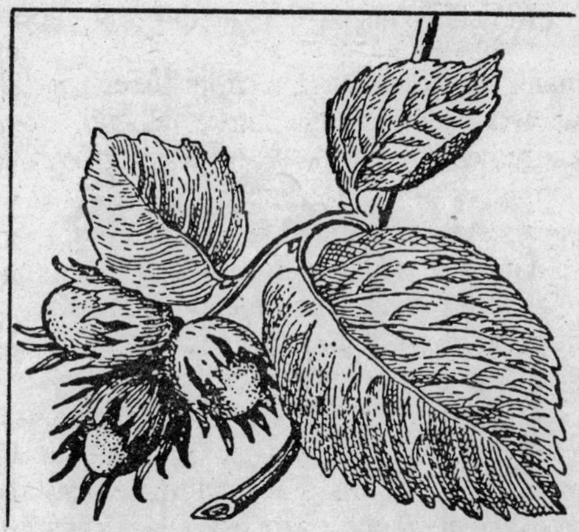

Рис. 23. Определите отношение площадей этих листьев.

Нетрудно подобрать в лесу множество пар листьев одинаковой формы, но различной величины и таким образом получить любопытный материал для геометрических задач на отношение площадей подобных фигур. Непривычному глазу всегда кажется странным при этом, что сравнительно небольшая разница в длине и ширине листьев порождает заметную разницу в их площадях. Если, например, из двух листьев, геометрически подобных по форме, один длиннее другого на 20%, то отношение их площадей равно

$$1{,}2^2 \approx 1{,}4,$$

т. е. разница составляет 40%. А при различии ширины в 40% один лист превышает другой по площади в

$$1{,}4^2 \approx 2,$$

т. е. почти вдвое.

ЗАДАЧА

Предлагаем читателю определить отношение площадей листьев, изображенных на рис. 22 и 23.

Шестиногие богатыри

Удивительные создания муравьи! Проворно избегая по стебельку вверх с тяжелой для своего крошечного роста ношей в челюстях (рис. 24), муравей задает наблюдательному человеку головоломную задачу: откуда у насекомого берется сила, чтобы без видимого напряжения втаскивать груз в десять раз тяжелее его самого? Ведь человек не мог бы взбегать по лестнице, держа на плечах, например, пианино (рис. 24), а отношение веса груза к весу тела у муравья примерно такое же. Выходит, что муравей относительно сильнее человека!

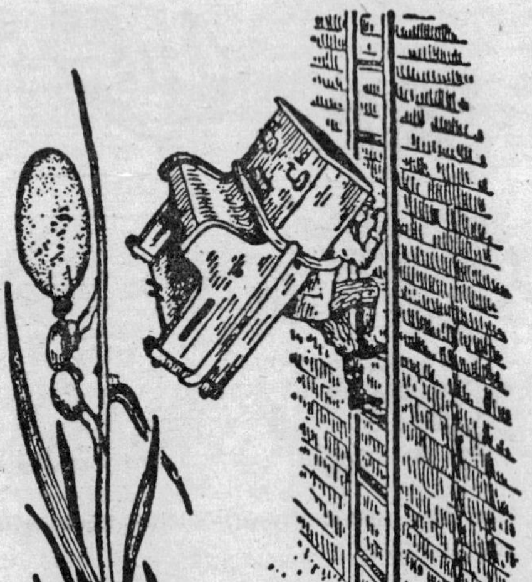
Рис. 24. Шестиногий богатырь.

Так ли?

Без геометрии здесь не разобраться. Послушаем что говорит специалист (проф. А. Ф. Брандт), прежде всего, о силе мускулов, а затем и о поставленном сейчас вопросе соотношения сил насекомого и человека:

«Живой мускул уподобляется упругому шнурку; только сокращение его основано не на упругости, а на других причинах, и проявляется нормально под влиянием нервного возбуждения, а в физиологическом опыте от прикладывания электрического тока к соответствующему нерву или непосредственно к самому мускулу.

Опыты весьма легко проделываются на мускулах, вырезанных из только что убитой лягушки, так как мускулы холоднокровных животных весьма долго и вне организма, даже при обыкновенной температуре, сохраняют свои жизненные свойства. Форма опыта очень простая. Вырезают главный мускул, разгибающий заднюю лапу, — мускул икр — вместе с куском бедренной кости, от которой он берет начало, и вместе с концевым сухожилием. Этот мускул оказывается наиболее удобным и по своей величине, и по форме, и по легкости препаровки. За обрезок кости мускул подвешивают на станке, а сквозь сухожилие продевают крючок, на который нацепляют гирю. Если до такого мускула дотрагиваться проволоками, идущими от гальванического элемента, то он моментально сокращается, укорачивается и приподнимает груз. Постепенным накладыванием дополнительных разновесок легко определить максимальную подъемную способность мускула. Свяжем теперь по длине два, три, четыре одинаковых мускула и станем раздражать их сразу. Этим мы не достигнем большей подъемной силы, а груз будет подниматься лишь на большую высоту, соответственно суммировке укорочений отдельных мускулов. Зато, если свяжем два, три, четыре мускула в *пучок*, то вся система будет при раздражении поднимать и в соответственное число раз больший груз. Точно такой же результат, очевидно, получился бы и тогда, если бы мускулы между собою срослись. Итак, мы убеждаемся в том, что подъемная сила мускулов зависит не от длины или общей массы, а лишь от *толщины*, т. е. поперечного разреза.

После этого отступления обратимся к сличению одинаково устроенных, геометрически подобных, но различных по величине животных. Мы представим себе двух животных; первоначальное и вдвое увеличенное во всех линейных измерениях. У второго объем и вес всего тела, а также каждого из его органов будет в 8 раз больше; все же соответственные плоскостные измерения, в том числе и поперечное сечение мускулов, лишь в 4 раза больше. Оказывается, мускульная сила, по мере того как животное разрастается до двойной длины и восьмерного веса, увеличивается лишь в четыре раза, т. е. животное сделалось относительно вдвое *слабее*. На этом основании животное, которое втрое длиннее (с поперечными сечениями в 9 раз обширнейшими и с весом в 27 раз большим), оказывалось бы относительно втрое слабее, а то, которое вчетверо длиннее, — вчетверо слабее и т. д.

Законом неодинакового нарастания объема и веса животного, а вместе с тем и мускульной силы объясняется, почему насекомое, —

как мы это наблюдаем на муравьях, хищных осах и т. д., может тащить тяжести, в 30, в 40 раз превосходящие вес собственного их тела, тогда как человек в состоянии тащить нормально — мы исключаем гимнастов и носильщиков тяжестей — лишь около $^{9}/_{10}$, а лошадь, на которую мы взираем как на прекрасную живую рабочую машину, и того меньше, а именно лишь около $^{7}/_{10}$ своего веса».[1]

После этих разъяснений мы другими глазами будем смотреть на подвиги того муравья-богатыря, о котором И. А. Крылов насмешливо писал:

Какой-то муравей был силы непомерной,
Какой не слыхано и в древни времена;
Он даже (говорит его историк верный)
Мог поднимать больших ячменных два зерна.

[1] Подробно об этом см. «Занимательную механику» Я. И. Перельмана, гл. X «Механика в живой природе».

ГЛАВА ВТОРАЯ
ГЕОМЕТРИЯ У РЕКИ

Измерить ширину реки

Не переплывая реки, измерить ее ширину — так же просто для знающего геометрию, как определить высоту дерева, не взбираясь на вершину. Неприступное расстояние измеряют теми же приемами, какими мы измеряли недоступную высоту. В обоих случаях определение искомого расстояния заменяется промером другого расстояния, легко поддающегося непосредственному измерению.

Из многих способов решения этой задачи рассмотрим несколько наиболее простых.

1) Для первого способа понадобится уже знакомый нам «прибор» с тремя булавками на вершинах равнобедренного прямоугольного треугольника (рис. 25). Пусть требуется определить ширину *AB* реки (рис. 26), стоя на том берегу, где точка *B,* и не перебираясь на противоположный. Став где-нибудь у точки *C,* держите булавочный прибор близ глаз так, чтобы, смотря одним глазом вдоль двух булавок, вы видели, как обе они покрывают точки *B* и *A.* Понятно, что, когда это вам удастся, вы будете находиться как раз на продолжении прямой *AB.* Теперь, не двигая дощечки прибора, смотрите вдоль других двух булавок (перпендикулярно к прежнему направлению) и заметьте какую-нибудь точку *D*, покрываемую этими булавками, т. е. лежащую на прямой, перпендикулярной к *AC.* После этого воткните в точку *C* веху, покиньте это место и идите с вашим инструментом вдоль прямой *CD,* пока не найдете на ней такую точку *E* (рис. 27), откуда можно одновременно покрыть

для глаза булавкой *b* шест точки *C*, а булавкой *a* — точку *A*. Это будет значить, что вы отыскали на берегу третью вершину

Рис. 25. Измерение ширины реки булавочным прибором.

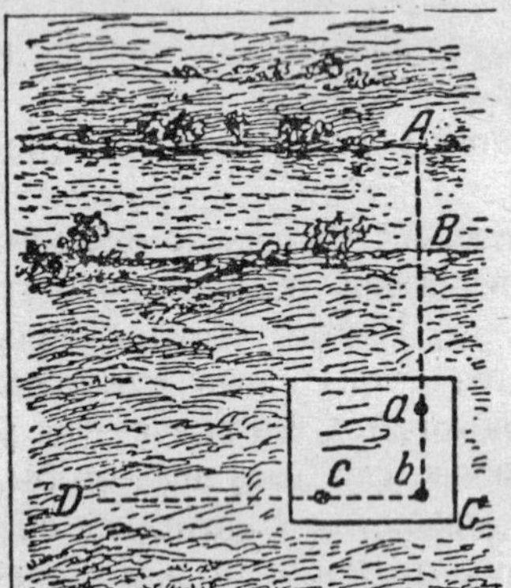

Рис. 26. Первое положение булавочного прибора.

Рис. 27. Второе положение булавочного прибора.

треугольника *ACE*, в котором угол *C* — прямой, а угол *E* равен острому углу булавочного прибора, т. е. $\frac{1}{2}$ прямого. Очевидно, и угол *A* равен — прямого, т. е. *AC* = *CE*. Если вы измерите расстояние *CE* хотя бы шагами, вы узнаете расстояние *AC*, а отняв *BC*, которое легко измерить, определите искомую ширину реки.

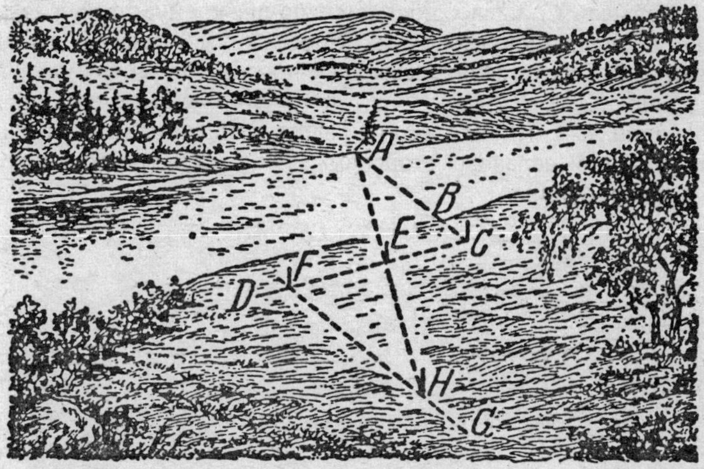

Рис. 28. Пользуемся признаками равенства треугольников.

Довольно неудобно и трудно держать в руке булавочный прибор неподвижно; лучше поэтому прикрепить эту дощечку к палке с заостренным концом, которую и втыкать отвесно в землю.

2) Второй способ сходен с первым. Здесь также находят точку *C* на продолжении *AB* и намечают при помощи булавочного прибора прямую *CD* под прямым углом к *CA*. Но дальше поступают иначе (рис. 28). На прямой *CD* отмеряют равные расстояния *CE* и *EF* произвольной длины и втыкают в точки *E* и *F* вехи. Став затем в точке *F* с булавочным прибором, намечают направление *FG*, перпендикулярное к *FC*. Теперь, идя вдоль *FG*, отыскивают на этой линии такую точку *H*, из которой веха *E* кажется покрывающей точку *A*. Это будет означать, что точки *H*, *E* и *A* лежат на одной прямой.

Задача решена: расстояние *FH* равно расстоянию *AC*, от которого достаточно лишь отнять *BC*, чтобы узнать, искомую ширину реки (читатель, конечно, сам догадается, почему *FH* равно *AC*).

Этот способ требует больше места, чем первый; если местность позволяет осуществить оба приема, полезно проверить один результат другим.

3) Описанный сейчас способ можно видоизменить: отмерить на прямой *CF* не равные расстояния, а одно в несколько раз меньше другого. Например (рис. 29), отмеряют *FE* в четыре раза меньше *EC*, а далее поступают по-прежнему: по направлению *FG*, перпендикулярному к *FC*, отыскивают точку *H*, из которой веха *E* кажется покрывающей точку *A*. Но теперь уже *FH* не равно *AC*, а меньше этого расстояния в четыре раза: треугольники *ACE* и *EFH* здесь не равны, а подобны (имеют равные углы при неравных сторонах). Из подобия треугольников следует пропорция

$$AC : FH = CE : EF = 4 : 1.$$

Рис. 29. Пользуемся признаками подобия треугольников.

Значит, измерив *FH* и умножив результат на 4, получим расстояние *AC*, а отняв *BC*, узнаем искомую ширину реки.

Этот способ требует, как мы видим, меньше места и потому удобнее для выполнения, чем предыдущий.

4) Четвертый способ основан на том свойстве прямоугольного треугольника, что если один из его острых углов равен

30°, то противолежащий катет составляет половину гипотенузы. Убедиться в правильности этого положения очень легко. Пусть угол B прямоугольного треугольника ABC (рис. 30, слева) равен 30°; докажем, что в таком случае $AC = \frac{1}{2} AB$. Повернем треугольник ABC вокруг BC так, чтобы он расположился симметрично своему первоначальному положению (рис. 30, справа), образовав фигуру ABD; линия ACD — прямая, потому что оба угла у точки C прямые. В треугольнике ABD угол $A = 60°$, угол ABD, как составленный из двух углов по 30°, тоже равен 60°. Значит, $AD = BD$ как стороны, лежащие против равных углов. Но $AC = \frac{1}{2} AD$; следовательно, $AC = \frac{1}{2} AB$.

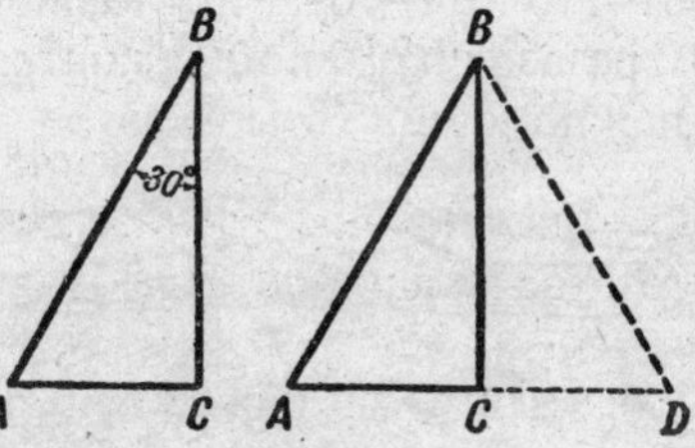

Рис. 30. Когда катет равен половине гипотенузы.

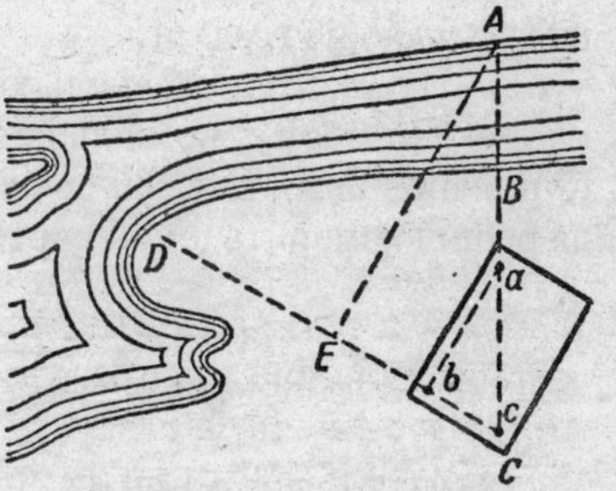

Рис. 31. Схема применения прямоугольного треугольника с углом в 30°.

Желая воспользоваться этим свойством треугольника, мы должны расположить булавки на дощечке так, чтобы основания их обозначали прямоугольный треугольник, в котором катет вдвое меньше гипотенузы. С этим прибором мы помещаемся в точке C (рис. 31) так, чтобы направление AC совпадало с гипотенузой булавочного треугольника. Смотря вдоль короткого катета этого треугольника, намечают направление CD и отыскивают на нем такую точку E, чтобы направление EA было перпендикулярно к CD (это выполняется при помощи того же булавочного прибора). Легко сообразить, что расстояние CE — катет, лежащий против угла 30°, — равно половине AC. Значит, измерив CE, удвоив это расстояние и отняв BC, получим искомую ширину AB реки.

Вот четыре легко выполнимых приема, при помощи которых всегда возможно, не переправляясь на другой берег, измерить ширину реки со вполне удовлетворительной точностью. Способов, требующих употребления более сложных приборов (хотя бы и самодельных), мы здесь рассматривать не будем.

При помощи козырька

Вот как этот способ пригодился старшему сержанту Куприянову во фронтовой обстановке.[1] Его отделению было приказано измерить ширину реки, через которую предстояло организовать переправу...

Подобравшись к кустарнику вблизи реки, отделение Куприянова залегло, а сам Куприянов вместе с солдатом Карповым выдвинулся ближе к реке, откуда был хорошо виден занятый фашистами берег. В таких условиях измерять ширину реки нужно было на глаз.

— Ну-ка, Карпов, сколько? — спросил Куприянов.

— По-моему, не больше 100—110 *м*, — ответил Карпов. Куприянов был согласен со своим разведчиком, но для контроля решил измерить ширину реки при помощи «козырька».

Рис. 32. Из-под козырька надо заметить точку на противоположном берегу.

Способ этот состоит в следующем. Надо стать лицом к реке и надвинуть фуражку на глаза так, чтобы нижний обрез

[1] А. Демидов, «Разведка реки», «Военные знания» № 8, 1949.

козырька точно совпал с линией противоположного берега (рис. 32). Козырек можно заменить ладонью руки или записной книжкой, плотно приложенной ребром ко лбу. Затем, не изменяя положения головы, надо повернуться направо или налево, или даже назад (в ту сторону, где поровней площадка, доступная для измерения расстояния) и заметить самую дальнюю точку, видимую из-под козырька (ладони, записной книжки).

Расстояние до этой точки и будет примерно равно ширине реки.

Этим способом и воспользовался Куприянов. Он быстро встал в кустах, приложил ко лбу записную книжку, также быстро повернулся и завизировал дальнюю точку. Затем вместе с Карповым он ползком добрался до этой точки, измеряя расстояние шнуром. Получилось 105 *м.*

Куприянов доложил командованию полученные им данные.

ЗАДАЧА

Дать геометрическое объяснение способу «козырька».

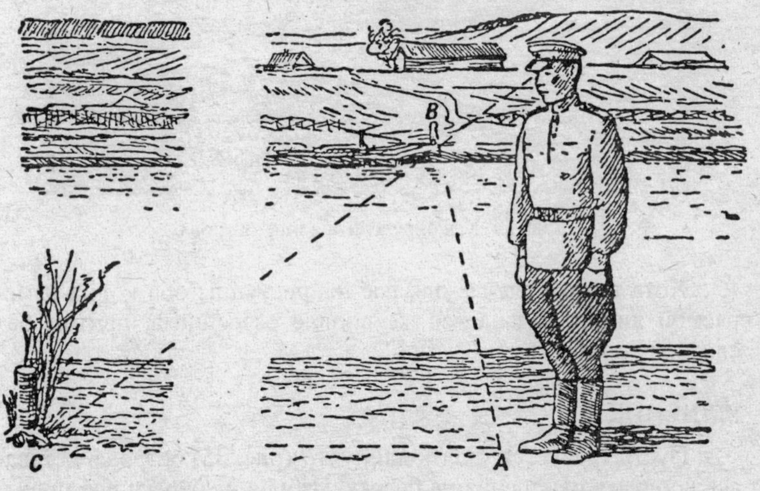

Рис. 33. Таким же образом заметить точку на своем берегу.

РЕШЕНИЕ

Луч зрения, касающийся обреза козырька (ладони, записной книжки), первоначально направлен на линию противоположного берега (рис. 32). Когда человек поворачивается, то луч зрения, подобно ножке циркуля, как бы описывает окружность, и тогда *AC* = *AB* как радиусы одной окружности (рис. 33).

Длина острова

ЗАДАЧА

Теперь нам предстоит задача более сложная. Стоя у реки или у озера, вы видите остров (рис. 34), длину которого желаете измерить, не покидая берега. Можно ли выполнить такое измерение?

Рис. 34. Как определить длину острова.

Хотя в этом случае для нас неприступны оба конца измеряемой линии, задача все же вполне разрешима, притом без сложных приборов.

РЕШЕНИЕ

Пусть требуется узнать длину *AB* (рис. 35) острова, оставаясь во время измерения на берегу. Избрав на берегу две произвольные точки *P* и *Q*, втыкают в них вехи и отыскивают на прямой *PQ* точки *M* и *N* так, чтобы направления *AM* и *BN* составляли с направлением PQ прямые углы (для этого пользуются булавочным прибором). В середине *O* расстояния *MN* втыкают веху и отыскивают на продолжении линии *AM* такую точку C, откуда веха *O* кажется покрывающей точку *B*. Точно так же на продолжении *BN* отыскивают точку *D,* откуда веха *O* кажется покрывающей конец *A* острова. Расстояние *CD* и будет искомой длиной острова.

Доказать это нетрудно. Рассмотрите прямоугольные треугольники *AMO* и *OND*; в них катеты *MO* и *NO* равны, а кроме того, равны углы *AOM* и *NOD* — следовательно, треугольники равны, и *AO* = *OD*. Сходным образом можно доказать, что *BO* = *OC*. Сравнивая затем треугольники *ABO* и *COD,* убеждаемся в их равенстве, а значит, и в равенстве расстояния *AB* и *CD*.

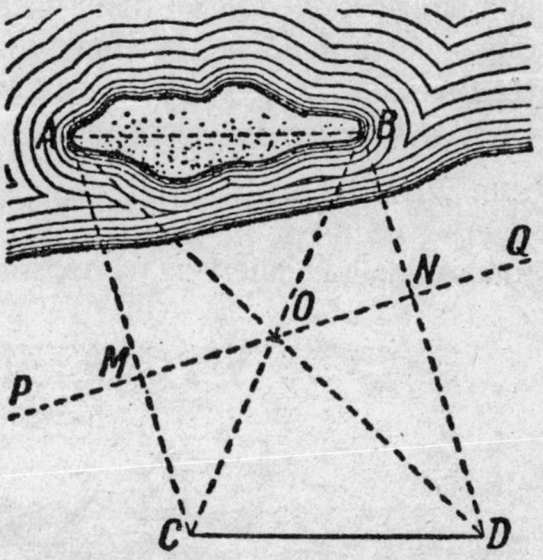

Рис. 35. Пользуемся признаками равенства прямоугольных треугольников.

Пешеход на другом берегу

ЗАДАЧА

По берегу вдоль реки идет человек. С другого берега вы отчетливо различаете его шаги. Можете ли вы, не сходя с места, определить, хотя бы приблизительно, расстояние от него до вас? Никаких приборов вы под рукою не имеете.

РЕШЕНИЕ

У вас нет приборов, но есть глаза и руки, — этого достаточно. Вытяните руку вперед по направлению к пешеходу и смотрите на конец пальца одним правым глазом, если пешеход идет в сторону вашей правой руки, и одним левым глазом, если пешеход идет в сторону левой руки. В тот момент, когда отдаленный пешеход покроется пальцем (рис. 36), вы закрываете глаз, которым сейчас смотрели, и открываете другой: пешеход покажется вам словно отодвинутым назад. Сосчитайте, сколько шагов сделает он, прежде чем снова поравняется с вашим пальцем. Вы получите все данные, необходимые для приблизительного определения расстояния.

Объясним, как ими воспользоваться. Пусть на рис. 36 *a* и *b* — ваши глаза, точка *M* — конец пальца вытянутой руки, точка *A* — первое положение пешехода, *B* — второе. Треугольники abM и ABM подобны (вы должны повернуться к пешеходу так, чтобы ab было приблизительно параллельно направлению его движения). Значит, $BM : bM = AB : ab$ — пропорция, в которой не известен только один член BM, все же остальные можно определить непосредственно. Действительно, bM — длина вашей вытянутой руки; ab — расстояние между зрачками ваших глаз, AB измерено шагами пешехода (шаг можно принять в среднем равным — $\frac{3}{4}$ *м*). Следовательно, неизвестное расстояние от вас до пешехода на противоположном берегу реки

$$MB = AB \cdot \frac{bM}{ab}.$$

Рис. 36. Как определить расстояние до пешехода, идущего по другому берегу реки.

Если, например, расстояние между зрачками глаз (ab) у вас 6 *см*, длина bM от конца вытянутой руки до глаза 60 *см*, а пешеход сделал от A до B, скажем, 14 шагов, то расстояние его от вас $MB = 14 \cdot \frac{60}{6} = 140$ шагов, или 105 *м*.

Достаточно вам заранее измерить у себя расстояние между зрачками и bM — расстояние от глаза до конца вытянутой руки, чтобы, запомнив их отношение $\frac{bM}{ab}$, быстро определять удаление недоступных предметов. Тогда останется лишь умножить AB на это отношение. В среднем у большинства людей $\frac{bM}{ab}$ равно 10 с небольшими колебаниями. Затруднение будет лишь в том, чтобы каким-нибудь образом определить расстояние AB. В нашем случае мы воспользовались шагами идущего вдали человека. Но можно привлечь к делу и иные указания. Если вы измеряете, например, расстояние до отдаленного товарного поезда, то длину AB можно оценить по сравнению с длиною товарного вагона, которая обычно известна (7,6 *м* между буферами). Если определяется расстояние до дома, то AB оценивают по сравнению с шириною окна, с длиною кирпича и т. п.

Тот же прием можно применить и для определения *размера* отдаленного предмета, если известно его расстояние от наблюдателя. Для этой цели можно пользоваться и иными «дальномерами», которые мы сейчас опишем.

Простейшие дальномеры

В первой главе был описан самый простой прибор для определения недоступных высот — высотомер. Теперь опишем простейшее приспособление для измерения неприступных расстояний — «дальномер». Простейший дальномер можно изготовить из обыкновенной спички. Для этого нужно лишь нанести на одной из ее граней миллиметровые деления, для ясности попеременно светлые и черные (рис. 37).

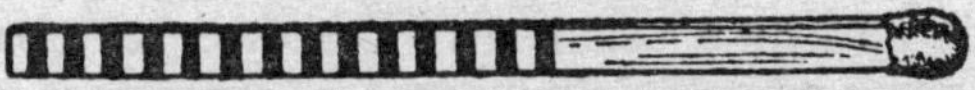

Рис. 37. Спичка-дальномер.

Пользоваться этим примитивным «дальномером» для оценки расстояния до отдаленного предмета можно только в тех случаях, когда размеры этого предмета вам известны (рис. 38); впрочем, и всякого рода иными дальномерами более совершенного устройства можно пользоваться при том же условии. Предположим, вы видите вдали человека и ставите себе задачу — определить расстояние до него. Здесь спичка-дальномер может вас выручить. Держа ее в своей вытянутой руке и глядя одним глазом, вы приводите свободный ее конец в совпадение с верхней частью отдаленной фигуры. Затем, медленно подвигая по спичке ноготь большого пальца, останавливаете его у той ее точки, которая проектируется на основание человеческой фигуры. Вам остается теперь только узнать, приблизив спичку к глазу, у которого деления остановился ноготь, — и тогда все данные для решения задачи у вас налицо.

Рис. 38. Употребление спички-дальномера для определения недоступных расстояний.

Легко убедиться в правильности пропорции:

$$\frac{\text{искомое расстояние}}{\text{расстояние от глаза до спички}} = \frac{\text{средний рост человека}}{\text{измеренная часть спички}}$$

Отсюда нетрудно вычислить искомое расстояние. Если, например, расстояние до спички 60 *см*, рост человека 1,7 *м*, а измеренная часть спички 12 *мм*, то определяемое расстояние равно

$$60 \cdot \frac{1700}{12} = 8500\ см = 85\ м.$$

Чтобы приобрести некоторый навык в обращении с этим дальномером, измерьте рост кого-либо из ваших товарищей и, попросив его отойти на некоторое расстояние, попытайтесь определить, на сколько шагов он от вас отошел.

Тем же приемом вы можете определить расстояние до всадника (средняя высота 2,2 *м*), велосипедиста (диаметр колеса 75 *см*), телеграфного столба вдоль рельсового пути (высота 8 *м*, отвесное расстояние между соседними изоляторами 90 *см*), до железнодорожного поезда, кирпичного дома и тому подобных предметов, размеры которых нетрудно оценить с достаточной точностью. Таких случаев может представиться во время экскурсий довольно много.

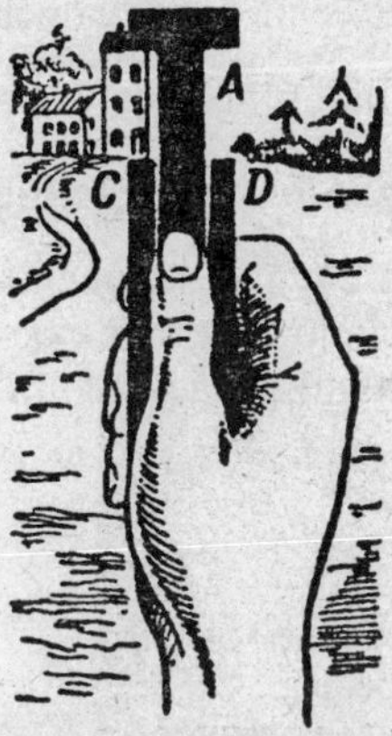

Рис. 39. Выдвижной дальномер в действии.

Для умеющих мастерить не составит большого труда изготовление более удобного прибора того же типа, предназначенного для оценки расстояний по величине отдаленной человеческой фигуры.

Устройство это ясно на рис. 39 и 40. Наблюдаемый предмет помещают как раз в промежуток *A*, образующийся при поднятии выдвижной части приборчика. Величина промежутка удобно определяется по делениям на частях *C* и *D* дощечки. Чтобы избавить себя от необходимости делать какие-либо расчеты, можно на полоске *C* прямо нанести против делений соответствующие им расстояния, если наблюдаемый предмет — человеческая фигура (прибор держат от глаза на расстоянии вытянутой руки). На правой полоске *D* можно нанести обозначения расстояний, заранее вычисленных для случаев, когда наблюдается фигура всадника (2,2 *м*). Для телеграфного столба (высота 8 *м*) аэроплана с размахом крыльев 15 *м* и тому подобных более крупных предметов можно использовать верхние, свободные части полосок *C* и *D*. Тогда прибор получит вид, представленный на рис. 40.

Рис. 40. Устройство выдвижного дальномера.

Конечно, точность такой оценки расстояния невелика. Это именно лишь оценка, а не измерение. В примере, рассмотренном ранее, когда расстояние до человеческой фигуры оценено было в 85 *м,* ошибка в 1 *мм* при измерении части спички дала бы погрешность результата в 7 *м* $\left(\frac{1}{12}\text{ от }85\right)$. Но если бы человек отстоял вчетверо дальше, мы отмерили бы на спичке не 12, а 3 *мм,* и тогда ошибка даже в $\frac{1}{2}$ *мм* вызвала бы изменение результата на 57 *м.* Поэтому наш пример в случае человеческой фигуры надежен только для сравнительно близких расстояний — в 100—200 *м.* При оценке бóльших расстояний надо избирать и более крупные предметы.

Энергия реки

> Ты знаешь край, где все обильем дышит,
> Где реки льются чище серебра,
> Где ветерок степной ковыль колышет,
> В вишневых рощах тонут хутора.
>
> *А. К. Толстой.*

Реку, длина которой не более 100 *км,* принято считать малой. Знаете ли вы, сколько таких малых рек в СССР? Очень много — 43 тысячи!

Если эти реки вытянуть в одну линию, то получилась бы лента длиною 1 300 000 *км.* Такой лентой земной шар можно тридцать раз опоясать по экватору (длина экватора примерно 40 000 *км*).

Неторопливо течение этих рек, но оно таит в себе неистощимый запас энергии. Специалисты полагают, что, если сложить скрытые возможности всех малых рек, которые протекают по нашей Родине, получится внушительное число — 34 миллиона киловатт! Эту даровую энергию необходимо широко использовать для электрификации хозяйства селений, расположенных вблизи рек.

> «Пусть свободная течет река, —
> Если в плане значится, плотина
> Гребнем каменным по всем глубинам
> Преградит дорогу на века».
>
> *С. Щипачев.*

Вы знаете, что это осуществляется при помощи гидроэлектростанций (ГЭС), и можете проявить много инициативы и оказать реальную помощь в подготовке строительства небольшой ГЭС. В самом деле, ведь строителей ГЭС будет интересовать все, что относится к режиму реки: ее ширина и скорость течения («расход воды»), площадь поперечного сечения русла («живое сечение») и какой напор воды допускают берега. А все это вполне поддается измерению доступными средствами и представляет сравнительно нетрудную геометрическую задачу.

К решению этой задачи мы сейчас и перейдем.

Но прежде приведем здесь практический совет специалистов, инженеров В. Ярош и И. Федорова, относящийся к выбору на реке подходящего места для строительства будущей плотины.

Небольшую гидроэлектростанцию мощностью в 15—20 киловатт они рекомендуют строить не дальше чем в 5 *км* от селения.

«Плотину ГЭС нужно строить не ближе чем в 10—15 *км* и не дальше чем в 20—40 *км* от истока реки, потому что удаление от истока влечет за собой удорожание плотины, которое вызывается большим притоком воды. Если же плотину располагать ближе чем в 10—15 *км* от истока, гидроэлектростанция в силу малого притока воды и недостаточного напора не сможет обеспечить необходимой мощности. Выбранный участок реки не должен изобиловать большими глубинами, которые тоже увеличивают стоимость плотины, требуя тяжелого фундамента».

Скорость течения

Меж селеньем и рощей нагорной
Вьется светлою лентой река

А. Фет.

А сколько воды протекает за сутки в такой речке?

Рассчитать нетрудно, если прежде измерить скорость течения воды в реке. Измерение выполняют два человека. У одного в руках часы, у другого — какой-нибудь хорошо заметный поплавок, например закупоренная полупустая бутылка с флажком. Выбирают прямолинейный участок реки и ставят вдоль берега две вехи *А* и *В* на расстоянии, например, 10 *м* одну от другой (рис. 41).

На линиях, перпендикулярных к *АВ,* ставят еще две вехи С и *D.* Один из участников измерения с часами становится позади вехи *D.* Другой — с поплавком заходит несколько выше вехи *А,* поплавок бросает в воду, а сам становится позади вехи *С.* Оба смотрят вдоль направлений *СА* и *DB* на поверхность воды.

В тот момент, когда поплавок пересекает продолжение линии *CA*, первый наблюдатель взмахивает рукой. По этому сигналу второй наблюдатель засекает время первый раз и еще раз, когда поплавок пересечет направление *DB*.

Рис. 41. Измерение скорости течения реки.

Предположим, что разность времени 20 секунд.

Тогда скорость течения воды в реке:

$$10 : 20 = 0{,}5 \text{ } м \text{ в секунду.}$$

Обычно измерение повторяют раз десять, бросая поплавок в разные точки поверхности реки.[1] Затем складывают полученные числа и делят на количество измерений. Это дает среднюю скорость поверхностного слоя реки.

Более глубокие слои текут медленнее, и средняя скорость всего потока составляет примерно $\frac{4}{5}$ от поверхностной скорости, — в нашем случае, следовательно, 0,4 *м* в секунду.

Можно определить поверхностную скорость и иным — правда, менее надежным — способом.

---

[1] Вместо десятикратного бросания одного поплавка можно сразу бросить 10 поплавков на некотором отдалении друг от друга.

Сядьте в лодку и плывите 1 *км* (отмеренный по берегу) против течения, а затем обратно — по течению, стараясь все время грести с одинаковою силою.

Пусть вы проплыли эти 1000 *м* против течения в 18 минут, а по течению — в 6 минут. Обозначив искомую скорость течения реки через x, а скорость вашего движения в стоячей воде через y, вы составляете уравнения

$$\frac{1000}{y-x}=18, \quad \frac{1000}{y+x}=6,$$

откуда

$$\begin{aligned} y+x &= \frac{1000}{6} \\ y-x &= \frac{1000}{18} \\ \hline 2x &= 110 \\ x &= 55 \end{aligned}$$

Скорость течения воды на поверхности равна 55 *м* в минуту, а следовательно, средняя скорость — около $^5/_6$ *м* в секунду.

Сколько воды протекает в реке

Так или иначе вы всегда можете определить скорость, с какой течет вода в реке. Труднее вторая часть подготовительной работы, необходимой для вычисления количества протекающей воды, — определение площади поперечного разреза воды. Чтобы найти величину этой площади, — того, что принято называть «живым сечением» реки, — надо изготовить чертеж этого сечения. Выполняется подобная работа следующим образом.

Первый способ

В том месте, где вы измерили ширину реки, вы у самой воды вбиваете на обоих берегах по колышку. Затем садитесь с товарищем в лодку и плывете от одного колышка к другому, стараясь все время держаться прямой линии, соединяющей колышки. Неопытный гребец с такой задачей не справится, особенно в реке с быстрым течением. Ваш товарищ должен быть искусным гребцом; кроме того, ему должен помогать и третий участник работы, который, стоя на берегу, следит, чтобы лодка не сбивалась с надлежащего направления, и в нужных случаях дает гребцу сигналами указания, в какую сторону ему нужно повернуть. В первую переправу через речку вы должны сосчитать лишь, сколько ударов веслами она потребовала, и отсюда узнать, какое число ударов перемещает лодку на 5 или 10 *м*. Тогда вы совершаете второй переезд, вооружившись на этот раз достаточно длинной рейкой с нанесенными на ней делениями, и каждые 5—10 *м* (отмеряемые по числу ударов веслами) погружаете рейку отвесно до дна, записывая глубину речки в этом месте.

Таким способом можно промерить живое сечение только небольшой речки; для широкой, многоводной реки необходимы более сложные приемы; работа эта выполняется специалистами. Любителю приходится избирать себе задачу, отвечающую его скромным измерительным средствам.

Второй способ

На узкой неглубокой речке и лодка не нужна.

Между колышками вы натягиваете перпендикулярно к течению бечевку со сделанными на ней через 1 *м* пометками или узлами и, опуская рейку до дна у каждого узла, измеряете глубину русла.

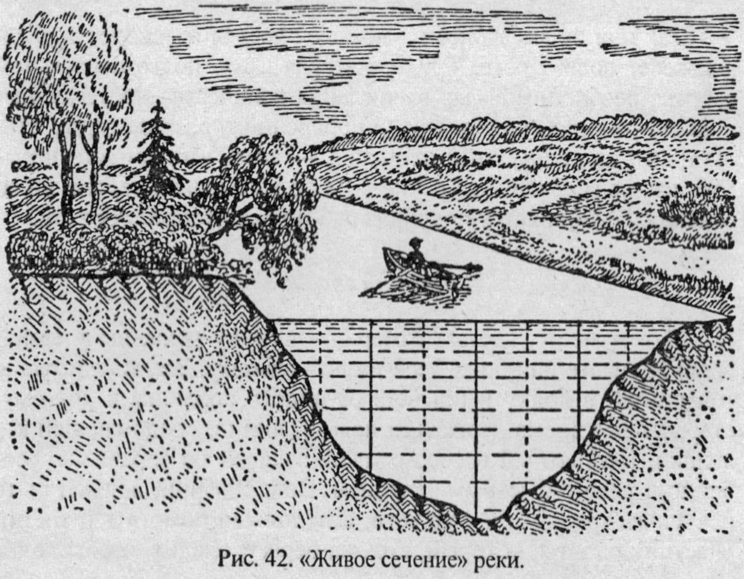

Рис. 42. «Живое сечение» реки.

Когда все измерения закончены, вы прежде всего наносите на миллиметровую бумагу либо на лист из ученической тетради в клетку чертеж поперечного профиля речки. У вас получится фигура вроде той, какая изображена на рис. 42. Площадь этой фигуры определить весьма несложно, так как она расчленяется на ряд трапеций (в которых вам известны оба основания и высота) и на два краевых треугольника также с известными основанием и высотой. Если масштаб чертежа 1:100, то результат получаем сразу в квадратных метрах.

Теперь вы располагаете уже всеми данными для расчета количества протекающей воды. Очевидно, через живое сечение реки протекает каждую секунду объем воды, равный объему призмы, основанием которой служит это сечение, а высотой — средняя секундная скорость течения. Если, например, средняя скорость течения воды в речке 0,4 *м* в секунду, а площадь живого сечения, скажем, равна 3,5 *кв. м,* то ежесекундно через это сечение переносится

$$3{,}5 \times 0{,}4 = 1{,}4 \text{ куб. м воды,}$$

или столько же тонн.[1] Это составляет в час

Рис. 43. Гидроэлектростанция мощностью 80 киловатт Бурмакинской сельскохозяйственной артели; дает энергию семи колхозам.

[1] 1 *куб. м* пресной воды весит 1 *т* (1000 *кг*).

$$1{,}4 \times 3600 = 5040 \text{ } \textit{куб..м,}$$

а в сутки

$$5040 \times 24 = 120\,960 \text{ } \textit{куб. м,}$$

свыше ста тысяч *куб. м.* А ведь река с живым сечением 3,5 *кв. м* — маленькая речка: она может иметь, скажем, 3,5 *м* ширины и 1 *м* глубины, вброд перейти можно, но и она таит в себе энергию, способную превратиться во всемогущее электричество. Сколько же воды протекает в сутки в такой реке, как Нева, через живое сечение которой ежесекундно проносится 3300 *куб. м* воды! Это — «средний расход» воды в Неве у Ленинграда. «Средний расход» воды в Днепре у Киева — 700 *куб. м.*

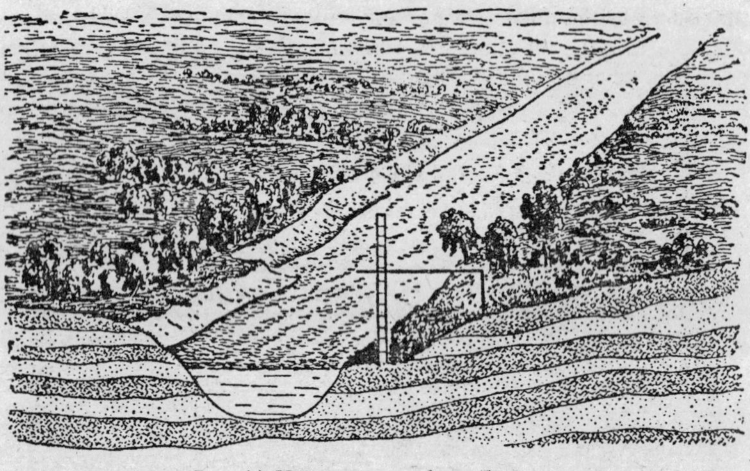

Рис. 44. Измерение профиля берегов.

Молодым изыскателям и будущим строителям своей ГЭС необходимо еще определить, какой напор воды допускают берега, т. е. какую разность уровней воды может создать плотина (рис. 43). Для этого в 5—10 *м* от воды на берегах вбивают два кола, как обычно по линии, перпендикулярной к течению реки. Двигаясь затем по этой линии, ставят маленькие колышки в местах характерных изломов берега (рис. 44). С помощью реек с делениями замеряют возвышение одного колышка над другим и расстояния между ними. По результатам измерений вычерчивают профиль берегов аналогично построению профиля русла реки.

По профилю берегов можно судить о величине допустимого напора.

Предположим, что уровень воды может быть поднят плотиной на 2,5 *м.* В таком случае вы можете прикинуть возможную мощность вашей будущей ГЭС.

Для этого энергетики рекомендуют 1,4 (секундный «расход» реки) умножить на 2,5 (высота уровня воды) и на 6 (коэффициент, который меняется в зависимости от потерь энергии в машинах). Результат получим в киловаттах. Таким образом,

$$1{,}4 \times 2{,}5 \times 6 = 21 \text{ киловатт.}$$

Так как уровни в реке, а следовательно, и расходы меняются в течение года, то для расчета надо узнать ту величину расхода, которая характерна для реки большую часть года.

Рис. 45. В какую сторону будет вращаться колесо?

Водяное колесо

ЗАДАЧА

Колесо с лопастями устанавливается около дна реки так, что оно может легко вращаться. В какую сторону оно будет вращаться, если течение направлено справа налево (рис. 45)?

РЕШЕНИЕ

Колесо будет вращаться против движения часовой стрелки. Скорость течения глубже лежащих слоев воды меньше, чем скорость течения слоев, выше лежащих, следовательно, давление на верхние лопасти будет больше, чем на нижние.

Радужная пленка

На реке, в которую спускается вода от завода, можно заметить нередко близ стока красивые цветные переливы. Масло (например, машинное), стекающее на реку вместе с водою завода, остается на поверхности как более легкое и растекается чрезвычайно тонким слоем. Можно ли измерить или хотя бы приблизительно оценить толщину такой пленки?

Задача кажется замысловатой, однако решить ее не особенно трудно. Вы уже догадываетесь, что мы не станем заниматься таким безнадежным делом, как непосредственное измерение толщины пленки. Мы измерим ее косвенным путем, короче сказать, вычислим.

Возьмите определенное количество машинного масла, например 20 *г*, и вылейте на воду, подальше от берега (с лодки). Когда масло растечется по воде в форме более или менее ясно очерченного круглого пятна, измерьте хотя бы приблизительно диаметр этого круга. Зная диаметр, вычислите площадь. А так как вам известен и объем взятого масла (его легко вычислить по весу), то уже сама собою определится отсюда искомая толщина пленки. Рассмотрим пример.

ЗАДАЧА

Один грамм керосина, растекаясь по воде, покрывает круг поперечником в 30 *см*.[1] Какова толщина керосиновой пленки на воде? Кубический сантиметр керосина весит 0,8 *г*.

РЕШЕНИЕ

Найдем объем пленки, который, конечно, равен объему взятого керосина. Если один кубический сантиметр керосина весит 0,8 г, то на 1 г идет $\frac{1}{0{,}8} = 1{,}25$ *куб. см*, или 1250 *куб. мм*.

---

[1] Обычный расход нефти при покрытии ею водоемов в целях уничтожения личинок малярийного комара — 400 *кг* на 1 *га*.

Площадь круга с диаметром 30 *см,* или 300 *мм,* равна 70000 *кв. мм.* Искомая толщина пленки равна объему, деленному на площадь основания:

$$\frac{1250}{70\,000} = 0{,}018 \text{ мм},$$

т. е. менее 50-й доли миллиметра. Прямое измерение подобной толщины обычными средствами, конечно, невозможно.

Масляные и мыльные пленки растекаются еще более тонкими слоями, достигающими 0,0001 *мм* и менее. «Однажды, — рассказывает английский физик Бойз в книге «Мыльные пузыри», — я проделал такой опыт на пруде. На поверхность воды была вылита ложка оливкового масла. Сейчас же образовалось большое пятно, метров 20—30 в поперечнике. Так как пятно было в тысячу раз больше в длину и в тысячу раз больше в ширину, чем ложка, то толщина слоя масла на поверхности воды должна была приблизительно составлять миллионную часть толщины слоя масла в ложке, или около 0,000002 миллиметра».

Рис. 46. Круги на воде.

Круги на воде

ЗАДАЧА

Вы не раз, конечно, с любопытством рассматривали те круги, которые порождает брошенный в спокойную воду камень (рис. 46). И вас, без сомнения, никогда не затрудняло объяснение этого поучительного явления природы: волнение распространяется от начальной точки во все стороны с одинаковой скоростью; поэтому в каждый момент все волнующиеся точки должны быть расположены на одинаковом расстоянии от места возникновения волнения, т. е. на окружности.

Но как обстоит дело в воде текучей? Должны ли волны от камня, брошенного в воду быстрой реки, тоже иметь форму круга, или же форма их будет вытянутая?

На первый взгляд может показаться, что в текучей воде круговые волны должны вытянуться в ту сторону, куда увлекает их течение: волнение передается по течению быстрее, чем против течения и в боковых направлениях. Поэтому волнующиеся части водной поверхности должны, казалось бы, расположиться по некоторой вытянутой замкнутой кривой, во всяком случае, не по окружности.

В действительности, однако, это не так. Бросая камни в самую быструю речку, вы можете убедиться, что волны получаются строго круговые — совершенно такие же, как и в стоячей воде. Почему?

РЕШЕНИЕ

Будем рассуждать так. Если бы вода не текла, волны были бы круговые. Какое же изменение вносит течение? Оно увлекает каждую точку этой круговой волны в направлении,

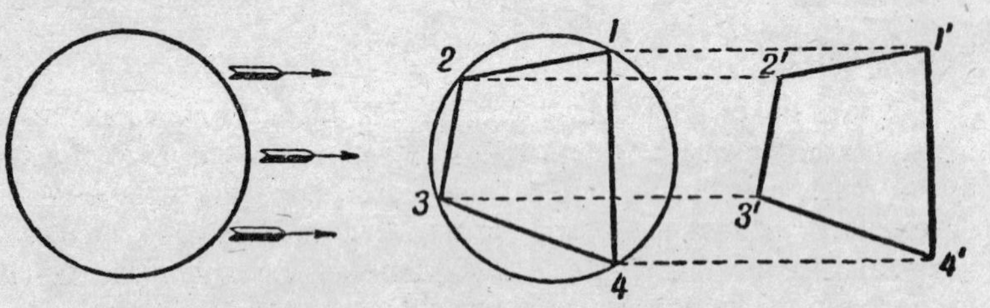

Рис. 47. Течение воды не изменяет формы волн.

указанном стрелками (рис. 47, слева), причем все точки переносятся по параллельным прямым с одинаковой скоростью, т. е. на одинаковые расстояния. А «параллельное перенесение» не изменяет формы фигуры. Действительно, в результате такого перенесения точка *1* (рис. 47, справа) окажется в точке *1'*, точка *2* — в точке *2'* и т. д.; четырехугольник *1234* заменится четырехугольником *1'2'3'4'*, который равен ему, как легко усмотреть из образовавшихся параллелограммов *122'1'*, *233'2'*, *344'3'* и т. д. Взяв на окружности не четыре, а больше точек, мы также получили бы равные многоугольники; наконец, взяв бесконечно много точек, т. е. окружность, мы получили бы после параллельного пересечения равную окружность.

Вот почему переносное движение воды не изменяет формы волн — они и в текучей воде остаются кругами. Разница лишь в том, что на поверхности озера круги не перемещаются (если не считать того, что они расходятся от своего неподвижного центра); на поверхности же реки круги движутся вместе со своим центром со скоростью течения воды.

Фантастическая шрапнель

ЗАДАЧА

Займемся задачей, которая как будто не имеет сюда отношения, на самом же деле, как увидим, тесно примыкает к рассматриваемой теме.

Вообразите шрапнельный снаряд, летящий высоко в воздухе. Вот он начал опускаться и вдруг разорвался; осколки разлетаются в разные стороны. Пусть все они брошены взрывом с одинаковой силой и несутся, не встречая помехи со стороны воздуха. Спрашивается: как расположатся осколки спустя секунду после взрыва, если за это время они еще не успеют достичь земли?

РЕШЕНИЕ

Задача похожа на задачу о кругах на воде. И здесь кажется, будто осколки должны расположиться некоторой фигурой, вытянутой вниз, в направлении падения; ведь осколки, брошенные вверх, летят медленнее, чем брошенные вниз. Нетрудно, однако, доказать, что осколки нашей воображаемой шрапнели должны расположиться на поверхности шара. Представьте на мгновение, что тяжести нет; тогда, разумеется, все осколки в течение секунды отлетят от места взрыва на строго одинаковое расстояние, т. е. расположатся на шаровой поверхности. Введем теперь в действие силу тяжести. Под ее влиянием осколки должны опускаться; но так как все тела, мы знаем, падают с одинаковой скоростью,[1]

[1] Различия обусловливаются сопротивлением воздуха, которое мы в нашей задаче исключили.

то и осколки должны в течение секунды опуститься на одинаковое расстояние, притом по параллельным прямым. Но такое параллельное перемещение не меняет формы фигуры, — шар остается шаром.

Итак, осколки фантастической шрапнели должны образовать шар, который, словно раздуваясь, опускается вниз со скоростью свободно падающего тела.

Килевая волна

Вернемся к реке. Стоя на мосту, обратите внимание на след, оставляемый быстро идущим судном. Вы увидите, как от носовой части расходятся под углом два водяных гребня (рис. 48).

Рис. 48. Килевая волна.

Откуда они берутся? И почему угол между ними тем острее, чем быстрее идет судно?

Чтобы уяснить себе причину возникновения этих гребней, обратимся еще раз к расходящимся кругам, возникающим на поверхности воды от брошенных в нее камешков.

Бросая в воду камешек за камешком через определенные промежутки времени, на поверхности воды можно увидеть круги разных размеров; чем позже брошен камешек, тем меньше вызванный им круг. Если при этом бросать камешки вдоль прямой линии, то образующиеся круги в своей совокупности порождают подобие волны у носа корабля. Чем камешки мельче и чем чаще их бросают, тем сходство заметнее. Погрузив в воду палку и ведя ею по поверхности воды, вы как бы заменяете прерывистое падение камешков непрерывным, и тогда вы видите как раз такую волну, какая возникает у носа корабля.

К этой наглядной картине остается прибавить немного, чтобы довести ее до полной отчетливости. Врезаясь в воду, нос корабля каждое мгновение порождает такую же круговую волну, как и брошенный камень. Круг расширяется во все стороны, но тем временем судно успевает продвинуться вперед и породить вторую круговую волну, за которой тотчас же следует третья, и т. д. Прерывистое образование кругов, вызванное камешками, заменяется непрерывным их возникновением, отчего и получается картина, представленная на рис. 49. Встречаясь между собою, гребни соседних волн разбивают друг друга: остаются нетронутыми только те два небольших участка полной окружности, которые находятся на их наружных частях. Эти наружные участки, сливаясь, образуют два сплошных гребня, имеющих положение внешних касательных ко всем круговым волнам (рис. 49, справа).

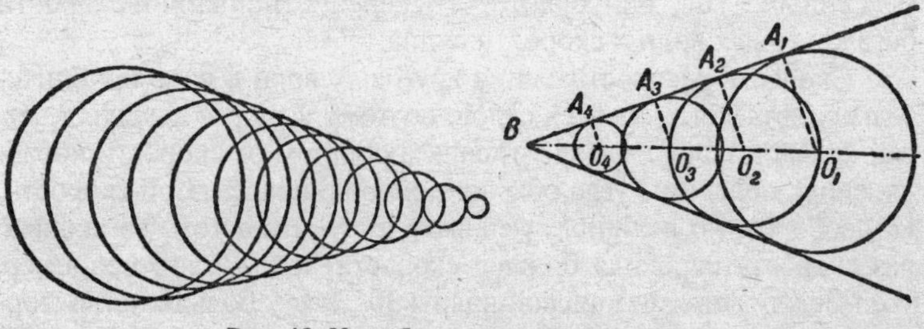

Рис. 49. Как образуется килевая волна.

Таково происхождение тех водяных гребней, которые видны позади судна, позади всякого вообще тела, движущегося с достаточной быстротой по поверхности воды.

Отсюда прямо следует, что явление это возможно только тогда, когда тело движется *быстрее*, чем бегут водяные волны. Если вы проведете палкой по воде медленно, то не увидите гребней: круговые волны расположатся одна внутри другой и общей касательной провести к ним будет нельзя.

Расходящиеся гребни можно наблюдать и в том случае, когда тело стоит на месте, а вода протекает мимо него. Если течение реки достаточно быстро, то подобные гребни образуются в воде, обтекающей мостовые устои. Форма волн получается здесь даже более отчетливая, чем, например, от парохода, так как правильность их не нарушается работою винта.

Выяснив геометрическую сторону дела, попробуем разрешить такую задачу.

ЗАДАЧА

От чего зависит величина угла между обеими ветвями килевой волны парохода?

РЕШЕНИЕ

Проведем из центра круговых волн (рис. 49, справа) радиусы к соответствующим участкам прямолинейного гребня, т. е. к точкам общей касательной. Легко сообразить, что O_1B есть путь, пройденный за некоторое время носовой частью корабля, а O_1A_1 — расстояние, на которое за то же время распространится волнение. Отношение $\frac{O_1A_1}{O_1B}$ есть синус угла O_1BA_1, в то же время это есть отношение скоростей волнения и корабля. Значит, угол B между гребнями килевой волны — не что иное, как удвоенный угол, синус которого равен отношению скорости бега круговых волн к скорости судна.

Скорость распространения круговых волн в воде приблизительно одинакова для всех судов; поэтому угол расхождения ветвей килевой волны зависит главным образом от скорости корабля: синус половины угла обычно пропорционален этой скорости. И, наоборот, по величине угла можно судить о том, во сколько раз скорость парохода больше скорости волн. Если, например, угол между ветвями килевой волны 30°, как у большинства морских грузопассажирских судов, то синус его половины (sin 15°) равен 0,26; это значит, что скорость парохода больше скорости бега круговых волн в $\frac{1}{0{,}26}$, т. е. примерно в четыре раза.

Скорость пушечных снарядов

ЗАДАЧА

Волны, наподобие сейчас рассмотренных, порождаются в воздухе летящею пулей или артиллерийским снарядом.

Существуют способы фотографировать снаряд налету; на рис. 50 воспроизводятся два таких изображения снарядов, движущихся неодинаково быстро. На обоих рисунках отчетливо видна интересующая нас «головная волна» (как ее в этом случае называют). Происхождение ее такое же, как и килевой волны парохода. И здесь применимы те же геометрические отношения, а именно: синус половины угла расхождения головных волн равен отношению скорости распространения волнения в воздухе к скорости полета самого снаряда. Но волнение в воздушной среде передается со скоростью, близкой к скорости звука, т. е. 330 *м* в секунду. Легко поэтому, располагая снимком летящего снаряда, определить приблизительно его скорость. Как сделать это для приложенных здесь двух изображений?

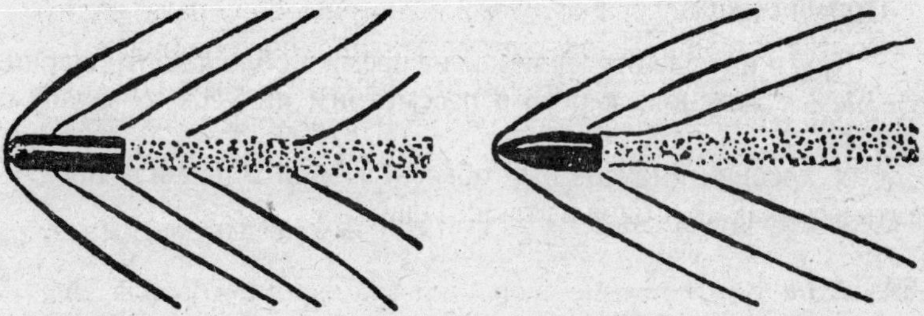

Рис. 50. Головная волна в воздухе, образуемая летящим снарядом.

РЕШЕНИЕ

Измерим угол расхождения ветвей головной волны на рис. 50. В первом случае он заключает около 80°, во втором — примерно 55°. Половина их — 40° и $27\,^1/_2$°. Sin 40° = 0,64, sin $27^1/_2$° = 0,46. Следовательно, скорость распространения воздушной волны, т. е. 330 *м,* составляет в первом случае 0,64 скорости полета снаряда, во втором — 0,46. Отсюда скорость первого снаряда равна $\frac{330}{0{,}64} = 520$ *м*, второго $\frac{330}{0{,}46} = 720$ *м* в секунду.

Вы видите, что довольно простые геометрические соображения при некоторой поддержке со стороны физики помогли нам разрешить задачу, на первый взгляд очень замысловатую: по фотографии летящего снаряда определить его скорость в момент фотографирования. (Расчет этот, однако, лишь приблизительно верен, так как здесь не принимаются в соображение некоторые второстепенные обстоятельства.)

ЗАДАЧА

Для желающих самостоятельно выполнить подобное вычисление скорости ядер здесь даются три воспроизведения снимков снарядов, летящих с различной скоростью (рис. 51).

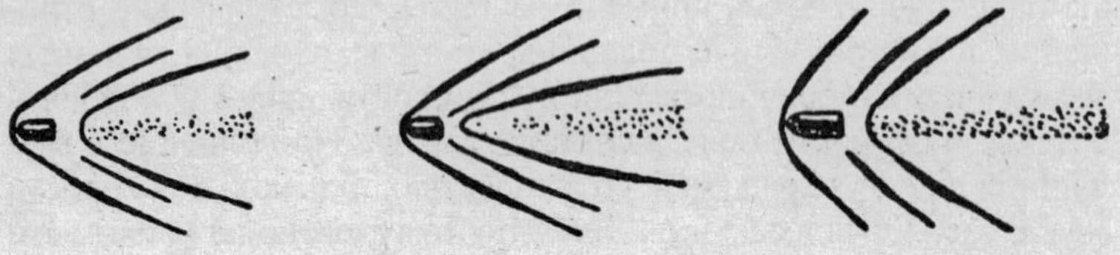

Рис. 51. Как определить скорость летящих снарядов?

Глубина пруда

Круги на воде отвлекли нас на время в область артиллерии. Вернемся же снова к реке и рассмотрим индусскую задачу о лотосе.

У древних индусов был обычай задачи и правила предлагать в стихах. Вот одна из таких задач:

ЗАДАЧА

Над озером тихим,
С *полфута* размером, высился лотоса цвет.
Он рос одиноко. И ветер порывом
Отнес его в сторону. Нет
Воле цветка над водой,
Нашел же рыбак его ранней весной
В *двух* футах от места, где рос.
Итак, предложу я вопрос:
Как озера вода
Здесь глубока?

(перевод В. И. *Лебедева*.)

РЕШЕНИЕ

Обозначим (рис. 52) искомую глубину *CD* пруда через x, Тогда, по теореме Пифагора, имеем:

$$BD^2 - x^2 = BC^2,$$

т. е.

$$x^2 = \left(x + \frac{1}{2}\right)^2 - 2^2,$$

откуда

$$x^2 = x^2 + x + \frac{1}{4} - 4, \quad x = 3\frac{3}{4}.$$

Искомая глубина — $3\frac{3}{4}$ фута.

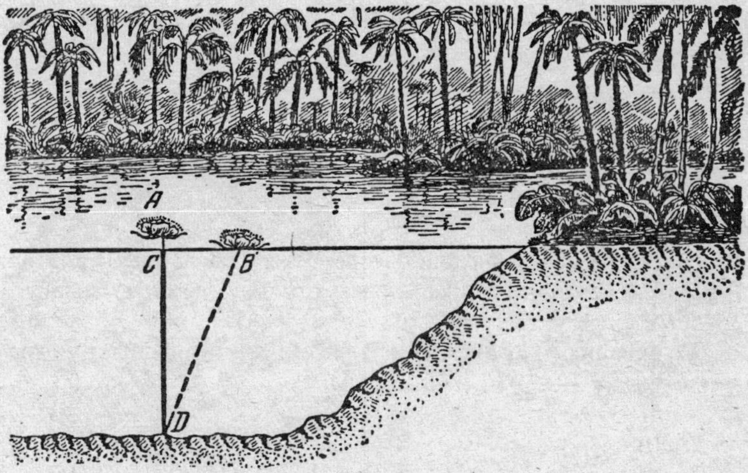

Рис. 52. Индусская задача о цветке лотоса.

Близ берега реки или неглубокого пруда вы можете отыскать водяное растение, которое доставит вам реальный материал для подобной задачи: без всяких приспособлений, не замочив даже рук, определить глубину водоема в этом месте.

Звездное небо в реке

Река и в ночное время предлагает геометру задачи. Помните у Гоголя в описании Днепра: «Звезды горят и светят над миром и все разом отдаются в Днепре. Всех их держит Днепр в темном лоне своем: ни одна не убежит от него, разве погаснет в небе». В самом деле, когда стоишь на берегу широкой реки, кажется, что в водном зеркале отражается целиком весь звездный купол. Но так ли в действительности? Все ли звезды «отдаются» в реке?

Сделаем чертеж (рис. 53): *A* — глаз наблюдателя, стоящего на берегу реки, у края обрыва, *MN* — поверхность воды. Какие звезды может видеть в воде наблюдатель из точки *A*? Чтобы ответить на этот вопрос, опустим из точки *A* перпендикуляр *AD* на прямую *MN* и продолжим его на равное расстояние, до точки *A'*. Если бы глаз наблюдателя находился в *A'*, он мог бы видеть только ту часть звездного неба, которая помещается внутри угла *BA'C*. Таково же и поле зрения действительного наблюдателя, смотрящего из точки *A*. Звезды, находящиеся вне этого угла, не видны наблюдателю; их отраженные лучи проходят мимо его глаз.

Рис. 53. Какую часть звездного неба можно увидеть в водном зеркале реки.

Рис. 54. В узенькой речке с низкими берегами можно увидеть больше звезд.

Как убедиться в этом? Как доказать, что, например, звезда *S*, лежащая вне угла *BA'C*, не видна нашему наблюдателю в водном зеркале реки? Проследим за ее лучом, падающим близко к берегу, в точку *M*; он отразится по законам физики под таким углом к перпендикуляру *MP*, который равен углу падения *SMP* и, следовательно, меньше угла *PMA* (это легко доказать, опираясь на равенство треугольников *ADM* и *A'DM*); значит, отраженный луч должен пройти мимо *A*. Тем более пройдут мимо глаз наблюдателя лучи звезды *S*, отразившиеся в точках, расположенных дальше точки *M*.

Значит, гоголевское описание содержит преувеличение: в Днепре отражаются далеко не все звезды, а, во всяком случае, меньше половины звездного неба.

Всего любопытнее, что обширность отраженной части неба вовсе не доказывает, что перед вами широкая река. В узенькой речке с низкими берегами вы можете видеть почти половину неба (т. е. больше, чем в широкой реке), если наклонитесь близко к воде. Легко удостовериться в этом, сделав для такого случая построение поля зрения (рис. 54).

Путь через реку

ЗАДАЧА

Между точками *A* и *B* течет река (или канал) с приблизительно параллельными берегами (рис. 55). Нужно построить через реку мост под прямым углом к его берегам. Где следует выбрать место для моста, чтобы путь от *A* до *B* был кратчайшим?

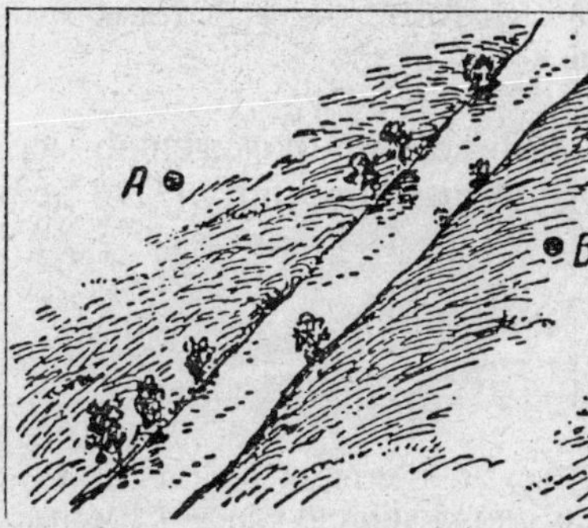

Рис. 55. Где построить мост под прямым углом к берегам реки, чтобы дорога от А к В была кратчайшей?

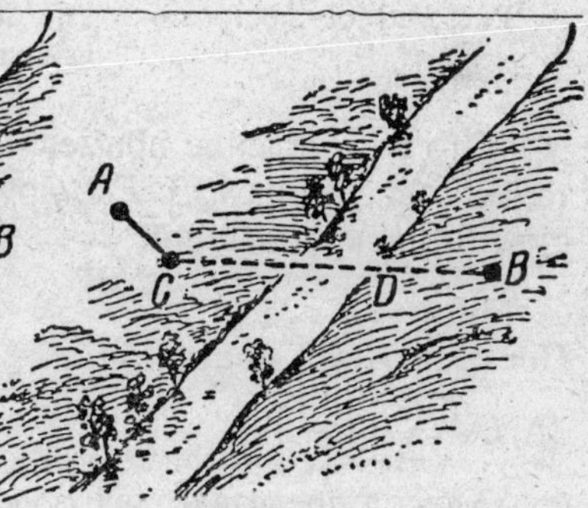

Рис. 56. Место для постройки моста выбрано.

РЕШЕНИЕ

Проведя через точку *A* (рис. 56) прямую, перпендикулярную к направлению реки, и отложив от *A* отрезок *AC*, равный ширине реки, соединяем *C* с *B*. В точке *D* и надо построить мост, чтобы путь из *A* в *B* был кратчайшим.

Действительно, построив мост *DE* (рис. 57) и соединив *E* с *A*, получим путь *AEDB*, в котором часть *AE* параллельна *CD* (*AEDC* — параллелограмм, так как его противоположные стороны *AC* и *ED* равны и параллельны). Поэтому путь *AEDB* по длине равен пути *ACB*. Легко показать, что всякий иной путь длиннее этого. Пусть мы заподозрили, что некоторый путь *AMNB* (рис. 58) короче *AEDB*, т. е. короче *ACB*. Соединив *C* с *N*, видим, что *CN* равно *AM*. Значит, путь *AMNB* = *ACNB*. Но

CNB, очевидно, больше *CB*; значит, *ACNB* больше *ACB*, а следовательно, больше и *AEDB*. Таким образом, путь *AMNB* оказывается не короче, а длиннее пути *AEDB*.

Рис. 57. Мост построен. Рис. 58. Путь AEDB — действительно кратчайший.

Это рассуждение применимо ко всякому положению моста, не совпадающему с *ED*; другими словами, путь *AEDB* действительно кратчайший.

Построить два моста.

ЗАДАЧА

Может представиться более сложный случай — именно, когда надо найти кратчайший путь от A до B через реку, которую необходимо пересечь дважды под прямым углом к берегам (рис. 59). В каких местах надо тогда построить мосты?

Рис. 59. Построены два моста.

РЕШЕНИЕ

Нужно из точки *A* (рис. 59, справа) провести отрезок *AC*, равный ширине реки в части I и перпендикулярный к ее берегам. Из точки *B* провести отрезок *BO*, равный ширине реки в части II и также перпендикулярный к берегам. Точки *C* и *D* соединить прямой. В точке *E* строят мост *EP*, а в точке *G* — мост *GH*. Путь *AFEGHB* есть искомый кратчайший путь от *A* до *B*.

Как доказать это, читатель, конечно, сообразит сам, если будет в этом случае рассуждать так же, как рассуждали мы в предыдущей задаче.

ГЛАВА ТРЕТЬЯ

ГЕОМЕТРИЯ В ОТКРЫТОМ ПОЛЕ

Видимые размеры Луны

Какой величины кажется вам полный месяц на небе? От разных людей приходится получать весьма различные ответы на этот вопрос.

Луна величиною «с тарелку», «с яблоко», «с человеческое лицо» и т. п. — оценки крайне смутные, неопределенные, свидетельствующие лишь о том, что отвечающие не отдают себе отчета в существе вопроса.

Правильный ответ на столь, казалось бы, обыденный вопрос может дать лишь тот, кто ясно понимает, что, собственно, надо разуметь под «кажущейся», или «видимой», величиной предмета. Мало кто подозревает, что речь идет здесь о величине некоторого угла, — именно того угла, который составляется двумя прямыми линиями, проведенными к нашему глазу от крайних точек рассматриваемого предмета; угол этот называется «углом зрения», или «угловой величиной предмета» (рис. 60). И когда кажущуюся величину Луны на небе оценивают, сравнивая ее с размерами тарелки, яблока и т. п., то такие ответы либо вовсе лишены смысла, либо же должны означать, что Луна видна на небе под тем же углом зрения, как тарелка или яблоко. Но такое указание само по себе еще недостаточно: тарелку или яблоко мы видим ведь под различными углами в зависимости от их отдаления: вблизи — под большими углами, вдали — под меньшими. Чтобы внести определенность, необходимо указать, с какого расстояния тарелка или яблоко рассматриваются.

Сравнивать размеры отдаленных предметов с величиной других, расстояние которых не указывается, — весьма обычный литературный прием, которым пользовались и первоклассные писатели. Он производит известное впечатление благодаря своей близости к привычной психологии большинства

Рис. 60. Что такое угол зрения.

людей, но ясного образа не порождает. Вот пример из «Короля Лира» Шекспира; описывается (Эдгаром) вид с высокого обрыва морского берега:

Как страшно!
Как кружится голова! Как низко ронять свои взоры...
Галки и вороны, которые вьются там в воздухе на средине расстояния,
Кажутся едва ли так велики, как мухи. На полпути вниз
Висит человек, собирающий морские травы... Ужасное ремесло!
Он мне кажется не больше своей головы.
Рыбаки, которые ходят по побережью, —
Точно мыши; а тот высокий корабль на якоре
Уменьшился до размера своей лодки; его лодка — плавающая точка,
Как бы слишком малая для зрения...

(*Перевод И. С. Тургенева.*)

Сравнения эти давали бы четкое представление о расстоянии, если бы сопровождались указаниями на степень удаления предметов сравнения (мух, головы человека, мыши, лодки...). Точно так же и при сравнении величины луны с тарелкой или яблоками нужны указания, как далеко от глаза должны отстоять эти обиходные предметы.

Расстояние это оказывается гораздо бо́льшим, чем обычно думают. Держа яблоко в вытянутой руке, вы заслоняете им не только Луну, но и обширную часть неба. Подвесьте яблоко на нитке и отходите от него постепенно все дальше, пока оно не покроет как раз полный лунный диск: в этом положении яблоко и Луна будут иметь для вас одинаковую видимую величину. Измерив расстояние от вашего глаза до яблока, вы убедитесь, что оно равно примерно 10 *м*. Вот как далеко надо отодвинуть от себя яблоко, чтобы оно действительно казалось одинаковой величины с Луной на небе! А тарелку пришлось бы удалить метров на 30, т. е. на полсотни шагов.

Сказанное кажется невероятным каждому, кто слышит об этом впервые, между тем это неоспоримо и вытекает из того, что Луна усматривается нами под углом зрения всего лишь в полградуса. Оценивать углы нам в обиходной жизни почти никогда не приходится, и потому, большинство людей имеет очень смутное представление о величине угла с небольшим числом градусов, например угла в 1°, в 2° или в 5° (не говорю о землемерах, чертежниках и других специалистах, привыкших на практике измерять углы). Только большие углы оцениваем мы более или менее правдоподобно, особенно если догадываемся сравнить их со знакомыми нам углами между стрелками часов; всем, конечно, знакомы углы в 90°, в 60°, в 30°, в 120°, в 150°, которые мы настолько привыкли видеть на циферблате (в 3 ч., в 2 ч., в 1 ч., в 4 ч., в 5 ч.), что даже, не различая цифр, угадываем время по величине угла между стрелками. Но мелкие и отдельные предметы мы видим обычно под гораздо меньшим углом и потому совершенно не умеем даже приблизительно оценивать углы зрения.

Угол зрения

Желая привести наглядный пример угла в один градус, рассчитаем, как далеко должен отойти от нас человек среднего роста (1,7 *м*), чтобы казаться под таким углом. Переводя задачу на язык геометрии, скажем, что нам нужно вычислить радиус круга, дуга которого в 1° имеет длину 1,7 *м* (строго говоря, не дуга, а хорда, но для малых углов разница между длинами дуги и хорды ничтожна). Рассуждаем так: если дуга в 1° равна 1,7 *м,* то полная окружность, содержащая 360°, будет иметь длину 1,7 × 360 = 610 *м,* радиус же в 2π раз меньше длины окружности; если принять число π приближенно равным $\frac{22}{7}$, то радиус будет равен

$$610 : \frac{44}{7} \approx 98 \text{ м.}$$

Рис. 61. Человеческая фигура с расстояния сотни метров видна под углом в 1°.

Итак, человек кажется под углом в 1°, если находится от нас примерно на расстоянии 100 *м* (рис. 61). Если он отойдет вдвое дальше — на 200 *м,* — он будет виден под углом в полградуса; если подойдет до расстояния в 50 *м,* то угол зрения возрастет до 2° и т. д.

Нетрудно вычислить также, что палка в 1 *м* длины должна представляться нам под углом в 1° на расстоянии $360 : \frac{44}{7} \approx 57$ с небольшим метров. Под таким же углом усматриваем мы 1 *см* с расстояния 57 *см,* 1 *км* с расстояния в 57 *км* и т. д. — вообще, всякий предмет с расстояния в 57 раз большего, чем его поперечник. Если запомним это число — 57, то сможем быстро и просто производить все расчеты, относящиеся к угловой величине предмета. Например, если желаем определить, как далеко надо отодвинуть яблоко в 9 *см* поперечником, чтобы видеть его под углом 1°, то достаточно умножить 9 × 57 — получим 510 *см,* или около 5 *м*; с двойного расстояния оно усматривается под вдвое меньшим углом — в полградуса, т. е. кажется величиною с Луну.

Таким же образом для любого предмета можем мы вычислить то расстояние, на котором он кажется одинаковых размеров с лунным диском.

Тарелка и Луна

ЗАДАЧА

На какое расстояние надо удалить тарелку диаметром в 25 *см,* чтобы она казалась такой же величины, как Луна на небе?

РЕШЕНИЕ

$$25\ \textit{см} \times 57 \times 2 = 28\ \textit{м}.$$

Луна и медные монеты

ЗАДАЧА

Сделайте тот же расчет для пятикопеечной (диаметр 25 *мм*) и для трехкопеечной монеты (22 *мм*).

РЕШЕНИЕ

$$0{,}025 \times 57 \times 2 = 2{,}9\ \textit{м},$$
$$0{,}022 \times 57 \times 2 = 2{,}5\ \textit{м}.$$

Если вам кажется невероятным, что Луна представляется глазу не крупнее чем двухкопеечная монета с расстояния четырех шагов или обыкновенный карандаш с расстояния 80 *см,* — держите карандаш в вытянутой руке против диска полной Луны: он с избытком закроет ее. И, как ни странно, наиболее подходящим предметом сравнения для Луны в смысле кажущихся размеров являются не тарелка, не яблоко, даже не вишня, а горошина или, еще лучше, головка спички! Сравнение с тарелкой или яблоком предполагает удаление их на необычно большое расстояние; яблоко в наших руках или тарелку на обеденном столе мы видим в десять-двадцать раз крупнее, чем лунный диск. И только спичечную головку, которую разглядываем на расстоянии 25 *см* от глаза («расстояние ясного зрения»), мы видим действительно под углом в полградуса, т. е. величиною, одинаковой с Луною.

То, что лунный диск обманчиво вырастает в глазах большинства людей в 10—20 раз, есть один из любопытнейших обманов зрения. Он зависит, надо думать, всего больше от *яркости* Луны: полный месяц выделяется на фоне неба гораздо резче, чем выступают среди окружающей обстановки тарелки, яблоки, монеты и иные предметы сравнения.[1]

Эта иллюзия навязывается нам с такой неотразимой принудительностью, что даже художники, отличающиеся верным глазом, поддаются ей наряду с прочими людьми и изображают на своих картинах полный месяц гораздо крупнее, чем следовало бы. Достаточно сравнить ландшафт, написанный художником, с фотографическим, чтобы в этом убедиться.

Сказанное относится и к Солнцу, которое мы видим с Земли под тем же углом в полградуса; хотя истинный поперечник солнечного шара в 400 раз больше лунного, но и удаление его от нас также больше в 400 раз.

Сенсационные фотографии

Чтобы пояснить важное понятие угла зрения, отклонимся немного от нашей прямой темы — геометрии в открытом поле — и приведем несколько примеров из области фотографии.

На экране кинематографа вы, конечно, видели такие катастрофы, как столкновение поездов, или такие невероятные сцены, как автомобиль, едущий по морскому дну.

Вспомните фильм «Дети капитана Гранта». Какое сильное впечатление — не правда ли? — осталось у вас от сцен гибели корабля во время бури или от зрелища крокодилов, окруживших мальчика, попавшего в болото. Никто, конечно, не думает, что подобные фотографии сняты непосредственно с натуры. Но каким же способом они получены?

Секрет раскрывается приложенными здесь иллюстрациями. На рис. 62 вы видите «катастрофу» игрушечного поезда в игрушечной обстановке; на рис. 63 — игрушечный автомобиль,

---

[1] По той же причине раскаленная нить электрической лампочки кажется нам гораздо толще, чем в холодном, несветящемся состоянии.

который тянут на нитке позади аквариума. Это и есть та «натура», с которой снята была кинематографическая лента. Почему же видя эти снимки на экране, мы поддаемся иллюзии, будто

Рис. 62. Подготовка железнодорожной катастрофы для киносъемки.

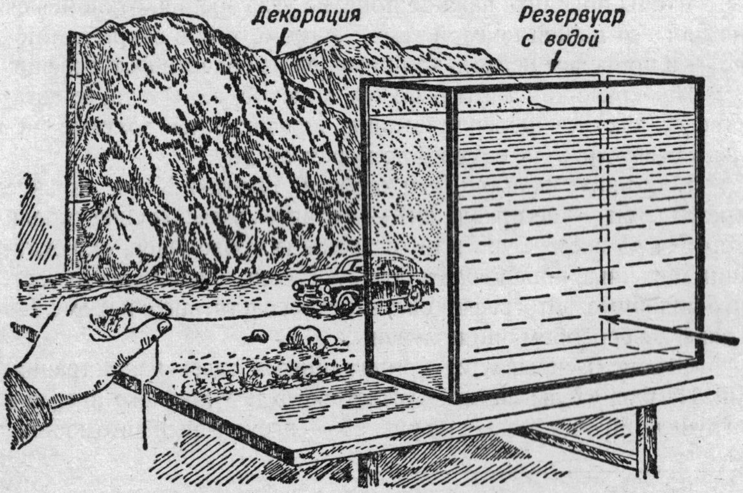

Рис. 63. Автомобильное путешествие по дну моря.

перед нами подлинные поезд и автомобиль. Ведь здесь, на иллюстрациях, мы сразу заметили бы их миниатюрные размеры, даже если бы и не могли сравнить их с величиной других предметов. Причина проста: игрушечные поезд и автомобиль сняты для экрана с очень близкого расстояния; поэтому они представляются зрителю примерно под тем же углом зрения, под каким мы видим обычно настоящие вагоны и автомобили. В этом и весь секрет иллюзии.

Рис. 64. Кадр из фильма «Руслан и Людмила».

Или вот еще кадр из фильма «Руслан и Людмила» (рис. 64). Огромная голова и маленький Руслан на коне. Голова помещена на макетном поле вблизи от съемочного аппарата. А Руслан на коне — на значительном расстоянии. В этом и весь секрет иллюзии.

Рис. 65 представляет собою другой образчик иллюзии, основанной на том же принципе. Вы видите странный ландшафт, напоминающий природу древнейших геологических эпох: причудливые деревья, сходные с гигантскими мхами, на них огромные водяные капли, а на переднем плане — исполинское чудовище, имеющее, однако, сходство с безобидными мокрицами. Несмотря на столь необычайный вид, рисунок исполнен с натуры: это не что иное, как небольшой участок почвы в лесу, только срисованный под необычным углом зрения. Мы никогда не видим стеблей мха, капель воды, мокриц и т. п. под столь большим углом зрения, и оттого рисунок кажется нам столь чуждым, незнакомым. Перед нами ландшафт, какой мы видели бы, если бы уменьшились до размеров муравья.

Рис. 65. Загадочный ландшафт, воспроизведенный с натуры.

Так же поступают обманщики из буржуазных газет для изготовления мнимых репортерских фотографий. В одной из иностранных газет помещена была однажды заметка с упреками по адресу городского самоуправления, допускающего, чтобы на улицах города скоплялись огромные горы снега. В подтверждение прилагается снимок одной из таких гор производящий внушительное впечатление (рис. 66, слева). На поверку оказалось, что натурой для фотографии послужил небольшой снежный бугорок, снятый «шутником»-фотографом с весьма близкого расстояния, т. е. под необычно большим углом зрения (рис. 66, справа).

В другой раз та же газета воспроизвела снимок широкой расселины в скале близ города; она служила, по словам газеты, входом в обширное подземелье, где пропала без вести группа неосторожных туристов, отважившихся проникнуть в грот для исследования. Отряд добровольцев, снаряженный на розыски заблудившихся, обнаружил, что расселина сфотографирована... с едва заметной трещины в обледенелой стене, трещины в сантиметр шириною!

Рис. 66. Гора снега на фотографии (налево) и в натуре (направо).

Живой угломер

Изготовить самому угломерный прибор простого устройства не очень трудно, особенно если воспользоваться транспортиром. Но и самодельный угломер не всегда бывает под рукою во время загородной прогулки. В таких случаях можно пользоваться услугами того «живого угломера», который всегда при нас. Это — наши собственные пальцы. Чтобы пользоваться ими для приблизительной оценки углов зрения, нужно лишь произвести предварительно несколько измерений и расчетов.

Прежде всего надо установить, под каким углом зрения видим мы ноготь указательного пальца своей вытянутой вперед руки. Обычная ширина ногтя — 1 *см*, а расстояние его от глаза в таком положении — около 60 *см;* поэтому мы видим его примерно под углом в 1° (немного менее, потому что угол в 1° получился бы при расстоянии в 57 *см*). У подростков ноготь меньше, но и рука короче, так что угол зрения для них примерно тот же — 1°. Читатель хорошо сделает, если, не полагаясь на книжные данные, выполнит для себя это измерение и расчет, чтобы убедиться, не слишком ли отступает результат от 1°; если уклонение велико, надо испытать другой палец.

Зная это, вы располагаете способом оценивать малые углы зрения буквально голыми руками. Каждый отдаленный предмет, который как раз покрывается ногтем указательного пальца вытянутой руки, виден вами под углом в 1° и, следовательно, отодвинут в 57 раз дальше своего поперечника. Если ноготь покрывает половину предмета, значит, угловая величина его 2°, а расстояние равно 28 поперечникам.

Полная Луна покрывает только половину ногтя, т. е. видна под углом в полградуса, и значит, отстоит от нас на 114 своих поперечников; вот ценное астрономическое измерение, выполненное буквально голыми руками!

Для углов побольше воспользуйтесь ногтевым суставом вашего большого пальца, держа его *согнутым* на вытянутой руке. У взрослого человека длина (заметьте: *длина*, а не ширина) этого сустава — около $3^1/_2$ *см,* а расстояние от глаза при вытянутой руке — около 55 *см.* Легко рассчитать, что угловая величина его в таком положении должна равняться 4°. Это дает средство оценивать углы зрения в 4° (а значит и в 8°).

Сюда надо присоединить еще два угла, которые могут быть измерены пальцами, — именно те, под которыми нам представляются на вытянутой руке промежутки 1) между средним и указательным пальцами, расставленными возможно шире; 2) между большим и указательным, также раздвинутыми в наибольшей степени. Нетрудно вычислить, что первый угол равен примерно 7—8°, второй 15—16°.

Случаев применить ваш живой угломер во время прогулок по открытой местности может представиться множество. Пусть вдалеке виден товарный вагон, который покрывается примерно половиною сустава большого пальца вашей вытянутой руки, т. е. виден под углом около 2°. Так как длина товарного вагона известна (около 6 *м*), то вы легко находите, какое расстояние вас от него отделяет: $6 \times 28 \approx 170$ *м* или около того. Измерение, конечно, грубо приближенное, но все же более надежное, чем необоснованная оценка просто на глаз.

Заодно укажем также способ проводить на местности прямые углы, пользуясь лишь своим собственным телом.

Если вам нужно провести через некоторую точку перпендикуляр к данному направлению, то, став на эту точку лицом в направлении данной линии, вы, *не поворачивая пока головы*, свободно протягиваете руку в ту сторону, куда желаете провести перпендикуляр. Сделав это, приподнимите большой палец своей вытянутой руки, поверните к нему голову и заметьте, какой предмет — камешек, кустик и т. п. — покрывается большим пальцем, если на него смотреть соответствующим глазом (т. е. правым, когда вытянута правая рука, и левым — когда левая).

Вам остается лишь отметить на земле прямую линию от места, где вы стояли, к замеченному предмету, — это и будет искомый перпендикуляр. Способ, как будто не обещающий хороших результатов, но после недолгих упражнений вы научитесь ценить услуги этого «живого эккера»[1] не ниже настоящего, крестообразного.

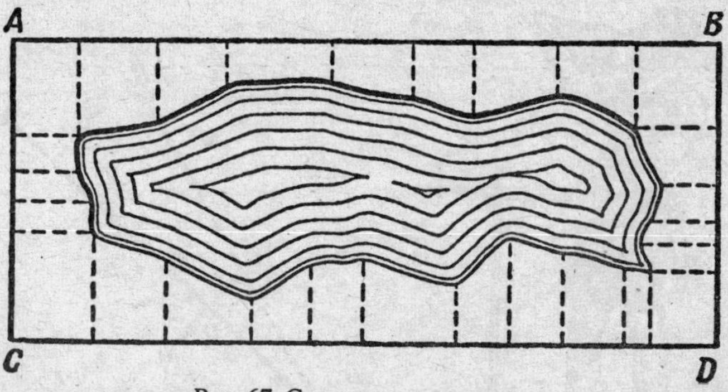

Рис. 67. Съемка озера на план.

Далее пользуясь «живым угломером», вы можете, при отсутствии всяких приспособлений, измерять угловую высоту светил над горизонтом, взаимное удаление звезд в градусной мере, видимые размеры огненного пути метеора и т. п. Наконец, умея без приборов проводить прямые углы на местности, вы можете снять план небольшого участка по способу, сущность которого ясна из рис. 67, например, при съемке озера измеряют прямоугольник *ABCD,* а также длины перпендикуляров, опущенных из приметных точек берега, и расстояния их оснований от вершин прямоугольника. Словом, в положении Робинзона уменье пользоваться собственными руками для измерения углов (и ногами для измерения расстояний) могло бы пригодиться для самых разнообразных надобностей.

Посох Якова

При желании располагать более точными измерителями углов, нежели сейчас описанный нами природный «живой угломер», вы можете изготовить себе простой и удобный прибор,

---

[1] Эккером называется землемерный прибор для проведения на местности линий под прямым углом.

некогда служивший нашим предкам. Это — названный по имени изобретателя «посох Якова» — прибор, бывший в широком употреблении у мореплавателей до XVIII века (рис. 68), до того как его постепенно вытеснили еще более удобные и точные угломеры (секстанты).

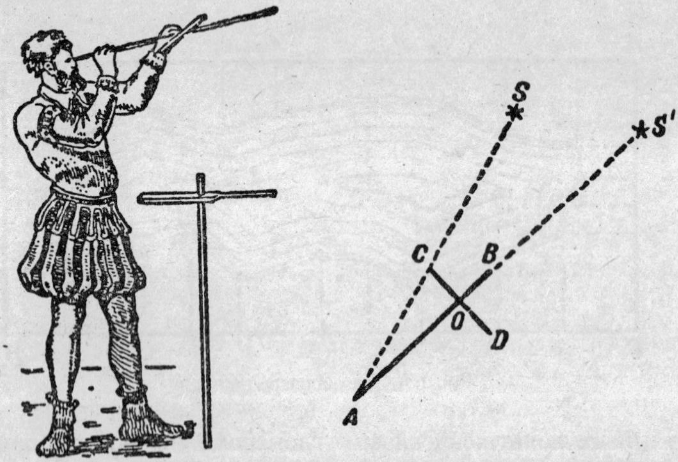

Рис. 68. Посох Якова и схема его употребления.

Он состоит из длинной линейки *AB* в 70—100 *см*, по которой может скользить перпендикулярный к ней брусок *CD*; обе части *CO* и *OD* скользящего бруска равны между собою. Если вы желаете при помощи этого бруска определить угловое расстояние между звездами *S* и *S'* (рис. 68), то приставляете к глазу конец *A* линейки (где для удобства наблюдения приделана просверленная пластинка) и направляете линейку так, чтобы звезда *S'* была видна у конца *B* линейки; затем двигаете поперечину *CD* вдоль линейки до тех пор, пока звезда *S* не будет видна как раз у конца С (рис. 68). Теперь остается лишь измерить расстояние *AO*, чтобы, зная длину *CO*, вычислить величину угла *SAS'*. Знакомые с тригонометрией сообразят, что тангенс искомого угла равен отношению $\frac{CO}{AO}$; наша «походная тригонометрия», изложенная в пятой главе, также достаточна для выполнения этого расчета; вы вычисляете по теореме Пифагора длину *AC*, затем находите угол, синус которого равен $\frac{CO}{AC}$.

Наконец, вы можете узнать искомый угол и графическим путем: построив треугольник *ACO* на бумаге в произвольном масштабе, измеряете угол *A* транспортиром, а если его нет, то и без транспортира — способом, описанным в нашей «походной тригонометрии» (см. главу пятую).

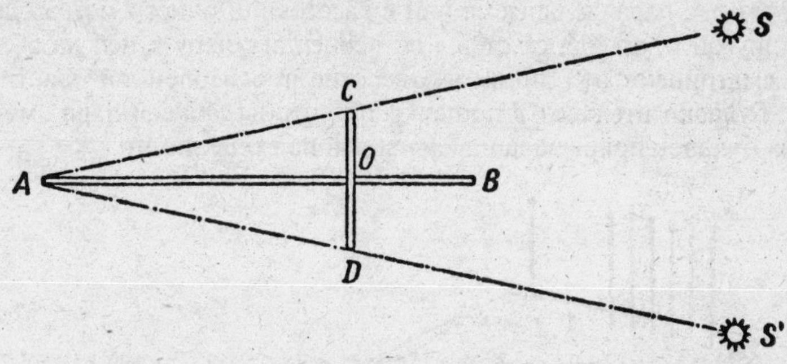

Рис. 69. Определение углового расстояния между звездами при помощи посоха Якова.

Для чего же нужна другая половина поперечины? На тот случай, когда измеряемый угол слишком велик, так что его не удается измерить сейчас указанным путем. Тогда на светило *S'* направляют не линейку *AB*, а прямую *AD*, подвигая поперечину так, чтобы ее конец *C* пришелся в то же время у светила *S* (рис. 69). Найти величину угла *SAS'* вычислением или построением, конечно, не составит труда.

Чтобы при каждом измерении не приходилось делать расчета или построения, можно выполнить их заранее, еще при изготовлении прибора, и обозначить результаты на линейке *AB*; тогда, направив прибор на звезды, вы прочитываете лишь показание, записанное у точки *O*, — это и есть величина измеряемого угла.

Грабельный угломер

Еще легче изготовить другой прибор для измерения угловой величины — так называемый «грабельный угломер», действительно напоминающий по виду грабли (рис. 70). Главная часть его — дощечка любой формы, у одного края которой укреплена просверленная пластинка; ее отверстие наблюдатель приставляет к глазу. У противоположного края дощечки втыкают ряд тонких булавок (употребляемых для коллекций насекомых), промежутки между которыми составляют 57-ю долю их расстояния от отверстия просверленной пластинки.[1] Мы уже знаем, что при этом каждый промежуток усматривается под углом в один градус. Можно разместить булавки также следующим приемом, дающим более точный результат; на стене чертят две параллельные линии в расстоянии одного метра одну от другой и, отойдя от стены по перпендикуляру к ней на 57 *м,* рассматривают эти линии в отверстие просверленной пластинки; булавки втыкают в дощечку так, чтобы каждая пара смежных булавок покрывала начерченный на стене линии.

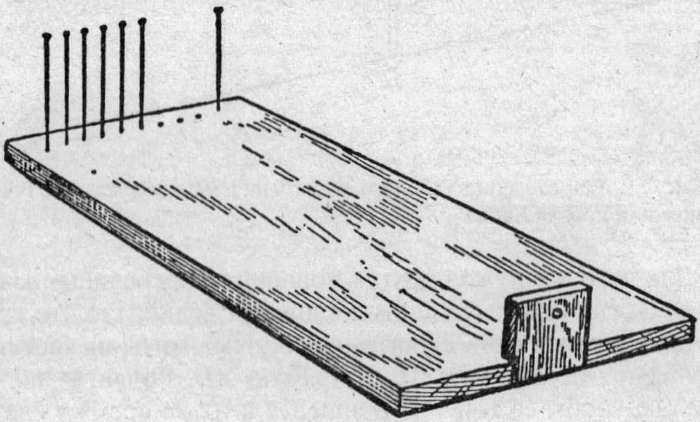

Рис. 70. Грабельный угломер.

Когда булавки поставлены, можно некоторые из них снять, чтобы получить углы в 2°, в 3°, в 5°. Способ употребления этого угломера, конечно, понятен читателю и без объяснений. Пользуясь этим угломером, можно измерять углы зрения с довольно большою точностью, не меньше чем $^1/_4$°.

Угол артиллериста

Артиллерист не стреляет «вслепую».

Зная высоту цели, он определяет ее угловую величину и вычисляет расстояние до цели; в другом случае определяет, на какой угол ему надо повернуть орудие для переноса огня с одной цели на другую.

---

[1] Вместо булавок можно употреблять рамку с натянутыми на ней нитями.

Подобного рода задачи он решает быстро и в уме. Каким образом?

Посмотрите на рис. 71. AB — это дуга окружности радиуса $OA = D$; ab — дуга окружности радиуса $Oa = r$.

Рис. 71. Схема угломера артиллериста.

Из подобия двух секторов AOB и aOb следует:

$$\frac{AB}{D} = \frac{ab}{r},$$

или

$$AB = \frac{ab}{r} D.$$

Отношение $\frac{ab}{r}$ характеризует величину угла зрения AOB; зная это отношение, легко вычислить AB по известному D или D по известному AB.

Артиллеристы облегчают себе расчет тем, что делят окружность не на 360 частей, как обычно, а на 6000 равных дуг, тогда длина каждого деления составляет примерно $\frac{1}{1000}$ радиуса окружности.

В самом деле, пусть, например, дуга *ab* угломерного круга *O* (черт. 71) представляет одну единицу деления; тогда длина всей окружности $2\pi r \approx 6r$, а длина дуги $ab = \frac{6r}{6000} = \frac{1}{1000} r$.

В артиллерии ее так и называют «тысячная». Значит,

$$AB = \frac{0{,}001r}{r} D = 0{,}001 \cdot D,$$

т. е. для того, чтобы узнать, какое расстояние *AB* на местности соответствует одному делению угломера (углу в одну «тысячную»), достаточно в дальности *D* отделить запятой справа три знака.

При передаче команды или результатов наблюдений по полсвому телефону или радио число «тысячных» произносят так, как номер телефона, например:
угол в 105 «тысячных» произносят: «один нуль пять», а пишут:

1—05;

угол в 8 «тысячных» произносят: «нуль нуль восемь», а пишут:

0—08.

Теперь вы легко решите такую артиллерийскую

ЗАДАЧУ

Танк (по высоте) виден от противотанкового орудия под углом 0—05. Определить дальность до танка, считая высоту его равной 2 *м.*

РЕШЕНИЕ

$$5 \text{ делений угломера} = 2\ м,$$

$$1 \text{ деление угломера} = \frac{2м}{5} = 0{,}4\ м.$$

Так как одно деление угломера есть одна тысячная дальности, то вся дальность, следовательно, в тысячу раз больше, т. е.

$$D = 0{,}4 \cdot 1000 = 400\ м.$$

Если у командира или разведчика нет под рукой угломерных приборов, то он пользуется ладонью, пальцами или любыми подручными средствами так, как об этом рассказано в нашей книжке (см. «Живой угломер»). Только их «цену» надо знать артиллеристу не в градусах, а в «тысячных».

Вот примерная «цена» в «тысячных» некоторых предметов:

ладонь руки . . . . , ...	1—20
средний, указательный или безымянный палец	0—30
карандаш круглый (толщина)	0—12
трехкопеечная или двадцатикопеечная монета (диаметр)	0—40
спичка по длине	0—75
спичка по толщине	0—03

Острота вашего зрения

Освоившись с понятием угловой величины предмета, вы сможете понять, как измеряется острота зрения, и даже сами выполнить такого рода измерение.

Начертите на листке бумаги 20 равных черных линий длиною в спичку (5 *см*) и в миллиметр толщины так, чтобы они заполняли квадрат (рис. 72). Прикрепив этот чертеж на хорошо освещенной стене, отходите от него до тех пор, пока не заметите, что линии уже не различаются раздельно, а сливаются в сплошной серый фон. Измерьтс это расстояние и вычислите — вы уже знаете как — угол зрения, под которым вы перестаете различать полоски в 1 *мм* толщины. Если этот угол равен 1′ (одной минуте), то острота вашего зрения нормальная; если трем минутам — острота составляет $^1/_3$ нормальной и т. д.

ЗАДАЧА

Линии рис. 72 сливаются для вашего глаза на расстоянии 2 *м*. Нормальна ли острота зрения?

РЕШЕНИЕ

Мы знаем, что с расстояния 57 *мм* полоска в 1 *мм* ширины видна под углом 1°, т. е. 60'. Следовательно, с расстояния 2000 *мм* она видна под углом *x*, который определяется из пропорции

$$x : 60 = 57 : 2000,$$
$$x = 1{,}7'.$$

Острота зрения ниже нормальной и составляет:

$$1:1{,}7 = \text{около } 0{,}6.$$

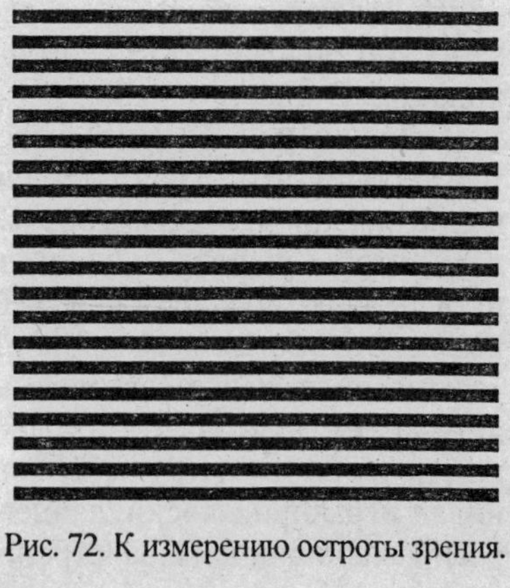

Рис. 72. К измерению остроты зрения.

Предельная минута

Сейчас мы сказали, что полоски, рассматриваемые под углом зрения менее одной минуты, перестают различаться раздельно нормальным глазом. Это справедливо для всякого предмета: каковы бы ни были очертания наблюдаемого объекта, они перестают различаться нормальным глазом, если видны под углом меньше 1′. Каждый предмет превращается при этом в едва различимую точку, «слишком малую для зрения» (Шекспир), в пылинку без размеров и формы. Таково свойство нормального человеческого глаза: одна угловая минута — средний предел его остроты, Чем это обусловлено — вопрос особый, касающийся физики и физиологии зрения. Мы говорим здесь лишь о геометрической стороне явления.

Сказанное в равной степени относится и к предметам крупным, но чересчур далеким, и к близким, но слишком мелким. Мы не различаем простым глазом формы пылинок, реющих в воздухе: озаряемые лучами солнца, они представляются нам одинаковыми крошечными точками, хотя в действительности имеют весьма разнообразную форму. Мы не различаем мелких подробностей тела насекомого опять-таки потому, что видим их под углом меньше 1′. По той же причине не видим мы без телескопа деталей на поверхности Луны, планет и других небесных светил.

Мир представлялся бы нам совершенно иным, если бы граница естественного зрения была отодвинута далее. Человек, предел остроты зрения которого был бы не 1′, а, например, $\frac{1'}{2}$, видел бы окружающий мир глубже и дальше, чем мы. Очень картинно описано это преимущество *зоркого* глаза у Чехова в повести «Степь».

«Зрение у него (Васи) было поразительно острое. Он видел так хорошо, что бурая пустынная степь была для него всегда полна жизни и содержания. Стоило ему только вглядеться в даль, чтобы увидеть лисицу, зайца, дрофу или другое какое-нибудь животное, держащее себя подальше от людей. Немудрено увидеть убегающего зайца или летящую дрофу, — это видел всякий, проезжавший степью, — но не всякому доступно видеть диких животных в их домашней жизни, когда они не бегут, не прячутся и не глядят встревоженно по сторонам. А Вася видел играющих лисиц, зайцев, умывающихся лапками, дроф, расправляющих крылья, стрепетов, выбивающих свои «точки».

Благодаря такой остроте зрения, кроме мира, который видели все, у Васи был еще другой мир, свой собственный, никому недоступный и, вероятно, очень хороший, потому что, когда он глядел и восхищался, трудно было не завидовать ему».

Странно подумать, что для такой поразительной перемены достаточно лишь понизить предел различимости с 1′ до $\frac{1'}{2}$ или около того....

Волшебное действие микроскопов и телескопов обусловлено тою же самой причиной. Назначение этих приборов — так изменять ход лучей рассматриваемого предмета, чтобы они вступали в глаз более круто расходящимся пучком; благодаря этому, объект представляется под бо́льшим углом зрения. Когда говорят, что микроскоп или телескоп увеличивает в 100 раз, то это значит, что при помощи их мы видим предметы под углом, в 100 раз бо́льшим, чем невооруженным глазом. И тогда подробности, скрывающиеся от простого глаза за пределом остроты зрения, становятся доступны нашему зрению. Полный месяц мы видим под углом в 30'; а так как поперечник Луны равен 3500 *км,* то каждый участок Луны, имеющий в поперечнике $\frac{3500}{30}$, т. е. около 120 *км*, сливается для невооруженного глаза в едва различимую точку. В трубу же, увеличивающую в 100 раз, неразличимыми будут уже гораздо более мелкие участки с поперечником в $\frac{120}{100} = 1{,}2\,км$, а в телескоп с 1000-кратным увеличением — участок в 120 *м* шириною. Отсюда следует, между прочим, что будь на Луне такие, например, сооружения, как наши крупные заводы или океанские пароходы, мы могли бы их видеть в современные телескопы.[1]

Правило предельной минуты имеет большое значение и для обычных наших повседневных наблюдений. В силу этой особенности нашего зрения каждый предмет, удаленный на 3400 (т. е. 57 × 60) своих поперечников, перестает различаться нами в своих очертаниях и сливается в точку. Поэтому, если

[1] При условии полной прозрачности и однородности нашей атмосферы. В действительности воздух неоднороден и не вполне прозрачен; поэтому при больших увеличениях видимая картина туманится и искажается. Это ставит предел пользованию весьма сильными увеличениями и побуждает астрономов воздвигать обсерватории в ясном воздухе высоких горных вершин.

кто-нибудь станет уверять вас, что простым глазом узнал лицо человека с расстояния четверти километра, не верьте ему, — разве только он обладает феноменальным зрением. Ведь расстояние между глазами человека — всего 3 *см*; значит, оба глаза сливаются в точку уже на расстоянии 3 × 3400 *см*, т. е. 100 *м*. Артиллеристы пользуются этим для глазомерной оценки расстояния. По их правилам, если глаза человека кажутся издали двумя раздельными точками, то расстояние до него не превышает 100 шагов (т. е. 60—70 *м*). У нас получилось большее расстояние — 100 *м*: это показывает, что примета военных имеет в виду несколько пониженную (на 30 %) остроту зрения.

ЗАДАЧА

Может ли человек с нормальным зрением различить всадника на расстоянии 10 *км*, пользуясь биноклем, увеличивающим в три раза?

РЕШЕНИЕ

Высота всадника 2,2 *м*. Фигура его превращается в точку для простого глаза на расстоянии 2,2 × 3400 = 7 *км*; в бинокль же, увеличивающий втрое, — на расстоянии 21 *км*. Следовательно, в 10 *км* различить его в такой бинокль возможно (если воздух достаточно прозрачен).

Луна и звезды у горизонта

Самый невнимательный наблюдатель знает, что полный месяц, стоящий низко у горизонта, имеет заметно бóльшую величину, чем когда он висит высоко в небе. Разница так велика, что трудно ее не заметить. То же верно и для Солнца; известно, как велик солнечный диск при заходе или восходе по сравнению с его размерами высоко в небе, например, когда он просвечивает сквозь облака (прямо смотреть на незатуманенное солнце вредно для глаз).

Для звезд эта особенность проявляется в том, что расстояния между ними увеличиваются, когда они приближаются к горизонту. Кто видел зимою красивое созвездие Ориона (или летом — Лебедя) высоко на небе и низко близ горизонта, тот не мог не поразиться огромной разницей размеров созвездия в обоих положениях.

Все это тем загадочнее, что, когда мы смотрим на светила при восходе или заходе, они не только не ближе, но, напротив, дальше (на величину земного радиуса), как легко понять из рис. 73: в зените мы рассматриваем светило из точки *A*, а у горизонта — из точек *B* или С. Почему же Луна, Солнце и созвездия увеличиваются у горизонта?

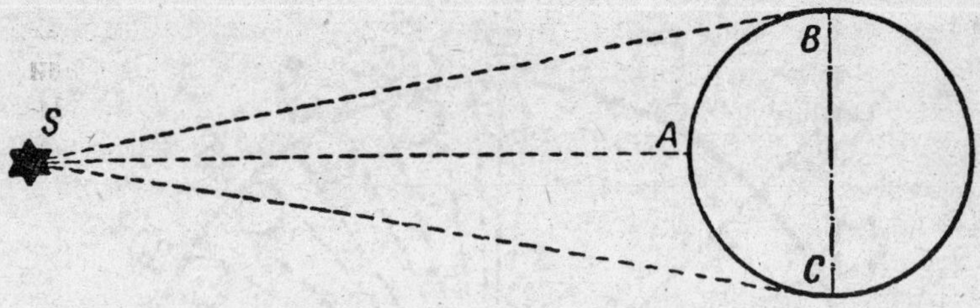

Рис. 73. Почему Солнце, находясь на горизонте, дальше от наблюдателя, чем находясь на середине неба.

«Потому что это неверно», — можно бы ответить. Это обман зрения. При помощи грабельного или иного угломера нетрудно убедиться, что лунный диск виден в обоих случаях под одним и тем же углом зрения [1] в полградуса. Пользуясь тем же прибором или «посохом Якова», можно удостовериться, что и угловые расстояния между звездами не меняются, где бы созвездие ни стояло: у зенита или у горизонта. Значит, увеличение — оптический обман, которому поддаются все люди без исключения.

Чем объясняется столь сильный и всеобщий обман зрения? Бесспорного ответа на этот вопрос, насколько нам известно, наука еще не дала, хотя и стремится разрешить его 2000 лет, со времени Птолемея. Иллюзия находится в связи с тем, что весь небесный свод представляется нам не полушаром в геометрическом смысле слова, а шаровым сегментом, высота которого в 2—3 раза меньше радиуса основания. Это потому, что при обычном положении головы и глаз расстояния в горизонтальном направлении и близком к нему оцениваются нами как более значительные по сравнению с вертикальными: в горизонтальном направлении мы рассматриваем предмет «прямым взглядом», а во всяком другом — глазами, поднятыми вверх или опущенными вниз. Если Луну наблюдать лежа на спине, то

[1] Измерения, произведенные более точными инструментами, показывают, что видимый диаметр Луны даже меньше, когда Луна находится вблизи от горизонта, вследствие того, что рефракция несколько сплющивает диск.

она, наоборот, покажется больше, когда будет в зените, чем тогда, когда она будет стоять низко над горизонтом.[1] Перед психологами и физиологами стоит задача объяснить, *почему* видимый размер предмета зависит от ориентации наших глаз.

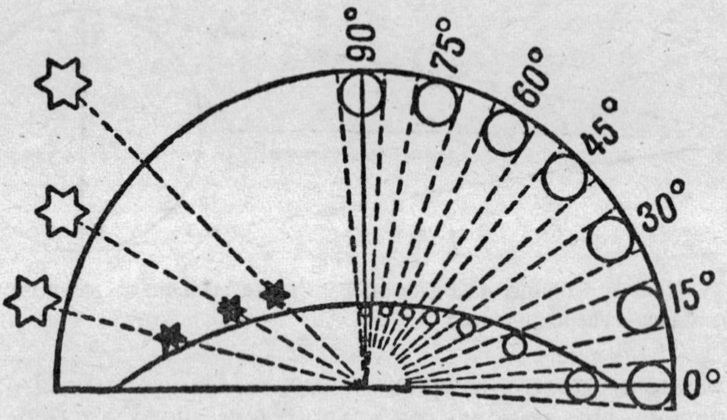

Рис. 74. Влияние приплюснутости небесного свода на кажущиеся размеры светил.

Что же касается влияния кажущейся приплюснутости небесного свода на величину светил в разных его частях, то оно становится вполне понятным из схемы, изображенной на рис. 74. На своде неба лунный диск всегда виден под углом в полградуса, будет ли Луна у горизонта (на высоте 0°), или у зенита (на высоте 90°). Но наш глаз относит этот диск не всегда на одно и то же расстояние: Луна в зените отодвигается нами на более близкое расстояние, нежели у горизонта, и потому величина его представляется неодинаковой — внутри одного и того же угла ближе к вершине помещается меньший кружок, чем подальше от нее. На левой стороне того же рисунка показано, как благодаря этой причине расстояния между звездами словно растягиваются с приближением их к горизонту: одинаковые угловые расстояния между ними кажутся тогда неодинаковыми.

---

[1] В предыдущих изданиях «Занимательной геометрии» Я. И. Перельман объяснял кажущееся увеличение Луны у горизонта тем, что у горизонта мы ее видим *рядом* с отдаленными предметами, а на пустом небесном своде ее видим одну. Однако та же иллюзия наблюдается и на ничем не заполненном горизонте моря, так что предлагавшееся прежде объяснение описываемого эффекта надо признать неудовлетворительным. (*Прим. Б. А. Кордемского.*)

Есть здесь и другая поучительная сторона. Любуясь огромным лунным диском близ горизонта, заметили ли вы на нем хоть одну новую черточку, которой не удалось вам различить на диске высоко стоящей Луны? Нет. Но ведь перед вами увеличенный диск, отчего же не видно новых подробностей? Оттого, что здесь нет того увеличения, какое дает, например, бинокль: здесь не *увеличивается угол зрения*, под которым представляется нам предмет. Только увеличение этого угла помогает нам различать новые подробности; всякое иное «увеличение» есть просто обман зрения, для нас совершенно бесполезный.[1]

Какой длины тень Луны и тень стратостата

Довольно неожиданное применение для угла зрения найдено мною в задачах на вычисление длины тени, отбрасываемой различными телами в пространстве. Луна, например, отбрасывает в мировом пространстве конус тени, который сопровождает ее всюду.

Как далеко эта тень простирается?

Чтобы выполнить это вычисление, нет необходимости, основываясь на подобии треугольников, составлять пропорцию, в которую входят диаметры Солнца и Луны, а также расстояние между Луной и Солнцем. Расчет можно сделать гораздо проще. Вообразите, что глаз ваш помещен в той точке, где кончается конус лунной тени, в вершине этого конуса, и вы смотрите оттуда на Луну. Что вы увидите? Черный круг Луны, закрывающий Солнце. Угол зрения, под которым виден нам диск Луны (или Солнца), известен: он равен половине градуса. Но мы уже знаем, что предмет, видимый под углом в полградуса, удален от наблюдателя на $2 \times 57 = 114$ своих поперечников. Значит, вершина конуса лунной тени отстоит от Луны на 114 лунных поперечников. Отсюда длина лунной тени равна

$$3500 \times 114 \approx 400000 \textit{ км}.$$

Она длиннее расстояния от Земли до Луны; оттого и могут случаться полные солнечные затмения (для мест земной поверхности, которые погружаются в эту тень).

Нетрудно вычислить и длину тени Земли в пространстве: она во столько раз больше лунной, во сколько раз диаметр Земли превышает диаметр Луны, т. е. примерно в четыре раза.

---

[1] Подробнее см. в книге того же автора «Занимательная физика», кн. 2-я, гл. IX.

Тот же прием годен и для вычисления длины пространственных теней более мелких предметов. Найдем, например, как далеко простирался в воздухе конус тени, отбрасываемой стратостатом «СОАХ-1» в тот момент, когда оболочка его раздувалась в шар. Так как диаметр шара стратостата 36 *м*, то длина его тени (угол при вершине конуса тени тот же, полградуса)

$$36 \times 114 \approx 4100 \text{ м},$$

или около 4 *км*.

Во всех рассмотренных случаях речь шла, конечно, о *длине* полной тени, а не полутени.

Высоко ли облако над землей?

Вспомните, как вас изумила длинная петлистая белая дорожка, когда вы ее впервые увидели высоко в ясном голубом небе. Теперь вы, конечно, знаете, что эта облачная лента — своеобразный «автограф» самолета, оставленный им воздушному пространству «на память» о своем местопребывании.

В охлажденном, влажном и богатом пылинками воздухе легко образуется туман.

Летящий самолет непрерывно выбрасывает мелкие частицы — продукты работы мотора, и эти частицы являются теми точками, около которых сгущаются водяные пары; возникает облачко.

Если определить высоту этого облачка, пока оно не растаяло, то можно судить примерно и о том, как высоко забрался наш отважный пилот на своем самолете.

ЗАДАЧА

Как определить высоту облака над землей, если оно еще даже не над нашей головой?

РЕШЕНИЕ

Для определения больших высот надо привлечь на помощь обыкновенный фотоаппарат — прибор довольно сложный но в наше время достаточно распространенный и любимый молодежью.

В данном случае нужны два фотоаппарата с одинаковыми фокусными расстояниями. (Фокусные расстояния бывают обычно записаны на ободке объектива аппарата.)

Оба фотоаппарата устанавливают на более или менее равных по высоте возвышениях.

В поле это могут быть треноги, в городе — вышки на крышах домов. Расстояние между возвышениями должно быть таким, чтобы один наблюдатель мог видеть другого непосредственно или в бинокль.

Рис. 75. Изображение двух фотоотпечатков о́блака.

Это расстояние (базис) измеряют или определяют по карте или плану местности. Фотоаппараты устанавливают так, чтобы их оптические оси были параллельны. Можно их направить, например, в зенит.

Когда фотографируемый объект окажется в поле зрения объектива фотоаппарата, один наблюдатель подает сигнал другому, например, взмахом платка, и по этому сигналу оба наблюдателя одновременно производят снимки.

На фотоотпечатках, которые по размерам должны быть точно равны фотопластинкам, проводят прямые *YY* и *XX*, соединяющие середины противоположных краев снимков (рис. 75).

Затем отмечают на каждом снимке одну и ту же точку о́блака и вычисляют ее расстояния (в *мм*) от прямых *YY* и *XX*. Эти расстояния обозначают соответственно буквами x_1, y_1 для одного снимка и x_2, y_2 — для другого.

Если отмеченные точки на снимках окажутся по разные стороны от прямой *YY* (как на рис. 75), то высоту облака *H* вычисляют по формуле

$$H = b \cdot \frac{F}{x_1 + x_2},$$

где b — длина базиса (в *м*), F — фокусное расстояние (в *мм*).

Если же отмеченные точки окажутся по одну сторону от прямой *YY*, то высоту облака определяют по формуле

$$H = b \cdot \frac{F}{x_1 - x_2}.$$

Что касается расстояний y_1 и y_2, то они для вычисления H не нужны, но, сравнивая их между собой, можно определить правильность съемки.

Если пластинки лежали в кассетах плотно и симметрично, то y_1 окажется равным y_2. Практически же они, конечно, будут немного неодинаковы.

Пусть, например, расстояния от прямых *YY* и *XX* до отмеченной точки облака *на оригинале* фотоснимков следующие:

$$x_1 = 32\ мм,\ y_1 = 29\ мм,$$
$$x_2 = 23\ мм,\ y_2 = 25\ мм.$$

Фокусные расстояния объективов $F = 135$ *мм* и расстояние между фотоаппаратами [1] (базис) $b = 937$ *м*.

Фотографии показывают, что для определения высоты облака надо применить формулу

$$H = b \cdot \frac{F}{x_1 + x_2};$$

$H = 937м \cdot \frac{135}{32 + 23} \approx 2300$ *м*, т. е. сфотографированное облако находилось на высоте около 2,3 *км* от земли.

Желающие разобраться в выводе формулы для определения высоты облака могут воспользоваться схемой, изображенной на рис. 76.

Чертеж, изображенный на рис. 76, надо вообразить в пространстве (пространственное воображение вырабатывается

---

[1] По опыту, описанному в книге Н. Ф. Платонова, «Приложение математического анализа к решению практических задач». В статье «Высота облаков» Н. Ф. Платонов приводит вывод формулы для вычисления H, описывает иные возможные установки аппаратов для фотографирования облака и дает ряд практических советов.

при изучении той части геометрии, которую называют стереометрией).

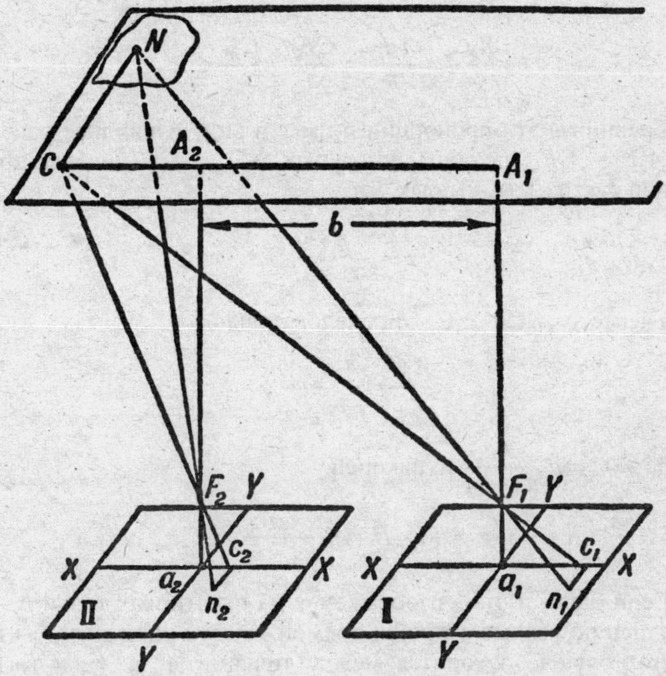

Рис. 76. Схема изображения точки о́блака на пластинках двух фотоаппаратов, направленных в зенит.

Фигуры I и II — изображения фотопластинок; F_1 и F_2 — оптические центры объективов фотоаппаратов; N — наблюдаемая точка о́блака; n_1 и n_2 — изображения точки N на фотопластинках; a_1A_1 и a_2A_2 — перпендикуляры, восставленные из середины каждой фотопластинки до уровня облака; $A_1A_2 = a_1a_2 = b$ — размер базиса.

Если двигаться от оптического центра F_1 вверх до точки A_1, затем от точки A_1 вдоль базиса до такой точки C, которая будет вершиной прямого угла A_1CN, и, наконец, из точки C в точку N, то отрезкам F_1A_1, A_1C_1 и CN будут в фотоаппарате соответствовать отрезки $F_1a_1 = F$ (фокусное расстояние), $a_1c_1 = x_1$ и $c_1n_1 = y_1$.

Аналогичные построения и для второго фотоаппарата.

Из подобия треугольников следуют пропорции

$$\frac{A_1C}{x_1}=\frac{A_1F_1}{F}=\frac{C_1F_1}{F_1c}=\frac{CN}{y_1}$$

и

$$\frac{A_2C}{x_2}=\frac{A_2F_2}{F}=\frac{CF_2}{F_2c}=\frac{CN}{y_2}.$$

Сравнивая эти пропорции и имея в виду очевидное равенство $A_2F_2=A_1F_1$, находим, во-первых, что $y_1=y_2$ (признак правильной съемки), во-вторых, что

$$\frac{A_1C}{x_1}=\frac{A_2C}{x_2};$$

но по чертежу $A_2C=A_1C-b_1$, следовательно,

$$\frac{A_1C}{x_1}=\frac{A_1C-b}{x_2},$$

откуда $A_1C=b\cdot\dfrac{x_1}{x_1-x_2}$ и, наконец,

$$A_1F_1\approx H=b\cdot\frac{F}{x_1-x_2}.$$

Если бы n_1 и n_2 — изображения на пластинках точки N — оказались по разные стороны прямой YY, это указывало бы на то, что точка C находится между точками A_1 и A_2, и тогда $A_2C=b-A_1C_1$, а искомая высота

$$H=b\cdot\frac{F}{x_1+x_2}.$$

Эти формулы относятся только к тому случаю, когда оптические оси фотоаппаратов направлены в зенит. Если облако далеко от зенита и в поле зрения аппаратов не попадает, то вы можете придать аппаратам и иное положение (сохраняя параллельность оптических осей), например, направить их горизонтально и притом перпендикулярно к базису или вдоль базиса.

Для каждого положения аппаратов необходимо предварительно построить соответствующий чертеж и вывести формулы для определения высоты облака.

Вот «среди белого дня» появились в небе белесоватого цвета заметные перистые, высокослоистые облака. Определите их высоту два-три раза через некоторые промежутки времени. Если окажется, что облака спустились — это признак ухудшения погоды: через несколько часов ждите дождь.

Сфотографируйте парящий аэростат или стратостат и определите его высоту.

Высота башни по фотоснимку

ЗАДАЧА

При помощи фотоаппарата можно определить не только высоту облака или летящего самолета, но и высоту наземного сооружения: башни, мачты, вышки и т. п.

Рис. 77. Ветродвигатель ЦВЭИ в Крыму.

На рис. 77 — фотография ветродвигателя ЦВЭИ, установленного в Крыму около Балаклавы. В основании башни квадрат, длина стороны которого, предположим, вам известна в результате непосредственного обмера: 6 *м*.

Произведите необходимые измерения на фотоснимке и определите высоту h всей установки ветродвигателя.

РЕШЕНИЕ

Фотография башни и ее подлинные очертания геометрически подобны друг другу. Следовательно, во сколько раз изображение высоты больше изображения основания, во столько же раз высота башни в натуре больше стороны или диагонали ее основания.

Измерения изображения: длина наименее искаженной диагонали основания равна 23 *мм*, высота всей установки равна 71 *мм*.

Так как длина стороны квадрата основания башни 6 *м*, то диагональ основания равна $\sqrt{6^2+6^2} = 6\sqrt{2} = 8{,}48...$ *м*.

Следовательно,

$$\frac{71}{23} = \frac{h}{8{,}48},$$

откуда

$$h = \frac{71 \cdot 8{,}48}{23} \approx 26 \text{ м}.$$

Разумеется, пригоден не всякий снимок, а только такой, в котором пропорции не искажены, как это бывает у неопытных фотографов.

Для самостоятельных упражнений

Пусть читатель сам применит теперь почерпнутые из этой главы сведения к решению ряда следующих разнообразных задач:

Человек среднего роста (1,7 *м*) виден издали под углом 12'. Найти расстояние до него.

Кавалерист на лошади (2,2 *м*) виден издали под углом 9'. Найти расстояние до него.

Телеграфный столб (8 *м*) виден под углом 22'. Найти расстояние до него.

Маяк высотою 42 *м* виден с корабля под углом 1°10'. На каком расстоянии от маяка находится корабль?

Земной шар усматривается с Луны под углом 1°54'. Определить расстояние Луны от Земли.

С расстояния 2 *км* видно здание под углом 12'. Найти высоту здания.

Луна видна с Земли под углом 30'. Зная, что расстояние до Луны равно 380000 *км*, определить ее диаметр.

Как велики должны быть буквы на классной доске, чтобы ученики, сидя на партах, видели их столь же ясно, как буквы в своих книгах (в расстоянии 25 *см* от глаза)? Расстояние от парт до доски взять 5 *м*.

Микроскоп увеличивает в 50 раз. Можно ли в него рассматривать кровяные тельца человека, поперечник которых 0,007 *мм*?

Если бы на Луне были люди нашего роста, то какое увеличение телескопа требовалось бы, чтобы различить их с Земли?

Сколько «тысячных» в одном градусе?

Сколько градусов в одной «тысячной»?

Самолет, двигаясь перпендикулярно к линии нашего наблюдения, за 10 секунд проходит расстояние, видимое под углом в 300 «тысячных». Определить скорость самолета, если дальность до него 2000 *м*?

ГЛАВА ЧЕТВЕРТАЯ

ГЕОМЕТРИЯ В ДОРОГЕ

Искусство мерить шагами

Очутившись во время загородной прогулки у железнодорожного полотна или на шоссе, вы можете выполнить ряд интересных геометрических упражнений.

Прежде всего воспользуйтесь шоссе, чтобы измерить длину своего шага и скорость ходьбы. Это даст вам возможность измерять расстояния шагами — искусство, которое приобретается довольно легко после недолгого упражнения. Главное здесь — приучить себя делать шаги всегда одинаковой длины т. е. усвоить определенную «мерную» походку.

На шоссе через каждые 100 *м* установлен белый камень; пройдя такой 100-метровый промежуток своим обычным «мерным» шагом и сосчитав число шагов, вы легко найдете среднюю длину своего шага. Подобное измерение следует повторять ежегодно, — например, каждую весну, потому что длина шага, особенно у молодых людей, не остается неизменной.

Отметим любопытное соотношение, обнаруженное многократными измерениями: средняя длина шага взрослого человека равна примерно половине его роста, считая до уровня глаз. Если, например, рост человека до глаз 1 *м* 40 *см,* то длин его шага — около 70 *см.* Интересно при случае проверить это правило.

Кроме длины своего шага, полезно знать также *скорость* своей ходьбы — число километров, проходимых в час. Иногда пользуются для этого следующим правилом: мы проходим в час столько километров, сколько делаем шагов в три секунды;

например, если в три секунды мы делаем четыре шага, то в час проходим 4 *км.* Однако правило это применимо лишь при известной длине шага. Нетрудно определить, при какой именно: обозначив длину шага в метрах через x, а число шагов в три секунды через n, имеем уравнение

$$\frac{3600}{3} \cdot nx = n \cdot 1000,$$

откуда $1200x = 1000$ и $x = {}^5/_6$ *м,* т. е. около 80—85 *см.* Это сравнительно большой шаг; такие шаги делают люди высокого роста. Если ваш шаг отличается от 80—85 *см,* то вам придется произвести измерение скорости своей ходьбы иным способом, определив по часам, во сколько времени проходите вы расстояние между двумя дорожными столбами.

Глазомер

Приятно и полезно уметь не только измерять расстояния без мерной цепи, шагами, но и оценивать их прямо на глаз без измерения. Это искусство достигается лишь путем упражнения. В мои школьные годы, когда с группой товарищей я участвовал в летних экскурсиях за город, подобные упражнения были у нас очень обычны. Они осуществлялись в форме особого спорта, нами самими придуманного, — в форме состязания на точность глазомера. Выйдя на дорогу, мы намечали глазами какое-нибудь придорожное дерево или другой отдаленный предмет, — и состязание начиналось.

— Сколько шагов до дерева? — спрашивал кто-либо из участников игры.

Остальные называли предполагаемое число шагов и затем совместно считали шаги, чтобы определить, чья оценка ближе к истинной, — это и был выигравший. Тогда наступала его очередь намечать предмет для глазомерной оценки расстояния.

Кто определил расстояние удачнее других, тот получал одно очко. После 10 раз подсчитывали очки: получивший наибольшее число очков считался победителем в состязании.

Помню, на первых порах наши оценки расстояний давались с грубыми ошибками. Но очень скоро, — гораздо скорее, чем можно было ожидать, — мы так изощрились в искусстве определять на глаз расстояния, что ошибались очень мало. Лишь; при резкой перемене обстановки, например при переходе с пустынного поля в редкий лес или на заросшую кустарником поляну, при возвращении в пыльные, тесные городские улицы, а также ночью, при обманчивом освещении луны, мы ловили друг друга на крупных ошибках. Потом, однако, научились применяться ко всяким обстоятельствам, мысленно учитывать их при глазомерных оценках. Наконец, группа наша достигла такого совершенства в глазомерной оценке расстояний, что пришлось отказаться совсем от этого спорта: все угадывали одинаково хорошо, и состязания утратили интерес. Зато мы приобрели недурной глазомер, сослуживший нам хорошую службу во время наших загородных странствований.

Рис. 78. Дерево за пригорком кажется близко.

Любопытно, что глазомер как будто не зависит от остроты зрения. Среди нашей группы был близорукий мальчик, который не только не уступал остальным в точности глазомерной оценки, но иной раз даже выходил победителем из состязаний. Наоборот, одному мальчику со вполне нормальным зрением искусство определять расстояния на глаз никак не давалось. Впоследствии мне пришлось наблюдать то же самое и при глазомерном определении высоты деревьев: упражняясь в этом со студентами — уже не для игры, а для нужд будущей профессии, — я заметил, что близорукие овладевали этим искусством нисколько не хуже других. Это может служить утешением для близоруких: не обладая зоркостью, они все же способны развить в себе вполне удовлетворительный глазомер.

Упражняться в глазомерной оценке расстояний можно во всякое время года, в любой обстановке. Идя по улице города, вы можете ставить себе глазомерные задачи, пытаясь отгадывать, сколько шагов до ближайшего фонаря, до того или иного попутного предмета. В дурную погоду вы незаметно заполните таким образом время переходов по безлюдным улицам.

Рис. 79. Поднимешься на пригорок, а до дерева еще столько же.

Глазомерному определению расстояний много внимания уделяют военные: хороший глазомер необходим разведчику, стрелку, артиллеристу. Интересно познакомиться с теми признаками, которыми пользуются они в практике глазомерных оценок. Вот несколько замечаний из учебника артиллерии.

«На глаз расстояния определяют или по навыку различать, по известной степени отчетливости видимых предметов их разные удаления от наблюдателя, или оценивая расстояния некоторым привычным глазу протяжением в 100—200 шагов, кажущимся тем меньшим, чем далее от наблюдателя оно откладывается.

«При определении расстояний по степени отчетливости видимых предметов следует иметь в виду, что кажутся ближе предметы освещенные или ярче отличающиеся по цвету от местности или на воде; предметы, расположенные выше других; группы сравнительно с отдельными предметами и вообще предметы более крупные.

«Можно руководствоваться следующими признаками: до 50 шагов можно ясно различать глаза и рот людей; до 100 шагов глаза кажутся точками; на 200 шагов пуговицы и подробности обмундирования все еще можно различать; на 300 — видно лицо; на 400 — различается движение ног; на 500 — виден цвет мундира».

При этом наиболее изощренный глаз делает ошибку до 10% определяемого расстояния в ту или другую сторону. Бывают, впрочем, случаи, когда ошибки глазомера гораздо значительнее. Во-первых, при определении расстояния на ровной, совершенно одноцветной поверхности — на водной глади рек или озера, на чистой песчаной равнине, на густо заросшем поле. Тут расстояние всегда кажется меньшим истинного; оценивая его на глаз, мы ошибемся вдвое, если не больше. Во-вторых, ошибки легко возможны, когда определяется расстояние до такого предмета, основание которого заслонено железнодорожною насыпью, холмиком, зданием, вообще каким-нибудь возвышением. В таких случаях мы невольно считаем предмет находящимся не *позади* возвышения, а *на нем* самом и, следовательно, делаем ошибку опять-таки в сторону уменьшения определяемого расстояния (рис. 78 и 79).

В подобных случаях полагаться на глазомер опасно, и приходится прибегать к другим приемам оценки расстояния, о которых мы уже говорили и еще будем говорить.

Уклоны

Вдоль железнодорожного полотна, кроме верстовых (точнее — километровых) столбов, вы видите еще и другие невысокие столбы с непонятными для многих надписями на косо прибитых дощечках, вроде таких, как на рис. 80.

Рис. 80. «Уклонные знаки».

Это — «уклонные знаки». В первой, например, надписи верхнее число 0,002 означает, что уклон пути здесь (в какую сторону — показывает положение дощечки) равен 0,002: путь поднимается или опускается на 2 *мм* при каждой тысяче миллиметров. А нижнее число 140 показывает, что такой уклон идет на протяжении 140 *м,* где поставлен другой знак с обозначением нового уклона. (Когда дороги не были еще переустроены по метрической системе мер, такая дощечка означала, что на протяжении 140 сажен путь поднимается или опускается каждую сажень на 0,002 сажени.) Вторая дощечка с надписью $\frac{0{,}006}{55}$ показывает, что на протяжении ближайших 55 *м* путь поднимается или опускается на 6 *мм* при каждом метре.

Зная смысл знаков уклона, вы легко можете вычислить разность высот двух соседних точек пути, отмеченных этими знаками. В первом случае, например, разность высот составляет $0{,}002 \times 140 = 0{,}28$ *м*; во втором — $0{,}006 \times 55 = 0{,}33$ *м*.

В железнодорожной практике, как видите, величина наклона пути определяется не в градусной мере. Однако легко перевести эти путевые обозначения уклона в градусные. Если *AB* (рис. 80) — линия пути, *BC* — разность высот точек *A* и *B*, то наклон линии пути *AB* к горизонтальной линии *AC* будет на столбике обозначен отношением $\frac{BC}{AB}$. Так как угол *A* очень мал, то можно принять *AB* и *AC* за радиусы окружности, дуга которой есть *BC*.[1] Тогда вычисление угла *A*, если известно отношение $BC : AB$, не составит труда. При наклоне, например, обозначенном 0,002, рассуждаем так: при длине дуги, равной $\frac{1}{57}$ радиуса, угол составляет 1° (см. стр. 259); какой же угол соответствует дуге в 0,002 радиуса? Находим его величину *x* из пропорции

$$x : 1^\circ = 0{,}002 : \frac{1}{57}, \text{ откуда } x = 0{,}002 \times 57 = 0{,}11^\circ,$$

т. е. около 7′.

На железнодорожных путях допускаются лишь весьма малые уклоны. У нас установлен предельный уклон в 0,008, т. е. в градусной мере $0{,}008 \times 57$ — менее $^1/_2$°: это наибольший уклон. Только для Закавказской железной дороги допускаются в виде исключения уклоны до 0,025, соответствующие в градусной мере почти $1\,^1/_2$°.

Столь незначительные уклоны совершенно не замечаются нами. Пешеход начинает ощущать наклон почвы под своими ногами лишь тогда, когда он превышает $^1/_{24}$: это отвечает в градусной мере $^{57}/_{24}$, т. е. около $2^1/_2$°.

---

[1] Иному читателю покажется, быть может, недопустимым считать наклонную *AB* равною перпендикуляру *AC*. Поучительно поэтому убедиться, как мала, разница в длине *AC* и *AB*, когда *BC* составляет, например, 0,01 от *AB*. По теореме Пифагора имеем:

$$AC^2 = \sqrt{AB^2 - \left(\frac{AB}{100}\right)^2} = \sqrt{0{,}9999AB^2} = 0{,}99995AB\,.$$

Разница в длине составляет всего 0,00005. Для приближенных вычислений подобной ошибкой можно, конечно, пренебречь.

Пройдя по железнодорожному пути несколько километров и записав замеченные при этом знаки уклона, вы сможете вычислить, насколько в общей сложности вы поднялись или опустились, т. е. какова разность высот между начальными и конечными пунктами.

ЗАДАЧА

Вы начали прогулку вдоль полотна железной дороги у столбика со знаком подъема $\frac{0,004}{153}$ и встретили далее следующие знаки:

площадка[1]	подъем	подъем	площадка	падение
$\frac{0,000}{60}$,	$\frac{0,0017}{84}$,	$\frac{0,0032}{121}$,	$\frac{0,000}{45}$,	$\frac{0,004}{210}$.

Прогулку вы кончили у очередного знака уклона. Какой путь вы прошли и какова разность высот между первым и последним знаками?

РЕШЕНИЕ

Всего пройдено

$$153 + 60 + 84 + 121 + 45 + 210 = 673 \textit{ м}.$$

Вы поднялись на

$$0,004 \times 153 + 0,0017 \times 84 + 0,0032 \times 121 = 1,15 \textit{ м}.$$

а опустились на

$$0,004 \times 210 = 0,84 \textit{ м},$$

значит, в общей сложности вы оказались выше исходной точки на

$$1,15 - 0,84 = 0,31 \textit{ м} = 31 \textit{ см}.$$

Кучи щебня

Кучи щебня по краям шоссейной дороги также представляют предмет, заслуживающий внимания «геометра на вольном воздухе». Задайте вопрос, какой объем заключает лежащая пе-

[1] Знак 0,000 означает горизонтальный участок пути («площадку»).

ред вами куча, — и вы поставите себе геометрическую задачу, довольно замысловатую для человека, привыкшего преодолевать математические трудности только на бумаге или на классной доске. Придется вычислить объем конуса, высота и радиус которого недоступны для непосредственного измерения. Ничто не мешает, однако, определить их величину косвенным образом. Радиус вы найдете, измерив рулеткой или шнуром окружность основания и разделив [1] ее длину на 6,28.

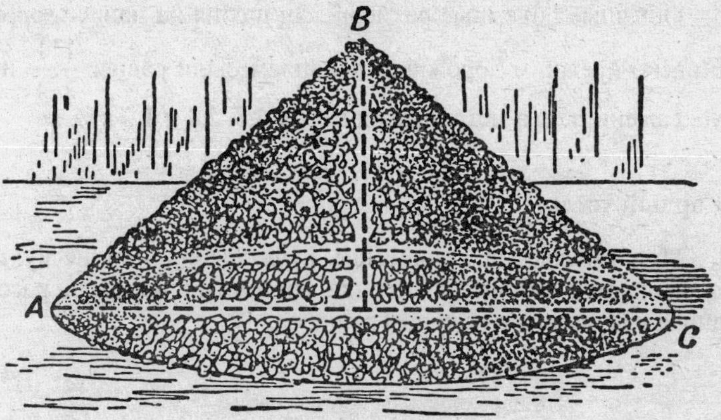

Рис. 81. К задаче о куче щебня.

Сложнее обстоит с высотой: приходится (рис. 81) измерять длину образующей *AB* или, как делают дорожные десятники, обеих образующих *ABC* сразу (перекидывая мерную ленту через вершину кучи), а затем, зная радиус основания, вычисляют высоту *BD* по теореме Пифагора. Рассмотрим пример.

ЗАДАЧА

Окружность основания конической кучи щебня 12,1 *м*; длина двух образующих 4,6 *м*. Каков объем кучи?

РЕШЕНИЕ

Радиус основания кучи равен

$$12{,}1 \times 0{,}159 \text{ (вместо } 12{,}1 : 6{,}28) = 1{,}9 \textit{ м}.$$

---

[1] На практике это действие заменяют *умножением* на обратное число 0,318, если ищут диаметр, и на 0,159, если желают вычислить радиус.

Высота равна

$$\sqrt{2{,}3^2 - 1{,}9^2} = 1{,}2\,м,$$

откуда объем кучи

$$\frac{1}{3} \times 3{,}14 \times 1{,}9^2 \times 1{,}2 = 4{,}5\ \textit{куб. м}$$

(или в прежних мерах около $\frac{1}{2}$ куб. сажени).

Обычные объемные размеры куч щебня на наших дорогах согласно прежним дорожным правилам были равны $\frac{1}{2}, \frac{1}{4}$ и $\frac{1}{8}$ куб. сажени, т. е. в метрических мерах 4,8, 2,4 и 1,2 *куб. м.*

«Гордый холм»

При взгляде на конические кучи щебня или песку мне вспоминается старинная легенда восточных народов, рассказанная у Пушкина в «Скупом рыцаре»:

> Читал я где-то,
> Что царь однажды воинам своим
> Велел снести земли по горсти в кучу, —
> И гордый холм возвысился,
> И царь мог с высоты с весельем озирать
> И дол, покрытый белыми шатрами,
> И море, где бежали корабли.

Это одна из тех немногих легенд, в которых при кажущемся правдоподобии нет и зерна правды. Можно доказать геометрическим расчетом, что если бы какой-нибудь древний деспот вздумал осуществить такого рода затею, он был бы обескуражен мизерностью результата: перед ним высилась бы настолько жалкая кучка земли, что никакая фантазия не в силах была бы раздуть ее в легендарный «гордый холм».

Сделаем примерный расчет. Сколько воинов могло быть у древнего царя? Старинные армии были не так многочисленны, как в наше время. Войско в 100 000 человек было уже очень внушительно по численности. Остановимся на этом числе, т. е. примем, что холм составился из 100 000 горстей. Захватите самую большую горсть земли и насыпьте в стакан: вы не наполните его одною горстью. Мы примем, что горсть древнего воина равнялась по объему $\frac{1}{5}$ *л* (*куб. дм*). Отсюда определяется объем холма:

$$\frac{1}{5}\times 100\,000 = 20\,000\,\textit{куб. дм.} = 20\,\textit{куб. м.}$$

Значит, холм представлял собою конус объемом не более 20 *куб. м.* Такой скромный объем уже разочаровывает. Не будем продолжать вычисления, чтобы определить высоту холма. Для этого нужно знать, какой угол составляют образующие конуса с его основанием. В нашем случае можем принять его равным углу естественного откоса, т. е. 45°: более крутых склонов нельзя допустить, так как земля будет осыпаться (правдоподобнее было бы взять даже более пологий уклон, например полуторный) Остановившись на угле в 45°, заключаем, что высота такого конуса равна радиусу его основания; следовательно,

$$20 = \frac{\pi x^2}{3},$$

откуда

$$x = \sqrt[3]{\frac{60}{\pi}} = 2{,}4\ \textit{м}.$$

Надо обладать богатым воображением, чтобы земляную кучу в 2,4 *м* ($1\,{}^1\!/_2$ человеческих роста) назвать «гордым холмом». Сделав расчет для случая полуторного откоса, мы получили бы еще более скромный результат.

У Атиллы было самое многочисленное войско, какое знал древний мир. Историки оценивают его в 700 000 человек. Если бы все эти воины участвовали в насыпании холма, образовалась бы куча повыше вычисленной нами, но не очень: так как объем ее был бы в семь раз больше, чем нашей, то высота превышала бы высоту нашей кучи всего в $\sqrt[3]{7}$, т. е. в 1,9 раза она; равнялась бы 2,4 × 1,9 = 4,6 *м*. Сомнительно, чтобы курган подобных размеров мог удовлетворить честолюбие Атиллы.

С таких небольших возвышений легко было, конечно, видеть «дол, покрытый белыми шатрами», но обозревать море было возможно разве только, если дело происходило невдалеке от берега.

О том, как далеко можно видеть с той или иной высоты, мы побеседуем в шестой главе.

У дорожного закругления

Ни шоссейная, ни железная дороги никогда не заворачивают круто, а переходят всегда с одного направления на другое плавно, без переломов, дугой. Дуга эта обычно есть часть окружности, расположенная так, что прямолинейные части дороги служат касательными к ней. Например, на рис. 82 прямые участки *AB* и *CD* дороги соединены дугою *BC* так, что *AB* и *CD* касаются (геометрически) этой дуги в точках *B* и *C*, т. е. *AB* составляет прямой угол с радиусом *OB*, а *CD* — такой же угол с радиусом *OC*. Делается это, конечно, для того, чтобы путь плавно переходил из прямого направления в кривую часть и обратно.

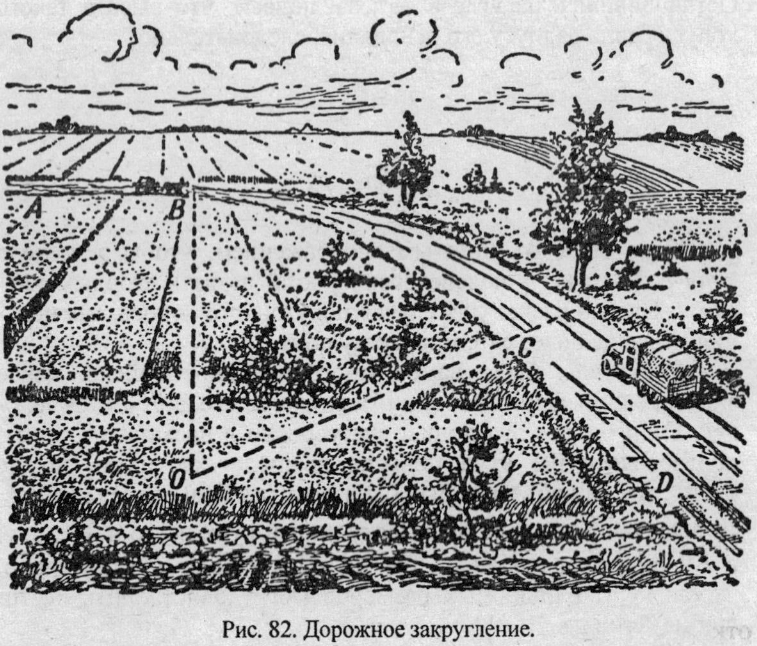

Рис. 82. Дорожное закругление.

Радиус дорожного закругления обыкновенно берется весьма большой — на железных дорогах не менее 600 *м*; наиболее же обычный радиус закругления на главном железнодорожном пути — 1000 и даже 2000 *м*.

Радиус закругления

Стоя близ одного из таких закруглений, могли бы вы определить величину его радиуса? Это не так легко, как найти радиус дуги, начерченной на бумаге. На чертеже дело просто: вы проводите две произвольные хорды и из середин их восставляете перпендикуляры: в точке их пересечения лежит, как известно, центр дуги; расстояние его от какой-либо точки кривой и есть искомая длина радиуса.

Но сделать подобное же построение на местности было бы, конечно, очень неудобно: ведь центр закругления лежит в расстоянии 1—2 *км* от дороги, зачастую в недоступном месте. Можно было бы выполнить построение на плане, но снять закругления на план — тоже нелегкая работа.

Все эти затруднения устраняются, если прибегнуть не к построению, а к вычислению радиуса. Для этого можно воспользоваться следующим приемом. Дополним (рис. 83) мысленно дугу *AB* закругления до окружности. Соединив произвольные точки *C* и *D* дуги закругления, измеряем хорду *CD* а также «стрелку» *EF* (т. е. высоту сегмента *CED*). По этим двум данным уже нетрудно вычислить искомую длину радиуса. Рассматривая прямые *CD* и диаметр круга как пересекающиеся хорды, обозначим длину хорды через *a*, длину стрелки через *h*, радиус через *R*; имеем:

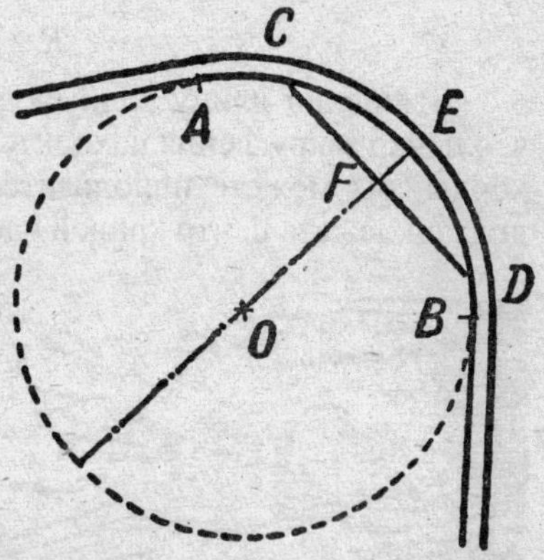

Рис. 83. К вычислению радиуса закругления.

$$\frac{a^2}{4} = h(2R - h),$$

откуда

$$\frac{a^2}{4} = 2Rh - h^2,$$

и искомый радиус

$$R = \frac{a^2 + 4h^2}{8h}.$$

Например, при стрелке в 0,5 *м* и хорде 48 *м* искомый радиус

$$R = \frac{48^2 + 4 \times 0{,}5^2}{8 \times 0{,}5} = 580 \text{ м}.$$

Это вычисление можно упростить, если считать $2R - h$ равным $2R$ — вольность позволительная, так как h весьма мало по сравнению с R (ведь R — сотни метров, а h — единицы их). Тогда получается весьма удобная для вычислений приближенная формула

$$R = \frac{a^2}{8h}.$$

Применив ее в сейчас рассмотренном случае, мы получили бы ту же величину

$$R = 580.$$

Вычислив длину радиуса закругления и зная, кроме того, что центр закругления находится на перпендикуляре к середине хорды, вы можете приблизительно наметить и то место, где должен лежать центр кривой части дороги.

Рис. 84. К вычислению радиуса железнодорожного закругления

Если на дороге уложены рельсы, то нахождение радиуса закругления упрощается. В самом деле, натянув веревку по касательной к внутреннему рельсу, мы получаем хорду дуги наружного рельса, стрелка которой h (рис. 84) равна ширине колеи — 1,52 *м*. Радиус закругления в таком случае (если a — длина хорды) равен приближенно

$$R = \frac{a^2}{8 \times 1{,}25} = \frac{a^2}{12{,}2}.$$

При a = 120 *м* радиус закругления равен 1200 *м*.[1]

Дно океана

От дорожного закругления к дну океана — скачок как будто слишком неожиданный, во всяком случае не сразу понятный. Но геометрия связывает обе темы вполне естественным образом.

Речь идет о кривизне дна океана, о том, какую форму оно имеет: вогнутую, плоскую или выпуклую. Многим, без сомнения, покажется невероятным, что океаны при огромной своей глубине вовсе не представляют на земном шаре впадин; как сейчас увидим, их дно не только не вогнуто, но даже выпукло.

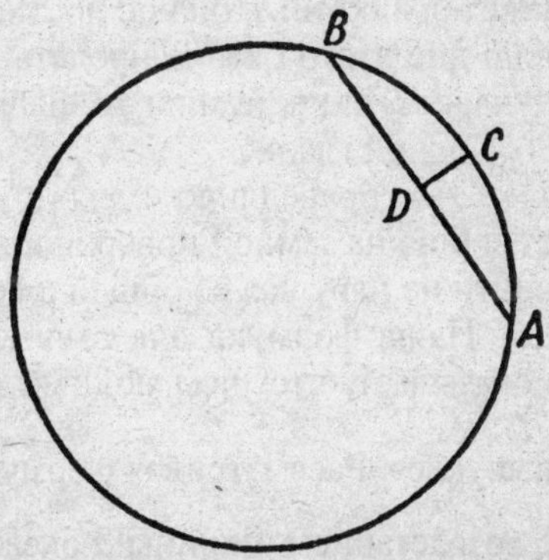

Рис. 85. Плоское ли дно у океана?

Считая океан «бездонным и безбрежным», мы забываем, что его безбрежность» во много сотен раз больше его «бездонности», т. е. что водная толща океана представляет собою далеко простирающийся слой, который, конечно, повторяет кривизну нашей планеты.

Возьмем для примера Атлантический океан. Ширина его близ экватора составляет примерно шестую часть полной окружности. Если круг рис. 85 — экватор, то дуга *ACB* изображает водную скатерть Атлантического океана. Если бы дно его

---

[1] На практике способ этот представляет то неудобство, что ввиду большого радиуса закругления веревка для хорды требуется очень длинная.

было плоско, то глубина равнялась бы *CD*, стрелке дуги *ACB*. Зная, что дуга $AB = \frac{1}{6}$ окружности и, следовательно, хорда *AB* есть сторона правильного вписанного шестиугольника (которая, как известно, равна радиусу *R* круга), мы можем вычислить *CD* из выведенной раньше формулы для дорожных закруглений:

$$R = \frac{a^2}{8h}, \text{ откуда } h = \frac{a^2}{8R}.$$

Зная, что $a = R$, получаем для данного случая:

$$h = \frac{R}{8}.$$

При $R = 6400$ *км* имеем:

$$h = 800 \textit{ км}.$$

Итак, чтобы дно Атлантического океана было плоско, наибольшая глубина его должна была бы достигать 800 *км*. В действительности же она не достигает и 10 *км*. Отсюда прямой вывод: дно этого океана представляет по общей своей форме выпуклость, лишь немного менее искривленную, чем выпуклость его водной глади.

Это справедливо и для других океанов: дно их представляет собою на земной поверхности *места уменьшенной кривизны*, почти не нарушая ее общей шарообразной формы.

Наша формула для вычисления радиуса кривизны дороги показывает, что, чем водный бассейн обширнее, тем дно его выпуклее. Рассматривая формулу $h = \frac{a^2}{8R}$, мы прямо видим, что с возрастанием ширины *a* океана или моря его глубина *h* должна, — чтобы дно было плоское, — возрастать очень быстро, пропорционально квадрату ширины *a*. Между тем при переходе от небольших водных бассейнов к более обширным глубина вовсе не возрастает в такой стремительной прогрессии. Океан шире иного моря, скажем, в 100 раз, но глубже его вовсе не в 100 × 100, т. е. в 10000 раз. Поэтому сравнительно мелкие бассейны имеют дно более вдавленное, нежели океаны. Дно Черного моря между Крымом и Малой Азией не выпукло, как у океанов, даже и не плоско, а несколько вогнуто. Водная поверхность этого моря представляет дугу приблизительно в 2° (точнее в $\frac{1}{700}$ долю окружности Земли). Глубина Черного моря довольно равномерна и равна 2,2 *км.* Приравнивая в данном случае дугу хорде, получаем, что для обладания плоским дном море это должно было бы иметь наибольшую глубину

$$h = \frac{40\,000^2}{170^2 \times 8R} = 1{,}1 \text{ км}.$$

Значит, действительное дно Черного моря лежит более чем на километр (2,2—1,1) ниже воображаемой плоскости, проведенной через крайние точки его противоположных берегов, т. е. представляет собою *впадину*, а не выпуклость.

Существуют ли водяные горы?

Выведенная ранее формула для вычисления радиуса кривизны дорожного закругления поможет нам ответить на этот вопрос.

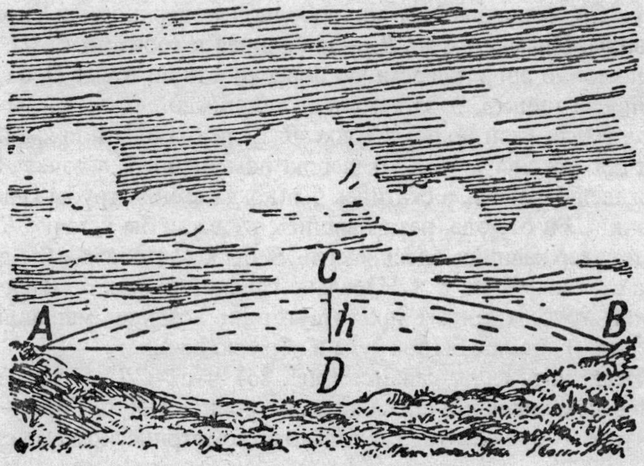

Рис. 86. «Водяная гора».

Предыдущая задача уже подготовила нас к ответу. Водяные горы существуют, но не в физическом, а в геометрическом значении этих слов. Не только каждое море, но даже каждое озеро представляет собою в некотором роде водяную гору. Когда вы стоите у берега озера, вас отделяет от противоположной точки берега водная выпуклость, высота которой тем больше. чем озеро шире. Высоту эту мы можем вычислить: из формулы

$R=\frac{a^2}{8h}$ имеем величину стрелки $h=\frac{a^2}{8R}$; здесь a — расстояние между берегами по прямой линии, которое можем приравнять ширине озера (хорду — дуге). Если эта ширина, скажем, 100 *км*, то высота водяной «горы»

$$h=\frac{10\,000}{8\times 6400}= \text{около } 200 \text{ м}.$$

Водяная гора внушительной высоты!

Даже небольшое озеро в 10 *км* ширины возвышает вершину своей выпуклости над прямой линией, соединяющей ее берега, на 2 *м*, т. е. выше человеческого роста.

Но вправе ли мы называть эти водные выпуклости «горами»? В физическом смысле нет: они не поднимаются над горизонтальной поверхностью, значит, это равнины. Ошибочно думать, что прямая *AB* (рис. 86) есть горизонтальная линия, над которой поднимается дуга *ACB*. Горизонтальная линия здесь не *AB*, а *ACB*, совпадающая со свободной поверхностью спокойной воды. Прямая же *ADB* — наклонная к горизонту: *AD* уходит наклонно вниз под земную поверхность до точки *D*, ее глубочайшего пункта, и затем вновь поднимается вверх, выходя из-под земли (или воды) в точке *B*. Если бы вдоль прямой *AB* были проложены трубы, то шарик, помещенный в точке *A*, не удержался бы здесь, а скатился бы (когда стенки трубы гладки) до точки *D* и отсюда, разогнавшись, взбежал бы к точке *B*; затем, не удержавшись здесь, скатился бы к *D*, добежал бы до *A*, снова скатился бы и т. д. Идеально гладкий шарик по идеально гладкой трубе (притом при отсутствии воздуха, мешающего движению) катался бы так туда и обратно вечно...

Итак, хотя глазу кажется (рис. 86), что *ACB* — гора, но в физическом значении слова здесь — ровное место. Гора — если хотите — существует тут только в геометрическом смысле.

ГЛАВА ПЯТАЯ
ПОХОДНАЯ ТРИГОНОМЕТРИЯ БЕЗ ФОРМУЛ И ТАБЛИЦ

Вычисление синуса

В этой главе будет показано, как можно вычислять стороны треугольника с точностью до 2% и углы с точностью до 1°, пользуясь одним лишь понятием синуса и не прибегая ни к таблицам, ни к формулам. Такая упрощенная тригонометрия может пригодиться во время загородной прогулки, когда таблиц под рукой нет, а формулы полузабыты. Робинзон на своем острове мог бы успешно пользоваться такой тригонометрией.

Итак, вообразите, что вы еще не проходили тригонометрии или же забыли ее без остатка, — состояние, которое иным из читателей, вероятно, нетрудно себе представить. Начнем знакомиться с ней сызнова. Что такое синус острого угла? Это — отношение противолежащего катета к гипотенузе в том треугольнике, который отсекается от угла перпендикуляром к одной из его сторон. Например, синус угла a (рис. 87) есть $\frac{BC}{AB}$, или $\frac{ED}{AD}$, или $\frac{D'E'}{AD'}$, или $\frac{B'C'}{AC'}$. Легко видеть, что вследствие подобия образовавшихся здесь треугольников все эти отношения равны одно другому.

Чему же равны синусы различных углов от 1 до 90°? Как узнать это, не имея под рукой таблиц? Весьма просто: надо составить таблицу синусов самому. Этим мы сейчас и займемся.

Начнем с тех углов, синусы которых нам известны из геометрии. Это, прежде всего, угол в 90°, синус которого, очевидно, равен 1. Затем угол в 45°, синус которого легко вычислить по Пифагоровой теореме; он равен $\frac{\sqrt{2}}{2}$, т. е. 0,707. Далее нам известен синус 30°; так как катет, лежащий против такого угла, равен половине гипотенузы, то синус 30° = $^1/_2$.

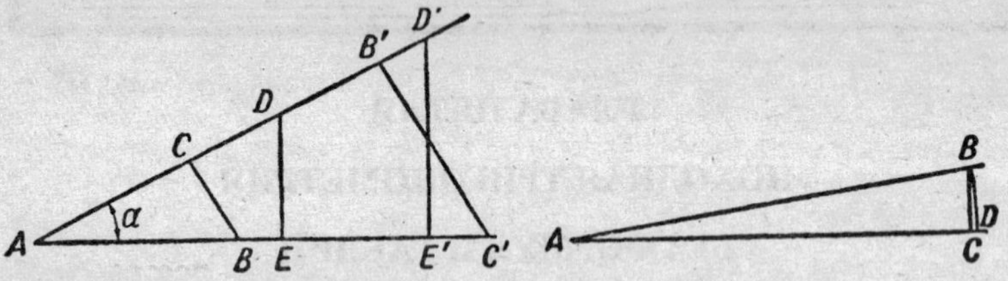

Рис. 87. Что такое синус острого угла?

Итак, мы знаем синусы (или, как принято обозначать, sin) трех углов

$$\sin 30° = 0{,}5,$$
$$\sin 45° = 0{,}707,$$
$$\sin 90° = 1.$$

Этого, конечно, недостаточно; необходимо знать синусы и всех промежуточных углов по крайней мере через каждый градус. Для очень малых углов можно при вычислении синуса вместо отношения катета к гипотенузе брать без большой погрешности отношение дуги к радиусу: из рис. 87 (справа) видно, что отношение $\frac{\overline{BC}}{AB}$ мало отличается от отношения $\frac{\breve{BD}}{AB}$. Последнее же легко вычислить. Например, для угла в 1° дуга $BD = \frac{2\pi R}{360}$ и, следовательно, sin 1° можно принять равным

$$\frac{2\pi R}{360R} = \frac{\pi}{180} = 0{,}0175\,.$$

Таким же образом находим:

$$\sin 2° = 0{,}0349,$$
$$\sin 3° = 0{,}0524,$$
$$\sin 4° = 0{,}0698,$$
$$\sin 5° = 0{,}0873.$$

Но надо убедиться, как далеко можно продолжать эту табличку, не делая большой погрешности. Если бы мы вычислили по такому способу sin 30°, то получили бы 0,524 вместо 0,500; разница была бы уже во второй значащей цифре, и погрешность составляла бы $\frac{24}{500}$, т. е. около 5%. Это чересчур грубо даже для нетребовательной походной тригонометрии. Чтобы найти границу, до которой позволительно вести вычисление синусов по указанному приближенному способу, постараемся найти точным приёмом sin 15°. Для этого воспользуемся следующим не особенно замысловатым построением (рис. 88). Пусть $\sin 15° = \frac{BC}{AB}$. Продолжим *BC* на равное расстояние до точки *D*; соединим *A* с *D*, тогда получим два равных треугольника: *ADC* и *ABC*, и угол *BAD*, равный 30°. Опустим на *AD* перпендикуляр *BE*; образуется прямоугольный треугольник *BAE* с углом 30° (<*BAE*), тогда $BE = \frac{AB}{2}$. Далее вычисляем *AE* из треугольника *ABE* по теореме Пифагора:

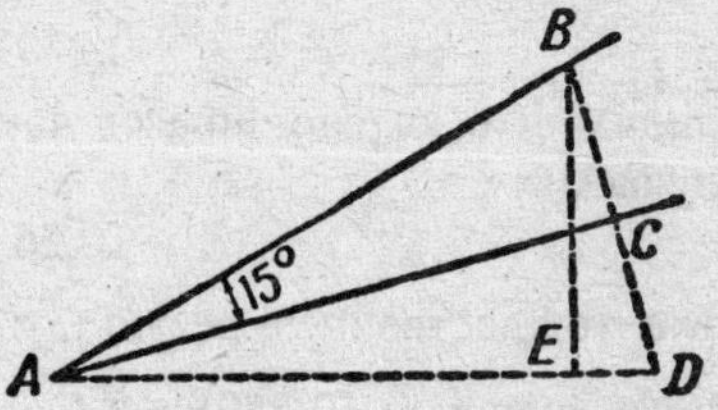

Рис. 88. Как вычислить sin 15°?

$$AE^2 = AB^2 - \left(\frac{AB}{2}\right)^2 = \frac{3}{4}AB^2;$$

$$AE = \frac{AB}{2}\sqrt{3} = 0{,}866AB.$$

Значит, $ED = AD - AE = AB - 0{,}866AB = 0{,}134AB$. Теперь из треугольника *BED* вычисляем *BD*:

$$BD^2 = BE^2 + ED^2 = \left(\frac{AB}{2}\right)^2 + (0{,}134\,AB)^2 = 0{,}268\,AB^2;$$

$$BD = \sqrt{0{,}268AB^2} = 0{,}518AB.$$

Половина *BD*, т. е. *BC*, равна 0,259*AB*, следовательно, искомый синус

$$\sin 15° = \frac{BC}{AB} = \frac{0{,}259AB}{AB} = 0{,}259.$$

Это — табличное значение sin 15°, если ограничиться тремя знаками. Приближенное же значение его, которое мы нашли бы по прежнему способу, равно 0,262. Сопоставляя обозначения

$$0{,}259 \text{ и } 0{,}262,$$

видим, что, ограничиваясь двумя значащими цифрами, мы получаем:

$$0{,}26 \text{ и } 0{,}26,$$

т. е. тождественные результаты. Ошибка при замене более точного значения (0,259) приближенным (0,26) составляет $\frac{1}{1000}$, т. е. около 0,4%. Это погрешность, позволительная для походных расчетов, и следовательно, синусы углов от 1 до 15° мы вправе вычислить по нашему, приближенному способу.

Для промежутка от 15 до 30° мы можем вычислять синусы при помощи пропорций. Будем рассуждать так. Разница между sin 30° и sin 15° равна 0,50 – 0,26 = 0,24. Значит, — можем мы допустить, — при увеличении угла на каждый градус синус его возрастает примерно на $\frac{1}{15}$ этой разницы, т. е. на $\frac{0{,}24}{15} = 0{,}016$. Строго говоря, это, конечно, не так, но отступление от указанного правила обнаруживается только в третьей значащей цифре, которую мы все равно отбрасываем. Итак, прибавляя последовательно по 0,016 к sin 15°, получим синусы 16°, 17°, 18° и т. д.:

$$\sin 16° = 0{,}26 + 0{,}016 = 0{,}28,$$
$$\sin 17° = 0{,}26 + 0{,}032 = 0{,}29,$$
$$\sin 18° = 0{,}26 + 0{,}048 = 0{,}31,$$

. . . .

$$\sin 25° = 0{,}26 + 0{,}16 = 0{,}42 \text{ и т. д.}$$

Все эти синусы верны в первых двух десятичных знаках, т. е. с достаточною для наших целей точностью: они отличаются от истинных синусов менее чем на половину единицы последней цифры.

Таким же способом поступают при вычислении углов в промежутках между 30 и 45°. Разность sin 45° – sin30° = 0,707 – 0,5 = 0,207. Разделив ее на 15, имеем 0,014. Эту величину будем прибавлять последовательно к синусу 30°; тогда получим:

$$\sin 31° = 0{,}54 - 0{,}014 = 0{,}51,$$
$$\sin 32° = 0{,}54 - 0{,}028 = 0{,}53,$$

. . . .

$$\sin 40° = 0{,}5 + 0{,}14 = 0{,}64 \text{ и т. д.}$$

Остается найти синусы острых углов больше 45°. В этом поможет нам Пифагорова теорема. Пусть, например, мы желаем найти sin 53°, т. е. (рис. 90) отношение $\frac{BC}{AB}$. Так как угол $B = 37°$, то синус его мы можем вычислить по предыдущему: он равен $0{,}5 + 7 \times 0{,}014 = 0{,}6$. С другой стороны, мы знаем, что $\sin B = \frac{AC}{AB}$. Итак, $\frac{AC}{AB} = 0{,}6$, откуда $AC = 0{,}6 \times AB$. Зная AC, легко вычислить BC. Этот отрезок равен

$$\sqrt{AB^2 - AC^2} = \sqrt{AB^2 - (0{,}6AB)^2} = AB\sqrt{1 - 0{,}36} = 0{,}8AB.$$

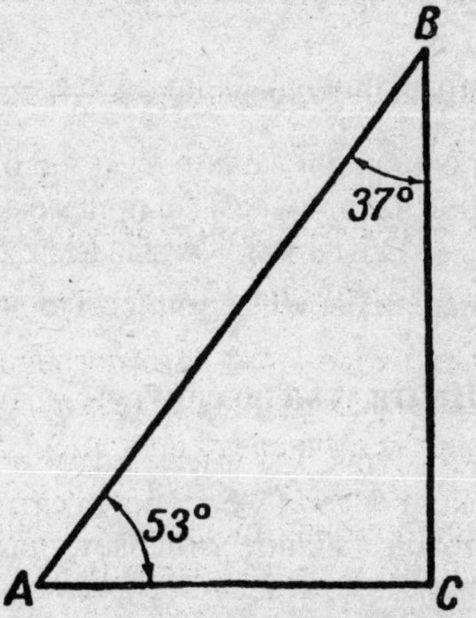

Рис. 89. К вычислению синуса угла, большего 45°.

Расчет в общем нетруден; надо только уметь вычислять квадратные корни.

Извлечение квадратного корня

Указываемый в курсах алгебры способ извлечения квадратных корней легко забывается. Но можно обойтись и без него. В моих учебных книгах по геометрии приведен древний упрощенный способ вычисления квадратных корней по способу деления. Здесь сообщу другой старинный способ, также более простой, нежели рассматриваемый в курсах алгебры.

Пусть надо вычислить $\sqrt{13}$. Он заключается между 3 и 4 и, следовательно, равен 3 с дробью, которую обозначим через x.

Итак,

$$\sqrt{13} = 3 + x, \text{ откуда } 13 = 9 + 6x + x^2.$$

Квадрат дроби x есть малая дробь, которою в первом приближении можно пренебречь; тогда имеем:

$$13 = 9 + 6x, \text{ откуда } 6x = 4 \text{ и } x = \frac{2}{3} = 0{,}67.$$

Значит, приближенно $\sqrt{13} = 3{,}67$. Если мы хотим определить значение корня еще точнее, напишем уравнение

$\sqrt{13} = 3\,{}^{2}/_{3} + y$, где небольшая дробь, положительная или отрицательная. Отсюда $13 = \frac{121}{9} + \frac{22}{3}y + y^2$. Отбросив y^2, находим, что y приближенно равен $-\frac{2}{33} = -0{,}06$. Следовательно, во втором приближении $\sqrt{13} = 3{,}67 - 0{,}06 = 3{,}61$. Третье приближение находим тем же приемом и т. д.

Обычным, указываемым в курсах алгебры способом мы нашли бы $\sqrt{13}$ с точностью до 0,01 — также 3,61.

Найти угол по синусу

Итак, мы имеем возможность вычислить синус любого угла от 0 до 90° с двумя десятичными знаками. Надобность в готовой таблице отпадает; для приближенных вычислений мы всегда можем сами составить ее, если пожелаем.

Но для решения тригонометрических задач нужно уметь и обратно — вычислять углы по данному синусу. Это тоже несложно. Пусть требуется найти угол, синус которого равен 0,38. Так как данный синус меньше 0,5, то искомый угол меньше 30°. Но он больше 15°, так как sin 15°, мы знаем, равен 0,26. Чтобы найти этот угол, заключающийся в промежутке между 15 и 30°, поступаем как объяснено в разделе «Вычисление синуса»:

$$0{,}38 - 0{,}26 = 0{,}12,$$

$$\frac{0{,}12}{0{,}016} = 7{,}5^\circ,$$

$$15^\circ + 7{,}5^\circ = 22{,}5^\circ.$$

Итак, искомый угол приближенно равен 22,5°. Другой пример: найти угол, синус которого 0,62.

$$0{,}62 - 0{,}50 = 0{,}12,$$

$$\frac{0{,}12}{0{,}014} = 8{,}6^\circ,$$

$$30^\circ + 8{,}6^\circ = 38{,}6^\circ.$$

Искомый угол приближенно равен 38,6°.

Наконец, третий пример: найти угол, синус которого 0,91.

Так как данный синус заключается между 0,71 и 1, то искомый угол лежит в промежутке между 45° и 90°. На рис. 91 *BC* есть синус угла *A*, если *BA* = 1. Зная *BC*, легко найти синус угла *B*:

$$AC^2 = 1 - BC^2 = 1 - 0{,}91^2 = 1 - 0{,}83 = 0{,}17,$$
$$AC = \sqrt{0{,}17} = 0{,}42.$$

Теперь найдем величину угла *B*, синус которого равен 0,42; после этого легко будет найти угол *A*, равный $90° - B$. Так как 0,42 заключается между 0,26 и 0,5, то угол *B* лежит в промежутке между 15° и 30°. Он определяется так:

$$0{,}42 - 0{,}26 = 0{,}16,$$
$$\frac{0{,}16}{0{,}016} = 10°,$$
$$B = 15° + 10° = 25°.$$

И, значит, угол $A = 90° - B = 90° - 25° = 65°$.

Мы вполне вооружены теперь для того, чтобы приближенно решать тригонометрические задачи, так как умеем находить синусы по углам и углы по синусам с точностью, достаточной для походных целей.

Но достаточно ли для этого одного только синуса? Разве не понадобятся нам остальные тригонометрические функции — косинус, тангенс и т. д.? Сейчас покажем на ряде примеров, что для нашей упрощенной тригонометрии можно вполне обойтись одним только синусом.

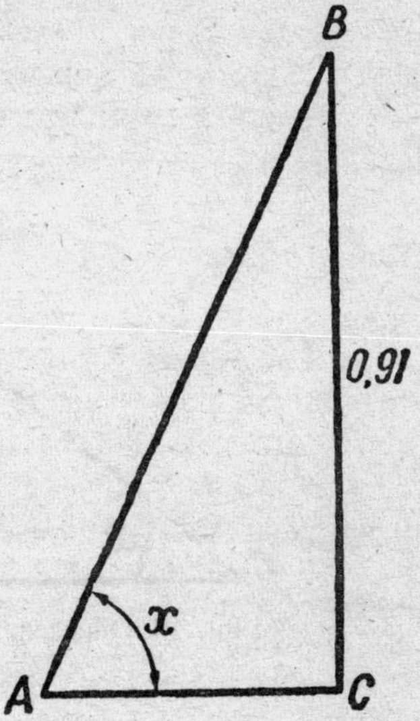

Рис. 90. К вычислению острого угла по его синусу.

Высота Солнца

ЗАДАЧА

Тень *BC* (рис. 91) от отвесного шеста *AB* высотою 4,2 *м* имеет 6,5 *м* длины. Какова в этот момент высота Солнца над горизонтом, т. е. как велик угол C?

РЕШЕНИЕ

Легко сообразить, что синус угла *C* равен $\frac{AB}{AC}$. Но $AC = \sqrt{AB^2 + BC^2} = \sqrt{4{,}2^2 + 6{,}5^2} = 7{,}74$. Поэтому искомый синус равен $\frac{4,2}{7,74} = 0,55$. По указанному ранее способу находим соответствующий угол: 33°. Высота Солнца — 33° с точностью до $^1/_2$°.

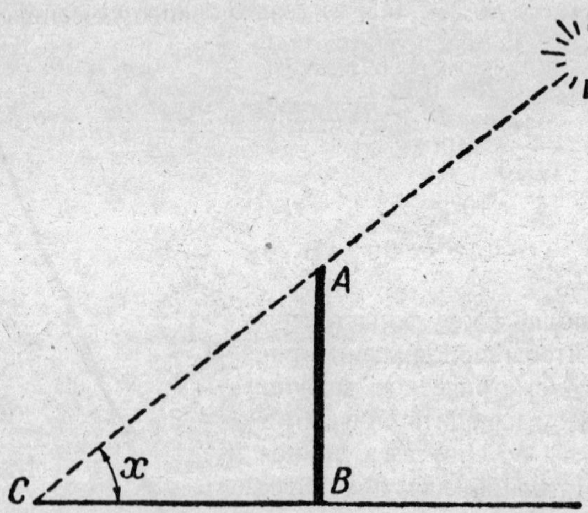

Рис. 91. Определить высоту Солнца над горизонтом.

Расстояние до острова

ЗАДАЧА

Бродя с компасом (буссолью) возле реки, вы заметили на ней (рис. 92) островок *A* и желаете определить его расстояние от точки *B* на берегу. Для этого вы определяете по компасу величину угла *ABN,* составленного с направлением север — юг (*NS*) прямой *BA.* Затем измеряете прямую линию *BC* и определяете величину угла *NBC* между нею и *NS.* Наконец, то же самое делаете в точке *C* для прямой *AC.* Допустим, что вы получили следующие данные:

направление	AB	отклоняется	от	NS	к	востоку	на	52°
»	BC	»	»	NS	»	»	»	110°
»	CA	»	»	NS	»	»	»	27°

Длина *BC* = 187 *м*.

Как по этим данным вычислить расстояние *BA*?

РЕШЕНИЕ

В треугольнике *ABC* нам известна сторона *BC*. Угол $ABC = 110° - 52° = 58°$; угол $ACB = 180° - 110° - 27° = 43°$. Опустим в этом треугольнике (рис. 93, направо) высоту *BD*. Имеем: $\sin C = \sin 43° = \frac{BD}{187}$. Вычисляя ранее указанным способом sin 43°, получаем: 0,68. Значит,

$$BD = 187 \times 0{,}68 = 127.$$

Рис. 92. Как вычислить расстояние до острова?

Теперь в треугольнике *ABD* нам известен катет *BD*; угол $A = 180° - (58° + 43°) = 79°$ и угол $ABD = 90° - 79° = 11°$. Синус 11° мы можем вычислить: он равен 0,19. Следовательно, $\frac{AD}{AB} = 0{,}19$. С другой стороны, по теореме Пифагора

$$AB^2 = BD^2 + AD^2.$$

Подставляя 0,19 *AB* вместо *AD*, а вместо *BD* число 127, имеем:

$$AB^2 = 127^2 + (0{,}19AB)^2,$$

откуда $AB \approx 128$.

Итак, искомое расстояние до острова около 128 *м*.

Читатель не затруднился бы, думаю, вычислить и сторону *AC*, если бы это понадобилось.

Ширина озера

ЗАДАЧА

Чтобы определить ширину *AB* озера (рис. 93), вы нашли по компасу, что прямая *AC* уклоняется к западу на 21°, а *BC* — к востоку на 22°. Длина $BC = 68$ *м*, $AC = 35$ *м*. Вычислить по этим данным ширину озера.

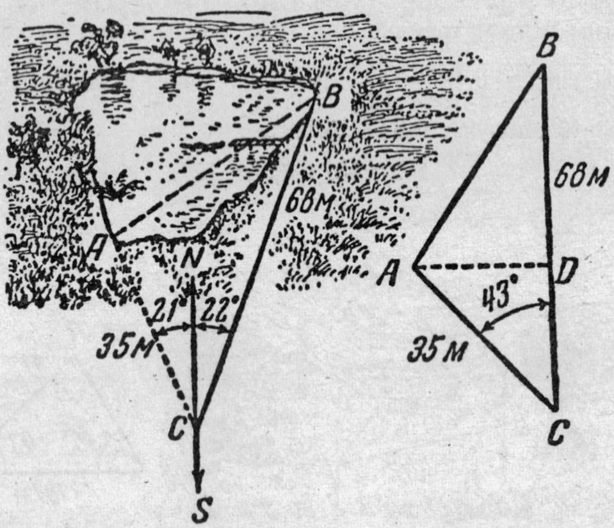

Рис. 93. Вычисление ширины озера.

РЕШЕНИЕ

В треугольнике ABC нам известны угол 43° и длины заключающих его сторон — 68 *м* и 35 *м*. Опускаем (рис. 93, справа) высоту AD; имеем: $\sin 43° = \frac{AD}{AC}$. Вычисляем, независимо от этого, $\sin 43°$ и получаем: 0,68. Значит, $\frac{AD}{AC} = 0{,}68$, $AD = 0{,}68 \times 35 = 24$. Затем вычисляем CD:

$$CD^2 = AC^2 - AD^2 = 35^2 - 24^2 = 649;\ CD = 25{,}5;$$
$$BD = BC - CD = 68 - 25{,}5 = 42{,}5.$$

Теперь из треугольника ABD имеем:

$$AB^2 = AD^2 + BD^2 = 24^2 + 42{,}5^2 = 2380;$$
$$AB \approx 49.$$

Итак, искомая ширина озера около 49 *м*.

Если бы в треугольнике ABC нужно было вычислить и другие два угла, то, найдя $AB = 49$, поступаем далее так:

$$\sin B = \frac{AD}{AB} = \frac{24}{49} = 0{,}49, \quad \text{отсюда } B = 29°.$$

Третий угол C найдем, вычитая из 180° сумму углов 29° и 43°; он равен 108°.

Может случиться, что в рассматриваемом случае решения треугольника (по двум сторонам и углу между ними) данный угол не острый, а тупой. Если, например, в треугольнике ABC (рис. 94) известны тупой угол A и две стороны, AB и AC, то ход вычисления остальных его элементов таков. Опустив высоту BD, определяют BD и AD из треугольника BDA; затем, зная $DA + AC$, находят BC и $\sin C$, вычислив отношение $\frac{BD}{BC}$.

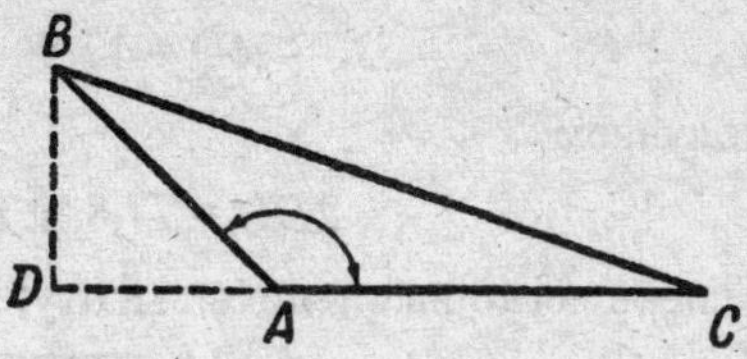

Рис. 94. К решению тупоугольного треугольника

Треугольный участок

ЗАДАЧА

Во время экскурсии мы измерили шагами стороны треугольного участка и нашли, что они равны 43, 60 и 54 шагам. Каковы углы этого треугольника?

РЕШЕНИЕ

Это — наиболее сложный случай решения треугольника: по трем сторонам. Однако и с ним можно справиться, не обращаясь к другим функциям, кроме синуса.

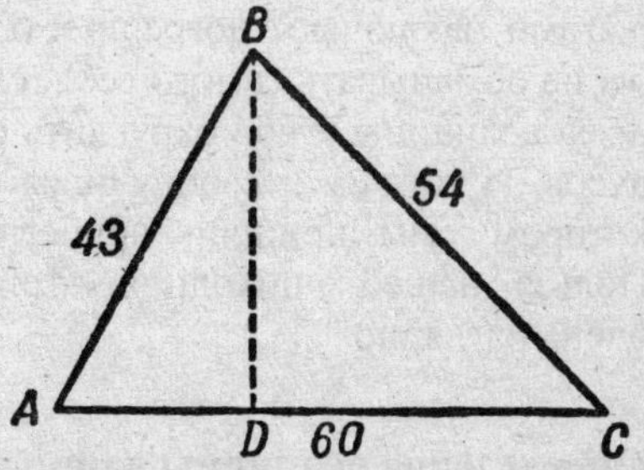

Рис. 95. Найти углы этого треугольника: 1) вычислением, 2) при помощи транспортира.

Опустив (рис. 95) высоту BD на длиннейшую сторону AC, имеем:

$$BD^2 = 43^2 - AD^2, \quad BD^2 = 54^2 - DC^2,$$

откуда

$$43^2 - AD^2 = 54^2 - DC^2,$$

$$DC^2 - AD^2 = 54^2 - 43^2 = 1070.$$

Но

$$DC^2 - AD^2 = (DC + AD)\,(DC - AD) = 60\,(DC - AD).$$

Следовательно,

$$60\,(DC - AD) = 1070 \text{ и } DC - AD = 17{,}8.$$

Из двух уравнений

$$DC - AD = 17{,}8 \text{ и } DC + AD = 60$$

получаем:

$$2DC = 77{,}8, \text{ т. е. } DC = 38{,}9.$$

Теперь легко вычислить высоту:

$$BD = \sqrt{54^2 - 38{,}9^2} = 37{,}4,$$

откуда находим:

$$\sin A = \frac{BD}{AB} = \frac{37{,}4}{43} = 0{,}87;\ A = \text{около } 60°.$$

$$\sin C = \frac{BD}{BC} = \frac{37{,}4}{54} = 0{,}69;\ C = \text{около } 44°.$$

Третий угол B = 180 – ($A + C$) = 76°.

Если бы мы в данном случае вычисляли при помощи таблиц, по всем правилам «настоящей» тригонометрии, то получили бы углы, выраженные в градусах и минутах. Но эти минуты были бы заведомо ошибочны, так как стороны, измеренные шагами, заключают погрешность не менее 2—3%. Значит, чтобы не обманывать самого себя, следовало бы полученные «точные» величины углов округлить по крайней мере до целых градусов. И тогда у нас получился бы тот же самый результат, к которому мы пришли, прибегнув к упрощенным приемам. Польза нашей «походной» тригонометрии выступает здесь очень наглядно.

Определение величины данного угла без всяких измерений

Для измерения углов на местности нам нужен хотя бы компас, а иной раз достаточно и собственных пальцев или спичечной коробки. Но может возникнуть необходимость измерить угол, нанесенный на бумагу, на план или на карту.

Разумеется, если есть под руками транспортир, то вопрос решается просто. А если транспортира нет, например в походных условиях? Геометр не должен растеряться и в этом случае. Как бы вы решили следующую задачу:

ЗАДАЧА

Изображен угол *AOB* (рис. 96), меньший 180°. Определить его величину без измерений.

РЕШЕНИЕ

Можно было бы из произвольной точки стороны *BO* опустить перпендикуляр на сторону *AO,* в получившемся прямоугольном треугольнике измерить катеты и гипотенузу, найти синус угла, а затем и величину самого угла (см. «Найти угол по синусу»). Но такое решение задачи не соответствовало бы жесткому условию — ничего не измерять!

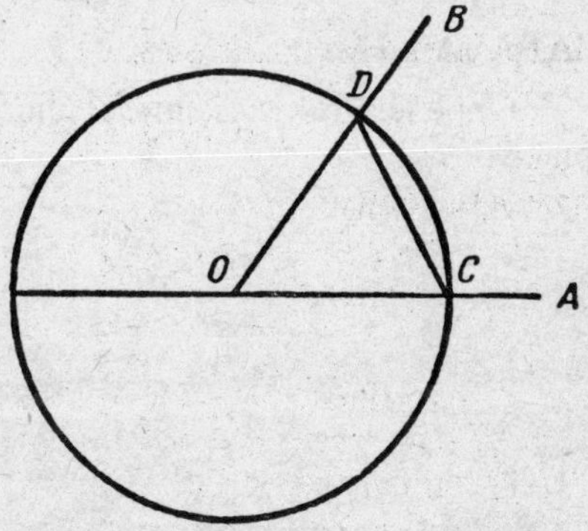

Рис. 96. Как определить величину изображенного угла *AOB,* пользуясь только циркулем?

Воспользуемся решением, предложенным в 1946 г. З. Рупейка из Каунаса.

Из вершины *O*, как из центра, произвольным раствором циркуля построим полную окружность. Точки C и *D* ее пересечения со сторонами угла соединим отрезком прямой.

Теперь от начальной точки *C* на окружности будем откладывать последовательно при помощи циркуля хорду *CD* в одном и том же направлении до тех пор, пока ножка циркуля опять совпадет с исходной точкой C.

Откладывая хорды, мы должны считать, сколько раз за это время будет обойдена окружность и сколько раз будет отложена хорда.

Допустим, что окружность мы обошли *n* раз и за это время *S* раз отложили хорду CD. Тогда искомый угол будет равен

$$\angle AOB = \frac{360^\circ \cdot n}{S}.$$

Действительно, пусть данный угол содержит $x°$; отложив на окружности хорду *CD* *S* раз, мы как бы увеличили угол $x°$ в *S* раз, но так как окружность при этом оказалась пройденной n раз, то этот угол составит $360° \cdot n$, т. е. $x° \cdot S = 360° \cdot n$; отсюда

$$x° = \frac{360° \cdot n}{S}.$$

Для угла, изображенного на чертеже, $n = 3$, $S = 20$ (проверьте!); следовательно, $\angle AOB = 54°$. При отсутствии циркуля окружность можно описать при помощи булавки и полоски бумаги; хорду откладывать тоже можно при помощи той же бумажной полоски.

ЗАДАЧА

Определите указанным способом углы треугольника на рис. 95.

ГЛАВА ШЕСТАЯ

ГДЕ НЕБО С ЗЕМЛЕЙ СХОДЯТСЯ

Горизонт

В степи или на ровном поле вы видите себя в центре окружности, которая ограничивает доступную вашему глазу земную поверхность. Это — горизонт. Линия горизонта неуловима: когда вы идете к ней, она от вас отодвигается. Но, недоступная, она все же реально существует; это не обман зрения, не мираж. Для каждой точки наблюдения имеется определенная граница видимой из нее земной поверхности, и дальность этой границы нетрудно вычислить. Чтобы уяснить себе геометрические отношения, связанные с горизонтом, обратимся к рис. 97, изображающему часть земного шара. В точке *C* помещается глаз наблюдателя на высоте *CD* над земной поверхностью. Как далеко видит кругом себя на ровном месте этот наблюдатель? Очевидно, только до точек *M, N,* где луч зрения касается земной поверхности: дальше земля лежит ниже луча зрения. Эти точки *M, N* (и другие, лежащие на окружности *MEN*) представляют собою границу видимой части земной поверхности, т. е. образуют линию горизонта. Наблюдателю должно казаться, что здесь небо опирается на землю, потому что в этих точках он видит одновременно и небо и земные предметы.

Быть может, вам покажется, что рис. 97 не дает верной картины действительности: ведь на самом деле горизонт всегда находится на уровне глаз, между тем как на рисунке круг явно лежит ниже наблюдателя. Действительно, нам всегда кажется, что линия горизонта расположена на одном уровне с глазами и даже повышается вместе с нами, когда мы поднимаемся. Но это — обман зрения: на самом деле линия горизонта всегда ниже глаз, как и показано на рис. 97. Но угол, составляемый прямыми линиями *CN* и *CM* с прямой *CK*, перпендикулярной к радиусу в точке *C* (этот угол называется «понижением горизонта»), весьма мал, и уловить его без инструмента невозможно.

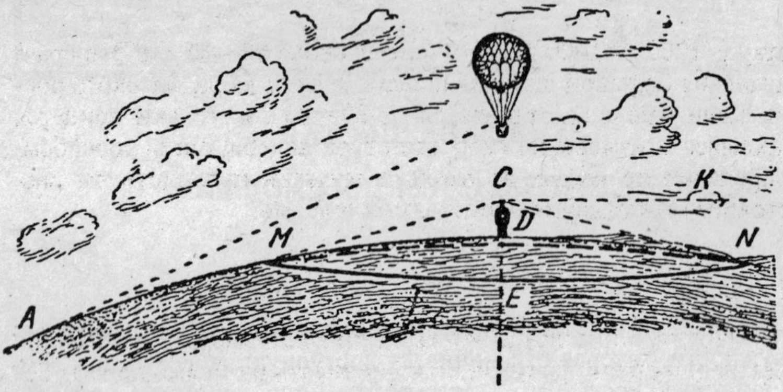

Рис. 97. Горизонт.

Отметим попутно и другое любопытное обстоятельство. Мы сказали сейчас, что при поднятии наблюдателя над земной поверхностью, например на аэроплане, линия горизонта кажется остающейся на уровне глаз, т. е. как бы поднимается вместе с наблюдателем. Если он достаточно высоко поднимается, ему будет казаться, что почва под аэропланом лежит *ниже линии горизонта*, — другими словами, земля представится словно вдавленной в форме чаши, краями которой служит линия горизонта. Это очень хорошо описано и объяснено у Эдгара По в фантастическом «Приключении Ганса Пфаля».

«Больше всего, — рассказывает его герой-аэронавт, — удивило меня то обстоятельство, что поверхность земного шара казалось *вогнутой*. Я ожидал, что увижу ее непременно выпуклой во время подъема кверху; только путем размышления нашел я объяснение этому явлению. Отвесная линия, проведенная от моего шара к земле, образовала бы катет прямоугольного треугольника, основанием которого была бы линия от основания отвеса до горизонта, а гипотенузой — линия от горизонта до моего шара. Но моя высота была ничтожна по сравнению с полем зрения; другими словами, основание и гипотенуза воображаемого прямоугольного треугольника были так велики по сравнению с отвесным катетом, что их можно было считать почти параллельными. Поэтому каждая точка, находящаяся как раз под аэронавтом, всегда кажется лежащей ниже уровня горизонта. Отсюда впечатление вогнутости. И это должно продолжаться до тех пор, пока высота подъема не станет настолько значительной, что основание треугольника и гипотенуза перестанут казаться параллельными».

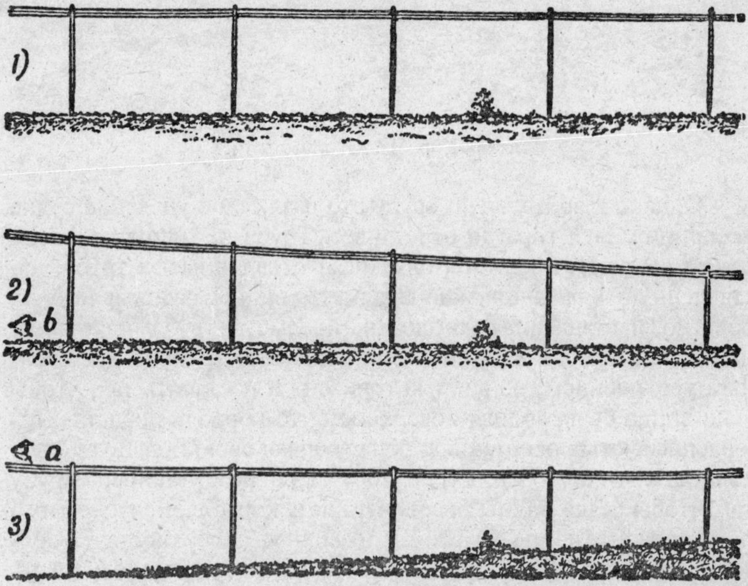

Рис. 98. Что видит глаз, наблюдающий ряд телеграфных столбов.

В дополнение к этому объяснению добавим следующий пример. Вообразите прямой ряд телеграфных столбов (рис. 98). Для глаза, помещенного в точке *b*, на уровне оснований столбов, ряд принимает вид, обозначенный цифрой 2. Но для глаза в точке *a*, на уровне вершин столбов, ряд принимает вид 3, т. е. почва кажется ему словно приподнимающейся у горизонта.

Корабль на горизонте

Когда с берега моря или большого озера мы наблюдаем за кораблем, появляющимся из-под горизонта, нам кажется, что мы видим судно не в той точке (рис. 99), где оно действительно находится, а гораздо ближе, в точке *B,* где линия нашего зрения скользит по выпуклости моря. При наблюдении невооруженным глазом трудно отделаться от впечатления, что судно находится в точке *B,* а не дальше за горизонтом (ср. со сказанным в четвертой главе о влиянии пригорка на суждение о дальности).

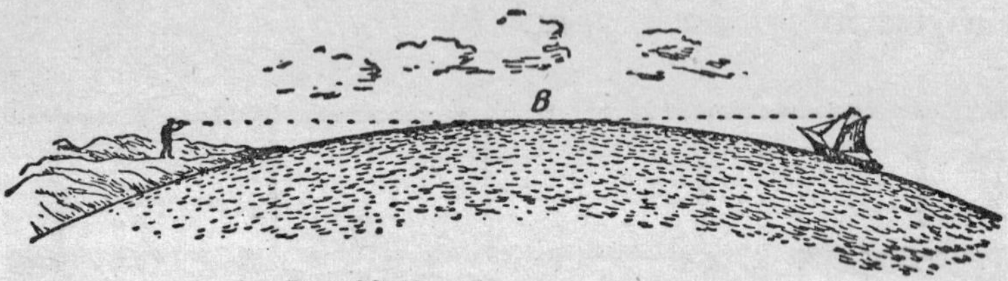

Рис. 99. Корабль за горизонтом.

Однако в зрительную трубу это различное удаление судна воспринимается гораздо отчетливее. Труба не одинаково ясно показывает нам предметы близкие и отдаленные: в трубу, наставленную вдаль, близкие предметы видны расплывчато, и, обратно, наставленная на близкие предметы труба показывает нам даль в тумане. Если поэтому направить трубу (с достаточным увеличением) на водный горизонт и наставить так, чтобы ясно видна была водная поверхность, то корабль представится в расплывчатых очертаниях, обнаруживая свою большую отдаленность от наблюдения (рис. 100). Наоборот, установив трубу так, чтобы резко видны были очертания корабля, полускрытого под горизонтом, мы заметим, что водная поверхность у горизонта утратила свою прежнюю ясность и рисуется словно в тумане (рис. 101).

Дальность горизонта

Как же далеко лежит от наблюдателя линия горизонта? Другими словами: как велик радиус того круга, в центре которого мы видим себя на ровной местности? Как вычислить дальность горизонта, зная величину возвышения наблюдателя над земной поверхностью?

Задача сводится к вычислению длины отрезка *CN* (рис. 102) касательной, проведенной из глаза наблюдателя к земной поверхности. Квадрат касательной — мы знаем из геометрии — равен произведению внешнего отрезка *h* секущей на всю длину этой секущей, т. е. на $h + 2R$, где R — радиус земного шара. Так как возвышение глаза наблюдателя над землею обычно крайне

Рис. 100—101. Корабль за горизонтом, рассматриваемый в зрительную трубу.

мало по сравнению с диаметром ($2R$) земного шара, составляя, например, для высочайшего поднятия аэроплана около 0,001 его доли, то $2R + h$ можно принять: равным $2R$, и тогда формула упростится:

$$CN^2 = h \cdot 2R.$$

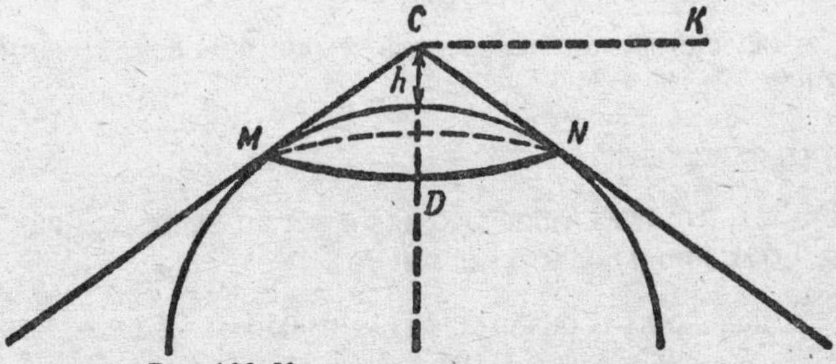

Рис. 102. К задаче о дальности горизонта.

Значит, дальность горизонта можно вычислять по очень простой формуле

$$\text{дальность горизонта} = \sqrt{2Rh}\,,$$

где R — радиус земного шара (около 6400 *км* [1]), а h — возвышение глаза наблюдателя над земной поверхностью.

---

[1] Точнее 6371 *км*.

Так как $\sqrt{6400} = 80$, то формуле можно придать следующий вид:

$$\text{дальность горизонта} = 80\sqrt{2h} = 113\sqrt{h},$$

где h непременно должно быть выражено в частях километра.

Это расчет чисто геометрический, упрощенный. Если пожелаем уточнить его учетом физических факторов, влияющих на дальность горизонта, то должны принять в соображение так называемую «атмосферную рефракцию». Рефракция, т. е. преломление (искривление) световых лучей в атмосфере, увеличивает дальность горизонта примерно на $^1/_{15}$ рассчитанной дальности (на 6%). Число это — 6% — только среднее. Дальность горизонта несколько увеличивается или уменьшается в зависимости от многих условий, а именно, она

увеличивается:	*уменьшается:*
при высоком давлении,	при низком давлении,
близ поверхности земли,	на высоте,
в холодную погоду,	в теплую погоду,
утром и вечером,	днем,
в сырую погоду,	в сухую погоду,
над морем,	над сушей.

ЗАДАЧА

Как далеко может обозревать землю человек, стоящий на равнине?

РЕШЕНИЕ

Считая, что глаз взрослого человека возвышается над почвой на 1,6 *м*, или на 0,0016 *км*, имеем:

$$\text{дальность горизонта} = 113\sqrt{0{,}0016} = 4{,}52 \text{ км}.$$

Воздушная оболочка Земли, как было сказано выше, искривляет путь лучей, вследствие чего горизонт отодвигается в среднем на 6% дальше того расстояния, которое получается по формуле. Чтобы учесть эту поправку, надо 4,52 *км* умножить на 1,06; получим:

$$4{,}52 \times 1{,}06 \approx 4{,}8 \text{ км}.$$

Итак, человек среднего роста видит на ровном месте не далее 4,8 *км*. Поперечник обозреваемого им круга — всего 9,6 *км*, а площадь — 72 *кв. км.* Это гораздо меньше, чем обычно думают люди, которые описывают далекий простор степей, окидываемый глазом.

ЗАДАЧА

Как далеко видит море человек, сидящий в лодке?

РЕШЕНИЕ

Если возвышение глаза сидящего в лодке человека над уровнем воды примем за 1 *м,* или 0,001 *км,* то дальность горизонта равна

$$113\sqrt{0,001} = 3,58 \text{ км},$$

или с учетом средней атмосферной рефракции около 3,8 *км.* Предметы, расположенные далее, видны только в своих верхних частях; основания их скрыты под горизонтом.

При более низком положении глаза горизонт суживается: для полуметра, например, до $2\frac{1}{2}$ *км.* Напротив, при наблюдении с возвышенных пунктов (с мачты) дальность горизонта возрастает: для 4 *м,* например, до 7 *км.*

ЗАДАЧА

Как далеко во все стороны простиралась земля для воздухоплавателей, наблюдавших из гондолы стратостата «СОАХ-1», когда он находился в высшей точке своего подъема?

РЕШЕНИЕ

Так как шар находился на высоте 22 *км,* то дальность горизонта для такого возвышения равна

$$113\sqrt{22} = 530 \text{ км},$$

а с учетом рефракции — 580 *км.*

ЗАДАЧА

Как высоко должен подняться летчик, чтобы видеть кругом себя на 50 *км*?

РЕШЕНИЕ

Из формулы дальности горизонта имеем в данном случае уравнение

$$50 = \sqrt{2Rh},$$

откуда

$$h = \frac{50^2}{2R} = \frac{2500}{12\,800} = 0{,}2 \text{ км}.$$

Значит, достаточно подняться всего на 200 *м*.

Чтобы учесть поправку, скинем 6% от 50 *км*, получим 47 *км*; далее $h = \frac{47^2}{2R} = \frac{2200}{12\,800} = 0{,}17$ *км*, т. е. 170 *м* (вместо 200).

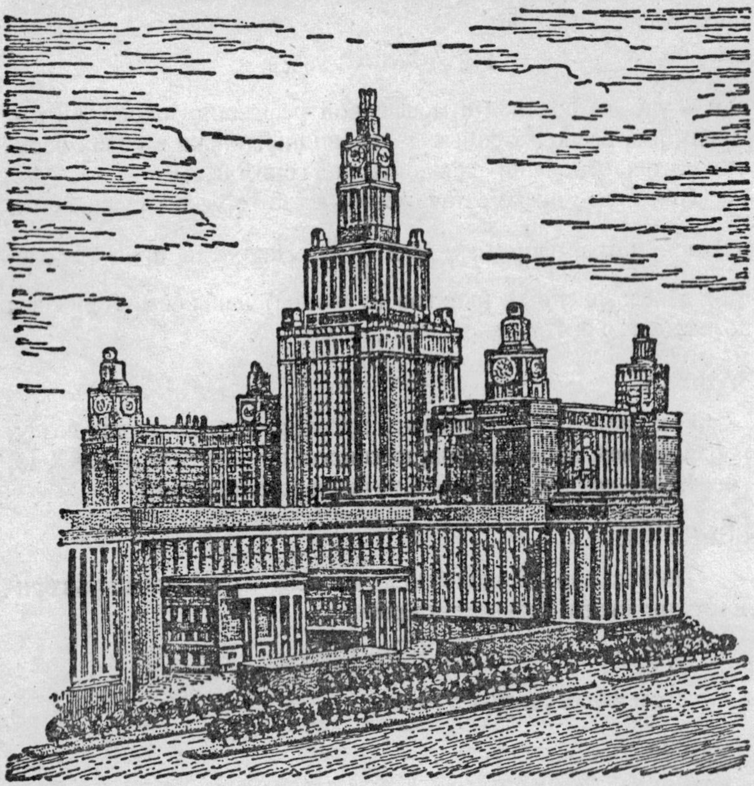

Рис. 103. Московский университет (рисунок с проекта строящегося здания).

На самой высокой точке Ленинских гор в Москве строится двадцатишестиэтажное здание Университета (рис. 103) — крупнейшего в мире учебного и научного центра.

Оно будет возвышаться на 200 *м* над уровнем Москвы-реки.

Следовательно, из окон верхних этажей Университета откроется панорама до 50 *км* в радиусе.

Башня Гоголя

ЗАДАЧА

Интересно знать, что увеличивается быстрее: высота поднятия или дальность горизонта? Многие думают, что с возвышением наблюдателя горизонт возрастает необычайно быстро. Так думал, между прочим, и Гоголь, писавший в статье «Об архитектуре нашего времени» следующее:

«Башни огромные, колоссальные, необходимы в городе... У нас обыкновенно ограничиваются высотой, дающей возможность оглядеть один только город, между тем как для столицы необходимо видеть, по крайней мере, на полтораста верст [1] во все стороны, и для этого, может быть, один только или два этажа лишних, — и все изменяется. Объем кругозора по, мере возвышения распространяется необыкновенною прогрессией».

Так ли в действительности?

РЕШЕНИЕ

Достаточно взглянуть на формулу

$$\text{дальность горизонта} = \sqrt{2Rh},$$

чтобы сразу стала ясна неправильность утверждения, будто «объем горизонта» с возвышением наблюдателя возрастает очень быстро. Напротив, дальность горизонта растет медленнее, чем высота поднятия: она пропорциональна квадратному корню из высоты. Когда возвышение наблюдателя увеличивается в 100 раз, горизонт отодвигается всего только в 10 раз дальше; когда высота становится в 1000 раз больше, горизонт отодвигается всего в 31 раз дальше. Поэтому ошибочно утверждать, что «один только или два этажа лишних, — и все изменяется». Если к восьмиэтажному дому пристроить еще два этажа, дальность горизонта возрастет в $\sqrt{\frac{10}{8}}$, т. е. в 1,1 раза — всего на 10%. Такая прибавка мало ощутительна.

Что же касается идеи сооружения башни, с которой можно было бы видеть, «по крайней мере, на полтораста верст», т. е.

---

[1] 1 верста составляет 1,0668 *км;* 150 верст — 160 *км.*

на 160 *км*, то она совершенно несбыточна. Гоголь, конечно, не подозревал, что такая башня должна иметь огромную высоту.

Действительно, из уравнения

$$160 = \sqrt{2Rh}$$

получаем:

$$h = \frac{160^2}{2R} = \frac{25\,600}{12\,800} = 2 \text{ } км.$$

Это высота большой горы. Самый пока высокий из запроектированных домов в столице нашей Родины — 32-этажное административное здание, золоченый шатер которого должен по проекту возвышаться на 280 *м* от основания здания — в семь раз ниже проектируемых Гоголем вышек.

Холм Пушкина

Сходную ошибку делает и Пушкин, говоря в «Скупом рыцаре» о далеком горизонте, открывающемся с вершины «гордого холма»:

И царь мог с высоты с весельем озирать
И дол, покрытый белыми шатрами,
И море, где бежали корабли...

Мы уже видели, как скромна была высота этого «гордого» холма: даже полчища Атиллы не могли бы по этому способу воздвигнуть холм выше $4\ \frac{1}{2}$ *м*. Теперь мы можем завершить расчеты, определив, насколько холм этот расширял горизонт наблюдателя, поместившегося на его вершине.

Глаз такого зрителя возвышался бы над почвой на $4\frac{1}{2} + 1\frac{1}{2}$, т. е. на 6 *м*, и следовательно, дальность горизонта равна была бы $\sqrt{2 \times 6400 \times 0{,}006}$ = 8,8 *км*. Это всего на 4 *км* больше того, что можно видеть, стоя на ровной земле.

Где рельсы сходятся

ЗАДАЧА

Конечно, вы не раз замечали, как суживается уходящая в даль рельсовая колея. Но случалось ли вам видеть ту точку, где оба рельса, наконец, встречаются друг с другом? Да и возможно ли видеть такую точку? У вас теперь достаточно знаний, чтобы решить эту задачу.

РЕШЕНИЕ

Вспомним, что каждый предмет превращается для нормального глаза в точку тогда, когда виден под углом в 1′, т. е, когда он удален на 3400 своих поперечников. Ширина рельсовой колеи — 1,52 *м.* Значит, промежуток между рельсами должен слиться в точку на расстоянии 1,52 × 3400 = 5,2 *км.* Итак, если бы мы могли проследить за рельсами на протяжения 5,2 *км,* мы увидели бы, как оба они сходятся в одной точке. Но на ровной местности горизонт лежит ближе 5,2 *км,* — именно, на расстоянии всего 4,4 *км.* Следовательно, человек с нормальным зрением, стоя на ровном месте, не может видеть точки встречи рельсов. Он мог бы наблюдать ее лишь при одном из следующих условий:

1) если острота зрения его понижена, так что предметы сливаются для него в точку при угле зрения, большем 1′;

2) если железнодорожный путь не горизонтален;

3) если глаз наблюдателя возвышается над землей более чем на

$$\frac{5{,}2^2}{2R} = \frac{27}{12\,800} = 0{,}0021 \text{ км},$$

т. е. 210 *см.*

Задачи о маяке

ЗАДАЧА

На берегу находится маяк, верхушка которого возвышается на 40 *м* над поверхностью воды.

С какого расстояния откроется этот маяк для корабля, если матрос-наблюдатель («марсовой») находится на «марсе» корабля на высоте 10 *м* над водной поверхностью?

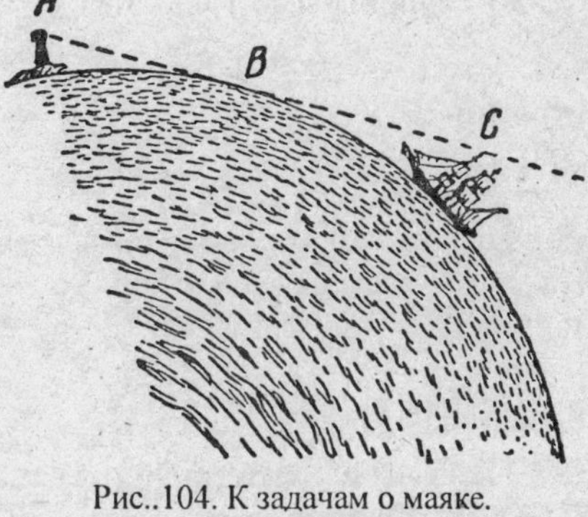

Рис..104. К задачам о маяке.

РЕШЕНИЕ

Из рис. 104 видно, что задача сводится к вычислению длины прямой *AC*, составленной из двух частей *AB* и *BC*.

Часть *AB* есть дальность горизонта маяка при высоте над землей 40 *м*, а *BC* — дальность горизонта «марсового» при высоте 10 *м*. Следовательно, искомое расстояние равно

$$113\sqrt{0{,}04}+113\sqrt{0{,}01}=113\,(0{,}2+0{,}1)=34\ км.$$

ЗАДАЧА

Какую часть этого маяка увидит тот же «марсовой» с расстояния 30 *км*?

РЕШЕНИЕ

Из рис. 104 ясен ход решения задачи: нужно, прежде всего, вычислить длину *BC*, затем отнять полученный результат от общей длины *AC*, т. е. от 30 *км*, чтобы узнать расстояние *AB*. Зная *AB*, мы вычислим высоту, с которой дальность горизонта равна *AB*. Выполним же все эти расчеты:

$$50 = 113\sqrt{0{,}01} - 11{,}3\ км;$$

$$30 - 11{,}3 = 18{,}7\ км;$$

$$высота = \frac{18{,}7^2}{2R} = \frac{350}{12\,800} = 0{,}027\ км.$$

Значит, с расстояния 30 *км* не видно 27 *м* высоты маяка; остаются видимыми только 13 *м*.

Молния

ЗАДАЧА

Над вашей головой, на высоте 1,5 *км*, сверкнула молния. На каком расстоянии от вашего места еще можно было видеть молнию?

РЕШЕНИЕ

Надо вычислить (рис. 105) дальность горизонта для высоты 1,5 *км*. Она равна

$$113\sqrt{1{,}5} = 138\ км.$$

Значит, если местность ровная, то молния была видна человеку, глаз которого находится на уровне земли, на расстоянии 138 *км* (а с 6%-ной поправкой — на 146 *км*). В точках, удаленных на 146 *км,* она была видна на самом горизонте; а так как на такое расстояние звук не доносится, то наблюдалась она здесь как зарница — молния без грома.

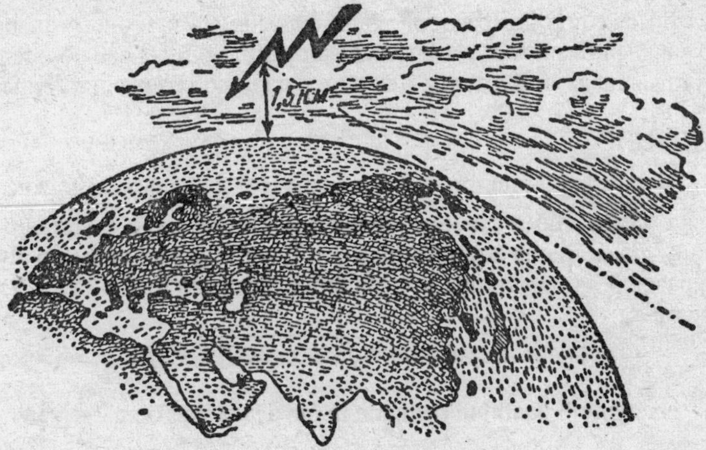

Рис. 105. К задаче о молнии.

Парусник

ЗАДАЧА

Вы стоите на берегу озера или моря, у самой воды, и, наблюдаете за удаляющимся от вас парусником. Вам известно, что верхушка мачты возвышается на 6 *м* над уровнем моря. На каком расстоянии от вас парусник начнет кажущимся образом опускаться в воду (т. е. за горизонт) и на каком расстоянии он скроется окончательно?

РЕШЕНИЕ

Парусник начнет скрываться под горизонт (см. рис. 99) в точке B — на расстоянии дальности горизонта для человека среднего роста, т. е. 4,4 *км.* Совсем скроется он под горизонт в точке, расстояние которой от B равно

$$113\sqrt{0{,}006} = 8{,}7 \text{ км}.$$

Значит, парусник скроется под горизонт на расстоянии от берега

$$4{,}4 + 8{,}7 = 13{,}1 \text{ км.}$$

Горизонт на Луне

ЗАДАЧА

До сих пор все расчеты наши относились к земному шару. Но как бы изменилась дальность горизонта, если бы наблюдатель очутился на другой планете, например на одной из равнин Луны?

РЕШЕНИЕ

Задача решается по той же формуле; дальность горизонта равна $\sqrt{2Rh}$, но в данном случае вместо $2R$ надо подставить длину диаметра не земного шара, а Луны. Так как диаметр Луны равен 3500 *км*, то при возвышении глаза над почвой на 1,5 *м* имеем:

$$\text{дальность горизонта} = \sqrt{3500 \times 0{,}0015} = 2{,}3 \text{ км.}$$

На лунной равнине мы видели бы вдаль всего на $2\frac{1}{3}$ *км*.

В лунном кратере

ЗАДАЧА

Наблюдая Луну в зрительную трубу даже скромных размеров, мы видим на ней множество так называемых кольцевых гор — образований, подобных которым на Земле нет. Одна из величайших кольцевых гор — «кратер Коперника» — имеет в диаметре снаружи 124 *км,* внутри 90 *км.* Высочайшие точки кольцевого вала возвышаются над почвой внутренней котловины на 1500 *м.* Но если бы вы очутились в средней части внутренней котловины, увидели бы вы оттуда этот кольцевой вал?

РЕШЕНИЕ

Чтобы ответить на вопрос, нужно вычислить дальность горизонта для гребня вала, т. е. для высоты 1,5 *км.* Она равна на луне $\sqrt{3500 \times 1{,}5} = 23$ *км.* Прибавив дальность горизонта для человека среднего роста, получим расстояние, на котором кольцевой вал скрывается под горизонтом наблюдателя

$$23 + 2{,}3 = \text{около } 25 \textit{ км}.$$

А так как центр вала удален от его краев на 45 *км,* то видеть этот вал из центра невозможно, — разве только взобравшись на склоны центральных гор, возвышающихся на дне этого кратера до высоты 600 *м.*[1]

На Юпитере

ЗАДАЧА

Как велика дальность горизонта на Юпитере, диаметр которого в 11 раз больше земного?

РЕШЕНИЕ

Если Юпитер покрыт твердой корой и имеет ровную поверхность, то человек, перенесенный на его равнину, мог бы видеть вдаль на

$$\sqrt{11 \times 12\,800 \times 0{,}0016} = 14{,}4 \textit{ км}.$$

Для самостоятельных упражнений

Вычислить дальность горизонта для перископа подводной лодки, возвышающегося над спокойной поверхностью моря на 30 *см.*

Как высоко должен подняться летчик над Ладожским озером, чтобы видеть сразу оба берега, разделенные расстоянием 210 *км*?

Как высоко должен подняться летчик между Ленинградом и Москвой, чтобы сразу видеть оба города? Расстояние Ленинград — Москва равно 640 *км.*

---

[1] См. книгу Я. И. Перельмана «Занимательная астрономия», гл. II, статью «Лунные пейзажи».

ГЛАВА СЕДЬМАЯ

ГЕОМЕТРИЯ РОБИНЗОНОВ

(Несколько страниц из Жюля Верна)

Геометрия звездного неба

Открылась бездна, звезд полна;
Звездам числа нет, бездне дна

Ломоносов.

Было время, когда автор этой книги готовил себя к не совсем обычной будущности: к карьере человека, потерпевшего кораблекрушение. Короче сказать, я думал сделаться Робинзоном. Если бы это осуществилось, настоящая книга могла бы быть составлена интереснее, чем теперь, но, может быть, и вовсе осталась бы ненаписанной. Мне не пришлось сделаться Робинзоном, о чем я теперь не жалею. Однако в юности я горячо верил в свое призвание Робинзона и готовился к нему вполне серьезно. Ведь даже самый посредственный Робинзон должен обладать многими знаниями и навыками, не обязательными для людей других профессий.

Что, прежде всего, придется сделать человеку, закинутому крушением на необитаемый остров? Конечно, определить географическое положение своего невольного обиталища — широту и долготу. Об этом, к сожалению, слишком кратко говорится в большинстве историй старых и новых Робинзонов. В полном издании подлинного «Робинзона Крузо» вы найдете об этом всего одну строку да и ту в скобках:

«В тех широтах, где лежит мой остров (т.е., по моим вычислениям, на 9°22′ севернее экватора)...».

Эта досадная краткость приводила меня в отчаяние, когда я запасался сведениями, необходимыми для моей воображаемой будущности. Я готов был уже отказаться от карьеры единственного обитателя пустынного острова, когда секрет раскрылся передо мною в «Таинственном острове» Жюля Верна.

Я не готовлю моих читателей в Робинзоны, но все же считаю нелишним остановиться здесь на простейших способах определения географической широты. Умение это может пригодиться не для одних только обитателей неведомых островов. У нас еще столько населенных мест, не обозначенных на картах (да и всегда ли под руками подробная карта?), что задача определения географической широты может встать перед многими из моих читателей. Правда, мы не можем утверждать, как некогда Лермонтов, что даже:

> «Тамбов на карте генеральной
> Кружком означен не всегда»;

но множество местечек и колхозов не обозначено на общих картах еще и в наши дни. Не надо пускаться в морские приключения, чтобы оказаться в роли Робинзона, впервые определяющего географическое положение места своего обитания.

Дело это в основе сравнительно несложное. Наблюдая в ясную звездную ночь за небом, вы заметите, что звезды медленно описывают на небесном своде наклонные круги, словно весь купол неба плавно вращается на косо утвержденной невидимой оси. В действительности же, конечно, вы сами, вращаясь вместе с Землею, описываете круги около ее оси в обратную сторону. Единственная точка звездного купола в нашем северном полушарии, которая сохраняет неподвижность, — та, куда упирается мысленное продолжение земной оси. Этот северный «полюс мира» приходится невдалеке от яркой звезды на конце хвоста Малой Медведицы — Полярной звезды. Найдя ее на нашем северном небе, мы тем самым найдем и положение северного полюса мира. Отыскать же ее нетрудно, если найти сначала положение всем известного созвездия Большой Медведицы: проведите прямую линию через ее крайние звезды, как показано на рис. 106, и, продолжив ее на расстояние, примерно равное длине всего созвездия, вы наткнетесь на Полярную.

Это одна из тех точек на небесной сфере, которые понадобятся нам для определения географической широты. Вторая — так называемый «зенит» — есть точка, находящаяся на небе отвесно над вашей головой. Другими словами, зенит есть точка на небе, куда упирается мысленное продолжение того радиуса Земли, который приведен к занимаемому вами месту. Градусное расстояние по небесной дуге между вашим зенитом и Полярной звездой есть в то же время градусное расстояние вашего места от земного полюса. Если ваш зенит отстоит от Полярной на 30°, то вы отдалены от земного полюса на 30°, а значит, отстоите от экватора на 60°; иначе говоря, вы находитесь на, 60-й параллели.

Рис. 106. Разыскание Полярной звезды.

Следовательно, чтобы найти широту какого-либо места, надо лишь измерить в градусах (и его долях) «зенитное расстояние» Полярной звезды; после этого останется вычесть эту величину из 90° — и широта определена. Практически можно поступать иначе. Так как дуга между зенитом и горизонтом содержит 90°, то вычитая зенитное расстояние Полярной звезды из 90°, мы получаем в остатке не что иное, как длину небесной дуги от Полярной до горизонта; иначе говоря, мы получаем «высоту» Полярной звезды над горизонтом. Поэтому географическая широта какого-либо места равна высоте Полярной звезды над горизонтом этого места.

Теперь вам понятно, что нужно сделать для определения широты. Дождавшись ясной ночи, вы отыскиваете на небе Полярную звезду и измеряете ее угловую высоту над горизонтом; результат сразу даст вам искомую широту вашего места. Если хотите быть точным, вы должны принять в расчет, что Полярная звезда не строго совпадает с полюсом мира, а отстоит от него на 1 $^{1}/_{4}$°. Поэтому Полярная звезда не остается совершенно неподвижной: она описывает около неподвижного небесного полюса маленький кружок, располагаясь то выше его, то ниже, то справа, то слева на 1 $^{1}/_{4}$°. Определив высоту Полярной звезды в самом высоком и в самом низком ее положении (астроном сказал бы: в моменты ее верхней и нижней «кульминаций»), вы берете среднее из обоих измерений. Это и есть истинная высота полюса, а следовательно, и искомая широта места.

Но если так, то незачем избирать непременно Полярную звезду: можно остановиться на любой незаходящей звезде и, измерив ее высоту в обоих крайних положениях над горизонтом, взять среднюю из этих измерений. В результате получится высота полюса над горизонтом, т. е. широта места. Но при этом необходимо уметь улавливать моменты наивысшего и наинизшего положений избранной звезды, что усложняет дело; да и не всегда удается это наблюдать в течение одной ночи. Вот почему для первых приближенных измерений лучше работать с Полярной звездой, пренебрегая небольшим удалением ее от полюса.

До сих пор мы воображали себя находящимися в северном полушарии. Как поступили бы вы, очутившись в южном полушарии? Точно так же, с той лишь разницей, что здесь надо определять высоту не северного, а южного полюса мира. Близ этого полюса, к сожалению, нет яркой звезды вроде Полярной в нашем полушарии. Знаменитый Южный Крест сияет довольно далеко от южного полюса, и если мы желаем воспользоваться звездами этого созвездия для определения широты, то придется брать среднее из двух измерений — при наивысшем и наинизшем положении звезды.

Герои романа Жюля Верна при определении широты своего «таинственного острова» пользовались именно этим красивым созвездием южного неба.

Поучительно перечесть то место романа, где описывается вся процедура. Заодно познакомимся и с тем, как новые Робинзоны справились со своей задачей, не имея угломерного инструмента.

Широта «таинственного острова»

«Было 8 часов вечера. Луна еще не взошла, но горизонт серебрился уже нежными бледными оттенками, которые можно было назвать лунной зарей. В зените блистали созвездия южного полушария и между ними созвездие Южного Креста. Инженер Смит некоторое время наблюдал это созвездие.

— Герберт, — сказал он после некоторого раздумья, — у нас сегодня 15 апреля?

— Да, — ответил юноша.

— Если не ошибаюсь, завтра один из тех четырех дней в году, когда истинное время равно среднему времени: завтра Солнце вступит на меридиан ровно в полдень по нашим часам.[1] Если погода будет ясная, мне удастся приблизительно определить долготу острова.

— Без инструментов?

— Да. Вечер ясный, и потому я сегодня же попытаюсь определить широту нашего острова, измерив высоту звезд Южного Креста, т. е. высоту южного полюса над горизонтом. А завтра в полдень определю и долготу острова.

Если бы у инженера был секстант — прибор, позволяющий точно измерять угловые расстояния предметов при помощи отражения световых лучей, — задача не представляла бы никаких затруднений. Определив в этот вечер высоту полюса, а завтра днем — момент прохождения Солнца через меридиан, он получил бы географические координаты острова: широту и долготу. Но секстанта не имелось, и надо было его заменить.

Инженер вошел в пещеру. При свете костра он вырезал две прямоугольные планки, которые соединил в одном конце в форме циркуля так, что ножки его можно было сдвигать и раздвигать. Для шарнира он воспользовался крепкой колючкой акации, найденной среди валежника у костра.

Когда инструмент был готов, инженер возвратился на берег. Ему необходимо было измерить высоту полюса над горизонтом, ясно очерченным, т. е. над уровнем моря. Для своих наблюдений он отправился на площадку Далекого Вида, — причем нужно принять во внимание также высоту самой площадки над уровнем моря. Это последнее измерение можно будет выполнить на другой день приемами элементарной геометрии.

Горизонт, озаренный снизу первыми лучами луны, резко обрисовывался, представляя все удобства для наблюдения. Созвездие Южного Креста сияло на небе в опрокинутом виде: звезда *альфа*, обозначающая его основание, всего ближе лежит к южному полюсу (мира).

Это созвездие расположено не так близко к южному полюсу, как Полярная звезда — к северному. Звезда *альфа* отстоит от полюса на 27°; инженер знал это и предполагал ввести это расстояние в свои вычисления. Он поджидал момента прохождения звезды через меридиан, — это облегчает выполнение операции.

Смит направил одну ножку своего деревянного циркуля горизонтально, другую — к звезде *альфа* Креста, и отверстие образовавшегося угла дало угловую высоту звезды над горизонтом. Чтобы закрепить этот угол надежным образом, он прибил с помощью шипов акации к обеим планкам третью, пересекающую их поперек, так что фигура сохраняла неизменную форму.

---

[1] Наши часы идут не строго согласованно с солнечными часами: между «истинным солнечным временем» и тем «средним временем», которое показывается точными часами, есть расхождение, равняющееся нулю только четыре дня в году: около 16 апреля, 14 июня, 1 сентября и 24 декабря. (См. «Занимательную астрономию» Я. И. Перельмана.)

Оставалось лишь определить величину полученного угла, относя наблюдение к уровню моря, т. е. учитывая понижение горизонта, для чего необходимо было измерить высоту скалы.[1] Величина угла даст высоту звезды *альфа* Креста, а следовательно, и высоту полюса над горизонтом, т. е. географическую широту острова, так как широта всякого места земного шара равна высоте полюса над горизонтом этого места. Эти вычисления предполагалось произвести завтра».

Как выполнено было измерение высоты скалы, мои читатели знают уже из отрывка, приведенного в первой главе настоящей, книги. Пропустив здесь это место романа, проследим за дальнейшей работой инженера:

«Инженер взял циркуль, который был устроен им накануне и помощью которого он определил угловое расстояние между звездой *альфа* Южного Креста и горизонтом. Он тщательно измерил величину этого угла помощью круга, разделенного на 360 частей, и нашел, что он равен 10°. Отсюда высота полюса над горизонтом — после присоединения к 10° тех 27°, которые отделяют названную звезду от полюса, и приведения к уровню моря высоты скалы, с вершины которой было выполнено измерение, — получилась равной 37°. Смит заключил, что остров Линкольна расположен на 37° южной широты, или — принимая во внимание несовершенство измерения — между 35-й и 40-й параллелями.

Оставалось еще узнать его долготу. Инженер рассчитывал определить ее в тот же день, в полдень, когда Солнце будет проходить через меридиан острова».

Определение географической долготы

«Но как инженер определит момент прохождения Солнца через меридиан острова, не имея для этого никакого инструмента? Вопрос этот очень занимал Герберта.

Инженер распорядился всем, что нужно было для его астрономического наблюдения. Он выбрал на песчаном берегу совершенно чистое место, выровненное морским отливом. Шестифутовый шест, воткнутый на этом месте, был перпендикулярен к этой площадке.

Герберт понял тогда, как намерен был действовать инженер для определения момента прохождения Солнца через меридиан острова,

---

[1] Так как измерение производилось инженером не на уровне моря, а с высокой скалы, то прямая линия, проведенная от глаза наблюдателя к краю горизонта, не строго совпадала с перпендикуляром к земному радиусу, а составляла с ним некоторый угол. Однако угол этот так мал, что для данного случая можно было им смело пренебречь (при высоте в 100 *м* он едва составляет третью долю градуса); поэтому Смиту, вернее Жюлю Верну, не было надобности усложнять расчет введением этой поправки. (*Я. П.*)

или, иначе говоря, для определения местного полудня. Он хотел определить его по наблюдению тени, отбрасываемой шестом на песок. Способ этот, конечно, недостаточно точен, но, за отсутствием инструментов, он давал все же довольно удовлетворительный результат.

Момент, когда тень шеста сделается наиболее короткой, будет полдень. Достаточно внимательно проследить за движением конца тени, чтобы заметить момент, когда тень, перестав сокращаться, вновь начнет удлиняться. Тень как бы играла в этом случае роль часовой стрелки на циферблате.

Когда, по расчету инженера, наступило время наблюдения, он стал на колени и, втыкая в песок маленькие колышки, начал отмечать постепенное укорочение тени, отбрасываемой шестом.

Журналист (один из спутников инженера) держал в руке свой хронометр, готовясь заметить момент, когда тень станет наиболее короткой. Так как инженер производил наблюдение 16 апреля, т. е. в один из тех дней, когда истинный полдень совпадает со средним, то момент, замеченный журналистом по его хронометру, будет установлен по времени меридиана Вашингтона (места отправления путешественников).

Солнце медленно подвигалось. Тень постепенно укорачивалась. Заметив, наконец, что она начала удлиняться, инженер спросил:

— Который час?

— Пять часов и одна минута, — ответил журналист.

Наблюдение было окончено. Оставалось только проделать несложный расчет.

Наблюдение установило, что между меридианом Вашингтона и меридианом острова Линкольна разница во времени почти ровно 5 часов. Это значит, что, когда на острове полдень, в Вашингтоне уже 5 часов вечера. Солнце в своем кажущемся суточном движении вокруг земного шара пробегает 1° в 4 минуты, а в час — 15°. А 15°, умноженные на 5 (число часов), составляют 75°.

Вашингтон лежит на меридиане 77°3'11" к западу от Гринвичского меридиана, принимаемого американцами, как и англичанами, за начальный. Значит, остров лежал приблизительно на 152° западной долготы.

Принимая во внимание недостаточную точность наблюдений, можно было утверждать, что остров лежит между 35-й и 40-й параллелями южной широты и между 150-м и 155-м меридианами к западу от Гринвича».

Отметим в заключение, что способов определения географической долготы имеется несколько и довольно разнообразных; способ, примененный героями Жюля Верна, лишь один из них (известный под названием «способа перевозки хронометров»). Точно так же существуют и другие приемы определения широты, более точные, нежели здесь описанный (для мореплавания, например, непригодный).

ЧАСТЬ ВТОРАЯ
МЕЖДУ ДЕЛОМ И ШУТКОЙ В ГЕОМЕТРИИ

Предмет математики настолько серьезен, что полезно не упускать случаев делать его немного занимательным.

Паскаль

ГЛАВА ВОСЬМАЯ
ГЕОМЕТРИЯ ВПОТЬМАХ

На дне трюма

От вольного воздуха полей и моря перенесемся в тесный и темный трюм старинного корабля, где юный герой одного из романов Майн-Рида успешно разрешил геометрическую задачу при такой обстановке, при которой, наверное, ни одному из моих читателей заниматься математикой не приходилось. В романе «Мальчик-моряк» (или «На дне трюма») Майн-Рид повествует о юном любителе морских приключений (рис. 107), который, не имея средств заплатить за проезд, пробрался в трюм незнакомого корабля и здесь неожиданно оказался закупоренным на все время морского перехода. Роясь среди багажа, заполнявшего его темницу, он наткнулся на ящик сухарей и бочку воды. Рассудительный мальчик понимал, что с этим ограниченным запасом еды и питья надо быть возможно бережливее, и потому решил разделить его на ежедневные порции.

Пересчитать сухари было делом нетрудным, но как установить порции воды, не зная ее общего запаса? Вот задача, которая стояла перед юным героем Майн-Рида. Посмотрим, как он справился с нею.

Измерение бочки

«Мне необходимо было установить для себя дневную порцию воды. Для этого нужно было узнать, сколько ее содержится в бочке, и затем разделить по порциям.

К счастью, в деревенской школе учитель сообщил нам на уроках арифметики некоторые начальные сведения из геометрии: я имел понятие о кубе, пирамиде, цилиндре, шаре; знал я также, что бочку можно рассматривать как два усеченных конуса, сложенных своими большими основаниями.

Рис. 107. Юный любитель приключений из романа Майн-Рида.

Чтобы определить вместимость моей бочки, нужно было знать ее высоту (или, в сущности, половину этой высоты), затем окружность одного из доньев и окружность срединного сечения, т. е. самой широкой части бочки. Зная эти три величины, я мог точно определить, сколько кубических единиц содержится в бочке.

Мне оставалось только измерить эти величины, — но в этом-то и заключалась вся трудность.

Как выполнить это измерение?

Узнать высоту бочки нетрудно: она была передо мною; что же касается окружностей, то я не мог к ним подступиться. Я был слишком мал ростом, чтобы достать до верху; кроме того, мешали ящики, стоявшие по сторонам.

Было еще одно затруднение: у меня не было ни масштаба, ни шнурка, которыми можно было бы воспользоваться для измерения; как мог я определять величины, если у меня не было никакой меры? Однако я решил не отказываться от своего плана, пока не обдумаю его со всех сторон».

Мерная линейка
(Задача Майн-Рида)

«Размышляя о бочке, с твердым решением ее измерить, я внезапно открыл то, чего мне не хватало. Мне поможет прут такой длины, чтобы он мог пройти насквозь через бочку в самом широком ее месте. Если я введу прут в бочку и уткнусь им в противоположную стенку, я буду знать длину диаметра. Останется лишь утроить длину прута, чтобы получить длину окружности. Это не строго точно, но вполне достаточно для обиходных измерений. А так как отверстие, которое я раньше проделал в бочке, приходилось в самой широкой ее части, то, введя в него прут, я буду иметь тот диаметр, который мне нужен.

Но где найти прут? Это было нетрудно. Я решил воспользоваться доской от ящика с сухарями, и тотчас же принялся за работу. Правда, доска была длиною всего в 60 *см,* бочка же — более чем вдвое шире. Но это не могло составить затруднения, нужно было лишь приготовить три палочки и связать их вместе, чтобы получить прут достаточной длины.

Разрезав доску вдоль волокон, я приготовил три хорошо округленных и обглаженных палочки. Чем связать их? Я воспользовался шнурками от моих ботинок, имевшими в длину чуть не целый метр. Связав палочки, я получил планку достаточной длины — около полутора метров.

Я приступил было к измерению, но наткнулся на новое препятствие. Оказалось невозможным ввести мой прут в бочку: помещение было слишком тесно. Нельзя было и согнуть прут, — он наверное сломался бы.

Вскоре я придумал, как ввести в бочку мой измерительный прут: я разобрал его на части, ввел первую часть и лишь тогда привязал к ее выступающему концу вторую часть; затем, протолкнув вторую часть, привязал третью.

Я направил прут так, чтобы он уперся в противоположную стенку как раз против отверстия, и сделал на нем знак вровень с поверхностью бочки. Отняв толщину стенок, я получил величину, которая необходима была мне для измерений.

Я вытащил прут тем же порядком, как и ввел его, стараясь тщательно замечать те места, где отдельные части были связаны, чтобы потом придать пруту ту же длину, какую он имел в бочке. Небольшая ошибка могла бы в конечном результате дать значительную погрешность.

Итак, у меня был диаметр нижнего основания усеченного конуса. Теперь нужно найти диаметр дна бочки, которое служило верхним основанием конуса. Я положил прут на бочку, уперся им в противоположную точку края и отметил на ней величину диаметра. На это потребовалось не больше минуты.

Оставалось только измерить высоту бочки. Надо было, скажете вы, поместить палку отвесно возле бочки и сделать на ней отметку высоты. Но мое помещение ведь было совершенно темно, и поместив палку отвесно, я не мог видеть, до какого места доходит верхнее дно бочки. Я мог действовать только ощупью: пришлось бы нащупать руками дно бочки и соответствующее место на палке. Кроме того, палка, вращаясь возле бочки, могла наклониться, и я получил бы неверную величину для высоты.

Подумав хорошенько, я нашел, как преодолеть это затруднение. Я связал только две планки, а третью положил на верхнее дно бочки так, чтобы она выдавалась за край его на 80—40 *см*; затем я приставил к ней длинный прут так, чтобы он образовал с нею прямой угол и, следовательно, был параллелен высоте бочки. Сделав отметку в том месте бочки, которое больше всего выступало, т. е. посередине, и откинув толщину дна, я получил таким образом половину высоты бочки, или — что то же самое — высоту одного усеченного конуса.

Теперь у меня были все данные, необходимые для решения задачи».

Что и требовалось выполнить

«Выразить объем бочки в кубических единицах и затем перечислить в галлоны [1] представляло простое арифметическое вычисление, с которым нетрудно было справиться. Правда, для вычислений у меня не было письменных принадлежностей, но они были бы и бесполезны, так как я находился в полной темноте. Мне часто приходилось выполнять в уме все четыре арифметические действия без пера и бумаги. Теперь предстояло оперировать с не слишком большими числами, и задача меня нисколько не смущала.

Но я столкнулся с новым затруднением. У меня были три данные: высота и оба основания усеченного конуса; но какова численная величина этих данных? Необходимо, прежде чём вычислить, выразить эти величины числами.

Сначала это препятствие казалось мне непреодолимым. Раз у меня нет ни фута, ни метра, никакой измерительной линейки, приходится отказаться от решения задачи.

---

[1] Галлон — мера емкости. Английский галлон заключает 277 куб. дюймов (около $4\frac{1}{2}$ л). В галлоне 4 кварты; в кварте — 2 пинты.

Однако я вспомнил, что в порту я измерил свой рост; который оказался равным четырем футам. Как же могло пригодиться мне теперь это сведение? Очень просто: я мог отложить четыре фута на моем пруте и взять это за основание при вычислениях.

Чтобы отметить свой рост, я вытянулся на полу, затем положил на себя прут так, чтобы один его конец касался моих ног, а другой лежал на лбу. Я придерживал прут одной рукой, а свободной отметил на нем место, против которого приходилось темя.

Дальше — новые затруднения. Прут, равный 4 футам, бесполезен для измерения, если на нем не отмечены мелкие деления — дюймы. Нетрудно как будто разделить 4 фута на 48 частей (дюймов) и нанести эти деления на линейке. В теории это действительно весьма просто; но на практике, да еще в той темноте, в какой я находился, это было не так легко и просто.

Каким образом найти на пруте середину этих 4 футов? Как разделить каждую половину прута снова пополам, а затем каждый из футов на 12 дюймов, в точности равных друг другу?

Я начал с того, что приготовил палочку немного длиннее 2 футов. Сравнив ее с прутом, где отмечены были 4 фута, я убедился, что двойная длина палочки немного больше 4 футов. Укоротив палочку и повторив операцию несколько раз, я на пятый раз достиг того, что двойная длина палочки равнялась ровно 4 футам.

Это отняло много времени. Но времени у меня было достаточно: я даже был доволен, что имел чем заполнить его.

Впрочем, я догадался сократить дальнейшую работу, заменив палочку шнуром, который удобно было складывать пополам. Для этого хорошо пригодились шнурки от моих ботинок. Связав их прочным узлом, я принялся за работу — и вскоре мог уже отрезать кусок длиною ровно в 1 фут. До сих пор приходилось складывать вдвое, — это было легко. Дальше пришлось сложить втрое, что было труднее. Но я с этим справился, и вскоре у меня в руках было три куска по 4 дюйма каждый. Оставалось сложить их вдвое, и еще раз вдвое, чтобы получить кусочек длиною в 1 дюйм.

У меня было теперь то, чего мне не хватало, чтобы нанести на пруте дюймовые деления; аккуратно прикладывая к нему куски моей мерки, я сделал 48 зарубок, означавших дюймы. Тогда в моих руках оказалась разделенная на дюймы линейка, при помощи которой можно было измерить полученные мною длины. Только теперь мог я довести до конца задачу, которая имела для меня столь важное значение.

Я немедленно занялся этим вычислением. Измерив оба диаметра, я взял среднее из их длин, затем нашел площадь, соответствующую этому среднему диаметру. Так я получил величину основания цилиндра, равновеликого двойному конусу равной высоты. Умножив результаты на высоту, я определил кубическое содержание искомого объема.

Разделив число полученных кубических дюймов на 69 (число кубических дюймов в одной кварте), я узнал, сколько кварт в моей бочке.

В ней вмещалось свыше ста галлонов, — точнее, 108».

Поверка расчета

Читатель, сведущий в геометрии, заметит, без сомнения, что способ вычисления объема двух усеченных конусов, примененный юным героем Майн-Рида, не вполне точен. Если (рис. 108) обозначим радиус меньших оснований через r, радиус большего — через R, а высоту бочки, т. е. двойную высоту каждого усеченного конуса, через h, то объем, полученный мальчиком, выразится формулой

$$\pi\left(\frac{R+r}{2}\right)^2 h = \frac{\pi h}{4}(R^2+r^2+2Rr).$$

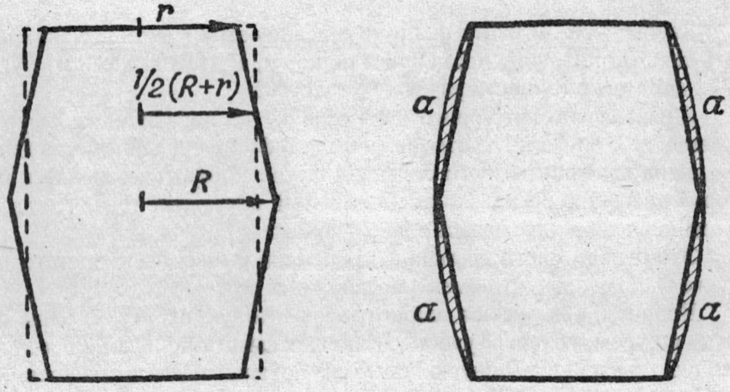

Рис. 108. Поверка расчета юноши.

Между тем, поступая по правилам геометрии, т. е. применяя формулу объема усеченного конуса, мы получили бы для искомого объема выражение

$$\frac{\pi h}{3}(R^2+r^2+Rr).$$

Оба выражения нетождественны, и легко убедиться, что второе больше первого на

$$\frac{\pi h}{12}(R-r)^2.$$

Знакомые с алгеброй сообразят, что разность $\frac{\pi h}{12}(R-r)^2$ есть величина положительная, т. е. способ майн-ридовского мальчика дал ему результат преуменьшенный.

Интересно определить, как примерно велико это преуменьшение. Бочки обычно устраиваются так, что наибольшая

ширина их превышает поперечник дна на $^1/_5$ его, т. е. $R - r = \frac{R}{5}$.
Принимая, что бочка в романе Майн-Рида была именно такой формы, можем найти разность между полученной и истинной величиной объема усеченных конусов:

$$\frac{\pi h}{12}(R-r)^2 = \frac{\pi h}{12}\left(\frac{R}{5}\right)^2 = \frac{\pi h R^2}{300},$$

т. е. около $\frac{hR^2}{100}$ (если считать $\pi = 3$). Ошибка равна, мы видим, объему цилиндра, радиус основания которого есть радиус наибольшего сечения бочки, а высота — трехсотая доля ее высоты.

Однако в данном случае желательно небольшое преувеличение результата, так как объем бочки заведомо больше объема двух вписанных в нее усеченных конусов. Это ясно из рис. 108 (справа), где видно, что при указанном способе обмера бочки отбрасывается часть ее объема, обозначенная буквами *a, a, a, a.*

Юный математик Майн-Рида не сам придумал эту формулу для вычисления объема бочки; она приводится в некоторых начальных руководствах по геометрии как удобный прием для приближенного определения содержания бочек. Надо заметить, что измерить объем бочки совершенно точно — задача весьма нелегкая. Над нею размышлял еще великий Кеплер, оставивший в числе своих математических сочинений специальную работу об искусстве измерять бочки. Простое и точнее геометрическое решение этой задачи не найдено и по настоящее время: существуют лишь выработанные практикой приемы, дающие результат с бóльшим или меньшим приближением. На юге Франции, например, употребляется простая формула

$$\text{объем бочки} = 3{,}2\, hRr,$$

хорошо оправдывающаяся на опыте.

Интересно рассмотреть также вопрос: почему, собственно, бочкам придается такая неудобная для обмера форма — цилиндра с выпуклыми боками? Не проще ли было бы изготовлять бочки строго цилиндрические? Такие цилиндрические бочки, правда, делаются, но не деревянные, а металлические (для керосина, например). Итак, перед нами

ЗАДАЧА

Почему деревянные бочки изготовляются с выпуклыми боками? Каково преимущество такой формы?

РЕШЕНИЕ

Выгода та, что, набивая на бочки обручи, можно надеть их плотно и туго весьма простым приемом: надвиганием их поближе к широкой части. Тогда обруч достаточно сильно стягивает клепки, обеспечивая бочке необходимую прочность.

По той же причине деревянным ведрам, ушатам, чанам и т. д. придается обычно форма не цилиндра, а усеченного конуса: здесь также тугое обхватывание изделия обручами достигается простым надвиганием их на широкую часть (рис. 109).

Рис. 109. Тугое обхватывание бочки обручами достигается надвиганием их на широкую часть.

Здесь уместно будет познакомить читателя с теми суждениями об этом предмете, которые высказал Иоганн Кеплер. В период времени между открытием 2-го и 3-го законов движений планет великий математик уделил внимание вопросу о форме бочек и даже составил на эту тему целое математическое сочинение. Вот как начинается его «Стереометрия бочек»:

«Винным бочкам по требованиям материала, постройки и употребления в удел досталась круглая фигура, родственная конической и цилиндрической. Жидкость, долго содержимая в металлических сосудах, портится от ржавчины: стеклянные и глиняные недостаточны по размерам и ненадежны; каменные не подходят для употребления из-за веса, — значит, остается наливать и хранить вина в деревянных. Из одного целого ствола опять-таки нельзя легко приготовить сосуды достаточно вместительные и в нужном количестве, да если и можно, то они трескаются. Поэтому бочки следует строить из многих соединенных друг с другом кусков дерева. Избегнуть же вытекания жидкости через щели между отдельными кусками нельзя ни при помощи какого-нибудь материала, ни каким-нибудь другим способом, кроме сжимания их связками...

Если бы из деревянных дощечек можно было сколотить шар, то шарообразные сосуды были бы самыми желательными. Но так как связками доски в шар сжать нельзя, то его место и заступает цилиндр. Но этот цилиндр не может быть вполне правильным, потому что ослабевшие связки тотчас же сделались бы бесполезными и не могли бы быть натянуты сильнее, если бы бочка не имела конической фигуры, несколько суживающейся в обе стороны от пуза ее. Эта фигура удобна и для качания и для перевозки в телегах и, состоя из двух подобных друг другу половинок на общем основании, является самой выгодной при покачивании и красивой на взгляд».[1]

Ночное странствование Марка Твена

Находчивость, проявленная майн-ридовским мальчиком в его печальном положении, заслуживает удивления. В полной темноте, в какой он находился, большинство людей не смогли бы даже сколько-нибудь правильно ориентироваться, не говоря уже о том, чтобы выполнять при этом какие-либо измерения и вычисления. С рассказом Майн-Рида поучительно сопоставить комическую историю о бестолковом странствовании в темной комнате гостиницы — приключении, будто бы случившемся со

---

[1] Не следует думать, что сочинение Кеплера об измерении бочек является математической безделицей, развлечением гения в часы отдыха. Нет, это серьезный труд, в котором впервые вводятся в геометрию бесконечно малые величины и начала интегрального исчисления. Винная бочка и хозяйственная задача измерения ее вместимости послужили для него лишь поводом к глубоким и плодотворным математическим размышлениям. (Русский перевод «Стереометрии винных бочек» издан в 1935г.)

знаменитым соотечественником Майн-Рида, юмористом Марком Твеном. В этом рассказе удачно подмечено, как трудно составить себе в темноте верное представление о расположении предметов даже в обыкновенной комнате, если обстановка мало знакома. Мы приводим далее в сокращенной передаче этот забавный эпизод из «Странствований за границей» Марка Твена.

«Я проснулся и почувствовал жажду. Мне пришла в голову прекрасная мысль — одеться, выйти в сад и освежиться, вымывшись у фонтана.

Я встал потихоньку и стал разыскивать свои вещи. Нашел один носок. Где второй, я не мог себе представить. Осторожно спустившись на пол, я стал обшаривать кругом, но безуспешно. Стал искать дальше, шаря и загребая. Подвигался все дальше и дальше, но носка не находил и только натыкался на мебель. Когда я ложился спать, кругом было гораздо меньше мебели; теперь же комната была полна ею, особенно стульями, которые оказались повсюду. Не вселились ли сюда еще два семейства за это время? Ни одного из этих стульев я в темноте не видел, зато беспрестанно стукался о них головой.

Наконец, я решил, что могу прожить и без одного носка. Встав, я направился к двери, как я полагал, — но неожиданно увидел свое тусклое изображение в зеркале.

Ясно, что я заблудился и не имею ни малейшего представления о том, где нахожусь. Если бы в комнате было одно зеркало, оно помогло бы мне ориентироваться, но их было два, а это так же скверно, как тысяча.

Я хотел пробраться к двери по стене. Я снова начал свои попытки — и уронил картину. Она была невелика, но натворила шуму, как целая панорама. Гаррис (сосед по комнате, спавший на другой кровати) не шевелился, но я чувствовал, что если буду действовать дальше в том же духе, то непременно разбужу его. Попробую другой путь. Найду снова круглый стол — я был около него уже несколько раз — и от него постараюсь пробраться к моей кровати; если найду кровать, то найду и графин с водой и тогда, по крайней мере, утолю свою нестерпимую жажду. Лучше всего — ползти на руках и на коленях; этот способ я уже испытал и потому больше доверял ему.

Наконец, мне удалось набрести на стол — ощутить его головой — с небольшим сравнительно шумом. Тогда я снова встал и побрел, балансируя с протянутыми вперед руками и растопыренными пальцами. Нашел стул. Затем стенку. Другой стул. Затем диван. Свою палку. Еще один диван. Это меня удивило, я прекрасно знал, что в комнате был только один диван. Опять набрел на стол и получил новый удар. Затем наткнулся на новый ряд стульев.

Только тогда пришло мне в голову то, что давно должно было прийти: стол был круглый, а следовательно, не мог служить точкой отправления при моих странствованиях. Наудачу пошел я в пространство между стульями и диваном, — но очутился в области совсем неизвестной, уронив по пути подсвечник с камина. После подсвечника я уронил лампу, а после лампы со звоном полетел на пол графин.

Ага, — подумал я, — наконец-то я нашел тебя, голубчика!

— Воры! Грабят! — закричал Гаррис.

Шум и крики подняли весь дом. Явились со свечами и фонарями хозяин, гости, прислуга.

Я оглянулся вокруг. Оказалось, что я стою возле кровати Гарриса. Только один диван стоял у стены; только один стул стоял так, что на него можно было наткнуться, — я кружил вокруг него, подобно планете, и сталкивался с ним, подобно комете, в течение целой половины ночи.

Справившись со своим шагомером, я убедился, что сделал за ночь 47 миль».

Последнее утверждение преувеличено свыше всякой меры: нельзя в течение нескольких часов пройти пешком 47 миль, но остальные подробности истории довольно правдоподобны и метко характеризуют те комические затруднения, с которыми, обычно встречаешься, когда бессистемно, наудачу, странствуешь в темноте по незнакомой комнате. Тем более должны мы оценить удивительную методичность и присутствие духа юного героя Майн-Рида, который не только сумел ориентироваться в полной темноте, но и разрешил при этих условиях нелегкую математическую задачу.

Загадочное кружение

По поводу кружения Твена в темной комнате интересно отметить одно загадочное явление, которое наблюдается у людей, бродящих с закрытыми глазами: они не могут идти по прямому направлению, а непременно сбиваются в сторону, описывая дугу, воображая, однако, что движутся прямо вперед (рис. 110).

Давно замечено также, что и путешественники, странствующие без компаса по пустыне, по степи в метель или в туманную погоду, — вообще во всех случаях, когда нет возможности ориентироваться, — сбиваются с прямого пути и блуждают по кругу, по несколько раз возвращаясь к одному и тому же месту. Радиус круга, описываемого при этом пешеходом, — около 60—100 *м*; чем быстрее ходьба, тем радиус круга меньше, т. е. тем теснее замыкаемые круги.

Производились даже специальные опыты для изучения склонности людей сбиваться с прямого пути на круговой. Вот что сообщает о таких опытах Герой Советского Союза И. Спирин:

«На гладком зеленом аэродроме были выстроены сто будущих летчиков. Всем им завязали глаза и предложили идти прямо вперед. Люди пошли... Сперва они шли прямо; потом одни стали забирать вправо, другие — влево, постепенно начали делать круги, возвращаясь к своим старым следам».

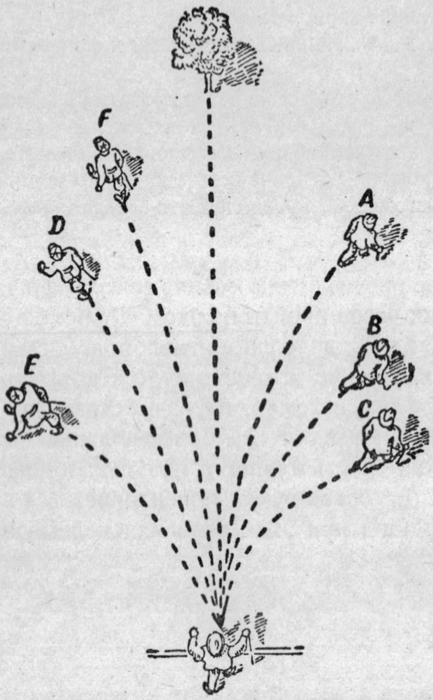

Рис. 110. Ходьба с закрытыми глазами.

Известен аналогичный опыт в Венеции на площади Марка. Людям завязывали глаза, ставили их на одном конце площади, как раз против собора, и предлагали до него дойти. Хотя пройти надо было всего только 175 *м*, все же ни один из испытуемых не дошел до фасада здания (82 *м* ширины), а все уклонялись в сторону, описывали дугу и упирались в одну из боковых колоннад (рис. 111).

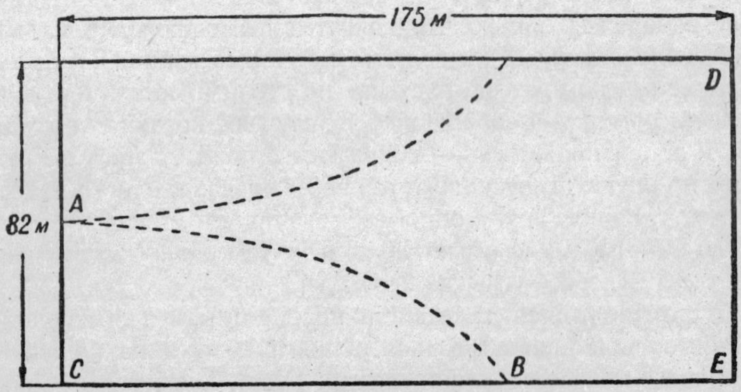

Рис. 111. Схема опыта на площади Марка в Венеции.

Кто читал роман Жюля Верна «Приключения капитана Гаттераса», тот помнит, вероятно, эпизод о том, как путешественники наткнулись в снежной необитаемой пустыне на чьи-то следы:

« — Это наши следы, друзья мои! — воскликнул доктор. — Мы заблудились в тумане и набрели на свои же собственные следы...».

Классическое описание подобного блуждания по кругу оставил нам Л. Н. Толстой в «Хозяине и работнике»:

«Василий Андреич гнал лошадь туда, где он почему-то предполагал лес и сторожку. Снег слепил ему глаза, а ветер, казалось, хотел остановить его, но он, нагнувшись вперед, не переставая, гнал лошадь.

«Минут пять он ехал, как ему казалось, все прямо, ничего не видя, кроме головы лошади и белой пустыни.

Вдруг перед ним зачернело что-то. Сердце радостно забилось в нем, и он поехал на это черное, уже видя в нем стены домов деревни. Но черное это было выросший на меже высокий чернобыльник... И почему-то вид этого чернобыльника, мучимого немилосердным ветром, заставил содрогнуться Василия Андреича, и он поспешно стал погонять лошадь, не замечая того, что, подъезжая к чернобыльнику, он совершенно изменил прежнее направление.

Опять впереди его зачернело что-то. Это была опять межа, поросшая чернобыльником. Опять так же отчаянно трепался сухой бурьян. Подле него шел конный, заносимый ветром след. Василий Андреич остановился, нагнулся, пригляделся: это был лошадиный, слегка занесенный след и не мог быть ничей иной, как его собственный. Он, очевидно, кружился и на небольшом пространстве».

Норвежский физиолог Гульдберг, посвятивший кружению специальное исследование (1896 г.), собрал ряд тщательно проверенных свидетельств о подлинных случаях подобного рода. Приведем два примера.

Трое путников намеревались в снежную ночь покинуть сторожку и выбраться из долины шириною в 4 *км,* чтобы достичь своего дома, расположенного в направлении, которое на прилагаемом рисунке отмечено пунктиром (рис. 112). В пути они незаметно уклонились вправо, по кривой, отмеченной стрелкой. Пройдя некоторое расстояние,

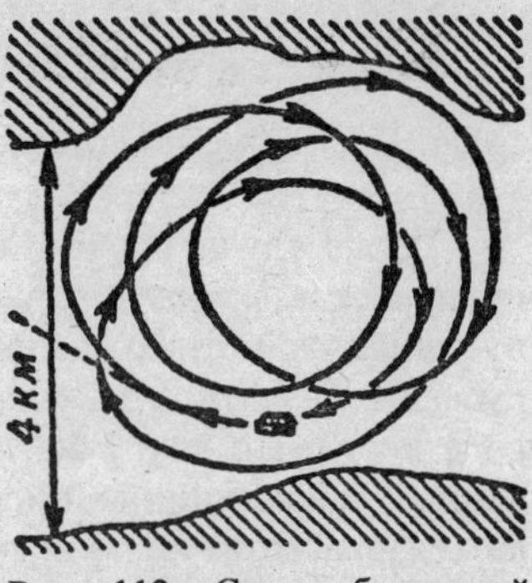

Рис. 112. Схема блужданий трех путников.

они, по расчету времени, полагали, что достигли цели, — на самом же деле очутились у той же сторожки, которую покинули. Отправившись в путь вторично, они уклонились еще сильнее и снова дошли до исходного пункта. То же повторилось в третий и четвертый раз. В отчаянии предприняли они пятую попытку, — но с тем же результатом. После пятого круга они отказались от дальнейших попыток выбраться из долины и дождались утра.

Еще труднее грести на море по прямой линии в темную беззвездную ночь или в густой туман. Отмечен случай, — один из многих подобных, — когда гребцы, решив переплыть в туманную погоду пролив шириною в 4 *км,* дважды побывали у противоположного берега, но не достигли его, а бессознательно описали два круга и высадились, наконец... в месте своего отправления (рис. 113).

Рис. 113. Как гребцы пытались переплыть пролив в туманную погоду.

То же случается и с животными. Полярные путешественники рассказывают о кругах, которые описывают в снежных пустынях животные, запряженные в сани. Собаки, которых пускают плавать с завязанными глазами, также описывают в воде круги. По кругу же летят и ослепленные птицы. Затравленный зверь, лишившийся от страха способности ориентироваться, спасается не по прямой линии, а по спирали.

Зоологи установили, что головастики, крабы, медузы, даже микроскопические амебы в капле воды — все движутся по кругу.

Чем же объясняется загадочная приверженность человека и животных к кругу, невозможность держаться в темноте прямого направления?

Вопрос сразу утратит в наших глазах окутывающую его мнимую таинственность, если мы его правильно поставим.

Спросим не о том, почему животные движутся по кругу, а о том, что им необходимо для движения по прямой линии?

Вспомните, как движется игрушечная заводная тележка. Бывает и так, что тележка катится не по прямой, а сворачивает в сторону.

В этом движении по дуге никто не увидит ничего загадочного; каждый догадается, отчего это происходит! очевидно, правые колеса не равны левым.

Понятно, что и живое существо в том лишь случае может без помощи глаз двигаться в точности по прямой линии, если мускулы его правой и левой сторон работают совершенно одинаково. Но в том-то и дело, что симметрия тела человека и животных неполная. У огромного большинства людей и животных мускулы правой стороны тела развиты неодинаково с мускулами левой. Естественно, что пешеход, все время выносящий правую ногу немного дальше, чем левую, не сможет держаться прямой линии; если глаза не помогут ему выправлять его путь, он неизбежно будет забирать влево. Точно так же и гребец, когда он из-за тумана лишен возможности ориентироваться, неизбежно будет забирать влево, если его правая рука работает сильнее левой. Это геометрическая необходимость.

Представьте себе, например, что, занося левую ногу, человек делает шаг на миллиметр длиннее, чем правой ногой. Тогда, сделав попеременно каждой ногой тысячу шагов, человек опишет левой ногой путь на 1000 *мм,* т. е. на целый метр, длиннее, чем правой. На прямых параллельных путях это невозможно, зато, вполне осуществимо на концентрических окружностях.

Мы можем даже, пользуясь планом описанного выше кружения в снежной долине, вычислить, насколько у тех путников левая нога делала более длинный шаг, чем правая (так как путь загибался вправо, то ясно, что более длинные шаги делала именно левая нога). Расстояние между линиями отпечатков правой и левой ног при ходьбе (рис. 114) равно примерно 10 *см,* т. е. 0,1 *м.* Когда человек описывает один полный круг, его правая нога проходит путь $2\pi R$, а левая $2\pi(R + 0{,}1)$, где R —

радиус этого круга в метрах. Разность $2\pi(R + 0{,}1) - 2\pi R = 2\pi 0{,}1$, т. е. 0,62 *м,* или 620 *мм,* составилась из разницы между длиною левого и правого шагов, повторенной столько раз, сколько сделано было шагов. Из рис. 112 можно вывести, что путники наши описывали круги диаметром примерно 3,5 *км,* т. е. длиною около 10000 *м.* При средней длине шага 0,7 *м* на протяжении этого пути было сделано $\frac{10\,000}{0{,}7} = 14000$ шагов; из них 7000 правой ногой и столько же левой. Итак, мы узнали, что 7000 «левых», шагов больше 7000 «правых» шагов на 620 *мм.* Отсюда один левый шаг длиннее одного правого на $\frac{620}{7000}$ *мм,* или менее чем на 0,1 *мм.* Вот какая ничтожная разница в шагах достаточна, чтобы вызвать столь поражающий результат!

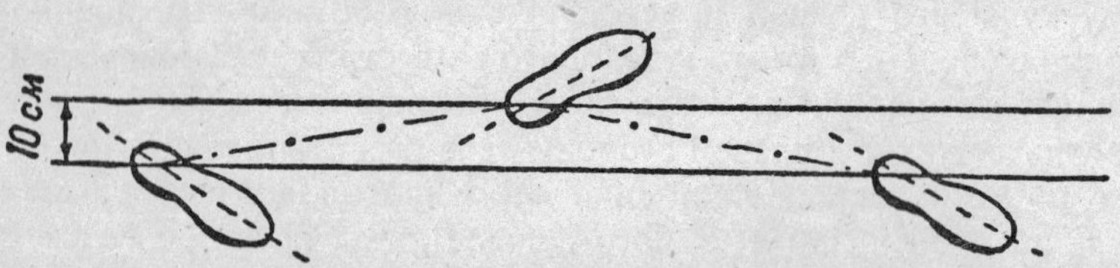

Рис. 114. Линии отпечатков правой и левой ног при ходьбе.

Радиус того круга, который блуждающий описывает, зависит от разности длин «правого» и «левого» шагов. Эту зависимость нетрудно установить. Число шагов, сделанных на протяжении одного круга, при длине шага 0,7 *м* равно $\frac{2\pi R}{0{,}7}$, где R — радиус круга в метрах; из них «левых» шагов $\frac{2\pi R}{2 \cdot 0{,}7}$ и столько же «правых». Умножив это число на величину разности x длины шагов, получим разность длин тех концентрических кругов, которые описаны левой и правой ногам», т. е.

$$\frac{2\pi \cdot Rx}{2 \cdot 0{,}7} = 2\pi \cdot 0{,}1 \text{ или } Rx = 0{,}14,$$

где R и x в метрах.

По этой простой формуле легко вычислить радиус круга, когда известна разность шагов, и обратно. Например, для участников опыта на площади Марка в Венеции мы можем установить наибольшую величину радиуса кругов, описанных ими при ходьбе. Действительно, так как ни один не дошел до фасада *DE* здания (рис. 111), то по «стрелке» $AC = 41$ *м* и хорде *BC*, не превышающей 175 *м*, можно вычислить максимальный радиус дуги *AB*. Он определяется из равенства

$$2R = \frac{BC^2}{AC} = \frac{175^2}{41} = 750\ м,$$

откуда *R*, максимальный радиус, будет около 370 *м*.

Зная это, мы из полученной раньше формулы $Rx = 0{,}14$ определяем наименьшую величину разности длины шагов:

$$370x = 0{,}14,\ \text{откуда}\ x = 0{,}4\ мм.$$

Итак разница в длине правых и левых шагов у участников опыта не менее 0,4 *мм*.

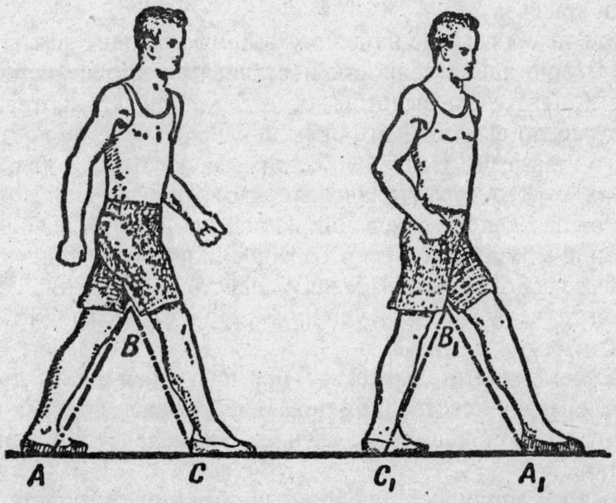

Рис. 115. Если угол каждого шага один и тот же, то шаги будут строго одинаковыми.

Иногда приходится читать и слышать, что факт кружения при ходьбе вслепую зависит от различия в длине правой и левой ног; так как левая нога у большинства людей длиннее правой, то люди при ходьбе должны неизбежно уклоняться вправо от прямого направления. Такое объяснение основано на геометрической ошибке. Важна разная длина шагов, а не ног. Из рис. 115 ясно, что и при наличии разницы в длине ног можно все же делать строго одинаковые шаги, если выносить при ходьбе каждую ногу на одинаковый угол, т. е. так шагать, чтобы $\angle B_1 = \angle B$. Так как при этом всегда $A_1B_1 = AB$ и $B_1C_1 = BC$, то $\Delta\ A_1B_1C_1 = \Delta\ ABC$ и, следовательно, $AC = C_1A_1$. Наоборот, при строго одинаковой длине ног шаги могут быть различной длины, если одна нога дальше выносится при ходьбе, нежели другая.

По сходной причине лодочник, гребущий правой рукой сильнее, чем левой, должен неизбежно увлекать лодку по кругу, загибая в левую сторону. Животные, делающие неодинаковые шаги правыми или левыми ногами, или птицы, делающие неравной силы взмахи правым и левым крылом, также должны двигаться по кругам всякий раз, когда лишены возможности контролировать прямолинейное направление зрением. Здесь тоже достаточно весьма незначительной разницы в силе рук, ног или крыльев.

При таком взгляде на дело указанные раньше факты утрачивают свою таинственность и становятся вполне естественными. Удивительно было бы, если бы люди и животные, наоборот, могли выдерживать прямое направление, не контролируя его глазами. Ведь необходимым условием для этого является строго геометрическая симметрия тела, абсолютно невозможная для произведения живой природы. Малейшее же уклонение от математически совершенной симметрии должно повлечь за собою, как неизбежное следствие, движение по дуге. Чудо не то, чему мы здесь удивляемся, а то, что мы готовы были считать естественным.

Невозможность держаться прямого пути не составляет для человека существенной помехи: компас, дороги, карты спасают его в большинстве случаев от последствий этого недостатка.

Не то у животных, особенно у обитателей пустынь, степей, безграничного морского простора: для них несимметричность тела, заставляющая их описывать круги вместо прямых линий, — важный жизненный фактор. Словно невидимой цепью приковывает он их к месту рождения, лишая возможности удаляться от него сколько-нибудь значительно. Лев, отважившийся уйти подальше в пустыню, неизбежно возвращается обратно. Чайки, покидающие родные скалы для полета в открытое море, не могут не возвращаться к гнезду (тем загадочнее, однако, далекие перелеты птиц, пересекающие по прямому направлению материки и океаны).

Измерение голыми руками

Майн-ридовский мальчик мог успешно разрешить свою геометрическую задачу только потому, что незадолго до путешествия измерил свой рост и твердо помнил результаты измерения. Хорошо бы каждому из нас обзавестись таким «живым метром», чтобы в случае нужды пользоваться им для измерения. Полезно также помнить, что у большинства людей расстояние между концами расставленных рук равно росту (рис. 116) — правило, подмеченное гениальным художником и ученым *Леонардо да Винчи*: оно позволяет пользоваться нашими «живыми метрами» удобнее, чем делал это мальчик у Майн-Рида. В среднем высота взрослого человека (славянской расы) около 1,7 *м*, или 170 *см*, это легко запомнить. Но полагаться на *среднюю* величину не следует: каждый должен измерить свой рост и размах своих рук.

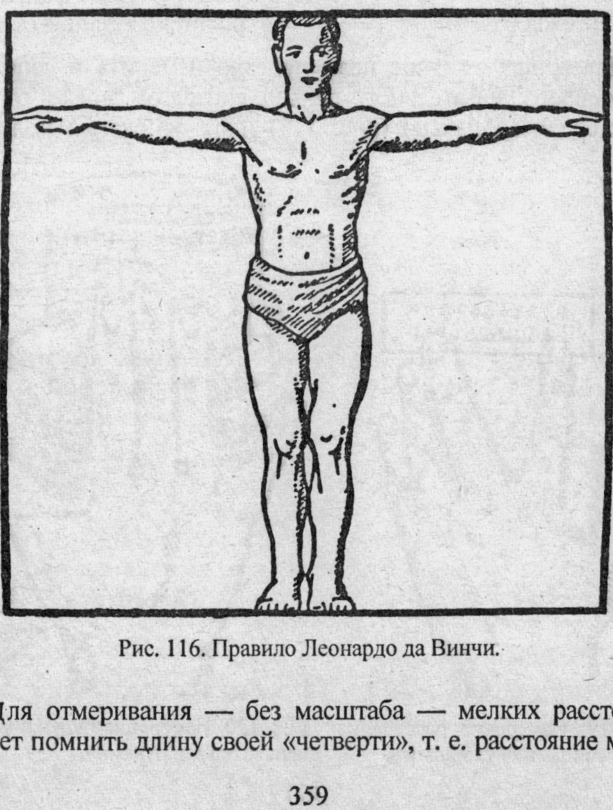

Рис. 116. Правило Леонардо да Винчи.

Для отмеривания — без масштаба — мелких расстояний следует помнить длину своей «четверти», т. е. расстояние между концами расставленных большого пальца и мизинца (рис. 117). У взрослого мужчины оно составляет около 18 *см* — примерно $^{1}/_{4}$ аршина (откуда и название «четверть»); но у людей молодых оно меньше и медленно увеличивается с возрастом (до 25 лет).

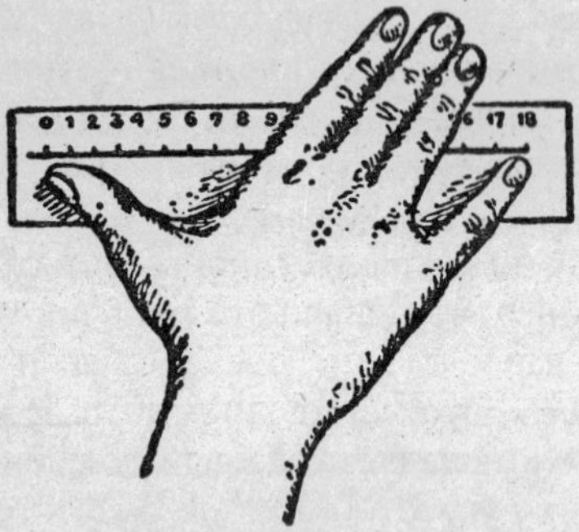

Рис. 117. Измерение расстояния между концами пальцев.

Рис. 118. Измерение длины указательного пальца.

Далее, для этой же цели полезно измерить и запомнить длину своего указательного пальца, считая ее двояко: от основания среднего пальца (рис. 118) и от основания большого.

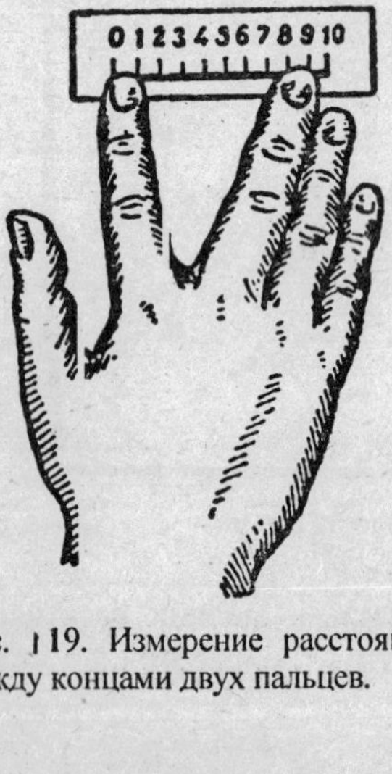

Рис. 119. Измерение расстояния между концами двух пальцев.

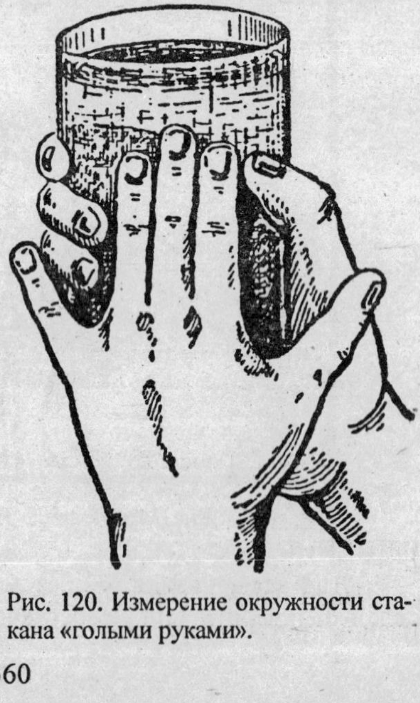

Рис. 120. Измерение окружности стакана «голыми руками».

Точно так же должно быть известно вам наибольшее расстояние между концами указательного и среднего пальцев, — у взрослого около 10 *см* (рис. 119). Надо, наконец, знать и ширину своих пальцев.

Ширина трех средних пальцев, плотно сжатых, примерно 5 *см*.

Вооруженные всеми этими сведениями, вы сможете довольно удовлетворительно выполнять разнообразные измерения буквально голыми руками, даже и в темноте. Пример представлен на рис. 120: здесь измеряется пальцами окружность стакана. Исходя из средних величин, можно сказать, что длина окружности стакана равна 18 + 5, т. е. 23 *см*.

Прямой угол в темноте

ЗАДАЧА

Возвращаясь еще раз к майн-ридовскому математику, поставим себе задачу: как следовало ему поступить, чтобы надежным образом получить прямой угол? «Я приставил к ней (к выступающей планке) длинный прут так, чтобы он образовал с ней прямой угол», читаем мы в романе. Делая это в темноте, полагаясь только на мускульные ощущения, мы можем ошибиться довольно крупно. Однако у мальчика в его положении было средство построить прямой угол гораздо более надежным приемом. Каким?

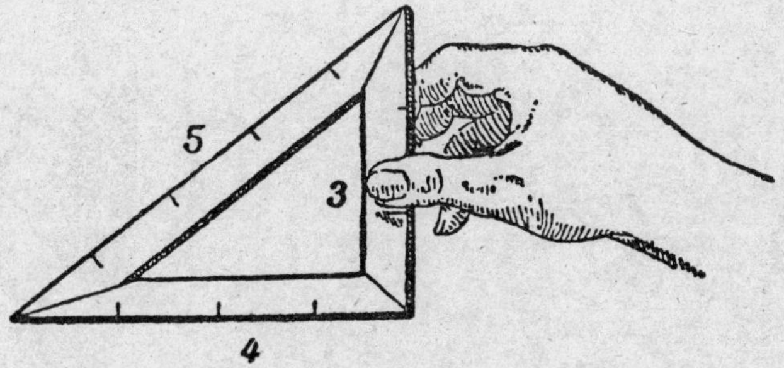

Рис. 121. Простейший прямоугольный треугольник, длины сторон которого — целые.

РЕШЕНИЕ

Надо воспользоваться теоремой Пифагора и построить из планок треугольник, придав его сторонам такую длину, чтобы треугольник получился прямоугольный. Проще всего взять для этого планки длиною в 3, в 4 и в 5 каких-либо произвольно выбранных равных отрезков (рис. 121).

Это старинный египетский способ, которым пользовались в стране пирамид несколько тысячелетий тому назад. Впрочем, еще и в наши дни при строительных работах зачастую прибегают к тому же приему.

ГЛАВА ДЕВЯТАЯ

СТАРОЕ И НОВОЕ О КРУГЕ

Практическая геометрия египтян и римлян

Любой школьник вычисляет теперь длину окружности по диаметру гораздо точнее, чем мудрейший жрец древней страны пирамид или самый искусный архитектор великого Рима. Древние египтяне считали, что окружность длиннее диаметра в 3,16 раза, а римляне — в 3,12, между тем правильное отношение — 3,14159... Египетские и римские математики установили отношение длины окружности к диаметру не строгим геометрическим расчетом, как позднейшие математики, а нашли его просто из опыта. Но почему получались у них такие ошибки? Разве не могли они обтянуть какую-нибудь круглую вещь ниткой и затем, выпрямив нитку, просто измерить ее?

Без сомнения, они так и поступали; но не следует думать, что подобный способ должен непременно дать хороший результат. Вообразите, например, вазу с круглым дном диаметром в 100 *мм*. Длина окружности дна должна равняться 314 *мм*. Однако на практике, измеряя ниткой, вы едва ли получите эту длину: легко ошибиться на один миллиметр, и тогда π окажется равным 3,13 или 3,15. А если примете во внимание, что и диаметр вазы нельзя измерить вполне точно, что и здесь ошибка в 1 *мм* весьма вероятна, то убедитесь, что для π получаются довольно широкие пределы между

$$\frac{313}{101} \text{ и } \frac{315}{99},$$

т. е., в десятичных дробях, между

$$3{,}09 \text{ и } 3{,}18.$$

Вы видите, что, определяя π указанным способом, мы можем получить результат, не совпадающий с 3,14: один раз 3,1, другой раз 3,12, третий — 3,17 и т. п. Случайно окажется среди них и 3,14, но в глазах вычислителя это число не будет иметь больше веса, чем другие.

Такого рода опытный путь никак не может дать сколько-нибудь приемлемого значения для π. В связи с этим становится более понятным, почему древний мир не знал правильного отношения длины окружности к диаметру, и понадобился гений Архимеда, чтобы найти для π значение $3\frac{1}{7}$ — найти без измерений, одними лишь рассуждениями.

«Это я знаю и помню прекрасно»

В «Алгебре» древнего арабского математика Магомета-бен-Муза о вычислении длины окружности читаем такие строки:

«Лучший способ — это умножить диаметр на $3\frac{1}{7}$. Это самый скорый и самый легкий способ. Богу известно лучшее».

Теперь и мы знаем, что архимедово число $3\frac{1}{7}$ не вполне точно выражает отношение длины окружности к диаметру. Теоретически доказано, что отношение это вообще не может быть выражено какой-либо точной дробью. Мы можем написать его лишь с тем или иным приближением, впрочем, далеко превосходящим точность, необходимую для самых строгих требований практической жизни. Математик XVI века Лудольф, в Лейдене, имел терпение вычислить его с 35 десятичными знаками и завещал вырезать это значение для π на своем могильном памятнике [1] (рис. 122).

Вот оно:

$$3,14159265358979323846264338327950288...$$

Некий Шенкс в 1873 г. опубликовал такое значение числа П в котором после запятой следовало 707 десятичных знаков! Такие длинные числа, приближенно выражающие значение π

---

[1] Тогда еще это обозначение π не было в употреблении: оно введено лишь с середины XVIII века знаменитым русским академиком, математиком Леонардом Павловичем Эйлером.

не имеют ни практической, ни теоретической ценности. Только от безделья да в погоне за «рекордами» могло в наше время возникнуть желание «переплюнуть» Шенкса: в 1946—1947 г.

Рис. 122. Математическая надгробная надпись.

Фергюсон (Манчестерский университет) и независимо от него Вренч (Wrench) (из Вашингтона) вычислили 808 десятичных знаков для числа π и были польщены тем, что в вычислениях Шенкса обнаружили ошибку, начиная и 528 знака.

Пожелали бы мы, например, вычислить длину земного экватора с точностью до 1 *см,* предполагая, что знаем длину его диаметра точно; для этого нам вполне достаточно было бы взять всего 9 цифр после запятой в числе π. А взяв вдвое больше цифр (18), мы могли бы вычислить длину окружности, имеющей радиусом расстояние от Земли до Солнца, с погрешностью не свыше 0,0001 *мм* (в 100 раз меньше толщины волоса!).

Чрезвычайно ярко показал абсолютную бесполезность даже первой сотни десятичных знаков числа π наш соотечественник, математик Граве. Он подсчитал, что если представить себе шар, радиус которого равен расстоянию от Земли до Сириуса, т. е. числу километров, равному 132 с десятью нулями: $132 \cdot 10^{10}$, наполнить этот шар микробами, полагая в каждом кубическом миллиметре шара по одному биллиону 10^{10} микробов, затем всех этих микробов расположить на прямой линии так, чтобы расстояние между каждыми двумя соседними микробами снова равнялось расстоянию от Сириуса до Земли, то, принимая этот фантастический отрезок за диаметр окружности, можно было бы вычислить длину получившейся гигантской окружности с микроскопической точностью — до $\frac{1}{1000000}$ *мм,* беря 100 знаков после запятой в числе π. Правильно замечает по этому поводу французский астроном Араго, что «в смысле точности мы ничего не выиграли бы, если бы между длиною окружности и диаметром существовало отношение, выражающееся числом вполне точно».

Для обычных вычислений с числом π вполне достаточно запомнить два знака после запятой (3,14), а для более точных — четыре знака (3,1416: последнюю цифру берем 6 вместо 5 потому, что далее следует цифра, большая 5).

Небольшие стихотворения или яркие фразы дольше остаются в памяти, чем числа, поэтому для запоминания какого-либо числового значения π придумывают особые стихотворения или отдельные фразы. В произведениях этого вида математической поэзии слова подбирают так, чтобы число букв в каждом слове последовательно совпадало с соответствующей цифрой числа π.

Известно стихотворение на английском языке — в 13 слов, следовательно, дающее 12 знаков после запятой в числе π; на немецком языке — в 24 слова, а на французском языке в 30 слов [1] (а есть и в 126 слов).

Они любопытны, но слишком велики, тяжеловесны. Среди учеников Е. Я. Терскова — учителя математики одной из средних школ Московской области — пользуется популярностью придуманная им следующая строфа:

«Это	я	знаю	и	помню	прекрасно».
3	1	4	1	5	9...

А одна из его учениц — Эся Чериковер — со свойственной нашим школьникам находчивостью сочинила остроумное, слегка ироническое продолжение:

	«Пи	многие	знаки	мне	лишни,	напрасны».
...	2	6	5	3	5	8...

В целом получается такое двустишие из 12 слов:

«Это я знаю и помню прекрасно,
Пи многие знаки мне лишни, напрасны».

Автор этой книги, не отваживаясь на придумывание стихотворения, в свою очередь предлагает простую и тоже вполне достаточную прозаическую фразу:

«Что я знаю о кругах?» — вопрос, скрыто заключающий в себе и ответ: 3,1416.

---

[1] Вот эти стихотворения:

а) английское:

See I have a rhyme assisting
My feeble brain, its tasks offtimes resisting.

б) немецкое:

Wie o dies π
Macht ernstlich, so vielen viele Müh'!
Lernt immerhin, Jüngltnge, leichte Verselein,
Wie so zum Beispiel dies dürfte zu merken sein'

в) французское:

Que j'aime à faire apprendre un
nombre utile aux sages!
Jmmortel Archimède, sublime ingénieur,
Qui de ton jugement peut sender la valeur?
Pour moi ton problème eut de pareils avantages.

Ошибка Джека Лондона

Следующее место романа, Джека Лондона «Маленькая хозяйка большого дома» дает материал для геометрического расчета:

«Посреди поля возвышался стальной шест, врытый глубоко в землю. С верхушки шеста к краю поля тянулся трос, прикрепленный к трактору. Механики нажали рычаг — и мотор заработал.

Машина сама двинулась вперед, описывая окружность вокруг шеста, служившего ее центром.

— Чтобы окончательно усовершенствовать машину, — сказал Грэхем, — вам остается превратить окружность, которую она описывает, в квадрат.

— Да, на квадратном поле пропадает при такой системе очень много земли.

Грэхем произвел некоторые вычисления, затем заметил:

— Теряется примерно три акра из каждых десяти.

— Не меньше».

Предлагаем читателям проверить этот расчет.

РЕШЕНИЕ

Расчет неверен: теряется меньше чем 0,3 всей земли. Пусть, в самом деле, сторона квадрата — a. Площадь такого квадрата — a^2. Диаметр вписанного круга равен также a, а его площадь — $\frac{\pi a^2}{4}$. Пропадающая часть квадратного участка составляет:

$$a^2 - \frac{\pi a^2}{4} = \left(1 - \frac{\pi}{4}\right) a^2 = 0{,}22a^2 .$$

Мы видим, что необработанная часть квадратного поля составляет не 30%, как полагали герои американского романиста, а только около 22%.

Бросание иглы

Самый оригинальный и неожиданный способ для приближенного вычисления числа π состоит в следующем. Запасаются короткой (сантиметра два) швейной иглой, — лучше с отломанным острием, чтобы игла была равномерной толщины, — и проводят на листе бумаги ряд тонких параллельных линий, отделенных одна от другой расстоянием вдвое больше длины иглы. Затем роняют с некоторой (произвольной) высоты иглу на бумагу и замечают, пересекает ли игла одну из линий или нет (рис. 123, слева). Чтобы игла не подпрыгивала, подкладывают под бумажный лист пропускную бумагу или сукно. Бросание иглы повторяют много раз, например сто или еще лучше, тысячу, каждый раз отмечая, было ли пересечение.[1] Если потом разделить общее число падений иглы на число случаев, когда замечено было пересечение, то в результате должно получиться число π, конечно, более или менее приближенно.

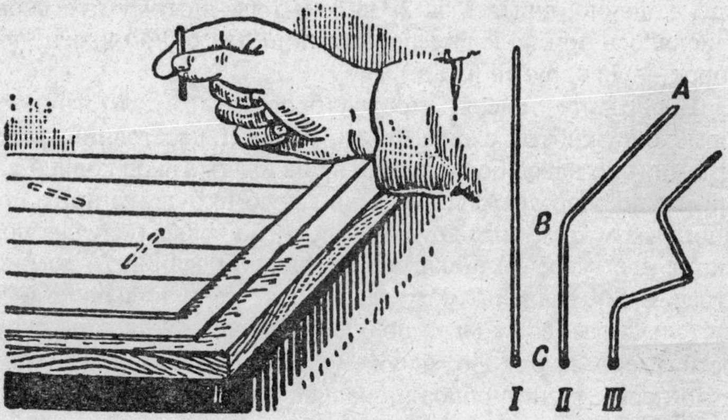

Рис. 123. Опыт Бюффона с бросанием иглы.

Объясним, почему так получается. Пусть вероятнейшее число пересечений иглы равно *K*, а длина нашей иглы — 20 *мм*. В случае пересечения точка встречи должна, конечно, лежать на каком-либо из этих миллиметров, и ни один из них, ни одна часть иглы, не имеет в этом отношении никаких преимуществ перед другими. Поэтому вероятнейшее число пересечений каждого отдельного миллиметра равно $\frac{K}{20}$. Для участка иглы в 3 *мм* оно равно $\frac{3K}{20}$, для участка в 11 *мм* — $\frac{11K}{20}$ и т. д. Иначе говоря, вероятнейшее число пересечений прямо пропорционально длине иглы.

Эта пропорциональность сохраняется и в том случае, если игла согнута. Пусть игла согнута в форме фиг. *II* (рис. 123,

[1] Пересечением надо считать и тот случай, когда игла только упирается концом в начерченную линию.

справа), причем участок $AB = 11$ *мм*, $BC = 9$ *мм*. Для части AB вероятнейшее число пересечений равно $\frac{11K}{20}$, а для BC равно $\frac{9K}{20}$, для всей же иглы $\frac{11K}{20}+\frac{9K}{20}$, т. е. по-прежнему равно K. Мы можем изогнуть иглу и более затейливым образом (фиг. *III* рис. 123), — число пересечений от этого не изменилось бы. (Заметьте, что при изогнутой игле возможны пересечения черты двумя и более частями иглы сразу; такое пересечение надо, конечно, считать за 2, за 3, и т. д., потому что первое зачислялось при подсчете пересечений для одной части иглы, второе — для другой и т. д.)

Вообразите теперь, что мы бросаем иглу, изогнутую в форме окружности с диаметром, равным расстоянию между чертами (оно вдвое больше, чем наша игла). Такое кольцо каждый раз должно дважды пересечь какую-нибудь черту (или по одному разу коснуться двух линий, — во всяком случае, получаются две встречи). Если общее число бросаний N, то число встреч — $2N$. Наша прямая игла меньше этого кольца по длине во столько раз, во сколько полудиаметр меньше длины окружности, т. е. в 2π раз. Но мы уже установили, что вероятнейшее число пересечений пропорционально длине иглы. Поэтому вероятнейшее число (K) пересечений нашей иглы должно быть меньше $2N$ в 2π раз, т. е. равно $\frac{N}{\pi}$. Отсюда

$$\pi = \frac{\text{число бросаний}}{\text{число пересечений}}$$

Чем большее число падений наблюдалось, тем точнее получается выражение для π. Один швейцарский астроном, Р. Вольф в середине прошлого века наблюдал 5000 падений иглы на разграфленную бумагу и получил в качестве π число 3,159 ... — выражение, впрочем, менее точное, чем архимедово число.

Как видите, отношение длины окружности к диаметру находят здесь опытным путем, причем — это всего любопытнее — не чертят ни круга ни диаметра, т. е. обходятся без циркуля. Человек, не имеющий никакого представления о геометрии и даже о круге, может тем не менее определить по этому способу число π, если терпеливо проделает весьма большое число бросаний иглы.

Выпрямление окружности

ЗАДАЧА

Для многих практических целей достаточно взять для π число $3\frac{1}{7}$ и выпрямить окружность, отложив ее диаметр на какой-либо прямой $3\frac{1}{7}$ раза (деление отрезка на семь равных частей можно выполнить, как известно, вполне точно). Существуют и другие приближенные способы выпрямления окружности, применяемые на практике при ремесленных работах столярами, жестянниками и т. п. Не будем здесь рассматривать их, а укажем лишь один довольно простой способ выпрямления, дающий результат с чрезвычайно большой точностью.

Если нужно выпрямить окружность *O* радиуса *r* (рис. 124), то проводят диаметр *AB*, а в точке *B* — перпендикулярную к ней прямую *CD*. Из центра *O* под углом 30° к *AB* проводят прямую *OC*. Затем на прямой *CD* от точки *C* откладывают три радиуса данной окружности и соединяют полученную точку *D* с *A*: длина отрезка *AD* равна длине полуокружности. Если отрезок *AD* удлинить вдвое, то приближенно получится выпрямленная окружность *O*. Ошибка менее 0,0002*r*.

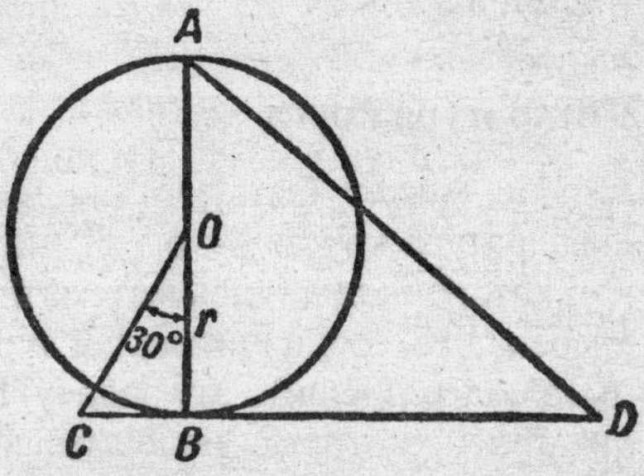

Рис. 124. Приближенный геометрический способ выпрямления окружности.

На чем основано это построение?

РЕШЕНИЕ

По теореме Пифагора

$$CB^2 + OB^2 = OC^2.$$

Обозначив радиус *OB* через *r* и имея в виду, что $CB = \frac{OC}{2}$ (как катет, лежащий против угла в 30°), получаем:

$$CB^2 + r^2 = 4CB^2,$$

откуда

$$CB = \frac{r\sqrt{3}}{3}.$$

Далее, в треугольнике ABD

$$BD = CD - CB = 3r - \frac{r\sqrt{3}}{3}.$$

$$AD = \sqrt{BD^2 + 4r^2} = \sqrt{\left(3r - \frac{r\sqrt{3}}{3}\right)^2 + 4r^2} =$$

$$= \sqrt{9r^2 - 2r^2\sqrt{3} + \frac{r^2}{3} + 4r^2} = 3{,}14153r.$$

Сравнив этот результат с тем, который получается, если взять π с большой степенью точности ($\pi = 3{,}141593$), мы видим, что разница составляет всего $0{,}00006r$. Если бы мы по этому способу выпрямляли окружность радиусом в 1 *м*, ошибка составляла бы для полуокружности всего 0,00006 *м*, а для полной окружности — 0,00012 *м*, или 0,12 *мм* (примерно утроенная толщина волоса).

Квадратура круга

Не может быть, чтобы читатель не слыхал никогда о «квадратуре круга» — о той знаменитейшей задаче геометрии, над которой трудились математики еще 20 веков назад. Я даже уверен, что среди читателей найдутся и такие, которые сами пытались разрешить эту задачу. Еще больше, однако, наберется читателей, которые недоумевают, в чем собственно кроется трудность разрешения этой классической неразрешимой задачи. Многие, привыкшие повторять с чужого голоса, что задача о квадратуре круга неразрешима, не отдают себе ясного отчета ни в сущности самой задачи, ни в трудности ее разрешения.

В математике есть немало задач, гораздо более интересных и теоретически, и практически, нежели задача о квадратуре круга. Но ни одна не приобрела такой популярности, как эта проблема, давно вошедшая в поговорку. Два тысячелетия, трудились над ней выдающиеся профессионалы-математики и несметные толпы любителей.

«Найти квадратуру круга» — значит начертить квадрат, площадь которого в точности равна площади данного круга. Практически задача эта возникает очень часто, но как раз практически она разрешима с любой точностью. Знаменитая задача древности требует, однако, чтобы чертеж выполнен был совершенно точно при помощи всего только двух родов чертеж-ных операций: 1) проведением окружности данного радиуса вокруг данной точки; 2) проведением прямой линии через две данные точки.

Короче говоря, необходимо выполнить чертеж, пользуясь только двумя чертежными инструментами: циркулем и линейкой.

В широких кругах нематематиков распространено убеждение, что вся трудность обусловлена тем, что отношение длины окружности к ее диаметру (знаменитое число π) не может быть выражено конечным числом цифр. Это верно лишь постольку, поскольку разрешимость задачи зависит от особенной природы числа π. В самом деле: превращение *прямоугольника* в квадрат с равной площадью — задача легко и точно разрешимая. Но проблема квадратуры круга сводится ведь к построению — циркулем и линейкой — прямоугольника, равновеликого данному кругу. Из формулы площади круга, $S = \pi r^2$, или (что то же самое) $S = \pi r \times r$, ясно, что площадь круга равна площади такого прямоугольника, одна сторона которого равна r, а другая в π раз больше. Значит, все дело в том, чтобы начертить отрезок, который в π раз длиннее данного. Как известно, π не равно в точности ни $3^1/_7$, ни 3,14 ни даже 3,14159. Ряд цифр, выражающих это число, уходит в бесконечность.

Указанная особенность числа π, его *иррациональность*,[1] установлена была еще в XVIII веке математиками Ламбертом и Лежандром. И все же знание иррациональности π не остановило усилий сведущих в математике «квадратуристов». Они понимали, что иррациональность π сама по себе не делает задачи безнадежной. Существуют иррациональные числа, которые геометрия умеет «строить» совершенно точно. Пусть, например, требуется начертить отрезок, который длиннее данного в $\sqrt{2}$ раз. Число $\sqrt{2}$, как и π, — иррациональное. Тем не менее ничто не может быть легче, чем начертить искомый отрезок: вспомним, что $a\sqrt{2}$ есть сторона квадрата, вписанного в круг радиуса a.

Каждый школьник легко справляется также и с построением отрезка $a\sqrt{3}$ (сторона равностороннего вписанного треугольника). Не представляет особых затруднений даже построение такого весьма сложного на вид иррационального выражения:

[1] Особенность иррационального числа состоит в том, что оно не может быть выражено какой-либо точной дробью.

$$\sqrt{2-\sqrt{2+\sqrt{2+\sqrt{2+\sqrt{2}}}}}\ ,$$

потому, что, оно, сводится, к, построению, правильного, 64-угольника.

Как видим, иррациональный множитель, входящий в выражение, не всегда делает это выражение невозможным для построения циркулем и линейкой. Неразрешимость квадратуры круга кроется не всецело в том, что число π — иррациональное, а в другой особенности этого же числа. Именно, число π — не *алгебраическое*, т. е. не может быть получено в итоге решения какого бы то ни было уравнения с рациональными коэффициентами. Такие числа называются «трансцендентными».

Математик XVI столетия Вьета доказал, что число

$$\frac{\pi}{4}=\frac{1}{\sqrt{\frac{1}{2}}\cdot\sqrt{\frac{1}{2}+\frac{1}{2}\sqrt{\frac{1}{2}}}\cdot\sqrt{\frac{1}{2}+\frac{1}{2}\sqrt{\frac{1}{2}+\frac{1}{2}\sqrt{\frac{1}{2}}}}\cdot\text{и т.д.}}\ .$$

Это выражение для π разрешало бы задачу о квадратуре круга, если бы число входящих в него операций было конечно (тогда приведенное выражение можно было бы геометрически построить). Но так как число извлечений квадратных корней в этом выражении бесконечно, то выражение Вьета не помогает делу.

Итак, неразрешимость задачи о квадратуре круга обусловлена трансцендентностью числа π, т. е. тем, что оно не может получиться в итоге решения уравнения с рациональными коэффициентами. Эта особенность числа π была строго доказана в 1889 г. немецким математиком Линдеманом. В сущности названный ученый и должен считаться единственным человеком, разрешившим квадратуру круга, несмотря на то, что решение его отрицательное — оно утверждает, что искомое построение геометрически невыполнимо. Таким образом, в 1889 г. завершаются многовековые усилия математиков в этом направлении; но, к сожалению, не прекращаются бесплодные попытки многочисленных любителей, недостаточно знакомых с задачей.

Так обстоит дело в теории. Что касается практики, то она вовсе не нуждается в *точном* разрешении этой знаменитой задачи. Убеждение многих, что разрешение проблемы квадратуры круга имело бы огромное значение для практической жизни — глубокое заблуждение. Для потребностей обихода вполне достаточно располагать хорошими приближенными приемами решения этой задачи.

Практически поиски квадратуры круга стали бесполезны с того времени, как найдены были первые 7—8 верных цифр числа π. Для потребностей практической жизни вполне достаточно знать, что π = 3,1415926. Никакое измерение длины не может дать результата, выражающегося более чем семью значащими цифрами. Поэтому брать для π более восьми цифр — бесполезно: точность вычисления от этого не улучшается.[1] Если радиус выражен семью значащими цифрами, то длина окружности не будет содержать более семи достоверных цифр, даже если взять для π сотню цифр. То, что старинные математики затратили огромный труд для получения возможно более длинных значении π, никакого практического значения не имеет. Да и научное значение этих трудов ничтожно. Это попросту дело терпения. Если у вас есть охота и достаточно досуга, вы можете отыскать хоть 1000 цифр для π, пользуясь, например, следующим бесконечным рядом, найденным Лейбницем;[2]

$$\frac{\pi}{4}=1-\frac{1}{3}+\frac{1}{5}-\frac{1}{7}+\frac{1}{9}+ \text{ и т.д.}$$

Но это будет никому не нужное арифметическое упражнение, нисколько не подвигающее разрешения знаменитой геометрической задачи.

Упомянутый ранее французский астроном Араго писал по этому поводу следующее:

«Искатели квадратуры круга продолжают заниматься решением задачи, невозможность которого ныне положительно доказана и которое, если бы даже и могло осуществиться, не представило бы никакого практического интереса. Не стоит распространяться об этом предмете: больные разумом, стремящиеся к открытию квадратуры круга, не поддаются никаким доводам. Эта умственная болезнь существует с древнейших времен».

И иронически заканчивает:

«Академии всех стран, борясь против искателей квадратуры, заметили, что болезнь эта обычно усиливается к весне».

---

[1] См. «Занимательную арифметику» Я. И. Перельмана.

[2] Терпения для такого расчета потребуется очень много, потому что для получения, например, шестизначного π понадобилось бы взять в указанном ряду ни много, ни мало — 2000000 членов.

Треугольник Бинга

Рассмотрим одно из приближенных решений задачи о квадратуре круга, очень удобное для надобностей практической жизни.

Способ состоит в том, что вычисляют (рис. 125) угол a, под которым надо провести к диаметру AB хорду $AC = x$, являющуюся стороною искомого квадрата. Чтобы узнать величину этого угла, придется обратиться к тригонометрии:

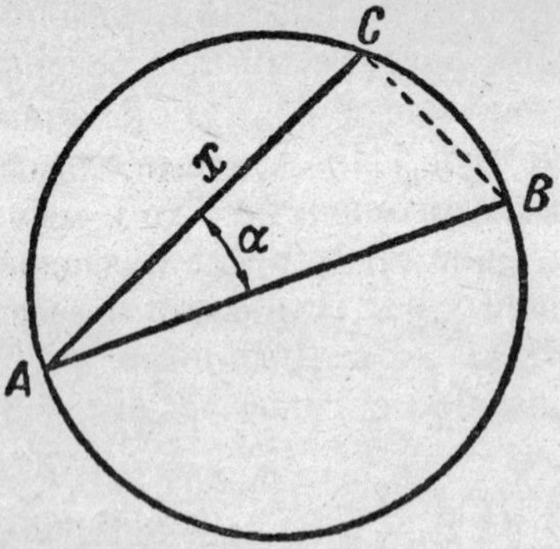

Рис. 125. Способ русского инженера Бинга (1836 г.).

$$\cos a = \frac{AC}{AB} = \frac{x}{2r},$$

где r — радиус круга.

Значит, сторона искомого квадрата $x = 2r \cos a$, площадь же его равна $4r^2 \cos^2 a$. С другой стороны, площадь квадрата равна πr^2 — площади данного круга. Следовательно,

$$4r^2 \cos^2 a = \pi r^2,$$

откуда

$$\cos^2 a = \frac{\pi}{4}, \cos a = \frac{1}{2}\sqrt{\pi} = 0{,}886.$$

По таблицам находим:

$$a = 27°36'.$$

Итак, проведя в данном круге хорду под углом 27°36' к диаметру, мы сразу получаем сторону квадрата, площадь которого равна площади данного круга. Практически делают так, что заготовляют чертежный треугольник [1], один из острых углов которого 27°36' (а другой — 62°24'). Располагая таким треугольником, можно для каждого данного круга сразу находить сторону равновеликого ему квадрата.

Для желающих изготовить себе такой чертежный треугольник полезно следующее указание.

---

[1] Этот удобный способ был предложен в 1836 г. русским инженером Бингом; упомянутый чертежный треугольник носит по имени изобретателя название «треугольник Бинга».

Так как тангенс угла $27^0 36'$ равен 0,523, или $\frac{23}{44}$, то катеты такого треугольника относятся, как 23:44. Поэтому, изготовив треугольник, один катет которого, например, 22 *см,* а другой 11,5 *см,* мы будем иметь то, что требуется. Само собой разумеется, что таким треугольником можно пользоваться и как обыкновенным чертежным.

Голова или ноги

Кажется, один из героев Жюля Верна подсчитывал, какая часть его тела прошла более длинный путь за время его кругосветных странствований — голова или ступни ног. Это очень поучительная геометрическая задача, если поставить вопрос определенным образом. Мы предложим ее в таком виде.

ЗАДАЧА

Вообразите, что вы обошли земной шар по экватору. Насколько при этом верхушка вашей головы прошла более длинный путь, чем кончик вашей ноги?

РЕШЕНИЕ

Ноги прошли путь $2\pi R$, где R — радиус земного шара. Верхушка же головы прошла при этом $2\pi(R + 1{,}7)$, где 1,7 *м* — рост человека. Разность путей равна $2\pi(R + 1{,}7) - 2\pi R = 2\pi \cdot 1{,}7 = 10{,}7$ *м.* Итак, голова прошла путь на 10,7 *м* больше, чем ноги.

Любопытно, что в окончательный ответ не входит величина радиуса земного шара. Поэтому результат получится одинаковый и на Земле, и на Юпитере, и на самой мелкой планетке. Вообще, разность длин двух концентрических окружностей не зависит от их радиусов, а только от расстояния между ними. Прибавка одного сантиметра к радиусу земной орбиты увеличила бы ее длину ровно настолько, насколько удлинится от такой же прибавки радиуса окружность пятака,

На этом геометрическом парадоксе [1] основана следующая любопытная задача, фигурирующая во многих сборниках геометрических развлечений.

---

[1] *Парадоксом* называется истина, кажущаяся неправдоподобной, в отличие от *софизма* — ложного положения, имеющего видимость истинного.

Если обтянуть земной шар по экватору проволокой и затем прибавить к ее длине 1 *м,* то сможет ли между проволокой и землей проскочить мышь?

Обычно отвечают, что промежуток будет тоньше волоса: что значит один метр по сравнению с 40 миллионами метров земного экватора! В действительности же величина промежутка равна

$$\frac{100}{2\pi}\ см \approx 16\ см.$$

Не только мышь, но и крупный кот проскочит в такой промежуток.

Проволока вдоль экватора

ЗАДАЧА

Теперь вообразите, что земной шар плотно обтянут по экватору стальной проволокой. Что произойдет, если эта проволока охладится на 1°? От охлаждения проволока должна укоротиться. Если она при этом не разорвалась и не растянулась, то как глубоко она врежется в почву?

РЕШЕНИЕ

Казалось бы, столь незначительное понижение температуры, всего на 1°, — не может вызвать заметного углубления проволоки в землю. Расчеты показывают другое.

Охлаждаясь на 1°, стальная проволока укорачивается на одну стотысячную долю своей длины. При длине в 40 миллионов метров (длина земного экватора) проволока должна сократиться, как легко рассчитать, на 400 *м.* Но радиус этой окружности из проволоки уменьшится не на 400 *м,* а гораздо меньше. Для того чтобы узнать, насколько уменьшится радиус, нужно 400 *м* разделить на 6,28 т. е. на 2π. Получится около 64 *м.* Итак, проволока, охладившись всего на 1°, должна была бы при указанных условиях врезаться в землю не на несколько миллиметров, как может казаться, а более чем на 60 *м*!

Факты и расчеты

ЗАДАЧА

Перед вами восемь равных кругов (рис. 126). Семь заштрихованных — неподвижны, а восьмой (светлый) по ним катится без скольжения. Сколько оборотов он сделает, обойдя неподвижные круги один раз?

Вы, конечно, сразу можете это выяснить практически: положите на стол восемь монет одинакового достоинства, например восемь двугривенных, расположите их, как на рисунке, и, прижимая к столу семь монет, прокатите по ним восьмую. Для определения числа оборотов следите, например, за положением цифры, написанной на монете. Всякий раз, как цифра примет первоначальное положение, монета обернется вокруг своего центра один раз.

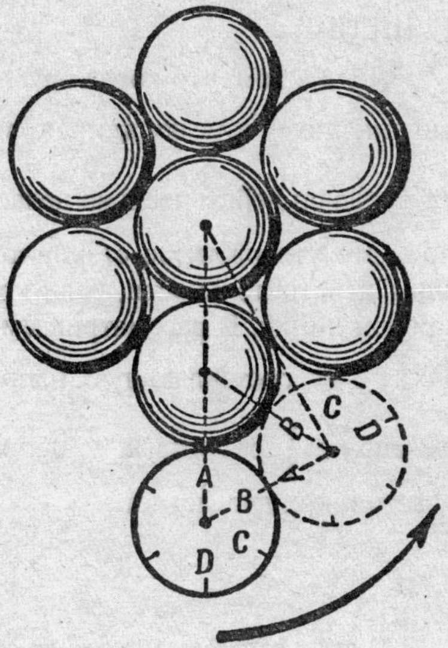

Рис. 126. Сколько оборотов сделает светлый круг, обойдя заштрихованные круги?

Проделайте этот опыт не в воображении, а на самом деле, и вы установите, что всего монета сделает четыре оборота.

Давайте теперь попытаемся получить тот же ответ при помощи рассуждений и расчетов.

Выясним, например, какую дугу каждого неподвижного круга обходит катящийся круг. С этой целью представим себе перемещение подвижного круга с «холма» A в ближайшую «ложбинку» между двумя неподвижными кругами (на рис. 126 пунктир).

По чертежу нетрудно установить, что дуга AB, по которой прокатился круг, содержит 60°. На окружности каждого неподвижного круга таких дуг две; вместе они составляют дугу в 120° или $\frac{1}{3}$ окружности.

Следовательно, катящийся круг делает $\frac{1}{3}$ оборота, обходя $\frac{1}{3}$ каждой неподвижной окружности. Всего неподвижных кругов шесть; выходит так, что катящийся круг сделает только $\frac{1}{3} \cdot 6 = 2$ оборота.

Получается расхождение с результатами наблюдения! Но «факты — упрямая вещь». Если наблюдение не подтверждает расчета, значит в расчете есть дефект.

Найдите дефект в приведённых рассуждениях.

РЕШЕНИЕ

Дело в том, что когда круг катится без скольжения по прямолинейному отрезку длиною в $\frac{1}{3}$ окружности катящегося круга, тогда он действительно делает $\frac{1}{3}$ оборота вокруг своего центра. Это утверждение становится неверным, не соответствующим действительности, если круг катится по дуге какой-либо кривой линии. В рассматриваемой задаче катящийся круг, пробегая дугу, составляющую, например, $\frac{1}{3}$ длины его окружности, делает не $\frac{1}{3}$ оборота, а $\frac{2}{3}$ оборота и, следовательно, пробегая шесть таких дуг, делает

$$6 \cdot \frac{2}{3} = 4 \text{ оборота!}$$

В этом вы можете убедиться наглядно. Пунктир на рис. 126 изображает положение катящегося круга после того, как он прокатился по дуге AB (= 60°) неподвижного круга, т. е. по дуге, составляющей $\frac{1}{6}$ длины окружности. В новом положении круга наивысшее место на его окружности занимает уже не точка A, а точка C, что, как нетрудно видеть, соответствует повороту точек окружности на 120°, т. е. на $\frac{1}{3}$ полного оборота. «Дорожке» в 120° будет соответствовать $\frac{2}{3}$ полного оборота катящегося круга.

Итак, если круг катится по кривой (или по ломаной) дорожке, то он делает иное число оборотов, нежели в том случае, когда он катится по прямолинейной дорожке той же, длины.

Задержимся еще немного на геометрической стороне этого удивительного факта, тем более, что обычно даваемое ему объяснение не всегда бывает убедительным.

Пусть круг радиуса r катится по прямой. Он делает один оборот на отрезке AB, длина которого равна длине окружности катящегося круга ($2\pi r$). Надломим отрезок AB в его середине C (рис. 127) и повернем звено CB на угол α относительно первоначального положения.

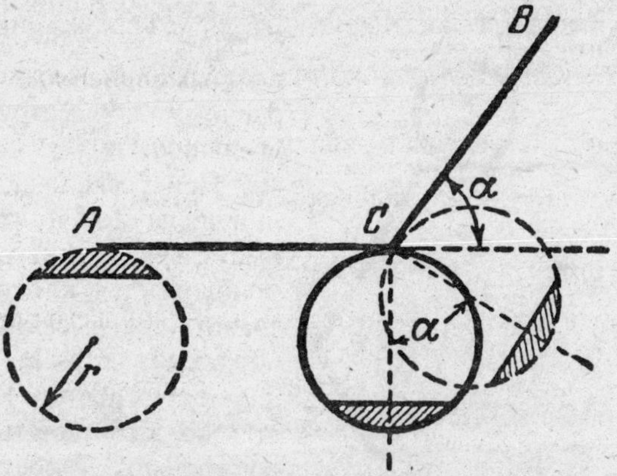

Рис. 127. Как появляется дополнительный поворот при качании круга по ломаной линии.

Теперь круг, сделав пол-оборота, дойдет до вершины С и, чтобы занять такое положение, при котором он будет касаться в точке C прямой CB, повернется вместе со своим центром на угол, равный углу α (эти углы равны, как имеющие взаимно перпендикулярные стороны).

В процессе этого вращения круг катится без продвижения по отрезку. Вот это и создает здесь дополнительную часть полного оборота сравнительно с качанием по прямой.

Дополнительный поворот составляет такую часть полного оборота, какую составляет угол α от угла 2π, т. е. $\frac{\alpha}{2\pi}$. Вдоль отрезка CB круг сделает тоже пол-оборота, так что всего при движении по ломаной ACB он сделает $1+\frac{\alpha}{2\pi}$ оборотов.

Теперь нетрудно представить себе, сколько оборотов должен сделать круг, катящийся снаружи по сторонам выпуклого правильного шестиугольника (рис. 128). Очевидно столько, сколько раз он обернулся бы на прямолинейном пути, равном периметру (т. е. сумме сторон) шестиугольника, плюс число оборотов, равное сумме внешних углов шестиугольника, деленной на 2π. Так как сумма внешних углов всякого выпуклого многоугольника постоянна и равна $4d$, или 2π, то $\frac{2\pi}{2\pi} = 1$.

Таким образом, обходя шестиугольник, а также и любой выпуклый многоугольник, круг всегда сделает одним оборотом больше, чем при движении по прямолинейному отрезку, равному периметру многоугольника.

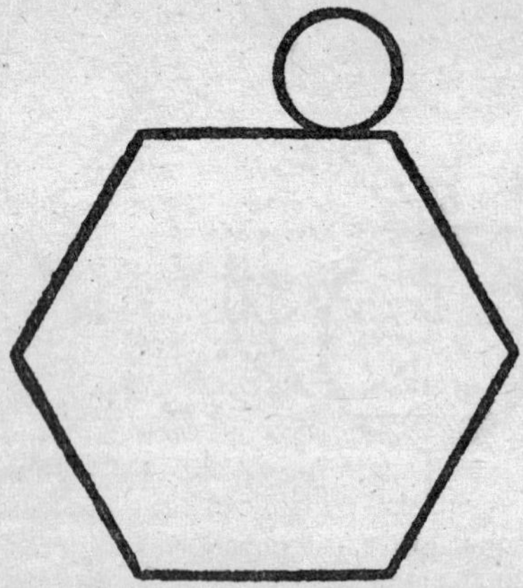

Рис. 128. На сколько оборотов больше сделает круг, если он покатится по сторонам многоугольника, а не по его выпрямленному периметру?

При бесконечном удвоении числа сторон правильный выпуклый многоугольник приближается к окружности, значит, все высказанные соображения остаются в силе и для окружности. Если, например, в соответствии с первоначально поставленной задачей один круг катится по дуге в 120° равного ему круга, то утверждение, что движущийся круг делает при этом не $\frac{1}{3}$, а $\frac{2}{3}$ оборота, приобретает полную геометрическую ясность.

Девочка на канате

Когда круг катится по какой-нибудь линии, лежащей с ним в одной плоскости, то и каждая точка круга перемещается по плоскости, т. е., как говорят, имеет свою траекторию.

Рис. 129. Циклоида — траектория точки A окружности диска, катящегося без скольжения по прямой линии.

Проследите за траекторией любой точки круга, катящегося по прямой или по окружности, и вам представятся разнообразнейшие кривые.

Некоторые из них изображены на рис. 129 и 130.

Возникает такой вопрос: может ли точка круга, катящегося по «внутренней стороне» окружности другого круга (рис. 130), описать не кривую линию, а прямую? На первый взгляд кажется, что это невозможно.

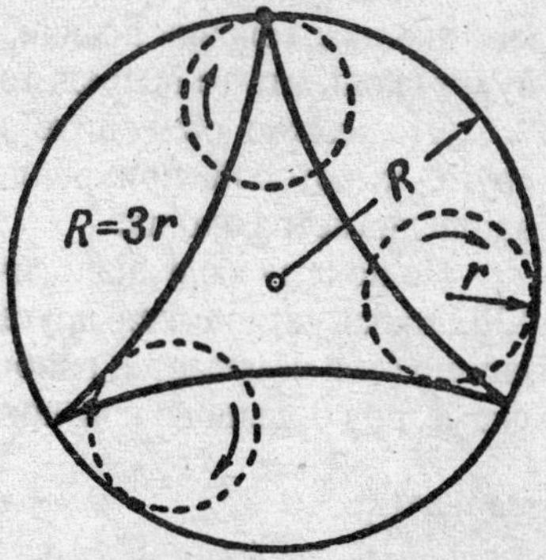

Рис. 130. Трехрогая гипоциклоида — траектория точки окружности диска, катящегося изнутри по большой окружности, причем $R = 3r$.

Однако же именно такую конструкцию я видел своими глазами. Это была игрушка — «девочка на канате» (рис. 131). Вы можете ее легко изготовить. На листе плотного картона или фанеры нарисуйте круг диаметром в 30 *см* так, чтобы остались поля на листе, и один из диаметров продлите в обе стороны.

На продолжениях диаметра воткните по иголке с продетой ниткой, натяните нитку горизонтально и оба ее конца прикрепите к картону (фанере). Нарисованный круг вырежьте и в образовавшееся окошко поместите

Рис. 131. «Девочка на канате». На катящемся круге есть такие точки, которые движутся прямолинейно.

еще один картонный (или фанерный) круг диаметром в 15 *см.* У самого края малого круга тоже воткните иголку, как на рис. 131, вырежьте из плотной бумаги фигурку девочки-акробатки и приклейте сургучом ее ножку к головке иголки.

Попробуйте теперь катить малый круг, прижимая его к стенкам окошка; головка иголки, а вместе с ней и фигурка девочки будут скользить то вперед, то назад вдоль натянутой нитки.

Это можно объяснить только тем, что точка катящегося круга, к которой прикреплена иголка, перемещается строго вдоль диаметра окошка.

Но почему же в аналогичном случае, изображенном на рис. 130, точка катящегося круга описывает не прямую, а кривую линию (она называется гипоциклоидой)? Все дело в отношении диаметров большого и малого кругов.

ЗАДАЧА

Докажите, что если внутри большого круга катить по его окружности круг вдвое меньшего диаметра, то во время этого движения любая точка на окружности малого круга будет двигаться по прямой, являющейся диаметром большого круга.

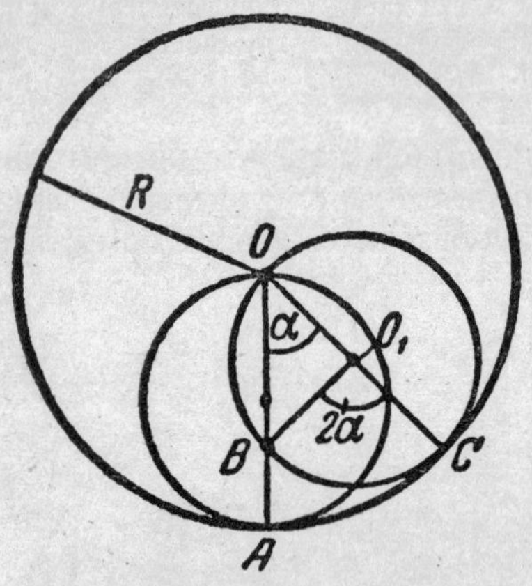

Рис. 132. Геометрическое объяснение «Девочки на канате».

РЕШЕНИЕ

Если диаметр круга O_1 вдвое меньше диаметра круга O (рис. 132), то в любой момент движения круга O_1 одна его точка находится в центре круга O.

Проследим за перемещением точки A.

Пусть малый круг прокатился по дуге AC.

Где будет точка A в нового положении круга O_1?

Очевидно, она должна быть в такой точке B его окружности, чтобы дуги AC и BC были равны по длине (круг катится без скольжения). Пусть $OA = R$ и $\angle AOC = \alpha$. Тогда $AC = R\alpha$; следовательно, и $BC = R\alpha$, но так как $O_1C = \frac{R}{2}$, то

$$\angle BO_1C = \frac{R\cdot\alpha}{\frac{R}{2}} = 2\alpha\text{; тогда } \angle BOC \text{ как вписанный равен } \frac{2\alpha}{2} = \alpha,$$

т. е. точка B осталась на луче OA.

Описанная здесь игрушка представляет собою примитивный механизм для преобразования вращательного движения в прямолинейное.

Конструирование таких механизмов (они называются инверсорами) интересует техников-механиков еще со времен уральского механика И. И. Ползунова — первого изобретателя паровой машины. Обычно эти механизмы, сообщающие точке прямолинейное движение, имеют шарнирное устройство.

Рис. 133. Пафнутий Львович Чебышев (1821—1894 гг.).

Очень большой вклад в математическую теорию механизмов сделал гениальный русский математик Пафнутий Львович Чебышев (1821—1894 гг.) (рис. 133). Он был не только математиком, но и выдающимся механиком. Сам построил модель «стоходящей» машины (она и сейчас хранится в Академии наук СССР), механизм самокатного кресла, лучший по тому времени счетный механизм — арифмометр и т. д.

Путь через полюс

Вы, конечно, помните знаменитый перелет Героя Советского Союза М. М. Громова и его друзей из Москвы в Сан-Джасинто через Северный полюс, когда за 62 часа 17 мин. полета М. М. Громовым было завоевано два мировых рекорда на беспосадочный полет по прямой (10 200 *км*) и по ломаной (11 500 *км*).

Как вы думаете, вращался ли вместе с Землей вокруг земной оси самолет героев, перелетевших через полюс? Вопрос этот часто приходится слышать, но не всегда на него дается правильный ответ. Всякий самолет, в том числе и пролетающий через полюс, безусловно должен участвовать во вращении земного шара. Это происходит потому, что летящий самолет отделен только от твердой части земного шара, но остается связанным с атмосферой и увлекается ею во вращательное движение вокруг оси нашей планеты.

Итак, совершая перелет через полюс из Москвы в Америку, самолет в то же время вращался вместе с Землей вокруг земной оси. Какова же трасса этого полета?

Чтобы правильно ответить и на этот вопрос, надо иметь в виду, что когда мы говорим «тело движется», то это значит — изменяется положение данного тела относительно каких-либо других тел. Вопрос о трассе и вообще о движении не будет иметь смысла, если при этом не указана (или по крайней мере не подразумевается), как говорят математики, система отсчета, или попросту — тело, относительно которого происходит движение.

Относительно Земли самолет М. М. Громова двигался почти вдоль меридиана Москвы. Меридиан Москвы, как и всякий иной, вращается вместе с Землей вокруг земной оси; вращался и самолет, придерживавшийся линии меридиана во время перелета, но на форме трассы для земного наблюдателя это движение не отражается, так как оно происходит, уже относительно какого-либо другого тела — не Земли.

Следовательно, для нас, твердо связанных с Землей, трасса этого героического перелета через полюс — дуга большого круга, если считать, что самолет двигался точно по меридиану и находился при этом на одном и том же расстоянии от центра Земли.

Теперь вопрос поставим так: мы имеем движение самолета относительно Земли и знаем, что самолет с Землею вместе вращаются вокруг земной оси, то есть имеем движение самолета и Земли относительно некоторого третьего тела; какою же будет трасса перелета для наблюдателя, связанного с этим третьим телом?

Упростим немного эту необычную задачу. Околополярную область нашей планеты представим себе плоским диском, лежащим на плоскости, перпендикулярной к земной оси. Пусть эта воображаемая плоскость будет тем «телом», относительно которого вращается диск вокруг земной оси, и пусть вдоль одного из диаметров диска равномерно катится заводная тележка: она изображает самолет, летящий вдоль меридиана через полюс.

Какой линией на нашей плоскости изобразится путь тележки (точнее говоря, какой-либо одной точки тележки, например, ее центра тяжести)?

Время, за которое тележка может пройти от одного конца диаметра до другого, зависит от ее скорости.

Мы рассмотрим три случая:

1) тележка проходит свой путь за 12 часов;

2) этот путь она проходит за 24 часа и

3) тот же путь она проходит за 48 часов.

Диск во всех случаях совершает полный оборот за 24 часа.

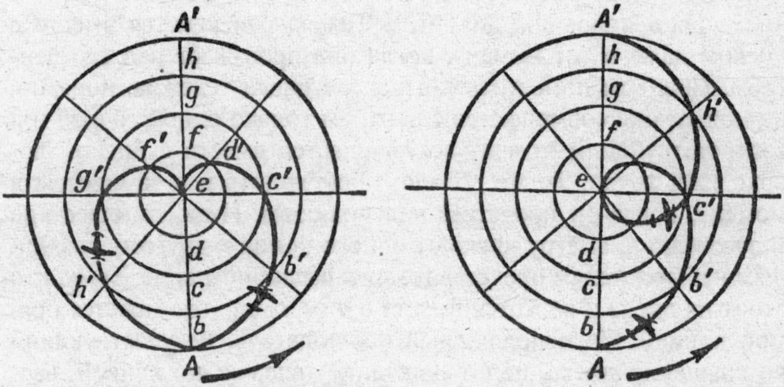

Рис. 134—135. Кривые, которые опишет на неподвижной плоскости точка, участвующая в двух движениях.

Первый случай (рис. 134). Тележка проходит по диаметру диска за 12 часов. Диск совершит за это время пол-оборота, т. е. повернется на 180°, и точки *A* и *A'* поменяются местами. На рис. 134 диаметр разделен на восемь равных участков, каждый из которых тележка пробегает за 12 : 8 = 1,5 часа. Проследим, где будет находиться тележка через 1,5 часа после начала движения. Если бы диск не вращался, тележка, выйдя из точки *A*, достигла бы через 1,5 часа точки *b*. Но диск вращается и за 1,5 часа поворачивается на 180° : 8 = 45°. При этом точка *b* диска перемещается в точку *b'*. Наблюдатель, стоящий на самом диске и вращающийся вместе с ним, не заметил бы его вращения и увидел бы лишь, что тележка переместилась из точки *A* в точку *b*. Но наблюдатель, который находится вне диска и не участвует в его вращении, увидел бы другое: для него тележка передвинулась бы по кривому пути из точки *A* в точку *b'*. Еще через 1,5 часа наблюдатель, стоящий вне диска, увидел бы тележку в точке *c'*. В течение следующих 1,5 часа тележка передвинулась бы для него по дуге *c'd'*, а спустя еще 1,5 часа достигла бы центра *e*.

Продолжая следить за движением тележки, наблюдатель, стоящий вне диска, увидел бы нечто совершенно неожиданное: тележка опишет для него кривую *ef'g'h'A*, и движение, как ни странно, окончится не в противоположной точке диаметра, а в исходном пункте.

Разгадка этой неожиданности очень проста: за шесть часов путешествия тележки по второй половине диаметра радиус этот успевает повернуться вместе с диском на 180° и занять положение первой половины диаметра. Тележка вращается вместе с диском даже в тот момент, когда она проезжает над его центром. Целиком поместиться в центре диска тележка, понятно, не может; она совмещается с центром только одной точкой и в соответствующий момент вся вращается вместе с диском вокруг этой точки. То же должно происходить и с самолетом в момент, когда он пролетает над полюсом. Итак, путешествие тележки по диаметру диска от одного конца к другому различным наблюдателям представляется в различном виде. Тому, кто стоит на диске и вертится вместе с ним, путь этот кажется прямой линией. Но неподвижный наблюдатель, не участвующий во вращении диска, видит движение тележки по кривой, изображенной на рис. 134 и напоминающей очертания сердца.

Такую же кривую увидел бы и каждый из вас, наблюдая, предположим, из центра Земли за полетом самолета относительно воображаемой плоскости, перпендикулярной к земной оси, при том фантастическом условии, что Земля прозрачна, а вы и плоскость не участвуете во вращении Земли, и если бы перелет через полюс наблюдаемого самолета длился 12 часов.

Мы имеем здесь любопытный пример сложения двух движений.

В действительности же перелет через полюс из Москвы до диаметрально противоположного пункта той же параллели длился не 12 часов, поэтому мы остановимся сейчас на разборе ещё одной подготовительной задачи того же рода.

Второй случай (рис. 135). Тележка проходит диаметр за 24 часа. За это время диск совершает полный поворот, и тогда для наблюдателя, неподвижного относительно диска, путь движения тележки будет иметь форму кривой, изображенной на рис. 135.

Третий случай (рис. 136). Диск по-прежнему совершает полный оборот в 24 часа, но тележка путешествует по диаметру от конца к концу 48 часов.

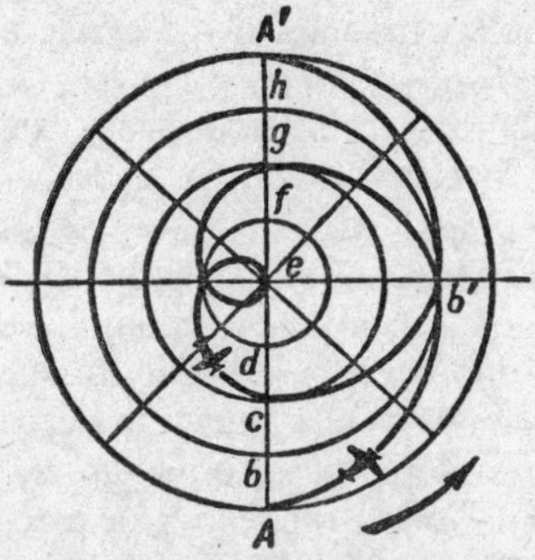

Рис. 136. Еще одна кривая, получившаяся в результате сложения двух движений.

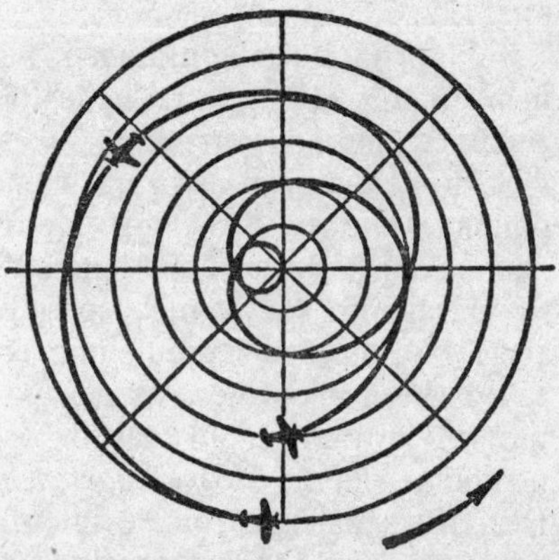

Рис. 137. Путь перелета Москва — Сан-Джасинто, как он представился бы наблюдателю, не участвующему ни в полете, ни во вращении Земли.

На этот раз $\frac{1}{8}$ диаметра тележка проходит за 48 : 8 = 6 часов.

В течение тех же шести часов диск успевает повернуться на четверть полного оборота — на 90°. Поэтому спустя шесть часов от начала движения тележка переместится по диаметру (рис. 136) в точку *b*, но вращение диска перенесет эту точку в *b'*. Спустя еще шесть часов тележка придет в точку *g* и т. д. За 48 часов тележка проходит весь диаметр, а диск делает два полных оборота. Результат сложения этих двух движений представляется неподвижному наблюдателю в виде затейливой кривой, изображенной на рис. 136 сплошной линией.

Рассмотренный сейчас случай приближает нас к истинным условиям перелета через полюс. На перелет от Москвы до полюса М. М. Громов затратил приблизительно 24 часа; поэтому наблюдатель, находящийся в центре Земли, увидел бы эту часть трассы в виде линии, почти тождественной с первой половиной кривой рис. 136. Что касается второй части перелета М. М. Громова, то она длилась примерно в полтора раза дольше, кроме того, расстояние от полюса до Сан-Джасинто также раза в полтора длиннее расстояния от Москвы до Северного полюса.

Поэтому трасса второй части пути представилась бы неподвижному наблюдателю в виде линии такой же формы, как и линия первой части пути, но в полтора раза длиннее.

Какая кривая получается в конечном итоге, показано на рис. 137.

Многих, пожалуй, озадачит то обстоятельство, что начальный и конечный пункты перелета показаны на этом рисунке в таком близком соседстве.

Но не следует упускать из виду, что чертеж показывает не одновременное положение Москвы и Сан-Джасинто, а разделенное промежутком времени в $2\,{}^{1}/_{2}$ суток.

Итак, вот какую примерно форму имела бы трасса перелета М. М. Громова через полюс, если бы можно было наблюдать за полетом, например, из центра земного шара. Вправе ли мы назвать этот сложный завиток *истинным* путем перелета через полюс в отличие от *относительного* изображаемого на картах? Нет, это движение тоже относительно: оно отнесено к некоторому телу, не участвующему во вращении Земли вокруг оси, точно так же как обычное изображение трассы перелета отнесено к *поверхности* вращающейся Земли.

Если бы мы могли следить за тем же перелетом с Луны или с Солнца,[1] трасса полета представилась бы нам еще в иных видах.

Луна не разделяет суточного вращения Земли, но она зато обходит кругом нашей планеты в месячный срок. За 62 часа перелета из Москвы в Сан-Джасинто Луна успела описать около Земли дугу в 30°, и это не могло бы не сказаться на траектории полета для лунного наблюдателя. На форме трассы самолета, рассматриваемой относительно Солнца, сказалось бы еще и третье движение — вращение Земли вокруг Солнца.

«Движения отдельного тела не существует, есть только относительное движение», — говорит Ф. Энгельс в «Диалектике природы».

Рассмотренная сейчас задача убеждает нас в этом самым наглядным образом.

Длина приводного ремня

Когда ученики ремесленного училища окончили свою работу, мастер «на прощание» предложил желающим решить такую

---

[1] То есть относительно системы координат, связанной с Луной или с Солнцем.

ЗАДАЧУ

«Для одной из новых установок нашей мастерской, — сказал мастер, — надо сшить приводной ремень — только не на два шкива, как это чаще бывает, а сразу на три, — и мастер показал ученикам схему привода (рис. 138).

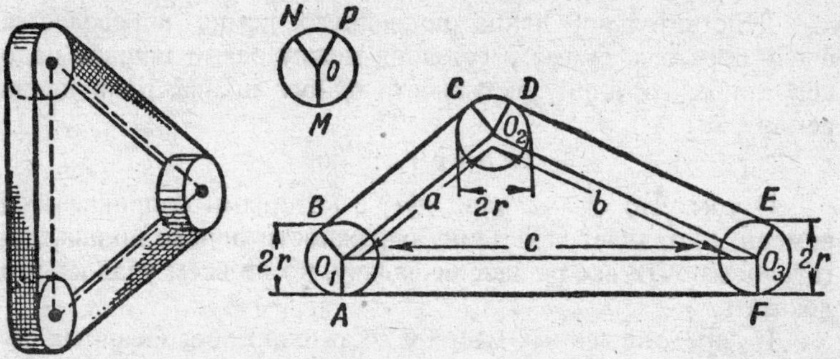

Рис. 138. Схема привода. Как определить длину приводного ремня, пользуясь только указанными размерами?

Все три шкива, — продолжал он, — имеют одинаковые размеры. Их диаметр и расстояния между их осями указаны на схеме.

Как, зная эти размеры и не производя более никаких дополнительных измерений, быстро определить длину приводного ремня?»

Ученики задумались. Вскоре кто-то из них сказал: «Помоему, вся трудность здесь только в том, что на чертеже не указаны размеры дуг *AB, CD, EF,* по которым ремень огибает каждый шкив. Для определения длины каждой из этих дуг надо знать величину соответствующего центрального угла и, мне кажется, без транспортира нам не обойтись».

«Углы, о которых ты говоришь, — ответил мастер, — можно даже вычислить по указанным на чертеже размерам при помощи тригонометрических формул и таблиц, но это далекий путь и сложный. Не нужен здесь и транспортир, так как нет необходимости знать длину каждой интересующей нас дуги в отдельности, достаточно знать ...».

«Их сумму, — подхватили некоторые из ребят, сообразивших, в чем дело».

«Ну, а теперь идите домой и принесите мне завтра ваши решения».

Не торопитесь, читатель, узнать, какое решение принесли мастеру его ученики.

После всего сказанного мастером эту задачу нетрудно решить и самостоятельно.

РЕШЕНИЕ

Действительно, длина приводного ремня определяется очень просто: к сумме расстояния между осями шкивов надо еще прибавить длину окружности одного шкива. Если длина ремня l, то

$$l = a + b + c + 2\pi r.$$

О том, что сумма длин дуг, с которыми соприкасается ремень, составляет всю длину окружности одного шкива, догадались почти все решавшие задачу, но не всем удалось это доказать.

Из представленных мастеру достаточно обоснованных решений он признал наиболее коротким следующее.

Пусть BC, DE, FA — касательные к окружностям (рис. 138). Проведем радиусы в точки касания. Так как окружности шкивов имеют равные радиусы, то фигуры O_1BCO_2, O_2DEO_3 и O_1O_3FA — прямоугольники, следовательно, $BC + DE + FA = a + b + c$. Остается показать, что сумма длин дуг $AB + CD + EF$ составляет полную длину окружности.

Для этого построим окружность O радиуса r (рис. 138, вверху). Проведем $OM \parallel O_1A$, $ON \parallel O_1B$ и $OP \parallel O_2D$, тогда $\angle MON = \angle AO_1N$, $\angle NOP = \angle CO_2D$, $\angle POM = \angle EO_2F$, как углы с параллельными сторонами.

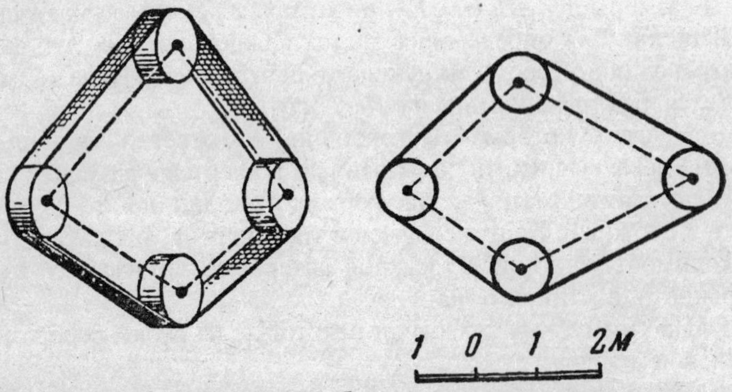

Рис. 139. Снимите с рисунка необходимые размеры и вычислите длину ленты транспортера.

Отсюда следует, что $AB + CD + EF = MN + NP + PM = 2\pi r$. Итак, длина ремня $l = a + b + c + 2\pi r$.

Таким же способом можно показать, что не только для трех, но и для любого количества равных шкивов длина приводного ремня будет равна сумме расстояний между их осями плюс длина окружности одного шкива.

ЗАДАЧА

На рис. 139 изображена схема транспортера на четырех равных роликах (есть и промежуточные ролики, но на схеме они опущены, как не влияющие на решение задачи). Используя масштаб, указанный на рисунке, снимите с рисунка необходимые размеры и вычислите длину ленты транспортера.

Задача о догадливой вороне

В наших школьных хрестоматиях по родному языку есть забавный рассказ о «догадливой вороне». Этот старинный рассказ повествует о вороне, страдавшей от жажды и нашедшей кувшин с водой. Воды в кувшине было мало, клювом ее не достать, но ворона будто бы сообразила, как пособить горю: она стала кидать в кувшин камешки. В результате этой уловки уровень воды поднялся до краев кувшина, и ворона могла напиться.

Не станем входить в обсуждение того, могла ли ворона проявить подобную сообразительность. Случай интересует нас со стороны геометрической. Он дает повод рассмотреть следующую

ЗАДАЧУ

Удалось ли бы вороне напиться, если бы вода в кувшине налита была до половины?

РЕШЕНИЕ

Разбор задачи убедит нас, что способ, примененный вороной, приводит к цели не при всяком первоначальном уровне воды в кувшине.

Ради упрощения примем, что кувшин имеет форму прямоугольной призмы, а камешки представляют собою шарики одинаковой величины. Легко сообразить, что вода поднимется над уровнем камешков в том лишь случае, если первоначальный запас воды занимает больший объем, чем все промежутки между камешками: тогда вода заполнит промежутки и выступит поверх камешков. Постараемся вычислить, какой объем занимают эти промежутки. Проще всего выполнить расчет при таком расположении каменных шариков, когда центр каждого лежит на одной отвесной прямой с центрами верхнего и нижнего шариков. Пусть диаметр шарика d и, следовательно, объем его $\frac{1}{6}\pi d^3$, а объем описанного около него кубика d^3. Разность их объемов $d^3 - \frac{1}{6}\pi d^3$ есть объем незаполненной части кубика, а отношение

$$\frac{d^2 - \frac{1}{6}\pi d^3}{d^2} = 0{,}48$$

означает, что незаполненная часть каждого кубика составляет 0,48 его объема. Такую же долю, т. е. немного меньше половины, составляет и сумма объемов всех пустот от объема кувшина. Дело мало изменяется, если кувшин имеет непризматическую форму, а камешки нешарообразны. Во всех случаях можно утверждать, что если первоначально вода в кувшине налита была ниже половины, вороне не удалось бы набрасыванием камешков поднять воду до краев.

Будь ворона посильнее, — настолько, чтобы утрясти камешки в кувшине и добиться их плотного сложения, — ей удалось бы поднять воду более чем вдвое выше первоначального уровня. Но это ей не под силу сделать, и, допустив рыхлое расположение камешков, мы не уклонились от реальных условий, К тому же кувшины обычно раздуты в средней части; это должно также уменьшить высоту подъема воды и подкрепляет правильность нашего вывода: если вода стояла ниже половины высоты кувшина, — вороне напиться не удалось бы.

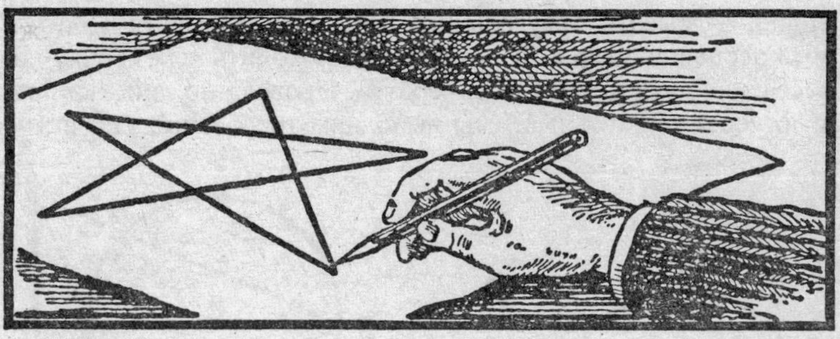

ГЛАВА ДЕСЯТАЯ

ГЕОМЕТРИЯ БЕЗ ИЗМЕРЕНИЙ И БЕЗ ВЫЧИСЛЕНИЙ

Построение без циркуля

При решении геометрических задач на построение обычно пользуются линейкой и циркулем. Мы сейчас увидим, однако, что иной раз удается обходиться без циркуля в таких случаях, где на первый взгляд он представляется совершенно необходимым.

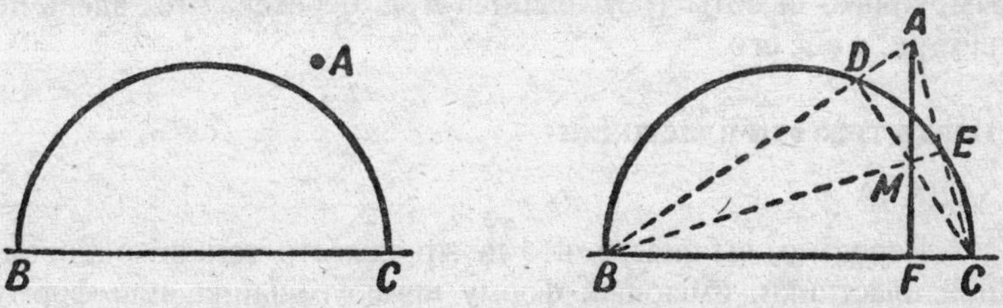

Рис. 140. Задача на построение и ее решение. Первый случай.

ЗАДАЧА

Из точки A (рис. 140, слева), лежащей вне данной полуокружности, опустить на её диаметр перпендикуляр, обходясь при этом без циркуля. Положение центра полуокружности не указано.

РЕШЕНИЕ

Нам пригодится здесь то свойство треугольника, что все высоты его пересекаются в одной точке. Соединим A с B и C; получим точки D и E (рис. 140, справа). Прямые BE и CD, очевидно, — высоты треугольника *ABC*. Третья высота — искомый перпендикуляр к *BC* — должна проходить через точку пересечения двух других, т. е. через *M*. Проведя по линейке прямую через точки *A* и *M*, мы выполним требование задачи, не

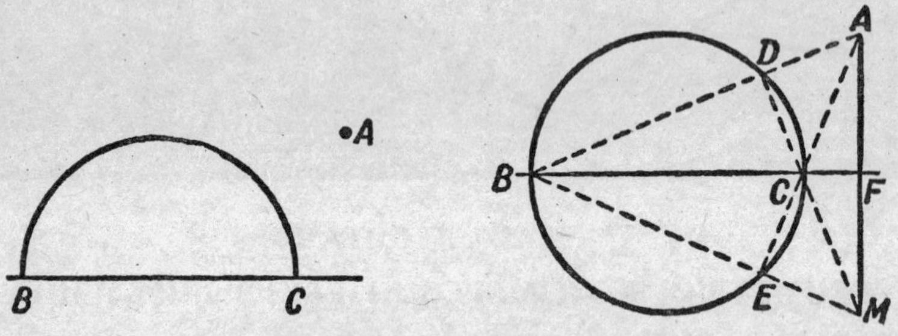

Рис. 141. Та же задача. Второй случай.

прибегая к услугам циркуля. Если точка расположена так, что искомый перпендикуляр падает на *продолжение* диаметра (рис. 141), то задача будет разрешима лишь при условии, что дан не полукруг, а полная окружность. Рис. 141 показывает, что решение не отличается от того, с которым мы уже знакомы; только высоты треугольника *ABC* пересекаются здесь не внутри, а вне его.

Центр тяжести пластинки

ЗАДАЧА

Вероятно, вы знаете, что центр тяжести тонкой однородной пластинки, имеющей форму прямоугольника или форму ромба, находится в точке пересечения диагоналей, а если пластинка треугольная, то в точке пересечения медиан, если круглая, то в центре этого круга.

Попробуйте-ка теперь смекнуть, как найти построением центр тяжести пластинки, составленной из двух произвольных прямоугольников, соединенных в одну фигуру, изображенную на рис. 142.

Условимся при этом пользоваться только линейкой и ничего не измерять и не вычислять.

РЕШЕНИЕ

Продолжим сторону *DE* до пересечения с *AB* в точке *N* и сторону *FE* до пересечения с *BC* в точке *M* (рис. 143). Данную фигуру будем сначала рассматривать как составленную из прямоугольников *ANEF* и *NBCD*. Центр тяжести каждого из них

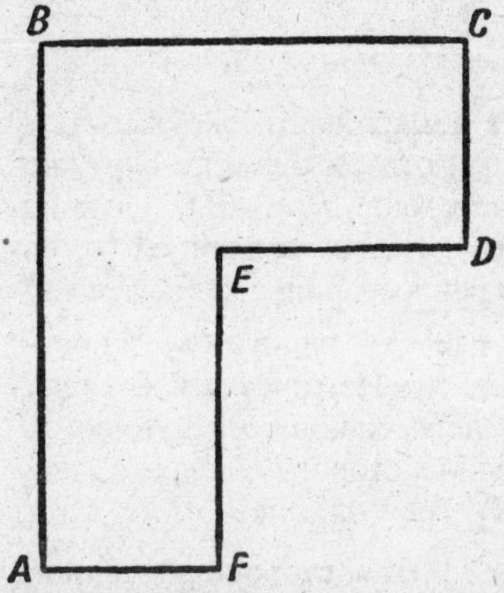

Рис. 142. Пользуясь только линейкой, найдите центр тяжести изображенной пластинки.

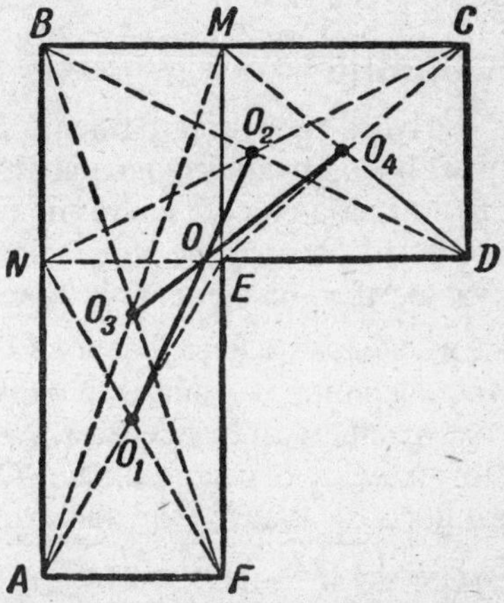

Рис. 143. Центр тяжести пластинки найден.

находится в точках пересечения их диагоналей O_1 и O_2. Следовательно, центр тяжести всей фигуры лежит на прямой O_1 O_2. Теперь ту же фигуру будем рассматривать как составленную из прямоугольников *ABMF* и *EMCD*, центры тяжести которых находятся в точках пересечения их диагоналей O_2 и O_4. Центр тяжести всей фигуры лежит на прямой O_3O_4. Значит, он лежит в точке *O* пересечения прямых O_1O_2 и O_3O_4. Все эти построения действительно выполняются только при помощи линейки.

Задача Наполеона

Сейчас мы занимались построением, выполняемым при помощи одной лишь линейки, не обращаясь к циркулю (при условии, что одна окружность на чертеже дана заранее). Рассмотрим теперь несколько задач, в которых вводится обратное ограничение: запрещается пользоваться линейкой, а все построения нужно выполнить только циркулем. Одна из таких задач заинтересовала Наполеона I (интересовавшегося, как известно, математикой). Прочтя книгу о таких построениях итальянского ученого Маскерони, он предложил французским математикам следующую

ЗАДАЧУ

Данную окружность разделить на четыре равные части, не прибегая к линейке. Положение центра окружности дано.

РЕШЕНИЕ

Пусть требуется разделить на четыре части окружность *O* (рис. 144). От произвольной точки *A* откладываем по окружности три раза радиус круга: получаем точки *B, C* и *D*. Легко видеть, что расстояние *AC* — хорда дуги, составляющей 1/2, окружности, — сторона вписанного равностороннего треугольника и, следовательно, равно $r\sqrt{3}$, где *r* — радиус окружности. *AD,* очевидно, — диаметр окружности. Из точек *A* и *D* радиусом, равным *AC,* засекаем дуги, пересекающиеся в точке *M.* Покажем, что расстояние *MO* равно стороне квадрата, вписанного в нашу окружность. В треугольнике *AMO* катет $MO = \sqrt{AM^2 - AO^2} = \sqrt{3r^2 - r^2} = r\sqrt{2}$, т. е. стороне вписанного квадрата. Теперь остается только раствором циркуля, равным *MO,* отложить на окружности последовательно четыре точки, чтобы получить вершины вписанного квадрата, которые, очевидно, разделят окружность на четыре равные части.

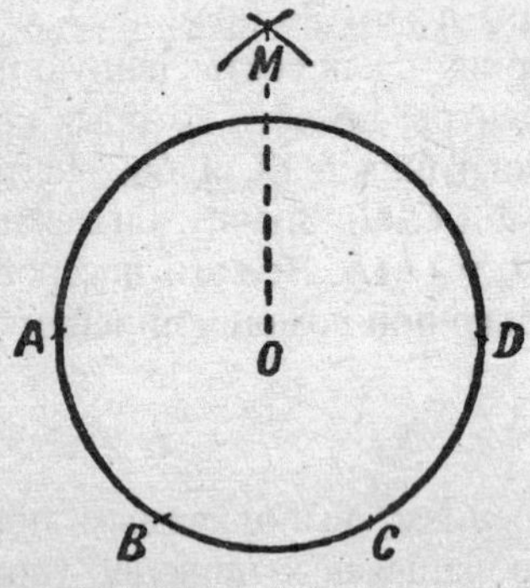

Рис. 144. Разделить окружность на четыре равные части, употребляя только циркуль.

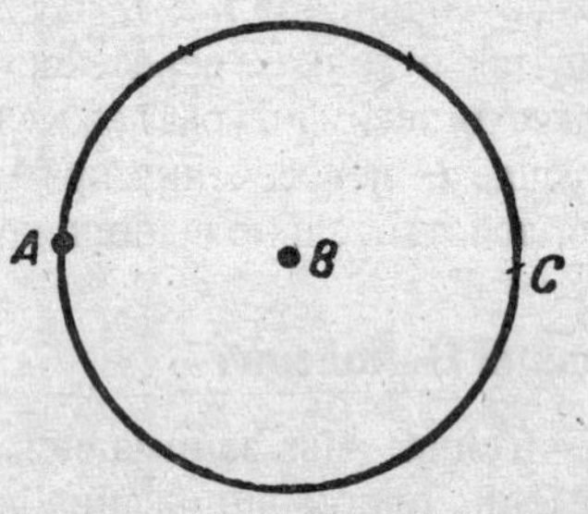

Рис. 145. Как увеличить расстояние между точками A и B в n раз (n — целое число), употребляя только циркуль?

ЗАДАЧА

Вот другая, более легкая задача в том же роде. Без линейки увеличить расстояние между данными точками *A* и *B* (рис. 145) в пять раз, — вообще в заданное число раз.

РЕШЕНИЕ

Из точки *B* радиусом *AB* описываем окружность (рис. 145). По этой окружности откладываем от точки *A* расстояние *AB* три раза: получаем точку *C*, очевидно, диаметрально противоположную *A*. Расстояние *AC* представляет собой двойное расстояние *AB*. Проведя окружность из C радиусом *BC*, мы можем таким же образом найти точку, диаметрально противоположную *B* и, следовательно, удаленную от *A* на тройное расстояние *AB*, и т. д.

Простейший трисектор

Применяя только циркуль и линейку, не имеющую на себе никаких меток, невозможно разделить произвольно заданный угол на три равные части. Но математика вовсе не отвергает

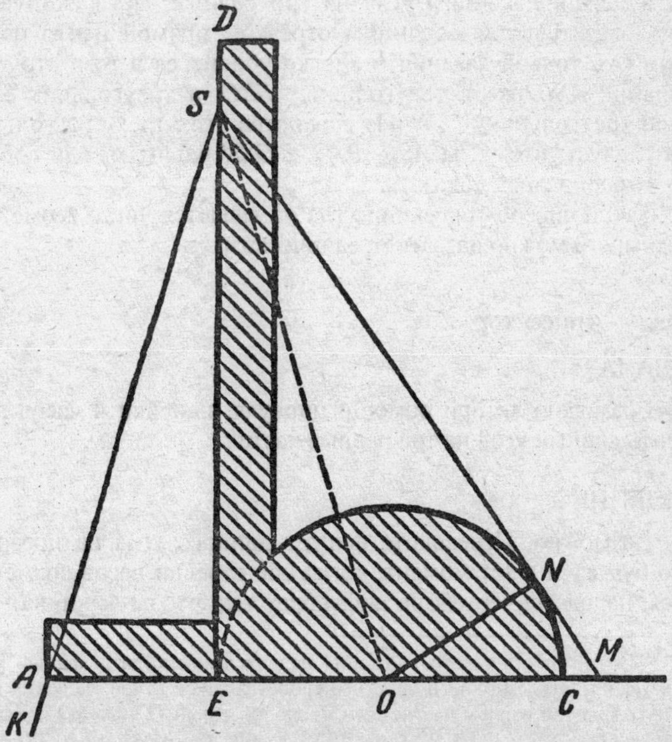

Рис. 146. Трисектор и схема его употребления.

возможности выполнить это деление при помощи каких-либо иных приборов. Придумано много механических приборов для достижения указанной цели. Такие приборы называются трисекторами. Простейший трисектор вы можете легко изготовить из плотной бумаги, картона или тонкой жести. Он вам будет служить подсобным чертежным инструментом.

На рис. 146 трисектор изображен в натуральную величину (заштрихованная фигура). Примыкающая к полукругу полоска *AB* равна по длине радиусу полукруга. Край полоски *BD* составляет прямой угол с прямой *AC*; он касается полукруга в точке *B*; длина этой полоски произвольна. На том же рисунке показано употребление трисектора. Пусть, например, требуется разделить на три равные части угол *KSM* (рис. 146). Трисектор помещают так, чтобы вершина угла *S* находилась на линии *BD*, одна сторона угла прошла через точку *A*, а другая сторона коснулась полукруга.[1] Затем проводят прямые *SB* и *SO*, и деление данного угла на три равные части окончено. Для доказательства соединим отрезком прямой центр полукруга *O* с точкой касания *N*. Легко убедиться в том, что треугольник *ASB* равен треугольнику *SBO*, а треугольник *SBO* равен треугольнику *OSN*. Из равенства этих трех треугольников следует, что углы *ASB*, *BSO* и *OSN* равны между собой, что и требовалось доказать.

Такой способ трисекции угла не является чисто геометрическим; его можно назвать механическим.

Часы — трисектор

ЗАДАЧА

Возможно ли при помощи циркуля, линейки и часов разделить данный угол на три равные части?

РЕШЕНИЕ

Возможно. Переведите фигуру данного угла на прозрачную бумагу и в тот момент, когда обе стрелки часов совмещаются, наложите чертеж на циферблат так, чтобы вершина угла

---

[1] Возможность такого вложения нашего трисектора в данный угол является следствием одного простого свойства точек лучей, делящих данный угол на три равные части: если из любой точки *O* луча *SO* провести отрезки $ON \perp SN$ и $OA \perp SB$ (рис. 147), то будем иметь: $AB = OB = ON$. Читатель это легко докажет сам.

совпала с центром вращения стрелок и одна сторона угла пошла вдоль стрелок (рис. 147).

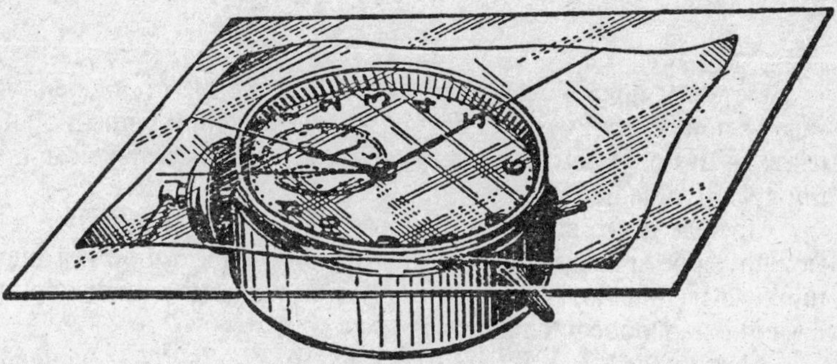

Рис. 147. Часы-трисектор.

В тот момент, когда минутная стрелка часов передвинется до совпадения с направлением второй стороны данного угла (или передвиньте ее сами), проведите из вершины угла луч по направлению часовой стрелки. Образуется угол, равный углу поворота часовой стрелки. Теперь при помощи циркуля и линейки этот угол удвойте и удвоенный угол снова удвойте (способ удвоения угла известен из геометрии). Полученный таким образом угол и будет составлять $\frac{1}{3}$ данного.

Действительно, всякий раз, как минутная стрелка описывает некоторый угол α, часовая стрелка за это время передвигается на угол, в 12 раз меньший: $\frac{\alpha}{12}$, а после увеличения этого угла в четыре раза получается угол $\frac{\alpha}{12} \cdot 4 = \frac{\alpha}{3}$.

Деление окружности

Радиолюбителям, конструкторам, строителям разного рода моделей и вообще любителям мастерить своими руками иной раз приходится задумываться над такой практической

ЗАДАЧЕЙ

Вырезать из данной пластинки правильный многоугольник с заданным числом сторон.

Эта задача сводится к такой:

Разделить окружность на *n* равных частей, где *n* — целое число.

Оставим пока в стороне очевидное решение поставленной задачи при помощи транспортира — это все-таки решение «на глаз» — и подумаем о геометрическом решении: при помощи циркуля и линейки.

Прежде всего возникает вопрос: на сколько равных частей можно теоретически точно разделить окружность при помощи циркуля и линейки? Этот вопрос математиками решен полностью: не на любое число частей.

Можно: на 2, 3, 4, 5, 6, 8, 10, 12, 15, 16, 17, ... , 257, ... частей.

Нельзя: на 7, 9, 11, 13, 14, ... частей.

Плохо еще и то, что нет единого способа построения; прием деления, допустим, на 15 частей не такой, как на 12 частей, и т. д., а все способы и не запомнишь.

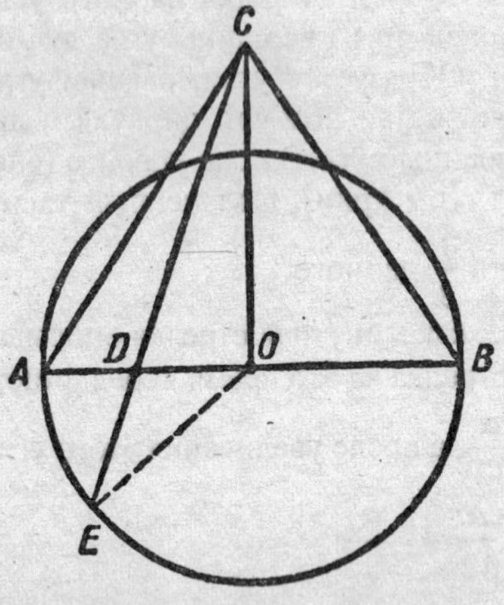

Рис. 148. Приближенный геометрический способ деления окружности на *n* равных частей.

Практику нужен геометрический способ — пусть приближенный, но достаточно простой и общий для деления окружности на любое число равных дуг.

В учебниках геометрии, к сожалению, еще не уделяют этому вопросу никакого внимания, поэтому приведем здесь один любопытный прием приближенного геометрического решения поставленной задачи.

Пусть, например, требуется разделить данную окружность (рис. 148) на девять равных частей. Построим на каком-либо из диаметров AB окружности равносторонний треугольник ACB и разделим диаметр AB точкой D в отношении $AD : AB = 2 : 9$ (в общем случае $AD : AB = 2 : n$).

Соединим точки C и D отрезком и продолжим его до пересечения с окружностью в точке E. Тогда дуга AE будет составлять примерно $\frac{1}{9}$ окружности (в общем случае $\breve{A}E = \frac{360^\circ}{n}$) или хорда AE будет стороной правильного вписанного девятиугольника (n-угольника).

Относительная погрешность при этом около 0,8%.

Если выразить зависимость между величиной центрального угла AOE, образующегося при указанном построении, и числом, делений n, то получится следующая точная формула:

$$\operatorname{tg}\angle AOE = \frac{\sqrt{3}}{2}\cdot\frac{\sqrt{n^2+16n-32}-n}{n-4},$$

которую для больших значений n можно заменить приближенной формулой

$$\operatorname{tg}\angle AOE \approx 4\sqrt{3}(n^{-1}-2n^{-2}),$$

С другой стороны, при точном делении окружности на n равных частей центральный угол должен быть равен $\frac{360^\circ}{n}$. Сравнивая угол $\frac{360^\circ}{n}$ с углом AOE, получим величину погрешности, которую мы делаем, считая дугу AE $\frac{1}{n}$ частью окружности.

Получается такая таблица для некоторых значений n:

n	3	4	5	6	7	8	10	20	60
$360^\circ/n$	120°	90°	72°	60°	51°26′	45°	36°	18°	6°
$\angle AOE$	120°	90°	71°57′	60°	51°31′	45°11′	36°21′	18°38′	6°26′
Погрешность в %	0	0	0,07	0	0,17	0,41	0,97	3,5	7,2

Как видно из таблицы, указанным способом можно приближенно разделить окружность на 5, 7, 8 или 10 частей с небольшой относительной ошибкой — от 0,07 до 1%; такая погрешность вполне допустима в большинстве практических работ. С увеличением числа делений n точность способа заметно падает, т. е. относительная погрешность растет, но, как показывают исследования, при любом n она не превышает 10%.

Направление удара (задача о бильярдном шаре)

Послать бильярдный шар в лузу не прямым ударом, а заставив его отпрыгнуть от одного, двух или даже трех бортов стола — это значит, прежде всего, решить «в уме» геометрическую задачу «на построение».

Рис. 149. Геометрическая задача на бильярдном столе.

Важно правильно «на глаз» найти первую точку удара о борт; дальнейший путь упругого шара на хорошем столе будет определяться законом отражения («угол падения равен углу отражения»).

Какие геометрические представления могут помочь вам найти направление удара, чтобы шар, находящийся, например, в середине бильярдного стола, после трех отскоков попала в лузу *А?* (рис. 149).

РЕШЕНИЕ

Вам надо вообразить, что к бильярдному столу вдоль короткой стороны приставлены еще три таких же стола, и целиться в направлении самой дальней лузы третьего из воображаемых столов.

Рис. 150 поможет разобраться в этом утверждении. Пусть $OabcA$ — путь шара. Если опрокинуть «стол» $ABCD$ вокруг CD на 180°, он займет положение I, затем его так же опрокинуть вокруг AD и еще раз вокруг BC, то он займет положение III. В результате луза A окажется в точке, отмеченной буквой A_1.

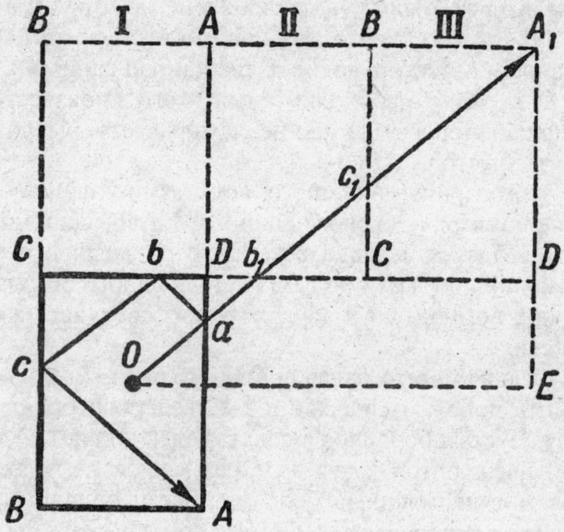

Рис. 150. Вообразите, что к бильярдному столу приставлены еще три таких же стола и цельтесь в направлении самой дальней лузы.

Исходя из очевидного равенства треугольников, вы легко докажете, что $ab_1 = ab$, $b_1c_1 = bc$ и $c_1A_1 = cA$, т. е. что длина прямой OA_1 равна длине ломаной $OabcA$.

Следовательно, целясь в воображаемую точку A_1, вы заставите катиться шар по ломаной $OabcA$, и он попадет в лузу A. Разберем еще такой вопрос: при каком условии будут равны стороны OE и A_1E прямоугольного треугольника A_1EO?

Легко установить, что $OE = \frac{5}{2}AB$ и $A_1E = \frac{3}{2}BC$. Если $OE = A_1E$, то $\frac{5}{2}AB = \frac{3}{2}BC$ или $AB = \frac{3}{5}BC$.

Таким образом, если короткая сторона бильярдного стола составляет $\frac{3}{5}$ длинной стороны, то $OE = EA_1$, в этом случае удар по шару, находящемуся в середине стола, можно направлять под углом 45° к борту.

«Умный» шарик

Несложные геометрические построения только что помогли нам решить задачу о бильярдном шарике, а теперь пусть тот же бильярдный шарик сам решает одну любопытную старинную задачу.

Разве это возможно? — шарик же не может мыслить. Верно, но в тех случаях, когда необходимо выполнить некоторый расчет, причем известно, какие операции над данными числами и в каком порядке необходимо для этого произвести, такой расчет можно поручить машине, которая его выполнит безошибочно и быстро.

Для этого придумано много механизмов, начиная от простого арифмометра и до сложнейших электрических машин.

В часы досуга нередко развлекаются задачей о том, как отлить какую-либо часть воды из наполненного сосуда данной емкости при помощи двух других пустых сосудов тоже известной емкости.

Вот одна из многих задач подобного рода.

Разлить пополам содержимое 12-ведерной бочки при помощи двух пустых бочонков в девять ведер и в пять ведер?

Для решения этой задачи вам, разумеется, не надо экспериментировать с настоящими бочками. Все необходимые «переливания» можно проделать на бумаге по такой хотя бы схеме:

9-ведерн.	0	7	7	2	2	0	9	6	6
5-ведер.	5	5	0	5	0	2	2	5	0
12-ведерн.	7	0	5	5	10	10	1	1	6

В каждом столбике записан результат очередного переливания.

В первом: заполнили бочку в пять ведер, девятиведерная пустая (0), в 12-ведерной осталось семь ведер.

Во втором: перелили семь ведер из 12-ведерной бочки в девятиведерную и т. д.

В схеме всего девять столбиков; значит, для решения задачи понадобилось девять переливаний.

Попробуйте найти свое решение предложенной задачи, устанавливающее иной порядок переливаний.

После ряда проб и попыток вам это несомненно удастся, так как предложенная схема переливаний не является единственно возможной; однако же при ином порядке переливаний у вас их выйдет больше девяти.

Возможно, что ваше решение этой задачи устанавливает иной порядок переливаний, но, наверное, более длительный, т. е. у вас вышло больше девяти переливаний.

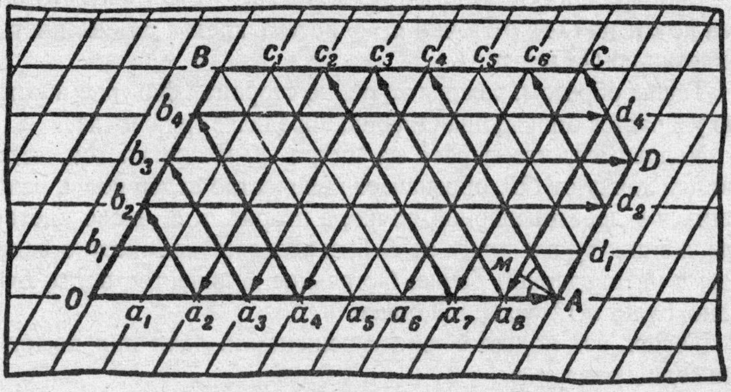

Рис. 151. «Механизм» «умного» шарика.

В связи с этим любопытно будет выяснить следующее:

1) нельзя ли установить какой-либо определенный порядок переливаний, которого можно было бы придерживаться во всех случаях независимо от ёмкости данных сосудов;

2) можно ли при помощи двух пустых сосудов отлить из третьего сосуда любое возможное количество воды, т. е., например, из 12-ведерной бочки при помощи бочек в 9 и 5 ведер отлить одно ведро воды, или два ведра, или три, четыре и т. д. до 11.

На все эти вопросы ответит «умный» шарик, если мы сейчас для него построим «бильярдный стол» особой конструкции.

Расчертите листочек бумаги в косую клетку так, чтобы клетки были равными ромбами с острыми углами в 60°, и постройте фигуру *OABCD*, как на рис. 151.

Вот это и будет «бильярдный стол». Если толкнуть бильярдный шарик вдоль *OA*, то, отскочив от борта *AD* точно по закону «угол падения равен углу отражения» ($\angle OAM = \angle MAc_4$), шарик покатится по прямой Ac_4 соединяющей вершины маленьких ромбов; оттолкнется в точке c_4 от борта *BC* и покатится по прямой c_4a_4 затем по прямым a_4b_4, b_4d_4, d_4a_8 и т. д.

По условиям задачи мы имеем три бочки: девять, пять и 12 ведер. В соответствии с этим фигуру построим так, чтобы сторона OA содержала девять клеток, OB — пять клеток, AD — три клетки (12 – 9 = 3), BC — семь клеток [1] (12 – 5 = 7).

Заметим, что каждая точка на сторонах фигуры отделена определенным числом клеток от сторон OB и OA. Например, от точки c_4 — четыре клетки до OB и пять клеток до OA, от точки a_4 — четыре клетки до OB и 0 клеток до OA (потому что она сама лежит на OA), от точки d_4 — восемь клеток до OB и четыре клетки до OA и т. д.

Таким образом, каждая точка на сторонах фигуры, в которую ударяется бильярдный шарик, определяет два числа.

Условимся, что первое из них, т. е. число клеток, отделяющих точку от OB, обозначает количество ведер воды, находящихся в девятиведёрной бочке, а второе, т. е. число клеток, отделяющих ту же точку от OA, определяет количество ведер воды в пятиведерной бочке. Остальное количество воды, очевидно, будет в 12-ведерной бочке.

Теперь все подготовлено к решению задачи при помощи бильярдного шарика.

Пустите его вновь вдоль OA и, расшифровывая каждую точку его удара о борт так, как указано, проследите за его движением хотя бы до точки a_6 (рис. 151).

Первая точка удара: A (9; 0); значит, первое переливание должно дать такое распределение воды:

9-ведерн.	9	
5-ведерн.	0	
12-ведерн.	3	

Это осуществимо.

Вторая точка удара: c_4 (4; 5); значит, шарик рекомендует следующий результат второго переливания:

9-ведерн.	9	4	
5-ведерн.	0	5	
12-ведерн.	3	3	

Это тоже осуществимо.

[1] Наполненная бочка всегда бóльшая из трех. Пусть емкость пустых бочек a и b, а наполненной — c. Если $c \geq a + b$, то «бильярдный стол» следует построить в форме параллелограмма со сторонами a и b клеток.

Третья точка удара: a_4 (4; 0); третьим переливанием шарик советует вернуть пять ведер в 12-ведерную бочку:

9-ведерн.	9	4	4	
5-ведерн.	0	5	0	
12-ведерн.	3	3	8	

Четвертая точка: b_4 (0; 4); результат четвёртого переливания:

9-ведерн.	9	4	4	0		
5-ведерн.	0	5	0	4		
12-ведерн.	3	3	8	8		

Пятая точка: d_4 (8; 4), шарик настаивает на переливании восьми ведер в пустую девятиведерную бочку:

9-ведерн.	9	4	4	0	8		
5-ведерн.	0	5	0	4	4		
12-ведерн.	3	3	8	8	0		

Продолжайте дальше следить за шариком, и вы получите такую таблицу:

9-ведерн.	9	4	4	0	8	8	3	3	0	9	7	7	2	2	0	9	6	6
5-ведерн.	0	5	0	4	4	0	5	0	3	3	5	0	5	0	2	2	5	0
12-ведерн.	3	3	8	8	0	4	4	9	9	0	0	5	5	10	10	1	1	6

Итак, после ряда переливаний цель достигнута: в двух бочках по шести ведер воды. Шарик решил задачу!

Но шарик оказался не очень умный.

Он решил задачу в 18 ходов, а нам удалось ее решить в девять ходов (см. первую таблицу).

Однако шарик тоже может укоротить ряд переливаний. Толкните его сначала по *OB,* остановите в точке *B,* затем снова толкните по *BC,* а дальше пусть он двигается, как условились, — по закону «угол падения равен углу отражения»; получится короткий ряд переливаний.

Если вы позволите шарику продолжать движение и после точки a_6, то нетрудно проверить, что в рассматриваемом случае он обойдет все помеченные точки сторон фигуры (и вообще все вершины ромбов) и только после этого вернется в исходную точку *O*. Это значит, что из бочки в 12 ведер можно налить в девятиведерную бочку любое целое число ведер от одного до девяти, а в пятиведерную — от одного до пяти.

Но задача подобного рода может и не иметь требуемого решения.

Как это обнаруживает шарик?

Очень просто: в этом случае он вернется в исходную точку *O*, не ударившись в нужную точку.

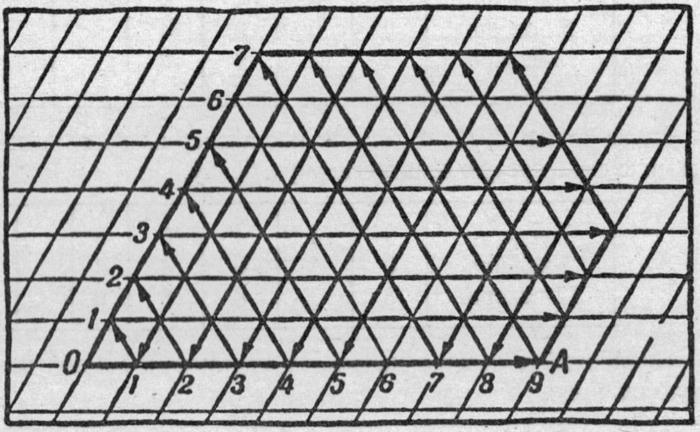

Рис. 152. «Механизм» показывает, что полную бочку в 12 ведер нельзя разлить пополам при помощи пустых бочек в девять и семь ведер.

На рис. 152 изображен механизм решения задачи для бочек в девять, семь и 12 ведер:

9-ведерн.	9	2	2	0	9	4	4	0	8	8	1	1	0	9	3	3	0	9	5	5	0	7	7	0
7-ведерн.	0	7	0	2	2	7	0	4	4	0	7	0	1	1	7	0	3	3	7	0	5	5	0	7
12-ведерн.	3	3	10	10	1	1	8	8	0	4	4	11	11	2	2	9	9	0	0	7	7	0	5	5

«Механизм» показывает, что из наполненной бочки в 12 ведер при помощи пустых бочек в девять ведер и в семь ведер можно отлить любое число ведер, кроме половины ее содержимого, т. е. кроме шести ведер.

На рис. 153 изображен механизм решения задачи для бочек в три, шесть и восемь ведер. Здесь шарик делает четыре отскока и возвращается в начальную точку *O*.

Соответствующая таблица

6-ведерн.	6	3	3	0
3-ведерн.	0	3	0	3
8-ведерн.	2	2	5	5

показывает, что в этом случае невозможно отлить четыре ведра или одно ведро из восьмиведерной бочки.

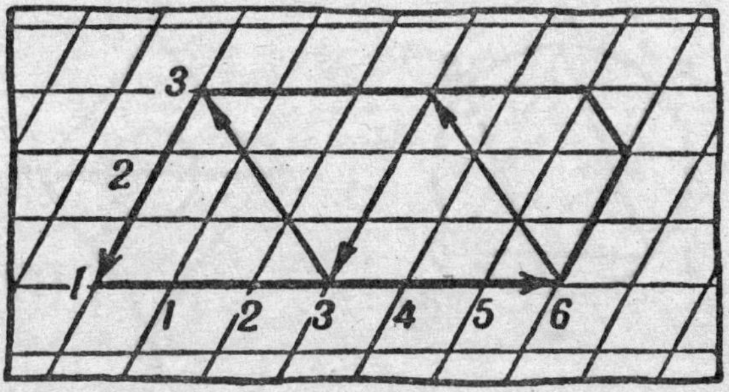

Рис. 153. «Механизм» решения еще одной задачи о переливании.

Таким образом, наш «бильярд» с «умным» шариком действительно является любопытной и своеобразной счетной машиной, неплохо решающей задачи о переливании.

Одним росчерком

ЗАДАЧА

Перерисуйте на лист бумаги пять фигур, изображенных на рис. 154, и попробуйте зачертить каждую из них одним росчерком т. е. не отрывая карандаша и не проводя более одного раза по одной и той же линии.

Многие из тех, кому предлагалась эта задача, начинали с фигуры *г,* по виду наиболее, простой, однако все их попытки нарисовать эту фигуру одним росчерком не удавались. Огорченные, они уже с меньшей уверенностью приступали к остальным фигурам и, к своему удивлению и удовольствию, без особенно больших затруднений справлялись с первыми двумя фигурами и даже с замысловатой третьей, представляющей перечеркнутое слово «дом». Вот пятую фигуру *д,* как и четвертую *г,* никому не удавалось зачертить одним обходом карандаша.

Почему же для одних фигур удается решение поставленной задачи, а для других — нет? Может быть, только потому, что в отдельных случаях нашей изобретательности не хватает, или, может быть, сама задача вообще неразрешима для некоторых фигур? Нельзя ли в таком случае указать какой-нибудь признак, по которому можно было бы заранее судить о том, сможем ли мы зачертить данную фигуру одним росчерком или нет?

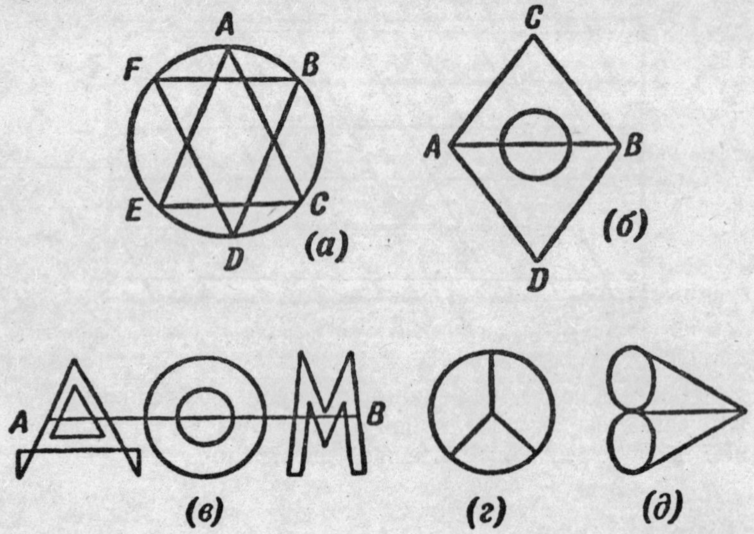

Рис. 154. Попробуйте зачертить каждую фигуру одним росчерком, не проводя более одного раза по одной и той же линии.

РЕШЕНИЕ

Каждый перекресток, в котором сходятся линии данной фигуры, назовем узлом. При этом назовем узел четным, если в нем сходится четное число линий, и нечетным, если число сходящихся в нем линий нечетное. На фигуре *а* все узлы четные; на фигуре *б* имеются два нечетных узла (точки *A* и *B*); на фигуре *в* нечетными узлами являются концы отрезка, перечеркнувшего слово «дом»; на фигурах *г* и *д* по четыре нечетных узла.

Рассмотрим сначала такую фигуру, в которой все узлы четные, например фигуру *а*. Начнем свой маршрут из любой точки *S*. Проходя, например, через узел *A*, мы зачерчиваем две линии: подводящую к *А* и выводящую из *А.* Так как из каждого четного узла есть столько же выходов, сколько и входов в него, то по мере продвижения от узла к узлу каждый раз незачерченных линий становится на две меньше, следовательно, принципиально вполне возможно, обойдя их все, вернуться в исходную точку *S.*

Но, допустим, мы вернулись в исходную точку, и выхода из нее больше нет, а на фигуре осталась еще незачерченная линия, исходящая из какого-нибудь узла *В,* в котором мы уже были. Значит, надо внести поправку в свой маршрут: дойдя до узла *В,* прежде зачертить пропущенные линии н, вернувшись в *В,* идти дальше прежним путем.

Пусть, например, мы решили обойти фигуру *а* так: сначала вдоль сторон треугольника *АСЕ,* затем, вернувшись в точку *А,* по окружности *ABCDEFA* (рис. 154). Так как при этом остается незачерченным треугольник *BDF,* то прежде, чем мы покинем, например, узел *В* и пойдем по дуге *ВС,* нам следует обойти треугольник *BDF.*

Итак, если все узлы данной фигуры четные, то, отправляясь из любой точки фигуры, всегда можно ее всю зачертить одним росчерком, причем в этом случае обход фигуры должен закончиться в той же точке, из которой мы его начали.

Теперь рассмотрим такую фигуру, в которой есть два нечетных узла.

Фигура *б*, например, имеет два нечетных узла *А* и *В.*

Ее тоже можно зачертить одним росчерком.

В самом деле, начнем обход с нечетного узла № 1 и пройдем по какой-нибудь линии до нечетного узла № 2, например, от *А* до *В* по *АСВ* на фигуре *б* (рис. 154).

Зачертив эту линию, мы тем самым исключаем по одной линии из каждого нечетного узла, как будто бы этой линии в фигуре и не было. Оба нечетных узла после этого становятся четными. Так как других нечетных узлов в фигуре не было, то теперь мы имеем фигуру только с четными узлами; на фигуре *б,* например, после зачерчивания линии *АСВ* остается треугольник с окружностью.

Такую фигуру, как было показано, можно зачертить одним росчерком, а следовательно, можно зачертить и всю данную фигуру.

Одно дополнительное замечание: начиная обход с нечетного узла №1, надо путь, ведущий в нечетный узел № 2, выбрать так, чтобы не образовалось фигур, изолированных от данной фигуры.[1] Например, при зачерчивании фигуры *б* на рис. 154 было бы неудачно поспешить перебраться из нечетного узла *A* в нечетный узел *B* по прямой *AB*, так как при этом окружность осталась бы изолированной от остальной фигуры и незачерченной.

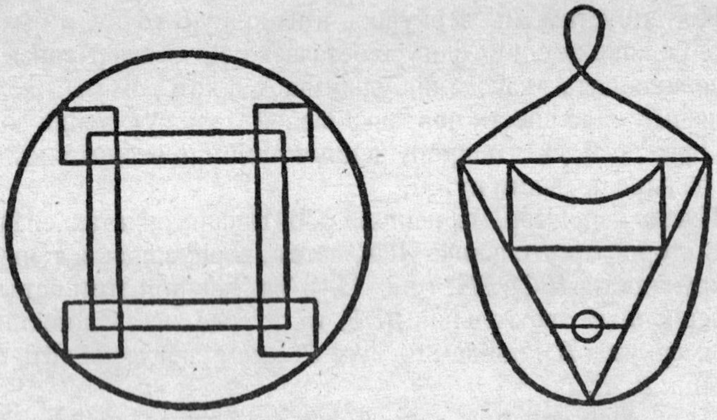

Рис. 155. Зачертите каждую фигуру одним росчерком.

Итак, если фигура содержит два нечетных узла, то успешный росчерк должен начинаться в одном из них и заканчиваться в другом.

Значит, концы росчерка разъединены.

Отсюда, в свою очередь, следует, что если фигура имеет четыре нечетных узла, то ее можно зачертить не одним росчерком, а двумя, но это уже не соответствует условию нашей задачи. Таковы, например, фигуры *г* и *д* на рис. 154.

Как видите, если научиться правильно рассуждать, то можно многое предвидеть и этим избавить себя от ненужной затраты сил и времени, а правильно рассуждать учит, в частности, и геометрия.

Может быть, вас, читатель, и утомили несколько изложенные здесь рассуждения, но ваши усилия окупаются тем преимуществом, которое дает знание над незнанием.

Вы всегда заранее можете определить, разрешима ли задача обхода данной фигуры, и знаете, с какого узла надо начать ее обход.

---

[1] Детали и подробности, относящиеся к излагаемому вопросу, любознательный и подготовленный читатель найдет в учебниках топологии.

Более того, вам теперь легко придумать для своих друзей сколько угодно замысловатых фигур подобного рода.

Начертите-ка в заключение еще пару фигур, изображенных на рис. 155.

Семь мостов Калининграда

Двести лет тому назад в городе Калининграде (в те времена он назывался Кенигсберг) было семь мостов, соединяющих берега реки Прегель (рис. 156).

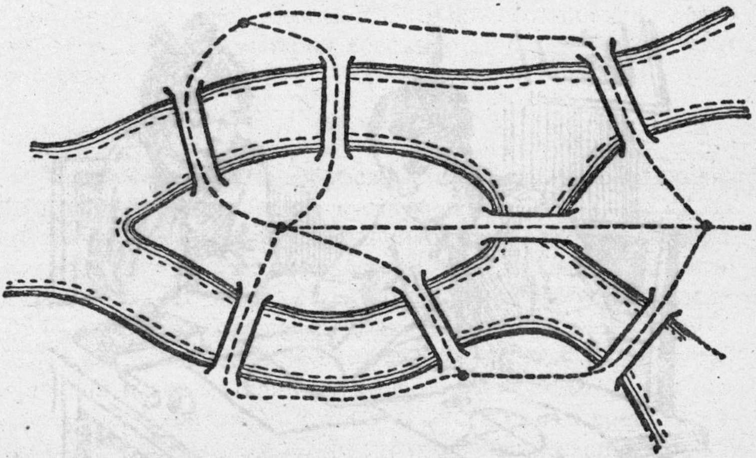

Рис. 156. Невозможно пройти все эти семь мостов, побывав на каждом из них только по одному разу.

В 1736 г. крупнейший математик того времени Л. П. Эйлер (тогда ему было около 30 лет) заинтересовался такой задачей: можно ли, гуляя по городу, пройти все эти семь мостов, но каждый из них только по одному разу?

Легко понять, что эта задача равносильна только что разобранной задаче о зачерчивании фигуры.

Изобразим схему возможных путей (на рис. 156 пунктир). Получается одна из фигур предыдущей задачи с четырьмя нечетными узлами (рис. 154, фиг. *д*). Одним росчерком, как вы теперь знаете, ее зачертить нельзя и, следовательно, невозможно обойти все семь мостов, проходя каждый из них по одному разу. Эйлер тогда же это доказал.

ЗАДАЧА

Найти способ ведения игры, при котором начинающий игру обязательно выигрывает.

РЕШЕНИЕ

Игроку, начинающему игру, следует первым же ходом занять площадку в центре листа, положив фигуру так, чтобы ее центр симметрии, по возможности, совпал с центром листа бумаги и в дальнейшем класть свою фигуру симметрично положению фигуры противника (рис. 158).

Рис. 158. Геометрическая игра. Выигрывает тот, кто положит предмет последним.

Придерживаясь этого правила, игрок, начинающий игру, всегда найдет на листе бумаги место для своей фигуры и неизбежно выиграет.

Геометрическая сущность указанного способа ведения игры в следующем: прямоугольник имеет центр симметрии, т. е. точку, в которой все проходящие через нее отрезки прямых делятся пополам и делят фигуру на две равные части. Поэтому каждой точке или площадке прямоугольника соответствует симметричная точка или площадка, принадлежащая той же фигуре, и только центр прямоугольника симметричной себе точки не имеет.

Отсюда следует, что если первый игрок займет центральную площадку, то, какое бы место ни выбрал для своей фигуры его противник, на прямоугольном листе бумаги обязательно найдется свободная площадка, симметричная площадке, занятой фигурой противника.

Так как выбирать место для фигуры приходится каждый раз второму игроку, то в конце концов не останется места на бумаге именно для его фигур, и игру выиграет первый игрок.

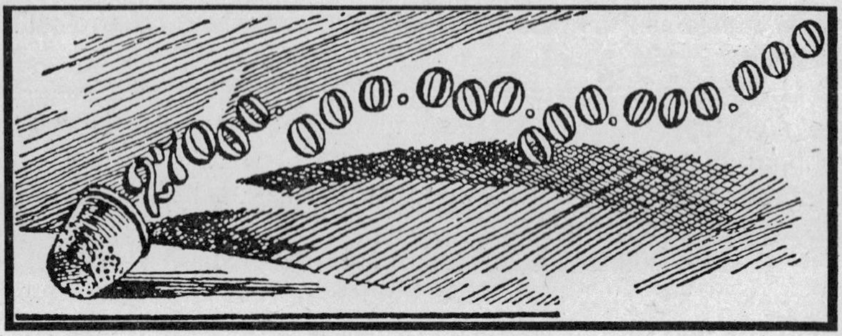

ГЛАВА ОДИННАДЦАТАЯ

БОЛЬШОЕ И МАЛОЕ В ГЕОМЕТРИИ

27 000 000 000 000 000 000 в наперстке

Число двадцать семь с восемнадцатью нулями, написанное в заголовке, можно прочесть по-разному. Одни скажут: это 27 триллионов; другие, например финансовые работники, его прочтут, как 27 квинтиллионов, а третьи и запишут покороче: $27 \cdot 10^{18}$ и прочтут, как 27, умноженное на десять в восемнадцатой степени.

Что же может в таком неимоверном количестве уместиться в одном наперстке?

Речь идет о частицах окружающего нас воздуха. Как и все вещества в мире, воздух состоит из молекул. Физики установили, что в каждом кубическом сантиметре (т. е. примерно в наперстке) окружающего нас воздуха при температуре 0° содержится 27 триллионов молекул. Это числовой исполин. Представить его себе сколько-нибудь наглядно не под силу самому живому воображению. Действительно, с чем можно сравнить подобное множество? С числом людей на свете? Но людей на земном шаре «только» две тысячи миллионов ($2 \cdot 10^9$), т. е. в 13 тысяч миллионов раз меньше, чем молекул в наперстке. Если бы все звезды вселенной, доступные сильнейшему телескопу, были так же окружены планетами, как наше Солнце, и если бы каждая из планет была так же населена, как наша Земля, то и тогда не составилось бы число обитателей, равное молекулярному населению одного наперстка! Если бы вы попытались пересчитать это невидимое население, то, считая непрерывно, например по сотне молекул в минуту, вам пришлось бы считать не менее чем 500 тысяч миллионов лет.

Не всегда отчетливо представляют себе даже и более скромные числа.

Рис. 159. Юноша разглядывает бациллу тифа, увеличенную в 1000 раз.

Что представляете вы себе, когда вам говорят, например, о микроскопе, увеличивающем в 1000 раз? Не такое уж большое число тысяча, а между тем тысячекратное увеличение воспринимается далеко не всеми так, как надо. Мы часто не умеем оценивать истинной малости тех предметов, которые видим в поле микроскопа при подобном увеличении. Бактерия тифа, увеличенная в 1000 раз, кажется нам величиной с мошку (рис. 159), рассматриваемую на расстоянии ясного зрения, т. е.

25 *см.* Но как мала эта бактерия на самом деле? Представьте себе, что вместе с увеличением бактерии и вы увеличились бы

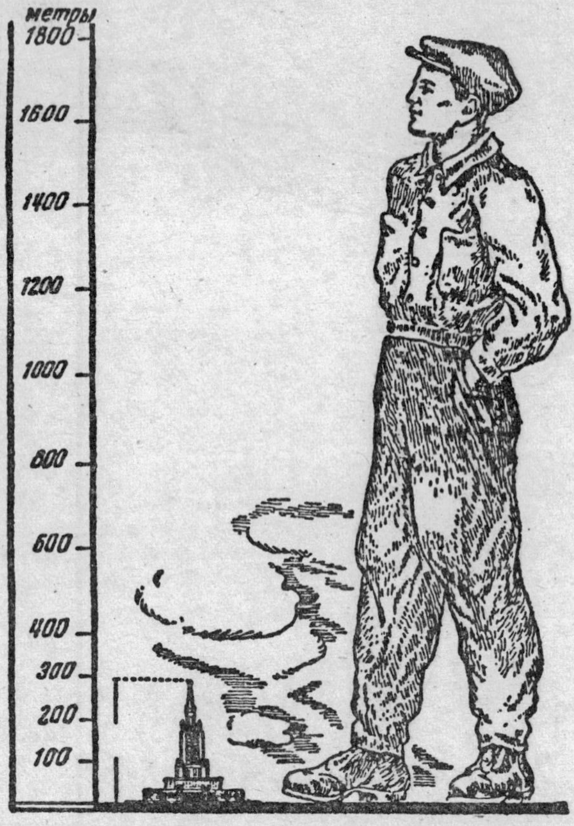

Рис. 160. Юноша, увеличенный в 1000 раз.

в 1000 раз. Это значит, что ваш рост достиг бы 1700 *м*! Голова оказалась бы выше облаков, а любой из новых высотных домов, строящихся в Москве, приходился бы вам гораздо ниже колен (рис. 160). Во сколько раз вы меньше этого воображаемого исполина, во столько раз бацилла меньше крошечной мошки.

Объем и давление

Можно подумать — не слишком ли тесно 27 триллионам воздушных молекул в наперстке? Отнюдь нет! Молекула кислорода или азота имеет в поперечнике $\frac{3}{10\,000\,000}$ *мм* (или $3 \cdot 10^{-7}$ *мм*). Если принять объем молекулы равным кубу ее поперечника, то получим:

$$\left(\frac{3}{10^7}\,мм\right)^3 = \frac{27}{10^{21}}\,мм^3.$$

Молекул в наперстке $27 \cdot 10^{18}$. Значит, объем, занимаемый всеми обитателями наперстка, примерно

$$\frac{27}{10^{21}} \cdot 27 \cdot 10^{18} = \frac{729}{10^3}\,мм^3,$$

т. е. около 1 $мм^3$, что составляет всего лишь одну тысячную долю кубического сантиметра. Промежутки между молекулами во много раз больше их поперечников, — есть где разгуляться молекулам. Действительно, как вы знаете, частицы воздуха не лежат спокойно, собранные в одну кучку, а непрерывно и хаотично передвигаются с места на место, носятся по занимаемому ими пространству. Кислород, углекислый газ, водород, азот и другие газы имеют промышленное значение, но для хранения их в большом количестве нужны были бы огромные резервуары. Например, одна тонна (1000 *кг*) азота при нормальном давлении занимает объем в 800 *куб. м,* т. е. для хранения только одной тонны чистого азота нужен ящик размерами 20 *м* × 20 *м* × 20 *м.* А для хранения одной тонны чистого водорода понадобится цистерна емкостью в 10 000 *куб. м.*

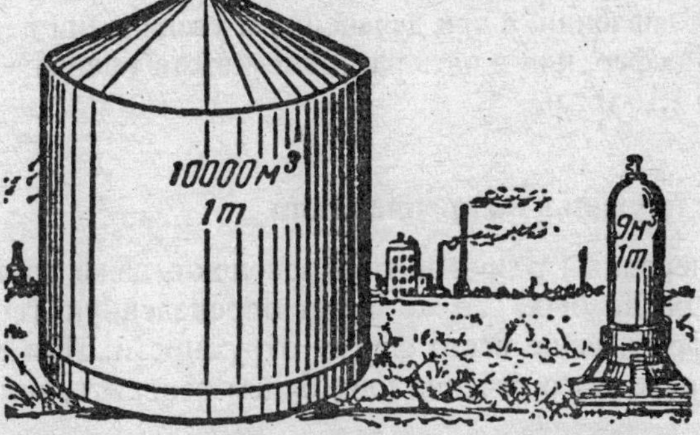

Рис. 161. Тонна водорода при атмосферном давлении (налево) и при давлении в 5000 *атм* (направо). (Рисунок условный; пропорции не соблюдены.)

Нельзя ли заставить молекулы газа потесниться? Инженеры так и поступают — при помощи сдавливания заставляют их уплотниться. Но это не легкое дело. Не забывайте, что с какой силой давят на газ, с такой же силой газ давит на стенки сосуда. Нужны очень прочные стенки, химически не разъедаемые газом.

Новейшая химическая аппаратура, изготовляемая отечественной промышленностью из легированных сталей, способна выдерживать огромные давления, высокие температуры и вредное химическое действие газов.

Теперь наши инженеры уплотняют водород в 1163 раза, так что одна тонна водорода, занимающая при атмосферном давлении объем в 10 000 *куб. м*, умещается в сравнительно небольшом баллоне емкостью около 9 *куб. м* (рис. 161).

Как вы думаете, какому же давлению пришлось подвергнуть водород, чтобы уменьшить его объем в 1163 раза? Припоминая из физики, что объем газа *уменьшается* во столько раз, во сколько раз *увеличивается* давление, вы предлагаете такой ответ: давление на водород увеличили тоже в 1163 раза. Так ли это в действительности? Нет. В действительности водород пришлось подвергнуть давлению в 5000 атмосфер, т. е. увеличить давление в 5000 раз, а не в 1163 раза. Дело в том, что объем газа изменяется обратно пропорционально давлению только для небольших давлений. При очень высоких давлениях такой закономерности не наблюдается. Так, например, когда на наших химзаводах 1 *т* азота подвергают давлению в 1 тысячу атмосфер, то вся тонна этого газа умещается в объеме 1,7 *куб..м* вместо 800 *куб..м*, занимаемых азотом при нормальном атмосферном давлении, а при дальнейшем увеличении давления до 5000 атмосфер, или в пять раз, объем азота уменьшается всего лишь до 1,1 *куб..м.*

Тоньше паутины, но крепче стали

Поперечный разрез нити, проволоки, даже паутины, как бы мал он ни был, все же имеет определенную геометрическую форму, чаще всего форму окружности. При этом диаметр поперечного сечения или, будем говорить, толщина одной паутины примерно 5 микронов $\left(\frac{5}{1000}\,мм\right)$. Есть ли что-нибудь тоньше паутины? Кто самая искусная «тонкопряха»?

Паук или, может быть, шелковичный червь? Нет. Диаметр нити натурального шелка 18 микронов, т. е. нить в 3 $^1/_2$ раза толще одной паутины.

Люди издавна мечтали о том, чтобы своим мастерством превзойти искусство паука и шелковичного червя. Известна старинная легенда об изумительной ткачихе, гречанке Арахнее. Она в таком совершенстве овладела ткацким ремеслом, что ее ткани были тонки, как паутина, прозрачны, как стекло, и легки, как воздух. С ней не могла соперничать даже сама Афина — богиня мудрости и покровительница ремесел.

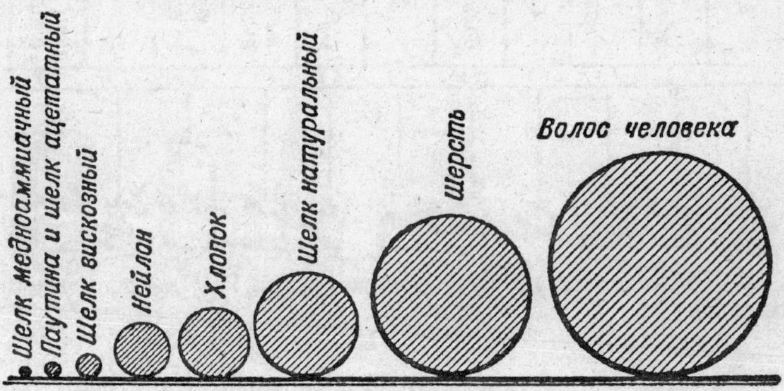

Рис. 162. Сравнительная толщина волокон.

Эта легенда, как и многие другие древние легенды и фантазии, в наше время стала былью. Современной Арахнеей, самой искусной «тонкопряхой», оказались инженеры-химики. создавшие из обыкновенной древесины необычайно тонкое и удивительно прочное искусственное волокно. Шелковые нити, полученные, например, медноаммиачным промышленным способом, в 2 $^1/_2$ раза тоньше паутины, а в прочности почти не уступают нитям натурального шелка. Натуральный шелк выдерживает нагрузку до 30 *кг* на 1 *кв..мм* поперечного сечения, а медноаммиачный — до 25 *кг* на 1 *кв..мм.*

Любопытен способ изготовления медноаммиачного шелка. Древесину превращают в целлюлозу, а целлюлозу растворяют в аммиачном растворе меди. Струйки раствора через тонкие отверстия выливают в воду, вода отнимает растворитель, после чего образующиеся нити наматывают на соответствующие приспособления. Толщина нити медноаммиачного шелка 2 микрона. На 1 микрон толще ее так называемый ацетатный, тоже искусственный, шелк. Поразительно то, что некоторые сорта ацетатного шелка крепче стальной проволоки! Если стальная проволока выдерживает нагрузку в 110 *кг* на один квадратный миллиметр поперечного сечения, то нить ацетатного шелка выдерживает 126 *кг* на 1 *кв..мм*.

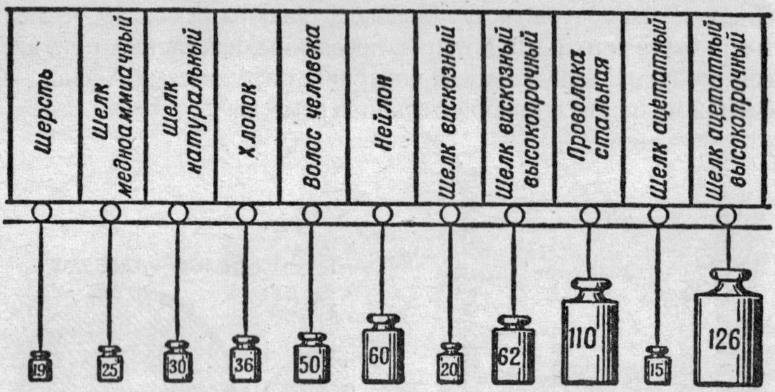

Рис. 163. Предельная прочность волокон (в *кгм* 1 *кв. мм* поперечного сечения).

Всем нам хорошо известный вискозный шелк имеет толщину нити около 4 микронов, а предельную прочность от 20 до 62 *кг* на 1 *кв..мм* поперечного сечения. На рис. 162 приведена сравнительная толщина паутины, человеческого волоса, различных искусственных волокон, а также волокон шерсти и хлопка, а на рис. 163 — их крепость в килограммах на 1 *кв. мм.*. Искусственное или, как его еще называют, синтетическое волокно — одно из крупнейших современных технических открытий и имеет огромное хозяйственное значение. Вот что рассказывает инженер Буянов: «Хлопок растет медленно, и количество его зависит от климата и урожая. Производитель натурального шелка — шелковичный червь — чрезвычайно ограничен в своих возможностях. За свою жизнь он выпрядет кокон, в котором имеется лишь 0,5 г шелковой нити...

Количество искусственного шелка, полученного путем химической переработки из 1 *куб..м* древесины, заменяет 320 000 шелковых коконов или годовой настриг шерсти с 30 овец, или средний урожай хлопка с $^1/_2$ *га*. Этого количества волокон достаточно для выработки четырех тысяч пар женских чулок или 1500 *м* шелковой ткани».

Две банки

Еще хуже представляем мы себе большое и малое в геометрии, где приходится сравнивать не числа, а поверхности и объемы. Каждый, не задумываясь, ответит, что 5 *кг* варенья больше, чем 3 *кг* его, но не всегда сразу скажет, которая из двух банок, стоящих на столе, вместительнее.

ЗАДАЧА

Которая из двух банок (рис. 164) вместительнее — правая, широкая, или левая, втрое более высокая, но вдвое более узкая?

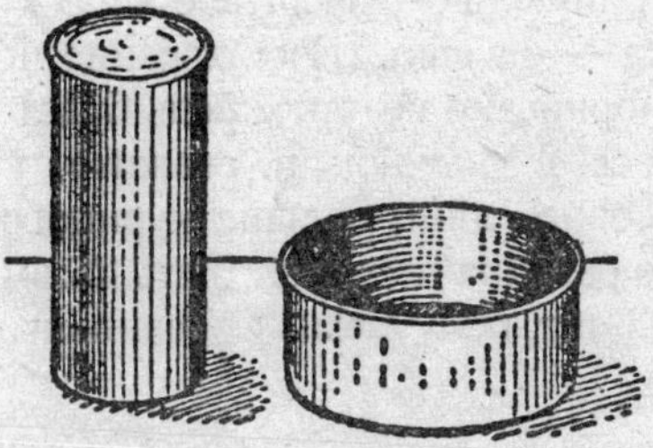

Рис. 164. Которая банка вместительнее?

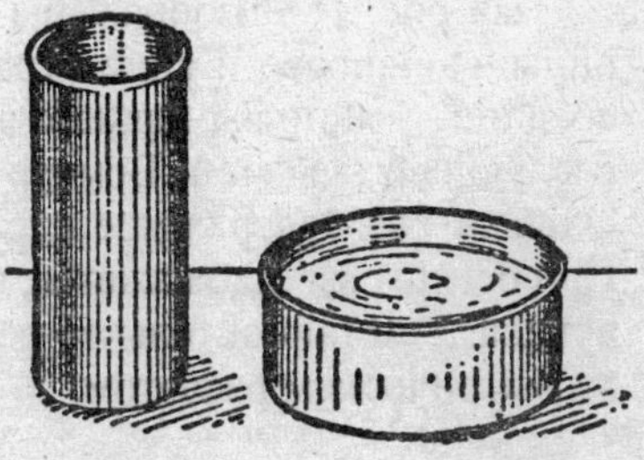

Рис. 165. Результат переливания содержимого высокой банки в широкую.

РЕШЕНИЕ

Для многих, вероятно, будет неожиданностью, что в нашем случае высокая банка менее вместительна, нежели широкая. Между тем легко удостовериться в этом расчетом. Площадь основания широкой банки в 2×2, т. е. в четыре раза, больше, чем узкой; высота же ее всего в три раза меньше. Значит, объем широкой банки в $^4/_3$ раза больше, чем узкой. Если содержимое высокой перелить в широкую, оно заполнит лишь $^3/_4$ ее (рис. 165).

Исполинская папироса

ЗАДАЧА

В витрине табачного треста выставлена огромная папироса, в 15 раз длиннее и в 15 раз толще обыкновенной. Если на набивку одной папиросы нормальных размеров нужно пол-грамма табаку, то сколько табаку понадобилось, чтобы набить исполинскую папиросу в витрине.

РЕШЕНИЕ

$$\frac{1}{2}\times 15\times 15\times 15=1700\ г,$$

т. е. свыше $1^1/_2$ *кг.*

Яйцо страуса

ЗАДАЧА

На рис. 166 изображены в одинаковом масштабе яйцо курицы — направо и яйцо страуса — налево. (Изображение посредине — яйцо вымершего эпиорниса, о котором речь будет в следующей задаче.) Всмотритесь в рисунок и скажите, во сколько раз содержимое страусового яйца больше куриного? При беглом взгляде кажется, что разница не может быть весьма велика. Тем поразительнее результат, получаемый правильным геометрическим расчетом.

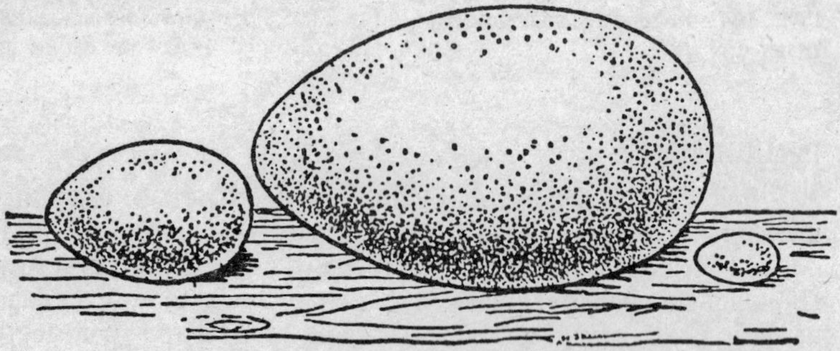

Рис. 166. Сравнительные размеры яиц страуса, эпиорниса и курицы.

РЕШЕНИЕ

Непосредственным измерением на чертеже убеждаемся, что яйцо страуса длиннее куриного в $2\ ^1/_2$ раза. Следовательно, объем страусового яйца больше объема куриного в

$$2\frac{1}{2}\times 2\frac{1}{2}\times 2\frac{1}{2}=\frac{125}{8},$$

т. е. примерно в 15 раз.

Одним таким яйцом могла бы позавтракать семья из пяти человек, считая, что каждый удовлетворяется яичницей из трех яиц.

Яйцо эпиорниса

ЗАДАЧА

На Мадагаскаре водились некогда огромные страусы — эпиорнисы, клавшие яйца длиною в 28 *см* (средняя фигура — рис. 166). Между тем куриное яйцо имеет в длину 5 *см*. Скольким же куриным яйцам соответствует по объему одно яйцо мадагаскарского страуса?

РЕШЕНИЕ

Перемножив $\frac{28}{5}\times\frac{28}{5}\times\frac{28}{5}$ получаем около 170. Одно яйцо эпиорниса равно чуть не двумстам куриным яйцам! Более полусотни человек могли бы насытиться одним таким яйцом, вес которого, как нетрудно рассчитать, равнялся 8—9 *кг*. (Напомним читателю, что существует остроумный фантастический рассказ Герберта Уэллса о яйце эпиорниса.)

Яйца русских птиц

ЗАДАЧА

Самый резкий контраст в размерах получится, однако, тогда, когда обратимся к нашей родной, природе и сравним яйца лебедя-шипуна и желтоголового королька, миниатюрнейшей из всех русских птичек. На рис. 167 контуры этих яиц изображены в натуральную величину. Каково отношение их объемов?

РЕШЕНИЕ

Измерив длину обоих яиц, получаем 125 *мм* и 13 *мм*. Измерив также их ширину, имеем 80 *мм* и 9 *мм*. Легко видеть, что эти числа почти пропорциональны; проверяя пропорцию

$$\frac{125}{80}=\frac{13}{9}$$

сравнением произведений крайних и средних ее членов, имеем: 1125 и 1040 — числа, мало разнящиеся. Отсюда заключаем, что, приняв эти яйца за тела, геометрически подобные, мы не сделаем большой погрешности. Поэтому отношение их объемов примерно равно

$$\frac{80^3}{9^3} = \frac{512\,000}{750} = 700\,.$$

Итак, яйцо лебедя раз в 700 объемистее яйца королька!

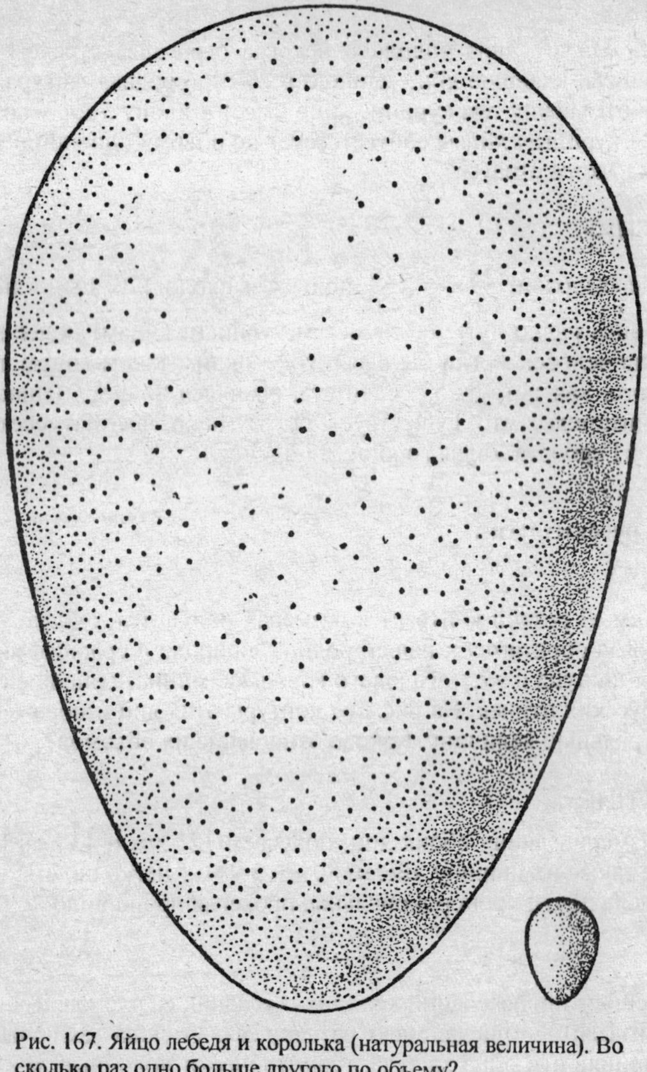

Рис. 167. Яйцо лебедя и королька (натуральная величина). Во сколько раз одно больше другого по объему?

Определить вес скорлупы, не разбивая яйца

ЗАДАЧА

Имеются два яйца одинаковой формы, но различной величины. Требуется, не разбивая яиц, определить приближенно вес их скорлупы. Какие измерения, взвешивания и вычисления нужно для этого выполнить? Толщину скорлупы обоих яиц можно считать одинаковой.

РЕШЕНИЕ

Измеряем длину большой оси каждого яйца: получаем D и d. Вес скорлупы первого яйца обозначим через x, второго — через y. Вес скорлупы пропорционален ее поверхности, т. е. квадрату ее линейных размеров. Поэтому, считая толщину скорлупы обоих яиц одинаковой, составляем пропорцию

$$x : y = D^2 : d^2,$$

Взвешиваем яйца: получаем P и p. Вес содержимого яйца можно считать пропорциональным его объему, т. е. кубу его линейных размеров:

$$(P - x) : (p - y) = D^3 : d^3.$$

Имеем систему двух уравнений с двумя неизвестными; решая ее, находим:

$$x = \frac{p \cdot D^3 - P \cdot d^3}{d^2(D-d)}; \quad y = \frac{p \cdot D^3 - P \cdot d^3}{D^2(D-d)}.$$

Размеры наших монет

Вес наших монет пропорционален их достоинству, т. е. двухкопеечная монета весит вдвое больше копеечной, трехкопеечная — втрое больше и т. д. То же справедливо и для разменного серебра; двугривенный, например, вдвое тяжелее гривенника. А так как однородные монеты обычно имеют геометрически подобную форму, то, зная диаметр одной разменной монеты, можно вычислить диаметры прочих, однородных с нею. Приведем примеры таких расчетов.

ЗАДАЧА

Диаметр пятака равняется 25 *мм*. Каков диаметр трехкопеечной монеты?

РЕШЕНИЕ

Вес, а следовательно, и объем трехкопеечной монеты, составляет $^3/_5$, т. е. 0,6 объема пятака. Значит, линейные ее размеры должны быть меньше в $\sqrt[3]{0,6}$ раза, т. е. составлять 0,84 размера пятака. Отсюда искомый диаметр трехкопеечной монеты должен равняться $0,84 \times 25$, т. е. 21 *мм.*(в действительности 22 *мм*).

Монета в миллион рублей

ЗАДАЧА

Вообразите фантастическую серебряную монету в миллион рублей, которая имеет ту же форму, что и двугривенный, но соответственно больше по весу. Какого примерно диаметра была бы такая монета? Если бы ее поставить на ребро рядом с автомобилем, то во сколько раз она была бы выше автомобиля?

Рис. 168. Какой монете равноценен этот гигантский двугривенный?

РЕШЕНИЕ

Размеры монеты были бы не так огромны, как можно думать. Диаметр ее был бы всего лишь около 3,8 *м.*— чуть выше одного этажа. В самом деле, раз объем ее больше объема двугривенного в 5 000 000 раз, то диаметр (а также толщина) больше в $\sqrt[3]{5\,000\,000}$, т. е. всего в 172 раза.

Умножив 22 *мм* на 172, получаем приблизительно 3,8 *м.*— размеры, неожиданно скромные для монеты такого достоинства.

ЗАДАЧА

Рассчитайте, какой монете будет равноценен двугривенный, увеличенный до размеров четырехэтажного дома (по высоте) (рис. 168).

Наглядные изображения

Читатель, на предыдущих примерах приобревший навык в сравнении объемов геометрически подобных тел по их линейным размерам, не даст уже застигнуть себя врасплох вопросами такого рода. Он легко сможет поэтому избегнуть ошибки некоторых мнимо-наглядных изображений, зачастую появляющихся в иллюстрированных журналах.

Рис. 169. Сколько мяса человек съедает в течение жизни (обнаружить ошибку в изображении).

ЗАДАЧА

Вот пример таких изображений. Если человек съедает в день, круглым и средним счетом, 400 *г* мяса, то за 60 лет жизни это составит около 9 *т*. А так как вес быка — около $^1/_2$ *т*, то человек к концу жизни может утверждать, что съел 18 быков.

На прилагаемом рис. 169, воспроизводимом из английского журнала, изображен этот исполинский бык рядом с человеком, поглощающим его в течение жизни. Верен ли рисунок? Каков был бы правильный масштаб?

РЕШЕНИЕ

Рисунок неверен. Бык, который изображен здесь, выше нормального в 18 раз и, конечно, во столько же раз длиннее и толще. Следовательно, по объему он больше нормального быка в $18 \times 18 \times 18 = 5832$ раза. Такого быка человек мог бы съесть, разве только если бы жил не менее двух тысячелетий!

Правильно изображенный бык должен быть выше, длиннее и толще обыкновенного всего в $\sqrt[3]{18}$, т. е. в 2,6 раза; это вышло бы на рисунке не так внушительно, чтобы могло служить поражающей иллюстрацией количества съедаемого человеком мяса.

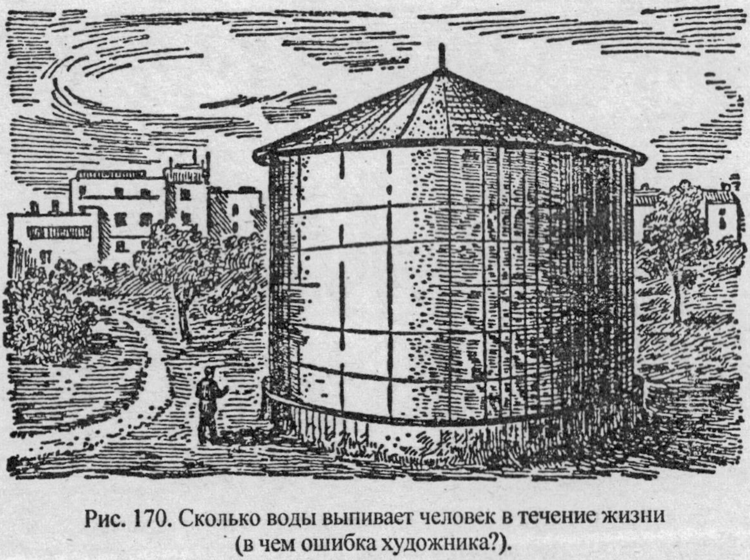

Рис. 170. Сколько воды выпивает человек в течение жизни (в чем ошибка художника?).

ЗАДАЧА

На рис. 170 воспроизведена другая иллюстрация из той же области. Человек поглощает в день разных жидкостей $1\frac{1}{2}$ *л* (7—8 стаканов). За 70 лет жизни это составляет около 40000 *л.* Так как в ведре 12 л, то художнику нужно было изобразить какой-либо сосуд, который больше ведра в 3300 раз. Он и полагал, что сделал это на рис. 170. Прав ли он?

РЕШЕНИЕ

На рисунке размеры цистерны сильно преувеличены. Сосуд должен быть выше и шире обыкновенного ведра только в $\sqrt[3]{3300} = 14{,}9$, круглым счетом в 15 раз. Если высота и ширина нормального ведра 30 *см,* то для вмещения всей воды, выпиваемой нами за целую жизнь, достаточно было бы ведра высотою 4,5 *м* и такой же ширины. На рис. 171 изображена эта посудина в правильном масштабе.

Рис. 171. То же (см. рис. 170) — правильное изображение.

Рассмотренные примеры показывают, между прочим, что изображение статистических чисел в виде *объемных* тел недостаточно наглядно, не производит того впечатления, какое обычно ожидают. Столбчатые диаграммы в этом отношении имеют несомненное преимущество.

Наш нормальный вес

Если принять, что все человеческие тела геометрически подобны (это верно лишь в среднем), то можно вычислять вес людей по их росту (средний рост человека равен 1,75 *м*, а средний вес — 65 *кг*). Получающиеся при таких расчетах результаты могут многим показаться неожиданными.

Предположим, что вы ниже среднего роста на 10 *см*. Какой вес тела является для вас нормальным?

В обиходе часто решают эту задачу так: скидывают с нормального веса такой процент, какой 10 *см* составляют от нормального роста. В данном случае, например, уменьшают 65 *кг* на $^{10}/_{175}$ и полученный вес — 62 *кг* — считают нормальным.

Это неправильный расчет.

Правильный вес получится, если вычислить его из пропорции

$$65 : x = 1{,}75^3 : 1{,}65^3,$$

откуда

$$x = \text{около } 54 \text{ кг}.$$

Разница с обычно получаемым результатом весьма значительна — 8 *кг*.

Наоборот, для человека, рост которого на 10 *см* выше среднего, нормальный вес вычисляется из пропорции

$$65 : x = 1{,}75^3 : 1{,}85^3.$$

Из нее $x = 78$ *кг*, т. е. на 13 *кг* больше среднего. Эта прибавка гораздо значительнее, чем обычно думают.

Несомненно, что подобные расчеты, правильно выполненные, должны иметь немаловажное значение в медицинской практике при определении нормального веса, при исчислении дозы лекарств и т. п.

Великаны и карлики

Каково же в таком случае должно быть отношение между весом великана и карлика? Многим, я уверен, покажется неправдоподобным, что великан может быть в 50 раз тяжелее карлика. Между тем к этому приводит правильный геометрический расчет.

Одним из высочайших великанов, существование которого хорошо удостоверено, был австриец Винкельмейер в 278 *см* высоты; другой, эльзасец Крау, был ростом 275 *см*; третий, англичанин О'Брик, о котором рассказывали, что он закуривал трубку от уличных фонарей, достигал 268 *см*. Все они были на целый метр выше человека нормального роста. Напротив, карлики достигают во взрослом состоянии около 75 *см*. — на метр ниже нормального роста. Каково же отношение объема и веса великана к объему и весу карлика? Оно равно

$$275^3 : 75^3, \text{ или } 11^3 : 3^3 = 49.$$

Значит, великан равен по весу почти полусотне карликов!

А если верить сообщению об арабской карлице Агибе ростом в 38 *см,* то это отношение станет еще разительнее: высочайший великан в семь раз выше этой карлицы и, следовательно, тяжелее в 343 раза. Более достоверно сообщение Бюффона, измерившего карлика в 43 *см* ростом: этот карлик должен быть в 260 раз легче великана.

Впрочем, эти наши оценки соотношения веса карлика и великана несколько завышены: они сделаны из предположения, что пропорции тела у карлика такие же, как у великана. Если вы когда-либо видели карлика, то знаете, что низкорослый человек выглядит иначе, чем человек среднего роста, соотношения размеров тела, рук и головы у карликов другие. Так же и с великанами. При взвешивании скорее всего оказалось бы, что соотношение веса в последнем рассмотренном нами случае все же меньше 50.

Геометрия Гулливера

Автор «Путешествия Гулливера» с большой осмотрительностью избежал опасности запутаться в геометрических отношениях. Читатель помнит, без сомнения, что в стране лилипутов нашему футу соответствовал дюйм, а в стране великанов, наоборот, дюйму — фут. Другими словами, у лилипутов все люди, все вещи, все произведения природы в 12 раз меньше нормальных, у великанов — во столько же раз больше. Эти на первый взгляд простые отношения, однако, сильно усложнялись, когда приходилось решать, вопросы вроде следующих:

1) во сколько раз Гулливер съедал за обедом больше, чем лилипут?

2) во сколько раз Гулливеру требовалось больше сукна на костюм, нежели лилипутам?

3) сколько весило яблоко страны великанов?

Автор «Путешествия» справлялся с этими задачами в большинстве случаев вполне успешно. Он правильно рассчитал, что раз лилипут ростом меньше Гулливера в 12 раз, то объем его тела меньше в 12 × 12 × 12, т. е. в 1728 раз; следовательно, для насыщения тела Гулливера нужно в 1728 раз больше пищи, чем для лилипута. И мы читаем в «Путешествии» такое описание обеда Гулливера:

«Триста поваров готовили для меня кушанье. Вокруг моего дома были поставлены шалаши, где происходила стряпня и

Рис. 172. Портные-лилипуты снимают мерку с Гулливера.

жили повара со своими семьями. Когда наступал час обеда, я брал в руки 20 человек прислуги и ставил их на стол, а человек 100 прислуживало с пола: одни подавали кушанье, остальные приносили бочонки с вином и другими напитками на шестах, перекинутых с плеча на плечо. Стоявшие наверху, по мере надобности, поднимали все это на стол при помощи веревок и блоков...».

Правильно рассчитал Свифт и количество материала на костюм Гулливеру. Поверхность его тела больше, чем у лилипутов, в 12 × 12 = 144 раза; во столько же раз нужно ему больше материала, портных и т. п. Все это учтено Свифтом, рассказывающим от имени Гулливера, что к нему «было прикомандировано 300 портных-лилипутов (рис. 172) с наказом сшить полную пару платья по местным образцам». (Спешность работы потребовала двойного количества портных.)

Надобность производить подобные расчеты возникала у Свифта чуть не на каждой странице. И, вообще говоря, он выполнял их правильно. Если у Пушкина в «Евгении Онегине», как утверждает поэт, «время расчислено по календарю», то в «Путешествиях» Свифта все размеры согласованы с правилами геометрии. Лишь изредка надлежащий масштаб не выдерживался, особенно при описании страны великанов. Здесь иногда встречаются ошибки.

«Один раз, — рассказывает Гулливер, — с нами отправился в сад придворный карлик. Улучив удобный момент, когда я, прохаживаясь, очутился под одним из деревьев, он ухватился за ветку и встряхнул ее над моей головой. Град яблок, величиной каждое с хороший бочонок, шумно посыпался на землю; одно ударило меня в спину и сбило с ног...».

Гулливер благополучно поднялся на ноги после этого удара. Однако легко рассчитать, что удар от падения подобного яблока должен был быть поистине сокрушающий: ведь яблоко в 1728 раз тяжелее нашего, т. е. весом в 80 *кг,* обрушилось с 12-кратной высоты. Энергия удара должна была превосходить в 20000 раз энергию падения обыкновенного яблока и могла бы сравниться разве лишь с энергией артиллерийского снаряда...

Наибольшую ошибку допустил Свифт в расчете мускульной силы великанов. Мы уже видели в первой главе, что мощь крупных животных не пропорциональна их размерам. Если применить приведенные там соображения к великанам Свифта, то окажется, что, хотя мускульная сила их была в 144 раза больше силы Гулливера, вес их тела был больше в 1728 раз. И если Гулливер в силах был поднять не только вес своего собственного тела, но и еще примерно такой же груз, то великаны не в состоянии были бы преодолеть даже груза своего огромного тела. Они должны были бы неподвижно лежать на одном месте, бессильные сделать сколько-нибудь значительное движение.

Их могущество, так картинно описанное у Свифта, могло явиться лишь в результате неправильного подсчета.[1]

Почему пыль и облака плавают в воздухе

«Потому что они легче воздуха», — вот обычный ответ, который представляется многим до того бесспорным, что не оставляет никаких поводов к сомнению. Но такое объяснение при его подкупающей простоте совершенно ошибочно. Пылинки не только не легче воздуха, но они тяжелее его в сотни, даже тысячи раз.

Что такое «пылинка»? Мельчайшие частицы различных тяжелых тел: осколки камня или стекла, крупинки угля, дерева, металлов, волокна тканей и т. п. Разве все эти материалы легче воздуха? Простая справка в таблице удельных весов убедит вас, что каждый из них либо в несколько раз тяжелее воды, либо легче ее всего в 2—3 раза. А вода тяжелее воздуха раз в 800; следовательно, пылинки тяжелее его в несколько сот, если не тысяч раз. Теперь очевидна вся несообразность ходячего взгляда на причину плавания пылинок в воздухе.

Какова же истинная причина? Прежде всего надо заметить, что обычно мы неправильно представляем себе самое явление, рассматривая его как *плавание*. Плавают — в воздухе (или жидкости) — только такие тела, вес которых не превышает веса равного объема воздуха (или жидкости). Пылинки же превышают этот вес во много раз; поэтому *плавать* в воздухе они не могут. Они и не плавают, а *парят*, т. е. медленно опускаются, задерживаемые в своем падении сопротивлением воздуха. Падающая пылинка должна проложить себе путь между частицами воздуха, расталкивая их или увлекая с собой. На то и другое расходуется энергия падения. Расход тем значительнее, чем больше поверхность тела (точнее — площадь поперечного сечения) по сравнению с весом. При падении крупных, массивных тел мы не замечаем замедляющего действия сопротивления воздуха, так как их вес значительно преобладает над противодействующей силой.

Но посмотрим, что происходит при уменьшении тела. Геометрия поможет нам разобраться в этом. Нетрудно сообразить, что с уменьшением объема тела вес уменьшается гораздо больше, чем площадь поперечного сечения: уменьшение веса

[1] См. подробно об этом в «Занимательной механике» Я. И. Перельмана.

пропорционально *третьей* степени линейного сокращения, а ослабление сопротивления пропорционально поверхности, т. е. второй степени линейного уменьшения.

Какое это имеет значение в нашем случае, ясно из следующего примера. Возьмем крокетный шар диаметром в 10 *см* и крошечный шарик из того же материала диаметром в 1 *мм*. Отношение их линейных размеров равно 100, потому что 10 *см* больше одного миллиметра в 100 раз. Маленький шарик легче крупного в 100^3 раз, т. е. в миллион раз; сопротивление же, встречаемое им при движении в воздухе, слабее только в 100^2 раз, т. е. в десять тысяч раз. Ясно, что маленький шарик должен падать медленнее крупного. Короче говоря, причиной того, что пылинки держатся в воздухе, является их «парусность», обусловленная малыми размерами, а вовсе не то, что они будто бы легче воздуха. Водяная капелька радиусом 0,001 *мм* падает в воздухе равномерно со скоростью 0,1 *мм* в секунду; достаточно ничтожного, неуловимого для нас течения воздуха, чтобы помешать такому медленному падению.

Вот почему в комнате, где много ходят, пыли осаждается меньше, чем в нежилых помещениях, и днем меньше, чем ночью, хотя, казалось бы, должно происходить обратное: осаждению мешают возникающие в воздухе вихревые течения, которых обычно почти не бывает в спокойном воздухе мало посещаемых помещений.

Если каменный кубик в 1 *см* высотою раздробить на кубические пылинки высотою в 0,0001 *мм*, то общая поверхность той же массы камня увеличится в 10 000 раз и во столько же раз возрастет сопротивление воздуха ее движению. Пылинки нередко достигают именно таких размеров, и понятно, что сильно возросшее сопротивление воздуха совершенно меняет картину падения.

По той же причине «плавают» в воздухе облака. Давно отвергнут устарелый взгляд, будто облака состоят из водяных пузырьков, наполненных водяным паром. Облака — скопление огромного множества чрезвычайно мелких, но сплошных водяных пылинок. Пылинки эти, хотя тяжелее воздуха раз в 800, все же почти не падают; они опускаются с едва заметною скоростью. Сильно замедленное падение объясняется, как и для пылинок, огромной их поверхностью по сравнению с весом.

Самый слабый восходящий поток воздуха способен поэтому не только прекратить крайне медленное падение облаков, поддерживая их на определенном уровне, но и поднять их вверх.

Главная причина, обусловливающая все эти явления, — присутствие воздуха: в пустоте и пылинки и облака (если бы могли существовать) падали бы столь же стремительно, как и тяжелые камни.

Излишне добавлять, что медленное падение человека с парашютом (около 5 *м/сек*) принадлежит к явлениям подобного же порядка.

ГЛАВА ДВЕНАДЦАТАЯ

ГЕОМЕТРИЧЕСКАЯ ЭКОНОМИЯ

Как Пахом покупал землю
(Задача Льва Толстого)

Эту главу, необычное название которой станет понятно читателю из дальнейшего, начнем отрывком из общеизвестного рассказа Л. Н. Толстого «Много ли человеку земли нужно».

« — А цена какая будет? — говорит Пахом.

— Цена у нас одна: 1000 руб. за день.

Не понял Пахом.

— Какая же это мера — день? Сколько в ней десятин будет?

— Мы этого, — говорит, — не умеем считать. А мы за день продаем; сколько обойдешь в день, то и твое, а цена 1000 руб.

Удивился Пахом.

— Да ведь это, — говорит, — в день обойти земли много будет.

Засмеялся старшина.

— Вся твоя, — говорит. — Только один уговор, если назад не придешь в день к тому месту, с какого возьмешься, пропали твои деньги.

— А как же, — говорит Пахом, — отметить, где я пройду?

— А мы станем на место, где ты облюбуешь; мы стоять будем, а ты иди, делай круг, а с собой скребку возьми и, где надобно, замечай, на углах ямки рой, дерничка клади; потом с ямки на ямку плугом пройдем. Какой хочешь круг забирай, только до захода солнца приходи к тому месту, с какого взялся. Что обойдешь, все твое.

Разошлись башкирцы. Обещались завтра на зорьке собраться, до солнца на место выехать.

Приехали в степь, заря занимается. Подошел старшина к Пахому, показал рукой.

— Вот, — говорит, — все наше, что глазом окинешь. Выбирай любую.

Снял старшина шапку лисью, поставил на землю.

— Вот, — говорит, — метка будет. Отсюда поди, сюда приходи. Что обойдешь, все твое будет.

Рис. 173. «Бежит Пахом из последних сил, а солнце уж к краю подходит».

Только брызнуло из-за края солнце, вскинул Пахом скребку на плечо и пошел в степь.

Отошел с версту, остановился, вырыл ямку. Пошел дальше. Отошел еще, вырыл еще другую ямку.

Верст 5 прошел. Взглянул на солнышко, — уже время об завтраке. «Одна упряжка прошла, — думает Пахом. — А их четыре во дню, рано еще заворачивать. Дай пройду еще верст пяток, тогда влево загибать начну». Пошел еще напрямик.

«Ну, — думает, в эту сторону довольно забрал; надо загибать». Остановился, вырыл ямку побольше и загнул круто влево.

Прошел еще и по этой стороне много; загнул второй угол. Оглянулся Пахом на шихан (бугорок): от тепла затуманился, а сквозь мару чуть виднеются люди на шихане. «Ну, — думает, — длинны стороны взял, надо эту покороче взять». Пошел третью сторону. Посмотрел на солнце, — уж оно к полднику подходит, а по третьей стороне всего версты две прошел. И до места все те же верст 15. «Нет, — думает, — хоть кривая дача будет, а надо прямиком поспевать».

Вырыл Пахом поскорее ямку и повернул прямиком к шихану.

Идет Пахом прямо на шихан, и тяжело уж ему стало. Отдохнуть хочется, а нельзя, — не поспеешь дойти до заката. А солнце уж недалеко от края.

Идет так Пахом; трудно ему, а все прибавляет да прибавляет шагу. Шел, шел — все еще далеко; побежал рысью ... Бежит Пахом, рубаха и портки от пота к телу липнут, во рту пересохло. В груди как меха кузнечные раздуваются, а сердце молотком бьет.

Бежит Пахом из последних сил, а солнце уж к краю подходит. Вот-вот закатываться станет (рис. 173).

Солнце близко, да и место уж вовсе недалеко. Видит шапку лисью на земле и старшину, как он на земле сидит.

Взглянул Пахом на солнце, а оно до земли дошло, уже краешком заходить стало. Наддал из последних сил Пахом, надулся, взбежал на шихан. Видит — шапка. Подкосились ноги, и упал он наперед руками, до шапки достал.

— Ай, молодец! — закричал старшина: — много земли завладел.

Подбежал работник, хотел поднять его, а у него изо рта кровь течет, и он мертвый лежит...».

Задача Льва Толстого

Отвлечемся от мрачной развязки этой истории и остановимся на ее геометрической стороне. Можно ли установить по данным, рассеянным в этом рассказе, сколько примерно десятин земли обошел Пахом? Задача — на первый взгляд как будто невыполнимая — решается, однако, довольно просто.

РЕШЕНИЕ

Внимательно перечитывая рассказ и извлекая из него все геометрические указания, нетрудно убедиться, что полученных данных вполне достаточно для исчерпывающего ответа на поставленный вопрос. Можно даже начертить план обойденного Пахомом земельного участка.

Прежде всего из рассказа ясно, что Пахом бежал по сторонам четырехугольника. О первой стороне его читаем:

«Верст пять прошел... Пройду еще верст пяток; тогда влево загибать...»

Значит, первая сторона четырехугольника имела в длину около 10 верст.

О второй стороне, составляющей прямой угол с первой, численных указаний в рассказе не сообщается.

Длина третьей стороны — очевидно, перпендикулярной ко второй — указана в рассказе прямо: «*По третьей стороне всего версты две прошел*».

Непосредственно дана и длина четвертой стороны: «*До места все те же верст* 5».[1]

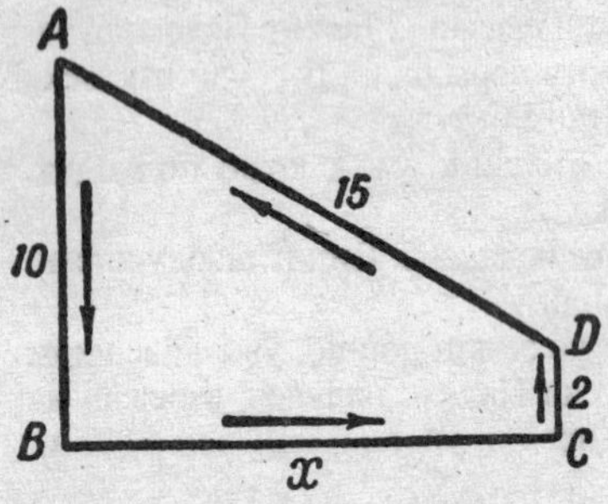

Рис. 174. Маршрут Пахома.

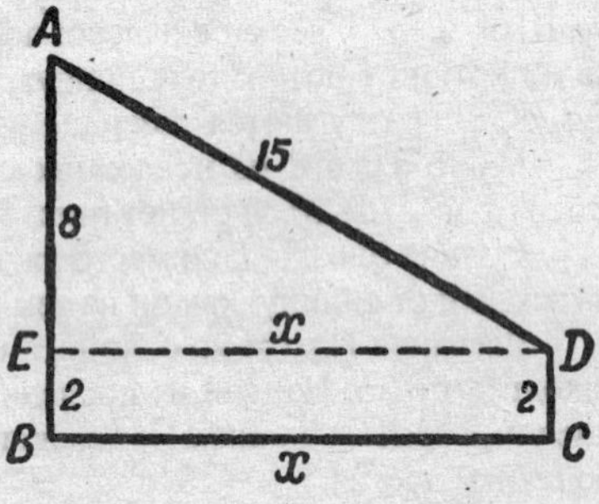

Рис. 175. Уточнение маршрута.

По этим данным мы и можем начертить план обойденного Пахомом участка (рис. 174). В полученном четырехугольнике $ABCD$ сторона $AB = 10$ верстам; $CD = 2$; верстам; $AD = 15$; верстам; углы B и C — прямые. Длину x неизвестной стороны BC нетрудно вычислить, если провести из D перпендикуляр DE к AB (рис. 175). Тогда в прямоугольном треугольнике AED нам известны катет $AE = 8$ верстам и гипотенуза $AD = 15$ верстам. Неизвестный катет $ED = \sqrt{15^2 - 8^2} = 13$ верстам.

Итак, вторая сторона имела в длину около 13 верст. Очевидно, Пахом ошибся, считая вторую сторону короче первой.

---

[1] Здесь непонятно, однако, как мог Пахом с такого расстояния различать людей на шихане.

Как видите, можно довольно точно начертить план того участка, который обежал Пахом. Несомненно, Л. Н. Толстой имел перед глазами чертеж наподобие рис. 174, когда писал свой рассказ.

Теперь легко вычислить и площадь трапеции *ABCD*, состоящей из прямоугольника *EBCD* и прямоугольного треугольника *AED*. Она равна

$$2 \times 13 + \frac{1}{2} \times 8 \times 13 = 78 \text{ кв. верстам.}$$

Вычисление по формуле трапеции дало бы, конечно, тот же результат:

$$\frac{AB + CD}{2} \times BC = \frac{10 + 2}{2} \times 13 = 78 \textit{ кв. верст.}$$

Мы узнали, что Пахом обежал обширный участок площадью в 78 кв. верст, или около 8000 десятин. Десятина обошлась ему в $12\frac{1}{2}$ копеек.

Трапеция или прямоугольник

ЗАДАЧА

В роковой для своей жизни день Пахом прошел 10 + 13 + 2 + 15 = 40 верст, идя по сторонам трапеции. Его первоначальным намерением было идти по сторонам прямоугольника; трапеция же получилась случайно, в результате плохого расчета. Интересно определить: выгадал ли он или прогадал от того, что участок его оказался не прямоугольником, а трапецией? В каком случае должен он был получить большую площадь земли?

РЕШЕНИЕ

Прямоугольников с обводом в 40 верст может быть очень много, и каждый имеет другую площадь. Вот ряд примеров:

$14 \times 6 = 84$ кв. верст
$13 \times 7 = 91$ » »
$12 \times 8 = 96$ » »
$11 \times 9 = 99$ » »

Мы видим, что у всех этих фигур при одном и том же периметре в 40 верст площадь больше, чем у нашей трапеции.

Участки другой формы

Но, может быть, Пахому еще выгоднее было бы выкроить себе участок вовсе не прямоугольной формы, а какой-нибудь другой — четырехугольной, треугольной, пятиугольной и т. д.?

Этот вопрос может быть рассмотрен строго математически; однако из опасения утомить нашего добровольного читателя мы не станем входить здесь в это рассмотрение и познакомим его только с результатами.

Можно доказать, во-первых, что из *всех четырехугольников* с одинаковым периметром наибольшую площадь имеет квадрат. Поэтому, желая иметь четырехугольный участок, Пахом никакими ухищрениями не мог бы овладеть более чем 100 кв. верстами (считая, что максимальный дневной пробег его — 40 верст).

Во-вторых, можно доказать, что квадрат имеет бóльшую площадь, чем всякий треугольник равного периметра. Равносторонний треугольник такого же периметра имеет сторону $\frac{40}{3}=13\frac{1}{3}$ верстам, а площадь (по формуле $S=\frac{a^2\sqrt{3}}{4}$, где S — площадь, а a — сторона)

$$\frac{1}{4}\left(\frac{40}{3}\right)^2\sqrt{3}=77 \text{ кв. верст,}$$

т. е. меньше даже, чем у той трапеции, которую Пахом обошел. Дальше (см. «Треугольник с наибольшей площадью») будет доказано, что из всех треугольников с равными периметрами *равносторонний* обладает наибольшею площадью. Значит, если даже этот наибольший треугольник имеет площадь, меньшую площади квадрата, то все прочие треугольники того же периметра по площади меньше, чем квадрат.

Но если будем сравнивать площадь квадрата с площадью пятиугольника, шестиугольника и т. д. равного периметра, то здесь первенство его прекращается: правильный пятиугольник обладает большею площадью, правильный шестиугольник — еще большею и т. д. Легко убедиться в этом на примерз правильного шестиугольника. При периметре в 40 верст его сторона $\frac{40}{6}$ площадь (по формуле $S=\frac{3a^2\sqrt{3}}{2}$) равна

$$\frac{3}{2}\left(\frac{40}{6}\right)^2\sqrt{3}=115 \text{ кв. верст.}$$

Избери Пахом для своего участка форму правильного шестиугольника, он при том же напряжении сил овладел бы площадью на 115 – 78, т. е. на 37 кв. верст больше, чем в действительности, и на 15 кв. верст больше, чем дал бы ему квадратный участок (но для этого, конечно, пришлось бы ему пуститься в путь с угломерным инструментом).

ЗАДАЧА

Из шести спичек сложить фигуру с наибольшей площадью.

РЕШЕНИЕ

Из шести спичек можно составить довольно разнообразные фигуры: равносторонний треугольник, прямоугольник, множество параллелограммов, целый ряд неправильных пятиугольников, ряд неправильных шестиугольников и, наконец, правильный шестиугольник. Геометр, не сравнивая между собою площадей этих фигур, заранее знает, какая фигура имеет наибольшую площадь: правильный шестиугольник.

Фигуры с наибольшею площадью

Можно доказать строго геометрически, что чем больше сторон у правильного многоугольного участка, тем бóльшую площадь заключает он при одной и той же длине границ. А самую большую площадь при данном периметре охватывает окружность. Если бы Пахом бежал по кругу, то, пройдя те же 40 верст, он получил бы площадь в

$$\pi\left(\frac{40}{2\pi}\right)^2 = 127 \text{ кв. верст.}$$

Большею площадью при данном периметре не может обладать никакая другая фигура, безразлично — прямолинейная или криволинейная.

Мы позволим себе несколько остановиться на этом удивительном свойстве круга заключать в своих границах бóльшую площадь, чем всякая другая фигура любой формы, имеющая тот же периметр. Может быть, некоторые читатели полюбопытствуют узнать, каким способом доказывают подобные положения. Приводим далее доказательство — правда, не вполне строгое — этого свойства круга, доказательство, предложенное математиком Яковом Штейнером. Оно довольно длинно, но те, кому оно покажется утомительным, могут пропустить его без ущерба для понимания дальнейшего.

Надо доказать, что фигура, имеющая при данном периметре наибольшую площадь, есть круг. Прежде всего установим, что искомая фигура должна быть выпуклой. Это значит, что всякая ее хорда должна полностью располагаться внутри фигуры. Пусть у нас имеется фигура *AaBC* (рис. 176), имеющая внешнюю хорду *AB*. Заменим дугу *a* дугою *b*, симметричною с нею. От такой замены периметр фигуры *ABC* не изменится, площадь же явно увеличится. Значит, фигуры вроде *AaBC* не могут быть теми, которые при одинаковом периметре заключают наибольшую площадь.

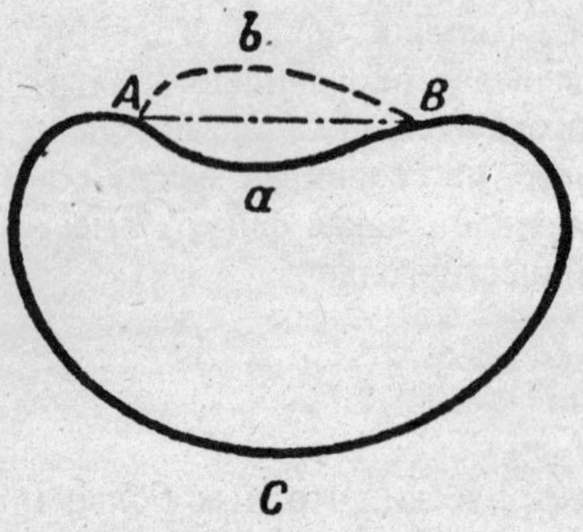

Рис. 176. Устанавливаем, что фигура с наибольшей площадью должна быть выпуклой.

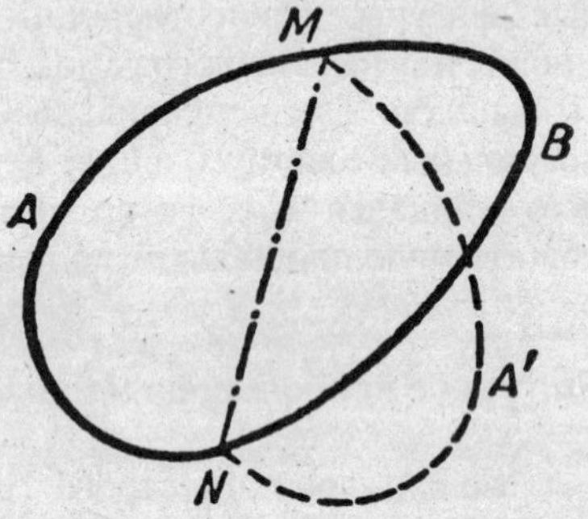

Рис. 177. Если хорда делит пополам периметр выпуклой фигуры с наибольшей площадью, то она рассекает пополам и площадь.

Итак, искомая фигура есть фигура *выпуклая*. Далее мы можем наперед установить еще и другое свойство этой фигуры: всякая хорда, которая делит пополам ее периметр, рассекает пополам и ее площадь. Пусть фигура *AMBN* (рис. 177) есть искомая, и пусть хорда *MN* делит ее периметр пополам. Докажем, что площадь *AMN* равна площади *MBN*. В самом деле, если бы какая-либо из этих частей была по площади больше другой, например *AMN* >*MNB*, то, перегнув фигуру *AMN* по *MN*, мы получили бы фигуру *AMN*, площадь которой больше, чем у первоначальной фигуры *AMBN*, периметр же одинаков с нею. Значит, фигура *AMBN*, в которой хорда, рассекающая периметр пополам, делит площадь на неравные части, не может быть искомая (т. е. не может иметь *наибольшую* площадь при данном периметре).

Прежде чем идти далее, докажем еще следующую вспомогательную теорему: из всех треугольников с двумя данными сторонами наибольшую площадь имеет тот, у которого стороны эти заключают прямой угол. Чтобы доказать это, вспомним тригонометрическое выражение площади S треугольника со сторонами a и b и углом C между ними:

$$S = \frac{1}{2}\text{ab}\, sin\, \text{C}.$$

Выражение это будет, очевидно, наибольшим (при данных сторонах) тогда, когда sin C примет наибольшее значение, т. е. будет равен единице. Но угол, синус которого равен 1, есть прямой, что и требовалось доказать.

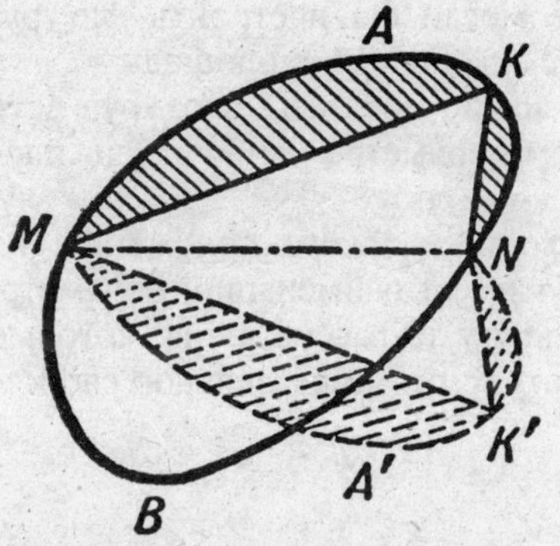

Рис. 178. Допускаем существование некруговой выпуклой фигуры с наибольшей площадью.

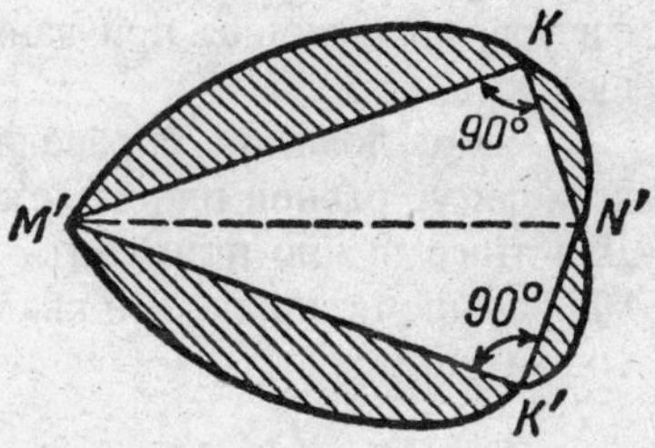

Рис. 179. Устанавливаем, что из всех фигур с данным периметром наибольшую площадь ограничивает окружность.

Теперь можем приступить к основной задаче — к доказательству того, что из всех фигур с периметром p наибольшую площадь ограничивает окружность. Чтобы убедиться в этом, попробуем допустить существование некруговой выпуклой фигуры *MANB* (рис. 178), которая обладает этим свойством. Проведем в ней хорду *MN,* делящую пополам ее периметр; она же, мы знаем, разделит пополам и площадь фигуры. Перегнем половину *MKN* по линии *MN* так, чтобы она расположилась симметрично (*MK'N*). Заметим, что фигура *MNK'M* обладает тем же периметром и тою же площадью, что и первоначальная фигура *MKNM.* Так как дуга *MKN* не есть полуокружность (иначе нечего было бы и доказывать), то на ней должны находиться такие точки, из которых отрезок *MN* виден не под прямым углом. Пусть *K* — такая точка, а *K'* — ей симметричная, т. е. углы *K* и *K'* — не прямые. Раздвигая (или сдвигая) стороны *MK, KN, MK', NK'*, мы можем сделать заключенный между ними угол прямым и получим тогда *равные* прямоугольные треугольники. Эти треугольники сложим гипотенузами, как на рис. 179, и присоединим к ним в соответствующих местах заштрихованные сегменты. Получим фигуру *M'KN'K'*, обладающую тем же периметром, что и первоначальная, но, очевидно, большею площадью (потому что прямоугольные треугольники *M'KN'* и *M'K'N'* имеют большую площадь, чем непрямоугольные *MKN* и *MK'N*). Значит, никакая некруговая фигура не может обладать при данном периметре наибольшею площадью. И только в случае круга мы указанным способом не могли бы построить фигуру, имеющую при том же периметре еще большую площадь.

Вот каким рассуждением можно доказать, что круг есть фигура, обладающая при данном периметре наибольшею площадью.

Легко доказать справедливость и такого положения: из всех фигур равной площади круг имеет наименьший периметр. Для этого нужно применить к кругу те рассуждения, которые мы раньше приложили к квадрату (см. «Замечательное свойство квадрата»).

Гвозди

ЗАДАЧА

Какой гвоздь труднее вытащить — круглый, квадратный или треугольный, — если они забиты одинаково глубоко и имеют одинаковую площадь поперечного сечения?

РЕШЕНИЕ

Будем исходить из того, что крепче держится тот гвоздь, который соприкасается с окружающим материалом по большей поверхности. У какого же из наших гвоздей большая боковая поверхность? Мы уже знаем, что при равных площадях периметр квадрата меньше периметра треугольника, а окружность меньше периметра квадрата. Если сторону квадрата принять за единицу, то вычисление дает для этих трех величин значения: 4,53, 4; 3,55. Следовательно, крепче других должен держаться треугольный гвоздь.

Таких гвоздей, однако, не изготовляют, по крайней мере в продаже они не встречаются. Причина кроется, вероятно, в том что подобные гвозди легче изгибаются и ломаются.

Тело наибольшего объема

Свойством, сходным со свойством круга, обладает и шаровая поверхность: она имеет наибольший объем при данной величине поверхности. И наоборот, из всех тел одинакового объема наименьшую поверхность имеет шар. Эти свойства не лишены значения в практической жизни. Шарообразный самовар обладает меньшей поверхностью, чем цилиндрический или какой-либо иной формы, вмещающий столько же стаканов, а так как тело теряет теплоту только с поверхности, то шарообразный самовар остывает медленнее, чем всякий другой того же объема. Напротив, резервуар градусника быстрее нагревается и охлаждается (т. е. принимает температуру окружающих предметов), когда ему придают форму не шарика, а цилиндра.

По той же причине земной шар, состоящий из твердой оболочки и ядра, должен уменьшаться в объеме, т. е. сжиматься, уплотняться, от всех причин, изменяющих форму его поверхности: его внутреннему содержимому должно становиться тесно всякий раз, когда наружная его форма претерпевает какое-либо изменение, отклоняясь от шара. Возможно, что этот геометрический факт находится в связи с землетрясениями и вообще с тектоническими явлениями; но об этом должны иметь суждение геологи.

Произведение равных множителей

Задачи вроде тех, которыми мы сейчас занимались, рассматривают вопрос со стороны как бы экономической: при данной затрате сил (например, при прохождении 40-верстного пути), как достигнуть наивыгоднейшего результата (охватить наибольший участок)? Отсюда и заглавие настоящего отдела этой книги: «Геометрическая экономия». Но это — вольность популяризатора; в математике вопросы подобного рода носят другое название: задачи «на максимум и минимум». Они могут быть весьма разнообразны по сюжетам и по степени трудности. Многие разрешаются лишь приемами высшей математики; но не мало есть и таких, для решения которых достаточно самых элементарных сведений. В дальнейшем будет рассмотрен ряд подобных задач из области геометрии, которые мы будем решать, пользуясь одним любопытным свойством произведения равных множителей.

Для случая двух множителей свойство это уже знакомо нам. Мы знаем, что площадь квадрата больше, чем площадь всякого прямоугольника такого же периметра. Если перевести это геометрическое положение на язык арифметики, оно будет означать следующее: когда требуется разбить число на две такие части, чтобы произведение их было наибольшим, то следует делить пополам. Например, из всех произведений

$$13 \times 17,\ 16 \times 14,\ 12 \times 18,\ 11 \times 19,\ 10 \times 20,\ 15 \times 15$$

и т. д., сумма множителей которых равна 30, наибольшим будет 15×15, даже если сравнивать и произведения дробных чисел ($14\,{}^1/_2 \times 15{}^1/_2$ и т. п.).

То же справедливо и для произведений трех множителей, имеющих постоянную сумму: произведение их достигает наибольшей величины, когда множители равны между собою. Это прямо вытекает из предыдущего. Пусть три множителя *x, y, z* в сумме равны *a*:

$$x + y + z = a.$$

Допустим, что *x* и *y* не равны между собою. Если заменим каждый из них полусуммою $\frac{x+y}{2}$, то сумма множителей не изменится:

$$\frac{x+y}{2} + \frac{x+y}{2} + z = x + y + z = a.$$

Но так как согласно предыдущему

$$\left(\frac{x+y}{2}\right)\left(\frac{x+y}{2}\right) > xy,$$

то произведение трех множителей

$$\left(\frac{x+y}{2}\right)\left(\frac{x+y}{2}\right) z$$

больше произведения *xyz*:

$$\left(\frac{x+y}{2}\right)\left(\frac{x+y}{2}\right) z > xyz.$$

Вообще, если среди множителей *xyz* есть хотя бы два неравных, то можно всегда подобрать числа, которые, не изменяя общей суммы, дадут большее произведение, чем xyz. И только когда все три множителя равны, произвести такой замены нельзя. Следовательно, при $x+y+z=a$ произведение xyz будет наибольшим тогда, когда

$$x=y=z.$$

Воспользуемся знанием этого свойства равных множителей, чтобы решить несколько интересных задач.

Треугольник с наибольшею площадью

ЗАДАЧА

Какую форму нужно придать треугольнику, чтобы при данной сумме его сторон он имел наибольшую площадь?

Мы уже заметили раньше (см. «Участки другой формы»), что этим свойством обладает треугольник равносторонний. Но как это доказать?

РЕШЕНИЕ

Площадь S треугольника со сторонами a, b, c и периметром $a+b+c=2p$ выражается, как известно из курса геометрии, так:

$$S=\sqrt{p(p-a)(p-b)(p-c)},$$

откуда

$$\frac{S^2}{p}=(p-a)(p-b)(p-c).$$

Площадь S треугольника будет наибольшей тогда же, когда станет наибольшей величиной и ее квадрат S^2, или выражение $\frac{S^2}{p}$, где p, полупериметр, есть согласно условию величина неизменная. Но так как обе части равенства получают наибольшее значение одновременно, то вопрос сводится к тому, при каком условии произведение

$$(p-a)(p-b)(p-c)$$

становится наибольшим. Заметив, что сумма этих трех множителей есть величина постоянная,

$$p-a+p-b+p-c=3p-(a+b+c)=3p-2p=p,$$

мы заключаем, что произведение их достигнет наибольшей величины тогда, когда множители станут равны, т. е. когда осуществится равенство

$$p-a=p-b=p-c,$$

откуда

$$a=b=c.$$

Итак, треугольник имеет при данном периметре наибольшую площадь тогда, когда стороны его равны между собою.

Самый тяжёлый брус

ЗАДАЧА

Из цилиндрического бревна нужно выпилить брус наибольшего веса. Как это сделать?

РЕШЕНИЕ

Задача, очевидно, сводится к тому, чтобы вписать в круг прямоугольник с наибольшей площадью. Хотя после всего сказанного читатель уже подготовлен к мысли, что таким прямоугольником будет квадрат, все же интересно строго доказать это положение. Обозначим одну сторону искомого прямоугольника (рис. 180) через x; тогда другая выразится через $\sqrt{4R^2-x^2}$, где R — радиус кругового сечения бревна. Площадь прямоугольника

$$S=x\sqrt{4R^2-x^2},$$

откуда

$$S^2=x^2(4R^2-x^2).$$

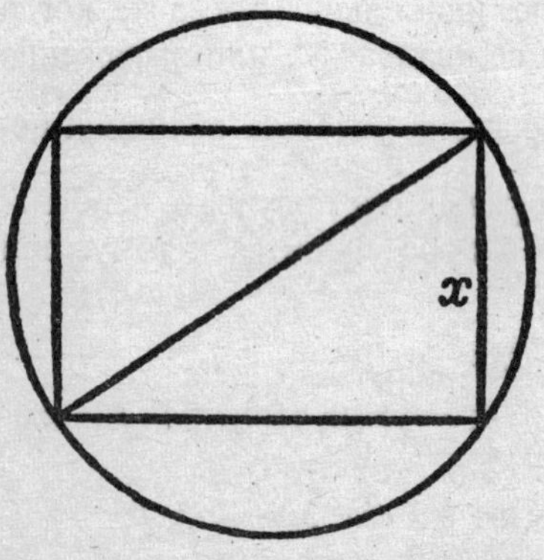

Рис. 180. К задаче о самом тяжелом брусе.

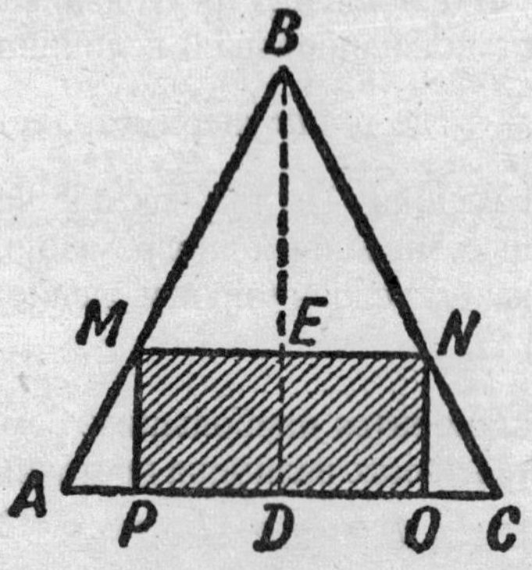

Рис. 181. В треугольник вписать прямоугольник наибольшей площади.

Так как сумма множителей x^2 и $4R^2 - x^2$ есть величина постоянная ($x^2 + 4R^2 - x^2 = 4R^2$), то произведение их S^2 будет наибольшим при $x^2 = 4R^2 - x^2$, т. е. при $x = R\sqrt{2}$. Тогда же достигнет наибольшей величины и S, т. е. площадь искомого прямоугольника.

Итак, одна сторона прямоугольника с наибольшей площадью равна $R\sqrt{2}$, т. е. стороне вписанного квадрата. Брус имеет наибольший объем, если сечение его есть квадрат, вписанный в сечение цилиндрического бревна.

Из картонного треугольника

ЗАДАЧА

Имеется кусок картона треугольной формы. Нужно вырезать из него параллельно данному основанию и высоте прямоугольник наибольшей площади.

РЕШЕНИЕ

Пусть *ABC* есть данный треугольник (рис. 181), а *MNOP* — тот прямоугольник, который должен остаться после обрезки. Из подобия треугольника *ABC* и *NBM* имеем:

$$\frac{BD}{BE} = \frac{AC}{NM},$$

откуда

$$NM = \frac{BE \cdot AC}{BD}.$$

Обозначив одну сторону *NM* искомого прямоугольника через y, ее расстояние *BE* от вершины треугольника через x, основание *AC* данного треугольника через a, а его высоту *BD* через h, переписываем полученное ранее выражение в таком виде:

$$y = \frac{ax}{h}.$$

Площадь S искомого прямоугольника *MNOP* равна:

$$S = MN \cdot NO = MN \cdot (BD - BE) = (h - x)y = (h - x)\frac{ax}{h};$$

следовательно,

$$\frac{Sh}{a} = (h - x)x.$$

Площадь S будет наибольшей тогда же, когда и произведение $\frac{Sh}{a}$, а следовательно, тогда, когда достигнет наибольшей величины произведение множителей $(h-x)$ и x. Но сумма $h-x+x=h$ — величина постоянная. Значит, произведение их максимальное, когда

$$h-x=x,$$

откуда

$$x=\frac{h}{2}.$$

Рис. 182. Затруднение жестянника.

Мы узнали, что сторона NM искомого прямоугольника проходит через середину высоты треугольника и, следовательно, соединяет середины его сторон. Значит, эта сторона прямоугольника равна $\frac{a}{2}$, а другая — равна $\frac{h}{2}$.

Затруднение жестянника

ЗАДАЧА

Жестяннику заказали изготовить из квадратного куска жести в 60 *см* ширины коробку без крышки с квадратным дном и поставили условием, чтобы коробка имела наибольшую вместимость. Жестянник долго примерял, какой ширины должно для этого отогнуть края, но не мог прийти к определенному решению (рис. 182). Не удастся ли читателю выручить его из затруднения?

РЕШЕНИЕ

Пусть ширина отгибаемых полос x (рис. 183). Тогда ширина квадратного дна коробки будет равна $60 - 2x$; объем же v коробки выразится произведением

$$v = (60 - 2x)\,(60 - 2x)\,x.$$

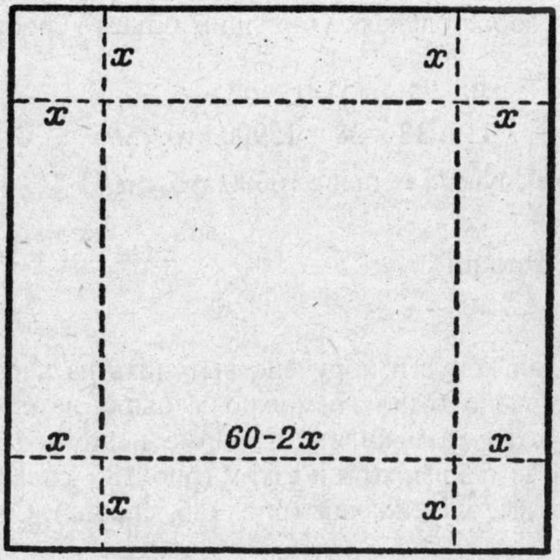

Рис. 183. Решение задачи жестянника.

При каком x это произведение имеет наибольшее значение? Если бы сумма трех множителей была постоянна, произведение было бы наибольшим в случае их равенства. Но здесь сумма множителей

$$60 - 2x + 60 - 2x + x = 120 - 3x$$

не есть постоянная величина, так как изменяется с изменением x. Однако нетрудно добиться того, чтобы сумма трех множителей была постоянной: для этого достаточно лишь умножить обе части равенства на 4. Получим:

$$4v = (60 - 2x)(60 - 2x)\,4x.$$

Сумма этих множителей равна

$$60 - 2x + 60 - 2x + 4x = 120,$$

величине постоянной. Значит, произведение этих множителей достигает наибольшей величины при их равенстве, т. е. когда

$$60 - 2x = 4x,$$

откуда

$$x = 10.$$

Тогда же $4v$, а с ними и v достигнут своего максимума.

Итак, коробка получится наибольшего объема, если у жестяного листа отогнуть 10 *см.* Этот наибольший объем равен $40 \times 40 \times 10 = 16000$ *куб..см.* Отогнув на сантиметр меньше или больше, мы в обоих случаях уменьшим объем коробки. Действительно,

$$9 \times 42 \times 42 = 15900 \text{ куб..см},$$
$$11 \times 38 \times 38 = 15900 \text{ куб. см},$$

в том и другом случаях меньше 16000 *куб. см.*[1]

Затруднение токаря

ЗАДАЧА

Токарю дан конус и поручено выточить из него цилиндр так, чтобы сточено было возможно меньше материала (рис. 184). Токарь стал размышлять о форме искомого цилиндра: сделать ли его высоким, хотя и узким (рис. 185, слева), или, наоборот, широким, зато низким (рис. 185, справа). Он долго не

---

[1] Решая задачу в общем виде, найдем, что при ширине a квадратного листа нужно для получения коробки наибольшего объема отогнуть полоски шириною $x = \frac{1}{6}a$, потому что произведение $(a - 2x)(a - 2x)\,x$, или $(a - 2x)(a - 2x)\,4x$ — наибольшее при $a - 2x = 4x$.

мог решить, при какой форме цилиндр получится наибольшего объема, т. е. будет сточено меньше материала. Как он должен поступить?

Рис. 184. Затруднение токаря.

РЕШЕНИЕ

Задача требует внимательного геометрического рассмотрения. Пусть ABC (рис. 186) — сечение конуса, BD — его высота, которую обозначим через h; радиус основания $AD = DC$ обозначим через R. Цилиндр, который можно из конуса выточить, имеет сечение $MNOP$. Найдем, на каком расстоянии $BE = x$ от вершины B должно находиться верхнее основание цилиндра, чтобы объем его был наибольший.

Радиус r основания цилиндра (PD или ME) легко найти из пропорции

$$\frac{ME}{AD} = \frac{BE}{BD}, \quad \text{т. е.} \quad \frac{r}{R} = \frac{x}{h},$$

откуда

$$r = \frac{Rx}{h}.$$

Высота *ED* цилиндра равна $h - x$. Следовательно, объем его

$$v = \pi \left(\frac{Rx}{h}\right)^2 (h - x) = \pi \frac{R^2 x^2}{h^2}(h - x),$$

откуда

$$\frac{vh^2}{\pi R^2} = x^2(h - x).$$

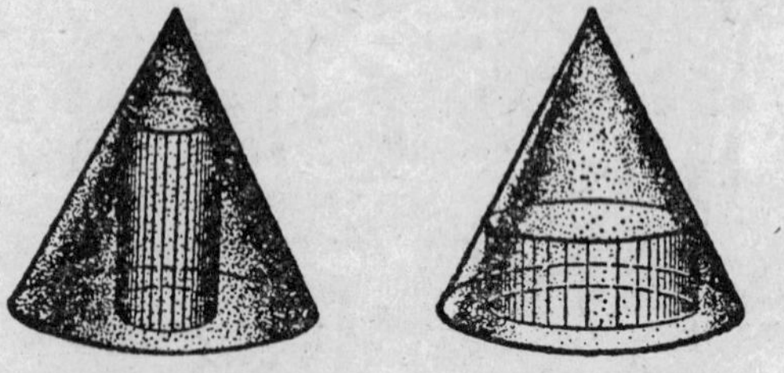

Рис. 185. Из конуса можно выточить цилиндр высокий, но узкий или широкий, но низкий. В каком случае будет сточено меньше материала?

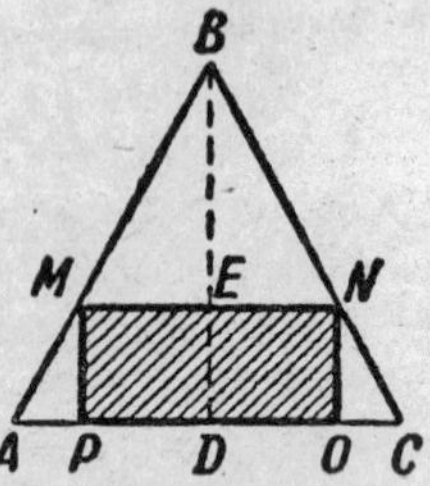

Рис. 186. Осевое сечение конуса и цилиндра.

В выражении $\frac{vh^2}{\pi R^2}$ величины h, π и R — постоянные и только v — переменная. Мы желаем разыскать такое x, при котором v делается наибольшим. Но, очевидно, v станет наибольшим одновременно с $\frac{vh^2}{\pi R^2}$, т. е. с $x^2(h - x)$. Когда же это последнее выражение становится наибольшим? Мы имеем здесь три переменных множителя x, x и $(h - x)$. Если бы их сумма была постоянной, произведение было бы наибольшим тогда, когда множители были бы равны. Этого постоянства суммы легко добиться, если обе части последнего равенства умножить на 2. Тогда получим:

$$\frac{2vh^2}{\pi R^2} = x^2(2h - 2x).$$

Теперь три множителя правой части имеют постоянную сумму

$$x + x + 2h - 2x = 2h.$$

Следовательно, произведение их будет наибольшим, когда все множители равны, т. е.

$$x = 2h - 2x \text{ и } x = \frac{2h}{3}.$$

Тогда же станет наибольшим и выражение $\frac{2vh^2}{\pi R^2}$, а с ним вместе и объем v цилиндра.

Теперь мы знаем, как должен быть выточен искомый цилиндр: его верхнее основание должно отстоять от вершины на $^2/_3$ его высоты.

Как удлинить доску?

При изготовлении той или иной вещи в мастерской или у себя дома бывает иной раз так, что размеры имеющегося под руками материала не те, какие нужны.

Тогда следует попытаться изменить размеры материала соответственной обработкой его, и можно многого добиться при помощи геометрической и конструкторской смекалки и расчета.

Представьте себе такой случай: вам для изготовления книжной полки нужна доска строго определенных размеров, а именно, 1 *м* длины и 20 *см* ширины, а у вас есть доска менее длинная, но более широкая, например, 75 *см* длины и 30 *см* ширины (рис. 187 слева).

Как поступить?

Можно, конечно, отпилить вдоль доски полоску шириной в 10 *см* (пунктир), распилить ее на три равных кусочка длиной по 25 *см* каждый и двумя из них наставить доску (рис. 187, внизу).

Такое решение задачи было бы неэкономным по числу операций (три отпиливания и три склеивания) и не удовлетворяющим требованиям прочности (прочность была бы пониженной в том месте, где планки приклеены к доске).

ЗАДАЧА

Придумайте способ удлинить данную доску посредством трех отпиливаний и только одного склеивания.

Рис. 187. Как удлинить доску посредством трех отпиливаний и одного склеивания?

РЕШЕНИЕ

Надо (рис. 188) распилить доску *ABCD* по диагонали *AC* и сдвинуть одну половину (например, Δ *ABC*) вдоль диагонали параллельно самой себе на величину C_1E, равную недостающей длине, т. е. на 25 *см*; общая длина двух половинок станет равной 1 *м*. Теперь эти половинки надо склеить по линии AC_1 и излишки (заштрихованные треугольники) отпилить. Получится доска требуемых размеров.

Действительно, из подобия треугольников ADC и C_1EC имеем:

$$AD : DC = C_1E : EC$$

откуда

$$EC = \frac{DC}{AD} \cdot C_1E \text{, или}$$

$$EC = \frac{30}{75} \cdot 25 = 10 \text{ см;}$$

$$DE = DC - EC =$$
$$= 30 \text{ см} - 10 \text{ см} = 20 \text{ см.}$$

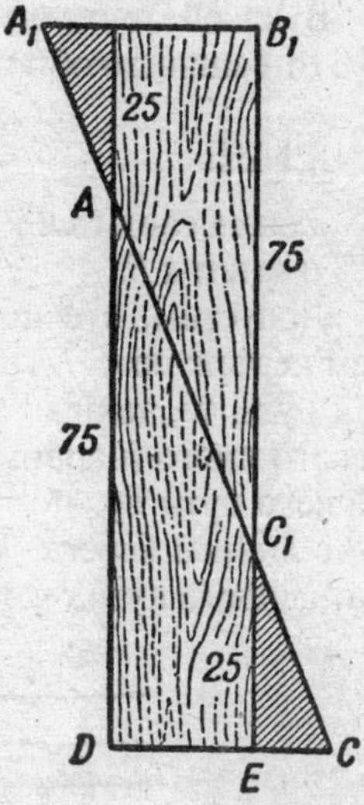

Рис. 188. Решение задачи об удлинении доски.

Кратчайший путь

В заключение рассмотрим задачу на «максимум и минимум», разрешаемую крайне простым геометрическим построением.

ЗАДАЧА

У берега реки надо построить водонапорную башню, из которой вода доставлялась бы по трубам в селения A и B (рис. 189).

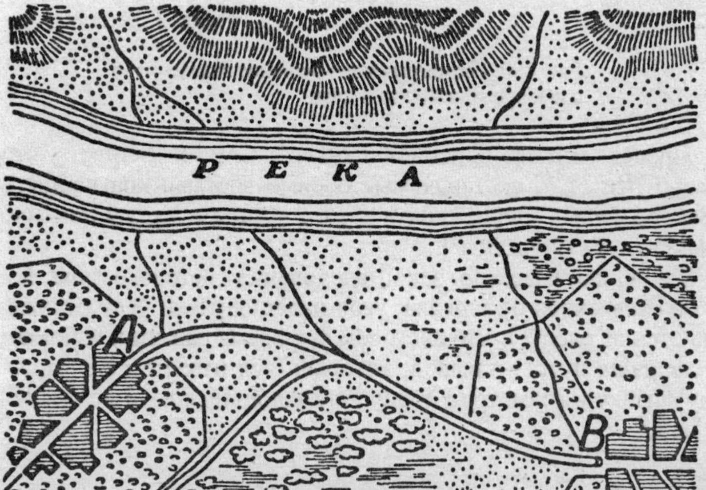

Рис. 189. К задаче о водонапорной башне.

В какой точке нужно ее соорудить, чтобы общая длина труб от башни до обоих селений была наименьшей?

РЕШЕНИЕ

Задача сводится к отысканию кратчайшего пути от *А* к берегу и затем к *В*.

Допустим, что искомый путь есть *АСВ* (рис. 190). Перегнем чертеж по *CN*. Получим точку *В'*. Если *АСВ* есть кратчайший путь, то, так как *СВ' = СВ*, путь *АСВ'* должен быть короче всякого иного (например, *ADB'*). Значит, для нахождения кратчайшего пути нужно найти лишь точку *С* пересечения прямой *АВ'* с линией берега. Тогда, соединив *С* и *В*, найдем обе части кратчайшего пути от *А* до *В*.

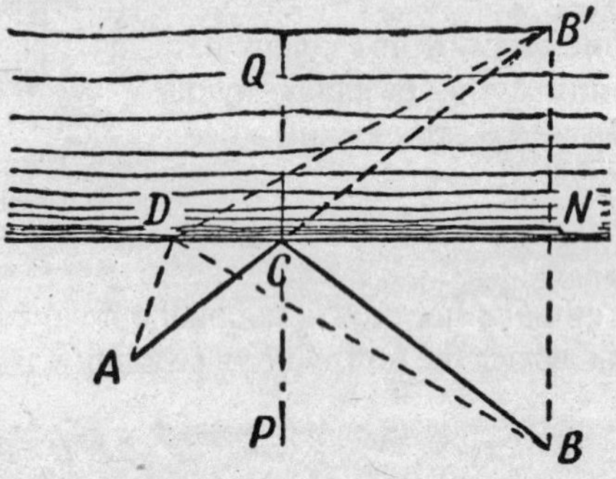

Рис. 190. Геометрическое решение задачи о выборе кратчайшего пути.

Проведя в точке *С* перпендикуляр к *CN*, легко видеть, что углы *АСР* и *ВСР*, составляемые обеими частями кратчайшего пути с этим перпендикуляром, равны между собою ($\angle ACP = \angle B'CQ = \angle BCP$).

Таков, как известно, закон следования светового луча, когда он отражается от зеркала: угол падения равен углу отражения. Отсюда следует, что световой луч при отражении избирает *кратчайший* путь, — вывод, который был известен еще древнему физику и геометру Герону Александрийскому две тысячи лет назад.

СОДЕРЖАНИЕ

ЗАНИМАТЕЛЬНАЯ АЛГЕБРА

ЗАНИМАТЕЛЬНАЯ ГЕОМЕТРИЯ

Часть первая. Геометрия на вольном воздухе

Научно-популярное издание

Перельман Яков Исидорович

ЗАНИМАТЕЛЬНАЯ АЛГЕБРА
ЗАНИМАТЕЛЬНАЯ ГЕОМЕТРИЯ

Корректор И.Б. Колбягин
Компьютерная верстка О.Э. Колесникова
Компьютерный дизайн обложки М.А. Соколова

ООО «Издательство АСТ»
667000, Республика Тыва, г. Кызыл, ул. Кочетова, 93

Наши электронные адреса:
www.ast.ru E-mail: astpub@aha.ru

Издано при участии ООО «Харвест».
Лицензия № 02330/0056935 от 30.04.04.
РБ, 220013, Минск, ул. Кульман,
д. 1, корп. 3, эт. 4, к. 42.

Открытое акционерное общество
«Полиграфкомбинат им. Я. Коласа».
220600, Минск, ул. Красная, 23.

Для заметок

Для заметок

Для заметок

Для заметок

The Mafia's Private Judge

The Mafia's Private Judge

László R. Mokri

Translated by George Robert Elford

VANTAGE PRESS
New York

Originally published as A *Mafia Saját Bírója* © *1989*

FIRST ENGLISH EDITION

Published by Vantage Press, Inc.
516 West 34th Street, New York, New York 10001

Manufactured in the United States of America
ISBN: 0-533-11748-8

Library of Congress Catalog Card No.: 95-90876

0 9 8 7 6 5 4 3 2 1

I dedicate this book to Congressman Patrick J. Kennedy, for whose help I remain grateful . . . this congressman is an interesting politician; he takes his heart with him to the office . . . Funny

True Story

I was sailing with a friend,
To Canada—by train . . .
Suddenly a huge shark came,
And the fox scared us to death.
We slipped through the porthole,
And landed atop a cherry tree;
And while picking the ripe chestnuts,
The banana slipped from my hand.
My friend reached for his slingshot,
I aimed. He pulled the trigger . . .
There was a blast: the pheasants and hares
Foxes and swifts vanished in thin air.

Foreword

I have often wondered what the exact meaning of TRUTH is—naturally capitalized when speaking of the Mafia. What do we really know of this sinister crime syndicate, or "Murder Incorporated," the protagonist of so many books, movies, and TV thrillers? Members refer to their organization as the "honorable family," or "Cosa Nostra."

Is it not possible that what we consider certain is nothing but hypothesis? Myth? I am perfectly aware of the fact that hundreds of writers and journalists par excellence have already written a mountain of books and articles about the Mafia; consequently, we should know everything there is to be known. Nevertheless, let's suppose that all the available information were fed into a clever supercomputer, after which we type in the question: "Who is pronouncing the Mafia death sentences?" We would like to know if there is a mysterious gray eminence, the Mafia's own private judge who utters the final word in all internal disputes?

What would our supercomputer tell us?

I believe here I should add something while reflecting upon the history of mankind—I mean the part of history that we know. What do we see? From the most primitive tribal community to our present, sophisticated society, mankind could be divided into two large groups of people: those who work and those who are worked for. This is the reality. Does the witch doctor, medicine man, or magician of the primitive tribe go hunting when he feels hungry? No, he takes the best part of the game felled by others!

Whence this curious practice? Are the parasites stronger, cleverer, or handsomer than their fellow tribesmen? Certainly they aren't better in any sense. All the same, they always grab the best bites.

It was so, it is so, and it'll always be so.

And I might venture another valid observation. Ever since the dawn of mankind, the ambition of the individual inspired him to gain entry into the privileged second group, the group of the witch doctors, medicine men, and magicians of past, present, and future. After all, isn't it a great deal better to be a member of a wealthy Denver clan than bending over the plow or the sewing machine for ten hours every dreary day? Alas, as circumstances permit, one tries to make one's life as easy and comfortable as possible.

All of us have heard of wise authors publishing titles such as, "How to become rich in one year," "Ten ways to making money!" "Be one of the Upper Ten Thousand," while probably owing two months of rent and unable even to pay their phone bills. Anyway, let's hope that patience and fortitude shall eventually prevail. (But when?)

Reverting to the Mafia . . . In some city (you name it) they find a stiff with a pebble on his tongue, a blabbermouth who talked too much and to the wrong people. The newspapers print their own version of God's truth; TV picks up the story and the following day, from the grocer in the Bronx to the French fisherman in Marseilles, everybody knows that once again the Mafia had been at work. (Why the Mafia?)

Another stiff in another town is found with is limp pecker tucked between his rigid fingers. Also, he'd done something he shouldn't have done; the police are searching for clues—needless to say, in vain, for the killers were professionals. There isn't a single clue, but the man of the street knows, the wealthy ones know, the entire world knows that it was the Mafia. (?)

Countless are the movie thrillers in which cool, icy-eyed

Mafia hitmen execute death sentences, slugging their victim in the barber's chair, in the flower shop, on the busy street in broad daylight, or in a gloomy Chicago garage. But what are the forces that make people move (often in the wrong direction) or urge them to act (frequently against their own better judgment)?

Love, wrath, fright, and revenge are likely the principal motives, sometimes also the simple desire to improve upon the lousy conditions of life. (Here I'm thinking of the witch doctors' group.) And there are also those who become disgusted with their futile endeavors to live better and look for some auxiliary tools to render life easier. They resort to excessive glasses of booze and become alcoholics or get hooked by an alert pusher, the modern witch doctor. Drug addiction is a costly vice that calls for more cash than any regular job pays. The farther the addict strides along his (un)happy path of momentary euphoria,the more dough he needs. How to resolve the problem? A quick holdup in the local drug store, at a suburb service station or supermarket would relieve his tight finances for a couple of days. A successful bank robbery could provide capital for a few months. (It doesn't really matter whether I mention robbery, burglary, or fraud.) The core of the problem is the inner drive to do a job that earns much money and quickly.

People are always curious to learn what others are doing or what the neighbor has. This inborn habit of most individuals is perhaps rooted in our trading of mirrors, knives, and colorful trinkets in Africa of the distant past. Then and there the autochthons were fighting each other with clubs, spears, and arrows until blessed European civilization arrived bringing all the benefits of progress. Today the same tribesmen have commando training, flamethrowers, and submachine guns to kill each other with. But at least they aren't crying to high heavens, "It's the Mafia!" Frankly, we shouldn't load every stiff upon the Mafia's back. It's not a fair thing to do. There are so many other criminal organizations, not to mention individual operators, psychopaths or sane ones.

Believe me, I would like to be sitting next to my readers to observe their reactions, perhaps also doing some on-the-spot corrections of every momentarily misunderstood or incorrectly interpreted detail. I would surely enjoy many pleasant evenings in their company, especially with some good red wine on the table.

Alas, there is the Mafia; this invisible, untouchable, and unknown something that triggers our inborn fear of the mysterious, the unpredictable, and the strange. It's only natural that we should shrink away from the unwritten laws and unknown rules that we, ordinary citizens, are wholly unfamiliar with. It is not my intention to break any secret rule or insinuate against the honorable family. As a matter of fact, I'm already pondering what I should say or shouldn't say in my book, for whatever I say might be the wrong thing to utter and earn me a pair of boots of concrete and a dip in some remote bay.

And I don't wish to lose my hard-earned tranquility and modest financial security either. On the contrary, I would like to improve it still; and the majority of my readers would surely share my idea, not because of our similarity of character, but for the simple reason that it is the most natural desire of every man to live better. Human beings are ambitious. Perhaps many of us have hidden complexes and we are thus different from our neighbors, but this should be so. But we all do wish to live better. We desire to be liked and eventually loved. We like to please people and live . . . l i v e . . . LIVE free from fear and in blessed peace. Unfortunately, this isn't always easy to accomplish, mostly because we are so dissimilar.

Now let me begin my story of a simple family of immigrants, just a common, "never-mind-where-they-come-from-and-where-they-go-to" family, the members of which wish to do one thing—settle down and mind their own business. The mother cleans the house and does the cooking. The kid goes to school or plays with his toys. The father tries to head the family with the least problems to himself.

And here comes the first brief period of uncertainty. Where should it all happen? I chose the United States. The township: Anyplace!

Why the States? Because according to the generally accepted tradition, there is the hidden government of the Mafia. At least this is what most expert authors insist upon and what we learn from hundreds of celluloid thrillers. Let's pretend that we accept this crap and take it for hard fact. (By the way, what about Japan?)

I hope this is the first story about the Mafia in which the author discusses the problems beforehand with his readers. I'm convinced that all writers should do it, although it might not be an easy practice.

The events of this book could happen anywhere in the world. In order to relocate it, one should only change townships and street names, call Jim Juan or Bjorg or Ho Chi, or perhaps even Vladimir. Anything's possible. I'm not trying to influence anyone, only ask for a little help from readers willing to provide it, because this is my first novel (if it could be called a novel). Like everyone else, I would like to belong to the well-to-do group, which is my primary reason for jotting down this story, expecting to amuse more than myself and my wife. I've tried my best to think, feel, speak, and act in the manner of my characters, but I found it very difficult to write in a way that my readers would feel the same way I was feeling while working on the narrative.

My story might be different from traditional novels; perhaps it offers the reader much less or else a little more. . . . Certainly more if I may count on the readers' imagination to add necessary details here and there, which I may have omitted. I just couldn't pay attention to every tiny sideline, every possibility.

Well, once upon time there was a simple family . . .

Foreword to the English Edition

Surprise, or Permission for Everything?

The Mafia's Private Judge has already been published in the United States in the Hungarian language with great success.

Before the Hungarian version came out, I sent complimentary copies to the FBI and to the then-KGB boss, Mr. Vladjimir Krjuchkov, who, as it was well-known, enjoyed reading in Hungarian, which was one of his favorite activities. No protest or prohibition to publish my book came either from the FBI or the KGB.

But I also called numerous prisons, sheriff's offices, and institutions in different states where members of organized crime were imprisoned—because I wanted to get the Mafia's "green light" for the publication of my book. Finally I found my man. He liked the book, so I was given the permission I was looking for.

Well, well, this is America! One has to be cautious concerning anything and anybody, even those gentlemen who give permission to publish books from their prison cells.

I have to reveal something at this point. Though he is called some kind of Mafia boss in the papers, and the FBI thinks the same of him, he told me that this was not true, although, at the same time, he assured me that I would not have any complications concerning the publication of this book. So, the Hungarian book was published.

When the English translation was completed, I tried to find him. But I could not . . . strange . . . and neither could the FBI.

Well, the English version has been published, and now we will see if anything happens to me.

László R. Mokri

The Mafia's Private Judge

Why Pick on Me?

It was a miserable day, hot as hell. Standing at the window near the humming air conditioner, Edna gazed beyond the tall buildings of the city center and into the vast shimmering void of the distant horizon. The expression on her face was that of sheer boredom mixed with distress, as the idea of how nice it would be to relax on a sandy beach, doing nothing except getting a fine tan, kept itching at her from somewhere in the back of her mind. It also occurred to her that she was fed up with life in the fast lane, her persistent pursuit of journalistic achievements, her haphazard life-style that had dragged on more or less for the past six years.

That's right. . . . It happened six years ago that Edna Miller entered into that damned TV station for the first time, the result of a night of excessive drinking at a private party that landed her in bed with a stranger. Fortunately for her, he happened to be James Hart, one of the executives at Channel Six, the head of the news division, an important guy indeed; so Edna decided to stick with him for the time being. After a while, her feelings for him started to grow.

Being bright, attentive, and rather pretty, she found it easy to make herself first useful, then indispensable. Hart began to like her, too. They were seeing each other socially for months, and inevitably Edna began to make her presence felt even during office hours.

Oh, she never bothered James, or anyone else for that matter. On the contrary! She put Hart's desk in order, arranged his files, sorted out his books, cleaned out his cluttered shelves, fetched drinks and snacks for him and other members of the staff. Eventually she was put on the payroll, a sort of "Edna, fetch me file three-o-four! Edna, bring me a fresh cup of coffee!" job; but after a year or so, she received a promotion and her own desk.

Now, being a full-fledged staff reporter, she felt like she had reached the top of the mountain, even though she was just one of the thousands of others that were on that mountain with her.

"Edna! I called for you three times already!" The booming voice of her boss jarred the pleasant images of her daydream.

"Excuse me . . . "

"Okay," Hart continued in a conciliatory tone, "hop over to the airport. There's a group of refugees flying in from behind the Iron Curtain, go and have a chat with them."

"Oh, sweet Jesus! Why pick on me?" the halfhearted protest escaped from Edna's lips. "Am I condemned to get these dreary assignments forever?"

"Get going, will you? We can discuss your problems later," Hart replied in a hoarse voice.

Hart was a good-looking, well-built man in his early fifties; and for the last ten years he had been head of news at Channel Six. He huffed and puffed a great deal, but his subordinates liked him and he felt content with the fine team that he'd managed to assemble by grabbing members from other news organizations left and right.

Although conflicting ideas and opinions sometimes bubbled to the surface, his reporters would always get to the bottom of every assignment and do a good job at that. The board of directors were pleased and even the morose, constantly complaining and fastidious chairman, the feared Mr. Lewis Brewer, uttered a few words of appreciation.

"What could I possibly squeeze out of these newcomers?" Edna asked irritably.

"Nothing but hogwash," the news director made a sound of bitter amusement. "Hell, girl, am I expected to do the thinking for you? Buck up, Edna, and draw a good line to follow. Ask them what they think of Gorby. Or what they would like to do in America. Take the humorous approach. It always works. Okay?"

"Is there anything else?" Edna asked and sighed in exasperation.

"You have a free hand," Hart replied. "Just do a good job. Make it an interesting, ten-minute report."

Bad Luck

On the way to the airport, Edna touched up her face and hair. She tried to find a plausible story line to follow, but became frustrated over her lack of ideas. She was unable to shake the image of herself sunbathing on the beach from her mind. Staring through the window of the news van, she felt sorry for herself; and this sensation deepened as each mile passed.

Lost Sheep

Edna found the group of refugees already in the customs area. Observing the newcomers with curiosity, she was reminded of a flock of bewildered sheep lost in a new and unfamiliar environment.

What Does She Want?

Edna picked an elderly lady at random and spoke to her through the interpreter. "Where do you come from?"

"From Czechoslovakia, dear."

Edna gave her an encouraging smile. "Please, tell me what you think of America."

The elderly lady chuckled and rolled her eyes heavenward. "My God! How could we have any opinion about America? We're here for only fifteen minutes."

She wanted to continue, but Edna had already shifted her attention toward a bright-looking kid of perhaps eight. Kids are always good subjects, because they speak their mind.

"What is your name?"

"Leslie . . . Leslie Molnar."

"Where do you come from, Leslie?"

"From Hungary—if you know where that is . . . "

"Of course, I know." Edna patted him on the cheek and tried to recall the run of those capricious Balkan frontiers, vaguely suspecting that Hungary was somewhere between Germany and Russia. "Tell me what you want to be after you're finished with school," she continued, by asking the standard question of an adult addressing a child.

"A cowboy," the kid replied without hesitation, "or a policeman."

"How come?"

"I saw *Miami Vice* on TV. There was a lot of shooting and I like guns . . . " Tugging at Edna's sleeve, he added, "May I ask you something, too?"

"Sure, Leslie. Go ahead!"

"Do you have spoons in America?"

"What a question!" an astounded Edna exclaimed. "Of course we have spoons. How could we eat our soup otherwise?"

"You could drink it out of the cup."

"Not with noodles in it," Edna snapped back.

Leslie was not a bright kid after all. She shifted the microphone toward the boy's mother, a pretty, willowy brunette in her early thirties.

"Are you Mrs. Molnar?"

"Yes, I'm Mary Molnar."

"Would you tell our viewers what you think of Mr. Gorbachev?"

Mary stared at Edna with raised eyebrows. "In what sense?" The official Hungarian interpreter, a certain Nancy Wyss, translated their exchange. "I know very little about politics."

"Oh, never mind the politics," Edna brushed off her excuse airily. "Do you consider him sexy?"

"You shouldn't ask me that in front of my husband." Mary chuckled as her husband shook his head, perhaps thinking *What a stupid question!*

"I don't think that Gorbachev needs to be sexy," Mary replied smilingly. "He needs to be a good statesman."

At this stage, Edna began to have the sensation that her reportage was slowly but inexorably growing into a pile of rubbish. Her mind was still on the beach, devoid of creative ideas. Fortunately, Mary's clever reply inspired happy smiles and soft titters; some of the immigrants laughed, easing Edna's distress. She realized that at least the initial distrust had dissipated. From that point on, the encounter became warm and familiar. Bravely she turned toward Peter Molnar.

"What are you planning to do in America, Mr. Molnar?"

"Do you really want to know?"

"Certainly."

"Well, I came here to become a judge for the Mafia," came the prompt response.

Edna swallowed her astonishment and scanned Peter's face for signs of duplicity, but she found none. Molnar wasn't even smiling

"I'm sorry, I didn't quite get you," Edna spoke at last. "Do you wish to judge Mafia's cases?"

Molnar shook his head. "I want to be the Mafia's private judge, handling only internal cases," he elucidated.

Edna swallowed the lump in her throat. "Khmmm, er, what do you mean exactly?"

"I mean exactly what I said," Molnar replied stolidly. "You see, every important society has its own judges, even the army. Why shouldn't the Mafia have its own judge? As far as I know, it's a very important and powerful organization, don't you agree?"

The crowd around them participated in the historical encounter with wisecracks, giggles, chuckles, and open laughter, thinking that Molnar was only pulling Edna's leg. Surely the Mafia has its lawyers, probably the best ones that money can buy, the immigrants agreed. But a *judge?*

Displaying a ghost of a smile, Edna repeated resolutely, "Okay, Mr. Molnar, you came to America to become a Mafioso . . ."

"The judge of the Mafioso," Peter corrected her, "impartial and incorruptible by principle."

"The private judge of the crime syndicate," Edna prompted him defiantly.

Peter shrugged. "And why not? It would be a good, well-paying job," he concluded without a flicker in his eyes.

His wife repressed a smile and Leslie stared at his father with bewilderment.

Edna was feeling miserably wretched. *Oh, sweet Jesus! What should I do with this jerk?* she complained inwardly. *He has sure as hell spoiled my tape.*

Something Should Be Done with the Stupid Reportage

Edna's interview landed in the editing room, where it was being prepared for the telecast. Watching the playback on his screen, the news director's face gradually changed color into a fiery shade of rosy red. He was about to scream, "This is full of shit!" when all of a sudden he broke into wild laughter.

"Just . . . tell me," he stuttered, speaking to his politely smiling colleagues, "how could anyone come up with such horseshit? This Molnar jerk beats everything. Ha ha ha! He wants to be the Mafia's private and confidential judge. He he he! This is a good one. He comes to America and wants to become the Lord High Executioner of the Mafia. It's the gag of the century. . . . No cutting of this one, damn it—we should telecast this stuff as it is, then just sit back and wait for the dons' reactions."

So, Edna's crap ended up being televised and the viewers rolled with laughter. To the majority of them, it was the first evening news show that did not remind them of all the robberies, murders, accidents, local wars, and other disgusting events—a welcome change from the dreary routine. Almost overnight, Edna Miller became famous and found herself soaring toward the clouds. One of the networks found her interview hilarious and picked it up, and Peter Molnar, the Mafia's private judge, became the laughingstock of the country.

Everyone Is a Suspect

Jim Hogan, the chief of the FBI regional office, also watched the program and found Molnar's statement good for a laugh or two. However, during his forty years of constant skirmishes with organized crime, suspicion became an important constituent of his blood, as important as the red cells themselves. Shortly after he stopped chuckling over Edna Miller's Mafia jackass, Hogan began weighing the pros and cons of this peculiar scenario.

How could he be 100 percent sure that it was indeed a farce? Couldn't there be a flicker of cleverly camouflaged truth in Molnar's revelation? In a flash, he remembered the sensational case of the three Cisto brothers who had burglarized the safe of a loan company in the sixties and gotten away with $1 million in cash. Driving a weather-beaten old convertible loaded with camping and fishing gear, with their loot in a backpack tied onto the small rear luggage rack, the threesome made a beeline for Mexico. At the border, a bored customs officer gave a casual look at the chugging Ford and her longhaired, unkempt occupants.

"Going on a vacation?" he drawled, chewing his gum.

"Yeah, to Acapulco," the eldest brother replied. "Hope to do some fishing."

"Anything to declare?"

"Only our camping gear."

"What's in the bag?" the customs officer jerked his thumb toward the luggage rack.

The ex-con grinned. "There's a million bucks in cash in there," he retorted boldly and the customs officer chuckled.

"Okay, wise guys, go and have fun, but don't spend it all on tequila and senoritas." And he waved them across the border.

Molnar's bold statement could also be a clever bluff to sidetrack suspicion.

Jim Hogan would never leave anything to chance. His principles were exactitude and overall mastery over facts and events. Being a hunter, he hated any kind of compromise. "Criminals should be crushed like venomous snakes," he used to sneer whenever the question popped up whether or not a deal should be made with a mobster.

He summoned his deputy. "This wiseass, Molnar, should be placed under the magnifying glass," he ordered flatly. "Put a tail on him. I want to know where he goes, whom he talks to, and what he says."

Building the Family Nest

"Peter, you shouldn't put those suitcases right where I have to walk," Mary complained irritably. "You know I want to clean up the whole place."

"Must you do that today?" Peter asked. "You've plenty of time. We're here to stay; take it easy."

"Dad!" Leslie cut in sulkily. "I want my toys."

"Leslie, right now playing isn't the most important thing to do," his father replied.

"But I'm bored to death," Leslie added.

"You should go and have a look around our new apartment."

"I've already seen everything. Please, let me have my toys."

A short pause followed, a quick exchange of glances between Peter and Mary, and Peter waved a resigning hand. "All right, I'm going to unpack your toys, but you have to give me a hand."

Mary's chin lifted. "I knew you'd give in!" she snapped, planting her fists upon her hips. "I bet, by the time I clean up the kitchen, you two will be playing Monopoly."

Peter threw out his arms. "I only want Leslie off my back."

"You should leave playing for tomorrow or the day after," Mary argued.

Peter frowned. "By the way, tomorrow . . . When will that interpreter girl show up?"

"Nancy Wyss? She's really caught your eye, hasn't she?"

"Don't be silly, Mary. Nancy was so kind to us."

"In her condescending way, yes."

"Anyway, we still need her," said Peter. "At least she knows where to do the shopping. Even now, we need some milk and bread."

I Knew It!

The stocky, bullnecked FBI agent, popularly called "Bulldozer," was in a good mood. He'd won a bet, only twenty bucks, but the professional substance of his wager was worth ten times as much. He had foretold with precision that Hogan would bite into the Mafia judge bullshit and holler red alert. Twenty years together was sufficient time to become familiar with Hogan's character. Bulldozer knew exactly what his chief would do under any given situation.

A most useful knowledge.

One-sided Friendship

"I hope we're going to be good friends," Nancy Wyss addressed Mary. "We'll tackle all the official red tape together, but whenever you find a few spare minutes, you should practice your English. Soon you'll be on your own. Anyway, you're lucky to speak German. There are many Germans around here. Most of the local shops have someone who speaks the language. Dear me . . . why don't you say something, Mary?" She rattled off her whole tirade in one breath.

Mary smiled half-heartedlyand replied with sarcasm. "You wouldn't let me say anything, dear Nancy. But if you want me to say something . . . Well, for one thing we're becoming concerned with Leslie's future. He should continue his studies."

"All right, Mary—that's what I'm here for. To help you out in all these matters," Nancy answered reassuringly, then added. "Unfortunately, I can't possibly see you more than twice a week; moreover . . ." And then she proceeded to rattle on like a well-oiled machine gun.

What the Heck Is This Mafia Judge Crap?

"Well, Nick, you took your sweet goddamn time getting here." Fatso Havana Cigar sneered at his lieutenant, Slick Gun Nick. "What the heck is this Mafia judge crap?"

"I think it's pure horseshit, boss."

"Or else someone's out to give me the boot," Havana countered, fingering his double chin.

"Buck up, Don Alfredo—it's not that easy to bounce Havana Cigar," Nick replied suavely. His words soothed Havana's ego.

"You should get something straight, Nick," he declared, "this judge critter is beginning to irk me."

Slick Gun Nick slapped his holster. "Shall I bump him off?"

"No!" Havana said quickly. "At least not yet. First we should know the name of his sponsor."

"Perhaps he was sent by the Supreme Padrino in Palermo," Nick ventured.

Havana shook his head. "Molnar came from Budapest . . ."

Nick waved a hand. "It doesn't matter where he comes from. I know of a case when a double-crossing son of a bitch in Montevideo was bumped off by a Pole who came from Hamburg."

"You shouldn't be so impatient, Nick," replied Havana. "We must play it cool."

Perhaps Something Comes Out of It

As usual, Edna found the weekly editorial staff meeting extremely boring, and her eyes shone only when her controversial interview with Peter Molnar popped into the conversation. The overall opinion of her colleagues could be condensed into a brief "king-size pile of bull shit." A private judge for the Mafia? It's good for a laugh.

Nevertheless, the experienced senior reporters and editors were astonished by the hundreds of letters and phone calls in which the public demanded more details on the subject. Since the inquiries were so numerous, it was suggested that the story should continue with a nice feature introducing the Molnar family. Not waiting for the end of the meeting, Edna darted off to have another interview with Molnar, before the case could be assigned to someone else.

Uneasy Thoughts

Before the unexpected arrival of the judge, the life of Fatso Havana Cigar had been a pleasant one. He enjoyed a handsome, tax-free annual income flowing steadily from a dozen sophisticated and highly illegal gambling joints and plush hotels for casual sex as well as the wholesale distribution of narcotic drugs. All of which worked like infallible siphons that emptied, on the average, fifty wealthy pockets every blessed night. Havana's small empire of vice had been running smoothly, like Swiss clockwork, until this jackass of a judge landed in his territory like a bolt of lightning out of the blue.

What is that garbage he blabbered about on TV? Who the hell does he think he is anyway?

But the most important question that turned his recent nights into horrifying nightmares: *Who had commissioned the judge and for what insidious end? And why precisely in my territory?*

Should he, after all, summon Slick Gun Nick to iron out the problem?

It's All We Needed

"Captain, I've got a problem," the police lieutenant addressed his superior.

"We all have problems," Captain MacLaren replied briskly. "Take care of it, Percy. That's why you're a lieutenant."

"Khmer, it's very complicated," the lieutenant sighed disconsolately, "you see, this judge of the Mafia . . ."

"Balls!" Captain MacLaren cut in gruffly.

"Slugs, I would say," Lieutenant Brown reported with a grim face. "They're talking about bumping off Molnar."

"They—whom?"

"Some of Havana's mobsters."

"Hmmm . . . In that case they probably know more about Molnar than we do," MacLaren commented with gravity in his voice. "Anything from the dons?"

"Nothing at all, and this is the funniest part of the story. The dons are confused and uncertain, and Havana suspects that someone higher up in the organization wants to give him the axe . . . The padrino who brought in the judge."

"Nobody's getting the idea that the whole thing might be a bluff?"

The police lieutenant shook his head. "The dons are taking Molnar seriously, Captain, and some of them have already decided to change locations for a while."

"They began to shit little green apples, eh?" MacLaren remarked with a glee. "That's good news for us, Percy."

"Yes, certainly—but if bad turns to worse, someone will surely plug Molnar."

Captain MacLaren thought this over, then said, "I think, for the time being, you should post a couple of plainclothesmen around the Molnar residence, to keep their eyes peeled for known hit men."

"I'll do that right away, Captain. What should I tell the agents?"

"Routine observation job," MacLaren replied.

Getting to Know the Neighborhood

"I'll take some cheese, too," Peter told Samuel Berger of the local food store. Peter found "Sam's" a fine little shop that stocked nearly everything a family needed during the week.

"I've seen you on TV, Mr. Molnar," Sam conversed while serving him. "The Mafia's private judge. He he he . . . you like joking around, don't you? What kind of cheese would you prefer?"

"The Emmenthaler—the one over there," Peter pointed. "Yes, as a matter of fact, I'm a cheerful kind of guy—most of the time anyway. They say those who joke a lot live longer."

"I hope you will." Sam chuckled. "It's not healthy to tell jokes about the Mafia."

"Well, a farce is only a farce." Peter laughed. "And the Mafioso know a good joke when they hear one, too."

Sam didn't share Peter's carefree mood. "Those Mafia guys have a small sense of humor," he said seriously. "Anyway, let's hope for the best."

There's Nothing More in It

Edna conducted a lively conversation with Mary, after which she became fully convinced that there wasn't an iota she could possibly add to her previous interview. The Molnars were only a simple, friendly family of immigrants. Peter was of a cheerful disposition and liked to fool around with people.

Edna thought, *After all, I pushed him into the jesting mood with my silly question about Gorby being sexy or not.*

The whole stupid story should have ended there! But why on earth were the networks and the national press so eager to blow up this story?

Something to Be Cleared Up

Jim Hogan felt undecided. For once he was unable to find a logical explanation: Why would the local dons want to bump off the newcomer?

Once again he scanned the pile of reports on his desk. Regarding the Molnars, everything appeared in perfect order. Name, place of birth, height, weight, friends, associates—all routine matters added up, nice and neat. Customs check, in order. Interpol search come back negative. No contact with any known criminal organization either in America or in Europe.

Everything in perfect order—conspicuously so. And Hogan always felt a distinct aversion toward subjects whose particulars wouldn't provide him at least a tiny bit of controversy, in order to screw the guy with.

Hell! What does the Mafia want with Molnar? He's obviously a fake.

The idea that someone might be bumped off didn't bother Hogan. During his long career, he had seen a handsome pile of corpses. However, this Molnar affair could provide him with the much-coveted chance to trap Havana Cigar, his most elusive antagonist.

Hogan decided to call for a general staff meeting. More brains, more ideas.

Stifling Summer Heat—Cold Beer

Busy with rinsing glasses, Joe, a barkeeper of dubious integrity, intoned grimly, "You should drink your beer and get the hell out of here, Mr. Molnar. See, I've nothing against you personally, but I don't want to get into trouble." Joe added in a more conciliatory tone, "You're too popular in the neighborhood; but yours is the kind of popularity that brews trouble."

"But this is the first time in my life that I'm here!" Peter protested, taking offense at the barkeeper's joke, which Peter thought was in bad taste. "I only stopped in to have a beer."

"Well, you've had your beer . . ."

"But why?" Peter insisted.

"Well, if you really want to know . . . It wasn't very bright on your part to get mixed up with the local Mafia."

Peter uttered a short, nervous laugh. "What makes you think that I'm mixed up with the Mafia?"

"It is they who think that, not me," Joe set the record straight. "Believe me, they don't like judges of any kind."

"Well, if they ask me, I'll explain everything."

"They've the funny habit of shooting first and asking questions afterwards," Joe concluded stiffly.

Squeeze Him Dry!

Lewis Brewer, the truculent chairman of the board Channel Six was a big, choleric man, flabby and sallow with a thin black moustache surmounting his lips; he also happened to possess a number of chins. He was a zealot who impressed his own ideas upon everyone else with unwavering self-confidence.

"All this crap leaves me cold," he said disdainfully, pushing the file with Edna Miller's report to news director, Hart, across the conference table. "I couldn't care less who this Peter Molnar is, or where he came from. Millions of viewers believe that he is indeed the Mafia's private judge. Our sales department received a dozen requests for commercial time, provided that we put it on during an interview featuring the judge. Therefore I want you to go ahead and squeeze him dry! Make it a thirty-minute job and schedule it for the prime time period. We're going to sell the tape to the national channels."

"But, Mr. Brewer, there's so little left to—"

An imperative gesture of Brewer's hand cut off the rest of Hart's plea. "Don't give me any sob story, James, I don't want to hear about difficulties, problems, money, and the sort. Just go and get the job done. That's what you're getting paid for."

"But there's no story left in Molnar!" Hart exclaimed with genuine distress.

"Well, fill him up with a story," Brewer snapped uncompromisingly. "And give it substance. Plenty of substance. Give the guy some cash, too." He rose ponderously, signaling the end of the meeting.

James Hart looked utterly dejected and Edna could almost cry. For a moment it looked like their career depended solely on whether Molnar wanted to play the part of a judge or not.

A Question of Dough

Ignoring for a while the presence of his subordinates, Havana Cigar continued feeding his goldfish. The huge office was shrouded in the silence of a graveyard as none of those present had any idea what to say or do. Havana himself was apparently submerged in his own thoughts.

Some of the top dons want me out of the way, he contemplated as he mentally tried to conjure up faces of competitors who might want to axe him. He gathered the vague image of a dozen or so individuals, but couldn't pin down the one who could have bought or bribed or blackmailed the judge to bust local tranquility. "Those filthy assholes," he fumed under his breath.

How much are they going to pay to have me sentenced for God knows what crap?

The idea came to him that perhaps he should offer the judge more. Why shouldn't he? *Five hundred thousand would surely clinch the job, moving the judge a few thousand miles elsewhere.*

Havana's face cleared. The dark clouds of concern drifted away. *But of course . . . one should only use one's brain. There's a solution for any situation.*

Movements

"Something's surely afoot, chief!" gasped FBI agent Papillon, nicknamed on account of his resemblance to Steve McQueen. "Wherever we lift the lid, the mobsters are abuzz."

"What's up?" Hogan queried him snappily. He loathed half-sentences and riddles.

"The shit hit the fan of the honorable family. The bosses are calling each other over the phone, even those who haven't exchanged a hello for months. I've also heard of some hush-hush meetings, lasting no longer than thirty minutes."

"Okay, okay, come to the point." Hogan waved an impatient hand. "What are they talking about?"

"I've no idea . . . none of my informers could get close enough to hear."

"Papillon, you're a dud!" Hogan commented with dismay.

"They were surely discussing the affair of the judge."

"I'm not interested in your personal opinion. I want hard facts and you'd better get them. I'm out to get Havana Cigar, together with his deputies, and this is the best chance we ever had. All the same, the Molnars should be protected."

"We're tailing Molnar round the clock, chief."

Subterfuge

Identifying himself with a bogus ID card from the Immigration and Naturalization Service, FBI agent Papillon paid a visit to the Molnars on the pretext of filling out some questionnaires. He spoke Hungarian, so they got along fine. Peter and Mary invited Papillon for lunch, during and after which they chatted merrily for two hours. Papillon was certain that he was doing an excellent job on his chief's behalf, only he couldn't see where the Mafia fit into the overall picture.

Well, If the Don Wants It . . .

Joe, the barkeeper of dubious integrity, who had been rough to Peter the previous day, happened to be alone when the burly Mafia enforcer entered with his familiar (and loathed), "Hello, Joe, how's business?"

Coarse Voice the Enforcer unceremoniously grabbed a bottle of whisky, filled a glass, downed it, then, giving the barkeeper a peculiar sideways glance, he drawled, "You know, Joe, the boss doesn't agree with you refusing customers their drink."

"Refusing customers!" Joe exclaimed with indignation. "Who? Me?"

"Sure," Coarse Voice replied bluntly, "like the judge yesterday."

Joe was flabbergasted. "You mean the don wouldn't mind if—"

"No, he wouldn't. On the contrary, he wants you to be very decent toward Mr. Molnar all the time. Keep that in mind, Joe. Okay?"

"Oh, of course . . . please, tell the don that I—"

"Okay, okay, I'm going to tell him." He rose. "Do I owe you anything?"

"Nothing," the barkeeper replied quickly, "nothing at all," while thinking to himself, *Fuck you and your boss!*

Weaving the Spider Web

Report No. 8

Subject: Peter Molnar and Family

Emigrated from Hungary. Entered into the United States legally. The subject has no tangible contact with the Mafia or any other criminal organization. The Molnars have two resident friends, former acquaintances from Hungary, namely Gabor Nagy (Los Angeles) and John Farago (Las Vegas). Neither of them has so far been contacted by Molnar. Presently the family fortune consists of $316. The phone tap furnished no useful information.

412 FBI

On the margin of the report, Hogan jotted down with red pen: Papillon is a king-size asshole.

I Haven't the Foggiest . . .

"Listen, Peter. I'm puzzled by the whole thing."

"What thing, Mary?"

"Do those reporters and immigration officials spend so much of their time with every newcomer in America? During the three weeks we're here, we haven't gotten half an hour of privacy. Visitors come and go all the time."

Peter shrugged. "Never mind them. Eventually, they'll become bored and will stop pestering us."

"Still, I wish you hadn't thought up your silly Mafia farce for that Edna woman."

"Who could imagine they'd take it seriously?"

Mary lowered herself onto the sofa and observed Peter searchingly. "By the way, did you speak to Farago?" she asked after a while.

Peter rolled his eyes. "To Farago? Good heavens, no! He's the last person I want to talk to. Even back in Hungary, always tried my best to avoid him because of his many obscure associates."

"If he ever shows up, please, don't be too friendly with him. Otherwise he'll stick to us like a leech."

"And ask for a loan," Peter added with a chuckle.

Keep Going

"To tell you the truth, Captain, I hate to have a small army of FBI snoopers buzzing about our district," Police Lieutenant Brown complained to MacLaren.

"You aren't alone with your displeasure."

"Hmm, er—shouldn't we just drop everything and let them figure it all out?"

"And let the FBI cash in on the citations and promotions later? Like hell we'll drop the judge. We'll keep going."

"What else should I do?"

"Run a check on that interpreter Nancy Wyss. She's close to the Molnars and should be able to give you a hand."

Fair Business at Someone Else's Expense

By all his appearance, Jim Hogan's visitor looked like a genuine Mafia don right out of Hollywood movies: striped suit, Borsalino hat, white tie, expensive sunglasses and everything else that would distinguish members of the Honorable Family. As a matter of fact, the visitor was a bona fide don of the most recent generation.

Fatso Havana Cigar considered him a dangerous antagonist. With some maneuvering, he managed to coax him into a subtle FBI trap, thinking, *Good riddance.*

Having found himself in shit up to his chin and unable to whitewash himself of a dozen different charges showered upon him by Hogan, the resourceful boss settled for the lesser of two evils. Offering a quick deal to the FBI, he sold out Farago, then raced home to pack up and relocate. His real name (if he ever possessed one) is irrelevant and his FBI-given new identity was such a top secret that not even the FBI director knew it.

Sixth Sense

"Listen, Don Vito, we've done lots of deals together and every one of them worked out well," Havana Cigar argued over the phone. "You've never refused to give me a hand and I daresay that you made me what I'm today, for which you have my eternal gratitude."

"Okay, okay—you also have your own merits," the Chicago end sounded complacently amused. "Tell me your problem."

"I smell a rat, Don Vito."

"How come?"

"Call it intuition, sixth sense, or anything else, but I'm sure there's a trap in the making. All of a sudden Don Pierino vanished from circulation, and I know for sure he hasn't moved into the bottom of the bay. And I also happen to know that we've been tailed by the FBI ever since."

"You mean there was a sellout?"

"I suspect it. I'm calling you because we both strive to avoid any bloodletting between the families. By the way, what do you think of this idea of having our own judge?"

"Some years ago Don Salvatore had suggested it, may he rest in peace. The idea was never realized."

"Perhaps the Grand Council decided to realize it now and summoned this Molnar jerk from devil-knows-where," replied Havana Cigar.

"I think I would have heard of it," came the wary response. "I know nothing of any official summoning of Molnar."

"Don Vito, if we were to get the axe, the coming of the judge would be hushed up until the last moment."

"What makes you think that we might be marked?"

"Only my sixth sense," said Havana. "Your family is larger and you have many eyes and ears in circulation. You should be able to gather some details."

"Okay, Havana, I'm going to get to the bottom of this thing," Don Vito concluded. "When I know something more, I'll call you back. *Ciao* for now."

Havana Cigar hung up and walked away from the public phone booth, puffing on his cigar and swearing quietly between his teeth. Don Vito had done the same in Chicago, but smiling contentedly. Only the two of them knew the dates and hours of these mutual calls to and from public phone booths. A healthy arrangement. Phone taps could easily shorten one's life.

The Boat Is Rocking, but Business as Usual

The underworld grapevine began to leak the news that the cream of the local Mafia bosses unexpectedly took their annual leaves and departed for unknown destinations. Nevertheless, their lieutenants stayed on and, at the different territorial headquarters, business continued as usual. . . . at least on the surface. . . .

The Taming of Nancy Wyss

"I'm sure you could be of great help to us," the police lieutenant intoned persuasively. "You're their interpreter. In a sense, their confidential assistant. You must have learned something about the Molnars. Something of interest to us."

Nancy's chin snapped up. "I won't become an informer, so you might as well forget it." She sneered defiantly. "What I happen to know about the Molnars is—"

"Hah! Then you admit it!" Lt. Percy C. Brown interrupted her triumphantly.

Nancy stared. "Admit . . . whaat?"

"That you know something."

"I know only that if you don't have an arrest warrant, you'd better get the hell out of my place."

"Have you forgotten your needle pricks, Nancy?"

She frowned. "What needle pricks?"

"Hypodermic . . ." Brown replied with stress, then grabbed

Nancy's left arm and jerked up the sleeve of her pullover. Trying to wrench herself free, Nancy uttered a faint cry.

"Okay, girl . . . what about your telltale little flea bites," Brown cracked, pointing at the pinkish punctures in the crook of Nancy's arm. "Or would you prefer to talk about it down at headquarters?"

Nancy began to squirm. Percy watched her with glee.

At length, she gave in, gasped disgustedly and full of venom, "What do you want from me?"

Lieutenant Brown released her arm and sat down. "You see, you can be reasonable when you want to."

The Kid of the Mafioso

In the meantime, Peter and Mary straightened out their apartment. Leslie received his own room and was already attending school despite the fact that his English was poor.

"Being with the other boys, he'll learn faster," the principal insisted; and Peter agreed.

Leslie and his classmates were getting along fine. The kids pulled his leg about his dad, the Mafia judge, but Leslie couldn't yet understand local slang and wisecracks. He would only smile stupidly when the kids called him Baby Face Leslie and agreed to everything. All the same, he got the word *Mafia* embedded in his mind.

Samuel, Too?

"You say the Molnars do their shopping here." Coarse Voice the Enforcer was stating a fact rather than asking a question.

"That's right," Sam replied with a nod.

Coarse Voice slapped him on the shoulder. "Okay, Sam—you know what you should do. If the judge or his missus happen to blabber about something of interest to us, gimme a call."

Sam nodded his silent assent, knowing already that he would never disclose anything of interest to the shitheads. Even if the Molnars blabber, Samuel Berger won't.

Like a Movie Director

Hogan's three senior deputies were wholly informed of the planned operation, but the staff of regular agents knew only their immediate tasks. Hogan trusted his seniors, who were privy to more official secrets than could be confessed in a year. In fact, the seniors themselves were top-secret individuals, devoid of either names or numbers. Not even Hogan's superiors knew their identity. The threesome existed in total obscurity, which was exactly what Hogan wanted.

"Let's have a look at the overall situation," he intoned and began to clean his glasses with meticulous care. "Our job could be divided into three stages. First—and this is going to be the most difficult part—the selected bogus information should be carefully leaked to the dons. Let them begin to perspire. Second, the obvious inner conflict and general uncertainty inside the Mafia should be exploited to the fullest. We should make the territorial bosses believe that their dreaded judge is calm and considerate only on the surface, while inside he's hard as steel, and that he's already on the payroll of a rival don. In order to further this aim, we're going to improve on Molnar's financial situation, needless to say in perfect secrecy. He's going to receive a conspicuously large amount of cash, and the story he's going to tell the press is going to be absolutely incredible and will only make the dons even more suspicious. They will ascertain that Molnar received a payoff."

Becoming Friends

"Why don't you drop in for a drink?" Joe extended the invitation to Peter, whom he had seen passing in front of the bar with Leslie in tow.

"I thought you didn't want me around," the presumed judge wondered aloud; but he stopped. Joe was all butter and honey.

"Oh, you mean last time you stopped by?" he beamed, all smiles and already ushering them inside. "I was a boor. You should forget it, Mr. Molnar . . . I was feeling lousy . . . had a fight with my wife."

"I didn't take it to heart anyway," Peter reassured him. "I like to be friendly with everyone."

"Then everything is all right," Joe exulted. "I learned only after the unfortunate interlude that you were a very fine person . . . What would you like to have?"

"A beer, please."

"And your kid?"

"A Pepsi," said Leslie.

The barkeeper filled their glasses and continued conversing amiably. "You have changed apartments, haven't you?"

"Yes, we moved one floor higher . . . two more rooms and a large terrace. The furniture is brand new, too."

"All of a sudden? How come?" Joe asked with a smile.

Peter chuckled. "I have no idea myself. I just got a call from a lawyer who said that our previous place shouldn't have been rented at all and he offered us the apartment on the second floor for the same price. Perhaps they made a mistake, and we just got lucky."

"Do you know who they are?" Joe continued persistently, but Peter didn't seem to mind.

He shrugged. "The owner of the house or his agent . . . Anyway, we're quite satisfied. How much do I owe you?"

"Nothing," Joe answered dryly. "It's on the house."

Complications

"This Molnar case is becoming more and more complicated," Police Lieutenant Brown stated with emphasis. "Just imagine, Captain, they moved a floor higher into a sumptuously furnished and much larger apartment while paying the same rent as before. Something stinks here."

"Yes, it sure as hell does," Captain MacLaren agreed. "What about the place Molnar has vacated? We should rent it for ourselves, so we can be close to the action."

"The apartment is already occupied, Captain."

"That stinks, too . . . Who are the new tenants?"

The lieutenant shrugged his shoulders. "Three tough-looking critters."

"Mafioso?"

"No, Captain. They're Vietnam veterans. Former Green Berets—loaded with medals. Sharpshooters, karate experts, parachutists; carrying licenses to drive anything from MX tanks to Caterpillar tractors."

Captain MacLaren pursed his lower lip. His face clouded with acute annoyance. "FBI or CIA, damn it!" he cracked with dismay. "They're trying to push us aside."

"They're not FBI, Captain," the police lieutenant stated with a firm voice. "The local FBI doesn't know them from Adam."

"How do you know that?"

"Well—er, my brother happens to be one of the local agents."

"Well—er, you never told me that," MacLaren commented with sarcasm. "What's his name?"

The lieutenant chuckled. "You won't believe me, Captain, but I have no idea of his present name. He's called Charlie but his real name is Roy."

Captain MacLaren contemplated for a while, then said with emphasis. "Well, just don't inform him of what we're doing, Percy."

"I hardly ever meet him. And when we bump into one another, we usually talk of women or baseball," the lieutenant replied airily.

It's Better than Nothing

News director James Hart relaxed. The exterior shots were of top quality and the insignificant Molnar family presented a fine spectacle on the screen.

"Edna, dear, this is better than what I expected," he stated appraisingly. "But what happened to the principal question?"

"Whether Molnar is indeed the Mafia's judge?" Edna asked.

"What else?" replied Hart.

"Well, if you'd give me ten minutes live . . ." Edna pleaded, "the viewers would see Molnar's reaction firsthand; then no one could say afterwards that it was all editing."

"Do you think you'll get it right during a live broadcast?"

"I'm sure I can, sir."

Hart smiled at her tenderly. "All right, but only if you stop addressing me as *sir*, Edna. There's no one else around."

Edna blushed. Hart liked that. He also liked her, as he recently discovered.

"Very well, Mr. Hart . . ."

"James," he corrected, "only James."

The lively color on her face deepened.

Groping in the Dark

Report No. 16

Subject: Peter Molnar and Family

I have introduced myself as a representative of the Department of Immigration and Naturalization and visited the Molnars on three separate occasions. We are on friendly terms and I think I am trusted. Initially, Molnar wanted to become a history teacher, but his mother's death compelled him to quit the university and seek employment. He took a clerk's job with a factory in Budapest, where he became head bookkeeper and eventually warehouse manager. He married ten years ago. His wife, Mary, had been a typist at the same firm. Momentarily, they are both unemployed but receive financial support from a Catholic charity organization. Investigation into their sudden change of apartments has, so far, brought no result. The owners of the house, Sunrise, Inc, are handling their properties through the law offices of Steiner & Hall. For all practical purposes, everything is in the hands of caretakers and lawyers. I found no evidence of any Mafia links.

412 FBI

Freedom of Thought, or Only Thought So?

Now that Farago found himself alone for a while, he surveyed the room, the Spartan simplicity of which astounded and, in a sense, even scared him. After his seemingly endless interrogation, he felt like a squeezed lemon. Thinking about his bleak future, he also felt immense pity for himself. Apparently, he could say farewell to his pleasant and prosperous days. He couldn't understand his unexpected string of bad luck. He had always been a crafty and wary, drug dealer who would never leave anything to chance.

He thought it over and over, and came to the conclusion that the FBI raid of his warehouse did not come by chance. The agents arrived precisely when he was quality testing the latest shipment from Colombia. Only he and his boss had been privy to the secrets of delivery date, quantity, and price.

Come to think of it—the boss wasn't present at the critical moment. How strange . . . conspicuously so.

If it was indeed a lousy sellout, the boss would already be thousands of miles away—naturally with all the cash—leaving Farago, his deputy, to take the fall. For once Farago could not play the innocent lamb. He had been caught with his hands in the bag—a bag of cocaine—and he could not sing to the FBI either without signing his own death warrant for breaking the law of *omertà*. Members of the Honorable Family may fall but not fail.

He rose and began to pace the room, measuring it to kill time. Ten paces lengthwise, eight paces across. Massive steel door. Barred windows. Maximum security arrangements.

"Good grief!" Farago exclaimed. "Who do they think I am? Al Capone, Junior?"

He dropped onto the solitary stool and began to calculate the number of years a benevolent judge might bestow upon him. For simplicity's sake, he began with the number eight, which he considered a fair start. He would not dare to estimate the sentence of a hostile judge.

Farago's temporary freedom of thought was roughly interrupted by the noisy entry of two grim-faced agents.

"Okay, Farago, we're taking you for a ride," the taller one announced, brandishing a pair of handcuffs. Gazing with vacuous eyes, Farago accommodated him. Without saying anything else, the agents pushed him into the back of a black van, locked the door, and drove off. Swallowing the hard lump in his throat, Farago tried to convince himself that it was still better to ride with the legal authority than with a pair of Mafia hit men.

The ride was a long one. Two hours passed before the van finally stopped an Farago was roughly-handled into the open. Bewildered, he scanned the barren landscape and his heart missed a beat. There were neither houses nor trees, only sullen ranks of undulating dunes of sand: an ideal site for an execution. Looking at the immobile faces of his captors, he began to fear the worst. What if they decided to save the trouble and expense of a trial and leave him in the desert? A stiff!

It's Money, Too

"How much have we got, Frank?" Don Vito asked his treasurer and favorite, Frank Bellami.

"Twenty million, Don Vito . . . give or take a few thousand."

"That should be enough for the time being," the Chicago boss commented, while it occurred to him that he might be the first territorial boss to quit voluntarily. But he also had lived to be sixty-two because of his timely and accurate judgment in difficult situations.

"Should bad turn to worse, who is coming along?" Bellami asked, watching his boss searchingly.

"Only three families," Don Vito answered meditatively. "Some thirty individuals. Bigs has the list. The men should keep their luggage light and carry nothing illegal, especially guns. And they must be ready to leave on a moment's notice. Remember, Frank, only one light suitcase per traveler."

"Which means that we'll have to leave behind virtually all our possessions, including clothes."

Don Vito gave his favorite a gentle slap on the back and said encouragingly, "With sufficient cash in one's pocket, one doesn't need much luggage. Make sure that everyone has his passport."

"Genuine or fake?"

"I just told you I don't want anything illegal, Frank. When you're traveling with twenty million in cash, everything has to be kosher."

"Consider it done, Don Vito."

"Fine."

"Perhaps the situation won't deteriorate to such an extent," Bellami reflected.

"Perhaps not . . . nevertheless, we're on red alert and when I give the word *scatter*, leave immediately."

"Destination?"

"Rio, Frank. We already have two legitimate businesses there. It's a fine place."

"I still hope we can stay there."

"In our trade one doesn't hope but weighs the naked facts, Frank," the Chicago boss replied wryly. "For the moment, the facts aren't encouraging and we should be ready whichever way the wind blows."

Double Gin Tonic—Blessed Tranquility

The police lieutenant left Nancy Wyss folded on the sofa like a rag doll that was just run over by a truck. She felt wretched and desperately abandoned. It was three years since her husband took off with a sexy little whore who lived next door, but she never felt so alone as at this moment. She could not decide what to do next: Keep working for the don or switch over to that son of a bitch of a cop? She knew nothing of the Molnars that might be of interest to the police; but if she wanted to keep the lieutenant happy, she would have to invent a few plausible lies. What a lousy situation! She already hated herself, but otherwise the damned bastard would run her in.

Perfectly aware of the fact that she was neither a ravishing beauty nor an ugly duckling, Nancy dressed herself with particular care. At the age of thirty five, she no longer desired to change her ways, but accepted life for what it was—full of shit—and tried to preserve her cheerful disposition by any means available.

Therefore, she downed a double gin tonic, then two more. Soon her inner tension disappeared and she found herself floundering in blessed euphoria.

The First Genuine Helping Hand

"What happened to you people?" Sam, the grocer asked Peter. "You haven't been around for days. Are you mad at me for something?"

"Of course not!" Peter laughed it off. "It's just that we must tighten our belts for the time being. None of us are working yet, and the money we receive from the church is just enough to live on. I hope we're going to be better customers later on."

"I'm sure of it, Mr. Molnar," Sam said understandingly. "I know only too well how difficult it is to start over again in a new country. You may take whatever you need on credit."

"I don't really know if we should—"

"Come on, Mr. Molnar . . . I know how it is. I was a kid of six when my family fled Hitler's Germany a few months before the Nazis began to round up the Jews. We landed in America with what we had on our backs and little else. Accept my offer."

"You're very kind, Mr. Berger, but it wouldn't be right to

accumulate bills while the future is still so uncertain. You know, by nature I'm wary and believe only in what I can see and touch."

"How about giving me a hand in the shop?" Sam asked after a brief pause. "You see, being Jewish, I don't work on Saturdays. You could take my place and make some money on the side."

"Okay, Mr. Berger, I'll discuss your offer with my wife," Peter said, deeply touched by the first genuine helping hand he encountered.

Digging into the Past

To Jim Hogan, it was like playing an exciting game of poker and he was holding an excellent hand. After twenty years of uninterrupted digging into the affairs of Havana Cigar, it seemed, at long last, his elusive foe was going to get his balls squeezed.

Tom (Will) Bulldozer, the special agent on night duty, asked for admission. Hogan received him with a broad grin on his rugged face.

"I've heard that you won twenty bucks," he said in good humor.

The agent smiled politely. "Well, boss, after so many years together, it isn't all too difficult to guess your moves."

Hogan chuckled. "I wonder whether you can guess my next move," he retorted.

"I haven't the foggiest . . . ," Bulldozer started.

"Well, first thing in the morning, you'll clean up your desk, Tom—afterwards go home, say good-bye to your wife, and board the first plane to Paris."

Bulldozer wanted to say something, but Hogan cut him short. "I haven't finished yet, Tom. There'll be a young guy by the name of 'Martin' waiting for you at Orly airport. He isn't an agent yet, but would like to become one. Martin speaks several languages. I want you to checkout Molnar's previous contacts in France and Germany. Even insignificant details could be of importance."

Hogan paused as if wanting for a response, while the special agent, still flabbergasted by the unexpected news of his trip to Europe, could utter only a meek, "I see, Jim—"

"You see nothing!" Hogan reacted gruffly. "You should also contact a certain Nick Bensen, our third embassy secretary in Paris. Bensen is a one-time classmate of mine, and he'll provide you with the name and phone number of our undercover agent planted in the Marseilles gang, the French Mafia. If Molnar happens to have any contact there, our agent will know about it."

"Hm—er, when am I supposed to leave?"

Hogan shrugged. "Suit yourself, Tom. You should be at Orly tomorrow by ten P.M."

Special Agent Bulldozer left Hogan's office beset with thoughts. His assignment appeared difficult, but not unsurmountable. He would tackle it and perhaps receive his long-awaited promotion.

There Is No Smoke without Fire

"I've called you because I urgently need legal counsel . . . your counsel." Thus began Havana Cigar's conversation with George Pythian, the well-to-do lawyer of Greek descent.

"Alas, my friend, it's been a long, long time since you asked for my counsel," Pythian replied, politely smiling his customary shark's smile.

He was about sixty, tall and ascetic with a pair of dark, penetrating eyes beneath bushy, upcurving eyebrows that lent his face a hint of Mephistophelian craftiness. His were the kind of eyes that observed everything and overlooked nothing. His numerous wealthy clients of obscure social status had nicknamed him "George the Python." Indeed, he possessed an incredible ability to wiggle his way out of apparently hopeless situations.

Lighting the cigar offered by his flamboyant host, Python reclined in the deep armchair, crossed his legs, and asked flatly, "What's the problem?"

Havana Cigar blew a ring of smoke, cleared his throat, and leaned forward. "I presume you've heard of this Molnar jerk on TV."

"The Mafia's private judge?" Python nodded. "Certainly. Go on."

"He's giving me the creeps."

"Why, Havana? He's surely a fraud."

Havana Cigar rubbed his scalp. "I indeed wish he were." He sounded unconvinced. "You see, George, I know an old proverb that states, There's no smoke without a fire. And sure as hell, this judge, or whatever he might be, is creating lots of smoke in our city."

"Do you want him to change location?"

"Preferably to some place six feet underground," Havana retorted. "The city's too small for the two of us."

"It'd be most unwise to have him bumped off," Python said evenly.

Havana nodded. "I know that. But his sudden appearance in my territory might be a trap."

"A trap for whom?"

"For me—who else? You see, some years ago it was suggested in the Grand Council that the organization should engage an independent judge to regulate inner family problems. Perhaps they decided to install a judge now."

"What for?"

"To get rid of me. I happen to know that some of the untouchables consider me a kind of dissident, because sometimes I don't exactly follow the guidelines. Besides my family is a wealthy one, offering a great deal for the taking . . . What makes me cautious is the fact that I haven't been invited to the last council vote, George. The sudden arrival of this judge could be a subtle reminder that I'm being written off."

"I don't think the Grand Council would give you an early warning," Python commented thoughtfully. "Certainly not if they're planning to get rid of you."

"Unless the whole thing is a clever trap!" Havana Cigar stated with conviction. "Do you care to hear the scenario? I get scared and have the judge eliminated and they, in turn, eliminate me—a perfectly justified execution for treason."

"Perhaps you have a point there," Python agreed. "Continue."

Havana put out his cigar and blew an exasperated sigh. "And on top of everything else, both the FBI and the local cops are after my skin."

"What if Molnar has nothing to do with the Grand Council?" Python suggested quietly. "What if he is an FBI plant?"

"Imported from Europe?" Havana commented with irony.

"In that case, you'd better leave Molnar alone."

Havana wiped his glistening face. "The threat of being sentenced is worse than a sentence already pronounced," he stated shifting uncomfortably in his chair. "This uncertainty is killing me, George. As it is now, Molnar could be the judge, the FBI, the CIA, the treasury, the state police—even an outsider."

"Or just an idiot," Python added calmly. "What do you want me to do?"

"Suggest a solution for each of these alternatives."

"It's easy. You should openly recognize Molnar as the Mafia's private judge, and your move would knock everybody else flat on their ass."

Havana Cigar stared at Python, momentarily baffled; but then his face lit up. "But of course!" he exclaimed. "No one would expect me to do that. George, you're a genius."

Python smiled modestly. Havana handed over a check for fifty thousand dollars, Python's customary fee. The counsel was well worth it, Havana and the judge would be allies and his antagonists would be flabbergasted.

Brawling with Unknown Forces

Hogan's fine team of agents were happily weaving their web, spreading the bogus information far and wide that Peter Molnar was indeed the Mafia's private judge, a judge nominated to decide over contested issues within the organization, to deal with territorial boundaries and cases of trespassing, to supervise the division of profits, to judge cases of treason and any other hush-hush cases.

But why would Molnar reveal his top secret assignment to reporter Edna Miller? Surely because he had not yet been informed of the confidential nature of his nomination; because certain bosses had conveniently forgotten to inform him. As for the present, anyone could see that Molnar is a modest, average head of a small family, leading a simple, regular life, and doing nothing to draw attention. It is precisely Molnar's exemplary life that makes him more dangerous. He is like a dormant volcano, a slick operator who is acting the role of the innocent lamb.

The Hogan-inspired heresy was gaining impetus as the underworld took it in, adding something here, taking something there. The bogus information spread in an ever-widening circle and Hogan rubbed his hands contentedly. The events were proceeding according to plan, while some lesser Mafioso were warily measuring each other, trying to discover if any of them happened to know more than another. However, it soon became very evident that the majority of dons were only trying to look well informed and thus important, wanting to create the impression of being immune against any inquest the judge might hold later on.

The vast ranks of Mafia deputies measured one another with barely concealed suspicion, guessing which one of them had been told the truth and who were the ones bullshiting. The lower-ranking mobsters began to cry for a new deal, the necessity to rectify the uneven distribution of Mafia wealth and the trimming of the dons' income. Hogan welcomed the revolutionary ideas and enjoyed the overall turmoil. From his widely dispersed agents, he received scores of exulting reports. The Mafia seemed to be losing footholds everywhere.

According to the latest press survey, 48 percent of the population considered it highly probable that Molnar was indeed the Mafia's private judge. Only 14 percent of those questioned rejected the idea. Twenty-two percent treated the case as a silly joke and 11 percent responded with the suggestion that Molnar should be locked up in a padded cell. The remaining 5 percent were undecided.

Terror in the Class

Profound silence blanketed the classroom. The air was laden with tension. Thirty pairs of anxious eyes were fixated upon the teacher's immobile face, waiting for the inevitable sentence, the direct consequence of the now customary Molnar-baiting the day before that, contrary to expectations, had developed into a violent brawl.

For the first time, Leslie would not take it lying down. He hit back and the ensuing brawl landed him in the first aid station for cuts and bruises. The kids knew that someone was going to be punished, but who would be the scapegoat?

For the moment, the teacher looked undecided. It was a case

of a class free-for-all. But why would they pick on the new kid whose father might be . . . er, an important person, perhaps also vindicative?

"For once, I'm willing to overlook this ugly affair," he spoke with a measured voice. "Nevertheless, we should discuss it like adult men. Would anyone tell me what's wrong with Leslie Molnar? Has he got three ears or an elephant's trunk? What makes you tease him so?"

The boys giggled and snickered, shifted in their seats.

"What do you say, Billy?" the teacher addressed a sandy-haired kid in the second row.

"I . . . I . . . never tease Molnar," came the halfhearted response. "We play together a lot, even at Leslie's place. They're fine folks. The last time Leslie's dad gave me a bar of candy . . . He's a nice guy."

"Until he hangs you!" a thin voice from the rear of the classroom cracked and the boys burst into laughter.

"I live on the same street," a freckled-faced boy with an upturned nose said after the teacher restored silence. "My dad says that Joe the barkeeper has even invited Leslie and his father for free drinks, something he'd never do for anyone else."

"Err . . . hm—I see." The teacher considered the kid's revelation something sinisterly peculiar. It was an open secret that Joe, a known miser, was paying insurance money to a mobster, yet he tried to please Molnar. The teacher was a thoughtful person with foresight. He decided to apologize in person to Leslie's father for the incident; for who knows, he might become a privileged acquaintance of an important man, a contact that could came in handy one day.

The Desert Has Its Beauty, Too

I've managed to wiggle out of this one, too. A happy Farago congratulated himself and began to whistle.

He still could not understand anything. The FBI agents returned his small case of items. The taller one wheeled him around; the shorter one gave him a fair kick in the ass, growling "Get lost." After that ceremonial farewell, the twosome drove off, leaving Farago in the desert in the middle of nowhere.

Considering the circumstances, Farago came to the conclusion that he was still better off in the desert than standing trial and going to jail for a couple of years. Desert or no desert, he was free as a bird.

He frowned. *But how come?* Suddenly it dawned on him that all these recent events seemed very odd, and his exuberance faded. *Good grief! There is probably a trap here somewhere . . .*

Bring Him In!

"I'm becoming more and more convinced that our judge is as innocent as a babe," Captain MacLaren announced resolutely.

Police Lieutenant Brown promptly reassured his superior of his unconditional support. "Someone's playing a dirty game with the Molnars," he stated.

"Someone sure as hell is!"

"Shouldn't we warn Molnar of the mess he's in, Captain?"

MacLaren considered this briefly, then nodded in assent. "I think I'm going to have a chat with Molnar. Bring him in!"

Bonanza on a Modest Scale

The unexpected visit delighted Mary. Edna Miller and her boss, James Hart, were both extremely kind, and Mary found their questions polite and considerate.

"There's only one more thing," Hart concluded over a cup of coffee and homemade pastry, which Mary hastily served. "You should convince your husband to participate in Miss Miller's weekly afternoon talk show."

"I'll do my best," Mary promised.

"Fifteen minutes is all I'm asking for," Hart continued persuasively. "Naturally, we're going to offer Mr. Molnar a generous fee." Gingerly, he placed a check on the table. "This is only an advance payment," he stated amiably.

"Ten thousand dollars for a fifteen-minute world exclusive." Mary found herself momentarily speechless and could only stare at the bit of paper that would resolve so many of their immediate problems.

"Of course, your husband shouldn't give any interview to anyone else in the news media," Hart added.

Mary nodded absentmindedly then uttered, "Only to Channel Six?"

"That's right."

At last Mary recovered her voice and asked wonderingly, "And are you willing to part with so much money for a fifteen-minute talk?"

"You shouldn't worry about our money, Mrs. Molnar," came the airy answer. "We consider it a good investment."

"You're going to have your fifteen minutes," Mary stated with great determination, "even if I have to chase Peter all the way to the studio."

After her generous visitors left, Mary dropped onto the sofa and started to laugh, then tried to organize her swirling thoughts.

Well, after all, Lady Luck has begun to look after us, she reflected happily. First came Samuel's Saturday job offer in the grocery store, now this check out of the blue. She decided that this extraordinary event should be celebrated with a very special dinner, something traditionally Hungarian—perhaps paprika chicken with dumplings and a good wine. She remembered seeing a few bottles of Tokaji in the nearby liquor store. She grabbed her coat and shopping bag, headed for the door—then stopped.

Why should I walk half a mile to do my shopping? At thirty-five dollars a bottle, the store could damn well deliver the wine. Likewise the grocer and the butcher . . . After all, our days of penny-pinching are over and done with. Good riddance to poverty!

Mary ordered everything over the phone. When the storekeeper mentioned that there would be a fee of five dollars for home delivery, she replied, "Who cares?" at the same time reassuring herself that under the circumstances, she could afford this modest extravagance.

If It Is a Goose, Let It Be a Fat One

Don Vito of Chicago and his old pal, Havana Cigar, were submerged in their habitual weekly exchange over the public phone.

"Did you mention twenty million, Don Vito?" Havana repeated the figure he had heard.

"That's right . . . And there's also our private fund of thirty-odd million—a handsome retirement benefit, don't you think?"

"But I don't want to quit yet," Havana croaked irresolutely.

"Nor do I," came the reassuring response. "Nevertheless, it's only wise to batten down the hatches before the storm strikes."

"You're right, of course, Don Vito, but the situation isn't critical . . . at least not yet."

"Have you learned something more about this, er, judge, Molnar?"

"Negative, Don Vito. When the question of the judge pops into a conversation, everyone clams up. But I have an excellent plan to ensure our future tranquility. I've decided to recognize the judge openly."

"You'll do that?" the other end sounded baffled.

"And why shouldn't I?" Havana Cigar exulted over the phone. "I might as well recognize him before anyone else does. I'm going to offer Molnar a regular wage, something around one hundred thousand a year, a handful of side benefits, three counselors to assist him in important cases and, naturally, full protection. I'm sure Molnar will take me for the grand padrino of all Mafioso."

"You're kiddin'," Don Vito said amusingly.

Havana chuckled. "I've never been more serious in my life, Don Vito. If there's to be a judge in the organization, he should be on our side—don't you agree?"

"What about the three counselors?"

"We are going to be the counselors—you, Don Vito, Python the Lawyer, and myself. We'll have Molnar all to ourselves and everyone else will get the shakes."

"Are you willing to dish out a hundred grand every year?"

"Like hell I am!" Havana replied forcefully. "I'm going to suggest that the territorial bosses should throw in their share. Who'd dare to refuse?"

"Hm . . . Did Python suggest this course of action?"

"Who else? George is brilliant."

"Sure . . . and he better be considering the fee he asks for. Okay, if you do recognize him in Los Angeles and Las Vegas, I'll do the same in Chicago," Don Vito voiced his consent. "We could also count on don Cardelli of Detroit. Perhaps also Don Silvano of Boston. Keep me informed!"

Everyone Is Suspect

Report No. 78.

Subject: Peter Molnar and Family

Nancy Wyss, the interpreter who assists the Molnars, is displaying very peculiar tendencies. She's become an almost daily visitor to the family, quite contrary to her previous practice of a maximum of three weekly visits. Likewise, the timing of her visits has become quite irregular. I also have reason to believe that she is a drug addict.

I happened to be present when Mary Molnar showed her husband a ten thousand dollar check, which Channel Six has advanced for a scheduled interview. The amount didn't impress Nancy Wyss and she promptly suggested that Molnar should demand twice as much. At first Molnar seemed reluctant, but then he phoned James Hart the news director of Channel Six and asked for ten thousand more. His demand was accepted on the spot.

I suggest we run a routine check on Nancy Wyss, James Hart, and staff reporter Edna Miller. The Channel Six payment might be a legit way to convey Mafia payments to Molnar.

412 FBI

Brief Shooting Interlude

Their apartment was truly superb. Far from the noisy street and flanked with age-old chestnut trees, the quiet, shady alley reminded the Molnars of the fashionable suburb of Budapest, the Hill of Roses. Peter liked to walk the friendly streets or stroll in the nearby park with Mary and Leslie, making new friends on the way, greeting those they had met before. It was a comfortable neighborhood.

On that particular afternoon Peter wanted to take Leslie to

the park where a spacious lawn permitted the flying of his model airplane. They had barely walked a few hundred yards when a gray Chrysler sedan careened onto the curb and came to a screeching halt. The doors flung open and a pair of Borsalino Hats grabbed Molnar by his arms.

"Come along, mister, our boss wants to see you, "growled one of the hats; but almost in the same instant a couple of shots rang out.

From God-knows-where, three Business Suits came converging onto the sedan with their guns blazing. Instinctively Peter ducked and pushed Leslie to the pavement. The Borsalino Hats drew their guns and returned fire, then keeled over and gave up the ghost.

"Stay down!" one of the Business Suits hollered at Molnar while a black Buick tore down the alley with her rear window down and spit machine-gun fire. The Business Suits joined the Borsalino Hats on the ground. The Buick wheeled around the corner and disappeared.

Grabbing Leslie by the hand, Peter gathered himself and scurried away moments before the patrol cars and ambulances arrived with lights blinking and horns blaring.

Who Wants to Get Involved?

Motto: "We saw nothing, we heard nothing, we are honest taxpaying citizens."

The park filled with excited and curious people, most of them hollering questions and answers and delivering a hundred different versions of what had happened. Police cars, ambulances, yelling patrolmen, lieutenants, captains, a squadron of detectives, as well as the coroner arrived, tailed by TV vans and cars full of local press.

A handsome reporter with curly, sandy hair was dragging a shaggy street vendor in front of the camera. The fellow happened to be close to the scene of action.

"Tell me what happened," the reporter urged him.

The scraggly bearded vendor cast a candid sideways glance at him and rattled in a thin-voiced, "I didn't see anything, I didn't hear anything, and I don't want to become involved. Everything depends on how much the information is worth to you."

The news-hungry reporter tucked a twenty-dollar bill into his client's extended hand.

Pursing his underlip, the witness pocketed the bill and said, "Well, there was a mighty big shooting here, mister, with slugs whizzin' by in every direction—"

"We know that already!" the reporter waved an impatient hand. "Who was shooting at whom?"

The vendor shrugged. "Everyone was shooting at everybody. The guys from the Chrysler, the threesome who came running from the park, and a pair of gunmen from the black Buick . . . ratatatatatata! Only a guy with a kid got away."

"What guy and kid?" police lieutenant Brown interrupted, displaying his badge. "Homicide," he added with immense dignity and pushed aside the microphone which the eager reporter almost shoved down his throat. Brown was vastly dismayed at finding the only eyewitness already in the clutches of a local reporter. Of all the others he had hastily questioned none saw or heard anything.

Only a solitary middle-aged lady walking her poodle would honestly admit, "I'm sorry, officer, but I've no time to commute between the police station and the prosecutor's office for weeks to come, then attend God-knows-how-many trials, pestered by the reporters all day long."

Nevertheless she confirmed that there had been a man with

a young boy near the the Chrysler. She even saw them scurrying away.

"I'm sure they were only innocent bystanders who got scared."

Angrily the police lieutenant advised the reporter to get lost and hauled the shaggy vendor into his unmarked car. Promptly his star witness went into a fit and began screaming. "I'm going nowhere because I haven't seen anything . . . besides I'm nearly blind and have a certificate of release from the local bug house, saying I'm not responsible for my actions."

Whereupon Lieutenant Brown passed the vendor ten bucks, hoping the department would reimburse him later. He had the vague notion that a receipt signed by a certified idiot would carry little weight at the cashier's desk. The vendor pocketed the bill commenting acidulously that the reporter paid him twice as much. Lieutenant Brown drove off and, cursing under his breath, searched for other witnesses and found some at the twenty dollar rate.

Back at the police headquarters the reconstruction of the bloody event was concluded without difficulty. Fatso Havana Cigar had dispatched a pair of his thugs to bring the Mafia judge before him, because he wanted to recognize Molnar's authority in person. The three plainclothesmen sent to conduct Molnar to Captain MacLaren were plugged full of lead when the Vietnam veterans who had been tailing Molnar for days, mistook them for hit men of a rival gang.

To the curious onlookers it was just another Mafia killing.

Within a half hour, the local police raided the apartment of the veterans. The detectives found the place as clean and orderly as a furniture store showroom on opening day. The mysterious trio had disappeared without leaving behind so much as a toothpick.

Public Opinion?

Jim Hogan was much better informed than his counterpart at the Police Department. He had just received an urgent telex from headquarters advising him to keep his hands off the veterans who had been acting on orders signed by a high government official in Washington.

Feeling sincere pity for the unfortunate cops, Hogan blew a sigh and downed a glass of Hague.

"Those stupid cops shouldn't have acted so rashly," he muttered, rocking his head. "Dashing out of cover with their guns blazing, confusing the veterans who rightfully assumed that Molnar's life was in peril."

The whole damned affair was becoming more and more complicated.

The Court Jester

Police Captain MacLaren accepted Molnar's offer of a drink despite his rigid abstinence while on duty—under ordinary circumstances. However, he considered the present situation a most extraordinary one. Besides, he really needed a drink. For an instant, his lieutenant hesitated, but then, he, too, accepted a glass of whisky and sat down.

The three men were alone. Leslie was in school and Mary was out shopping. They could talk freely. Sipping his drink, MacLaren observed Peter for a while and found his face a big question mark.

It was Molnar who broke the silence and asked, without the slightest sign of concern, "Could you tell me the purpose of your visit, Captain?"

MacLaren cleared his throat and returned Peter's wondering

gaze with skeptical eyes, then asked quietly, stressing each word, "Tell me, Mr. Molnar, do you have any idea what was happening to you yesterday?"

Peter cracked a broad grin. "Why? It's obvious. some Mafioso wanted to haul me before his boss who wanted to talk to me about God-knows-what," he answered in a casual voice. "I think it was a case of mistaken identity. I was taken for someone else."

"Like hell you were!" Captain MacLaren cracked with dismay, wondering whether Molnar's apparent naivete was genuine or only a pretense. "Your visit to the wolf's lair could have been a one-way trip."

Peter stared. "You mean . . . they wanted to—"

"Bump you off? It's quite possible."

"It never occurred to me for an instant."

"Well, you've got lots of catching up to do, Mr. Molnar."

"And who were the three gunmen who darted out of the park shooting like mad?"

"I must give you the sad news," Captain MacLaren intoned grimly. "They were three of my best men who wanted to stop the mobsters."

Peter shook his head slowly. "Then I don't understand a thing. Who shot them and why?"

"They died because of a fatal mistake. The gunmen in the black Buick were probably FBI sharpshooters out on a similar mission, who mistook my plainclothesmen for rival mobsters . . . all because of you."

"Because of me?" Peter exclaimed indignantly. "Of course, I'm very sorry about your policemen, but how do I fit into the picture? I was only going for a walk with my son."

"You do fit into the picture, unfortunately," came the reply. "You fit into the whole damned picture ever since your ill-begotten interview at the airport. Where the hell did you get the idea to call yourself the Mafia's private judge?"

"But it was only a jest!" Peter cried. He dabbed his perspiring forehead. "It was a joke."

The captain uttered a sound of bitter amusement. "A joke?" he repeated with sarcasm. "Perhaps in the beginning, but not afterwards. Otherwise, how would you explain this great general interest in your person, Mr. Molnar? Perhaps you haven't noticed it yet, but the Mafia is watching you and the local don knows every move you make. The FBI is doing the same and so are we; and there might be others as well on both side of the law."

"And all because of my joke?" Peter complained. "It's ridiculous, Captain. I meant no harm to anyone."

Captain MacLaren nodded and said patronizingly, "I'm willing to believe you. Nevertheless, you did start a very stupid game in which you accepted the role of the court jester . . . the fool!"

"Why did you tell me all this?" Peter asked morosely.

"Because we're trying to save your life!" the police lieutenant added forcefully. "Which is why we're here now."

"We ask you not to take any more stupid chances," MacLaren added with a grim face. "We've reason to believe that certain Mafioso want you dead, and there might be attempts on your life in the future. Some dons loathe the idea of having a judge above them, a supreme Mafia authority licensed to decide upon matters of life and death. And believe it or not, your death would signal the beginning of a vicious gang war between the the dons who are for a judge and those who are against, spilling blood not only here, but in every corner of the States."

Peter shifted uncomfortably. "Be-because . . . because of me?" he stuttered.

Instead of replying, the captain unexpectedly switched tack. "Do you happen to know something of chemistry?" he asked Peter.

"Very little."

"But do you know what a catalyzer is?"

Peter nodded. "A substance that triggers a chemical reaction."

"Precisely . . . And you, Mr. Molnar, are like a catalyzer. Without your presence in our city, nothing would have happened. Neither the Mafia nor the FBI, nor the police would be on a warpath."

Peter uttered a short, nervous snort. "Are you telling me that without me here there wouldn't be crime in Los Angeles? Frankly, Captain, I'm still in the dark."

MacLaren shook his head and smiled understandingly. "Of course, we'd still have our daily ration of killings, but only on a modest scale, no all-out war with machine guns and plastic explosives. Are you still in the dark?"

"I'm beginning to see some light," Peter replied and added reassuringly, "and you shouldn't think that I'd take sides or serve the interests of any party."

The captain blew an exasperated sigh. "You're still blind as a mole," he commented. "Mr. Molnar, it no longer matters what you might do or not do. You're in the game . . . a game of poker with your own skin at stake and you have a feeble hand!"

Brief silence ensued while Peter tried to sort out his confused thoughts. He clambered to his feet and began to pace the room, then halted and asked defiantly, "Where's the proof to all this—something not alleged or theorized, but tangible?"

"Mr. Molnar, you'd better not ask for any proof, for you might get it in the shape of a bullet," Captain MacLaren intoned with gravity and rose. "Whether you take my warning seriously is your business. You've been warned. You see, we've been trying hard to keep our city relatively quiet, and I hate the idea of having outsiders dump their trash on our doorstep for us to clean up."

"Especially with the local elections just round the corner," Lieutenant Brown added with emphasis. "When it comes to voting, the folks don't give a damn who is messing up the city and invariably blame the police."

Picture Card

My Dear Friend,
I'm having a good time with Martin, enjoying Paris after a short trip to the Riviera. I went to see Marseilles, but found no interesting sights there, and will proceed to Germany and perhaps also visit Hungary before returning home.
Greetings, Dozer

The moment he finished reading the card, Hogan knew that Bulldozer would send another card within the next few days. Alas, there was nothing to connect Molnar with the Marseilles gang; but there was still Germany and, of course, Hungary, the most promising site for digging into Molnar's past.

So far everything had gone according to plan, except for the shooting incident with the three police officers; but there was no war without victims, and he was at war with the Mafia. For the moment, it consisted of only small battles, local skirmishes, but it would surely get worse.

Am I Free to Leave?

Having recovered from the initial shock, Farago discovered that he was feeling elated. Whistling merrily, he embarked on the long walk toward the distant horizon, thinking a couple of hours of trekking would surely take him to the highway. He had barely walked two miles when the car he thumbed down stopped in a cloud of dust.

"Could you give me a ride to the nearest town?" he asked the husky driver wearing a Texan hat; but his expression of relief transformed into a look of sheer misery when a throaty voice addressed him by name.

"Why not, Mr. Farago? Jump in."

"He must be one of them!" A red warning light flashed in his mind.

Bad luck still dogged his steps. He had no choice but to oblige the ominous-looking driver for several good reasons: he was in the middle of nowhere; the guy, with his bulging muscles, could knock him halfway to Los Angeles with a single punch; besides, he was carrying a shoulder holster.

The stranger drove at a leisurely pace, but instead of heading toward the highway, he wheeled onto a gravel road that ran to God-knows-where. With all his former exuberance gone, Farago did not even bother him with questions and found consolation in the thought that if the FBI wanted him dead, they could have slugged him ten times over; it was not necessary to drive him anywhere.

The road terminated at a cute little cottage between rugged cliffs, and the driver led Farago into a rustically furnished room.

The driver was a big man, authoritative with heavy muscles rippling under his shirt; a powerful, demanding personality, all minimized by the mild look in his blue eyes.

"My name's Johnson." He stuck out his hand. "Roy Johnson. Please, make yourself comfortable."

Farago shook his hand cautiously and dropped into a chair.

"You look worried," Johnson said as he took two cans of beer from the fridge. He handed one to Farago, who accepted it with a nervous grin.

"Me, worried? My dear sir, to tell you the truth, I'm so fully booked up on worries that if anything unpleasant happened to me today, I couldn't possible worry about it for at least ten days."

"Buck up," Johnson commented, in good spirits. "You're here only for some friendly conversation."

"What about?" Farago blurted.

"About your old pal, Peter Molnar."

Farago's chin dropped. "Peter Molnar? How come? Molnar is in Hungary."

"No, he isn't. Molnar's right here in Los Angeles."

"Don't say—"

"I do say, and I want to know everything about him. Every small detail you might recall could be of importance."

"Why?" Farago retorted. "Did he apply for a job with the CIA?"

"I'm being serious," Johnson reminded him. "I suggest you do the same."

Relaxed now, Farago picked up his beer and said somewhat nervously, "Perhaps you should tell me who you are first."

"I work for a government agency," Johnson replied.

"That's what I thought," said Farago. "FBI, CIA, treasury, Secret Service—which one?"

"Never mind which one. We mean you no harm."

"We? I thought you were alone."

"None of us is ever alone. In any case, you aren't a prisoner here."

"You mean . . . I'm free to leave whenever I want to?"

"At any time. I'm only curious to know everything about Molnar, his character in particular . . . the way he lived, worked and acted at home . . . His reaction to different events, social, political and private, and so on."

Farago gulped some beer, wiped his mouth with a napkin and asked nonchalantly. "Why should anyone be interested in Peter Molnar? He was, he is, and he'll always be a perfect nonentity . . . a *niemand*, as the Germans would say."

"Which could also be a clever disguise," Johnson added. "According to the underworld grapevine, Molnar is the private judge of the Mafia."

Farago stared, then began to laugh. "Who? Molnar? That's the best joke I ever heard. Peter and the Mafia . . . and a judge at that! He has no knowledge of traffic regulations, let alone criminal law."

"He has admitted it himself, speaking to a reporter right after he landed at Los Angeles airport."

"Balls! I bet he was only pulling the reporter's leg."

Roy Johnson shrugged, pulled a pile of papers from a shelf and spread them in front of Farago. "Have a look for yourself," he suggested. "Unfortunately, I must leave for a couple of days. In the meantime, consider yourself at home. The refrigerator is full of food and drinks; and there's a Jeep in the garage, in case you want to decamp. However, I wouldn't do that if I were you."

His last sentence carried a slightly menacing undertone that did not escape Farago's attention. No, he had no intention of taking off, especially since he was probably under the steady gaze of a dozen electronic eyes. He'd be found in no time.

For a while he remained on the porch staring at Johnson's car until dust and distance swallowed it up, then strolled around the cottage. He found the garage and threw open its creaky planked door. The Jeep was there with the keys in the ignition. Johnson was playing with him. He could damn well afford to, knowing that Farago wouldn't go anywhere, especially not to Los Angeles where Havana's henchmen were probably looking for him. He couldn't go anywhere else for the lack of funds. He returned to the living room and fetched himself another can of beer.

Naturally Farago's many faithful years with the mobsters had not been wasted. He had a handsome sum tucked away in the cellar of his bungalow in town. The problem was in the recovery: How to get it without being gotten by some lurking gunmen?

He found consolation in the thought that Roy Johnson would offer him a hand in exchange for information concerning Peter Molnar. However, it was easier said than done. What could he possibly tell him about Peter? Molnar was a perfect dud; but

Johnson was not the kind of guy who would buy wholesale bullshit. Unfortunately, that was all Farago could deliver.

Fool's Gold

About five miles from the cottage, there was an old farmhouse, which looked to all as if it were abandoned to the all-devouring jaws of time. No casual observer would ever suspect that the crumbling walls concealed a top-secret station, the favorite lair of Hogan's top snoopers, proliferated with electronic instruments, radios, telex machines, fax, phone hot lines, and assorted paraphernalia.

From here the agents could call anywhere without any risk of being tapped or traced, because all the communications ran through an automatic exchange in a rented city apartment where no one actually resided.

Utility bills were regularly paid by a caretaker who received the necessary funds through US mail and knew nothing of his principals—not that the caretaker was interested in learning his or her identity. He enjoyed his comfortable job, which earned him more than enough to look after his wife and three kids. Personally he was convinced that the mysterious machines were only expensive toys of an eccentric millionaire who wished to keep his identity secret. After all, there had once been a Howard Hughes; why shouldn't there be another one?

Coded "Desert Hole," the derelict farmhouse was Jim Hogan's pet project, full of fantastic gadgets. When, for instance, an agent placed a call, he'd first hear a sort humming sound indicating that the line was free from undesired interference. Should an intruder tap into the line, an ingenious safety device would automatically cut the conversation and turn an Beethoven's Third Symphony at full blast. A pair of generators provided electrical current, and the storage rooms contained enough fuel and food to sustain an army platoon for months.

The resident agents had been given the task of finding a plausible way to furnish Peter Molnar with $1 million in cash, without revealing the source, yet providing a clue for possible use in the future if and when Molnar is told the truth. The agents decided to deliver the cash through regular mail in the name of a recently deceased person, identifiable by a special code, in this case the Ludolph constant of 3.14.

The moment Molnar becomes rich, the dons will get nervous, thinking that the judge has already received someone's blood money, Jim Hogan reasoned. *They'll accuse each other of having bought the judge.*

Three Cheers to the Judge

Attended by virtually everyone of importance, Havana Cigar's garden party turned into a great success. The barbecue grills glowed; the champagne flowed; and loaded with delicacies, the waiters darted to and fro between the tables with never-slackening diligence.

After dinner, ten distinguished gentlemen quietly withdrew into the plush study of their host to talk about business. Havana engaged his guests in casual exchanges until the waiters finished serving coffee and drinks, and then Coarse Voice the Enforcer shut the soundproof door behind them.

Facing his assembly of local bosses and deputies, Havana took a deep breath and exploded his bombshell. "Gentlemen, I've the pleasure of informing you of the long-awaited arrival of our private judge who will, in the future, decide all internal disputes. The sentence of this judge shall not be subject to appeal."

Profound silence followed his announcement. The bosses

stared at Havana—some incredulously; others with concern; still others with barely concealed glee, as if beaming inwardly, *Okay, wiseasses, you've had it*!

At length a voice croaked, "So, it's him after all . . . that Molnar jerk! Who'd ever believe it?"

"I would!" a shrill voice cut in. "I was convinced from the beginning. . . . And you'd better stop calling His Honor a jerk or you might be sorry later."

The speaker was a low-level boss with creases in his cheeks and deep-set eyes. The mobsters called him "Weasel" because his eyes shifted left and right incessantly, as though trying to spot an oncoming bullet.

"Say, Havana," the other participants shouted, "give us the particulars!"

The rest of the assembly murmured in assent.

Havana Cigar raised his hand. "I was coming to that," he announced, assuming the commanding attitude of a supreme authority. "As you probably know, the idea to have our own judge isn't a new one. It was suggested ten years ago by Don Salvatore—may he rest in peace—but we wouldn't follow his counsel. And the consequence, my friends? Anarchy within the organization. Inner strife, street brawls, bloody gun battles between the families, cowardly sellouts for money or for immunity. Well, gentlemen, times have changed. Our family has grown, and I'm not exaggerating when I say that we have become a kind of state within the state."

Cheers and yells of approval followed Havana's statement; and he watched the assembly with swelling exuberance, feeling very much the way Hitler might have felt listening to his enthusiastic audience at the Nuremberg rally: "*Sieg Heil! Sieg Heil!*"

Havana, too, was carrying his audience, molding the dons to his own design and purpose like Hitler or Fidel Castro.

"Nevertheless, we should keep in mind," he continued forcefully, "that no state could forgot its judicial system without invoking chaos. The era of summary justice within the organization is over and done with!"

More cheers ensued. More "Well spoken, Havana." He paused to give his conclusion greater emphasis. "We've always been proud of being Americans . . . citizens of a great nation built upon the inviolability of human rights. My friends, the Mafia is powerful enough to have its own legal system. We're no longer common mobsters but businessmen . . . leading businessmen, to be exact, owners of important companies, hotels, restaurants, bars, factories, warehouses, shipping companies, airlines—to name just a few. We're also shareholders in many important enterprises and, in a sense, we control America."

The room reverberated with roaring applause. "Go on, Havana, we're with you!" a don hollered.

Havana Cigar smiled contentedly. "I was certain of your support," he beamed and lighted another ten-inch Cuban cigar. "Lately we've been doing excellent business, which shouldn't be poisoned by suspicion and distrust between the families."

"Well spoken!"

"We should trust each other!"

"We must have law and order within the organization!"

Havana lifted his glass. "Gentlemen, my friends, if we're of the same opinion: Three cheers to the judge!"

Coarse Voice asked to be heard. "I suggest we should nominate a committee of three referees who would select meritorious cases for the judge. After all, we shouldn't bother His Honor with piles of chicken shit."

His suggestion met general approval.

Coarse Voice resumed his seat next to Python and whispered, "What do you think of my idea?"

Python nodded and whispered back, "In order to avoid suspicion of partisanship, the three committee members must be elected right away."

"Sure!" Coarse Voice agreed. "The details could be worked out later."

"I'm going to suggest you and Don Vito," Havana interposed between his teeth. "You will, of course, suggest me."

"The individual shares in the wage of the judge should be arranged, too." Python muttered his reminder.

Havana nodded. "I'm thinking, a hundred grand."

"Make it one hundred and fifty," Python suggested. "His job will look more serious."

Bonanza Day

Before noon it looked like any other day, with Leslie in school and the Molnars scouting the downtown shops on what was their first real shopping spree without the necessity of counting their pennies. Peter had cashed the check from the TV station, but they both swore that it would be their first and last day of extravagance.

They really needed a color TV, clothes and shoes for everyone and a video game for Leslie.

Shortly after lunch, the mailman rang the bell and baffled Peter had to sign for a special delivery parcel. He was not expecting anything, especially from a total stranger, for the sender's name, Randolph S. Handleman, did not tell him anything. Yet there was no mistake. The label carried his correct name and address.

They unwrapped the parcel and found a cardboard box and a letter, likewise addressed to him. It read:

> Dear Molnar Family, The contents of this parcel is yours and you may use it any way you deem fit without any restriction or obligation on your part. Perhaps, one day I'll reveal my identity to

you, citing the Ludolph constant, which you or your son are surely familiar with: The Greek letter (pi) or 3.14.

Good luck, Handleman.

Now even more flabbergasted, Peter cut open the box, commenting dryly, "I'm sure it's only a stupid joke."

And then he froze like someone who just saw a ghost. Standing next to him, Mary uttered a feeble, "Oh, dear God!" Her chin dropped and she looked like she was about to faint. The stacks of one hundred dollar bills in the box deprived them of their speech.

The shrill call of the doorbell cut their momentary trance.

"The mailman!" Peter croaked. "I knew it was all a mistake. . . . He's back."

But it was only Nancy Wyss, the interpreter, dashing into the room like she was entering her own home. She wanted to say something but it never left her mouth; she froze with here eyes riveted to the pile of cash.

"Wh . . . wha . . . whaaat is this?" she stuttered pointing to the box.

Peter shrugged. "It seems like money to me. Perhaps counterfeit."

Nancy staggered to the table, fingered a couple of bills with unsteady hands, and whispered incredulously, "Counterfeit my foot," she shifted her face toward Peter. "How come?"

Molnar uttered a nervous snort. "Don't ask me. Just got it by mail. Five minutes before you arrived."

Nancy stared some more. "You got it by regular mail?" She cried, "Why should anyone send you such a pile of cash? Who is the sender anyway?"

"We have no idea," Mary replied.

"That's right" said Peter. "The name Randolph S. Handleman doesn't mean a thing to me. I don't know him from Adam."

"Perhaps we should notify the police," Mary ventured.

"The police?" Nancy shook her head vigorously. "Why should you call the police? The police have nothing to do with your parcel."

"I think Mary's right," Peter remarked. "The money could have been stolen, and the numbers might already be on a list somewhere."

Ghost Riders!

Report No. 102

Subject: Peter Molnar and Family

The Molnars have no idea of the identity of the Vietnam veterans or why they gunned down the plainclothesmen. According to Mrs. Molnar, they were fine, courteous men and good neighbors. None of the Molnars had ever visited them, but on one single occasion the veterans accepted Mary Molnar's invitation of coffee and cake. One of the trio spoke Hungarian. 412 FBI

Report No. 112

Subject: Vietnam Veterans

It's been confirmed by US army sources that the three veterans, as described, probably assumed the identities of three genuine Green Berets who died in action several years ago.

412 FBI

Television

Speaker: Ladies and gentlemen, welcome to our regular Wednesday evening talk show. I presume there's no need to introduce tonight's guest, our much esteemed Captain MacLaren, the head of the local Police Department, who has something important to tell us. Captain MacLaren, would you tell our viewers about the extraordinary phone call you received this afternoon?

Captain It was a call from Mr. Molnar.

Speaker The Mafia's private judge.

Captain The Mafia's alleged private judge, to be exact. Mr. Molnar asked me to come over on a most urgent matter and naturally I obliged him.

Speaker Please, continue.

Captain Well, Mr. Molnar showed me a parcel that contained $1 million in cash. I was told he received it by special delivery through the US mail.

Speaker I believe that every one of us would like to receive a similar parcel, Captain. But what about those bills . . . were they genuine? Whew! Frankly, I'm getting shivers just thinking about it. . . . Wasn't it hot money?

Captain The bills were genuine and in perfect order.

Speaker What about the sender?

Captain Fortunately, we gathered an overall description of the person who mailed the parcel. You see, the clerk remembered him, because he had a cast on his right hand. He gave the clerk five dollars to fill out the necessary form.

Speaker Then you've a fair chance to find him soon.

Captain Except for the fact that on the day the sender mailed his parcel, he had been dead for five days!

Speaker But, then—why? This is absurd!

Captain Absurd, but true. We've even exhumed the corpse, which the postal clerk recognized.

Speaker Incredible, I should say; or rather, impossible. Unless the man was killed.

Captain Five days before he went to the post office? As a matter of fact, Handleman died in a hospital of natural causes. Besides, he was poor as a church mouse and had to be buried at the city's expense.

Speaker Well, all this is very mysterious, Captain MacLaren. What's going to happen now? I mean the million dollars?

Captain Mr. Molnar wanted to give the box to me, but I refused for the simple reason that it was clean money and I have no authority to take into custody such a large amount of cash. As far as we're concerned, Mr. Molnar may keep his million.

Speaker And this is absurd, too.

Captain But perfectly legal.

Speaker Well, thank you very much for this most interesting conversation, Captain MacLaren. Ladies and gentlemen, I believe that from now on, many of us will be waiting for our mailman in hopes that we get a similar parcel. Although, unfortunately, none of us has the privilege of being the Mafia's private judge. Excuse me, I should have said alleged judge. In any case, Channel Six has once again presented you with the hottest news in town. Good night, everybody. We'll see you again at ten P.M. next Wednesday.

Misunderstanding

"Listen, Beaver," Joe, the barkeeper, repeated for the third time, now with special emphasis, "I'm not going to rent you any gun, unless you tell me about the job you plan to pull off. And wherever else you go, you'll get the same response. If you don't happen to know, we have new regulations, pal."

"What the hell you mean, new regulations?" Beaver, a small-time burglar and occasional robber countered.

"Just what I told you. You either tell me about the caper or there'll be no guns."

"You take it easy," Beaver replied morosely and beckoned his sallow-faced companion to a table in the corner where the twosome embarked on a brief low-keyed discussion. At last Beaver motioned Joe to their table. "Okay, Joe, I'm going to tell you, but you give me your word of honor that you'll team up with us."

For an instant, the barkeeper appeared stunned. *Jesus Christ, someone invoked my word of honor!* It was a term Joe had not heard for ages, and he retained only a vague idea about its meaning. Beaver must be off his rocker! All the same, Joe put on a most serene expression and nodded in approval. "Okay, shoot away."

"Well, you see, Joe, for some time we were busy with keeping an eye on the kid of this Molnar judge—or whoever he is—walking to school all by himself . . ."

"Go on, I'm all ears . . ."

Beaver drew a deep breath and added, "Suppose one of these days the kid should get lost . . . "

"Leslie Molnar? You mean . . . kidnapped?"

"And why not? His dad has a million bucks to part with. We railroad the kid, negotiate with Molnar, and collect."

"How much?"

"What do you mean how much? The whole lot!"

Silence followed, the eyes of Beaver and his companion hung on Joe's face.

The barkeeper shook his head and said with gravity, "Molnar is the judge, you know. I'm going to stay out of it, but you'll take on my nephew. He's a bright guy."

"Why should we divide four ways?" Beaver voiced his dissent.

The barkeeper grinned. "Because you might get the idea of taking off with the dough and leave me the kid. Anyway, my nephew and I will only take four hundred thousand between us."

"Okay," Beaver grunted wryly, "but at least you should offer us something to drink."

Serving them whisky, Joe commented, "You're blabbering about a million bucks but still want a drink on the house. Tomorrow evening, you can pick up your guns."

Beaver and companion left, and Joe picked up the phone to call Coarse Voice the Enforcer.

Our Dog's Puppy

The news of Molnar's recognition by Fatso Havana Cigar and his associates spread like wildfire across the state borders all the way to Chicago where it became a standard topic of casual conversation. The people tried to guess what the Chicago boss would say.

For some days the boss said nothing—until one local news guy steamrollered him over a drink in the local golf club.

"Could you tell me, Don Vito, what you think of this Molnar critter what calls himself the Mafia's private judge?"

"You'd better drop that critter and show more respect in the future," the Chicago boss redressed him sternly. "His Honor, Mr. Molnar, is in fact our judge. Keep that in mind and you'll live a lot longer."

Don Vito's authoritative comment settled the issue and dispersed any lingering doubt about the social status of Peter Molnar.

It's My Pleasure to Assist You

Impeccably dressed as usual, Python the Lawyer rang the bell and put on his most jovial expression.

"Good afternoon. I would like to see Mr. Peter Molnar."

"I am he," Peter answered. "Please, come in." By then he was perfectly conditioned to unknown visitors. "What can I do for you, Mister, er . . ."

"Pythian . . . George Pythian, but my friends call me Python."

"Very well, Mr. Python . . ."

"I'm a fairly well-known legal counselor in Los Angeles, and I came to offer you my services, Mr. Molnar."

Peter opened his hands. "It's very kind of you but momentarily I have no legal problems," he replied amiably.

"Momentarily," Python repeated, stressing the word. "But you see, here in America our daily existence depends mostly on sound monetary arrangements, and I would like to become your legal and financial counselor—for the time being, free of charge."

Peter laughed softly. "And I was told that lawyers in America never come cheap."

"To tell you the truth, I'm a rather expensive attorney," Python stated with dignity.

Peter decided to play along. "Could you tell me how much you received for your latest counsel?"

"Fifty thousand dollars."

Peter whistled softly. "A fair amount of money I should say," he commented, thinking that Python's clients must be men like J. Paul Getty and Rockefeller.

Python smiled contentedly, obviously enjoying the situation. "I might earn even more on you, Mr. Molnar."

"With me? Hardly."

"I'm quite sure," Python said unperturbed.

"And I'm quite sure that you came knocking on the wrong door."

"Why? Aren't you Peter Molnar?"

"I am, but nothing else. Only Peter Molnar."

"Who has one million dollars in cash," echoed Python.

"Which I'm not going to give away."

"Nevertheless, you would like to see your capital grow, wouldn't you?" Leaning closer to Molnar, he added patronizingly, "I have a very particular system to convince prospective clients. I wait until my counsels bring profit and present my bill afterwards. Does it sound unusual to you?"

"Most unusual," Peter agreed with a distinct edge of sarcasm, which Python ignored. "I presume now you'd like me to sign some papers?"

Python frowned. "I'm not asking you to sign anything, Mr. Molnar. Just accept my counsel and act accordingly, and you're going to prosper. Later, if you consider it reasonable, you may send me a check."

"Frankly, you amaze me, Mr. Python. I cannot see you prospering by our eventual collaboration."

"Let that be my worry."

Peter waved a hand. "Anyway, I've no legal problems."

"Your Mafia judge affair might cause you plenty of problems."

"You seem very well informed."

"I make my living by being well informed, Mr. Molnar."

Thinking that, after all, he will not be committing himself in the legal sense, Peter gave in."All right . . . what's your first counsel?"

"Deposit your money with Union Credit. It pays a 2 percent higher interest than other banks. Afterwards, just go and drift with the current."

"I'm afraid I don't understand the local dialect."

"I mean, just keep going on. Continue living as usual," Python concluded in an even voice.

Miracle?

"Mrs. Molnar, please accept my congratulations on your incredible bit of luck. The whole city is talking about . . . gosh . . . one million dollars in cash!" Samuel delivered exuberantly. "It's like winning the first prize in the lottery. . . . A genuine miracle—that's what it is. . . . Well, not quite, er . . . with your husband being the private judge of the honorable family . . . he must have a wage, fee, royalty, or whatever you call it."

"Honorable family?" Mary exclaimed. "What's that?"

"The Mafia, Mrs. Molnar."

"Are you suggesting that it was the Mafia who sent us the money?" Mary challenged him.

"I do," Sam admitted, "and so does the whole city. You see nothing of importance can ever happen here without the Mafia's knowledge and consent."

"Then we are going to return the million dollars!" Mary stated resolutely.

Sam smiled mildly. "And how would you do that? Wrap the box and mail it off addressed to Mafia Headquarters, Los Angeles?"

"My husband will talk to our legal counselor."

"Oh, you have an attorney, too?" Sam exclaimed with a tinge of irony. "But, of course, important people do have their lawyers."

Also the Press?

The Molnars found themselves besieged by a small army of wishful people hoping to obtain some portion of the million-dollar fortune. Door-to-door salesmen offered Mary a hundred different items; inventors of weird machines asked Peter for financial support; widows with six kids pleaded for (at least) three-figure donations; priests, nuns, representatives of the Salvation Army and the local Red Cross were not missing from the congregation either. The doorbell and the phone rang incessantly until, at long last, Peter managed to call Captain MacLaren to ask for help.

The captain dispatched Lieutenant Brown with a couple of police officers who locked the rear entrance and set up a sort of checkpoint in front of the house, shutting out everyone but residents.

"Police guards for the judge!" the morning papers headlined, initiating another Mafia judge publicity frenzy that persisted for days.

Iceberg

When Hogan returned home, his wife received him with a quiet, "Jim, you have a visitor."

Charles Frank Potter, the FBI vice director beckoned him amiably. "Come, come, Jim. It's nice to see you again." His address "Jim" sounded reassuring; there was no storm in the making.

"Good evening, Mr. Potter! What a nice surprise."

"Come now, stop being so formal. After all, we're old friends, and this isn't an official visit. I presume you know why I'm here."

"I have a fair idea, Frank: Operation Judge."

"Righto! Please, give me the particulars."

Hogan sat down. "The most important one is that we know with certainty that Peter Molnar has nothing to do with the Mafia."

"And what about those formal Mafia recognitions left and right?"

"Much of it is the direct result of our own design. The dons were kind enough to give us a hand."

"Are you planning to roll up Havana Cigar's racket?"

"I wanted to—in the beginning—but changed my mind after I realized the real magnitude of this case. Think it over, Frank . . . the Mafia's private judge . . . a position of tremendous importance if and when it has the necessary backing, the enforcers, and, naturally, plenty of money."

"All of which you intend to furnish."

"The money has already been provided," Hogan replied. "The rest is going to be furnished by the dons. Once Molnar, the judge, has been established, he'll be like a medieval despot receiving oaths of allegiance, taxes, donations, tributes; and, at the same time, inadvertently furnishing us with invaluable data on the Mafia's inner structure and outside contacts. You know that the organization is like a huge iceberg showing only its pinnacle while its main body remains hidden."

"What does Molnar know of all this?"

"Molnar doesn't know a thing. He doesn't know where he got the million bucks from and for what reason. He's confused. As far as we know, he's preparing for another interview during which he intends to admit that his airport statement was nothing but a silly joke."

"But the audience will only smile and say, 'Sure, sure, Mr. Molnar.' It's to late for Molnar to back down. He's in business."

"Exactly, Frank," Hogan agreed and offered his guest a whisky, then added. "We should continue with the subterfuge on a national scale. And to do that I need your help, Frank."

"I see what you mean, Jim, and with certain reservations, I agree with you. I'm not sure it's a good idea to have dozens of agents privy to our secret, but I'll see what I can do for you. I think, for the moment, your most important task is to provide Molnar with power, authority, and influence." Vice director Potter sipped some whisky. "Do you have anything else to discuss?"

"There's a strange phenomenon that should be analyzed by your experts, Frank. For some time, we've been gathering information about the steadily increasing discontent within the Mafia's lower echelons, whose members are complaining louder and louder about the uneven distribution of Mafia profits."

"I know," the vice director nodded, "but I thought it was another one of your ideas."

"Unfortunately it wasn't. It's a spontaneous movement, spreading by itself."

"Okay!" Potter terminated the conversation. "I'll let you

know how you should proceed. . . . And now, Jim, do you happen to have something to eat?"

"Of course, Frank . . . my wife will have dinner ready soon."

The visitor readily accepted the invitation and during dinner they chatted amiably about casual subjects. Hogan felt elated to having the prominent man on his side, for Potter could be a very dangerous antagonist.

The Story of the Decade

Joe blessed the day when Peter Molnar appeared in the American hemisphere and began to blabber on TV. Now, with the latest interview with the judge scheduled for the evening news, his bar was crowded to capacity. Joe's customers, most of them tough mobsters, were killing time gulping beer (spending money for once), chattering among themselves, betting on what His Honor might divulge this time.

At long last, the great moment came. The flamboyant news anchor appeared and announced, "Ladies and gentlemen, welcome to our live interview, which, for the first time, is going to be telecast across the country by the networks. Our star, as you know, is Mr. Peter Molnar, but on this special occasion, we have a pleasant surprise for our audience. You can call into our studio, on the number that is on the screen, and ask questions of our guest this evening."

Seated on a sofa, at a glass-topped table, Edna and Peter appeared. The assembly of Mafia toughs fell silent while a hundred pairs of eyes became riveted to the politely smiling face of the famous and much-feared man: the judge!

"Mr. Molnar," Edna began, "now, in front of millions of interested Americans, I would like to begin our conversation with one initial question: Why did you come to the United States?"

"First. let me tell you why I didn't come. . . . Some years ago a good friend of mine borrowed volume sixteen of my *Encyclopedia Hungarica* which he never returned. Presently he is living in Los Angeles and I would like to reassure him that I did not come here to recover the missing volume."

Edna tried to cover her dismay with a halfhearted smile and said, "Mr. Molnar, we're familiar with your cheerful disposition, but, please, no joking this time."

"They say those who love joking live longer," Peter retorted with good humor. "Anyway, it was you who started the jesting spree, Miss Miller."

"How so?"

"During your airport interview when you asked a married woman in front of her husband—myself—whether she considered Gorbachev sexy. I found your question hilarious."

"Mr. Molnar, our time is ticking away." Edna tried to steer the conversation back to its planned tack. "Please, give me one straightforward answer! Are you or are you not the Mafia's private judge?"

"Are you convinced that the Mafia needs any judge to pronounce and execute its sentences?"

"Mr. Molnar, you're procrastinating," Edna responded with barely concealed impatience. "According to several important public opinion polls the majority of the people are convinced that you're, in fact, the judge."

"Alas, they do believe that the Mafia has its own judge."

"Why shouldn't the Mafia have its own judge? Well, Mr. Molnar, I've interesting news for you—if it is indeed news for you—the Los Angeles mob, like the Mafia bosses of several other cities, has recognized your authority. They consider you as their judge and are ready to abide by your judgments."

"How do you know this?"

"Millions of Americans know this."

"I don't." Molnar shook his head.

Edna looked at Peter skeptically. "Permit me to doubt you. I think you do know, only refuse to admit it."

A pause followed the quick exchange. Edna repressed her frustration. Her interview just wasn't going the way she wanted. Molnar was playing an elusive game, procrastinating a great deal, perhaps to consume time; but he was making himself even more suspicious in the process.

The studio warning light blinked. Edna gathered herself. "Mr. Molnar, would you tell us what you know about the Mafia?"

Peter cleared his throat and opened his arms.

"To be honest, my knowledge of the Mafia is rather limited. I only know what I saw in the cinema and on television. The different clans exterminate each other, gun down policemen, FBI agents; others push drugs, collect protection money, and blast shops of those who refuse to play along."

"And what's your own opinion about those, obviously criminal, activities?" Edna asked, desperately.

Molnar shrugged. "Well, I don't really know if the Mafia dons are really killing off one another; that may be just in the movies? But, if it's true, I consider it wrong."

"What about their gun battles with the FBI and the police?"

"The FBI and the police are acting in the name of law and order, but whether the authorities are always right is another story."

Edna's face lit up. She sensed renewed hope.

"Please elucidate."

"I'll try, Miss Miller. . . . Well, as we all know, the authorities are constantly trying to infiltrate the so-called Mafia cells with special agents in the guise of hardened crooks. Naturally, those undercover agents are behaving and acting exactly like what they are trying to represent—hardened criminals. In other words, they're breaking the law, although they do it with immunity against prosecution granted in advance."

Edna stared. "You don't consider this a very effective way of fighting crime?"

Molnar shook his head. "To be frank, I don't. The representatives of the law shouldn't be permitted to commit crimes against the society that pays their wages. Let me give you an example. Suppose that our FBI undercover agent—let's call him Joe—participates in a gun battle between rival gangs. Joe's gang wins and takes a couple of prisoners, whom the boss wants to eliminate. Alas, he tells Joe, 'Let them have it' and our Joe has to obey or else he blows his cover and they will let him have it. So, Joe pulls his gun and shoots the two rival gangsters. Afterwards, he's no longer a law enforcement officer, but a common killer, although he did provide the authorities with enough proof to bring the boss to trial."

"I'm neither an expert nor a government spokeswoman," Edna commented thinking of nothing better to say. "Do you consider our war against the drug trade right?"

"Naturally," Peter replied. "But I disagree with the undercover methods."

At this point the anchor interrupted. "Miss Miller, you're slipping away from your principal subject. Perhaps we should take a brief commercial break and then take a few questions from our audience."

Turning toward Peter, he added, "One more question for the moment, Mr. Molnar. If you were the head of a tribunal deliberating upon a proven case against a group of Mafioso which includes a pair of undercover agents—"

"I'd send them to jail," Peter cut in.

"Including the agents?"

"Of course! The law should be applied equally to everybody."

Now, nearly in tears, Edna asked, "Mr. Molnar, should we consider you the private judge of the Mafia?"

Molnar opened his hands. "You may consider me whatever

you prefer to, Miss Miller. Your country is famous for its freedom of thought and speech. My unexpectedly acquired status of being the Mafia's judge doesn't disturb me at the least."

And watching the telecast on his office monitor, Hart smiled. "He's a shrewd customer, our Peter Molnar . . . clever and sophisticated. He could kick you in the ass so civilly that you would consider it a great social event for days to come."

Python's Merit

Brooker, the investment wizard, shifted uncomfortably in his chair, cleared his throat and, speaking to the Chicago boss, said meekly, "Frankly, Don Vito, sometimes you puzzle me. . . . You've reached the point when 80 percent of your profit comes from perfectly legitimate businesses. Why must you continue along the risky ways of the organization?"

Don Vito threw back his head and let his laughter beat against the ceiling. When he finished amusing himself, he opened his hands and shrugged. "Because I'm like Indiana Jones, Brooker: the greater the peril, the more I'm thrilled. Besides, you know that I love gambling." He halted and and looked at Brooker levelly. "By the way, you don't want me to sell out my pals, do you?"

"I'm being paid to give you my genuine opinion, Don Vito, and to keep you informed of the realities of the situation, which is becoming delicate."

"I appreciate your frankness."

"That's not the point, Don Vito. As long as you remain one of the untouchables, Molnar's daring one-upmanship could change the situation overnight; and no one would be immune to the judge, not even you."

The financial wizard paused for a moment, scratched his

chin, then added, "And what happens if Molnar is only an FBI agent?"

The Chicago boss chuckled softly. "Let me worry about that, Brooker. I've thought of every possibility. If Molnar is an FBI puppet, well . . . our formal recognition of him would surely rock the FBI boat. If he's genuine, all should be okay, for he's in our hands."

"In whose hands?"

"Havana, Python, and myself."

"Why Python?"

"It was his idea to have the judge all to ourselves."

"But he'd sell his mother for fifty grand."

"But he never fails," Don Vito rounded up. He glanced at his watch. "It's about time to have a look at Molnar on TV."

Farago Enjoys the Situation

Contrary to his expectation, Farago didn't bore himself to death during his involuntary sojourn in the desert cottage. He phoned some of his pals and learned that everything was quiet in Los Angeles. Havana Cigar dispatched no hitmen to slug him; as a matter of fact, Havana didn't know anything of Farago's sellout or the reason for his sudden disappearance. *There had been no leaks from the FBI*, Farago realized.

"Hello, Mr. Farago, how are you?" The sudden entry of a man propelled Farago back into the present. The newcomer was a perfect stranger to him, but he accepted him as one of Johnson's associates.

"They call me Gentle Jerry," he introduced himself, using his *nom du guerre*, and went to fetch himself a soda. "I guess you're feeling better now that you know all is well in town."

Of course they eavesdropped on all my phone calls, Farago thought and added aloud, "Indeed, I feel a great deal better now."

"Your old buddy, Molnar, is on TV," Jerry said and turned on the set. "Molnar, the Mafia judge."

They watched the show in silence; and when it ended, Farago threw out his arms and announced, "You heard him. . . . He has always been elusive and unpredictable. One could never see through Molnar. He shows only the surface."

"And we're going to work on him with your help until we get to his roots, Mr. Farago."

"It's possible that Molnar has changed a lot since we saw each other last in Hungary."

"Very soon you're going to meet Molnar," Jerry said authoritatively. "You're going to live very close to him and even assist him—naturally, according to our instructions."

Farago raised and dropped his shoulders. "Frankly, I couldn't care less."

The Guy's Okay!

Havana Cigar, Slick Gun Nick, and Coarse Voice the Enforcer were also watching the latest Molnar interview on Channel Six.

"What do think of Molnar?" Coarse Voice asked his boss during the interval.

"I like him," Havana replied appreciatively. "The guy's okay!"

"Don Vito says he could also be a spider in a clever FBI web," Coarse Voice commented. "Nothing but a plant!"

Havana Cigar uttered a short laugh. "But he is a plant," he stated with a firm voice. "The FBI sharks are probably tailing him round the clock, expecting to discover his contacts, associates, patrons, so that when circumstances are right, they can roll up one family after another."

Slick Gun Nick's chin lifted. "And we're going to sit on our asses while Molnar is delivering us wholesale?"

"Molnar won't be delivering anyone." Havana waved a dismissing hand. "First, because he doesn't know that he's being used in a two-sided game. Secondly, because he has Python for a counselor. Consequently, we'll always know in advance which way the wind is blowing."

"Can we trust Python?"

"As long as we're stuffing him with cash—certainly. Later, er . . . we shall see."

"You mean I shall see," Slick Gun Nick retorted slapping his holster.

"Don't worry, Nick," Coarse Voice cut in, grinning. "The boss doesn't gamble without a strong ace up his sleeve."

Havana Cigar felt pleasantly amused. "As a matter of fact, there is an idea in the back of my mind," he conceded. "Perhaps this is the right time to get hold of one more legitimate business." Noticing the puzzled look of his companions, he added, "Starting tomorrow, we're going to buy up the shares of Channel Six . . . doing it very carefully."

"How carefully?" Coarse Voice wanted to know.

"Carefully enough not to alert anyone prematurely. For the time being, no one should know that I'm pulling the strings. You're going to do the buying. The price doesn't matter. If necessary, we'll pay more than the current value."

"Such buying could trigger curiosity, boss."

"Don't worry. The guy who sells his shares at premium prices will keep his mouth shut."

"What about those who refuse to sell?" Slick Gun Nick interposed. "They might go round town blabbering."

"Not if you advise them to keep their mouth shut," said Havana.

"Sure!" Nick replied, nodding. "With a slug in the gullet, one keeps quite."

Coarse Voice asked, "How many shares should I buy?"

"Enough to become a majority shareholder. Once we own the station, we're going to put someone of excellent reputation but little success in charge. He'll initiate a new weekly program under the title, *If I Were the Mafia's Private Judge* in which the audience can present their own views and ideas." Havana paused, filled his glass, and asked exuberantly, "Well, guys—isn't it a great idea?"

"It is, boss," Coarse Voice assented instantly. "But where does Molnar fit in?"

Havana Cigar laughed softly. "Right in the middle of the game. . . . And if it is a game, we should play it for real. We acknowledged Molnar, so he damned well better participate in the program."

The Picture Card in Person

Jim Hogan received his special agent, Bulldozer with warm benevolence.

"Sit down and relax." He beckoned him to a comfortable armchair. "Your postcards were brief but to the point. My compliments."

Hogan threw open the door of his small office fridge. "Name your poison."

"Gin and tonic with ice, as usual, Jim."

"How was your trip?"

"Enjoyable, only somewhat short."

"But gratis," Hogan chuckled. "With Uncle Sam footing the bills."

They drank.

"Have you seen the latest Molnar antics on TV?" Hogan asked.

"The tape, yes."

"I'd like to have another look at it with you. The guy has some interesting ideas, and we're going to launch him across the continent."

"I see, the director is dealing the cards . . ."

"His vice. Frank was here a couple of days ago charged with enthusiasm, ready to roll up the Mafia from coast to coast."

"Let's hope that nothing will leak to the dons, Jim."

"Except for what we want them to know. Don't worry. I've even changed our methods. For one thing, there'll be no more written reports circulating among the various offices. We're going on verbal and leave no tangibles to slip astray."

Python the Lawyer

His office seemed spacious enough to accommodate the New York Philharmonic. Behind a ten-foot mahogany desk in front of the tinted window sat Python the Lawyer, contemplating Molnar's incredible legal acrobatics on TV.

What the hell does he want? To overhaul the entire legal system? What a crazy idea! If he were to judge narcotic traffickers, he would also sentence the FBI undercover agents. He must be off his rocker. Where would he find the prosecutor to press charges against FBI agents who had been ordered to assume the mobster role as part of their job? Molnar's talking through his hat and his stupid audience clap their hands and holler, "Well said, your Honor!" Bullshit!

In the prime of his youth Python himself had been an FBI agent and a fairly successful one, too, until he changed his mind and switched over to the dark side of the law where he could earn a great deal more. But although he hired out his talents to the highest bidder, deep in his heart he still harbored tender sentiments for the bureau.

Needless to say, he did not consider himself a criminal any more than would a lawyer who took on the defense of a multiple killer, a robber, or a rapist. He had only changed his place of employment from the official government to the unofficial one; and as he became older, he could no longer ascertain which side was right.

Python had neither family ties nor financial problems. When occasionally he furnished his old pal, Jim Hogan, with a few useful tips, he'd do it free of charge.

Now, all of a sudden he found himself preoccupied with Peter Molnar, the greenhorn who thought it expedient to invent new methods of legal dealing and stirred up the shit wherever he showed up. What annoyed Python most was that he could not help rating Molnar a fine person, and he would have liked to have a son like him. He was fond of Mary and Leslie, too. But what would happen to them now? They had become ignorant playthings in the clutches of sinister powers that exercised neither pardon nor mercy. . . .

And there they were: a happy, everyday family, pursuing their dreams, eating, sleeping, loving, making plans for the future, wholly ignorant of their death sentence, perhaps already pronounced with only the date of execution to be added. It would surely come by one of the usual methods—maybe an accident, followed by a blunt report: "It's done, boss!" A solemn mess with a quiet funeral, and half a year later even their names would be forgotten.

Life would continue along its well-trodden path with .45 caliber exchanges among the FBI and the Mafia, and between the rival Mafioso themselves.

Happy tranquility.

Presently he worked for Havana Cigar at an excellent rate of compensation. . . . conscience never bothered Python. It was something he had expelled from his mind long ago.

Peter, Peter—why did you come to America? He heaved a deep sigh of frustration. Although he did not yet know exactly what he wanted to do, on the spur of the moment he decided that the friendly Molnars should not be victimized by the rival forces.

The Show Continues

On the table a pile of notes. The Wednesday evening Molnar special featured four participants: Edna Miller, the anchor, James Hart, and naturally Peter Molnar.

"Ladies and gentlemen," the anchor began exuberantly, "of the large number of questions that we received over the phone, I'm going to present the first one, asked by Mr. Philip Balkan of San Francisco. Who is the mysterious benefactor who sent Mr. Molnar a gift of one million dollars in cash?"

He shifted his attention toward Peter. "What do you say, Mr. Molnar?"

"My answer is a very simple one: I've no idea who our benefactor is. He identified himself with the Ludolph constant of 3.14, the well-known mathematical formula. Unfortunately, I don't know any 3.14 man or anyone by the name Ludolph or Rudolf or even Randolph. In my modest opinion, the authorities should search for an eccentric millionaire recently released from a mental institute."

Molnar's opening initiated a series of chuckles and snickers, which Edna stopped before they turned into loud laughter. "Perhaps you should tell us exactly what happened."

"Well, I was at home with my wife. The doorbell rang. The mailman asked me to sign for a small parcel. We unwrapped the cardboard box and instantly realized that it was stacked with one hundred dollar bills. That's all."

"Your first reaction?" James Hart cut in.

"I thought it was bogus money. A silly joke."

"And afterwards?"

"When we realized that the bills were genuine, I called the police. Captain MacLaren ascertained that the bills were clean and refused to take charge of the box. Subsequent investigation revealed that the presumed sender had died in a hospital several days before the parcel was mailed. Moreover, he was a poor devil who could not possibly send fifty dollars, let alone a million. Everything's still foggy."

"I think we all agree with you on that," the anchor commented. "What is your personal opinion as to the source of your fortune, Mr. Molnar?"

"I still find it incredible that anyone should send us so much money."

Edna took over in a firm voice. "You haven't answered the question, Mr. Molnar. Please, give us have your personal opinion."

Peter shook his head and shrugged. "I'm sorry but I haven't got any personal opinion at all. I'm astounded."

James Hart shook his head disapprovingly and the smirk on his face was definitively sarcastic as he said, "Mr. Molnar, has it never occurred to you that it might be Mafia money?"

Peter stared. "Why should the Mafia send me a gift of one million dollars? They aren't the sort of folks who just throw away stacks of bills."

"But it could also be a very handsome advance payment," Hart suggested pointedly, and his peculiar tone made his colleagues smile. "We do know that certain legal counselors for the Mafia bosses receive outrageous fees."

"Sure!" the news anchor voiced his assent. "I know a few lawyers who earn a monthly fee of fifty grand. Consequently, I can very well imagine the amount the Mafia's only private judge would receive."

For a moment Peter lost patience. "How many times do I have to tell you that I was joking at the airport?" he snapped irritably.

James Hart chuckled. "But it was a one million dollar joke, Mr. Molnar. Believe me, I'd be telling jokes around the clock for one-third of that."

Overall laughter ensued and the verbal gymnastics on the screen continued with the eyes of the nation riveted. The majority of the viewers considered the mailman story just another Molnar farce, and everyone wanted to know what was going to happen next. What will the Mafia do? What will the FBI and the police do? What legal moves were planned against the alleged Mafia judge? Could he be legally prevented from exercising his underworld authority? And if not, when would he pronounce his first sentence and against whom?

But everyone agreed that Molnar was a sympathetic guy.

The program ran overtime, canceling a musical but no one complained about the change of schedules. On the contrary, the phone calls kept pouring in. And when Peter reminded James Hart that his contract obliged him to appear only for fifteen minutes, the news director just smiled and signed another ten-thousand-dollar check.

Hart was already considering the possibility of turning the judge into a regular weekly feature.

R. T. Incorporated

In the elegantly furnished office of RAG-TAG Incorporated, one of many bogus FBI enterprises, the FBI director and his second in charge were discussing the actual situation created by the private judge of the Mafia. For the moment, the director seemed content.

"Okay, I'm going to buy your idea," he stated reassuringly. "Let's call it action 'Senior Boy Scouts' . . . excellent. Nobody's going to understand a thing. Only untraceable phone calls between trustworthy senior agents . . . boy scouts, hehehe . . . that's a good one."

The vice director smiled contentedly. "You'll see, it'll work, Mike," he stated positively. "Every old snooper has his own idea and method, born of experience, and will do the job in his way. All we should do is to determine the final outcome."

"I'm convinced. Get moving, Frank. The Dirty Tricks Department should select a dozen top specialists and settle them a few hundred miles behind God's back, where they can work out the details in tranquility . . . Senior Boy Scouts.Hehehe . . . at least they won't be leaking anything to the dons."

"But what about Jim Hogan?"

"He initiated the whole thing, Frank. Jim's a good regional boss, full of innovations and vitality. All the same, it's you who are going to be at the helm of Operation Judge."

The vice director was perfectly satisfied and, for an instant, the vague idea occurred to him that he should express his gratitude to Jim Hogan; but he dismissed the thought right away. The term "gratitude" sounded utterly alien to him, and he had no intention of becoming familiar with it.

As of Today, Molnar Is Our Judge!

Havana Cigar was extremely fond of his dozen goldfish, which he tended with particular care. Each fish had been given a name; and when he was alone, he would often talk to them in a somewhat one-sided conversation, as on this particular afternoon while feeding them dried flies.

"Well, Jack, my friend, what do you think of our brand-new judge? He'd condemn everyone, including the police plant and stool pigeons. . . . He's a tough guy, isn't he? Here, have another spoonful. . . . Hey, Sam! You shouldn't be greedy. . . . Sally, be patient. There's enough for all of you."

The intercom crackled to life. Coarse Voice the Enforcer asked for admission. Havana dumped the rest of the fleas into the water and dropped down behind his desk.

"Sit down and shoot away," he told his lieutenant.

Coarse Voice pursed his lips and drawled with emphasis, "I don't like this million-dollar business, boss. I smell a rat and we should discover the identity of the real sender."

"Righto." Havana nodded. "Mr. Molnar received a lot of cash, but from whom? I see only three possibilities. It's either a top hush-hush affair brewed by the Grand Council behind our back or a subtle FBI snare or else . . ."

He broke off, waving a dismissing hand. "No, no, we've only two possibilities to consider, for if the money had been sent by a rival boss, he would have revealed his identity to Molnar, the judge. The judge!" he repeated mockingly. "A fine judge he is . . . a clown. That's what he is."

Havana's cheerful dismissal of Molnar did not impress Coarse Voice. "He could also become a great pain in the ass, boss," he commented with a grim face. "And if the money came from an enemy of yours, he'll reveal his name to Molnar later on. After all, he surely expects the judge to do a great deal for him in exchange for the million. . . . It's also quite possible that Molnar knows his name, only he won't admit it."

Havana shook his head. "I don't believe he does."

"But his whole story about the dough is a pile of horseshit," Coarse Voice argued. "Mailman, parcel, code number, a benefactor already dead for five days, no tangibles to follow. . . . It all stinks to high heaven."

"Yeah, it's all too clever and much too complicated. Our Mafia methods are more simple. But to tell you frankly, I can't think of any local don who'd so easily part with a million bucks. Our Mr. Molnar would have been just as content with a hundred grand."

"Which leaves only the FBI," said Coarse Voice. "Yet the situation doesn't seem to bother you at all."

"Why should it bother me? If the FBI has Molnar, we have Python the superbrain. If Molnar's a plant, the FBI would want him as a tool to dig into our secrets. Through Molnar, the Feds would try to collect names, addresses, relevant data on interfamily relationships; they'd try to learn the addresses of warehouses, the character of the merchandise we buy and sell, date of shipments, deliveries, et cetera, et cetera. . . . Then, when circumstances permitted, they'd try to pull the rug out from under us."

He paused and took a deep breath, then announced, "Therefore, my friend, we're going to pretend that Molnar is indeed our judge because this is what the FBI wants. Many of the local bosses are already convinced that the million dollars came from our coffers, and we're going to play along for the time being. You should go ahead and organize Molnar's office, his staff, and bodyguards. Give him a secretary, a typist, et cetera."

"But then he will really be our judge!"

"Let's make the FBI happy and, at the same time, cause a few sleepless nights for our rivals. Python's going to tell us everything that happens at the Molnars."

The face of Coarse Voice lit up. "Now I see what you mean."

"It's simple, isn't it?"

"Who should be enrolled as Molnar's bodyguards?

"Only new faces, guys don't have their fingerprints already on file somewhere."

"How much should they know?"

"Only that you're going to pay their wages and that they should obey the judge."

"Then, as of today, Molnar is our judge?"

"That's right. He's our judge!"

A Very Peculiar Guy

Hogan reviewed the taped interview several times and liked the part in which Molnar talked about the FBI undercover agents who infiltrate the Mafia cells and commit serious crimes in order to preserve their credulity, yet remain immune from prosecution. Molnar would send them to prison together with the real Mafioso.

A curious point of view. According to Molnar, if you cheat the double-crosser, you're lowering yourself to his level and deserve punishment. All very logical, but naturally never applied. It was an unwritten law that when the authority sets a not-quite-legal trap for a criminal, Dear Justitia should close her eyes. The judge considered this routine practice unfair.

Perhaps unfair, but very useful.

All the same, at least in theory, Molnar was right. A very peculiar guy, Hogan thought, *with plenty of guts. The dons would surely like his argument.*

So much the better.

Hogan could hardly wait to see the morning papers.

Farago's Old Pal

Farago's face radiated with joy. He no longer considered his onetime pal, Peter Molnar, either a "perfect nobody" or a "dud";

but all of a sudden, he became extremely proud of his acquaintance, the important TV personality.

"I told you he's utterly unpredictable," he told FBI agent Roy Johnson triumphantly. "He has always been like this. I remember a particular event—"

"Hold it!" the special agent cut in and turned on the tape-recorder. "Go on, Farago!"

"It happened sometime in the early seventies, still in Budapest," Farago began. "One afternoon we spotted a young woman all by herself in the lounge of the Hotel Astoria, sat down next to her, and struck up a casual conversation dotted with jokes.

"Her name was Vera, if I remember correctly, and she did not seem impressed by our verbal antics, though she was surely out hunting for a suitable guy with whom to spend the night. Well, after a while a friend of hers, whom we happened to know already, joined us. I ordered some drinks and we continued as a foursome. I was already making mental notes on the one I preferred—just in case we should land in bed. . . .

"Now, believe it or not, in the middle of our lively conversation, Molnar clambered to his feet and left without as much as a 'bye-bye, idiots.' Where would you put such behavior? We could only stare after him. Vera blew her top and swore that she was going to give Peter a lesson he'd never forget."

Farago paused to sip some beer then went on. "I'm telling you all this because you wanted to know more about Molnar's character and—"

"Continue," Johnson interposed. "I'm interested."

"Alas, we agreed that Vera should railroad Peter into bed that very night, then humiliate him good and proper. You see, in that period I was sharing my apartment with Molnar. So I passed my keys to Vera, giving her two hours to seduce Peter. . . . Afterwards, we went home and found Vera prostrate on the bed, clad only in her skin and mad as hell, while Peter was reclining on the sofa reading a book."

"You mean . . . nothing happened?" Johnson cut in.

Farago laughed aloud. "Nothing my foot! Vera wouldn't give up so easily. We talked Peter into a couple of drinks in the nearby nightclub and, just like it's written in the books: the dim lights, the soft music, a sensual tango with intimate touching here and there finally turned Peter on. In the end, all four of us landed in the double bed and . . . hahaha. . . ." Farago began to laugh. "It was an event I'll never forget . . . hehehe. . . . The room was dark, but the voices and sounds were very evident. Hahaha . . ."

He paused to catch his breath, then continued between chuckles. "Molnar asked Vera, 'You got your climax?' whereupon Vera snapped, 'and you got yourself a hell of a case of clap, chum.' And Molnar . . . hehehe . . . replied matter-of-factly, 'Never mind, Vera, I already have it and can't get it twice.' Then all hell broke lose. Vera screamed, kicked Molnar in the balls, and darted into the bathroom to wash up. Molnar said casually, 'What the hell is she so excited about? She can't get it twice either.' Hahaha. . ." Farago's narrative floundered in a surging wave of wild laughter.

"The funniest part of it," he continued after a while, "Vera didn't have the clap at all. She only wanted to scare the shit out of Peter. It was Molnar who had it . . . that's why he decamped from the hotel lounge. Anyway, Peter and Vera became good friends while visiting the doctor together, taking penicillin shots. . . . Well, Roy, that is my old pal, Molnar. Nothing ever rocks him. Why? He's asking for nothing less than a nationwide plebiscite on the obligatory behavior of law officers. Criminals and FBI placed under the same hat—"

"Hilarious, indeed," Johnson commented wryly. "But who would benefit?"

Serenity

The Molnars went on living their simple, insignificant lives wholly ignorant of the turmoil that threatened to rock their boat, but without touching their tremendous wealth deposited at Union Credit. Every blessed day Peter and Mary expected someone to turn up and claim the million which, nevertheless, was earning a steady interest of around eight thousand dollars per month. In the meantime, they entertained themselves with wishful thoughts of what they would do if the money was really theirs.

Daydreaming costs nothing, so they "traveled" all over the world—naturally first class and stayed only in five-star hotels. The interest on the million plus of Peter's TV income were more than sufficient to live on; besides, a noted New York publisher had already asked Molnar if he would like to write his autobiography. With ten thousand dollars more fluttering on the horizon—the advance payment offered—no financial problems loomed ahead, so Mary began to scan the ads for a three-bedroom apartment.

Peter found it somewhat peculiar that Police Lt. Percy C. Brown should so eagerly seek his friendship. Peter bumped into Percy almost daily, even in the park or the children's playground. The amiable cop happened to have a son of Leslie's age; and while the kids played, the friendly representative of the local authorities would invariably try to engage Peter in casual conversation, the theme of which became rather hackneyed after a week or so.

Percy seemed interested in Peter's past and present. He wanted to know about Molnar's plans, desires, the million-dollar catch, and of course his farce of being the Mafia's judge. The fact that he made no headway at all did not seem to annoy Percy, for he never stopped beating about the bush or changed the subject. In fact, Peter started to regard him as a pest.

Mary, however, felt relaxed. She improved her English and

enjoyed their unexpected prosperity. She preferred to do much of her daily shopping at Samuel Berger's place instead of going to the cheaper supermarket, thinking that their friendly chats amply compensated for the difference in prices.

On this particular morning, Sam received her with his friendly broad smile. "I'm glad to see you again, Mrs. Molnar," he greeted her happily. "What would you like today?"

Mary appeared undecided. "I don't really know, Sam. Today I would like to prepare something special. . . . Anyway, I have my list." She passed Sam the note.

"I haven't seen Leslie for some days," the shopkeeper conversed. "Hope he's well."

"Oh, Leslie's well indeed. He's doing fine in school and has many friends of all races . . . dear me!" she exclaimed. "I think I left my purse at home."

"You shouldn't worry about the money, Mrs. Molnar," Sam reassured her promptly. "Cash or credit are one and the same in your case and I'm happy to serve you."

Mary had the vague sensation that Sam's "in your case" carried a peculiar ring.

The High School of Confidence

The backyard office of the small, sinewy Chinese usurer, Ming Chen Ho (also known as Hong Kong Shylock) was dark and stuffed with Oriental antiquities both genuine and bogus. Apart from sharking money, Chen Ho was also a well-known expert in under-the-table stock exchange deals. He could procure shares, bank guaranties, certificates of state, and whatever else his clients desired—at the moderate price of 100 percent above actual market value.

Chen Ho's ill repute did not bother Coarse Voice the Enforcer. He regarded the little Chinese a genuine professional crook, perhaps expensive but safe to deal with

Chen Ho received him with a smile and low bow.

"What about my Channel Six shares, Ho?" Coarse Voice came to the point right off the bat.

"Your wish has been fulfilled," the little Chinese man replied.

"Okay, when can I have them?"

"Right now—provided that you brought along the cash."

"Majority holding?"

"Absolutely."

"How much you want?"

Ming Chen Ho named his price. Coarse Voice nearly keeled over. "You're a damned shark, Ho," he commented wryly. "One of these days you might get loaded with lead."

"Would you like to have some Chinese tea?" Ho asked him amiably. "It calms the nerves."

Coarse Voice would have preferred a whisky, but with his mind crowded with swirling stacks of bills, he replied automatically, "Gimme the damned tea."

He downed it, twisted his nose, then stuffed the shares into a sailor's carryall.

"The money," Chen Ho reminded him smilingly.

"It's in my car. I'm going to fetch it."

"Please do it very quickly," the little Chinese man urged him. "Just go, fetch the money, and return without wasting time."

"Why the heck are you in such a hurry?" Coarse Voice snapped.

Chen Ho shook his head and replied grinningly. "It's not me . . . you are in a hurry."

Coarse Voice went to get his suitcase and also his gun, toying briefly with the idea of giving Ho a couple of slugs instead of the dough; but remembering Havana's order, he delivered the cash.

Bowing, Chen Ho locked the stacks of dollars into his safe, then offered his astonished client a glass of milk.

"I don't want any damned milk," Coarse Voice said disgustedly, declining the funny gesture of Chinese hospitality.

"Of course you want it," Chen Ho insisted. "The antidote's in it."

"What antidote?" an astounded Coarse Voice asked him.

"You know, against the poison you drank with your tea," the little Chinese man explained with a grin.

"Whaaat?" Coarse Voice hollered. "You poisoned my tea, you low-down, dirty little yellow bugger. Why?"

"Drink your milk, waste no more time."

Coarse Voice grabbed the glass, gulped down its contents, wiped his mouth, and spat. "Fuck you, Chen Ho. I wasn't out to slug you."

"Sorry, boss man, but I must play it safe. One never knows with you Mafioso."

"Damn you! How fast would your poison have worked?"

"Without the antidote? In fifteen minutes . . . that's why I urged you to fetch the money quickly. I must be careful. I'm only a little Chinaman. You Mafioso are big bosses."

Coarse Voice spat again, twirled on his heels and slammed the door behind himself.

Do They Know All or Only Pretend It?

Joe the bartender loathed the mortuary visit, but he could not very well decline the police summons. The moment he saw the three stiffs, he recognized Beaver, his pal; and Bernie, his own nephew holed like a sieve. Nevertheless, with a grin gesture born of habit he shook his head and stated without batting an eye, "I've never seen any of them before, so help me God."

Firmly convinced that wherever Joe showed himself, God would surely be absent, Lieutenant Brown turned toward Detective Sergeant Dozier, a husky pile of muscle, and asked casually, "Say, Striker, do we have a vacant, soundproof cell at headquarters?"

"For Joe?"

"Yeah. He needs an urgent memory shake-up."

Whereupon the barkeeper's memory suddenly came back with useful reminiscences. "Oh, yes, I remember now . . ." Joe exclaimed. "The guy over there . . . sure. I've seen him before. They call him Beaver because of his teeth."

"What about the other two?"

Joe shrugged. "Probably pals."

"Probably?" Percy C. Brown repeated with a sardonic undertone and grinned ominously. "Listen, Joe, we already know everything about Beaver and company, so you'd better play ball with us."

"If you already know everything, why are you questioning me?"

"Because I would like to hear the truth from you! The stiffs were in your saloon yesterday."

"What if they were?" Joe snapped indignantly. "My bar's a public place where folks come and go all the time. I cannot remember every damned face, and I've done nothing."

"You were in the plot, too."

"What plot?"

"Joe, you disappoint me. What about kidnapping the son of the judge for the modest ransom of one million bucks? Besides, it also strikes me odd that you shouldn't know either of the two other stiffs, although one of them is the spitting image of Bernie."

"Who's Bernie?"

"Your nephew, Joe."

"Well," Joe grunted morosely, "Bernie is twenty-six—"

"He was!" the police lieutenant corrected him. "He was twenty-six and, sure as hell, he won't be twenty-seven."

"Oh, hell, I'm not responsible for Bernie's actions. I warned Beaver that the Mafia would protect its judge."

"Yeah . . . they tried to pull the wrong job. By the way, how do you happen to know that the hit men were sent by the Mafia?"

"Who else would have sent them? The Salvation Army? If you doubt it, go and ask Havana Cigar. . . . I want to talk to my lawyer."

"What for? You aren't under arrest."

"You mean I can go?"

"Sure, but stay close to your joint, okay?"

The barkeeper glanced at Percy with venom in his eyes and buzzed off. The police lieutenant drove to headquarters and reported to Captain MacLaren.

"I meet with Molnar almost daily and I just cannot believe that the dons would choose him for their judge."

"Appearances can be misleading," MacLaren commented. "I'm going to have another chat with Molnar."

Personal Cult

Frank Bellami returned with half-a-dozen papers, spread them on the desk in front of Don Vito, and commented evenly, "The Los Angeles colleagues are becoming rather active."

Don Vito scanned the headlines briefly. "They're doing lots of guesswork."

"It could also be a clever propaganda coup, Don Vito," Bellami suggested. "What if Havana organized the kidnap bluff, then had the three idiots gunned down?"

"Why should he do that?"

"To create an image of plausibility and gain credit with the judge."

Don Vito shook his head. "We don't know yet who's behind the plot and the killings. It could be the organization, it could be the FBI. Naturally, public opinion puts the blame on the Mafia. All the same, Havana Cigar is a crafty dealer. Within his territory, nothing happens without his okay or at least his knowledge.

"Havana permits no shootings, random killings, robberies, or violence unless perpetrated by his explicit orders. He is convinced that violence interferes with the regular flow of business and he is damned right, too. Violent actions fill the papers with five-inch headlines, turn the city upside down, shake the police into action, provoke raids, townhall debates, roadblocks, and assorted happenings that none of us wants.

"Remember a couple of years ago when our city went berserk because of the half-wit who roamed the parks and molested little girls? Before the FBI got the critter, the Feds wrecked fifty million dollars worth of Mafia business they came across by chance. Havana wants tranquility and he's well organized."

"Yeah," Frank Bellami commented. "They say if someone blew a fart in a flop house, Havana would know about it within half an hour."

"Sure. His private CIA has eyes and ears everywhere."

"That's probably why he's still alive."

"And he's wise enough to let others live, too. In his territory, every five streets has its own chieftain who runs the businesses for Havana: striptease shows, porno movies, gambling joints, and red-light hotels where the rich customers voluntarily part with their money. It's a great deal more convenient than robbing them at gunpoint, isn't it, Frank?

"Alas, it's quite possible that Havana had been informed in advance of the kidnap attempt, and wiped out Beaver and company before they could stir up shit with their ransom demand."

"Perhaps we should organize ourselves like Havana."

"In our particular case, it'd be more complicated because only a fraction of our business is of a criminal nature. One day you might be sitting behind my desk and boss the city: Remember, no one should ever be squeezed dry. Follow Havana's system. Live and let live. Just ignore the scorn of the so-called honest citizens. Let them sneer at us 'damned Mafioso.' In our apartment houses, nobody will ever find mice, bugs, or defective heaters. We run our affairs smoothly."

"But we did have one eight-week strike last winter," Bellami reminded his boss, but Don Vito waved a dismissing hand.

"You still have a great deal to learn, Frank. Last winter we saturated the market and prices began to slide. We needed a short break to stabilize the balance between supply and demand."

Bellami started. "But it was the trade union who called the strike," he wondered aloud.

Don Vito chuckled. "And who do think is bossing the union, Frank?" he asked with sarcasm.

Blossoming Romance

It was like any other day when, during an afternoon coffee break, Edna became convinced that her boss, James Hart, harbored tender sentiments for her. It had been a long time since their initial flirt. Edna, the insignificant little country girl, had become a career reporter with a bright future. Regarding her private life, her long-term investment in herself, by cosmetics and fashionable dresses, finally began to pay dividends.

She observed James over the rim of her cup—a gesture she had tested at home in front of the mirror and found challenging, solicitous. She tried to conjure up some lively images of married life with James. Though he was twenty-odd years her senior, Hart appeared youthful and masculine. That he was also sufficiently virile, she already knew from previous experience.

She was also aware of the grim fact that lately their much-despised chairman, Mr. Lewis "Shithead" Brewer frequently displayed his dissatisfaction with Hart's working methods; and at least on one occasion he even browbeat Hart in front of his subordinates, accusing him of lacking initiative and drive.

"This is how things really are," Hart complained to an understanding Edna Miller. Holding her hand casually, he added, with a humorous tone, "You know, Edna, I've just discovered that I'm in love with you and it's a grave problem."

"Is it really?" Edna challenged him. Leaning closer, she breathed a light kiss upon his mouth. "And what if I should feel the same way?"

"Oh, you do?" Hart exclaimed, but this crucial stage of their tête-à-tête became cruelly disrupted by the stormy entry of Chairman "Shithead" Brewer.

"Is this an editorial office or a house of casual encounters?" he hollered from the door. "I was trying to call you over the phone for fifteen minutes in vain. Now, I know why."

"I'm sorry, Mr. Brewer," Hart apologized, half rising. "I was discussing with Miss Miller the new program and—"

"Sure you were!"Brewer cut him off, grinning with glee. "Necking and holding hands and cooing like a pair a teenagers while I'm compelled to do everything, including your job . . . well, my dear Mr. Hart, you're fired!"

"The reason?"

"I think you've written yourself dry and lost touch with reality in general and our spectators in particular. You have run out of ideas and dry wells are useless. For the time being, I'm going to run the show."

Hart gathered his personal belongings, grabbed his jacket, and sneered, "This is exactly what Hitler said when he took charge of the German army after Stalingrad. Well, have fun, Mr. Lewis 'Shithead' Brewer!"

The chairman frowned. His face changed color from pinkish to scarlet red. "Whaat did you call me?" he asked, gasping.

"Shithead," Hart repeated evenly, content to empty his heart. "You're a rotten bastard with a nice round shithead. If you think you can just fire me out of hand after I built up your damned station, you're wrong. I'm going to sue you out of your last shirt." He turned his face toward Edna. "Will I see you later, Miss Miller?"

Hungarian Goulash

Python the Lawyer was busy in the kitchen, peeling potatoes and dicing onions, shedding tears in the process. The kitchen was not his own but the Molnars'. The day before, Mary had invited him for a real Hungarian lunch and Python acquiesced, provided that he could give a hand in the kitchen. He wanted to learn the how-to of Hungarian dishes, which, he was sure, were swimming in red hot paprika, garlic, and other spices. The distinguished Mafia lawyer tried to make himself useful.

The main dish on Mary's menu was the goulash with home-made dumplings, of which the good attorney consumed two platefuls, together with the peppery cucumber salad topped with sour cream.

He spent the rest of the day with the Molnars. Peter and Mary coaxed him into accepting a standing invitation for lunch every Sunday; and when Python complained about the eventual cost of such generosity, Peter laughingly reassured him that he would deduct it from Python's future fees. Altogether they spent a very pleasant day together, during which Python discovered the happy aspect of family life he secretly longed for.

He also asserted contentedly to himself that the Hungarians did not talk about business and money all the time, a pleasant change from his daily routine.

Wicked Elf

The elderly man, known as Uncle Danny, wore a pair of thick, horn-rimmed glasses, had a shaggy beard and an upturned nose nearly perpendicular enough to collect rainwater. For all his outward appearance, he looked like a nineteenth century schoolmaster rather than a drug dealer—at least in the eyes of Nancy Wyss.

She came for a stroll in the infamous neighborhood only to procure herself a shot, for a quick passage into the land of happy dreams. Joe the barkeeper had told her to look for Uncle Danny's beat around the derelict community theater.

"I came to do business with you, Uncle Danny." She addressed him in a subdued voice.

"To do business?"

"That's right."

"Buying or selling?"

"Buying."

"Who sent you?"

"Joe the barkeeper," said Nancy. "Do you have the stuff?"

"Sure, but not here. Come along."

Nancy followed him into the smoky La Calabrese, an Italian tavern, to a dark corner table beneath naked brick vaults.

"You have the dough?"

Nancy showed him the contents of her purse, including a roll of bills, after which Danny became very sociable.

"What's your name, girl?"

"Nancy Wyss."

"Are you new around here?"

"Here? Yes, but I've been visiting other beats. . . . Where's the stuff?"

Uncle Danny showed her a few small transparent capsules containing some white powder.

"Which one should it be, Nancy?"

"I'll take the full house." She wanted to put her buy into her bag, but Uncle Danny stopped her and grinned.

"No, not this one," he said and gathered his capsules. "I'm carrying only baking powder, hehehe. It'd be careless of me to stroll with the real stuff. Do you have a car?"

"Sure. Do I have to drive you somewhere?"

"To my place. It's not very far."

He guided Nancy to a colonnaded, weather-beaten mansion a couple of miles away. "Daniel Smith" was the name lettered on the gatepost. Danny ushered her inside where, to her surprise, Nancy found herself in a spacious lounge, very neat and clean, filled with Oriental carpets and antique furniture. The elderly lady who received them Danny introduced as his wife.

"Make yourself comfortable," he told Nancy, to which Mrs. Smith added,. "Would you like a drink?"

"Yes, thank you."

"Sweet or sec?"

"Perhaps a gin tonic with ice, if possible."

"Of course."

She withdrew briefly. Uncle Danny filled his curving Sherlock Holmes pipe, lit up, then asked between puffs, "Do you always go to the place of any stranger?"

Nancy uttered a snicker. "Oh, no. Not me. I agreed to come here only because somehow I found you trustworthy."

"I understand you," Mrs. Smith cut in, placing a silver tray with glasses on the low table. "The same thing happened to me thirty-five years ago."

"Thirty-six." Uncle Danny corrected her.

"Well, anyway it happened long ago. That's when the old Casanova coaxed me into marrying him."

Nancy chuckled. "You seem quite happy together."

"We cannot complain," said Danny.

Nancy glanced around. "You've got a very fine place here, but isn't it a bit large for you? Especially when it comes to cleaning."

"Oh, we have a couple of caretakers. They come twice a week," Mrs. Smith replied, smiling.

"Tranquility suits us well," Uncle Danny added. "You see, Nancy, I make a little dough on the side from . . . well, principally, I'm a writer. At least I think so. Presently I'm working on a book dealing with the drug trade and addiction."

"Don't say!" Nancy exclaimed. "I'm sure it's going to be a good one. You should be an expert on the subject."

After a brief pause she added, "Shouldn't we talk business, Uncle Danny?"

"Why not? That's why you're here."

He left for a couple of minutes, then placed a capsule on the table. "Here you are, Nancy."

"Are you sure it's not baking powder?" she asked in jest.

"It's the real stuff. I never cheat my customers."

"I was only joking," Nancy reassured him, then asked—trying not to sound too eager—"How much?"

"The price depends on whether you're a one-shot client or a steady one."

"I want to be a regular customer, Uncle Danny."

"Would you keep me company once or twice a week?"

Nancy looked at him questioningly. "Just what do you mean?"

"You shouldn't misunderstand me, Nancy. You could sit by me and talk about your problems . . . like one would talk to their therapist or confessor. It would help me with my book."

"Oh, that's what you have in mind? I'm afraid it won't work. I haven't got many problems."

"I'd satisfy myself with what you have, Nancy."

"Okay," she consented. "One can always try."

"Come back on Saturday. I'll give you another capsule."

"How much do I owe you for this one?"

"Twenty-five dollars."

Nancy stared at him with incredulous eyes. "But that's nothing!" she exclaimed.

"At cost," Uncle Danny replied. "You're a nice girl."

She leaned closer and smacked a kiss on his forehead. "I'll be back Saturday afternoon, all right?"

"All right."

After Nancy left, Mrs. Smith reappeared. "Is she hooked?"

"Have I ever failed? You may call Jim and tell him."

Naturally, he was speaking of Hogan, their boss at the regional FBI headquarters. Mrs. Smith went to the phone while Uncle Danny removed his silvery wig, false beard and moustache, and instantly looked twenty years younger.

War!

The FBI vice director summoned the agent in charge of the Dirty Tricks Department, which comprised of two divisions. "Okay, Harry, your time has come. Sit down."

The section supervisor dropped into an armchair, opened his hands, and said, "I'm all ears, Frank."

"We're at war with the Mafia!" the vice director stated bombastically.

The supervisor shrugged and pursued his lower lip. "That's nothing new. We've been at war with the mobsters since 1930."

"Those old-time skirmishes were nothing. The real war

starts tomorrow. You're the third person in the picture, so clam up. I'm putting you in charge of Operation Judge."

"Now, the Molnar affair! I'm flattered."

"Are you up-to-date with him?"

"Reasonably . . . airport interview, TV shows, overall concern, hectic activity among the dons, lots of guesswork and uncertainty, overall suspicion, continentwide interest."

"Right!" the vice director confirmed. "The idea is to set a nationwide trap. To be exact, it was Jim Hogan's idea. I presume you know him?"

"Not personally though—"

"Well, we're sure that Molnar has nothing to do with the Mafia, a fact we try to keep secret because we want to manipulate Molnar to our own end."

"Does Molnar know this?"

"My foot, he knows! But he's okay. We've investigated his past and present, his character and his habits so profoundly that soon our computers will be able to foretell every action or reaction he will have in any given situation."

"Did Jim Hogan prepare all this?"

"In utmost secrecy. His agents aren't even writing reports . . . Not any more."

"I've noticed that myself."

"Operation Judge is going to be a nationwide action; and this is where you come in, Harry. Using only a couple of your most trusted men, you're going to launch action 'Senior Boy Scouts.'"

The section supervisor appeared somewhat baffled, but the vice director continued. "Do you have a few professional friends?"

"Of course, Frank. Even FBI seniors have friends. What should I use them for?"

"Mostly for spreading bullshit for general consumption."

"Feeding the public or the Mafia?"

"Both. In most cases public opinion includes the Mafia as well," the vice director elucidated. "Telltale half-truths dropped in the right places, broken sentences, significant sighs, remarks, bogus news, which cannot be traced to any particular source but can still cause grave concern . . . you know, the kind of information that begins with 'they say.' They who? The interested parties will ask—"

"It's not going to be easy with the dons, Frank. The bullshit we tell them should be hard, factual, and plausible, and it shouldn't smell bogus . . . Well, I'll see what we can come up with."

"Just another thing, Harry. The search for the Vietnam veterans must be stopped."

"We've already stopped it!"

"But the police haven't."

"Okay, I'll wise them up."

"Let MacLaren know that it's an order from high above."

"Okay, but what about Molnar?"

"It seems he's going to be the Mafia judge for real!"

"If he's willing to play along."

The vice director chuckled. "Molnar's personal opinion no longer matters. We spread the news that he's the judge and the Mafia accepted him as such, even Don Vito of Chicago. He has no choice but to play along."

Like Fish in Sweet Waters

Farago's daily schedule was a pleasant one. After a good breakfast, he'd stretch out in the sunshine, contemplating, reliving events of the past, making future plans; and whenever something about Molnar surfaced in his mind, he'd turn on the tape recorder and talk.

One morning Roy Johnson returned, all smiles. "Hello, Farago! How are you?"

"Reasonably fine and it's good to see you again. I would like to ask you something."

"Go head!"

"I've been talking for days about Molnar and already used up three reels. . . . You call this information, don't you?"

"Sure."

"Were my revelations of any use to you?"

"I should say so. Why?"

Farago fingered his chin, cast a long level look at Johnson, and said. "Well, you see, Roy, I believe you have some special funds set aside for gathering information."

"Ah, so!" Johnson exclaimed with a chuckle. "The center's already considering your fee."

"It's awfully slow in coming, but at least you should help me recover my own dough stacked away in Los Angeles."

"Everything in its good time," Johnson replied. "Anyway, you don't need any money here. Now, if you don't mind, on the last tape you were talking about an accident with Molnar involved."

"It was rather an incident," Farago corrected him cheerfully. "Oh, yes, my good old pal, Molnar. . . . It was so damned funny."

"Tell me more about it."

"The incident itself isn't as interesting as its consequence."

"Okay, keep talking." Johnson turned on the recorder.

"Well, the Molnars used to have a good friend . . . a rather fatherly one, being about twenty-odd years Peter's senior—Kabos. Yes, that was his name. Janos Kabos; John in English. A photographer, if I recall correctly, and a very shrewd fellow.

Now, about the incident. Kabos happened to have a sweet little wife, Theresa, twenty-five years his junior, who one morning ran over a blind fellow crossing the street. Quickly Kabos switched places with her; and by the time the police arrived, he was busy caring for the victim. Believe it or not, there were a dozen witnesses who had actually 'seen' him driving the car.

Needless to say that within minutes a hundred curious

onlookers surrounded the scene, and in the great confusion the blind's man armband and white walking stick disappeared into thin air.

"When the case came up before the judge, the unfortunate blind victim turned into a careless afternoon stroller who crossed the busy street where he shouldn't have crossed it. Dividing responsibility between driver and victim, the judge gave Kabos three months and his sweet little wife, thus spared, was very, very grateful. Before entering into prison, Kabos spent an afternoon with the Molnars and gave Peter his car keys, the keys of his business. . . .

"He was a photographer or more exactly, a child photographer, the sort of guy who'd just ring your doorbell and beam, 'Excuse me for disturbing you, madam, but you happen to have a lovely baby that everyone's talking about' and—click-click. At the same time he is already snapping pictures, whicle conversing amiably. 'You see, madam, I'm an artist, collecting children's portraits for an exposition . . . No, no, there's no money involved. I'll let you see the enlargements.'

"Needless to say that all moms and dads and grannies would voluntarily buy the pictures of their beloved ones. Kabos made a good living out of his trick, letting the parents beg him to sell the enlargements. However, his grateful and faithful little wife wouldn't remain grateful for long.

"While Kabos was serving his term, she found herself a poet, a genuine Mr. Notapenny who made her swoon with his love songs. When Molnar found out about her escapades, he stopped furnishing her with money with which she generously supported her beau and compelled her to move back in with her parents.

"He continued looking after his friend's business and when Kabos came out of prison, he found his business prospering, his car serviced, and outstanding fees collected. But, instead of thanking Peter for all he had done for him, Kabos browbeat Molnar for having 'turned his wife into a beggar' and made her seek shelter at home with her family. Peter, the gentleman, wouldn't say a word about Theresa's adventure, not wishing to hurt his best friend. However, in the same evening Theresa confessed everything, and all hell broke lose. The horned husband put the blame on Peter who should have taken better care of her; or, at least, should have informed him about the situation.

"After this episode, Kabos and Molnar wouldn't talk to each other for years, yet all Peter wanted to do was to protect his friend from additional suffering."

"Yes, Molnar has a very particular character," Johnson commented thoughtfully.

"There's something else," Farago went on. "Once I had to borrow some money from Molnar—not much, just enough to keep going for a few days. Peter told me to sit down and wait, he'd be back in a jiffy. After an hour or so, he returned after having taken an advance against his next wage and borrowing some additional cash from his father-in-law, his mother, and uncle. He tucked the bills into my pocket, money enough to live on for two months. Only afterwards did he ask me, 'what do you need the money for?' Well, this is the kind of guy Molnar is."

The Ludolph Constant

Report No. 162

Subject: The Molnars

Enclosed is the curriculum of the late sender of the million-dollar parcel. The endless constant 3.14 equals the Greek letter *pi*. The subject used to be a musical instrument tuner, specializing in grand pianos. Hence the mysterious *pi*. My relationship with the Molnars is excellent. Peter has a new associate, a certain George Pythian, nicknamed Python, a lawyer with ascertained Mafia connections. Pythian is counseling Molnar in legal and financial matters. He is openly boasting of being a close friend of the judge, and he lunches at the Molnars every Sunday.

Regarding Molnar's former acquaintances from Hungary, Janos Farago disappeared from Los Angeles and his present location is unknown. Another former friend of Molnar, Gabor Nagy is presently traveling abroad.

412 FBI, Papillon

Ben the Secretary of His Honor, the Judge

The ink on his university degree was still wet, nevertheless the young applicant was sitting in the reception room of the wealthy businessman with the serene expression of a bank manager leaning on his experience of twenty years. Benjamin Brooks was a sharp-witted, persistent farm boy whose parents struggled hard to put him through the university until he finally made it, earned his honors degree, and embarked on a soaring career. The first step on the ladder of success could be this job.

When the pretty receptionist motioned him to enter into the director's office, he went with brisk, self-assured steps.

"Good morning, sir!" he greeted the maker of his would-be fortune behind the huge, carved desk.

Coarse Voice the Enforcer beckoned him to sit down. "What's your name, son?"

"Benjamin."

"Alas, Ben. Ben what?"

"Ben Brooks, sir . . . I'm from—"

"Okay, okay, you can tell your autobiography later," Coarse Voice cut him off. "Well, Ben, you're going to work for me; let's hope earnestly. Our company is a very large one with subsidiaries in nearly every important city."

"Could you tell me its name, sir?"

"Honorable Family."

Ben grinned. "A curious name, sounds like the Mafia."

"It is the Mafia!" said Coarse Voice. "But you shouldn't be concerned. You aren't going to push dope, rob banks, or gun down people. For such jobs we have our specialists. You're going to be the private secretary of a huge corporation, earning a wage threefold that of your highest expectation." He slipped a check book across the desk. "There's a book of fifty checks. All you'll have to do is to write down the amount and sign your name. It'll be paid on the spot."

Noticing Ben's confused expression, Coarse Voice uttered a short laugh; something he'd do perhaps once a year. "All right, Ben. You're loaded with questions. What are they?"

"Well, sir, I'm somewhat stunned. . . . Who is the gentleman I'm going to serve?"

"The private judge of our organization . . . a very important person. His name is Peter Molnar."

"The one I saw on TV?"

"That's right."

"And, er, does he know that I'm coming?"

"Not yet."

Ben stared. "I'm still puzzled. . . . What if he refuses?"

"Tomorrow afternoon you'll introduce yourself to Mr. Molnar, but first you go and rent yourself a finc apartment, buy a new car, and get some decent clothes."

"My suit has hardly been used, sir!" Ben protested.

"Toss it into the incinerator. The private secretary of the judge should look like an IBM executive."

Ben half-rose. "But I just haven't got the money for all those luxuries, sir and—"

"Stop sniveling, Ben. You've got ten million dollars in your account!" Coarse Voice snapped. "You're rich. Well, live accordingly."

"I . . . I . . . just don't know what to think, sir."

"You don't have to think anything. It's something I'll do for you. . . . Do you accept my offer?"

"I'd be a stupid ass not to."

Coarse Voice rose and stuck out his hand. "Welcome aboard, Ben."

"One more thing, sir. . . . May I send some money to my parents?"

"Use your check-book."

"Even for as much as . . . one hundred thousand?"

"The amount is up to you," Coarse Voice stated positively. "But there's a small condition. From now on, you don't know me, Ben. You've never seen me before; and if you bump into me somewhere, in a hotel lounge or at a party, you shouldn't greet me. Good luck!"

Still stunned, Benjamin left the plush office and tottered into a nearby bar to drink a double whisky. There he sat, thinking of his unexpected good fortune until suspicion got the better of him and he frowned. What if the whole affair is only a stupid joke? The best would be to inquire at the bank.

"Union Credit," the checks lettered. Ben went and the head cashier told him very formally that his account carried $10 million. If he wished to cable one hundred thousand to his father, he would receive it in a day. He then passed Ben a card for the ATM, in case he needed some money in the dead of night or on Sunday.

Ben staggered out of the bank and embarked on a long, aimless stroll, trying to organize his confused thoughts into legible patterns. Still with only eighteen dollars in his pocket, he went to do his shopping according to Coarse Voice's counsel. *Time to try out the ATM card,* he thought to himself.

He could not even imagine what a Mafia judge would be doing. Holding inquests? Trying cases? Sentencing culprits to go before the tommy gun or take a walk out to the bottom of the bay with a pair of concrete boots? Everything sounded so incredible—except the cashier's reassurance about the millions in the bank.

Like Twins

The dishes were delicious, the wines excellent; it would have been a splendid lunch for Tim and Tom, except for the ponderous presence of Havana Cigar.

Tim and Tom were well-to-do businessmen who preferred legitimate businesses, perhaps yielding less profit, but certainly safer than the Mafia-inspired 300 percent profit schemes. Both men enjoyed a solid reputation; and if their names appeared on the board of directions of any company, the investors could be sure that their money had been well-placed. Tim and Tom knew each other since childhood and went along in perfect harmony, looking after their affairs.

They had accepted Havana's invitation to lunch in the plush restaurant only out of curiosity and could hardly wait to learn the reason for this meeting directly from their host. Finally, Havana Cigar delivered it between French cognac and coffee when, puffing on his cigar, the don leaned close and said with a straight face, "I have a very good business proposal for you."

"Well, er—we're rather busy these days with our own ventures," Tim reacted evasively. "Perhaps in a few weeks' time we should meet again."

"I suggest you hear me out," Havana Cigar replied snappily. "You can tell me your excuses afterwards."

"All right, Mr. Havana," Tom acquiesced, not wishing to alienate the powerful boss; and after all, they were stuffing themselves at Havana's expense.

"Listen, we have a mediocre section in our city that's neither a poor suburb nor a rich man's paradise. It's inhabited by solid, middle—class citizens. The streets are reasonably well maintained and the apartment houses aren't bad either. We own 80 percent of the area lock, stock, and barrel and we want to—"

"Who are those *we?*" Tin interposed.

Havana frowned. "The answer is obvious."

"Of course," Tom backed him. "Silly question. It's the organization."

"Righto!" Havana agreed. "And we want to place the whole property under the jurisdiction of a brand-new real estate company presided over by you!"

Neither of the partners had expected a proposal of this kind. Flabbergasted, Tim and Tom exchanged puzzled glances.

At last Tom said, "What's your reason for choosing us?"

"Because of your excellent reputation," said Havana. "We want you to turn the district into a fine, first-class residential area, featuring a few exclusive places of entertainment, bars, restaurants, and clubs in a very tranquil environment."

"Are you talking about reshaping the entire zone?" Tim wondered.

"Exactly . . . Some sixty-odd streets with roughly three thousand apartments, shops, cinemas, etcetera."

"What do mean exactly by a tranquil environment?" Tom queried.

"That the whole district should be off limits to criminal elements, street vendors, and vagrants, including hippies, Hare Krishna jerks, skinheads, motorcycle gangs. . . . In other words, we want a model township."

Tom shook his head. "I'm afraid we haven't got the resources to keep out your undesired elements, Mr. Havana."

"You just look after the building and maintenance. We're going to look after the matter of tranquility," Havana stated positively.

Tim chuckled. "By gunning down trespassing crooks?" he cracked.

Havana grinned. "Using silencers. Nobody will hear a thing." He paused, observed his guests then added, "Isn't it a fair offer?"

Tom opened his hand. "How much are you going to invest, Mr. Havana?"

"Up to five hundred million. Can you match it?"

"For the time being, we may put in two-fifty," said Tom.

Tim spoke. "You seem willing to invest a great deal of money and get a profit back in God-knows-how-many years. . . . Where's the catch, Mr. Havana?"

Havana cigar raised a protesting hand. "There's no trick, my friends, only some political considerations. Perhaps you know that the judge of the Mafia is residing in the area in question. Very soon, he's going to be the most important resident and his neighborhood should be up to his standard."

"I see . . ." said Tim. "You want us to set up a company staffed with honest and reliable experts and manage the entire venture."

"Exactly."

"But such an undertaking would occupy us round the clock, leaving no time at all to look after our other well—going businesses, Mr. Havana."

Havana chuckled. "Well-going businesses run by themselves like Swiss clockwork and don't require much attention."

"Not quite," said Tim. "We do have some problems in Chicago."

"In Chicago!" Havana exclaimed. "Excellent!"

"Why excellent?" Tom asked with a puzzled look.

"Because your problem is no problem. I happen to know some very influential people in Chicago who will resolve your problems in a jiffy. Have you ever heard the name Don Vito?"

"Who hasn't?" replied Tim.

"He's one of them."

Tom said gravely, "We don't want anyone shot, Mr. Havana. Not even our competitors."

"Don't worry," Havana Cigar reassured him with a jovial smile. "It seldom goes that far. When Don Vito suggests something, people usually follow his counsel. A couple of broken ribs can also be very persuasive."

After another brief pause ensued while Tim and Tom were considering Havana's offer.

Tim said, "I'd like to have your frank response to one particular question. What happens if we decline your offer?"

"Nothing at all," Havana replied laughingly. "I'd be sorry that I would have to start looking for other partners."

"We certainly appreciate your honesty, Mr. Havana. When should you have our decision?"

"Yesterday" Havana cracked.

"Seriously . . ."

"Tonight, by ten o'clock."

"Very well," said Tom. "If we don't call you by ten o'clock tonight, tomorrow we start talking about particulars."

"Fair enough." Havana nodded and stuck out his hand.

Rising Star

Since Bulldozer of the postcards returned from his European trip, somehow he managed to wiggle himself into Jim Hogan's antechamber and promote himself to the yet unofficial, but generally accepted, position of Hogan's aide-de-camp. He thought his twenty years of service would merit such a reward, even if the top FBI echelon tended to ignore the fact.

During the initial years of his career, Will, commonly known as Bulldozer, had been widely appreciated for his rapid and successful actions. However, the years bestowed upon him a slowly, but inexorably growing, potbelly, which slowed him down.

(Nevertheless, he often emphasized the unaltered quality of his brain.)

He felt a great deal of sympathy for Molnar. Without Peter's presence in Los Angeles, he would still be treading the mill somewhere near the ground floor of the FBI staircase. He regarded Molnar's coming a godsend.

Happily, he began whistling the familiar tune, "She'll Be Coming 'Round the Mountain When She Comes," until Hogan's ponderous entry jammed his merry broadcasting.

"Well, what's the latest?" Hogan asked him unceremoniously. Bulldozer rose, flipping the pages of his notebook, and began to rattle.

"For one thing, a group of Mafia-linked real estate dealers became unusually active, Jim. They're holding meetings, hush-hush negotiations, and dashing around to collect money."

"What's afoot?"

"The local dons seem to be planning some gigantic construction project in a great hurry. They want to build new apartment houses, reshape the old ones, polish up the shops, bars, et cetera."

"Any particulars?"

"Not yet. We couldn't infiltrate any of their meetings."

"Phone taps might be of help."

"Can't do, Jim, the district judge turned down our request."

"Balls!" Hogan commented. "It happened in the past, too. All the same, we tapped."

"You should convince the specialists of the sophisticated double cross. Your word carries more weight than mine. When I hinted at the necessity of eavesdropping on some Mafia conversations, they tagged the move illegal and refused to collaborate, saying the judge would become mad."

"Mr. Perry wouldn't be the first district judge to become mad."

Bulldozer waved a hand. "The specialists don't care a fig for the district judge. They're scared of Molnar, the Mafia judge."

Hogan cursed quietly under his moustache. "Here we go . . . the magnificent result of Edna Miller's TV crap . . . Well, Bill, no Mafia judge will ever stop my men!"

Bulldozer uttered a quiet chuckle. "You see, Jim, even you are calling him the Mafia judge."

"The guy has certain merits, I admit," Hogan replied grudgingly. "Some of his ideas can even be justified, but he shouldn't try to turn our entire social system upside down. Okay, brush off."

William W. Sheldon, better known as Bulldozer, withdrew; and Hogan dropped behind his desk to dig into a pile of files—loathsome paperwork.

Growing Judicial Reputation

"Hi, Joe!" Sam the grocer saluted the barkeeper. "Am I disturbing you?"

"Come now, Sam, don't taunt me." Joe raised a hand in greeting. "You see there isn't a soul around. What's up?"

"Er, you see . . . some folks were chattering about a curious interlude here last night between some boozed-up dockhands and the judge, Molnar."

"People like to blow up small things, Sam."

"What happened?"

"Are you having a drink or want to collect the information free?"

"Gimme a beer."

"Here you are." Joe opened a handsomely decorated bottle and parked it in front of Sam. "Three-fifty."

"What? Three-fifty for a small beer?"

"Imported from Bavaria," Joe retorted. "The price includes your information."

"Okay," Sam grunted, "but don't ask me to have another one. I'm not Rockefeller Junior." He filled his glass. "Now, tell me about Molnar."

Joe cleared his throat. "You see, a couple of times every week the judge comes in for a beer . . . just a beer, nothing else. He drinks it and goes on his way. Well, last night, while he was sipping his beer, a tipsy trio of dockhands careened in and occupied a vacant table near the judge. They were laughing, taunting the other guests, hollering for whisky and a deck of cards. It was a most unusual scene because whenever the judge happens to be present the gents behave and keep quiet until he departs.

"Even when I happen to be in the back room, I instantly know when the judge comes because of the prompt and respectful silence. The noisy dockhands must have annoyed His Honor, because he turned toward them and said sternly, 'You should either behave civilly, men, or just pay for your drinks and leave!' The bullies stared. One of them clambered to his feet and grabbed a bottle menacingly, growling, 'And who do you think you are, wise guy?' He wanted to start for the judge when a companion of his dragged him back to his chair, shouting, 'Hold it, Tex! He's Peter Molnar, the Mafia's judge! Do you want to get your balls in the chopper?'

"You should have seen it, Sam—the burly bully in T-shirt and jeans staring at the well-dressed judge, shrinking like a pricked balloon, muttering semi-coherent words of excuse.

" 'That's much better,' the judge told him with a smile, even patting Tex on his shoulder. 'Now drink up, pay, and move somewhere else to have your fun.'

"And the dockhands did just exactly what Molnar told them to do. And while paying me, I told them in a low voice, 'You were lucky to find the judge in a cheerful mood.' It was a great scene, Sam."

"Well, you weren't the only one to see the judge in action," Samuel commented. "You should hear Isaac Klein's story—the guy who runs the twenty-third street drugstore. Last Saturday, just before closing, a masked gunman darted into his store yelling, 'This is a stickup.' Isaac recognized him all the same as the small-time crook, Max Willer, who's been sticking him up on a regular basis, once every three months. . . . Well, he was standing there scratching the ceiling when unexpectedly the judge entered and asked for a pack of Camels and some aspirin.

"Then he noticed the gunman and, shaking his head, said wholly unconcerned, 'Aren't you ashamed bouncing around, pulling lousy fifty-buck jobs? You shouldn't do it, son.' The guy stuttered, 'I . . . I . . . to eat something . . . and . . . buy a pair of shoes.' And he showed Molnar his worn-out footwear. 'You know who I am?' Molnar asked him amiably. 'Su-sure, Mr. Molnar. You're the judge.'"

"And what happened?" the barkeeper gasped, all ears.

"The judge gave him a hundred-dollar bill, told him to buy some foodstuff, a pair of shoes, and a new shirt, then take his gun to the police station and give himself up. . . . He paid for his purchase and left."

"And Max?"

"He vanished and the next morning he gave himself up."

"One has to admit, our judge has a mighty reputation in town," Joe remarked noddingly. "Thank God, he hasn't got a snappy temperament."

Who Is Slaving Free of Charge?

The hush-hush staff members of RAG-TAG Incorporated were floating in their computer-infested premises in a state of happy euphoria. For the first time in a decade the incoming figures surpassed the outgoing ones and the books revealed a profit of $175.82.

The associates congratulated one another, emphasizing that the amount itself was irrelevant and only the profit mattered. The exulted report from the chief clerk stirred even the habitually morose FBI director into showing a halfhearted smile. It counted as a phenomenon of utmost importance, because he ruled the whole-God-almighty-secret empire, the frontiers of which extended beyond the visible horizons.

The director, however, had had good reasons not to smile. He lived in perfect solitude with days poisoned by his trade.

Trade? Profession? Devotion?

Destiny?

He never trusted anyone. His mind was a whirlpool of bouncing question marks: Who was cheating whom? Who was betraying his country in that very moment? Who were the Mafia informers planted in his organizations?

Robbery, killing, drug trade, bogus money, kidnapping . . . such and similar problems filled and dominated his daily life.

What did he obtain in exchange? A relatively solid job and a forever complaining wife. And one day, after he has blown his last fart, his biographer might write: "The FBI director was a brave and resolute person who sacrificed his entire life on the altar of law and order."

Who is ever interested in my inner self, in my personal sentiments? he complained to himself. *The term "ordinary human being" just doesn't apply to me.*

All of a sudden, it dawned on him that he lacked even a confessor, because he visited the church only when the president and his consort were present at the ceremony.

The newly-hatched Operation Judge intrigued him, but he could not help smiling upon the entire ill-begotten scheme.

"We believe that we made the dons believe; although in

reality, they don't believe a thing, only pretend to," he thought aloud.

He tried to envision what he would do if he were in the shoes of an important don, whose illegal activities were being threatened with extinction.

"I would try to legalize my activity," he answered his own question. "I would give my enterprise another name, a different cloak, and continue under the protective wings of the law. The profits might shrink, but also the risks would diminish."

Certainly! Why not? The Mafia worm would weave itself into a cozy little pupa and go to sleep—only to reborn in the cloak of the innocent butterfly.

And who does not like butterflies?

A dangerous possibility . . .

Égalité + Fraternité + Liberté

After all, what is the Mafia? Is it a kind of religion? An underworld society of antisocial elements forming a cartel of illegal business? Why do so many talented people work for the mob? How and why would a decent young woman turn into a whore?

Is there any good in it, or why is it bad?

Naturally a well-trained psychologist could answer every question. But the question, "Why shouldn't they divide the illegal profit equally?" had been raised only recently in the ranks of middle- and low-level Mafioso. Their maxim ran: "Let's measure the likely punishment against the expectable tax-free profit!"

"We're doing all the hard work and they all take our cash!" complained the prostitutes. The overall discontent spread from city to city. Some lower-ranking Mafioso could hardly wait for the judge to open his office, for they wanted to sue their bosses for damages. Others began to organize themselves into Mafia trade unions and planned to hold general assemblies in every district.

The Secretary of His Honor, the Judge

Peter and Python were wholly submerged in their customary game of chess when the unexpected visitor arrived.

"Permit me to introduce myself," the impeccably dressed young man said with charming self-assurance. "I'm Benjamin Brooks, or simply Ben, the private secretary to His Honor, the judge."

Since he was facing Python, the lawyer jabbed his thumb toward Molnar. "Mr. Molnar is over there."

"Excuse me, Your Honor, I couldn't know. I was sure the judge would be an elder gentleman."

Peter cast a quick, inquiring glance at Python, who nodded and smiled encouragingly. "Just call me Mr. Molnar," he said. "May I ask who sent you to me?"

"I'm sorry, I can't tell you the name, which I don't know myself. My responsibilities include your personal safety, Mr. Molnar, naturally together with your family's. I'm to supervise your office staff, take care of your paperwork and financial matters—"

"Is that all?" Peter asked jokingly. "It seems whatever I might think of the matter is wholly unimportant."

"Your point of view will always be of the utmost importance, sir," Ben protested. "This is the explicit order of the coarse-voiced gentleman who hired me on His Honor's behalf."

Python's chin came up. "A coarse-voiced gentleman, you say? Lean but muscular, about five foot ten inches tall with dark wavy hair?"

Ben shifted his face toward the lawyer. "Oh, yes—it could be him. . . . Seems to be the executive of a very large company."

"Sure, the Mafia," Python commented.

"Well, sir, this is my very first job and the pay is excellent. Anyway, he reassured me that I won't be doing anything illegal."

"Not on my side anyway," Molnar grunted. He found Ben Brooks sympathetic.

Python spoke nonchalantly. "What if Mr. Molnar shows you the door, Ben?"

"Then Mr. Molnar would place me in a very difficult situation, sir," came the prompt response.

Once again Peter sought Python's approving nod, then said, "All right, Ben, I think I could use a secretary to handle my daily affairs."

"I'd be happy to look after them, Mr. Molnar."

"Also those which might involve cash payments?"

"Naturally," Ben replied. "I've received a special fund for such eventualities."

"Fine!" Python took over. "Right now, for instance, I'm expecting fifty thousand dollars from Mr. Molnar." A gesture of his hand stopped Peter's coming question. "Can you take care of the matter?"

"Of course, sir," Ben answered without hesitation. Taking out his checkbook, he drew up a check for fifty thousand, astonishing not only Peter but also Python.

"Hmmm, er—" the lawyer cleared his throat and accepted the check. "I assume it will clear, Ben."

"The checks I'm signing shall always clear," Ben replied firmly.

"To what extent, Ben?" Python asked candidly. "If I may ask?"

"To a very large extent, sir. The money's been placed at my disposal principally to look after Mr. Molnar's necessities and, of course, my rightful wage."

"How much money is at your disposal, Ben?" Python pressed Brooks unperturbably.

Ben swallowed and wet his lips with the tip of his tongue. "Well, I guess it's not a secret, sir. . . . I've got ten-million dollars."

The lawyer whistled softly and shifted his face toward a much astounded Peter. "I suggest you accept the services of Mr. Brooks."

The Foundation

Frank Bellami, treasurer and favorite of the Chicago boss, waited patiently for Don Vito's decision. To kill time, he studied the mock-up of four impressive buildings that occupied much of the large conference table. All four models were superbly done, and apparently the boss could not decide which one should be the house of Mafia justice, the seat of the judge.

The financial part of the scheduled project had already been settled, leaving only a few legal problems for Python the Lawyer to resolve. The coast-to-coast grand alliance of the bosses would no doubt lend him a hand and if, necessary, a few pounds of lead to the bargain to distribute among the reluctant parties.

Speaking in a carefully balanced voice, Bellami asked, "Would you tell me something, Don Vito?"

"Yes, what?"

"Don't you think that we should dedicate our House of Justice to the defense of minor human rights?"

Don Vito broke into wild laughter while Bellami stared at him with a wholly stupid expression. "It's hilarious," the boss hollered. "Those good old human rights . . . Sure. My compliments, Frank."

Instantly two-feet taller, Bellami beamed happily. "After all, the members of the honorable family are human beings, too, Don Vito."

"Sure, sure, it's a great idea, Frank," Don Vito gurgled.

Huge Kegs of Beer

Around eleven A.M. Mr. James Hart, the ex-news editor began to sober up. Three hours later, he was sitting in Joe's bar behind a huge glass of beer, and recalling the haphazard course of his life. He was fifty-four and unemployed, humiliated and debased in front of a woman he loved. His dismissal had not come totally unexpectedly. During these last few weeks, he had often experienced the odd sensation that he was slipping downhill.

The incessant venomous stings of Chairman Brewer the Shithead forebode impending disaster. Now, herc he was, dragged into the black mud, and just when he wanted to get serious with Edna. At first, he would not even admit to himself that, despite his maturity and intelligence, he was chasing a young woman like some horny tomcat. Good grief! Twenty years (and some) were a lot. But at long last, he had confessed his sentiment.

Before she could even utter her response, the Shithead appeared on the scene to kick him out. He thought Edna would have been receptive. *She might still be,* Hart consoled himself, gulped down the rest of his beer, then sat gazing at the empty glass.

Good-hearted and understanding, Joe placed a full glass in front of him and said consolingly, "Buck up, Mr. Hart. It can happen to anyone—to get fired, I mean."

"And how the hell do you happen to know that I was fired?"

"The folks are chattering all the time. Half of the town knows that you got the bounce because of those crazy blabberings with the judge, which everyone likes. You brought in millions of additional viewers for Channel Six and Chairman Brewer must be a dull-witted crank."

"And a shithead," Hart added, rising. "May I use your phone?"

"Sure, it's over there." Joe pointed. Then he noticed Coarse

Voice entering and stepped to the entrance to report, "Hart's phoning someone, but he's feeling a lot better now."

"Which table is his?"

"The one over there."

When Edna picked up the phone, Hart blurted, somewhat drunkenly, "I still love you, Edna."

"Where are you, Jim?" She sounded worried.

"In Joe's bar."

"I'll be there in fifteen minutes."

"Okay."

He returned to his table to find the opposite chair occupied by a stranger whose features were vaguely familiar.

"I hope, I'm not disturbing you, Mr. Hart," Coarse Voice boomed.

Hart sat down. "You seem to know me."

"Everybody knows you. May I have a drink with you?" He snapped his fingers; Joe brought his customary whisky.

"Can you pay your bill?" Hart asked him.

"Naturally," Coarse Voice replied, a little astonished.

Hart waved a hand. "Then drink, eat, put your feet on the table, and if someone disagrees, punch him in the nose. . . . But please, hurry up, because I'm expecting someone."

"You were expecting me!"

"Hardly." Hart chuckled. "I don't know you from Adam. . . . Who are you anyway?"

"My friends call me Enforcer. I'm majority shareholder of Channel Six, the station you work for."

"Enforcer, Enforcer—a curious name," Hart commented. "Well, Mr. Enforcer, I've been booted out by Mr. Shithead Brewer, the chairman. . . . But if you're really the majority shareholder, you could easily help me back to my desk."

"That's why I'm here."

"Brewer would put up a vicious fight, you know."

"Mr. Brewer is no longer chairman of Channel Six. He's been booted out."

"It sounds too good to be true. . . . Booted out by whom?"

"By me, personally—three hours ago."

"Don't say—"

"Listen, Mr. Hart, you're expecting a lady guest and I'm going to be brief." He slipped a card in front of the astonished Mr. Hart. "You should go and see this lawyer. He'll give you your nomination as the new chairman of the TV station."

Coarse Voice rose, extended his hand, which Hart accepted mechanically. "My compliments . . . From tomorrow morning, you'll be running Channel Six. All I'm asking you in exchange is to introduce a new weekly program under the title, 'If I Were the Mafia's Judge.' Okay?"

"I guess so . . . any show featuring the judge will be a fabulous seller. I guess Mr. Molnar's going to participate."

"Naturally. . . . He'll be answering the most interesting questions the spectators might ask."

"And it's going to be a bonanza," the new chairman exulted. "I see you know very well what the people want, and it's going to be a pleasure working with you, Mr. Enforcer."

Coarse Voice smiled contentedly. "A well-operated TV station, Mr. Hart, is all I want," he concluded and took his leave.

A couple of minutes later, Edna arrived and said gaspingly. "You shouldn't lose heart, Jim. I'll stand by you through hell and high water."

Bug House

"It's good you showed up, Percy," Police Captain MacLaren greeted his lieutenant. "You should call off Molnar's bodyguard."

"It might be premature, Captain."

MacLaren chuckled. He jabbed his thumb toward the lieutenant's office. "There's a young crook waiting for you, a certain Max Miller."

"I know him . . . got a record long enough to cover my desk. Who got him?"

"Nobody. He walked in and gave himself up. Confessed to an attempted stickup, frustrated by Molnar."

"By Molnar? How on earth?"

"According to Miller, he recognized the judge, who happened to be present in the drugstore and redressed him in no uncertain terms. There's his gun." MacLaren indicated a .38 automatic, already tagged and sealed in a plastic bag.

"Max says the judge ordered him to hand it over to the police and confess. He seems quite eager to serve time instead of facing the judge once more. Alas, we might as well call off Molnar's police guard. He can damned well protect himself." He shook his head and added, "Talking an armed robber out of his gun . . . Whoever heard of anything like that? It seems the local crooks are considering Molnar more dangerous than John Dillinger."

Incredible

The general public received the latest news from the daily papers, the radio and TV; and most people found it incredible that the Mafia should have its own house of justice, judge, and trials. Some folks wondered that if Molnar was indeed the Mafia's private judge, why wouldn't the police move in and lock him up?

Some others took the news at its face value and shrugged it off, saying if the Mafia decided to have its own house of justice, they can damned well have it. The crime syndicate would usually stick by its decisions.

Besides, who could tell? Perhaps the Mafia's own judge

would be more efficient than those of the Department of Justice, for he would not be restrained by hundreds of rules and regulations; and he might bring law and order into the city at long last.

The genuine patriots exulted. "This is our America, the only truly free and democratic nation where even the crooks can have their own judge. Three cheers to American civil liberties!"

Only a small fragment of the population stubbornly refused to believe that there could be anything like a Mafia judge. "Has he already pronounced a sentence? Why does the Mafia need a judge? The dons of the past have been accusers, judges, and executioners themselves. Where the hell is the FBI?"

The reporters managed to interview a couple of famous Mafioso, but not even the top dons could really tell what was going on.

The public wanted to know more, so hundreds of curious eyes were watching Molnar's slightest move. But for several days the mysterious judge remained indoors while his apartment house appeared besieged by an army of eager newsmen wielding photo and video cameras, tape recorders, writing pads, and microphones, hoping for a dramatic change.

Where Am I?

Consciousness came to him slowly. The five huge glasses of beer and a long night of feverish lovemaking had their effect. For a while, the newly nominated TV chairman just lay there inertly, gazing at the unfamiliar ceiling, trying to remember where he was. Then Edna'sface emerged from the gradually dispersing mist, and he relaxed.

"Well, how is my jobless genius?" Hart heard her cooing as she came in carrying a tray with coffee and bread rolls. He realized that in his foggy state of mind last night, he forgot to tell her about the drastic change of situation. Well, he will keep it for surprise. . . .

"What's the time, Edna?" he asked, sitting up and stretching his arms.

"It's almost ten in the morning."

"Damn it! I'm late!" he exclaimed, jumping to the floor. He darted into the bathroom, hollering, "I'll have a shower and shave. Get ready. You're coming along."

"Where to?" Edna chuckled.

"You'd be surprised. We are going to my new office at Channel Six."

Edna's chin dropped. "James, dear, are you all right? What new office are you talking about?"

"Fasten your seat belts, Edna, I'm talking about the office of Lewis 'Shithead' Brewer."

Lady Teacher of English, German, and FBI Studies

Mary Molnar felt sincere gratitude for the unexpected offer from Nancy Wyss, who had come for a visit.

"My dear Mary," she beamed from the doorway, "permit me to present Mrs. Smith, professor of the English and German languages. I believe she could be of great help to you."

"Pleased to meet you, Mrs. Smith." Mary extended her hand.

"The pleasure is mine, Mrs. Molnar." She stepped in with a broad, charming smile. "You're just as kind as Nancy described you, and I'm sure we'll get along fine."

"Please, sit down and call me Mary."

"Gladly. I'm Eve."

"When could you come to keep me company, Eve?"

"Anytime. I'm absolutely free."

"Oh, I'm so glad!" Mary exulted. "Nancy's been helping me with my English, but my German needs some polishing, too. I'm still a stranger here and hate to stroll around town by myself."

"Don't worry, Mary. I'm going to accompany you the next time." Mrs. Smith beamed.

A couple of hours later, Mrs. Smith phoned Hogan. "Jim, everything's okay with Mary Molnar. She's a real country sweety, and we'll be together a lot."

Nancy Wyss called Python the Lawyer. "Be careful in front of Mary's new language teacher, Mrs. Eve Smith. She's an FBI agent."

Afterwards she informed Lt. Percy C. Brown of the new development, content with herself. She was keeping everyone happy.

Like in the Fairy Tale

Driving his Jeep with the help of a map and compass, Frank, the FBI vice director, found the improvised camp on the rugged plateau—three small tents, a larger community one, camping table, chairs, gas stove, and a stranger watching his approach.

"Hello there!" he raised a hand in greeting. Only then did he notice the mean-looking nozzle of an automatic assault gun.

"Are you looking for someone?" the man with the gun asked nonchalantly.

"Yeah, a couple of friends from Las Vegas with Vietnam experience."

A tent flap lifted revealing a pair of bearded faces and more guns.

"You're sure you're looking for them in the right place?"

"Pretty sure. My name's Frank and we've already met at FBI headquarters where I happen to be vice director."

"I hope you ain't carrying an arrest warrant, Frank," growled the guardian veteran, motioning the vice director to step closer.

Frank chuckled. "No, boys—nothing of the sort. The search for you has been stopped. Orders from above."

"Including those police idiots?"

"That's right."

"Sit down and have a cold beer," said the guardian vet.

Fifteen minutes, later they were all sitting around the lively campfire frying hamburgers, drinking beer, conversing like old friends.

"We have always been together since our very first days in Vietnam," the eldest of the trio said. "Formed a team at the FBI, too. . . . We're sorry about those cops in Los Angeles, but how could we know they weren't Mafioso?"

"Forget about them," replied the vice director. "We know you were tense."

The veteran shook his head. "Nothing of the sort, Frank. Those cops came charging out of the park, shooting like mad . . . anyway, what the hell did they want with Molnar?"

"Only to invite him for a chat with Police Captain MacLaren."

"Do they invite people with guns blazing?"

"Bad organizing," commented the vice director.

"Well, then at least we can pack up and leave this godforsaken desert."

"Take it easy. You're under my direct command now, and there's a job for you here."

"Here?" the veteran exclaimed disgustedly. "In the middle of nowhere?"

"Very soon there'll be a handsome little village in the valley below—our secret base during the action."

"What action?"

"We call it Operation Judge."

"When do they start building?"

"Tomorrow morning," the vice director replied flatly.

The veteran looked at him candidly. "Shouldn't there be some movement down in the valley?" he asked skeptically. "Some people with spades and picks, trucks and dozers . . ."

"Everything that will be necessary will come in by chopper."

"I presume."

"The air force has been kind enough to lend us twenty of them. They're hauling even prefabs for you, boys, including a whole Western saloon."

"Don't forget the boards!" the team leader voiced his reminder."

Farmer Kid

Report No. 134

Subject: Benjamin Brooks

File: Peter Molnar and Family

Benjamin Brooks is Molnar's recently engaged private and confidential secretary. University graduate. Engineer of electronics. His parents are alive and own a small farm near Las Vegas. During his university years, Ben Junior lived in a cheap rented room; spent his vacations on the farm, helping his family. He neither smokes nor drinks, and he never touched drugs either. No police record. Not even parking tickets. His bank account of around $10 dollars comes from a cash deposit of clean money. If and when we manage to discover the source of the money, we might also discover how and why he became Molnar's secretary. Another one-time friend of Molnar, a certain Gabor Nagy, has recently returned from a trip abroad. 412 FBI

Hogan's comment ran: Papillon is excellent in discovering facts we already know.

Fishy Money

Benjamin Brooks, Senior, downed the third round of whisky before he gathered enough courage to address the puzzled clerk of the local bank who brought the news of the hundred-thousand-dollar transfer.

"So, you do insist that I've got one hundred thousand in my account?" he repeated skeptically.

"Of course you do, Mr. Brooks. It arrived this morning."

"And if I go to the bank, I can draw it?"

"Naturally, you can. It's your money—although it would be unwise to keep such a large amount of cash at home."

"I meant if I could draw a bit of it . . ."

"At any time, Mr. Brooks."

Brooks Senior shook his head.

"You drove all the way here only to tell us about the money?" Mrs. Brooks interposed.

"The director insisted that I should come . . . since you have no phone yet and the mail comes once a week. Your son must be an important person."

"That's why we sent him to university," Brooks Senior replied with dignity. "Only I just can't figure it out. He got his job only a few days ago. Where did he get all that money from? This is what I don't like. . . . Where's his cable?"

"In the drawer."

Brooks went to fetch it, put on his glasses, and read aloud, "I hit the jackpot with my first job. Buy whatever you need, Dad, because I've got plenty more. I will come to visit you soon. Ben."

He glanced up and shook his head. "It's very fishy."

The clerk disagreed. "I think you're making up problems, Mr. Brooks. The money is yours, so go ahead and use it. There are lots of folks who hit the jackpot in Las Vegas."

"Perhaps you're right," Brooks Senior conceded, nodding. "I could surely use a pair of new tires for the tractor and a larger plow."

"And a pair of new boots," his wife added.

To Believe or Not to Believe, This Is the (Stupid) Question

The FBI vice director received the director's late-night summons with a puzzled expression. Cursing quietly between his teeth, he dressed, got his car out of the garage, and drove across the city to headquarters.

"You know, Frank, I've been thinking a great deal during the last few days," the director began, "and came to the conclusion that our way of thinking is basically wrong. Our mistake lies in the term *believe*, although the error also has validity for the opposite camp."

Screaming four-letter words in his mind, the vice director said politely, "Please, elucidate."

"All right, just close your eyes and relax. Concentrate on the word *believe*, and listen to what I have to say. . . . We believed, we believe, we're going to believe, we make believe, we'd make believe, we would like to make believe . . . Can you sense the tremendous uncertainty concealed in the term?"

Thinking, *What the hell is he blabbering about?* Frank put on an extremely intelligent expression and said bravely, "I see what you mean. Please, continue. It's a new, interesting concept."

"Precisely," the director agreed. "We wanted to make the Mafia believe, and they did believe. This is all logical. But if the

Mafia did not believe, only pretended to believe, then our plans will flounder in the sea of unreality."

Nodding in accord, the vice director, who could not understand an iota of what his boss was talking about and who wondered inwardly whether the director needed a prolonged leave with some psychiatric treatment, managed to speak coherently.

"It seems that we should always consider dual measures because the variations multiply. Each question fosters ten new ones, all which could be answered with either *yes* or *no*."

He delivered this nonsense in one breath and with a deadly serious face, feeling immensely satisfied with himself; for after all, his own horseshit did not sound any worse than that of the director's.

"Believe," the director repeated with emphasis and a tinge of sarcasm. "I have come to hate the word because it reflects both sureness and doubt. It's a perfectly indecisive word; uncertain and unsure. . . . don't you agree, Frank?"

"I do . . . sure," the unhappy vice director replied for the lack of anything better. "To believe or not to believe, this is the question." A stupid game of words for which the director made him miss his dinner and drive across the city.

Vaguely he heard his boss adding, "Now don't tell me that it's a calculated risk we should accept, for I know myself."

No, Frank did not want to tell the director anything else; all he wanted was to get home quickly and climb into bed.

The Great Legal Assembly

The spacious conference hall of the four-star hotel was loaded to capacity with brilliant legal minds: famous lawyers and state attorneys between thirty-five and fifty; middle-aged district judges between forty-five and sixty; ancient federal judges between sixty and the tomb. Some one hundred of them had received the gentle invitation (and a persuasive two-thousand-dollar check) to participate in the important conference on "Minor Human Rights," as the invitation announced. (The checks became valid after the conclusion of the meeting.)

The speaker, Frank Bellami, Don Vito's favorite entered and occupied his place of honor. Guests from Chicago knew him fairly well from colorful and exciting newspaper features. Bellami, the crafty stock exchange broker and financial wizard—only they could not help wondering what the heck Bellami had to do with legal questions.

"First of all, I would like to express my most sincere gratitude for your participation, gentlemen," he began, smiling contentedly in every direction. "We're here to discuss the eventual foundation of a legal league of top experts. However, in order to accomplish this, I'll need your counsel and collaboration because you, gentlemen, are the foremost legal brains of America."

Bellami's opening address went down well enough. He received a thunderous, two-thousand-dollar applause and standing ovation.

"The principal aim of our league would be to gather human rights to well-defined groups," he continued. *Noticing some astounded faces in the front row, he added, "I'm talking about certain rights that have no legal base, only centuries-old social traditions. Let me mention one example. An elderly couple is driving along a street at a leisurely pace. Behind them a young playboy of the local jet set in his flashy roadster is giving them the hoot—in vain. Traffic regulations would permit him to overtake the elderly couple whose driving, however, wouldn't consent. At last a red traffic light stops both cars. The playboy, by then rather jumpy, walks up to the cause of his annoyance and taps on the window. The elderly driver rolls it down; and, all smiles now, the playboy grabs the driver by his nose and twists it halfway off its mounting. After which, he calmly returns to his roadster and drives off. And this is no fiction, gentlemen, but a most unusual case actually debated in the district court, presided by the honorable Judge Jeffrey Thomson."*

Bellami paused to bob his head in the direction of the judge. "He has honored us with his presence. . . . Well, despite the fact that he deplored the violent act, Judge Thomson couldn't fine the young playboy, for the lack of precedents. Am I right, Your Honor?"

"Right to the core!" the judge replied firmly. "Even after having dismissed the case, I searched for precedents in the legal libraries, but not found."

"Well, gentlemen, I don't intend to analyze this particular case, which I couldn't do anyway, not being a legal authority myself; but in my modest layman's opinion the affair should be studied and evaluated in two stages. First, we should consider the prolonged annoyance of the young playboy, who was perhaps in a hurry to arrive somewhere in time. Here the responsible party is the elderly gentleman, but he couldn't be lawfully fined. In the second instance, we should consider the moral insult and physical pain the elderly driver suffered. According to our existing laws, none of the two could be fined. However, the case acquires a very different aspect when we judge it from the angle of long-existing but unwritten moral laws. No young and vigorous man should ever harm an elderly person in no physical condition to defend himself. Just like men shouldn't beat women."

At this point, Frank Bellami received another wave of applause. Smiling contentedly, he waited for his chance to continue.

"There's also another, rather common situation when the son of a poor parent manages to complete his university education thanks to the immense sacrifices of his parents. He becomes a well-paid engineer or executive, marries and sends his children to the best schools—and his widower father into a house for the aged, where he visits him twice a month. Has he infringed any written law? No, gentlemen, he hasn't. He has only neglected the small unwritten human rights of his father who expected no repayments, only affection, care and love." Bellami halted briefly to catch his breath.

"I believe you gentlemen, can recall many similar cases from your own experience. The league we plan to create would endeavor to safeguard such unwritten minor human rights and enforce their application. . . . Now, if you agree with me, we're going to have a lunch break. You may proceed to the dining hall. After lunch, we will discuss the practical aspects of our plan. Naturally, the honorable members of the regional councils will receive a regular monthly compensation for their valuable advice. Until then, I thank you again for your attendance and interest in our project."

Listening to Bellami, Don Vito promptly decided that his favorite lieutenant deserved a promotion.

I'm going to name him secretary of the league, he thought contentedly.

Hide and Seek

Jim Hogan received his old pal, Python the Lawyer, in his hunting lodge, the existence of which was unknown even to his closest associates.

"So, you want me to introduce you to Peter Molnar," Python stated a fact, rather than asked a question. And he looked so astonished that Hogan couldn't help laughing.

"Come on, George, we know each other for twenty-odd years, yet I cannot recall a single occasion when you showed surprise," he chided him.

"I'm only wondering what the hell you are going to tell him about yourself."

"The truth, George," Hogan replied with a chuckle, "that I'm the director of the regional FBI."

"Congratulations, Jim . . . after your announcement, Molnar's going to tell you his name, rank, and serial number and nothing else."

"Why? What should I tell him? He hates lies and subterfuge, and I want to know our judge personally."

"And why did you have to pick me? There are others well qualified to introduce you."

"Peter trusts you."

"Sure, and afterwards I'll be in the shit, too."

"Balls!" Hogan commented. "I'll tell him who I am and if he doesn't want to talk to me—well, that will be the end of our meeting."

There was a brief pause, then Python asked warily, "Where should your encounter take place?"

"I haven't decided yet. . . . You see, I don't really want to be seen in Molnar's company."

"For your own sake or for his?" Python asked with sarcasm.

The Bogus Ice-Cream Salesman

For two weeks Farago had been selling ice-cream in the park frequented by Leslie Molnar and his friends; but the important kid stubbornly refused to buy ice, a curious fact that greatly annoyed the bogus vendor, who had never seen a kid who didn't like ice cream? In the end, Farago opted for a clever trick: One afternoon, when the kids were passing by, he accidentally dropped an ice-cream cone and swore in Hungarian. The ruse worked.

Leslie stopped and twirled on his heels. "Are you from Hungary?"

"Sure," Farago grunted, pretending to be surprised. "Where are you from?"

"From Budapest."

"What a nice coincidence!" Farago beamed, all smiles. "What's your name?"

"Leslie Molnar. And yours?"

"Jeno Farago . . . But say, aren't your parents called Peter and Mary?"

Leslie stared. "They are! Do you know them?"

"Oh sure! I used to know your dad very well. . . . To celebrate the happy event, I'm going to give you a big ice-cream cone free!"

"Dad says I shouldn't accept anything from strangers," Leslie stated his half-hearted refusal.

Farago chuckled and patted him on the cheek. "Me? A stranger? Have you ever run into a Hungarian ice-cream salesman in America?"

"Never, but still . . ."

". . . Who is also a friend of your father?" Farago added for good measure. "He'll be glad to see me after so many years. But let it be as you wish. I'll give you an ice cream and you can pay me tomorrow, or the day after. Whenever you want." Waiting for no answer, he piled up a generous portion of ice cream upon the cone and handed it to Leslie.

"How much do I owe you?"

"Ten cents!"

"For this much ice cream? You're joking."

"We're fellow countrymen, aren't we?"

Leslie left and Farago blew a deep sigh of relief. Contact had been established, and soon he would be able to furnish Roy Johnson with more bull on Peter Molnar.

Roy had just started paying him fifty bucks per report; and if he carefully mixed hard facts with plausible bullshit, he could earn a steady five hundred extra every month.

Course of Good Manners

Peter went for what he thought would be a quiet stroll for his habitual beer at Joe's, and he found himself encircled by a pack of (news) hungry (press) wolves poking mikes into his face and showering him with stupid questions. Realizing that escape was impossible, Peter opted for a radical solution.

"All right, gentlemen, we'll have a press conference at my home, over a cup of coffee and in comfort."

Followed by the buzzing group of enthusiastic reporters, he returned home and somehow managed to seat everybody in the living room. A somewhat perplexed Mary Molnar agreed to prepare sixteen cups of coffee; and Leslie sat down in a corner, all ears.

Peter cleared his throat and said, "Gentlemen of the press, as you very well know, I'm Peter Molnar. Before going on to anything else, I wish to emphasize that your working methods are vastly annoying to me. If you wish to have a discussion, you should play the game according to my rules. . . . I believe that is plain enough."

"Certainly, Mr. Molnar, please, continue," one of the reporters with a bushy moustache cut in.

"Could you tell me your name?"

"I'm William, but please, call me Bill."

"Bill what?"

"Bill Mulligan, from the *Washington Star.*"

"Why have you come such a long way?"

"You are an important person, Your Honor."

"Well, listen, Bill, a few minutes before you and your colleagues virtually attacked me on the street. You stopped me, shouted questions concerning politics, disarmament, crime, Mafia, sex, and even homosexuals. . . . I believe you have computer experts with megabytes of useful information at your disposal, What makes you think that I know more than you do?"

"Excuse me, Judge Molnar—Your Honor" interposed another journalist, "I'm Richard Winters of the *Morning Herald.*" He stopped as a gesture of Molnar's hand silenced him.

"First of all, I would like to ask you not to address me either as judge or Your Honor. I have always been, am, and shall always be Peter Molnar, a Hungarian immigrant. Moreover, I suggest that you should attend some classes or at least read some literature on cultured and civil behavior because you'd gain much more while pursuing your profession. You shouldn't expect more respect and understanding toward yourselves than what you're willing to display toward others.

"And to conclude this stupid affair forever: I have no idea how and why I happened to become so prominent a person, but I hope this stupid Molnar fever will eventually disappear.

"Until then, gentlemen, I'm quite willing to be at your disposal once a week. Mr. Brooks, my secretary, will furnish you with the particulars. As a matter of fact, he's going to answer your questions on my behalf while, with your permission, I'll resume my afternoon stroll."

And he left the flabbergasted newsmen in the tender care of Ben Brooks.

With Open Visor

Don Vito was genuinely surprised when his secretary announced the unexpected visitor, Havana Cigar.

"Well, well, well," he beamed, giving Havana's hand a good squeeze. "At long last you decided to move your ass to Chicago. Sit down and make yourself comfortable." He ordered snacks and drinks.

"How are you doing, old pal?" Havana asked as he embarked on his cigar ritual.

"Getting along, getting along . . . How did you travel?"

"By plane, then by cab."

"Any FBI tails?'

Havana chuckled. "Naturally . . . I had an escort of three agents to Los Angeles airport, another two on the plane, and a quartet in a black Ford from O'Hare all the way here. . . . But you needn't worry, for I scaled down their excitement before coming up to you. I walked over to the Ford and informed the guys that I'd be with you for about an hour, so they could go and get some hot dogs and coffee. Afterwards, we'd probably go for a short walk and have some snacks . . . hehéhe, Don Vito, you should have seen their faces. One of them pursed his lips and grunted, 'I don't know what you're talking about, mister,' whereupon I quickly added in which hotel I'd be staying."

"What about your gorillas, Havana?"

"Gorillas? I came all by myself."

"Don't say—"

Havana chuckled. "Who could protect me better than the FBI, Don Vito? You see, my friend, in a sense, I'm fed up with ducking them all the time, contemplating whom I might trust and whom I should avoid. Who'd want me out cold? I've just decided to finish my years of semiexile and continue in the open like honest citizens do.

"After all, the situation has changed. Now we have a judge to ensure law and order. Have you heard of anyone getting slugged during the last six weeks? No beatings either. No bombs, no stiffs lying around . . . By the way, have you seen the papers?"

"Sure." Don Vito nodded, grinning. "A course on civil behavior at Molnar's for indecent newsmen . . . Congratulations, Your Honor—the first ruling from the Mafia's judge."

"You know, I really like the guy," Havana said, blowing smoke rings. "Imagine, Don Vito, the FBI engineers from the Dirty

Tricks Department turned down Hogan's request for illegal phone taps because the judge would surely disapprove the method—not the district judge, not the federal judge, but our judge, Peter Molnar!"

"You're pulling my leg!"

"Not me.It's the darned truth, although naturally off limits to newsmen. I happened to get this information from a very reliable private source."

"Nancy Wyss," Don Vito cut in knowingly.

Havana stared. "You know?"

"Just what do you think, my friend? Or should I invest ten million in an affair with obscure corners? Nancy works for the FBI, the police, you, my humble self, and of course, Molnar. She's a clever girl. Better than Farago."

"Do you know Farago as well?"

"Who doesn't know Farago? He's the craftiest operator around who would talk you into buying a gold mine in the Pacific, fifty miles offshore. But Molnar's okay."

Havana nodded in consent. "Well, I cannot guess how and when Molnar might end his career, but he sure has plenty of guts, and I'm going to back him through hell if necessary. . . . What about your league, Don Vito?"

"The foremost legal brains of America are with us and even they agree that there should be a judge. . . . And there's going to be one. Sure, he has no legal training, only plenty of common sense and wits. . . . King Solomon didn't go to university, either. Anyway, it's you who is running the show. . . . When can I have my ten million back?"

"Be patient for a while. Your dough is in good hands."

"What about the one hundred thousand your honest Ben cabled to his father?"

"The judge will make up for it. After all, Brooks's deposit is Molnar's money, too. And when he learns that in reality, his money is yours, he'll surely compensate you. Molnar's a man of integrity."

"In that case, you have my full support," Don Vito concluded. He rose and said, grinning, "Let's satisfy your FBI snoopers and walk to my club. It's only five blocks away."

"Sure," Havana agreed. "Live and let live—my first principle."

The King Is Dead—Long Live the King

Ex-news director and brand-new TV chairman, James Hart entered into the conference hall and received a standing ovation from his staff, something they had never bestowed upon Hart's predecessor, Lewis Shithead Brewer, whom everybody tried to avoid. Strangely, no one seemed to know where Brewer was. The ex-chairman had vanished into oblivion.

"Lewis has gone on a trip to Europe," his wife told the newsmen. "He'll be away for several weeks."

Reading the article, Coarse Voice the Enforcer glanced at Slick Gun Nick, busy polishing his gun. "They say Brewer's gone on a trip, Nick."

"He sure as hell did," Nick drawled. "I gave him the ticket—not to Europe, though."

James Hart's inaugural speech was brief but to the point.

"Ladies and gentlemen, my dear colleagues! During our many years together, while I was your news head, I learned to appreciate your sincere efforts to improve the services of Channel Six. Now, being your chairman, I'm certain that you're going to continue in the same way and provide our audience with top news and first class entertainment. We're also introducing a new program based on our exclusive contract with Mr. Peter Molnar who will participate in our new feature, 'If I Were the Mafia's

Private Judge,' which will air every Wednesday evening. I'm entrusting this program to Miss Edna Miller, its initiator."

He mentioned Edna to rise and receive her ovation.

"Thank you, thank you indeed," she repeated over the pandemonium. "I'll do my best to make the show a real blockbuster." She bobbed her head toward her enthusiastic colleagues, still finding it incredible that her beau, fired the day before, should be the station's top executive today.

Are They Willing to Trade, Even with Us?

"You aren't too enthusiastic about my visit, are you?" Coarse Voice the Enforcer spoke to Samuel the grocer.

Samuel, who had already paid the Mafia's monthly protection money and consequently enjoyed its full insurance coverage against every calamity, replied garrulously, "To be frank with you, I hate your guts. You remind me of Heinrich Himmler."

"Who is he?"

"He was another enforcer. Now dead. He specialized in killing Jews. What ill luck brings you here?"

"I've got a business proposal for you, Sam."

"The last time you came with a business proposal, it cost me four hundred a month, which I've been dishing out to you ever since."

"And we never had any differences of opinion. You pay and prosper. Others are stubborn and go bankrupt. . . . In any case, if you agree to my present proposal, you won't be paying anymore."

"If that's true, I'm interested," Sam said. "What is it?"

"Well, you've probably noticed that your neighborhood is crowded with construction machines."

"Sure. What's up?"

"We're renewing the entire district, Sam . . . investing in a good business."

"Perhaps good for you, but where do I fit into the picture?"

"We're also planning a modern chain of food stores, run by you."

"By me?"

"That's right. We'll turn you into a rich man, Sam."

"You mean I'm turning you into rich folks."

"No, no." Coarse Voice laughed softly. "The stores won't be paying any insurance money . . . Well, if you're game, Sam, you should start buying up the local shops."

"Sure!" Sam grunted. "I should also buy myself a six-bedroom villa with a pool in Santa Monica because I'm reeling in money."

"Forget about the money. Just go round and buy properties. I'm going to back you with cash."

"For one thing, there aren't many shops for sale in the neighborhood."

"Don't worry! In two weeks' time you'll see scores of ads in the papers. Imagine, Sam, you'll run a dozen stores selling quality merchandise at standard prices. Trucks bringing you regular supplies. Cheaper wholesale figures, higher profit."

"For you, I guess . . ."

"Come, now, Sam, you'll receive a king's wage, plus percentage of the profit. . . . What do you say?"

"It sounds too big a venture for a small Jew like myself. Oh, yeah—we have a half-dozen Jewish-owned shops in the district which belong to my friends. I can't just go and buy them out."

"All you should do is to convince your friends to team up with you. Form a sort of consortium or cooperative."

"It sounds Marxist."

"Well, call it a cartel or trust, damn it. Is it a deal?"

"One can always try," Samuel acquiesced, "especially if you're taking all the financial risks. I guess it's a deal."

The Candid Eyes of Mrs. Molnar

Frequented by the Molnars, the public park became the safest place in the city, even in the dead of night. There were so many FBI, police, and treasury agents idling in the underbrush, on the benches and lawns that a robin could not possibly land on a low branch without being spotted by one of the vigilant nightscopes.

The park had also become a fashionable middle-class meeting place where the curious citizens would gather to have a closer look at their famous resident, the judge, whom the crooks dreaded.

With the passing of time, Peter and Lt. Percy C. Brown became good friends who greatly amused each other while playing their much-worn records. The persistent police lieutenant would try to coax Peter into revealing Mafia secrets, and Molnar would invariably remind him, "I don't know a thing about Havana Cigar or the Chicago boss, Don Vito, but Joe has just received a shipment of excellent Bavarian beer."

Molnar was pleasantly surprised when unexpectedly Captain MacLaren showed up for the first time with a friendly, "Hello, Mr. Molnar, I hope I'm not disturbing . . . How are you getting along?"

"Fine, as usual, Captain," Peter replied amiably. "It's kind of you not to address me as judge."

The captain grinned. "Because I know that you aren't any judge."

"Thank God!" Peter blew a sigh. "At least there are still some sane people left."

"That can be our secret. How is Mrs. Molnar and Leslie?"

"They're both doing fine. But you know, lately even my wife's been casting candid eyes at me, even if she hasn't yet addressed me as judge."

Captain MacLaren mused, "I'm not at all surprised. According to the latest opinion poll, the vast majority of Americans are convinced that you're indeed the Mafia's judge."

"Too bad for them," Peter commented, unimpressed. "Sooner or later they're going to be disappointed. Anyway, yours is a great, free country where everyone may fool himself to the best of his ability."

"You know, your browbeating of the reporters for their lack of good manners has gone down well with the public. It was a good punch."

Peter shook his head. "Even today I don't really know why and how it happened. I went for my afternoon stroll in the park to breathe some fresh air when those newsmen came charging at me like a bunch of cannibals. . . . Had they approached me civilly, I would have answered their questions, but I hate rough manners and disorderly conduct—"

"So, you invited them to your place to give them a lesson on courtesy."

"That's right."

"Despite your rudeness, the papers wrote kindly about you," Lieutenant Brown interposed.

MacLaren chuckled. "Who would dare to write anything derogatory about the judge?" he mused. "I was only joking." He lifted a hand to stop Peter's coming protest. "You know that the latest FBI study indicates that the chance of a hostile action against you lies below 1 percent?"

"Isn't that reassuring?" Peter retorted with sarcasm. "Therefore, you decided to call off my police guards."

"You still have your Mafia guards, though;and they're known to be very efficient."

"They can shoot without restrictions," Percy added. "We can't even do that."

"Yes, and sometimes they give me the creeps, too," Peter remarked. "You know, I often wonder what my role is in this game. Am I the high priest or the sacrificial lamb? I arrived at the point when I see a new face in the neighborhood or meet someone seeking my friendship, I began guessing which organization he belongs to. The only person I can trust is Farago."

"Farago? Farago? Where is he now?" MacLaren asked eagerly.

"He's downtown with Ben, doing some shopping."

"Well, if you're so sure of his loyalty, you probably know for whom he's working."

Peter threw back his head and laughed. "If Farago's following his old patterns, he's likely working for anyone willing to pay him. This is why I trust him."

"Don't say—"

"I do say, because I know Farago only too well. He's selling his clients 25 percent of already known facts, 5 percent of interesting news, and 75 percent of pure bullshit."

What Would the Banks Do without Our Money?

Joe the barkeeper was trying to convince the skeptical director of Union Credit to grant him a loan for a complete renovation of his premises, including new furniture and plush decoration.

"You see, sir," he argued, "the number of pedestrians walking our street to visit the park has tripled since the judge goes there for his daily afternoon stroll. Consequently, the number of clients frequenting my place increased, too; and I've no nearby competitor. This is a tremendous chance for me to double my business."

"But you want three hundred thousand dollars." The bank director dropped the words like coins on the table. "It's a great deal of money. I'm sure the board wouldn't undersign it at less than 16 percent interest."

"But that's usury!" Joe cried indignantly, completely forgetting the small loans he used to shark out in the neighborhood at 30 percent per month.

"I couldn't possibly pay you an interest of forty-eight thousand a year. I'm not Exxon Oil." At that point, Joe spotted Molnar entering. "Excuse me, please!"

He rushed to greet Peter with a loud, "Welcome Mr. Molnar . . . your beer?"

"Yes, Joe. The usual."

Joe darted off and fetched Peter's beer in a jiffy, then stood there shifting on his feet. "May I ask you something, sir?"

"Go ahead, Joe."

"Well, you see, er, I would like to renew my place, giving it an old, continental look, like those cozy places in Paris or Vienna where the guests relax, read the papers, play cards or chess games or just talk." He gave a candid sideways glance to the attentive bank director at the nearby table. "I mean a kind of family place where people would gladly stop in for a snack or drinks or just to chat with friends—"

"I think it's an excellent idea," Peter commented, nodding. "You should go ahead and do it."

"I can't, Mr. Molnar. I haven't got the money."

Peter glanced around. "Is this place yours?"

"Sure, sir. I'm the sole owner."

"Free of debt?"

"Absolutely."

"Why don't you ask for a mortgage?" Peter suggested with a conspiratorial wink. "This is a good occasion to talk to Mr. Pohn, the director of Union Credit."

"I've already approached him," Joe answered raising his voice slightly, "but he demands 16 percent annual interest."

Molnar pursed his lower lip. "That's rather high, I should say."

At this point, the bank director, who was eavesdropping on the conversation, clambered to his feet and said forcefully, "You may try elsewhere, Joe, but the rate is going to be the same." Shifting his face toward Molnar, he added, "If I'm not mistaken, we're handling your account, too, Mr. Molnar."

"And also that of my secretary, Mr. Benjamin Brooks—a modest deposit of ten million dollars. But we surely didn't let you handle our funds to play the loan shark, Mr. Pohn."

"We're paying good interest on it, sir."

"You sure do . . . 8 1/2 percent per annum. I think my secretary is going to visit you tomorrow morning." He rose and spoke to Joe. "We'll be talking about your loan one of these days." Molnar paid and left.

The flabbergasted bank director hollered, "Joe, you had to be wiseass; and you can forget about your loan, too."

"And you can forget about your job!" the barkeeper shot back. "I'd bet my bottom dollar that in a couple of days, you're going to get the bounce, Mr. Pohn—from high above. You've only seen the judge, but you don't know him. He has powerful friends and an army of newsmen at his disposal. . . . Well, sir, you don't owe me anything. Your sandwich and drinks are on the house, but don't forget to read the coming papers."

Joe noted with satisfaction the crimson color and swelling veins on the director's face and added for good measure, "And should your director general send you back to me later, you'd better think twice before fixing the rate of interest."

Blowing an exasperated groan, the bank director gathered himself and careened out of Joe's bar.

Let's Get Down to Work

The excited group of twenty-two managing directors of as many construction companies were eager to hear about the great offer announced by Tim and Tom.

Flashing a bulky file on the table, Tim announced solemnly, "Gentlemen, this folder contains the construction plans for the renewal of our district. As you probably know, for this purpose we have created Amalgamated Construction Incorporated, which we intend to run in close cooperation with your esteemed companies. I'm certain that our collective effort will bring our plans into reality in record time and to our mutual benefit."

"Let's get down to work!" the chairman of ACE Building Company sounded the trumpet.

"Well said!" the managing director of United Cement voiced his approval. "Less talks, more profits."

No Need to Lie

It started out just as boring and insane as all other studio reports. In the front of the tubes, people only picked up their heads when Edna introduced the guest.

Reporter: Ben, what is your opinion about these two strange events?

Ben: I don't really have firsthand information; and you know, a secretary shouldn't ask questions. . . .

Reporter: But, you must have an opinion . . .

Ben: I think both stories are understandable. For example, in the local bar the patrons thought nothing of it.

Edna: But, according to the papers, quote: "The Judge stopped the turbulence with a look of his eyes."

Ben: If you ask me, the judge behaved naturally. He didn't understand why anybody would annoy and disturb others. . . .

Edna: And how about the other case?

Ben: With the robber not shooting in that store? Is that what you're referring to?

Reporter: Yeah, that doesn't make sense.

Ben: The surprise—that can be the explanation. In that store, the judge behaved the way nobody else would have. Who in their right mind would lecture an armed man about morality in the middle of a robbery?

Edna: This guy turned himself in . . . and now is waiting for his case to be tried. What do you make of that?

Ben: It's certainly strange, and I don't have the answers. I almost said . . . maybe he regrets it . . . but that's pretty much improbable—

Reporter: Don't you think, that he was afraid?

Ben: Of whom?

Edna: The Judge, the Mafia . . .

Ben: The judge is not that kind of man.

Edna: What kind?

Ben: He tells you his judgment, and it's settled as far as he is concerned. He can't compel anybody to do anything.

Reporter: You mean he doesn't have any power?

Ben: Seemingly not, and he's not the violent type. He only asks, and he's very polite.

Edna: And people do what he asks?

Ben: Seems like it . . . but he doesn't ask you to do the impossible. And he says it only once.

Reporter: Did he tell you this?

Ben: No, his son told me. This is how they live.

Edna: We've forgotten about Mr. Farago. What do you think?

Farago: That sounds like him.

Edna: How long did you know him?

Farago: We grew up together. He's always been like that. And he doesn't lie!

Edna: Never?

Farago: We used to talk about this; and at first, I didn't exactly understand. In his opinion, most people lie—for bigger things or small advantages, or maybe to look good in others' eyes, but they lie. He said, people know that the straight line is the shortest one, but they're not so sure that it will provide the results they want. You know what I mean? So they tell you little or not-so-little white lies. Furthermore—according to his theory—since almost everybody lies, people think that every else lies, too, so they don't believe each other. Doesn't matter who says what, nobody believes in anything!

Edna: So he doesn't lie, because everyone else does?

Farago: No! Peter says, if nobody believes in what he's saying, why bother to come up with the lies?

Reporter: But he said, he was only joking at the airport and he is not the Mafia's judge!

Farago: If he said that. that is the *truth*!

Central Brain Trust

Harry was gazing upon his creation with satisfaction. This small village will be the center of the federal war on the Mafia, a war without declaration or troop movements! Here, in this secluded valley, are the Headquarters, without the watch posts! There is a small cafe, a bar, a post office, and a sheriff's office—just like anywhere else. If once in a while a hiker strays in from mountain trails, he will leave this boring, dreary place behind in a hurry.

Harry entrusted the running of the site to the officer on duty and left . . . to report.

The Same Final Result

Fatso Havana Cigar seated Python and offered him a drink. Then, puffing on his cigar despite the obvious discomfort of his non-smoking guest, he announced flatly, "My dear George, before saying anything else, I would like to remind you that if you think that after our conversation you're going to pocket another five-figure check, you'd better drop the idea."

"You summoned me and here I am," Python replied in a somewhat chilly tone.

Havana shook his head and grinned. "I didn't summon you. I only left a message with your secretary that you would be welcome for a drink."

"One and the same. Are you taking procrastinating lessons from our judge? What's the hassle?"

"There's a problem," Havana came to the point. "Molnar's secretary, Ben Brooks, has sent his family one hundred thousand dollars from an account entrusted to him. In reality the money belongs to the judge."

"You don't say . . ." Python pretended ignorance. "Does Molnar know this?"

"I don't think so."

"Perhaps you didn't make it clear enough to Ben what the money was for," Python suggested.

"Coarse Voice should have done it."

"Was it Mafia money?"

"The money's been advanced by Don Vito . . . a personal loan to me, and eventually I'll have to repay it."

Python opened his hands. "It seems you're in the red to the tune of one hundred grand."

"Any suggestion?"

"You may sue Brooks."

"Sue him where?"

"Damn it, Havana—sue him before the judge. That's why we have him."

"Are you kiddin'? Should I haul before the judge his own private secretary?"

"Well, what do you expect me to do?"

"You're on friendly terms with Molnar. Tell him about the one hundred grand over a chess game."

"I can't very well tell the judge that his funds are Mafia money, especially since he's in the dark about my Mafia links."

He paused briefly, then added candidly, "Besides, it seems that, after all, I am here in my official capacity as counselor."

"You're here as a friend. Aren't you my friend?"

"Sure, and with friends like you, I'd starve to death in a couple of months. But just to show you that I am your friend, I'll do it for ten thousand."

"Okay, okay, you'll have your ten thousand. What will you do?"

"I'll see what I can do," Python replied evasively.

Improvements at Channel Six

At Channel Six life continued along its well-trodden path. Edna Miller and James Hart had moved in together, and the chairman thought that every day with her was a genuine gift of life.

At long last she emerged from the bathroom and came to sit next to him with her chin resting on her drawn knees, her arms encircling her shapely legs; but instead of cooing like a sweet dove, she asked in a purely business-like manner, "How do you intend to exploit our contract with the judge, James?"

Hart, who was expecting something quite different from Edna, answered broodingly, "I've no idea yet. Perhaps we should talk to him."

"His contract doesn't say anything about a weekly appearance on our show."

"But it does specify that he shouldn't give interviews to anyone else."

"Which, however, doesn't make it obligatory for him to talk to us."

"I'm going to offer Molnar a star's wage."

Edna shook her head. "I don't think he's interested in money. He already has enough to last forever."

"Then, we're going to have a problem, Edna. The weekly judge feature would surely increase the channel's profit . . . and is a precondition to my chairmanship."

"A precondition by whom?" Edna wanted to know. "Anyway, James, who nominated you chairman?"

"The majority shareholder, or holders. I received the official nomination from a lawyer, and the notary seal makes everything very genuine. I believe the principal shareholder is a coarse-voiced gentleman I encountered in Joe's bar during the evening when Brewer fired me. He told me he was going to take over Channel Six, and he chose me for the post of chairman."

"Couldn't he be a Mafia boss?"

"Come, now, the Mafia wouldn't give a fig whether Channel Six prospered or just lingered on. The new owner wants to publicize the judge, preferably without the usual detergent, toothpaste, and cat food spots interrupting him."

Edna's brows lifted. "You mean no spots for the Molnar talks?"

"Only before and after but not during . . . but you need not worry. We already have some selected spots at a premium fee. After all, the judge's going to be a coast-to-coast show with tens of millions of people glued to their sets."

FBI? Hmmm . . .

Toying with the visitor's card, Peter observed his unexpected caller with mixed feelings. At length he spoke in a carefully balanced voice with a humorous undertone. "I presume the director of the almighty FBI wouldn't come to arrest me in person; therefore you're welcome, Mr. Hogan." He ushered the important visitor into his study and seated him.

Hogan said, smiling, "First of all, I would like to emphasize that I'm not the FBI general director, only a small cogwheel in the machine."

"One of the larger small cogwheels, I presume," Peter remarked jestingly. "Namely . . ."

"I'm the regional director responsible for the city and its neighborhood."

"I appreciate your frankness, Mr. Hogan."

"Well, I wanted to become acquainted with you and disliked the idea of using subterfuge. You're known to hate lies."

"Yes, I do consider lies unnecessary."

"Nevertheless, there are circumstances when lies become a necessity," Hogan countered mildly.

"I'm afraid I don't agree, Mr. Hogan."

"Call me Jim," the FBI director added. "Let's not be formal, Peter."

"Very well, Jim, I can't imagine any such situation."

"Not even if your life were at stake?"

There was a pause while Molnar considered his response. In the end, he opted for a subtle compromise. "I'm not sure my lies would be believed anyway."

Hogan chuckled. "Then what about your true statements?" he taunted Peter. "It seems that nobody wants to believe those either. You declared a dozen times that you are not the Mafia's private judge, yet the people are convinced that you're lying."

Peter blew a sigh. "Well, it's something I can't help. Who is thinking what? Who is believing what? I cannot control the minds of others. If a million individuals decide to chase an illusion, well, America is a great and free country, they can damned well do it."

"And in reality?" Hogan let the sentence hang.

"In reality?" Peter repeated with sarcasm. "In reality I couldn't even get myself a window cleaner's job or any decent job for that matter. This is naked truth, Mr. Ho . . . I mean, Jim."

"All the same you have your secretary, a Cadillac with a driver, four bodyguards, an expensive lawyer for private counsel. Who is paying them?"

Peter shrugged. "Either the Mafia or you, Jim."

Hogan mused. "Just to set the record straight, Peter, I'm certainly not paying anyone in your service."

"It could also be another department without your knowledge that is doing the paying."

"You might have a point there," Hogan conceded, "but that would still leave us with the big open question: Why? Why should the FBI finance such a scheme?"

"In my modest opinion, it's part of a clever game between the authorities and mobsters, in which my personal welfare, or the safety of my family, counts very little."

"Are you feeling unsafe?"

"No!" Peter stated positively. "Not now . . . but when we landed in America, I had an entirely different prospect in my mind—a warm family nest, a solid job, genuine friends, and eventual prosperity through honest work."

"Yet you got it differently and all of a sudden—"

"And it makes me feel like I'm playing an unknown game without being aware of its rules while putting on a facade of being a wise man. I've arrived at a point when I can't even see the difference between the good guys and the bad guys."

"If that's so, then no one has ever noticed it, Peter."

Molnar rolled his eyes. "Because I'm trying to play along, even though I'm blindfolded, hoping that eventually the problem will resolve itself."

"People around you are changing. Haven't you noticed it?"

"For better or for worse?"

"We've evidence of both tendencies."

"Could you tell me who has gone in the wrong direction?"

"Your secretary, for instance. Ben Brooks."

"Ben's an honest person."

"Who cabled one hundred thousand dollars to his father."

"Which proves that he's not only honest, but also good-hearted and loves his parents. A rare phenomenon is our jet age."

"The law would define his donation as embezzlement," Hogan replied evenly.

"Very superficially said." Peter voiced his dissent.

"Why superficially? What Ben has done is a classic example of embezzling."

"One shouldn't judge Brooks without clearing first some important points."

"Such as?"

"Whose money was it? Whose money is it now? One should also know exactly what authority had been given to Brooks for handling the money."

"As far as I know, the Mafia wants trials and sentences," Hogan stated, "held and pronounced by you!"

"In which case the Mafia may wait until hell freezes over."

"It's only natural that they should want something in exchange for so many millions, Peter."

"Is it also natural that Peter Molnar, a newcomer to the States and without any legal experience, should judge important local affairs?"

"You do have your legal counselor, a lawyer with vast experience, don't you?"

Peter gave in. "Okay, let's suppose, I consult George and pronounce a sentence. Who's going to enforce it, Jim?"

"The Mafia . . . Don't worry. Some special team of executioners. Or else, the condemned would be given a length of cord and politely advised to hang himself. But your sentence would be carried out! What about a sentence of five years in jail?"

Peter said triumphantly, "How would they carry that out?"

Hogan shook his head. "I see you're still naive, Peter. The Mafia wouldn't expect you to pronounce prison sentences. Their rules are very simple and prescribes only a few kinds of punishments: the death sentence, kneecapping; castrating; beating up; destruction of property; or in mild cases, a few broken bones."

Clean Affairs

Report No. 247

Subject: Peter Molnar

Instead of sending two or three formal weekly reports, I would like to dispatch detailed biweekly information sheets. With regard to the Molnars, there's no new development. Molnar's regular visitors are Mrs. Smith, Nancy Wyss, Benjamin Brooks, Farago, Python the Lawyer, and myself.

None of the individuals listed above have any influence upon Peter Molnar. The tape-recorded conversations deal with common, everyday problems, events and rarely carry political slants.

Yesterday, Molnar asked me why there are two political parties in the States when their publicized programs are almost identical. Molnar is convinced that the internal and external policies of the two parties are one and the same; they both make high-flying election promises only to chuck them into the dustbin later.

Farago is nearly always present. Officially, he's an employee with a regular monthly wage, occupying the first floor apartment together with the four bodyguards. Since last Monday, the entire building is occupied by Molnar; and there's a ground floor reception desk where undesired visitors, especially newsmen, are politely turned away.

Members of the press are received once a week, in most instances by Ben Brooks and Farago.

The participants seem to receive more snacks and drinks than information. Lately, when a reporter encounters a colleague he asks, "Which paper are you eating for?" Occasionally Molnar shows up for a few minutes, but even then, Brooks or Farago does the talking.

412 FBI

The Villa on the Hillcrest

Sunbathing on the lawn near the oval swimming pool, Nancy Wyss observed Daniel Smith, who sat on the pool's edge, stirring the surface with his feet playfully like a teenager disinterested in the problems of life. Somehow, he looked younger and more vigorous than before.

The thought occurred to Nancy that Uncle Danny's writing career must be a very successful one if he could afford all the luxuries that surrounded him. The plush villa was indeed a far cry from the old mansion with its moldy antiques, the site of their initial encounter.

It was her third day in the villa, ostensibly to tell Danny about her "problems," but so far they'd barely exchanged ten words. Nancy began to wonder why he would insist upon her presence in the first place. In the end, curiosity got the better of her and she elbowed herself closer to the pool.

"How many books have you published until now?" She spoke to him quietly. Danny turned halfway toward her.

"My book on drugs and addicts is going to be the first one," he replied modestly.

Nancy stared. "You mean the first one you ever wrote?"

Danny shook his head. "Nope! I've written several books before—for my friends to read."

"And your friends rewarded you with enough money to buy this villa?" she asked him jestingly. "You shouldn't pull my leg, Uncle Danny."

Smith smiled. "You're skeptical, but believe me the folks who are going to read this new book of mine will be quite willing to pay a large amount of money for the privilege."

"If your book is really so interesting, a major publisher would probably pay you even more."

Danny chuckled. "In which case my privileged readers would

pay me twice as much to keep my book out of print," Danny retorted, smiling candidly.

"It's a funny way of writing for money," Nancy commented, dropping the subject. "Anyway, it's about time to tell me your proposal."

"But you already know it . . . I want to buy your thoughts!"

Nancy snickered. "I don't think my thoughts would be any use to you, Danny."

For a while, Smith observed her searchingly, then said, "Perhaps your thoughts would serve me a great deal more than your silly fairy tales are serving the police, the FBI, and the Mafia."

His unexpected sarcastic comment took Nancy by surprise. Startled, she rose to one elbow and stared at her eccentric host with wide open eyes.

"Just what do you mean?" she challenged him, but once again Danny patted her gently on the cheek.

"Relax, Nancy, I don't give a damn about your lies to others and I'm not asking for stories, only for thoughts. In exchange I'm giving you your daily shots—free!"

"And what else?"

"I can't promise you anything else, Nancy."

"And why not? Apparently, you're wealthy enough to part with some dough."

Danny laughed softly. "It's not a question of money, my dear girl, but I dislike making promises that I might not keep."

"Why not?"

"Because how can I know that you'd indeed tell me your thoughts and not just something that pops into your mind?"

Nancy reclined again and blew a disappointed sigh. "You're talking exactly like Molnar—lots of words that make no sense to anyone else but himself."

"Who is Molnar?"

"Come, come, Danny, you have seen him on the TV."

"You mean the guy they call the Mafia's private judge?"

"Exactly."

"Do you happen to know him?"

"I was his official interpreter. Later we became good friends, meeting almost daily."

Her tone made Danny prompt. "Was it something you disliked?"

"Something I didn't really want but was obliged to do by a third party," Nancy confessed. "And I hate myself for doing it. The Molnars are truly nice folks. You see, Danny, it's like peeping through somebody's keyhole."

"In other words, spying."

Nancy nodded. "I must report everything I learn about the Molnars and receive a payment in return. It's just disgusting."

"Why won't you tell it to the judge?"

"Molnar's no judge!"

"But everyone believes he is. Besides he likes straightforward manners. You should talk to him openly and honestly."

Interval

By your leave, gentle reader, here the author would like to interrupt the narrative for a short while. In the beginning of my story I asked for your kind assistance to make it better, and it might be useful to summarize what we know so far.

I'm narrating a story, doing my best not to omit anything of importance, but . . . It is exactly this "but" that bothers me, because I've hardly written anything about the Molnars: What did they do at home in their own own country? What adverse circumstances compelled them to leave? And so on.

I'm not certain that such information could be of great importance for a narrative situated in America. For what is the essence of the plot? A simple it-doesn't-matter-where-they-came-from family lands in another country, obliged to face and accept a different way of life, different customs and traditions. Many concepts that were natural in their native country might be wrong or even repulsive in their adoptive one.

This is where common sense should guide the steps of the immigrant. He should carefully weigh every word, every deed beforehand; and this isn't always easy.

What is the situation in reality?

Today I'm going home and know the place of every little item in my possession. I have a job that pays enough to struggle ahead. I know the streets, the shops, the folks next door, then all of a sudden, I must pack my most important belongings and depart for a distant country and an uncertain future, leaving behind both bad and good memories.

With the passing of time, we tend to recall only the happy events and would like to continue along our habitual ways, which is no longer possible. We must adapt ourselves to the customs and laws of our adoptive country.

The result?

Tremendous uncertainty—which is the very first sensation of every newcomer. Next comes insecurity and fear.

The old question, What will tomorrow bring? becomes reduced to the very immediate future: What will the next hour bring?

The Molnars would experience similar sentiments, which shouldn't be mistaken for the come-what-may attitude of the couldn't-care-less type, because we're also embodied with a peculiar fighting spirit that drives us toward the better and nicer life for us and our children.

Let's recall Molnar's silly airport joke that, he thought, no one would take seriously. He ignored the dominating principle (the same both East and West)—the desire to discover potential enemies as early as possible and render them harmless, regardless whether they're politic, economical or social enemies.

Naturally, men in Hogan's position want to do a good job. Therefore they try to keep the subject of their interest under tight control. The unfathomable has an important role in everyone's life. A small twist in the lifeline of Jim Hogan's early years could have turned him into a Mafia don, just as Havana Cigar could have become chief of police.

Ill luck had bestowed upon me the dubious pleasure of living the first fifty years of my life behind the Iron Curtain. I hope to spend another forty years in the West.

Back in the old country, I didn't see a single thriller in which a NATO agent would be clever enough to evade the aces of communist counterespionage. Likewise in similar films produced in the West, talented and very handsome CIA or intelligence service heroes are busy gunning down KGB agents by the dozen. I don't want to commit a similar mistake.

All the same I've also become convinced that the fellow who finances the production is always right; and we unsuspecting spectators can only take it. We won't be getting anything else.

History's real and famous agents like Richard Sorge or Col. Ivan Ivanovich Abel worked for the Soviets. I haven't yet heard of any American, British, or French agent of similar qualities. An intriguing question, isn't it?

I'm certain that there were and are genuine CIA or NATO superagents who would remain unknown even after their death or retirement. Safeguarding government or military secrets?

I believe one can't really talk of secrets fifty years in retrospect! The struggle between East and West is dominated by juxtaposed theories with regard to the future of mankind. It consists of opinions and counteropinions, more arguments and more counterarguments; even on a small local scale, the overall situation remains unchanged.

The struggle between two opposite camps continues. The

same principle applies to the FBI versus Mafia case. In either camp, there are talented but corruptible individuals who constantly try to outwit each other, often ignoring the moves of the opponent.

Like in a game of chess when both players are making the best possible moves, the game would likely end in a draw. But both players have one common shortcoming: They both want to win; therefore, one of them loses.

Here we might also ask: Does only the winner count?

Many people would insist that only the winner matters but I disagree with them.

Reverting our attention to Molnar and family, who wish to live the way they'd envisioned their new life—simply, modestly, and honestly, hoping to prosper in the end. A silly jest or freak chance turned them into pawns in a game of chess by two powerful players. Should they consider themselves born losers and strive to change their ways? Is it worthwhile for them to change? Does it pay to give up ideals or an erroneous rhythm of life? What would the condemned man gain by betraying himself or his cronies when the executioner is already binding his eyes? One can't outrun one's shadow. People are what they are.

Let me continue with the narrative, hoping my readers aren't becoming bored or worse, chuck my book into the trash can.

Hungarian Paprika—Potatoes Less the Proper Sausage

The farm of Benjamin Brooks Senior couldn't be rated first class; it was a second class property (benevolently classified), in any case a casual glimpse would tell the visitor that cash in Brooks's coffer was probably as rare as a white raven, although there were always a few bucks to tide things over from today till tomorrow. To save anything was surely out of the question. The cause of this permanent lack of money was rooted in the simple mathematical formula: 5+3 (does not)=10 (unfortunately).

In other words, when old Brooks needed ten, he found only eight in his pocket. But despite the handicap, somehow he had managed to provide junior with an university education. (A genuine miracle.)

Mary Molnar and her English-German-FBI teacher, Mrs. Daniel Smith, had driven fifty miles into the wilderness to become acquainted with the Brookses. Poverty could spoil many people and send them headlong downhill. Some folks, however, would stubbornly clench their jaws and strive on, hoping for better days. The Brookses might be best described as a down-to-earth, honest couple. Saying anything else would be superfluous. Ben Senior, his wife and their weather-beaten farm seemed to broadcast a single, glittering word: fortitude.

They received Mary and Mrs. Smith with mixed feelings, unable to comprehend why the wife of young Ben's filthy rich employer would travel so far into the dusty farmland to meet them. All the same, they put on a hospitable face, although Ben Senior disliked the idea of sharing their single-plate lunch with the unexpected visitors; at the same time he felt embarrassed for not being able to offer the wealthy ladies anything better—or rather anything else.

Today's economical dish consisted of Hungarian paprika–potatoes without the proper sausage that should go with it.

Thinking that the visit must be, in some way, connected with their hundred-thousand-dollar fortune, hesitantly Brooks told Mary that he still had the money, except for the price of a new plow, a pair of tractor tires, and new boots.

"I got the cheapest ones I could find," he told Mary. "I'm taking good care of the money, thinking twice before spending a single bill." The bitter thought came to him that one day he would have to repay everything.

Yet throughout the discourse, Mary sat stunned. She had no idea what money the Brookses were talking about.

On the long drive home, Mrs. Smith helpfully explained that young Ben seems to have given one hundred thousand dollars from the money in his care to his parents. "A very serious embezzlement problem, you know, dear, because millions of Americans are now expecting your husband, the judge to decide the issue."

Like her husband, Mary, too, thought it was only a fine gesture of Ben's to help his parents; whereupon Mrs. Smith promptly called her attention to the fact it was the Mafia's money.

"Was it really the Mafia's money?" Mary exclaimed, then added with a chuckle, "I wonder whose money it is now. From the legal point of view. . . ."

Hail Our Little League!

They voted, signed their six-figure checks, and the die was cast. The members of the league cheered.

"This is it! Unity wields more power. The league was a necessity."

The various groups of specialists to tackle particular problems had also been selected without much altercating. The majority of the participants had known each other for years or from previous encounters, though they had not been on the same side. The name of the association became League for the Protection of Minor Human Rights.

Astonishingly enough, the federal judges (believed to be the hardest and most uncompromising protectors of the ancient laws) would accept, in principle, the idea that even the Mafioso were human beings and, as such, could be beset with everyday problems. A few enthusiastic speakers even suggested that the overall position of the criminals was even more delicate than that of honest, ordinary citizens.

They reasoned, "If, for instance, one honest citizen defrauds another honest citizen, the injured party could file a civil suit in court; whereas the cheated Mafioso could only grab his Thompson."

Naturally, they raised a small hurricane of conflicting views.

"We can't just say, Bill, you're a Mafioso, therefore you can only be wrong, while honest citizen Jack remains free to cheat anyone he wishes."

"Of course, the crooks, too, should be protected!" hollered one of the participants. "Or else, in the end, people are going to be distinguished according to the shade of their skin—the guy a bit darker having less rights—and we might end up with being scared of getting a suntan."

Well, the one who never participated in any such conference should consider himself lucky.

But all these events are already events of the past.

When Frank Bellami informed Don Vito of the details, the Chicago boss nearly fell from his chair in a fit of wild laughter. Nevertheless, he considered the event a very important one and insisted that the league should also elect a chairman.

"Somehow we should push our judge into the foreground," Don Vito suggested purposefully. "He's popular enough to get the necessary votes."

"Mr. Molnar is believed to be on the Mafia's payroll," Frank Bellami ventured.

"We should rectify this belief."

"Well, how about using the case of Molnar's private secretary? After all, it's a case of one hundred grand."

"My hundred grand," grunted Don Vito.

"Havana Cigar and Python are buddy-buddy. I think we should ask Python's counsel."

"I can't afford fifty-thousand dollar counsels!"

"I can try to scale down his fee, Don Vito."

"Sure, you can—and Python will screw down the value of his counsel. Third-rate payment, third-rate counsel. In any case, our judge should occupy himself with the problem and resolve it in a way that would induce every boss, every family to recognize his authority. Afterwards, we'll smuggle Molnar into the chairman's seat of the league. I'm going to talk to Havana Cigar."

Smooth Affair

Mr. Tim, Mr. Tom, Captain MacLaren and Lt. Brown had had a brief meeting. (I've no idea who had organized it; I gathered the information from a third party.) The work of beautifying the district continued at an amazingly swift rate. MacLaren was wholly satisfied with the already visible and tangible results. For the first time in his long service, he was able to pay attention to lesser crimes because there weren't any big ones left.

Lieutenant Brown's most recent investigation concerned the case of some stolen shovels, snitched by unknown thieves from one of Tom's construction sites. No one could explain why anyone would steal used shovels. However, Lieutenant Brown seemed quite content with going after stolen shovels instead of chasing armed robbers or a psychopathic killer.

Warily?

"What fine weather we're having," Peter remarked, speaking to Joe the barkeeper, as he settled down to his customary beer after his evening walk. But it wasn't really the beer he was after, rather only company.

To his pleasant surprise, he spotted TV chairman James Hart and invited him over.

"It's nice to see you again, Mr. Hart, and permit me to congratulate you. Will you join me for a drink?"

Hart sat down. "Sure. perhaps I'll get another interview from you."

"You're getting an interview every Wednesday."

"But this one would be free of charge, Mr. Molnar."

"Why won't you call me Peter?"

"First, you should call me James."

Peter stuck out his hands. "Okay—James."

"Okay—Peter . . . Now, about your participation on our weekly show . . . You're giving your revelations rather sparingly, leaving most of the talking to Brooks or Farago which isn't right."

"It's right and wrong at the same time."

Hart looked at him searchingly. "I know you're a master of talking in riddles, but tell me why it should be right."

"Firstly, because Ben already knows as much as I do. Secondly, because he's very good at telling newsmen what they want to hear. As for being wrong? To tell you the truth, I hate to carry the torch, because I seldom have time to prepare myself for specific questions."

"And you also seem eager to evade the question of the one hundred thousand dollars your excellent secretary cabled to his family without batting an eye. I'm sure the Mafia doesn't like that. Don't you think so?"

"Don't ask me, ask the Mafia."

"You're procrastinating even now, even though we're alone, without any witnesses." He leaned closer and winked. "Like between friends, Peter, what's the truth about Brooks's money?"

"The background circumstances are still unclear," Peter stated. "Besides, I don't have the authority to judge the proper or improper actions of others."

"Nevertheless, you have your personal opinion," Hart persisted.

"Naturally . . ."

"Well, then tell me!"

"It'd be a long discourse, James."

"I've all the time on earth."

Peter welcomed the sudden arrival of Coarse Voice the Enforcer, who unceremoniously joined them at the table with a cheerful, "Mr. Molnar, Mr. Hart, or would you prefer Mr. Chairman?"

"Just Hart . . . for how long I might be chairman is probably up to you."

Peter's brows lifted. "What an unexpected surprise!" he exclaimed and Hart realized his unfortunate slip of the tongue.

"Mr. Enforcer—for he wishes to remain unknown—is the majority shareholder in Channel Six," Hart added by way of an explanation.

Coarse Voice switched to another tack. "Judge Molnar, your weekly feature has captured millions of curious Americans," he spoke to Peter appreciatively. "I think you deserve an additional payment of ten thousand dollars." he shifted his eyes toward Hart. "Will you make the necessary arrangements, Mr. Hart?"

"Of course . . . naturally . . . first thing in the morning."

"Fine." He reverted his attention to Molnar. "Well, what do you say? We're doing things quickly, aren't we?"

Peter shook his head slowly. "You most certainly do, only I'm not sure I deserves so much attention. Those millions of Americans you were talking about are foolish Americans; and to tell you the truth, I'm already thinking that I should stop fooling them."

Coarse Voice snorted impatiently. "You can't do that, you know, sir. You've signed a contract. Am I not right, Mr. Hart?"

Hart shifted uncomfortably. "There is and there isn't a contract" he answered after a brief pause. "When Mr. Molnar signed our exclusive rights agreement he was not judge yet; and now that he's been accepted by almost everyone and had become in fact the judge, who would dare to insinuate that he's sold himself to any public information media? I certainly would not publicize the fact. The judge should remain impartial and without obligations toward any interested party."

During his short discourse, Peter's face gradually acquired a crimson tint. In the end, he slammed his fist onto the table and exclaimed, "Gentlemen, so far I haven't broken any of my promises and never furnished you with false pretenses. If I tell you that I am not the Mafia's private judge, you may accept it as the damned truth! I'm nobody."

"Sure, sure," Coarse Voice said mildly, like one soothing a capricious child, "if you say so. Nevertheless, public opinion is more important than our personal ones, and the people think—"

"I don't give a damn what the people are thinking," Peter interposed forcefully. "I'm nobody's judge."

"And there's the monkey wrench," cut in the chairman. "We're receiving thousands of letters repeating the same question: 'If Mr. Molnar is the Mafia's judge, then why should his associates do most of the talking? Mr. Molnar should speak for himself.' "

"And that's exactly what I'm going to the next time you put me on the screen. I'll do the talking, but you might not like it."

"Oh, you shouldn't worry about us, Mr. Molnar," Coarse Voice commented with a broad smile. "We agree in advance with whatever you choose to say."

"Even if it'd blow your whole program sky-high?" Peter challenged him.

Coarse Voice uttered a soft laugh. "No, Mr. Molnar, you can't blow anything anywhere, for whatever you might say would only trigger a new controversy and another wave of letters."

"Drawing the attention of a million more viewers," Chairman Hart added. "More viewers mean more publicity, more commercials, more profit . . . also for you, Peter. You don't hate money do you?" He waited for an instant before casting the hook. "May I send you the contract for your regular participation in our show?"

Peter waved an impatient hand and rose ponderously. "Send it, damn it!" he replied flatly. "If you want to end your show with a king-size deficit."

After Peter left, Coarse Voice downed his drink, rubbed his hands contentedly, and said, "I guess we've done it, Mr. Hart."

"So it seems. We got Molnar on the show and whatever he says, he'll remain the star."

"And the Mafia's private judge," Coarse Voice added grinning.

Communism Head over Heels

We're just in time to peer into the top secret office of RAG-TAG Incorporated, where the latest developments regarding Operation Judge were taking place.

"Let's hope we're going to find a solution soon." The director expressed his faltering optimism. "By the way . . . I have an idea how to knock the daylights out of the dons: simply cut off their major source of income, the drug trade."

The vice director stared at his boss with faithful, admiring, but somewhat incredulous eyes. "It would be too wonderful even to dream such a thing," he replied with a sigh. "Please, tell me!"

"Shortly." the director nodded. "But first, let me ask you a question."

"Okay."

"Tell me what was Cuba like before Fidel Castro?"

The vice director thought it over and his face lit up with suddenly discovered wisdom. "I see what you mean . . . Cuba used to be the center of the international drug trade."

"And gambling . . . righto!" The director voiced his assent. "Now, tell me what happened after Fidel took over and infested Cuba with communism?"

"Everything was turned upside down overnight."

"Precisely! The gambling joints and the whorehouses closed up shop. The drug lords and Mafioso fled head over heels—unfortunately, most of them to Florida."

"Or else they stayed at home and joined the Communist Party."

The director shook his head. "We weren't that fortunate, Frank."

"Well, we surely didn't inherit as many crooks as there are refugees," the vice director countered. "I'm sure the principal crooks stayed at home, became good party members, and were consequently permitted to continue business as usual. Illicit trades earn hard dollars, something Castro desperately needs."

"Well, anyway, all this is irrelevant now. I mentioned Cuba only as a handy example because a funny idea keeps scratching at the back of my mind: What would happen if a group of militant Marxists should manage to engineer a communist takeover in our country?"

The vice director uttered a short nervous chuckle while the flashback lit up in his mind: Perhaps, after all, the director was indeed ripe for psychiatric treatment. But he commented bravely, "It'd surely send our Mafia topsy-turvy . . ."

"Continue, Frank," the director prompted him mildly.

"Well, I think even a short-lived communist takeover would probably enhance our crime-fighting chances."

"Therefore it'd be beneficial to our society. . . . Communism means nationalization; expropriation; collective farms; party membership cards; the seizure of rich bank accounts, private businesses, luxury villas, the owners of which would end up in a sort of American gulag, probably in Alaska. Organized crime would be wiped out in a jiffy."

"But we know that there are plenty of criminals behind the Iron Curtain, too, only they won't talk about them."

"There're criminals everywhere, but in a country where they shoot people for stealing more than one hundred bucks, the rate should be much lower than here where crooks go into prison like one goes to a holiday resort. Anyway, I'm thinking of a short term communist rule. Only to put our house in order, Frank."

"Yours is a vision of a genius." The vice director considered it expedient to hail the chief of chiefs. His enthusiasm could come in handy later on in the annual period of citations and promotions.

"Provided that we could engineer a coup of that sort," the director reflected. "A perilous venture, my friend."

"Still you should suggest it to the president," Frank continued warily. "Perhaps with Gorbachev's help, he could arrange something like a little takeover. They could work out a plan together—a gesture of mutual goodwill and assistance."

"Sure! Why not? We save them from famine, the Russians save us from heroin. The dons either hang or take a trip to Alaska."

"Only I'm afraid that most Americans wouldn't be enthusiastic about living under communist rule, not even on a temporary basis."

"Well, when you live under communist rule, you won't be

asked whether you like it or not. When one is tickled with a bayonet, one cheers a great deal."

"And afterwards the party secretaries explain everything and the falcon turns into a dove of peace."

The director shook his head. "What a fine spectacle it would be . . . wiping out the Mafia for good . . . sending the crooks into a remote gulag."

"With the help of the Russians?"

"No one in America would like to have them as close neighbors, Frank, because one can never be sure of them. For the moment we're buddy-buddies, but who can tell what the future brings? Therefore, I'd better shelve my idea for the time being. . . . Now, let's talk about our Operation Judge, which, I believe, has stalled."

"Perhaps we should stop using Molnar as Mafia judge."

"I'm afraid we can't do that. He's an essential component of Hogan's trap laid out for certain top Mafioso."

"I don't believe Hogan would trap anyone through Molnar. Until now, no one has gone to Molnar with any useful proposal. His family, his friends, his employees, and even his casual acquaintances are under our control."

"I bet he hasn't yet encountered a single real Mafioso, which means we've dumped a million dollars down the drain. We gave Molnar one million, which the Mafia promptly topped with ten million, hinting at millions more available if necessary. And we're unable to confess our bad investment without becoming the laughingstock of America."

Frank asked quietly, "Would you prefer to cancel the operation?"

"Under the present circumstances, whatever action we take would be the wrong one, unless . . ."

"Unless?"

The director rubbed his forehead and changed the subject.

"Tell me something about this newly formed league for the protection of . . . devil knows what."

"Minor human rights, rooted in old customs and traditions, rights dictated, not by laws, but by common sense. As far as I know, its membership includes some of our foremost legal experts. The league seems harmless."

"I think we should maneuver Molnar into the chairman's seat," the FBI director concluded the encounter. "Your top-secret people in their top-secret desert hideout should come up with something useful."

"They're hard at it," the vice director replied serenely, "especially our Vietnam vets. I'm sure, in a week or two they'll come up with a great surprise."

Trouble

When beady-eyed and tired Python the Lawyer arrived at Molnar's place, he looked like one who just came from an all-night drinking bout, except for the fact that he wasn't tipsy. He had, in fact, only spent a sleepless night thinking, considering the pros and cons of Peter's unfortunate TV contract. He knew that Molnar would keep his promise by telling the truth on TV. This was exactly what Python considered a clever trap.

He greeted Peter, dropped into an armchair, and blew a sigh. He said reprovingly, "Peter, my friend, you should have consulted me before signing your damned contract with Channel Six."

Trying to joke it off, Peter replied with a grin, "Consulting you at the rate of fifty thousand an hour, George?"

The lawyer shook his head. "I'd gladly give you twice as much if I could cancel it."

"Can you tell me why?"

"Let me tell you a short but very relevant story first."

"Tell me—if it's free of charge."

"Alas, my friend, once upon a time there was a young, brilliant lawyer who unexpectedly found himself ensnared by the FBI. He was doing his job well. His superiors praised him, but being the contemplative sort, he soon became familiar with the other end of the coin. In other words, the negative aspects of his career. You couldn't even imagine how many fraudulent practices, illegal dealings, double crossings, and lies he had to wiggle himself through, until finally he became wholly disillusioned. He had only one genuine friend, also slaving for the same establishment, and looking forward to a long and happy career . . . Jim Hogan, the present regional director of the FBI."

"I know him," Peter interposed. "An amiable sort."

"Well, Hogan had made it, the lawyer hadn't— because he decided to quit and establish his own legal practice. However, it wasn't long before he placed his talents at the disposal of the other side of the law."

"The Mafia!"

"Exactly . . . the Mafia," Python replied. "And while working with the Mafia, he also discovered that there wasn't any significant difference between the two sides. They both resorted to subterfuge; they double-crossed, coaxed, cajoled, blackmailed or simply hammered their clients into submission. The young lawyer gathered powerful supporters in both camps and even tried to keep the scale balanced by serving the interests of both parties. His clients, on both sides of the law, respected, and in a sense also feared him because no one knew what secret cards he carried up his sleeve. Criticism, praise, and even threats left him cold; and he became hard and cynical."

"I presume you're recalling your own past experience," Peter commented quietly. "I don't envy you, George—but why did you tell me your story?"

There was a short interval. Python observed Peter for a while, then said heavily; "Because I came to like you and your family,

Peter," he confessed sincerely. "In a sense, you're having a beneficial influence on me. But now, my friend, perhaps unwillingly, you've embarked on a road which is very similar to the one I took during the years of my youthful exuberance."

"I don't quite get you, Python."

"I'm trying to warn you to be careful of what you're going to say on television. The program is a trap. You'll be pushed into the corner and obliged to declare yourself openly for one side or the other."

Peter reclined and shook his head. "Don't worry, George, because I'm going to choose the right side."

"I hope you know which one is the right side, Peter," Python retorted. "You might find it difficult to determine."

"In which case, I'll take the middle road."

"That sounds like you're chickening out."

"Why not, if I must?" Peter laughed it off. "When I signed Hart's contract, I knew what I was doing. No one's getting hurt, and I'm going to get a handsome sum of money."

"Watch out that you don't get a slug, too," Python concluded. "I'm very worried for you."

Papillon—412 FBI, the Last Report

After having read the latest report of (very) special agent 412, Jim Hogan became fully convinced that for months he had been gathering a bulky file of pure horseshit. Disgustedly, he passed "File Molnar" to his section security officer, telling him flatly, "Put this crap into the shredder, Joe. The paper's too hard for sanitary use."

Afterwards, he informed 412 to pack up, because he was going to boss a new station at Dog patch. The unhappy agent wouldn't even ask where Dog patch might be. He had the queer sensation of going somewhere into the godforsaken wilderness with heat, flies, and wooden outhouses.

Sadly, Papillon took his farewell from the Molnars, telling Peter, "Sorry to leave you, people, but I got promoted."

Jim Hogan

Having concluded his latest staff meeting, Hogan decided that the numerous slick tentacles of his network of agents were stirring everyone but Peter Molnar. Danny Smith, the bogus drug pusher seemed more interested in the spiritual world of Nancy Wyss than in Molnar. And just like agent 412, Farago, too, was selling him horseshit at the rate of fifty bucks per page and spent most of his time preparing five different responses to every possible question the spectators might bombard the judge with during his weekly TV show. At least Mrs. Smith remained close to the Molnars and maintained the surveillance.

Another Big Meal

The moment Havana Cigar finished his noodle soup, he realized his mistake in having invited Tim and Tom for lunch in an expensive restaurant—for the second time.

What should he tell the partners? That their signed and notarized agreement was null and void? Or that he lost heart and changed his mind? That he wanted to gather his losses and quit?

Why should they continue beautifying the district when, after all, Molnar was not going to be the Mafia's judge? Perhaps he could still recover a fraction of his investment from the Channel Six income. (The least Molnar could do for him was to continue with his weekly blah-blah,which was drawing high-priced commercials.) But what about Don Vito's money? Ten million bucks isn't chickenfeed. Havana Cigar became so preoccupied with his problems that he had neglected his goldfish. Five of them popped off, including Jack and Sissy, his favorites. And on top of everything, the pair of insatiable dinners on the far side of the table wanted to eat fish!

Disgusting!

Havana Cigar felt so perturbed that he could not even decide who had cheated whom or whether he had only cheated himself. And all the while, Tim and Tom were stuffing themselves with fifty-dollar plates. Suddenly it dawned on Havana that he had coaxed the partners into the monumental undertaking in the first place. Tim and Tom had only grabbed the chance to make money.

Good heavens! What a loss! Twenty-five million already thrown into the wind. Python was right when he insisted that the Molnars should be left alone. Well, damn him, too. He had the gall to ask me, 'Have you never desired to conduct a nice, quiet life, Havana?' The shrewd double-crosser . . .

Havana could not even reclaim Don Vito's $10 million because of the Internal Revenue sharks, or else Molnar would have trouble with the tax office. Havana snorted bitterly. *From whichever angle I look at it, the situation is full of shit. Damn everyone and everything! Come what may!*

His unhappy train of thought was interrupted by Tom's enthusiastic announcement. "I guess you already know that we're going to rake in a handsome profit by the end of the year."

"Is that so?" Havana responded absentmindedly.

"Sure. Our apartment houses feature only high quality apartments in a virtually crime-free environment. We considered it natural that the residents should foot some of the bills. So, we raised the rental fees by 20 percent for residents and shops."

Tim cut in. "By the way, Havana, your team of debt collectors are extremely efficient."

"Yeah, I guess so. Nobody would turn them down."

And he added mentally, *After all, Tim and Tom aren't bad partners but why should the people call me a Mafioso? What about Tim and Tom? They've barely one foot in the organization and already they raised the rents!*

The Day of (Mild) Reckoning

Ben expected Peter's eventual query, and he was not the least bit surprised when Molnar spoke to him casually over a cup of coffee.

"My wife has just visited your folks, Ben, and it seems your hundred thousand gift hasn't changed their lives for the better. Your father's guarding every cent. . . . I'm wondering why he's so stingy."

"Perhaps my father's only careful," Ben replied. "Or else he's scared."

"For you or for himself?"

"Probably both. You see, Mr. Molnar, we're very fond of each other and my parents are worried about my tactless gesture. After all, I sent them Mafia money."

"How do you know it was the Mafia's money, Ben?"

"The gentleman who gave me the checkbook mentioned that his company's name was Mafia."

"Or else the FBI!" Peter retorted flatly.

Ben threw out his arms. "I couldn't really tell you which one, but I doubt the FBI would play games with ten million dollars."

"Alas, you accept the Mafia version. Would you recognize the man if you saw him again?"

"Perhaps . . . everything happened so quickly. He even told me to throw away my clothes and buy new ones . . . rattled off his instructions and I hardly looked at him. . . . Besides, he told me not to recognize him, not even greet him if we should bump into one another at some point."

"Okay, Ben, what did he tell you about the ten million dollars?"

"Nothing at all. I only learned about it when I went to the bank. I never met him again."

"Very well, Ben," said Peter.

"I'm at your service, Mr. Molnar," said Ben.

New Direction

It had taken only six minutes to analyze the actual situation and the FBI director came to the conclusion that Frank and his top-secret team were not doing too badly. Public opinion seemed fully engaged in the stupid game of "Is there a Mafia judge or isn't there a Mafia judge?"

According to the latest poll, the number of those convinced that Molnar was de facto the Mafia's judge, increased from 48 to 65 percent, while only a meager 7 percent declared themselves in the negative sense, down from a previous 14 percent. Significant changes! The number of people who thought Molnar had indeed been joking at the airport had shrunk from 24 to 3 percent.

Contrary to the former 11 percent, now only 2 percent of interviewed persons considered Molnar a clown or an idiot. Twenty-three percent would not reveal any opinion at all (only 5 percent before). The director decided that they were probably the opportunists or the scared ones.

The director and his vice toyed with the computer for a while then concluded that despite the curious fact that the planned and actual results did not tally, the FBI was doing fine!

(The author pleads with the kindly reader not to divulge this information to a third party, apart from himself and the reader. The copyright office could safely be discounted as a security risk, because they never read anything that goes through their hands.)

The director's opinion was that the plan devised by Frank's team was a sound one, only somewhat complicated. It had a 99 percent chance of success. If all went well, half of the Mafia would soon land in Alaska and start felling timber.

Of course, the director's idea of a (temporary) communist takeover would be the best solution; mostly on account of its subsequent hangings and shootings, saving taxpayers' money and future problems for the police, for the agents would not have to chase, arrest, and incriminate the same crooks again and again.

(The idea looked so attractive to him that he nearly fell into a fit of sobs for not being able to realize it forthwith. There were the House, the Senate, the President with his power of veto—someone would surely toss a monkey wrench into the wheels of justice.)

One can't always be happy. Not even the FBI director.

Detoxification Treatment

Interpreter Nancy Wyss agreed to undergo the detoxification treatment and good old Uncle Danny decided to accompany her, still hoping to gather interesting firsthand material for his coming (private) bestseller on addiction and the drug trade. His Honor, the judge, had been absent when she came to say farewell to Mary—a sentimental event with both women weeping. Too bad about Peter. She'd write to him.

It's Nice to See You, Pal!

Farago dropped into Joe's newly decorated bar for a beer and, as ill luck would have it, he ran headlong into Coarse Voice the Enforcer.

Damnation! He had managed to evade him for six weeks.

"It's nice to see you, pal!" Coarse Voice boomed while his right hand ominously disappeared under his jacket.

Farago grinned stupidly. "Hehehe, I thought you'd be here," he lied without batting an eye, thinking that Coarse Voice was a very peculiar guy.

Coarse Voice loathed the idea of being cheated, although he ought to have known Farago enough not to expect anything else. Still, it was very considerate of him to give Farago three hours to repay his debt of fifteen grand plus interests.

Farago thought, *Three hours will be sufficient time to leave Molnar, the city, the state—perhaps the whole continent.*

Serpentine Wiggling

Chicago boss, Don Vito, and Python the Lawyer had encountered each other a couple of times in the past, but their meetings had been superficial and lacked common themes to discuss. Had there been any common theme, Don Vito would have left it to Havana Cigar to negotiate.

Havana was Python's friend and vice versa, at least to the tune of fifty thousand per each friendly counsel.

Now, only to show Python how important a case he wanted to talk about, Don Vito introduced his treasurer and favorite, Frank Bellami, as an independent operator.

Polite smiles, toasts, fine imported cigars and cigarettes, caviar and salmon snacks heralded the coming verbal combat in which the divisions of Python appeared more orderly than the allied forces of Don Vito and Bellami, the encircling moves of whom had been repelled. Bad luck!

Don Vito tried to launch a large-scale offensive but the overall ignorance of his ally frustrated his efforts. Python easily outmaneuvered Bellami and seized a few important bridgeheads within Don Vito's defenses. Needless to say that no holes in the enemy line escaped Python's attention. Using expert artillery salvos, he exploited every weakness and instantly recognized the points where the enemy line showed faults and was likely to crumble.

After a prolonged struggle, the adversaries realized the impossibility of achieving total victory and put out a few tacit peace-feelers, invoked the necessity of a negotiated settlement, and even mentioned significant concessions, among them the mutual renouncing of advantage seeking.

But! But! But! What would happen if one of the parties displayed weakness, whether the stronger or seemingly stronger party really desired peace?

Peace!

The situation warranted that both parties should scale down their demands. Nevertheless Python, like always, had managed to wiggle his way through the maze of stalemate in a manner that preserved all his preconditions intact.

Despite the hard fact that in the Mafia hierarchy Python the Lawyer was a perfect nonentity, he won the encounter.

In the end, they left their case to the judge to decide upon. (We'll never learn why they should do that but at least it was not decided to slug Molnar instead of asking for his judgment.) Don Vito and Python agreed that regardless whether Molnar had been joking or not, he and his family should not be harmed.

The conclusion: If the judge brings judgment, both parties would accept it as binding; if Molnar refuses, they'll swallow the hard lump and write off a huge pile of dough.

The Grandfather of All TV Talks

The Peter Molnar Show was scheduled for prime program time and the spectators knew that they were going to get a real show.

Millions of spectators gathered with their eyes riveted to the TV screens, including Jim Hogan and his innermost circle of collaborators, the FBI director and his vice, Police Captain MacLaren and Lieutenant Brown. Even the Vietnam vets were watching the show in the recently erected Western salon of their bogus village, two hundred miles from nowhere.

Not to mention the interested parties of the other side of the law, represented by Havana Cigar, Coarse Voice, Don Vito, and scores of others: Python, Ben Brooks, and Farago (happily hiding in Mexico).

The local residents were thinking kindly of Peter and had already decided that he should remain their judge forever. To them, Molnar was a model would-be citizen whose straightforward manners, solid principles, and impeccable family life they liked and appreciated.

The studio of Channel Six was alive with excited staff members, technicians, and program participants, ready for the great event. For the first time in its history, the modest local station was scheduled to telecast across the entire American continent. God forbid there should be any mistake. (They'd surely be some anyway.)

Only Peter Molnar appeared perfectly relaxed. The previous show, a silly soap opera, was heading toward its conclusion—interrupted every now and then by short flashes from the coming attraction, the immensely popular "If I Were the Mafia's Private Judge," showing flashes of Peter conversing with Edna Miller and James Hart. At long last it began.

Hart: First of all, Mr. Molnar, please tell us what'll happen to Ben Brooks.

Peter: In what sense, Mr. Hart?

Hart: Well, it's a proven fact that your secretary embezzled one hundred thousand dollars from the Mafia fund and cabled it to his parents. Was he entitled to do this?

Peter: Naturally. Ben Brooks is no embezzler.

Hart: But the money had only been entrusted to him; it was surely not his money.

Peter: We only know when, how, and where he received the funds. We don't know from whom he received them and why. The entire case is still very unclear.

Edna: You mean it isn't clear enough to be judged?

Peter: Also . . . No judge would ever handle an unclear case.

Hart: But we do know that . . . it was Mafia money, Mr. Molnar.

Peter: We don't even know that . . . in any case, not for sure. I've discussed the affair with Ben.

Hart: Did you interrogate him?

Peter: I repeat, we only discussed the matter. Ben received the checkbook from a stranger who told him he represented the Mafia. He did not present Ben any proof of his claim. He could also have been an FBI, CIA, or Secret Service agent, or just an eccentric millionaire who likes expensive jokes. The most important question also remains open: Why should anyone give Ben Brooks a gift of ten million?

Hart: Did this, er, mysterious individual give Ben any task to accomplish or at least instructions? He'd certainly want something in exchange.

Peter: Certainly. Ben was to organize my security, engage and pay office personnel, driver, bodyguards, and act as my personal secretary, taking care of my expenses as well.

Edna: In which case from the moment Ben Brooks entered into your service, Mr. Molnar, you lived on blood-splattered Mafia money.

Peter: Or sweat-soiled FBI money.

Hart: Just what do you mean, Mr. Molnar?

Peter: Mine is a simple logical deduction, Mr. Hart. The FBI is being paid by the treasury, the funds of which come from the Internal Revenue—alas, from moneys which the taxpaying citizens have to dish out to the government. It is the citizens' money which the FBI is spending for what it considers right for the citizens. And since FBI agents are taxpayers, too, they're protecting their own interests as well.

Edna: We still don't know who is the rightful owner of the Brooks account at Union Credit.

Peter: But we do know, Miss Miller. He's Ben Brooks to whom the money had been entrusted. . . . Or has anyone come forward to claim ownership of Ben's account? In my view, Ben's integrity, diligence, and honesty are sufficient guaranty for his proper handling of the account.

Hart: But the source, Mr. Molnar, the source! Nobody's going to give away ten million dollars without a solid purpose.

Peter: It's really funny how everyone's concerned with Ben Brooks's wealth while in reality the only important point is how the money's going to be utilized. Let it be Mafia or FBI money or a crazy donation from some nitwit millionaire, it should serve a rightful purpose. Suppose a burglar stole a hundred thousand dollars, then—feeling remorse—he drops fifty thousand into a church collection box. Would the church use it for good ends? I'm sure the priest in charge wouldn't be running off to Monte Carlo to play roulette.

Hart: I understand your point, Mr. Molnar . . . but—

Peter: There's no but. Everything should be clear to everybody.

Hart: Nevertheless, no one permitted Ben to send money to his parents.

Peter: He didn't need any permission to do that.

Edna: Consequently, according to you, Brooks didn't commit any mischief.

Peter: Affirmative.

Edna: To you everything seems simple and uncomplicated, Mr. Molnar.

Peter: Because the case is simple and uncomplicated . . . similar to the legal situation regarding money or valuable objects which are found. What you find and no one claims is yours.

Hart: Do you consider Ben's action legal?

Peter: If it were illegal, Brooks would still have a very strong case in his favor. He only helped his needy parents.

Edna: If you were indeed the Mafia's judge, would you acquit him?

Peter: Precisely. And afterwards Ben could sue you for defamation of character and demand damages.

Edna: We'll still have to see what the Mafia thinks of the matter.

Peter: If the Mafia or anyone else wished to say something, there was plenty of time to do it—over five months.

Hart: I presume you've heard of the recently formed league for the protection of minor human rights, those which aren't on the books.

Peter: Certainly. I find it a noble effort for the betterment of people and society. If I could, I would support the league by all means.

Hart: If you were asked to participate on its supreme council, would you accept?

Peter: I think I would. Although once again, I must emphasize that I have no legal training; and as they say in my old country, I could only resort to my sober peasant's wit.

Edna: Well, to tell you frankly, I'm still convinced that you're the Mafia judge, Mr. Molnar, and I'm not alone in my conviction either. And this being a much debated proposal, I would like to hear the concluding sentence directly from you.

Peter: Miss Miller, I'm certainly not an expert in criminology but should the Mafia be willing to accept sober, honest, and impartial judgments, I would gladly place myself at their disposal.

The debate continued.

The majority of viewers approved Molnar's stance and became even more convinced that the judge is *the judge,* a fact Molnar knew very well, only he would not admit.

Headlines

He is INDEED THE Judge!

The First Judgment of the Mafia's Private Judge!

Acquittal for Ben Brooks!

We knew it from the Beginning!

Our compliments, Your Honor!

Sleep Well, Ben!

The Ten Million Are Perfectly Legal!

The Judge Says He Would Help the League!

Miscellaneous

"Well, what do you think of the big news?" Samuel asked Joe the barkeeper.

"It wasn't big news to me. I've known it from the very beginning."

"How come?"

"Intuition, my friend."

"Did you see the judge last night?" Lieutenant Brown asked Captain MacLaren.

"Sure I did. Who'd miss Molnar?"

"He has lots of sensible answers, you know."

"He could become a great social reformer, too."

"I'm certain the church will support the league."

"And Molnar will end up canonized."

Fatso Havana Cigar and Coarse Voice the Enforcer were content as well. All the same, it was decided not to write off Ben's outstanding debt. The judge says Ben's okay. Maybe he is okay but not to the extent of one hundred grand. In one way or the other, Brooks should repay the money he snitched from Don Vito's loan. If Molnar is so fond of Ben, he could damned well give him the missing amount. After all, he has a million bucks of his own stacked away at Union Credit, earning an interest of eighty grand a year.

Jim Hogan consulted with the vice director who now considered Operation Judge a brilliant success despite its divergence from the original FBI plan.

"All roads lead to Rome," the ancients used to boast. Now they could say themselves, "All local roads converge at the FBI headquarters." Fair enough.

Python the Lawyer continued his Hungarian cooking lessons in Mary Molnar's kitchen. Peter was feeling splendid, only Leslie complained every now and then.

"Dad! The kids are always pulling my leg, saying you're the Mafia's private judge."

"Tell them to shut up or else I'll put some hit men on their tails," Peter retorted with a wink.

Two days later Leslie beamed, "There's no more teasing, Dad. I told the kids about the hit men and they clammed up ever since."

And so on . . .

In the last two years, Europe has changed a great deal. The Iron Curtain crumbled to naught; the two Germanies became united. The satellites of Russia cast off their shackles. (Fortunately.)

The overall situation remained the same in Afghanistan, Yemen, and Cuba. (Unfortunately.)

Instead of weak-willed, tottering politicians and private negotiators, the UN should dispatch Python the Lawyer to iron out the problems. He could wiggle his way across even the Arabian desert and find a blessed solution acceptable for both parties.

The End (maybe).

And here the (beginning of) my story terminates.

The story continues. One could still learn what happened to the Molnars, Havana Cigar, Coarse Voice, Ben, and all the others . . .

By your leave (temporarily).

Birkenreuth, Frankische Schweiz
Germany
Europe
1988

Woonsocket, Rhode Island
United States
1989
In any way, the Planet Earth